雏菊　八仙花　巴西木

大果玫瑰　扶桑　丰花月季　红花含笑

黄刺玫　鸡冠刺桐　龙船花

迎红杜鹃　马缨丹　珍珠绣线菊

兜兰 　蝴蝶兰（1） 　万代兰 　墨兰

卡特兰 　大花蕙兰 　石斛兰 　文心兰

蝴蝶兰（2）　建兰　蕙兰　寒兰　春兰

荷花　睡莲　八宝景天

白鲜　春芋　大花马齿苋

地涌金莲　何氏凤仙　荷包牡丹

花葱、黄菖蒲配置　花叶玉簪　黄纹万年麻

火炬花　菊花　耧斗菜　南美水仙

重瓣君子兰 卡特兰 丽格海棠
美国薄荷 虞美人 千屈菜 芍药
石竹 蒲包花 水塔花 松果菊
天竺葵 香彩雀 蟹爪兰
萱草 银边龙舌兰 重瓣鸢尾 朱蕉

白头翁 翠雀 东北龙胆 短瓣金莲花 多花筋骨草 箭报春

蒿子杆 黑水罂粟 角蒿 金丝桃

耧斗菜 鹿蹄草 落新妇 蔓乌头 棉团铁线莲

囊花鸢尾 山泡泡 山芍药 细叶百合 斜茎黄耆

狼牙委陵菜 岩败酱 燕子花 野罂粟

矮牵牛
百日草
波斯菊
彩叶草
凤仙、醉蝶花海
凤仙花
金盏菊
三色堇
天人菊
一串红
银莲花花镜
羽衣甘蓝
百合
百合
百合不同品种 3
百合不同品种 4
百合盆栽展示
彩色马蹄莲
红花文殊兰

大丽花　六出花　五彩芋　仙客来

小丽花　郁金香　郁金香重瓣品种

红掌切花生产栽培　蝴蝶兰盆花栽培　兰花生产栽培

矮牵牛等混合容器栽植　矮牵牛等混合栽植花篱　矮牵牛盛花栽植　矮牵牛天竺葵容器混合栽植

杜鹃的林下栽植　杜鹃和紫藤的园林应用　观花和观叶花卉配置　观赏草及地被植物应用

花草树立体配置

花卉园林应用

花卉在温室中的布置

花叶紫萼林地栽植

金鱼草和木春菊混合栽植

美女樱垂吊效果

欧式庭院中的花卉配置

水生花卉园林应用

四季秋海棠的带状种植

四季秋海棠树盘栽植

天竺葵、宾菊和金鱼草等花卉混合栽植

庭院多年生花卉混合栽植

一品红和彩叶草

羽衣甘蓝应用

庭院园艺

五色草立体花坛

五叶地锦和花卉配置

舞春花多品种混合栽培

住房和城乡建设部"十四五"规划教材
高等学校园林与风景园林专业推荐教材

LANDSCAPE FLORICULTURE

园林花卉学

（第二版）

LANDSCAPE

车代弟　主编

中国建筑工业出版社

图书在版编目（CIP）数据

园林花卉学 = LANDSCAPE FLORICULTURE / 车代弟主编 . — 2 版 . — 北京：中国建筑工业出版社，2022.7

住房和城乡建设部“十四五”规划教材　高等学校园林与风景园林专业推荐教材

ISBN 978-7-112-27668-4

Ⅰ . ①园…　Ⅱ . ①车…　Ⅲ . ①花卉—观赏园艺—高等学校—教材　Ⅳ . ① S68

中国版本图书馆 CIP 数据核字（2022）第 132144 号

园林花卉学是园林、风景园林和观赏园艺专业的主干课程。本教材为住房和城乡建设部“十四五”规划教材和高等学校园林与风景园林专业推荐教材，自出版以来，历经十一次印刷，被各大专院校广为应用。教材第二版在原版基础上，对部分内容进行了修订和完善，增加了国内外有关园林花卉生产的新理论和新技术，以满足读者需求。

本教材分为绪论、总论和各论三部分共 19 章。教材内容体现了生态文明思想，涵盖了风景园林、生态、植物、美学、人文历史等多学科知识，重点突出了花卉的多样性、实用性，拓展花卉的应用范围和形式，以实际应用的典型图例和案例给读者以直观体验，可作为各类景观设计、园林施工和园林植物生产人员的参考用书。

为了更好地支持相应课程的教学，我们向采用本书作为教材的教师提供课件，有需要者可与出版社联系。

建工书院：http://edu.cabplink.com

邮箱：jckj@cabp.com.cn　电话：（010）58337285

责任编辑：杨　琪　陈　桦
责任校对：李美娜

住房和城乡建设部“十四五”规划教材
高等学校园林与风景园林专业推荐教材

园林花卉学（第二版）

LANDSCAPE FLORICULTURE

车代弟　主编

*

中国建筑工业出版社出版、发行（北京海淀三里河路 9 号）
各地新华书店、建筑书店经销
北京雅盈中佳图文设计公司制版
北京市密东印刷有限公司印刷

*

开本：787 毫米 ×960 毫米　1/16　印张：$23^3/_4$　插页：4　字数：607 千字
2022 年 11 月第二版　2022 年 11 月第一次印刷
定价：**59.00** 元（赠教师课件）
ISBN 978-7-112-27668-4
（39604）

本教材编委会

主　编：车代弟（东北农业大学）

副主编：雷家军（沈阳农业大学）

樊金萍（东北农业大学）

彭东辉（福建农林大学）

张　兴（苏州科技大学）

编　委：（按姓氏笔画排序）

王　力（宿迁学院）

王秀娟（黑龙江农业工程职业学院）

王金刚（东北农业大学）

王韬远（芜湖职业技术学院）

毕晓颖（沈阳农业大学）

杜　洁（河北环境工程学院）

杨　涛（东北农业大学）

肖建忠（河北农业大学）

张金柱（东北农业大学）

张微微（上海农林职业技术学院）

陈丽飞（吉林农业大学）

陈海霞（湖南农业大学）

赵大球（扬州大学）

赵九州（江西财经大学）

倪　沛（北京园林学校）

黄　卓（四川农业大学）

第二版前言

《园林花卉学》是园林、风景园林和观赏园艺专业的主干课程。本教材为住房和城乡建设部"十四五"规划教材、高等学校园林与风景园林专业推荐教材，自出版以来，历经十一次印刷，被各大专院校广为应用。教材第二版在原版基础上，对部分内容进行了修订和完善，增加了国内外有关园林花卉生产的新理论和新技术，以满足读者需求。

本教材分为绪论、总论和各论三部分共 19 章。教材内容体现了生态文明思想，涵盖了风景园林、生态、植物、美学、人文历史等多学科知识，重点突出了花卉的多样性、实用性，拓展花卉的应用范围和形式，以实际应用的典型图例和案例给读者以直观体验，可作为各类景观设计、园林施工和园林植物生产人员的参考用书。

本次编写人员有较大变化，编写具体分工如下：绪论由车代弟编写；总论由车代弟、张兴、肖建忠、黄卓、倪沛、张金柱、陈丽飞、张微微、杜洁、王韬远修订，各论主要由雷家军、樊金萍、彭东辉、王秀娟、王金刚、赵大球、赵九州、杨涛、毕晓颖、王力、陈海霞修订。全书由车代弟、雷家军、樊金萍、彭东辉、张兴统稿、定稿。此次修订重点是对第一版中存在的一些不足之处进行订正，为了更好的发挥教材的教学效果，我们还配合本教材制作了多媒体 PPT 电子教材。及时修订完稿是全体成员共同努力的结果，在此我深表谢意，感谢大家科学求实的态度和认真负责的精神；同时也感谢中国建筑工业出版社编辑对教材的支持和帮助。相信通过大家的努力，《园林花卉学》（第二版）一定能够得到大家的选用和肯定。恳请老师和同学们在使用过程中给予批评和指正，并将具体意见及时反馈，以便在下一次修订时予以吸收。

因编者水平有限，书中难免有不足之处，敬请广大读者和专家指正。

2022 年 3 月

目　录

绪 论

0.1 花卉的含义及园林花卉学的研究范畴

0.1.1 花卉的含义

花卉的含义有狭义与广义之分。狭义的花卉指具有观赏价值的草本植物。广义的花卉是指可供观赏的草本、木本和藤本植物，还包括具有特定功能的草坪植物和地被植物。

园林花卉是指具有环境绿化、美化功能的，能够满足人类观赏和改善生态环境条件等需要的观赏植物。

0.1.2 园林花卉学的研究范畴

丰富的园林植物是进行园林建设的基础。如何将园林花卉的各种效益充分发挥，有赖于对植物材料合理、科学的配置，即运用乔木、灌木、藤本、草本植物等素材，通过艺术手法，充分发挥植物的形体、线条、色彩等自然美来营造植物景观。要营造“完美的园林景观，必须具备科学性与艺术性两方面的高度统一，既能满足植物与环境在生态适应上的统一，又要通过艺术的构图原理体现出植物个体及群体的形式美，即人们在欣赏时所产生的意境美”，这是构建园林的一条基本原则。

园林花卉学是通过对园林植物生长发育特点及其栽培条件的研究，掌握植物对生态条件的需求，模拟自然植物群落的结构和发育等，从而达到预期的艺术及其生态效果。园林花卉学的研究范畴主要体现在以下几个方面：

1）园林花卉品种的选育

我国是世界上野生花卉资源和园林植物资源最为丰富的国家之一，被誉为“世界园林之母”。全国有高等植物 3 万多种，用于园林观赏的有数千种。我国是多种观赏植物的起源中心，如蜡梅、金花茶、杜鹃、兰花、荷花等。丰富的种质资源是培育花卉新品种的重要的物质基础。

花卉新品种培育能力是花卉业的核心竞争力。随着花卉生产的发展和人们欣赏水平的提高，花卉育种工作日新月异，要使花卉育种工作不断实现新突破，除了采用新技术不断拓宽育种途径以外，迫切需要更多的具有特异性状的种质资源做育种的物质基础。

2）园林花卉的栽培管理

由于人类对于花卉美的欣赏和追求不断提高，大量新兴花卉品种不断涌现，但因环境中各种生态因子不适合会影响花卉生长不良甚至死亡，所以影响园林花卉生长的各种生态因子的综合调控一直是园林花卉学的研究重点，如何保证园林花卉在园林应用中充分发挥其生态及美化功能也将是园林花卉学今后的研究重点。

3）园林花卉的功能和作用

植物是重要的园林设计要素之一，是极富变化的园林动景，园林花卉为园林增添了无穷生机，是“绿化”“美化”“彩化”“香化”的重要材料。其在人类社会生活中的主要功能作用如下：

（1）生态功能

园林花卉能改变微气候，绿化对于调节气温、空气湿度、太阳辐射、辐射温度等都起着良好的作用。多数园林花卉不仅能够调节小气候内的氧气含量，还能够阻滞烟尘、粉尘或通过叶片分泌杀菌素，具有较强的净化空气的作用。芳香花卉所挥发出的香气中的苯甲醇、芳樟醇、香茅醇等，能杀死许多有害微生物，是绿色的、无污染的天然杀菌剂。同时芳香花卉有减少有毒有害气体以及吸附灰尘、使空气得到净化的功能。

（2）保健功能

绿色植物所构成的环境，关系到人类的身体健康与生理健康。现代科学的发展，国内外的环境心理学和医学渗透到园林绿化景观、绿地中，创造人与自然和谐的人文生态美。

选择能挥发香气或有益气体的园林花卉营造绿色空间，再现“第二自然”，达到防病、强身的保健效果。有研究报告：清新的空气以及散发自树叶、树干的含有挥发性物质的“天然氧吧”，对于支气管哮喘、肺部吸尘所引起的炎症、肺结核等的治疗效果优于使用化学合成的人工化喷雾式药剂。花香鸟语等大自然的气息令人心旷神怡，而国际流行的“园艺疗法”是指人们在从事园艺活动中，在绿色的环境中得到情绪的平复和精神安慰，在清新和浓郁的芳香中增添乐趣，从而达到治病、健康和长寿的目的。

（3）社会功能

园林花卉的社会功能主要体现在两个方面，即美化功能和文化功能。园林植物的美具有多种属性，欣赏时必须运用所有审美感官从多个角度欣赏。古典园林中运用植物多“重于香而轻于色”；现代园林中追求大色块、大效果，非常重视视觉的冲击力。

中国园林既要重生态，又要重文态。主要通过生态设施改善环境，保证健康，也要通过文态设施来提高诗情画意，涵养思想水平。中国之园林自古至今，文人墨客贡献很大，中国之“园”和“花”，从某种意义上讲，都是历代士大夫从劳动人民和自然界吸取素材和营养，经提炼、表达、创造、传播而来，这种源自中国传统文化的内涵依旧反映在现代庭园的设计中。

（4）经济功能

园林花卉的经济效益是多方面的，从直接经济效益来讲诸如药用、菜用、果用、材用等，从绿化设计、施工养护和管理这一系列过程中，充分带动了相关产业的发展。从间接经济效益来讲，由于园林绿化改善了生态环境，由此产生的生态效益也是一笔巨大的无形资产，有研究资料记载，绿化间接的社会经济价值是其直接经济价值的 18 ~ 20 倍。

0.2 园林花卉的应用简史

0.2.1 中国园林花卉应用简史

我国是具有 5000 多年历史的文明古国。我国的花卉栽培最早从何时开始，目前还无法考证，但可以说花卉在文字出现以前就随着农业的发展，而被人们所利用了。早在公元前 11 世纪的商代，甲骨文中已有“园”“圃”“枝”“树”“花”“果”“草”等字。在浙江“河姆渡文化遗址”中，有许多距今 7000 年前的植物被完整地保存着，其中包括稻谷和花卉，如荷花的花粉化石，香蒲、百合科的一些植物。我国在战国时期就已有栽植花木的习惯，在秦汉时期的《西京杂记》上有记载。唐代、宋代，花卉的种类和栽培技术均有较大发展。盆景为我国首创，其开始年代最迟在唐代以前，公元 706 年在唐代章怀太子墓的甬道壁上绘有侍女手捧盆景的壁画。

我国花卉栽培历史大致可分为六个时期：

（1）始发期——周秦时代；

（2）渐盛期——汉、晋、南北朝时代；

（3）兴盛期——隋、唐、宋时代；

（4）起伏停滞期——明、清、民国初年时期；

（5）历史空白期——包括抗日战争、解放战争时期；

（6）发展期——中华人民共和国成立以后。

中华人民共和国成立后，在“绿化祖国”活动中，花卉园艺事业得到了恢复。尤其是在改革开放的四十多年里，我国花卉事业蓬勃发展。1987 年在北京全国农业展览馆举办了第一届全国花卉博览会（简称“花博会”），以后每四年举办一次，集中展示了我国花卉产业的丰硕成果，反映了我国悠久的花卉文化，促进了国际花卉产业的交流与合作。至今，这一国家级的花事盛会已连续举办了十届。

党的十八大报告提出将生态文明建设融入经济、政治、文化和社会各领域，形成了建设中国特色社会主义五位一体的总布局，体现了中国共产党的生态文明思想。党的十八届三中全会首次确立了生态文明制度体系，为我国生态文明制度体系的建设提供了方向，“绿水青山就是金山银山”的理念已深入人心。2019 年我国北京成功举办了以“绿色生活美丽家园”为主题的世界园艺博览会，向世界展现了我国生态文明建设的新成就。目前我国正在进行产业结构升级，实现绿色经济转型。国土绿化、新农村建设、森林城市建设等政策规划与人们对美好生态环境的需求，需要大量的花卉和苗木生产。由此可见，在建设生态经济、生态环境、生态人居、生态文化和生态制度五大体系中，花卉产业起着越来越重要的作用。

花卉是美好的象征，发展花卉产业可以改善环境质量，增进身心健康，体现人们的精神文明和文化自信。

0.2.2 西方园林花卉应用简史

1）古埃及时期

古埃及被认为是西方造园的发祥地。其地处自然环境恶劣的沙漠地带，自然植被、森林分布较少，干旱炎热的气候使人们不断追求相对舒适的生活环境。因此庇荫作用成为园林功能中重要的部分，埃及人对培育树木十分精心，树木成为其最基本的造园植物材料。

最初种植埃及榕、沙枣等乡土植物，后来引种葡萄、石榴、无花果等，因为无花果可以提供遮阴和美味的水果。到公元前 1500 年时，种植果树、蔬菜的庭院逐渐演变成具有规则式栽植床、水池的装饰性花园。在宅院、神庙和墓园的水池中栽种睡莲等水生花卉。除了规则式栽植的树木之外，还有装饰性的花池和草地，在其中种植虞美人、牵牛花、雏菊、玫瑰、茉莉、夹竹桃等花卉。

2）古巴比伦时期

古巴比伦园林包括亚述及迦勒底王国时期的美索不达米亚地区的园林，其所处的两河流域气候温和、森林茂密。园林类型主要有猎苑、圣苑、宫苑三种，用到的植物主要有香木、意大利柏木、石榴、葡萄等。

古巴比伦高度发达的文明也孕育了发达的园艺技术和园林景观，最为著名的就是它的宫苑——空中花园。公元前 6 世纪，尼布加尼撒二世建造的空中花园结合了其发达的建筑技术与各种观赏树木和奇珍花卉。在屋顶平台上栽植树木、草花、蔓生和悬垂植物，美化廊柱和墙体。这种类似屋顶花园的植物栽培，从侧面反映了当时观赏园艺发展到了相当的水平。

3）古希腊及古罗马时期

古希腊是欧洲文明的摇篮，古希腊文化对欧洲文化影响很大，包括其园林文化的影响。古希腊园林受当时数学及哲学、美学发展的影响，认为美是有秩序的、有规律的、合乎比例的、协调的整体，因此园林也采用规则式布局并与建筑相协调。在提奥弗拉斯特所著的《植物研究》一书中，记载了 500 种植物，当时园林中常见的有桃金娘、山茶、百合、紫罗兰、三色堇、石竹、勿忘我、罂粟、风信子、飞燕草等。书中还记述了蔷薇的栽培方法。

古罗马园林继承了古希腊的传统，别墅庄园是其主要形式。早期园林以实用为主，如果园、菜园和种植香料及调料植物的园地，以后逐渐加强了园林的观赏性、装饰性和娱乐性。罗马人把花园视作建筑的延续部分，形式上采用类似建筑的规则形式，出现了以观赏性植物为主的专类园，如蔷薇园、杜鹃园、鸢尾园、牡丹园等。常用的园林花卉有蔷薇、百合、紫花地丁、水仙、银莲花、唐菖蒲和鸢尾等。

4）中世纪时期

中世纪指从 5 世纪罗马帝国瓦解，到 14 世纪文艺复兴时期开始这段时期，历时大约 1000 年。社会较为动荡，这时的主要园林类型为寺院庭园，到后期出现了城堡庭园。为了生活的需要，园林主要以实用性为主，栽植果树、蔬菜、药草和香料植物，后期逐渐加入了花卉和观赏性草坪。

中世纪城堡庭园布局简单，庭院四周有高大的围墙，花园则由栅栏或矮墙维护，除了方格形花台以外，最重要的造园要素就是一种三面开敞的龛座，上面铺设草坪，并点缀花卉。常用的植物有柠檬、柑橘、松柏、夹竹桃、玫瑰、鸢尾等，十字军东征时又从东部地中海收集了很多观赏植物，尤其是球根花卉，丰富了园林花卉的种类。

随着时局稳定和生产力不断发展，园中的装饰性及娱乐性逐渐增强，出现了迷园、花结园等以观赏和游乐为目的的元素。原有菜地的田畦中，逐渐以栽种花卉替代了蔬菜，由生产花卉的栽植方式转向了强调花坛色彩效果的景观意识。

5）文艺复兴时期

文艺复兴是 14 ～ 16 世纪欧洲的新兴资产阶级思想文化运动，开始于意大利，后扩大到德、法、英、荷兰等国家。文艺复兴时西方摆脱了中世纪封建制度和教会神权统治的束缚，使生产力和精神都得到了解放。对意大利文艺复兴园林影响最大的是建筑师和建筑理论家阿尔伯蒂（Leon Battista Alberti，1404—1472 年），在他 1485 年出版的《论建筑》一书中详细地论述了其理想园林的设计原则为：在正方形的庭园中，用直线将其划分为几个不同的小块绿地，用修剪的黄杨等植物围合在绿地周边，中间种植草坪；树木栽植为直线的形式；在园路的端点，用月桂、杜松等编制为绿色的凉亭或小品；沿园路布置的绿廊应与攀缘植物的使用结合；园路上点缀盆栽的植物；在花坛中用黄杨树种植拼写出主人的名字；间隔一定距离将树木修剪形成绿色的壁龛的形式，其内设置雕塑和大理石坐凳；在主园路的相交处建造月桂树的祈祷堂；在祈祷堂附近设置迷园，旁边建造拱形的绿廊，常栽植玫瑰等。

文艺复兴初期对自然本身的美的欣赏，使得这一时期的人们开始对植物本身的美感产生兴趣，不是单纯地将植物作为造园的材料来使用，而是从园艺的角度来观赏植物，这是文艺复兴初期造园的最显著特征。在对植物的研究基础上产生了植物园，1545 年设计的奥托（Orto）植物园是世界上最早的植物园。当时意大利的帕多瓦植物园引种了凌霄、雪松、仙客来、迎春花以及多种竹子，即使在欧洲也是首次。后来，1580 年的德国莱锡植物园、1587 年的荷兰莱顿植物园、1597 年的英国伦敦植物园以及 1635 年的法国巴黎植物园相继建造。植物园的兴起，栽培了更多的植物品种，对园林事业的发展起到了积极的推动作用。

文艺复兴中期的意大利花园中规则式的绿丛植坛和树坛为植物配置的主要形式，植物总体上是被作为建筑材料来对待，花坛由以前的直线形变成曲线形，图案更为复杂和精致，做成各种徽章及文字的形式。

文艺复兴时期的法国园林，出现了模仿服饰上的刺绣纹样的刺绣花坛。花坛的使用在 17 世纪凡尔赛宫达到最盛，表现的是高度的秩序和庄重的贵族气质。大量使用蔷薇、石竹、郁金香、风信子、水仙等花卉作为装饰。

这一时期的英国园林虽然也受法国和意大利园林的影响，但由于英国气候的原因，人们不满足于绿色草地和植物雕塑，而开始追求绚丽多彩的观赏花卉，如郁金香、雏菊、勿忘我、桂竹香等。

6）现代风景式园林时期

风景式园林植物景观以 18 世纪英国的自然风景园为代表。“18 世纪英国自然式风景园的出现，改变了欧洲由规则式园林统治长达千年的历史，这是西方园林艺术领域内的一场极为深刻的革命。”风景式园林的产生与形成，与其当时社会的文学、艺术思潮及哲学美学观点的转变，以及英国特有的多雨潮湿的自然气候条件、乡村风貌逐渐改观的社会发展背景也有着密切的联系。

英国风景园林初期，植物引种成为热潮，美洲、非洲、澳大利亚、印度、中国的许多植物被引入欧洲。据 18 世纪统计，已有 5000 种植物被引入欧洲。英国在 18 ~ 19 世纪广泛收集珍奇花卉，极大地丰富了园林植物品种。

贝蒂·兰利在 1728 年出版了《园林设计的新原则与花坛种植设计》（*The new principles of gardening or layingout and planting parterres*），他主张建筑前要有草地空间，周围种植树木，园路尽头要有森林，不用模纹花坛，园子要有自然之美等思想。布里奇曼（Charles Bridgeman，1738 年）是真正的自然式造园的开创者。在其斯陀园的改造方案中，未完全摆脱规则式园林布局，但是首次采用了自然式、非对称的植物种植形式。同时，室内植物在欧洲变得非常普遍，18 世纪中普遍栽培的有棕榈、常绿雨林树木和攀缘植物。

19 世纪后园林中植物的色彩造景，大量应用花木如杜鹃以及草花，采用花境、花卉专类园等多种形式。20 世纪初强调曲线、动感和装饰的西方新艺术运动及其引发的现代主义思潮对西方园林产生了影响，形成一种有别于传统园林的新园林风格，但它对园林的影响远小于建筑领域。20 世纪 60 年代后，花卉业发展迅速，特别是第二次世界大战以后，美国室内植物研究、生产发展很快。20 世纪 70 年代后，随着科学技术和经济的发展，花卉园艺进入新时代，大量新兴品种不断涌现，极大地丰富了园林绿化的植物资源。

0.3 中国花卉业的发展现状及趋势

0.3.1 我国花卉业的发展现状

据不完全统计，到 2019 年，全国花卉种植面积已达 150 万 hm^2，花卉销售总额达 2550 亿元，花卉市场 3447 个，2011 ~ 2019 年获林业和农业植物新品种授权的观赏植物品种 1686 个。

中国花卉消费市场的开发潜力也越来越大。我国的花卉消费也一直保持着快速增长，特别是鲜切花生产，种植面积不断扩大，产量不断提高，产品几乎全部在国内消费。日益增大的市场吸引了众多国外花卉企业涉足中国市场，而良好的自然条件和营商环境又吸引了众多国外生产厂家在云南等地投资发展生产。

虽然我国花卉业已经有了较大的发展，但由于起步晚、起点低，同发达国家相比还有一定的差距，同时也存在一些问题。如单位面积产值低，品质差，出口花卉种类单调且数量少，出口增长慢，花卉市场运作机制不健全，花卉相关行业不配套，花卉流通体系不成熟等。

0.3.2 我国花卉业发展的趋势

（1）花卉产品质量整体提高，中国花卉企业在消化、吸收了引进的品种、技术之后，逐渐形成了自己的技术和管理模式，产业逐步走向成熟。

（2）花卉业步入调整期，产业链更加清晰，专业化分工更加明确。随着我国花卉产业的发展，花卉业开始由自产自销向产销分离转变，这是现代化大生产的必然趋势。

（3）国际贸易更加活跃，国际合作更加广泛。将会有越来越多的中国企业走出国门看市场、学技术、谈合作，也会有越来越多的外国企业走进中国，寻求更多的合作，寻找更大的商机。

（4）世界花卉产销格局经历新巨变，中国将成为世界花卉重要生产基地。

（5）信息化建设和信息化管理成为花卉企业发展中强劲的动力。据不完全统计，目前中国花卉园艺网站已有2万多家。

（6）花农合作经济组织显示出强大的生命力。为了应对竞争激烈的市场，在千变万化的市场中处于劣势的花农，通过自发联合、与大户联合等不同方式，使自己在市场竞争中由弱势逐渐变为强势，将会获得较好的经济效益，显示出强大的生命力。

（7）加快城市化进程，建设城市森林，加大园林苗木需求。

0.4 世界花卉业的发展现状及趋势

第二次世界大战以来，荷兰、美国、日本等花卉发达国家用现代物质条件装备花卉业，用现代科学技术支撑花卉业，以温室大棚为代表的农业设施得到全面普及，穴盘育苗、容器育苗、遗传工程、信息网络、电子通信等技术得到了广泛的应用，花卉生产彻底改变了完全依赖自然条件的状况，反季节生产、周年供应、品质一致性等成为可能，形成了比较完善的花卉物流体系，新品种不断涌现，质量不断提高。花卉发达国家已经实现了由传统花卉业向新型现代花卉业的成功转型。

随着世界花卉生产的不断扩大，市场竞争日趋激烈，各花卉生产和出口国都面临着一些共性问题：

（1）全球花卉价格持续下降；

（2）生产成本普遍提高；

（3）能源支出越来越大；

（4）消费者对花卉品质越来越挑剔，产品的不断更新和质量提高显得更加重要。

面对这些共性问题，各国都在利用自身优势，采取相应对策，保住或开拓国际花卉市场的份额。因此，伴随着世界花卉自由贸易的发展，世界花卉业的发展又有了明显的变化。

1）世界花卉生产和经营企业由独立经营向合作经营发展

花卉业是高投入、高产出、高风险的特殊行业。发达国家大多数的花卉种植者、企业自愿组成联合体，共同投入扶持相关专业科研机构，因此花卉科研的立项主要是根据市场需求提出；而科研机构的新技术、新成果也能够很快转化为现实生产力。科研、推广、生产、销售等各个环节，一般都由独立的专门公司承担，由行业协会组织协调衔接。生产者、销售者分工极其明确但又相互协作。在经营和贸易上的合作，可以实现利益共享、风险共担，最大限度地保护了生产者和经营者的利益。欧美多数国家的花卉企业均采取了不同程度的合作，这已成为现代花卉企业的发展方向。

2）国际花卉生产布局基本形成，世界各国纷纷走上特色道路

没有特色就没有市场，几乎全球所有花卉业者都

意识到了这一点。荷兰凭借其悠久的花卉发展历史，逐渐在花卉种苗、球根、鲜切花、自动化生产方面占有绝对优势，尤其是以郁金香为代表的球根花卉，已成为荷兰的象征；美国由于国内市场需求增大，地域辽阔，所以在草花及花坛植物育种及生产方面走在前列，同时在盆花、观叶植物方面也处于领先地位；日本凭借“精致农业”的基础，在育种和栽培上占有绝对优势，对花卉的生产、储运、销售能做到标准化管理，日本市场最大的特点就是优质优价；其他如以色列、西班牙、意大利、哥伦比亚、肯尼亚则在温带鲜切花生产方面实现专业化、规模化生产。

3）花卉产品向多样化、新奇化方向发展

优质的花卉产品是市场的主导产品，而丰富多样的花卉品种则给消费者提供了较大的选择余地，满足了不同消费者的需要。世界切花品种从过去的“四大切花”为主导转变为以月季、菊花、香石竹、百合、唐菖蒲、郁金香、大花蕙兰等为主要种类，盆栽植物以球根秋海棠、凤梨科植物、一品红等最为畅销。随着经济发展和科技进步，人们对色、香、形等标新立异的花卉新品种的需求日趋增强，高档次、优品质的花卉在世界花卉贸易市场中尽管价格昂贵，但仍是最受欢迎的。野生花卉资源也越来越受关注。

第 1 章　花卉的种质资源

本章学习目的：重点介绍花卉植物的资源分布以及花卉不同的分类方式和各类特点，不同的目的对不同的分类方法的选择及常用方式。使学生通过合理地使用花卉分类方法对花卉的识别和今后栽培应用有一个共性的认识和把握，便于今后花卉的深入学习。

1.1　花卉的种质资源及开发利用

花卉是最美丽的自然产物，它给人以美的感受。花卉是园林绿化、美化和香化的重要材料，但人们不满足于只在园林绿地中赏花娱乐，还需求用花卉进行室内美化，装饰生活环境，丰富日常生活。随着社会的发展，花文化有越来越丰富的内涵。对于各种各样的需求，我们首先要掌握花卉的种质资源，这样才能更好地利用花卉来满足人们的需要。

1.1.1　野生花卉种质资源自然分布中心

据 Miller 及冢本的研究，全球共划分为七个气候型。在每个气候型所属地区内，由于特有的气候条件，形成了野生花卉的自然分布中心。如地中海气候型，成为世界上多种秋植球根花卉的分布中心；墨西哥气候型成为一些春植球根花卉的分布中心；欧洲气候型是某些耐寒性一、二年生草花及部分宿根花卉的分布中心；热带气候型是不耐寒一年生花卉及热带花木类分布中心；沙漠气候型中生长着多数沙漠植物，这里是仙人掌及多浆类的分布中心；而寒带气候型则是耐寒性植物及高山植物的分布中心。中国气候型分温暖型和冷凉型：温暖型生长喜温暖的球根花卉，如百合、石蒜、中国水仙、马蹄莲、唐菖蒲及不耐寒的宿根花卉，如美女樱、非洲菊；冷凉型中多为较耐寒的宿根花卉，如菊属、芍药属等。

我国幅员辽阔，气候和自然生态环境复杂，形成了极为丰富的植物种质资源，其中野生花卉种质资源更是丰富多彩。目前世界范围内随着花卉生产的发展和人们欣赏水平的提高，花卉育种工作日新月异，要使花卉育种工作不断实现新突破，除了采用新技术不断拓宽育种途径以外，迫切需要更多的具有特异性状的种质资源供人们应用。野生花卉以其诸多的特异性状，例如特早花和早花、两季或四季开花、芳香或异香、特殊花色（绿色和蓝色等）、突出的适应性和抗逆性等越来越受到育种工作者的重视。近百年来欧美等西方国家大量引种我国野生和栽培花卉用以选育新品种。我国的野生花卉是经过千百年的自然演化而保存下来的宝贵种质资源，是未来花卉育种的物质基础，具有极大的开发利用价值和潜在的经济效益。但是，近几年地球自然环境破坏较严重，污染、荒漠化、水土流失和森林毁灭等频繁发生，许多野生花卉资源已经灭绝或濒危，亟待抢救、保存并开发利用。

1.1.2　野生花卉种质资源的开发和利用

1）野生花卉的特点

（1）资源丰富，种类繁多

野生花卉大家族中，有观花的，观果的，观叶的；植株有直立的、匍匐的，也有攀缘的；在色彩上更是丰富多彩，有红、黄、白、蓝、紫等，可以满足各种不同的应用需求。

（2）抗逆性强，适应性广

野生花卉大多具有耐寒、耐旱、耐水湿、耐瘠薄和抗盐碱等特性，适应性非常广泛。

（3）繁殖简单，栽培容易

野生花卉一般具有极强的自播和自繁能力，因此其繁殖和栽培大多没有特殊要求，只要栽培条件与其野生环境相似均能成活。

（4）应用成本低，收效大

野生花卉取材方便，成本低，收效却很大。作为引种驯化栽培种，许多野生花卉不仅具有观赏价值，而且具有一定的经济价值，如药材、香料和色素等；作为种质创新材料，通过杂交、诱变和基因工程等育种手段可以创造新品种和新种质。

（5）群体功能强

野生花卉单株种植，观赏效果往往不太明显，但作为群体，成丛、成片或与其他花卉进行合理搭配种植，可收到良好的景观效果。

2）野生花卉开发利用价值

（1）在育种中的应用

通过杂交和基因工程等育种技术，将野生花卉具有的抗病和抗逆性等优良性状以及携带的特异基因转育到现有观赏植物中，以改良现有栽培品种的遗传品质，创造新品种和新类型。随着基因转化技术和植物再生方法的不断完善和应用，培育蓝色月季、发光植物、紫色郁金香、黄色仙客来和红色球根鸢尾都不再是梦想。将基因工程与传统的育种手段相结合，可以从野生花卉中培育出大批花色丰富、抗逆性强、性状各异、能够满足各种不同绿化和美化要求的观赏植物。

（2）在园林中的应用

野生花卉千姿百态、花色斑斓、种类多，有花期长、适应性强和分布广等特点，备受人们喜爱。尤其是它具有野性的形姿、纯朴的山林情趣和浓郁的自然色彩，是美化居室和绿化庭院的理想材料，在园林中的应用越来越广泛，主要有以下几方面：

① 布置花坛和花境：选择花色艳丽、花姿雅致、花期集中、植株低矮整齐、群体效果好的草本观赏植物布置花坛和花境。如胡枝子、溲疏、太平花、紫菀、紫花地丁、蓝刺头、婆婆纳、唐松草和芦苇等观赏价值很高，在花境中应用更能体现自然之韵。

② 布置水景园和沼泽园：用香蒲、千屈菜、睡莲、水葱、菖蒲和鸢尾等花朵艳丽或叶色浓绿的水生花卉，可以布置成水景园或沼泽园，栽植在浅水池和湿地可以点缀风景。

③ 盆栽观赏：选择植株低矮健壮、株形优美丰满、耐阴或半耐阴的野生花卉，栽植于花盆中，用于美化居室，给室内平添几分雅致。如杜鹃花、翠雀、秋海棠、千屈菜、铁线蕨、马先蒿和报春花等，均为理想的盆栽材料。

④ 生产切花：选择花色艳丽或具香气、花梗长、花期一致、花朵整齐的野生花卉品种，用来制作花束、插花和编制花篮等。如轮叶婆婆纳、长瓣金莲花、百合、鸢尾、杜鹃、桔梗和芍药等，均可用作切花，是制作插花的理想材料。

（3）在生态旅游中的应用

色彩斑斓、婀娜多姿的野生花卉，点缀在幽静的山涧和路旁，给生态景观增添了无限魅力；漫山遍野的野生花卉，除了给人以视觉享受之外，还能散发出阵阵清香，令人赏心悦目、心旷神怡和流连忘返。因此，在生态旅游中，野生花卉越来越受到保护和利用。

（4）综合利用价值

野生花卉植物除了作为观赏植物资源开发利用外，有的还具有药用（如沙参类和乌头等）、材用（如黄檗等）、食用（如山荆子和君迁子等）、芳香油（如杜鹃类和蔷薇等）、蜜源（如花楸和野菊等）和杀虫等利用价值。

3）野生花卉开发利用途径

（1）直接栽培

对观赏性好且生态适应性强的珍稀野生花卉，可直接栽种应用于园林中。这是丰富我国园林植物种类快速有效的技术途径。

（2）引种驯化

对观赏性好但生态适应性较弱的珍稀野生花卉，可采取"引种驯化"的方法改变其遗传特性，从而适应新的栽培环境。

（3）人工育种

对带有特异性状的珍稀野生花卉，可以通过杂交育种、化学诱变、辐射育种或太空育种等手段改变其不良性状，保持其优良性状，以达到满足园林观赏的目的。同时，通过杂交育种或基因工程技术，可将野生花卉的抗病虫、抗逆性、特殊花色等优良单一性状基因导入栽培花卉品种中，提高栽培品种的遗传品质，延长栽培品种的使用寿命。目前我国的球根花卉生产与栽培普遍存在着种球严重退化的问题，例如近年来我国的郁金香需求量剧增，每年从荷兰等国大量引进，由于病毒感染使其多呈一次性消耗栽培，极大地增加了生产成本。从亲缘关系分析，荷兰生产的郁金香为土耳其原产，没有中国内地地缘，所以引起品种退化的主要原因是引进品种不适应当地生态条件。只有在不降低观赏价值条件下，进行种间杂交和中西种间远缘杂交，同时运用转基因等高技术手段，育成适宜本地栽培的新品种群，退化问题才能够解决。

（4）综合利用

把同时具有观赏、药用和食用价值的珍稀野生花卉进行综合研究，以提高其开发利用价值和获得更高的经济效益。如玫瑰花，花期一般为 4 ～ 6 月，可做鲜花饼、花茶和提取精油，能活血化瘀、温胃健脾、疏肝解郁，可以解除不良情绪对人体的影响，同时还有调理气血等作用，经济效益非常可观。

1.1.3 花卉的品种资源

花卉在园林绿化、文化生活和经济生产中都有很重要的作用，但现在用于观赏的多数花卉，是随着人类社会的经济发展、文化水平的不断提高，而逐渐把野生花卉资源进行园艺化后培育新的品种进行应用的。近年，由于生物工程、分子生物学等生物科学的迅速发展，各国对野生花卉资源的引种、育种和培育新品种又有许多新的突破。花卉的品种资源也越来越丰富，据法国商报报道，花卉中若不把高山植物及野生草花计算在内，已经园艺化的花卉达 8000 多种。在 Emsweller 品种数量表中列举的月季有 10000 多个品种，郁金香有 8000 多个品种，水仙有 3000 多个品种，唐菖蒲有 25000 多个品种，芍药有 2000 多个品种，鸢尾有 4000 多个品种，大丽花有 7000 多个品种，菊花有 1500 多个品种。

我国有用于栽植的睡莲、荷花等 200 多个适于江南生长的水生花卉品种。

近年来花卉品种的选育向着观赏性好、抗性强的方向发展。

1.2 花卉的分类

花卉种类繁多，对花卉进行有效分类有助于我们更好地认识不同的花卉品种。由于花卉分类的依据不同，有多种分类法。

1.2.1　依生态习性的分类

此分类方法是依据花卉植物的生活型和生态习性进行的分类。

1）露地花卉

在自然条件下，不需保护地即可完成整个生长过程。露地花卉可根据生活史长短分为 3 类。

（1）一年生花卉：在一个生长季内完成生活史的植物。即从播种到开花、结实、枯死均在一个生长季内完成。一般在春天播种，夏秋开花结实，然后枯死。故一年生花卉又称春播花卉。这类花卉喜温暖、怕冷凉，如凤仙花、麦秆菊、万寿菊等。

（2）二年生花卉：在两个生长季内完成生活史的花卉。当年只生长营养器官，越年后开花、结实、死亡。二年生花卉，一般在秋季播种，次年春夏开花。故常称为秋播花卉。这类花卉喜冷凉、怕酷热，如石竹、紫罗兰、桂竹香等。

（3）多年生花卉：个体寿命超过两年，能多次开花、结实，又因其地下部分的形态有变化，可分两类：

① 宿根花卉：地下部分的形态正常，不发生变态，如菊花、萱草、麦冬等。

② 球根花卉：地下部分变态肥大的花卉。依据地下部分形态特征可分为五类，鳞茎、球茎、块茎、根茎、块根，如郁金香、唐菖蒲、大丽花等。

2）温室花卉

原产热带、亚热带及南方温暖地区的花卉，在北方寒冷地区栽培必须在温室内培养，或冬季需要在温室内保护越冬。通常根据生态习性和栽培特点分为下面几类：

（1）一、二年生花卉：这种花卉是指在一个生长季或两个生长季内完成生活史的温室花卉，即从播种到萌芽、生长、开花、结实以至枯死，在一个或两个生长季内完成。温室一年生花卉春天播种；温室二年生花卉秋天播种，如彩叶草、报春花、瓜叶菊等。

（2）宿根花卉：地下部分形态正常，不发生变态，如花叶竹芋、蜘蛛抱蛋、万年青等。

（3）球根花卉：地下部分变态肥大，如球根秋海棠、仙客来、朱顶红、大岩桐等。

（4）兰科植物：依其生态习性不同，又可分为以下两类：

① 地生兰类：植株生长在土壤中，中国兰花即属此类，如春兰、蕙兰、建兰等。

② 附生兰类：附生在其他植物体上，多分布于热带，以花色、花型的美丽而著称，如蝴蝶兰、石斛、兜兰等。

（5）多浆植物：指茎叶具有发达的贮水组织，呈肥厚多汁变态状的植物，如蟹爪兰、昙花、仙人掌类等。

（6）蕨类植物：此类为较原始的植物类群，常生长在潮湿荫蔽而腐殖质丰富的地方，适宜生长的土壤多为酸性，如铁线蕨、肾蕨等。

（7）食虫植物：此类植物具有特殊的营养器官，除正常叶外，还有成筒状或叶上有腺毛，能分泌消化液将小动物消化吸收，如猪笼草、捕蝇草、瓶子草等。

（8）凤梨科植物：此类植物叶丛生莲座状，基部常有各色的条斑，花的苞片鲜艳而美丽，如彩叶凤梨、虎纹凤梨、筒凤梨等。

（9）棕榈科植物：此类植物多为乔木，少数为灌木或藤本。叶大、互生，性喜温暖湿润，要求土壤肥沃深厚，如蒲葵、棕竹、椰子等。

（10）花木类：茎为木质的温室花卉，如一品红、变叶木等。

（11）水生花卉：在水中或沼泽地生长的温室花卉，如王莲、热带睡莲等。

1.2.2　依原产地的分类

自然中的花卉资源非常丰富，它们分布在世界各地，野生花卉，气候、土壤等自然环境决定了它们的分布。花卉的生态习性与原产地有密切关系，如果花卉原产地气候相同，那它们的生活习性也大致相似，可采用相似的栽培方法。因此，了解花卉原产地很重要，对栽培、引种都有很大帮助。

根据 Miller 和日本冢本的分类，全球分为七个气候区，每个气候区所属地区内，由于特有的气候条件，形成了野生花卉的自然分布中心。花卉依原产地可进行如下分类：

1）中国气候型（大陆东岸气候型）

气候特点：冬寒夏热，年温差较大，四季分明，夏季降水量较大。

地理范围：中国的华北及华东地区、日本、北美洲东部、巴西南部、大洋洲东部、非洲东南部等。中国与日本受季候风的影响，夏季雨量较多，这一点与美洲东部不同。

这一气候型又因冬季的气温高低不同，分为温暖型与冷凉型。

（1）温暖型

包括中国长江以南、日本南部、北美东南部等地，该区是喜欢温暖的球根花卉和不耐寒的宿根花卉的分布中心。

原产花卉：中国石竹、福禄考、天人菊、美女樱、矮牵牛、半支莲、凤仙花、麦秆菊、一串红、报春花、非洲菊、百合、石蒜、马蹄莲、唐菖蒲、中国水仙、山茶、杜鹃、三角花、半边莲、堆心菊、银边翠等。

（2）冷凉型

包括中国北部、日本东北部、北美东北部等地，是耐寒宿根花卉的分布中心。

原产花卉：翠菊、黑心菊、荷包牡丹、芍药、菊花、荷兰菊、金光菊、翠雀、花毛茛、鸢尾、百合、铁线莲、紫菀、蛇鞭菊、贴梗海棠等。

2）欧洲气候型（大陆西岸气候型）

气候特点：冬季气候温暖，夏季温度不高，一般不超过 15 ～ 17 ℃。雨水四季均有，而西海岸地区雨量较少。

地理范围：欧洲大部分、北美洲西海岸中部、南美洲西南角及新西兰南部。

原产花卉：雏菊、矢车菊、剪秋罗、紫罗兰、羽衣甘蓝、三色堇、宿根亚麻、喇叭水仙、霞草、勿忘草、毛地黄、锦葵、铃兰等。

该区是一些一、二年生花卉和部分宿根花卉的分布中心。这个地区原产的花卉不多，原产于该区的花卉最忌夏季高温多湿，故在中国东南沿海各地栽培有困难，而适宜在华北和东北地区栽培。

3）地中海气候型

气候特点：自秋季至次年春末降雨较多；冬季无严寒，最低温度为 6 ～ 7 ℃；夏季干燥、凉爽，极少降雨，为干燥期，气温为 20 ～ 25 ℃。

地理范围：南非好望角附近、大洋洲和北美的西南部，南美智利中部、北美洲加利福尼亚等地。

原产花卉：风信子、郁金香、水仙、香雪兰、蒲包花、天竺葵、君子兰、鹤望兰、鸢尾、仙客来、花毛茛、小苍兰、小鸢尾、花菱草、酢浆草、羽扇豆、石竹、香豌豆、金鱼草、金盏菊、麦秆菊、蒲包花、蛾蝶花、君子兰、鹤望兰等。

以地中海沿岸气候为代表。该区是不耐寒一年生花卉及观赏花木的分布中心，多年生花卉常成球根形态，对花卉园艺贡献很大。该区原产的花卉一般不休眠，对持续一段时期的缺水很敏感。原产的木本花卉和宿根花卉在温带均需要用温室栽培，一年生草花可以在露地无霜期栽培。

4）热带气候型

气候特点：常年气温较高，约 30 ℃，温差小；空气湿度较大；有雨季与旱季之分。

地理范围：中美洲、南美洲热带区和亚洲、非洲、大洋洲三洲热带区两个区。

该区是不耐寒一年生花卉及观赏花木的分布中心，对花卉园艺贡献很大。该区原产的花卉一般不休眠，对持续一段时期的缺水很敏感。原产的木本花卉和宿根花卉在温带均需要用温室栽培，一年生草花可以在露地无霜期栽培。

此气候型又可区分为两个地区：

（1）亚洲、非洲、大洋洲的热带地区

原产花卉：鸡冠花、凤仙花、蟆叶秋海棠、彩叶草、虎尾兰、万带兰、非洲紫罗兰、猪笼草、彩叶草、变叶木等。

（2）中美洲和南美洲热带地区

原产花卉：紫茉莉、大岩桐、椒草、美人蕉、竹芋、水塔花、卡特兰、朱顶红、花烛、长春花、牵牛花、秋海棠等。

5）沙漠气候型

气候特点：周年气候变化极大，昼夜温差也大，降雨少，干旱期长；多为不毛之地，土壤质地多为沙质或以沙砾为主。

地理范围：非洲、大洋洲中部、墨西哥西北部及我国海南岛西南部。

原产花卉：仙人掌、芦荟、龙舌兰、龙须海棠、伽蓝菜、光棍树、霸王鞭等多浆植物。

6）墨西哥气候型（热带高原气候型）

气候特点：周年温度约 14 ~ 17 ℃，温差小，降雨量因地区不同，有的雨量充沛均匀，也有集中在夏季的。

地理范围：除墨西哥高原之外，尚有南美洲的安第斯山脉，非洲中部高山地区，中国云南省等地。

原产花卉：大丽花、晚香玉、百日草、一品红、球根秋海棠、金莲花、波斯菊、万寿菊、藿香蓟、旱金莲、报春、云南山茶、常绿杜鹃、香水月季等。

该区是一些春植球根花卉的分布中心。原产于该区的花卉一般喜欢夏季冷凉、冬季温暖的气候，在中国东南沿海各地栽培较困难，夏季在西北和东北地区生长较好。

7）寒带气候型

气候特点：气温偏低，尤其冬季漫长寒冷；而夏季短暂凉爽，植物生长期只有 2 ~ 3 个月。年降雨量很少，但在生长季有足够的湿度。

地理范围：阿拉斯加、西伯利亚、斯堪的纳维亚，我国西北、西南及东北的一些城市，地处海拔 1000 m 以上也属高寒地带。

原产花卉：雪莲、细叶百合、绿绒蒿、镜面草、龙胆、点地梅等。

该区主要有各地自生的高山植物，栽培花卉时要照顾到气候型的因素。

1.2.3　依园林用途的分类

1）花坛花卉

指可以用于布置花坛的一、二年生露地花卉。比如春天开花的有三色堇、石竹；夏天花坛花卉常栽种凤仙花、矮牵牛；秋天选用一串红、万寿菊、九月菊等；冬天花坛内可适当布置羽衣甘蓝等。

2）盆栽花卉

是以盆栽形式装饰室内及庭园的盆花，主要观赏盛花时期的景观、株丛圆整、开花繁盛、整齐一致的花卉。如扶桑、文竹、一品红、金橘等。

3）切花花卉

栽培目的是为剪取花枝或果枝供作瓶花或其他装饰应用的花卉。

（1）宿根类：如非洲菊、满天星、鹤望兰。

（2）球根类：百合、郁金香、马蹄莲、香雪兰等。

（3）木本类切花：如桃花、梅花、牡丹。

4）水生花卉

在水中或沼泽地生长的花卉，如睡莲、荷花、千屈菜、菖蒲等。

5）岩生花卉

指耐旱性强，适合在岩石园栽培的花卉。在实际园林应用中可把露地花卉中的一些耐旱性强的植物作为岩生花卉。如虎耳草、景天类。

6）草坪地被花卉

主要指覆盖地表面的低矮的、具匍匐状的、质地优良的、扩展性强的禾本科植物、莎草科植物以及一些多年生适应性强的其他草本植物和茎叶密集的低矮灌木、竹类、藤本植物等。如结缕草、早熟禾、高羊茅、紫羊茅等。

第 2 章　花卉的生长发育与环境

本章学习目的：重点介绍花卉按其环境因子适应性不同的分类，环境对生长发育进程的影响，环境对花卉形态建成的影响等。难点是记忆花卉对不同环境因子适应性的分类和理解光周期和春化作用对不同花卉花芽分化的影响。

通过花卉的生长发育特征与环境因子的学习，使学生能将以前学过的植物生理基础知识和花卉的栽培生理有机地结合起来，是基础理论和应用技术的一个连接点，起到承上启下的作用，是学生掌握今后栽培技术中应解决几个重点问题的理论基础。同时，也能较灵活地根据具体情况对环境因子进行调控。在今后栽培中能更好的解决实际栽培问题。

要在园林中营造良好的花卉景观，就要了解花卉的生长发育特点和与环境之间的关系，也就是给花卉提供良好的栽培和管理。栽培的本质就是在掌握花卉生长发育对环境要求的基础上，提供条件，满足花卉生长要求。通过学习本章内容能正确使用园林花卉，发挥它们在园林中的作用。

2.1　花卉的生长发育特征

不同的植物种类具有不同的生长发育特征，完成生长发育过程所要求的环境条件也各有不同，只有充分了解每种植物的生长发育特点及所需要的环境条件才能采取适当的栽培手段与技术管理措施，达到预期的生产与应用目的。

2.1.1　花卉生长发育的规律

1）花卉个体生长发育过程

花卉同其他植物一样，无论是从种子到种子或从球根到球根，在整个一生中既有生命周期的变化，也有年周期的变化。在个体发育中多数种类同样经历种子时期、营养生长时期和生殖生长时期，每个时期又分为几个生长期，每一时期各有其特点。

（1）种子时期

① 胚胎发育时期：从卵细胞受精开始，到种子成熟为止。受精后，胚珠发育成种子。这个过程也受所生长环境条件的影响，应使母本植株有良好的营养条件及光合条件，以保证种子的健壮发育。

② 种子休眠期：种子成熟以后，大多数都有不同程度的休眠（营养繁殖器官如块茎、块根等也有休眠期）。休眠状态的种子代谢水平低，如保存在冷凉而干燥的环境中，可以降低其代谢水平，保持更长的种子寿命。

③ 发芽期：经过一段时间的休眠以后，遇到适宜的环境即能吸水发芽。发芽所需能量来自种子本身的贮藏物质。所以种子的大小及贮藏物质的性质与数量，对发芽的快慢及幼苗的生长影响很大。栽培上要选择发芽能力强而饱满的种子，保证最合适的发芽条件。

（2）营养生长时期

① 幼苗期：种子发芽以后就进入幼苗期。花卉幼苗生长的好坏，对以后的生长发育有很大的影响。幼苗期植株生长迅速、代谢旺盛，对土壤水分及养分吸收量虽然不多，但要求严格，所以要保证土壤养分的完全。此外，幼苗对环境的抗性也较弱。

② 营养生长旺盛期：幼苗期以后，一年生花卉有一个营养生长的旺盛时期，枝叶及根系生长旺盛，为以后开花结实打下营养基础。二年生花卉也有一个营养生长的旺盛时期，短暂休眠后，第二年春季又开始旺盛生长，并为以后开花结实打下营养基础。这个时期结束以后，转入养分积累时期。

③ 营养休眠期：二年生花卉及多年生花卉在贮藏器官形成后有一个休眠期，有的是自发的休眠，但大多数是被动的休眠，一旦遇到适宜的温度、光照和水分条件,就可发芽或开花。它们休眠的性质与种子休眠不同。

（3）生殖生长时期

植物在没有达到一定年龄或生理状态之前，即使满足了所需的外界环境条件，也不能开花。只有达到某种生理状态，才能感受所要求的外界环境条件而开花。这种在开花之前必须达到的、能够对外界环境条件起反应的生理状态,叫花熟状态。达到花熟状态以后,一旦遇到适宜的外界环境条件，植物就开始花芽分化。茎端分生组织由营养生长转向生殖生长。

生殖生长时期可分为三个阶段：

① 花芽分化时期：花芽分化是植物由营养生长过渡到生殖生长的形态标志。在栽培时，要提供满足花芽分化的环境，使花芽及时发育。

② 开花期：从现蕾开花到授粉、受精，是生殖生长的一个重要时期。这一时期花卉对外界环境的抗性较弱，对温度、光照和水分的反应敏感。温度过高或过低、光照不足或过于干燥等，都会影响授粉和受精，引起落蕾和落花。

③ 结果期：果实的膨大生长是依靠光合作用产生的养分从叶中不断地运转到果实中去。

上面所述的是花卉的一般生长发育过程，并不是每一种花卉都经历所有的时期。

2）春化作用和光周期现象

（1）春化作用

1918 年 G·加斯纳发现冬黑麦在种子萌发期或幼苗期要经过一低温阶段（1 ~ 2 ℃），第二年才能抽穗开花。1928 年苏联李森科为了在寒冷地区推广高产冬小麦品种，于春季播种前将吸水萌动的冬小麦种子进行低温处理，当年就抽穗、开花、结实。某些植物在个体生育过程中要求必须通过一个低温周期，才能继续下一阶段的发育，即引起花芽分化，否则不能开花。这个低温周期就叫春化作用。人为地满足植物开花所需要的低温条件，促进植物开花的措施，叫春化处理。春化作用的感受部位是茎端的分生组织，一般只发生在分裂的细胞内。在植物春化过程结束之前，如将植物放到较高的温度下，低温处理的效果就被消除，这种现象称去春化作用。大多数去春化的植物返回到低温下，又可重新进行春化，而且低温的效应可以累加，这种解除春化之后再进行的春化作用称再春化作用。

（2）春化作用条件

① 低温：低温是春化作用的主要条件。有效温度是 -3 ~ 10 ℃，最适温度是 1 ~ 2 ℃（温度低于 0 ℃，代谢即被抑制，不能完成春化过程）。低温持续时间随植物种类而定，在一定的期限内春化的效应随低温处理的时间延长而增加。春化时间从数天到二三十天。

需要春化的植物，经过低温春化后，往往还要在较高温度和长日照条件下才能开花。因此，春化过程只对植物开花起诱导作用。

② 水分、氧气和营养：植物在缺氧条件下不能完

成春化；小麦种子吸胀后可以感受低温通过春化，而干燥种子则不能通过春化；体内糖分耗尽的小麦胚不能感受春化，如果添加 2% 的蔗糖后，则可感受低温而接受春化。

植物春化时除了需要一定时间的低温外，还需要有充足的氧气、适量的水分和作为呼吸底物的糖分。

（3）光周期现象

自然界中，植物的开花具有明显的季节性。即使是需春化的植物在完成低温诱导后，也是在适宜的季节才进行花芽分化和开花。而日长的变化是季节变化最可靠的信号。光周期是指白天和黑夜的相对长度。光周期对花诱导有着极为显著的影响。植物的光周期现象则指光周期对植物生长发育的反应，它是植物生长发育中一个重要的因素，不仅可以控制某些植物的花芽分化和发育开放过程，而且还影响植物的其他生长发育现象，如分枝习性，块茎、球茎、块根等地下器官的形成以及其他器官的衰老、脱落和休眠，所以光周期与植物的生命活动有密切的关系。

2.1.2　花器官形成及其生理

1）花器官的形成

（1）花器官形成所需要的条件

① 营养状况：C/N 合适。

② 内源激素对花芽分化的调控：CTK、ABA 和乙烯可促进果树的花芽分化；GA 可抑制多种果树的花芽分化。IAA 浓度低，促进花芽分化；浓度高则抑制花芽分化。

③ 外界条件：主要是光照、温度、水分和矿质营养等。

光：光照时间长，积累有机物多，开花多。

水分：雌雄蕊分化期和花粉粒母细胞及胚囊母细胞减数分裂期，对水分十分敏感。如果此时土壤水分不足，则花的形成减缓。

温度：温度是影响花器官形成的另外一个重要因素。

肥料：氮不足，花分化缓慢而花少，氮多而贪青，花发育不良，适宜的碳氮比配合磷、钾，有利于花的发育，适量使用钼、锰，效果更好。

（2）植物的性别分化

大多数植物在花芽分化中逐渐在同一朵花内形成雌蕊和雄蕊，即两性花，这类植物称为雌雄同花植物；而有一些植物，在同一植株上却有两种花，一种是雄花，一种是雌花，这类植物称为雌雄同株植物；还有不少植物，在单个植株上，要么形成只具有雌蕊的雌花，要么形成只具有雄蕊的雄花，即同一植株上只具有单性花，这类植物谓之雌雄异株植物，如银杏等。

在花芽的分化过程中，进行着性别分化。植物发育初期都有两性器官原基，性别的分化实际是一个雌雄蕊的发育问题。

（3）花器官发育的基因控制

花器官的形成依赖于器官特异基因在时间顺序和空间位置的正确表达。有时花的某一重要器官的位置发生了被另一器官替代的突变，如花瓣部位被雄蕊替代，这种遗传变异现象称为花器官的同源异型突变。控制同源异型化的基因称为同源异型基因（Homeotic Gene）。这些基因控制花分生组织特异性、花序分生组织特异性和花器官特异性的建立。

科恩（Coen）等人提出了花形态建成遗传控制的“ABC 模型”假说。

典型的花器官具有四轮基本结构，由外到内依次为花萼、花瓣、雄蕊和心皮。花萼、花瓣、雄蕊和心皮分别由 A、AB、BC、C 组基因决定。这三类基因突变都会影响花形态建成，其中控制雄蕊和心皮形成的那些同源异型基因是最基本的性别决定基因。控制花结构的基因按功能可分为三大类：A 组基因控制第一、二轮花器官的发育，其功能丧失会使第一轮萼片变成心皮，第二轮花瓣变成雄蕊；B 组基因控制第二、三轮花器官的发育，其功能丧失会使第二轮花瓣变成萼片，第三轮雄蕊变成心皮；C 组基因控制第三、四轮花器官的发育，其功能丧失会使第三轮雄蕊变成花瓣，第四轮心皮变成萼片。

2）花芽分化

（1）花芽分化

花芽分化是指植物茎生长点由分生出叶片、腋芽转变为分化出花序或花朵的过程。花芽分化是由营养生长向生殖生长转变的生理和形态标志。

花芽分化的理论主要有：

① 营养物质论，如碳氮比（C/N）学说；

② 成花物质论或成花激素论；

③ 遗传基因控制论。

（2）花芽分化的阶段

当植物进行一定营养生长，并通过春化阶段及光照阶段后，即进入生殖阶段，营养生长逐渐缓慢或停止，花芽开始分化，芽内生长点向花芽方向形成，直至雌、雄蕊完全形成为止。整个过程可分为生理分化期、形态分化期和性细胞形成期，三者顺序不可改变，缺一不可。生理分化期是在芽的生长点内进行生理变化，通常肉眼无法观察，形态分化期进行着花部各个花器的发育过程，从生长点突起肥大的花芽分化初期，至萼片形成期、花瓣形成期，雄蕊形成期和雌蕊形成期。有些花木类其性细胞形成期是在第二年春季发芽以后，开花之前才完成。如樱花、八仙花等。多数花芽形态分化初期的共同特点是：生长点肥大高起略呈半球体状态，从而与叶芽区别开来，从组织形态上改变了发育方向。

（3）花芽分化的类型

根据花芽开始分化的时间及完成分化全过程所需时间的长短不同，可分以下几个类型：

① 夏秋分化类型

如牡丹、丁香、梅花、榆叶梅等等。花芽分化一年一次，于 6 ～ 9 月高温季节进行，至秋末花器的主要部分已完成，第二年早春或春天开花。但其性细胞的形成必须经过低温。许多木本类的花卉，球根类花卉在夏季较高温度下进行花芽分化，而秋植球根在进入夏季后，地上部分全部枯死，进入休眠状态停止生长，花芽分化却在夏季休眠期间进行，此时温度不宜过高，超过 20 ℃，花芽分化则受阻，通常最适温度为 17 ～ 18 ℃，但也视种类而异。春植球根则在夏季生长期进行分化。

② 冬春分化类型

原产温暖地区的某些木本花卉及一些园林树种。如柑橘类从 12 月至翌年 3 月完成，特点是分化时间短并连续进行。一些二年生花卉和春季开花的宿根花卉仅在春季温度较低时期进行。

一些当年夏秋开花的种类，在当年枝的新梢上或花茎顶端形成花芽，如紫薇、木槿、木芙蓉等以及夏秋开花的宿根花卉，如萱草、菊花、芙蓉葵等，基本属此类型。

③ 多次分化类型

一年中多次发枝，每次枝顶均能形成花芽并开花。如茉莉、月季、倒挂金钟、香石竹等四季性开花的花木及宿根花卉，在一年中都可以持续分化花芽，当主茎生长达一定高度时，顶端营养生长停止，花芽逐渐形成，养分即集中于顶花芽。在顶花芽形成过程中，其他花芽又继续在基部生出的侧枝上形成，如此在四季中可以开花不绝。这些花卉通常在花芽分化和开花过程中，其营养生长仍继续进行。一年生花卉的花芽分化时期较长，只要在营养生长达到一定大小时，即可分化花芽而开花，并且在整个夏秋季节气温较高时期，继续形成花蕾而开花。决定开花的早迟依播种出苗时期和以后生长的速度而定。

④ 不定期分化类型

每年只分化一次花芽，但无一定时期，只要达到一定的叶面积就能开花，主要视植物体自身养分的积累程度而异。如凤梨科和芭蕉科的某些种类。

（4）环境对花芽分化的影响

① 光照：花卉开花除与自身的遗传性有关外，光照是促进花芽形成最有效的外因。栽培实践表明，在同一株花卉上充分接受光照的枝条，花芽就多；受光不足的枝条，花芽就少。夏天晴天多时，花卉受光照充足，来年花芽就多，这是因为光照条件好，花卉体内碳水化合物积累得多的缘故。许多花卉要求每天要有一定的光照与黑暗交替的时数，才能进行花芽分化而后开花，这种现象称为光周期现象。

② 温度：温度对花芽分化和发育起着重要作用。花卉种类不同，花芽分化发育所要求的适温也不同，大体上有以下情况：

a. 高温下进行花芽分化：许多花木类如杜鹃、山茶、梅和樱花等，是在 6 ~ 8 月气温高达 25 ℃以上时进行花芽分化，入秋后，植物体进入休眠状态，经过一年低温后结束或打破休眠而开花。许多球根花卉的花芽分化也在夏季高温下进行，如唐菖蒲、晚香玉、美人蕉等春植球根花卉，在夏季生长期进行花芽分化；而郁金香、风信子等秋植球根花卉于夏季休眠期进行花芽分化。

b. 低温下进行花芽分化：许多原产温带中北部的花卉以及各地的高山花卉，多要求在 20 ℃以下较凉爽气候条件下进行花芽分化，如八仙花、卡特兰属、石斛属的某些品种在 13 ℃左右和短日照条件下促成花芽分化；许多秋播的草花如金盏菊、雏菊等，也要在低温下才能进行花芽分化。

温度对于分化后花芽的发育也有很大影响，有些植物种类花芽分化温度较高，而花芽发育则需要一段低温过程，如一些春花类木本花卉。又如郁金香 20 ℃左右处理 20 ~ 25 d 促成花芽分化，其后在 2 ~ 9 ℃下处理 50 ~ 60 d，促成花芽发育，再用 10 ~ 15 ℃进行处理促其生根。

c. 水分：适度的干旱有利于促进花卉的花芽分化。花芽分化期前对花卉植株适当控水，少浇水或停浇几次水，能抑制或延缓茎叶的生长，提早并促进花芽的形成和发育。

2.2　花卉与环境因子

花卉与其他生物一样，不能离开环境而独立存在。花卉的生长发育除决定于自身的遗传特性外，还与外界环境因子有关。外界环境中的温度、光照、水分、土壤、大气以及生物等因子，对花卉的生长发育起着极其重要的作用。花卉人工栽培成功的关键在于掌握各种花卉的生态习性，并采用不同的措施来适应其生态要求。

因此，花卉栽培的好坏，也就表现在如何将花卉生长发育所需要的温度、光照、水分、土壤、大气等环境因子作适当的配合，以达到栽培的目的，各环境因子对花卉生长发育的影响是综合性的，不能孤立分割，各因子之间又是相互联系、相互作用、相互影响、相互制约的。比如夏季温度高，叶面和土面蒸发量大，需要的水分就多，而在低温环境下花卉生长缓慢，消耗的水分和营养物质大大减少，因此在养护时要尽量减少浇水并停止追肥，否则容易造成根系腐烂。

那么这些环境因子又是如何影响着花卉的生长与发育的呢？下面我们首先了解一下花卉生长发育与温度的关系。

2.2.1　花卉与温度

温度是影响花卉生长发育最重要的环境因子之一，它影响着植物体内一切生理生化变化。植物体内一切生理生化反应均需酶的参加才能顺利完成，而温度直接影响着酶的活性，温度与花卉的关系最为密切。

1）花卉对温度的要求

每种花卉的生长发育，对温度都有一定的要求，都有温度的“三基点”，即：最低温度、最适温度和最高温度。由于原产地气候条件不同，不同花卉温度“三基点”有很大差异。如原产热带的花卉，生长的基点温度较高，一般在 18 ℃左右；而原产温带地区的花卉，生长的基点温度较低，一般在 10 ℃左右；原产亚热带地区的花卉，基点温度介于二者之间，一般在 15 ~ 16 ℃开始生长。这里所说的最适温度，是指在这个温度下，植物不仅生长快，而且生长健壮、不徒长。一般来说，花卉的最适生长温度为 25 ℃左右，在最低温度到最适温度范围内，随着温度升高生长加快，而当超过最适温度后，随着温度升高生长速度反而下降。

根据花卉对温度的要求不同，一般可分为以下三种类型：

（1）耐寒性观赏植物

耐寒性观赏植物多原产于寒带或温带地区，包括露地二年生草本花卉，部分宿根、球根花卉和落叶阔叶及常绿针叶木本观赏植物。例如三色堇、雏菊、玉簪、丁香、云杉等。此类观赏植物抗寒力强，可以忍耐 -10 ℃的低温，在我国北方大部分地区能够露地自然越冬。

（2）半耐寒性观赏植物

半耐寒性观赏植物原产温带较暖地区，其耐寒力介于耐寒性与不耐寒性观赏植物之间，通常要求冬季温度在 0 ℃以上，在我国长江流域能够露地安全越冬。在北方地区稍加保护也可露地越冬，如金鱼草、金盏菊、牡丹、棕榈、桂花、广玉兰等。

（3）不耐寒性观赏植物

不耐寒性观赏植物原产于热带及亚热带地区，包括露地一年生草本花卉和温室花卉，如一串红、鸡冠花、变叶木、橡皮树与南洋杉等。这类观赏植物在生长期间需要高温，不能忍受 0 ℃以下的低温。

2）温度对花卉生长发育的影响

（1）温度与花卉的生长发育

温度不仅影响花卉种类的地理分布，还影响各种花卉生长发育的不同阶段和时期。一年生花卉，种子萌发可在较高温度下进行，而幼苗期要求温度较低，以后随着植株的生长发育，对温度的要求逐渐提高。二年生花卉，种子萌发在较低温度下进行，幼苗期要求温度更低，以利于通过春化阶段，开花结实时，则要求稍高的温度。栽培中为使花卉生长迅速，还需要一定的昼夜温差，一般热带植物的昼夜温差为 3 ~ 6 ℃，温带植物为 5 ~ 7 ℃，而仙人掌类则为 10 ℃以上。昼夜温差也有一定范围，并非越大越好，否则对植物的生长不利。

根据植物对要求低温值不同，可将花卉分为三种类型：

① 冬性植物：这一类植物在通过春化阶段时要求低温，约在 0 ~ 10 ℃的温度下，能够在 30 ~ 70 d 的时间内完成春化阶段。在近于 0 ℃的温度下进行得最快。

② 春性植物：这一类植物在通过春化阶段时，要求的低温值（5 ~ 12 ℃）比冬性植物高，同时完成春化作用所需要的时间亦比较短，约为 5 ~ 15 d。

③ 半冬性植物：在上述两种类型之间，还有许多种类，在通过春化阶段时，对于温度的要求不甚敏感，这类植物在 15 ℃的温度下也能够完成春化作用，但是，最低温度不能低于 3 ℃，其通过春化阶段的时间是 15 ~ 20 d。

在花卉栽培中，不同品种对春化作用的反应性也有明显差异，有的品种对春化要求性很强，有的品种要求不强，有的则无春化要求。

（2）极端温度对花卉的伤害

在花卉生长发育过程中，突然的高温或低温，会打乱其体内正常的生理生化过程而造成伤害，严重时会导致死亡。常见的低温伤害有寒害和冻害。寒害又称冷害，指 0 ℃以上的低温对植物造成的伤害。多发生于原产热带和亚热带南部地区喜温的花卉。冻害是指 0 ℃以下的低温对植物造成的伤害。

不同植物对低温的抵抗力不同，同一植物在不同的生长发育时期，对低温的忍受能力也有很大差别：休眠种子的抗寒力最高，休眠植株的抗寒力也较高，而生长中的植株抗寒力明显下降。经过秋季和初冬冷凉气候的锻炼，可以增强植株忍受低温的能力。因此，植株的耐寒力除了与本身遗传因素有关外，在一定程度上是在外界环境条件作用下获得的。增强花卉耐寒力是一项重要工作，在温室或温床中培育的盆花或幼苗，在移植露地前，必须加强通风，逐渐降温以提高其对低温的抵抗能力。增加磷钾肥，减少氮的施用，是增强抗寒力的栽培措施之一。常用的简单防寒措施是于地面覆盖秸秆、落叶、塑料薄膜，设置风障等。

高温同样可对植物造成伤害，当温度超过植物生长的最适温度时，植物生长速度反而下降，如继续升高，则植株生长不良甚至死亡。一般当气温达 35 ~ 40 ℃时，很多植物生长缓慢甚至停滞，当气温高达 45 ~ 50 ℃时，除少数原产热带干旱地区的多浆植物外，绝大多数植物会死亡。为防止高温对植物的伤害，应经常保持土壤湿润，以促进蒸腾作用的进行，使植物体温降低。在栽培过程中常采取灌溉、松土、叶面喷水、设置荫棚等措施以免除或降低高温对植物的伤害。

2.2.2　花卉与光照

光是绿色植物进行光合作用不可缺少的条件。光照随地理纬度、海拔高度、地形、坡向的改变而改变，也随季节和昼夜的不同而变化。此外，空气中水分和尘埃的含量，植物的相互荫庇程度等，也直接影响光照强度和光照性质。而光照强度、光质、光照长度的变化，都能对植物的形态结构、生理生化等方面产生深刻影响。

1）光照强度对花卉的影响

光照强度常依地理位置、地势高低以及云量、雨量的不同而变化：随纬度的增加而减弱，随海拔的升高而增强；一年中以夏季光照最强，冬季光照最弱；一天中以中午光照最强，早晚光照最弱。光照强度不同，不仅直接影响光合作用的强度，而且影响植物体一系列形态和解剖上的变化，如叶片的大小和厚薄；茎的粗细、节间的长短；叶片结构与花色浓淡等。不同的花卉种类对光照强度的反应不同，多数露地草花，在光照充足的条件下，植株生长健壮，着花多而大；而有些花卉，在光照充足的条件下，反而生长不良，需半荫的条件才能健康生长。常依花卉对光照强度要求的不同分为以下几类：

（1）阳性花卉：该类花卉必须在完全的光照下生长，不能忍受蔽荫，否则生长不良，如多数露地一、二年生花卉和宿根花卉及仙人掌科、景天科等的花卉植物。

（2）阴性花卉：该类花卉要求在适当遮阴下方能生长良好，不能忍受强烈的直射光线，生长期间要求有 50% ~ 80%遮阴度的环境条件。它们多分布在林下及阴坡，如蕨类和兰科植物。

（3）中性花卉：该类花卉对于光照强度的要求介于上述二者之间，一般喜欢阳光充足，但在荫蔽条件下生长亦好。一般花卉需光量大约为全日照的 50% ~ 70%，多数花卉在 50% 以下光照时生长不良。就一般植物而言，20000 ~ 40000 lx 已可达到生长、开花的要求。在夏季平均照度可达 50000 lx，一半的照度即为植物所需的最适照度，过强的光照强度会使植物同化作用减缓。

光照强弱对花蕾开放时间也有很大影响。半支莲、酢浆草必须在强光下开花；月见草、紫茉莉、晚香玉于傍晚盛开；昙花于夜间开花；牵牛花只盛开于每日的晨曦中。绝大多数花卉晨开夜闭。

2）日照长度对花卉的影响

地球上每日光照时间的长短，随纬度、季节而不同，日照长度是植物赖以开花的重要因子。植物在发育过程中，要求不同日照长度的这种特性，是与它们原产地日照长度有关的，是植物系统发育过程中对环境的适应。一般根据花卉对日照长度的要求，把花卉分为：

（1）长日照花卉：这类植物要求较长时间的光照才能成花。一般要求每天有 14 ~ 16 h 的日照，可以促进开花，若在昼夜不间断的光照下，能起更好的促进作用。相反，在较短的日照下，便不开花或延迟开花。如八仙花、瓜叶菊等。二年生花卉秋播后，在冷凉的气候条件下进行营养生长，在春天长日照下迅速开花。早春开花的多年生花卉，在冬季低温条件下满足其春化要求，也在春季长日照下开花。

（2）短日照花卉：这类植物要求较短的光照就能成花。在每天光照为 8 ~ 12 h 的短日照条件下能够促进开花，而在较长的光照下就不能开花或延迟开花。如菊花、一串红等。一年生花卉在自然条件下，春天播种发芽后，在长日照下生长茎、叶，在秋天短日照下开花繁茂。秋天开花的多年生花卉多数为短日照植物。

（3）中性花卉：这类植物在较长或较短的光照下都能开花，对于日照长短的适应范围较广。如天竺葵、四季秋海棠、月季花等。

日照长度对植物营养生长和休眠也有重要作用。一般来说，延长光照时数会促进植物的生长和延长生长期，反之则会使植物进入休眠或缩短生长期。对从南方引种的植物，为了使其及时准备越冬，可用短日照的办法使其提早休眠，以提高抗逆性。但还需要注意几个问题：

（1）长日照植物的临界日长不一定比短日照植物长，只是反应的方向不一致。在中间交叉阶段，两者都开花。

（2）长、短日照植物并不意味着一生都生活在长、短日照条件下，只是在成花诱导阶段需要长、短日照。

（3）长日照植物在成花诱导时，光期越长开花越早，连续光照，开花更早；但短日照植物的成花诱导并非越短越好，日照太短，营养生长不良，影响发育。

（4）同种植物的不同品种，对日照的要求可以不同，如烟草的有些品种为短日照植物，而有些品种是长日照植物，还有些品种是日照中性植物。

植物春化作用和光周期反应两者之间有密切的关系，既相互关联又可相互取代。许多春化要求性植物，往往对光周期反应也很敏感。一般在自然条件下，长日照和高温、短日照和低温总是相互伴随着、关联着。另外，短日照处理在某种程度上可代替某些植物的低温要求；相反，在某些情况下，低温也可以代替光周期的要求，因此应当把光周期和温度因子结合起来分析。

3）光质对花卉的影响

光质即光的组成，是指具有不同波长的太阳光谱成分，太阳光波长范围主要在 150 ~ 4000 nm 之间，其中可见光波长范围在 380 ~ 760 nm 之间，占全部太阳光辐射的 52%，不可见光中红外线占 43%，紫外线占 5%。

不同光谱成分对植物生长发育的作用不同。在可见光范围内，大部分光波能被绿色植物吸收利用，其中红光吸收利用最多，其次是蓝紫光。绿光大部分被叶子所透射或反射，很少被吸收利用。红橙光具有最大的光合活性，有利于碳水化合物的形成；青、蓝、紫光能抑制植物的伸长，使植物形体矮小，并能促进花青素的形成，也是支配细胞分化的最重要的光线；不可见光中的紫外线也能抑制茎的伸长和促进花青素的形成。在自然界中，高山花卉一般都具有茎秆短矮、叶面缩小、茎叶富含花青素、花色鲜艳等特征，这除了与高山低温有关外，也与高山上蓝、紫、青等短波光以及紫外线较多密切相关。

一般来说，种子萌发和光线关系不大，无论在黑暗或光照条件下都能正常进行，但有少数植物的种子，需在有光的条件下，才能萌发良好，光成为其萌发的必要条件，如报春花、秋海棠、杜鹃等，这类种子，播种后不必覆土或稍覆土即可。相反，也有少数植物的种子只有在黑暗条件下才能萌发，如苋菜、菟丝子等，这类种子播种后必须覆土。

2.2.3　花卉与水分

水是植物体的重要组成部分，植物体的一切生命活动都是在水的参与下进行的，如光合作用、呼吸作用、蒸腾作用、矿质营养的吸收、运转与合成等。水能维持细胞膨压，使枝条挺立、叶片开展、花朵丰满，同时植物还依靠叶面水分蒸腾来调节体温。自然条件下，水分通常以雨、雪、冰雹、雾等不同形式出现，其数量的多少和维持时间长短对植物影响非常显著。

1）花卉对于水分的要求

自然界中不同植物对水分的需求是不同的，这与不同植物原产地雨量及分布状况不同有关。因而根据它们对水分的不同需要量分为以下四类：

（1）水生花卉：生活在水中，它们的根或地下茎可以适应氧气的不足，如荷花、睡莲等。

（2）湿生花卉：需要生活在非常潮湿的地方，生长期要求适度的水分和空气湿度，如一些热带兰类、蕨类和凤梨科花卉。

（3）中生花卉：对于水分的要求及形态特征介于旱生花卉和湿生花卉两者之间，露地栽培的大部分花卉属于中生花卉类型。一般要求适度湿润的土壤，但由于品种的不同，它们之间的抗旱能力差异很大。凡是根系分支力强、分布范围较深的种类抗旱能力就较强，而根系不发达、分布较浅的种类则抗旱性差。宿根花卉比一、二年生草花及球根花卉的抗旱性强。

（4）旱生花卉：它们原产在经常性或季节性水分不足的地方，在长期的历史发育过程中，在植物组织结构上发生了适应干旱的变态，成为具有“多浆、多肉”的茎或叶以及强大根系的种类。它们能适应长时间大气干旱和土壤干旱，如仙人掌类、景天类、龙舌兰等。

2）水分与花卉的生长发育

同种花卉在不同生长期对水分的需要量不同。种子发芽时，需要较多水分，以利胚根抽出。幼苗期根系弱小，在土壤中分布较浅，抗旱力极弱，必须经常保持土壤湿润。成长期植株抗旱能力虽有所增强，但若要生长旺盛，必须给予适当水分。花卉在生长过程中，一般要求较高的空气湿度，但湿度太大往往会导致植株徒长。开花结实时要求空气湿度相对较小，否则会影响开花和受精。种子成熟时，要求空气比较干燥。

水分对花芽分化及花色也有影响，控制花卉的水分供应，可控制营养生长，促进花芽分化。梅花的“扣水”就是控制水分供给，使新梢顶端自然干梢，叶面卷曲，停止生长而转向花芽分化。对球根花卉而言，凡是球根含水量较少的，花芽分化早；早掘的球根或含水量较高的球根，花芽分化延迟。球根鸢尾、水仙、风信子、百合等常用 30 ～ 35 ℃的高温脱水，使其提早花芽分化。

在花卉栽培过程中，当水分供应不足时，叶片与叶柄皱缩下垂，出现萎蔫现象，此时若将其置于温度较低、光照较弱、通风减少的条件下，能够很快恢复过来。但若长期处于萎蔫状态，老叶与下部叶片先脱落死亡，进而引起整个植株死亡。多数草花在干旱时，植株各部分木质化程度增加，叶面粗糙、失去光泽。相反，水分过多，使土壤空气不足，根系正常生理活动受到抑制，影响水分、养分的吸收，严重时会使根系窒息死亡。另外，水分过多会导致叶色发黄、植株徒长、易倒伏、易受病菌侵害。因此，过干或过湿均不利于花卉正常生长发育。

2.2.4 花卉与土壤

土壤是花卉进行生命活动的场所，花卉从土壤中吸收生长发育所需的营养元素、水分和氧气。土壤的理化性质及肥力状况，对花卉的生长发育具有重大影响。

1）土壤物理性状与花卉的关系

土壤矿物质为组成土壤的基本物质，其含量不同、颗粒大小不同所形成的土壤质地也不同，通常按照矿物质颗粒直径大小将土壤分为砂土类、黏土类和壤土类三种。

砂土类：土壤质地较粗，含沙粒较多，土粒间隙大，土壤疏松，通透性强，排水良好，但保水性差，易干旱；土温受环境影响较大，昼夜温差大；有机质含量少，分解快，肥劲强但肥力短，常用作培养土的配制成分和改良黏土的成分，也常用作扦插、播种基质或栽培耐旱花卉。

黏土类：土壤质地较细，土粒间隙小，干燥时板结，水分过多又太黏。含矿质元素和有机质较多，保水保肥能力强且肥效长久。但通透性差，排水不良，土壤昼夜温差小，早春土温上升慢，花卉生长较迟缓，尤其不利于幼苗生长。除少数喜黏性土的花卉外，绝大部分花卉不适应此类土壤，常需与其他土壤或基质配合使用。

壤土类：土壤质地均匀，土粒大小适中，性状介于砂土与黏土之间，有机质含量较多，土温比较稳定，既有较好的通气排水能力，又能保水保肥，对植物生长有利，能满足大多数花卉的要求。

土壤空气、水分、温度直接影响花卉生长发育。土壤内水分和空气的多少主要与土壤质地和结构有关。

植物根系进行呼吸时要消耗大量氧气，土壤中大部分微生物的生命活动也需消耗氧气，所以土壤中氧含量低于大气中的含量。一般土壤中氧含量为10%～21%，当氧含量为12%以上时，大部分植物根系能正常生长和更新，当浓度降至10%时，多数植物根系正常机能开始衰退，当氧分下降到2%时，植物根系只够维持生存。

土壤中水分的多少与花卉的生长发育密切相关。含水量过高时，土壤空隙全为水分所占据，根系因得不到氧气而腐烂，严重时导致叶片失绿，植株死亡。一定限度的水分亏缺，迫使根系向深层土壤发展，同时又有充足的氧气供应，所以常使根系发达。在黏重土壤生长的花卉，夏季常因水分过多、根系供氧不足而造成生理干旱。

土温对种子发芽、根系发育、幼苗生长等均有很大影响。一般地温比气温高3～6℃时，扦插苗成活率高，因此，大部分的繁殖床都安装有提高地温的装置。

2）土壤化学性质与花卉的关系

土壤化学性状主要指土壤酸碱度、土壤有机质和土壤矿质元素等，它们与花卉营养状况有密切关系。其中土壤酸碱度对花卉生长的影响尤为明显。

土壤酸碱度一般指土壤溶液中的 H^+ 的浓度，用pH表示。土壤pH多在4～9之间。土壤酸碱度与土壤理化性质及微生物活动有关，它影响着土壤有机物与矿物质的分解和利用。土壤酸碱度对植物的影响往往是间接的，如在碱性土壤中，植物对铁元素吸收困难，常造成喜酸性植物出现缺绿症。

土壤按酸碱性可分为酸性、中性、碱性三种。过强的酸性或碱性均对植物生长不利，甚至造成死亡。各种花卉对土壤酸碱度适应力有较大差异，大多数要求中性或弱酸性土壤，只有少数能适应强酸性（pH 4.5～5.5）和碱性（pH 7.5～8.0）土壤。依花卉对土壤酸碱度的要求，可分为三类：

酸性土花卉：在呈或轻或重的酸性土壤上生长良

好的花卉。土壤 pH 在 6.5 以下。又因花卉种类不同，对酸性要求差异较大，如凤梨科植物、蕨类植物、兰科植物以及栀子花、山茶、杜鹃花等对酸性要求严格，而仙客来、朱顶红、秋海棠、柑橘、棕榈等相对要求不严。

中性土花卉：在中性土壤上生长良好的花卉。土壤 pH 在 6.5 ~ 7.5 之间，绝大多数花卉均属此类。

碱性土花卉：能耐 pH 7.5 以上土壤的花卉，如石竹、香豌豆、非洲菊、天竺葵等。

3）花卉的其他栽培基质

（1）蛭石

蛭石能吸收大量的水，保水、持肥、吸热、保温的能力也强。园艺上常用的为颗粒大小在 0.2 ~ 0.3 cm 的 2 号蛭石。经长期栽培植物后会使蜂房状结构破坏，因此常与珍珠岩或泥炭混合使用。

（2）珍珠岩

珍珠岩通气性能良好，易消毒和贮藏，而有效含水量和吸收能力差。常和蛭石或泥炭混合使用。

（3）泥炭

泥炭又称草炭，是古代湖沼植物埋藏于地下，在缺氧条件下分解不完全的有机物，干后呈褐色。微酸性，对水及氨的吸附能力极强。依形成的条件泥炭有低位、中位和高位之分。低位泥炭多发育于地势低洼地，营养丰富，含氮和灰分高，我国产多属此种。泥炭为配制栽培基质的理想材料，园艺上应用甚广。

（4）锯末木屑与稻壳

这些都是质地较轻、容易获取、价格便宜的副产品，混合使用效果尤佳。若以木屑混合体积占 25% 的稻壳，既有较好的持水性，又具优良的通气性。虽然它们含碳量高，但含氮不足，实际用作栽培基质时应加含氮化合物，如豆饼、鸡粪或氮肥加水堆积 3 ~ 4 个月备用。上海、武汉各地常用砻糠灰（燃烧过的稻壳）作栽培基质，效果亦好。

此外用作栽培基质的还有木炭、椰子壳、砖块等。上述这些基质很少单独应用，常是将几种基质按一定比例配合用于花卉栽培。

4）土壤微生物与花卉

土壤中含有大量微生物，当栽培的花卉进入这个环境后，微生物的状况会发生激烈的变化，特别在根际就会聚集大量微生物。有的微生物区系能产生生长调节物质，这类物质在低浓度时刺激花卉的生长，而在高浓度时则抑制花卉的生长。

土壤微生物对花卉的生长履行着一系列重要功能。如氮素的循环，有机物质和矿物分解成为花卉的营养物质，固氮微生物增加土壤中的氮素，菌根真菌则有效地增加根的吸收面积。

根瘤菌能自由生存在土壤中，但没有固定大气中氮的能力，必须与豆科植物共生才有固氮的功能。香豌豆、羽扇豆等即使生长在土壤中氮素不够丰富的条件下，也能生长良好，这是由于它们能由根瘤菌获得较多的氮。

外生菌根真菌与多种树根共栖，由于真菌的侵染，使根的形态发生了变化，从而使其接触更多的土壤，因此增加了对磷酸盐的吸收。

菌根是真菌和高等植物根系结合而形成的，在高等植物的许多属中都有发现。特别是真菌与兰科、杜鹃花科植物形成的菌根相互依存尤为明显，兰科植物的种子在没有菌根真菌共存时就不能发芽；杜鹃花科的种苗在没有菌根真菌存在下也不能成活。

2.2.5　花卉与营养

维持花卉生长发育的化学元素主要有：碳、氢、氧、氮、磷、钾、钙、镁、硫、铁、铜、锌、硼、钼、锰、氯等。其中花卉对碳、氢、氧、氮、磷、钾、钙、镁、硫、铁的需要量较大，通常称为大量元素；而对铜、锌、硼、钼、锰、氯的需要量很少，称微量元素。尽管花卉对各种元素的需要量差别很大，但它们对花卉的正常生长发育起着不同的作用，既不可缺少，也不能相互替代。

1）花卉生长发育的化学元素

（1）氮

氮主要以铵态或硝态的形式为植物所吸收，有些可溶性有机氮化物如尿素等亦能为植物所利用。氮是构成蛋白质的主要成分，在植物生命活动中占有重要地位。它可促进花卉营养生长，促进叶绿素的形成，使花朵增大、种子充实，但如果超过花卉生长需要，就会推迟开花，使茎徒长，降低对病害的抵抗力。

一年生花卉在幼苗期对氮肥需要量较少，随着植株生长，需要量逐渐增多。二年生花卉和宿根花卉，在春季生长初期要求较多氮肥，应适当增加施肥量，以满足其生长要求。

观花花卉与观叶花卉对氮肥的需要量不同，观叶花卉在整个生长期都需要较多氮肥，以使在较长时期内保持叶色美观；对于观花类花卉，在营养生长期要求较多氮肥，进入生殖生长阶段，应适当控制氮肥用量，否则将延迟开花。

植物缺氮会使生长受抑制，生长量大幅度降低。缺氮的另一症状是叶子缺绿，起初叶色变浅，然后发黄并脱落，但一般不出现坏死现象，幼叶常常直立而不大铺开，并由于侧芽的继续休眠，分支与分蘖均受抑制。另外植物缺氮时花青素大量积累，茎与叶脉、叶柄变成紫红色。

（2）磷

磷主要以 HPO_4^{2-} 和 $H_2PO_4^-$ 形式被植物所吸收，被称为生命元素，是细胞质和细胞核的主要成分。磷素能促进种子发芽，提早开花结实期，使茎发育坚韧，不易倒伏，增强根系发育，并能部分抵消氮肥施用过多造成的影响，增强植株对不良环境和病虫害的抵御能力。因此，花卉在幼苗生长阶段需要施入适量磷肥，进入开花期以后，磷肥需要量更多。

缺磷症状首先表现在老叶上，叶片呈暗绿色，茎和叶脉变成紫红色，严重时植物各部分还会出现坏死区。缺磷也会抑制植物生长，但对地上部分的抑制不如缺氮严重，但对根部的抑制甚于缺氮。

（3）钾

钾在植物体内不形成任何形式的结构物质，可能起着某些酶的活化剂的作用。钾肥能使花卉生长强健，增进茎的坚韧性，不易倒伏，促进叶绿素的形成与光合作用的进行。在冬季温室中当光线不足时应适当多施钾肥。钾素还能促进根系扩大，对球根花卉如大丽花的发育极有好处。另外钾肥还能使花色鲜艳，提高花卉抗寒、抗旱及抵抗病虫害的能力。

过量钾肥能使植株低矮，节间缩短，叶子变黄，继而呈褐色并皱缩，使植株在短时间内枯萎。

钾在植物体内有高度移动性，缺钾症状通常首先从老叶开始并最为严重。缺钾时叶片出现斑驳的缺绿区，然后沿着叶缘和叶尖产生坏死区，叶片卷曲，最后发黑枯焦。植物缺钾还会导致茎生长减小，茎干变弱和抗病性降低。

（4）钙

钙有助于细胞壁、原生质及蛋白质的形成，能促进根系发育。钙可以降低土壤酸度，在我国南方酸性土地区是重要的肥料之一。可改进土壤物理性质，黏重土壤施用石灰后可使其变得疏松。土壤中的钙可被植株根系直接吸收，使植株组织坚固。钙在植物体内完全不能移动，所以缺钙症状首先出现于新叶。缺钙的典型症状是幼叶的叶尖和叶缘坏死，然后芽坏死。严重时根尖也停止生长、变色、死亡。

（5）硫

硫为蛋白质成分之一，能促进根系生长，并与叶绿素形成有关。土壤中的硫能促进微生物（如根瘤菌）的增殖，增加土壤中氮的含量。植物缺硫时叶片均匀缺绿、变黄，花青素的形成和植株生长受抑制。植物缺硫症状通常从幼叶开始，并且程度较轻。

（6）铁

铁在叶绿素形成过程中起着重要作用，植物缺铁时，叶绿素不能形成，从而妨碍了碳水化合物的合成。通常情况下，一般不会发生缺铁现象，但在石灰质土或碱土中，由于铁与氢氧根离子形成沉淀，无法为植物根系吸收，故虽然土壤中有大量铁元素，仍能发生缺铁现象。植物缺铁幼嫩叶片失绿，整个叶片呈黄白色。铁在植物体内不易移动，故缺铁时老叶仍保持绿色。

（7）镁

镁是叶绿素分子的中心元素，植物体缺镁时，无法正常合成叶绿素。镁能够使构成核糖体的亚基连接在一起，以维持核糖体结构的稳定。镁还是许多重要酶类的活化剂，同时镁对磷素的可利用性有很大影响。因此虽然植物对镁的需要量较少，但却是必不可少的。缺镁的典型症状是脉间缺绿，有时出现红、橙、黄、紫等鲜明颜色，严重时，出现小面积坏死。由于镁在植物体内易于移动，缺镁症状首先在老叶出现。

（8）硼

土壤中的硼以BO_3^{2-}的状态被植物吸收。硼能促进花粉的萌发和花粉管的生长，植物柱头和花柱中含有较多的硼，因此硼与植物的生殖过程有密切关系，有促进开花结实的作用。另外，硼能改善氧气的供应，促进根系的发育和豆科植物根瘤的形成。硼的作用机理，迄今尚无定论，目前在植物体内尚未发现特殊含硼化合物，有人认为硼能与游离状态的糖形成络合物，使糖容易输导，但这种说法并没有充分的实验依据。植物缺硼时根系不发达，顶端停止生长并逐渐死亡，叶色暗绿，叶片肥厚、皱缩，植株矮化，茎及叶柄易开裂。

（9）锰

锰是许多酶的活化剂，主要以Mn^{2+}的形式被植物吸收。锰也直接参与光合作用，在水的光解与氧的释放中起作用。锰供应充足，对种子发芽、幼苗生长及开花结实均有良好作用。植株缺锰时，症状从新叶开始，叶片脉间失绿，但叶脉仍为绿色，叶片上出现褐色和灰色斑点，并逐渐连成条状，严重时叶片坏死。

（10）锌

锌直接参与生长素的合成，缺锌时植物体内吲哚乙酸含量降低，从而出现一系列病症。锌也是许多重要酶类的活化剂，这些酶类包括乳酸脱氨酶、谷氨酸脱氢酶、乙醇脱氢酶和嘧啶核苷酸脱氢酶。锌还与蛋白质的合成有关。植物缺锌时，叶小簇生、中下部叶片失绿，主脉两侧有不规则的棕色斑点，植株矮化，生长缓慢。

（11）钼

钼通常以MoO_4^{2-}的形式为植物吸收，其生理作用集中在氮素代谢方面。钼又是硝酸还原酶的金属组分，在由NADH或ADPH转运电子给NO_2的过程中，起着传递电子的作用。植物缺钼的共同症状是植株矮小，生长受抑制，叶片失绿、枯萎以致坏死。豆科植物缺钼根瘤发育不良，固氮能力弱和不能固氮。

2）花卉的营养贫乏症

在花卉的生长发育过程中，当缺少某种营养元素时，在植株的形态上就会呈现一定的病状，这称为花卉营养贫乏症。但各元素缺少时所表现的病状，也常依花卉的种类与环境条件的不同，而有一定的差异。为便于参考，将主要元素贫乏症检索表分列如下。

花卉营养贫乏症检索表（录自A. laurie及C. H. Poesch）：

（1）病症通常发生于全株或下部较老叶子上。

（2）病症经常出现于全株，但常是老叶黄化而死亡。

① 叶淡绿色，生长受阻；茎细弱并有破裂，叶小，下部叶比上部叶的黄色淡，黄化而干枯，呈淡褐色，少有脱落，缺氮。

② 叶暗绿色，生长延缓；下部叶的叶脉间黄化，

而常带紫色，特别是在叶柄上，叶早落，缺磷。

（3）病症常发生于较老、较下部的叶上。

① 下部叶有病斑，在叶尖及叶缘常出现枯死部分。黄化部分从边缘向中部扩展，以后边缘部分变褐色而向下皱缩，最后下叶和老叶脱落，缺钾。

② 下部叶黄化，在晚期常出现枯斑，黄化出现于叶脉间，叶脉仍为绿色，叶缘向上或向下反曲，而形成皱缩，叶脉间常在一日之间出现枯斑，缺镁。

（4）病症发生于新叶。

（5）顶芽存活。

（6）叶脉间黄化，叶脉保持绿色。

① 病斑不常出现。严重时叶缘及叶尖干枯，有时向内扩展，形成较大面积，仅有较大叶脉保持绿色，缺铁。

② 病斑通常出现，且分布于全叶面，极细叶脉仍保持为绿色，形成细网状；花小而花色不良，缺锰。

③ 叶淡绿色，叶脉色泽浅于叶脉相邻部分。有时发生病斑，老叶少有干枯，缺硫。

（7）顶芽通常死亡。

① 嫩叶的尖端和边缘腐败，幼叶的叶尖常形成钩状。根系在上述病症出现前死亡，缺钙。

② 嫩叶基部腐败。茎与叶柄极脆，根系死亡，特别是生长部分，缺硼。

2.2.6 花卉与气体

大气组成成分复杂，各种组分在花卉的生长发育中起着不同的作用。

1）氧气

植物在生命活动过程中随时随地进行着呼吸作用，呼吸作用在正常情况下总是需要氧气的。在一般栽培条件下，不会出现氧气供应不足的现象。但如果土壤过于紧实或表土板结时，会影响气体交换，使土壤板结层以下二氧化碳大量积累，氧气含量不足，有氧呼吸困难，无氧呼吸增加，产生大量乙醇等有毒物质，使植物中毒甚至死亡。花卉种子萌发对氧气有一定要求，大多数种子萌发需要较高的氧分压，如翠菊、波斯菊等种子浸种时间过长，往往因为缺氧而不能发芽。但有些花卉种子，如矮牵牛、睡莲、荷花、王莲等能在含氧量极低的水中发芽。

2）二氧化碳

二氧化碳对植物生长影响很大，是植物进行光合作用的重要物质。其含量多少与光合作用密切相关，在一定范围内，增加二氧化碳的浓度，可提高光合作用效率；但当二氧化碳浓度达到 2%～5%时，即对光合作用产生抑制效应。在花卉保护地栽培中，为提高花卉产量与品质，可以合理进行二氧化碳施肥。但花卉种类繁多，栽培设施多种多样，二氧化碳具体施用浓度很难确定，一般施用量以阴天 500 ～ 800 ppm，晴天 1300 ～ 2000 ppm 为宜。此外还应根据气温高低、植物生长期等的不同而有所区别。温度较高时，二氧化碳浓度可稍高；花卉在开花期、幼果膨大期对二氧化碳需求量最多。

二氧化碳是光合作用的原料，空气中二氧化碳的含量约 300 ppm，不能满足花卉的需要。温室中可以通过二氧化碳施肥，提高花卉的光合作用。如月季增施到 1200 ～ 2000 ppm 可以增收，菊花和香石竹增施二氧化碳大大提高了产品的质量。二氧化碳过量，最高量是 5000 ppm 左右，对植株有危害。如新鲜的厩肥或堆肥过多时，二氧化碳高达 10%左右，对植物产生严重伤害。在温室或温床中，施用过量厩肥，会使土壤中二氧化碳含量增多至 1% ～ 2%，在此情况下时间较长，植株发生病害。给以高温和松土，防止其浓度过高，影响植株生长。

3）氨气

在保护地栽培中，由于大量施肥，常会导致氨气的大量积累，氨气含量过多，对花卉生长不利。当空气中氨含量达到 0.1% ~ 0.6%时，就会发生叶缘烧伤现象；若含量达到 4%，经 24 h，植株即中毒死亡。施用尿素也会产生氨气，最好在施肥后盖土或浇水，以避免氨害发生。

4）二氧化硫

主要由工厂燃料燃烧产生，当空气中二氧化硫浓度达到 10 ~ 20 ppm 时，便会使花卉受害。有些敏感植物在 0.3 ~ 0.5 ppm 浓度下即出现明显受害症状，浓度愈高危害愈重。植物吸收二氧化硫后，首先从叶片气孔周围细胞开始并逐步扩散，破坏叶绿体，使细胞脱水坏死。表现症状为叶脉间发生许多褐色斑点，严重时变为白色或黄褐色，叶缘干枯，叶片脱落。不同花卉对二氧化硫敏感程度不同，其中美人蕉、鸡冠花、晚香玉、凤仙花、夹竹桃等对二氧化硫抗性较强。

5）氟化氢

氟化氢是氟化物中毒性最强、排放量最大的一种，主要来源于炼铝厂、磷肥厂及搪瓷厂等厂矿区。它首先危害植株幼芽或幼叶，使叶尖和叶缘出现淡褐色至暗褐色病斑，并向内部扩散，以后出现萎蔫现象。氟化氢还能导致植株矮化、早期落叶、落花和不结实。对氟化氢抗性较强的花卉主要有：棕榈、凤尾兰、大丽花、一品红、天竺葵、万寿菊、倒挂金钟、山茶、秋海棠等。而郁金香、唐菖蒲、万年青、杜鹃等对氟化氢抗性较弱。

6）氯气和氯化氢

氯气和氯化氢浓度较高时，对植株极易产生危害，症状与二氧化硫相似，但受伤组织与健康组织之间常无明显界限。毒害症状也大多出现在生理旺盛的叶片上，而下部老叶和顶端新叶受害较少。常见的抗氯气和氯化氢的花木有：矮牵牛、凤尾兰、紫薇、龙柏、刺槐、夹竹桃、广玉兰、丁香等。

如氨、乙烯、乙炔、丙烯、硫化氢、氧化硫、一氧化碳、氯、氰化氢等等，氨是保护地大量施肥中产生的，其他是工厂的烟囱中散出的。常使植物和人受害。有些植物抗性强，还可以净化空气。有些植物对有害气体很敏感，作为“报警器”可以监测、预报大气污染程度。

常见的敏感指示花卉有：

（1）监测二氧化硫：向日葵、波斯菊、百日草、紫花苜蓿等。

（2）监测氯气：百日草、波斯菊等。

（3）监测氮氧化物：秋海棠、向日葵等。

（4）监测臭氧：矮牵牛、丁香等。

（5）监测过氧乙酰硝酸酯：早熟禾、矮牵牛等。

（6）监测大气中的氟：地衣类、唐菖蒲等。

第 3 章　园林花卉的繁殖

本章学习目的：介绍园林花卉的各种繁殖方法，了解花卉有性繁殖和无性繁殖所依据的理论基础，并能根据具体花卉种类、具体条件和生产要求选择不同的繁殖方法，掌握花卉常规繁殖技术并能综合运用。

3.1　有性繁殖

有性繁殖也称为种子繁殖，指花卉植物在营养生长后期进入生殖期，经过减数分裂形成的雌雄配子结合后产生的合子发育成的胚再生长发育成新个体的过程。近些年来，经过研究证明可以将植物受精后所得的胚取出，进行培养以形成新株，这种方法称为胚培养。大部分一、二年生草花和部分多年生草花常采用种子繁殖的方法。

有性繁殖的优点是种子体积小，重量轻，便于贮藏和大量繁殖，操作简便易行，繁殖系数大；实生苗根系发达，生活力旺盛，适应性强。缺点是变异性大，易失去母本的优良特性，品种易退化；木本花卉及多年生草本开花结实较迟；不能用于繁殖自花不孕植物及无籽植物。近年来，国际上利用杂种 1 代的优势，培育出不少优良的杂种 1 代的花卉种子，使花卉的品质有了很大提高。

3.1.1　花卉的种子分类及发芽条件

1）花卉种子分类

种子分类的目的在于准确识别种子，以便正确实施播种繁殖和种子交换，正确计算出千粒重及播种量，防止不同种类及品种之间的混杂，清除杂草种子及其他混杂物，保证栽培工作顺利进行。花卉种子的外部形态变化多样，常从以下几个方面进行分类：

（1）按粒径（d）大小分类（以长轴为准）：

① 大粒种子：$d>5.0$ mm，如荷花、牡丹、牵牛等。

② 中粒种子：d 介于 2.0 ~ 5.0 mm 之间，如紫罗兰、矢车菊、凤仙花等。

③ 小粒种子：d 介于 1.0 ~ 2.0 mm 之间，如三色堇、鸡冠花、半支莲等。

④ 微粒种子：$d<1.0$ mm，如四季秋海棠、金鱼草、矮牵牛等。

（2）按形状分类：有球形（如紫茉莉）、卵形（如金鱼草）、椭圆形（如秋海棠）、倒卵形（如三色堇）、肾形（如鸡冠花）、扁平状（如紫罗兰）、舟形（如金盏菊）、线形等。

（3）按色泽分类：以种子的颜色及有无光泽为依据，根据种子有无附属物及附属物的不同可分类，常见的附属物有：冠毛（如矢车菊）、翅（如紫罗兰）、钩、刺等。这些特点通常有助于种子的传递。

（4）按种皮厚度及坚韧度分类：种子的表皮厚度直接影响萌发的效率，对于不同厚度的种子，为促进其萌发应采用相应的方法，如浸种、刻伤等。

2）花卉种子的发芽条件

在一般情况下，健康的花卉种子在适宜的温度、水分和氧气条件下都能够顺利地萌发，只有少数花卉种子要求光照感应或者打破休眠才能萌发。

（1）水分：植物开花授粉后产生种子，种子成熟后大多呈干燥状态，要使它们萌发，必须提供充足的水分，使种皮湿润。

（2）温度：种子发芽，需要适宜的温度，这是该物种在进化演变过程中形成的一种生理要求。温度过低或过高，都会对种子造成伤害，甚至腐烂、死亡。

（3）氧气：充足的氧气是花卉种子萌发的条件之一，在萌发时供氧不足，正常的呼吸作用就会受到影响，大部分种子会窒息而亡，但是对于水生花卉来说，只要少量氧气就可以供种子萌发。

（4）光照：在水分、温度和氧气条件满足的情况下，多数花卉种子对光照无特殊要求。但是对于某些花卉来说，在发芽期间对光照有一定的要求。

由于种子萌发所需的水分、氧气、温度等因素是互相联系、互相制约的，如温度可影响水分的吸收，水分可以影响氧气的供应等，所以要调节好水分、温度、氧气三者的关系，以保证种子正常的生理活动。

3.1.2　花卉种子的寿命及贮藏

1）花卉种子的寿命

花卉种子的寿命是指种子的生命力在一定环境条件下能保持的期限。当一个种子群体的发芽率降到原发芽率的 50%左右时，那么从收获后到半数种子存活所经历的这段时间，就是该种子群体的寿命，也叫种子的半活期。

了解花卉种子的寿命，不论在花卉栽培以及种子储藏、采收、交换和种质保存上都有重要的意义。一般来说，根据花卉种子的寿命可以将种子分为以下几种：

（1）短寿命种子（1 年左右）：有些观赏植物的种子如果不在特殊条件下保存，则保持生活力的时间不超过 1 年，如报春类、海棠类种子的发芽力只能保持数月，非洲菊则更短。许多水生植物，如茭白、慈姑、灯心草等的种子也多属于这一类。

（2）中寿命种子（2 ~ 4 年）：如菊花、天人菊等多数花卉种子都属于这一类。

（3）长寿命种子（4 ~ 5 年）：这类种子中豆科植物最多，莲、美人蕉属及锦葵科某些种子寿命也很长，如从墓穴中出土的睡莲种子，在经过了几万年之后，当经过适当的处理后，仍可以正常发芽开花。这类种子一般都有不透水的硬种皮，甚至在温度比较高的情况下也能保持其生活力。

从地域方面来看，在热带及亚热带地区，种子生命力容易丧失，在北方寒冷干燥地区，寿命较长。

2）影响种子寿命的因素

根据花卉种类的不同，其种皮构造、种子的化学成分不一样，寿命长短差别也很大。种子寿命的长短除了受遗传因素影响外，也受种子的成熟度、营养结构机械损伤及贮存期的含水量等影响。其中外界因素，包括温度、湿度、氧气和光照对种子寿命的影响很大。

（1）温度：低温可以抑制种子的呼吸作用，从而延长种子寿命。

（2）湿度：对于多数草花来说，种子经过充分干燥，贮藏在低温条件下，可以延长寿命；相反，对于多数木本类的花卉来说，在比较干燥的条件下，却容易丧失发芽力。

（3）氧气：氧气可以促进种子的呼吸作用，所以适当地降低氧气含量能延长种子的寿命。

此外，花卉种子也不应该长时间暴露于强烈的日光下，否则会影响发芽力及寿命。

3）花卉种子的贮藏方法

通过良好的贮藏方法，可以保持种子良好的生命活性，所说的良好的种子贮藏环境是指低温干燥，最大限度地降低种子的生理活动，减少种子内的有机物消耗，在日常生产和栽培中应根据不同的种子采用不同的贮藏方法。

（1）干藏法：适合于含水量低的种子。常用的有普通干藏法和密封干藏法。普通干藏法适用于大多数种子。对于一些易丧失发芽力的种子（如鹤望兰、非洲菊）可采用密封干藏法贮藏。

（2）湿藏法：湿藏法适用于含水量较高的种子，多用于越冬贮藏。如牡丹、芍药等。

3.1.3 花卉种子繁殖技术

1）种子质量

种子是花卉栽培的最基础、最原始的材料，优良种子是保证花卉栽培成功的重要前提条件，品质低劣的种子常致生产失败，造成很大的损失。判断花卉种子的质量主要是由种性和种质两方面决定的。

（1）概念

① 种性：是指花卉种子在品种的品质特性方面表现为：种子洁净一致，不含其他杂质，活力高、饱满完整，健康无病虫。

② 种质：是指花卉种子在品种的品质特性方面表现为：种子纯正；符合生产发展需要和适合当地栽培；对不良环境条件和病虫害的抗逆能力强，耐贮藏；花色、花形等观赏性状优良。

生产中要选用品种纯正、富有活力、纯洁、纯净及无病虫害的优良种子。

（2）测定种子质量的指标

要做到对种子质量心中有数，必须对种子质量的相关指标进行测定，这些指标有：

① 种子发芽率：发芽率指正常发芽的种子占供检种子总数的百分比，反映种子的生命力。

② 发芽势：指发芽试验时最初 1/3 ~ 1/2 时间内发芽的种子占供检种子的百分数，反映发芽的整齐程度。

此外，还有种子净度、种子千粒重等指标。

（3）种子生活力的鉴定方法

① 目测法：直接观察种子的外部形态，根据充实程度来判断种子的生活力。

② 染色法：标准方法是 TTC 法。用水配制 0.5%TTC 水溶液，淹没种子，置 30 ~ 35 ℃黑暗条件下 3 ~ 5 h。具有生活力的种子、胚芽及子叶背面均能染成红色。

③ 红墨水染色：放在 5% 的红墨水中染色 1 ~ 2 h，再用清水冲洗干净。凡胚或子叶完全染色的是无生活力的种子。

④ 发芽试验法：在保温保湿的条件下，3 ~ 5 d 后或稍长时间计算发芽种子数目。

2）花卉种子播种前的处理方法

播种前对种子进行处理的目的是打破种子休眠、促进种子萌发或使种子发芽迅速整齐。

（1）影响种子发芽的休眠因素

① 硬种皮：包括种皮的不透水性和机械阻力，如豆科、锦葵科、牻牛儿苗科、旋花科和茄科的一些花卉，如大花牵牛、羽叶茑萝、美人蕉、香豌豆。

② 化学物质抑制：有些植物在果实、种皮和胚中会存在一些化学物质。如 ABA（脱落酸）就是常见的一种抑制激素，使种子不会过早地在植株上萌发。

③ 后熟作用：一些观赏植物的种子在成熟时，胚还没有完成形态的发育，需要脱离母株后在种子内再继续发育。

④ 存在需要冷冻的休眠胚：有些种子需要在湿润而且低温的条件（0 ~ 4 ℃）下贮藏一段时间，以打破种胚的休眠。

（2）播种前种子处理的方法

由于各种园林植物种子大小、种皮的厚薄、本身的性状不同，应采用不同的处理方法区别对待。种子处理的方式有浸种、晒种、机械破皮、化学处理、药剂消毒、催芽等。

① 浸种：是使种子在短期吸足萌动所需全部水量的一种技术处理措施。

② 晒种：在浸种前选晴天进行，一般晒 1 ~ 2 d，高温天气不可直接将种子薄摊在水泥场地上晒种，需铺垫油布，防止温度过高灼伤种胚，影响发芽力。

③ 机械破皮：对于一些种皮过于硬厚的种子，如荷花、美人蕉，可采用机械方法锉去或刻伤部分种皮，以利于其吸水。

④ 化学处理：采用一定剂量的药剂，如 GA（赤霉素）、浓硫酸、盐酸、氢氧化钠等，对种子进行处理。

⑤ 药剂消毒：使用 70% 敌克松、50% 退菌特、90% 敌百虫（0.3%）进行处理种子。

⑥ 催芽：催芽是在浸种的基础上，人工控制适宜的温湿度和充足的氧气，使种子露嘴发芽的措施。

3）播种期及其播种前的准备工作

（1）播种期

花卉的播种期应根据各种花卉的生物学特性、耐寒力、越冬温度及应用花期来选择，并根据环境条件灵活掌握，适时播种，这样不但节约管理费用、出苗整齐、发芽率高，而且能满足不同时期花卉应用的需要。

① 露地草花的播种期：一年生草花其耐寒力比较弱，遇霜而死，因此多在春季播种；另外可根据市场需要，如为了提早开花或在一定的节日（五一节）布置，常在保护地中播种，如在温室、温床及冷床中于 2 ~ 4 月提早播种育苗。为了国庆节布置，也可延后播种。

露地二年生花卉为耐寒性花卉，种子宜在较低温度下发芽，温度过高，反而不易发芽，多数种类须在冷床中越冬，一般是在立秋以后播种。

② 露地木本花卉的播种期：这类花木种子大多是大粒种子，如杏、女贞、白蜡、梅花、桃花等。大多在 9 月上旬至 10 月下旬进行秋播，可在田间通过春化阶段，第二年出苗整齐。不可播种过早，否则秋季气温高，种子当年发芽，容易受冻害。原产于温带的落叶木本花卉，如牡丹属、苹果属、杏属、蔷薇属等种子有休眠的特性，一些地区可以在秋末播种，冬季低温、湿润条件可以起到层积效果，使休眠打破，次年春季即可发芽。

③ 温室花卉的播种期：温室花卉大多是热带、亚热带地区常绿植物，如仙人掌类、常绿观叶类。种子萌发主要受温度影响。在温室内，播种工作一年四季均可进行，可根据市场需要安排播种时间。

④ 草坪植物的播种期：大部分草坪植物可初春播种，也可以秋天播种，一般以秋季播种为佳，播种前必须灌足底水。夏季也可以进行播种，但高温会造成幼苗生长不良，加上杂草丛生，有时会导致播种失败。

（2）播种前的准备工作

① 土壤准备：育苗用土是供给花苗生长发育所需要的水分、营养和空气的基础，优质的床土应当肥沃、疏松、细致，对细小种子的营养土要求较严，土壤的颗粒要小。

② 土壤消毒：为了保证出苗齐壮，不受病虫为害，播种前最好对土壤进行消毒处理，最简单的办法是把土壤摊开在阳光下曝晒；如用土量不多，可将土放在锅中进行蒸或炒，作高温处理半小时左右，如土量多，可用加水 1500 倍左右的乐果或 1000 倍左右的高锰酸钾喷洒消毒，再以塑料薄膜密封一昼夜，使药效充分发挥，以达到消毒的目的；生长习性强壮的花卉，用干净的素砂土播种，可不必消毒。

③ 种子与消毒：如种皮较厚，可以进行温水浸泡或者酸浸；种子消毒可有效预防苗期病害，如猝倒病、立枯病，以提高成苗率。

4）播种方法

（1）露地床播

① 苗床：露地播种前，先选择地势高燥、平坦、背风、向阳的地方设置苗床，土壤应富含腐殖质、疏

松肥沃，既利于排水，又有一定的蓄水能力。

② 播种：根据种子种类及种子大小，可采取撒播、点播或条播（图 3-1）。

a. 撒播：把种子均匀撒在播种床上，此法适用于小粒种子，种子过于细小时，可将种子与适量细沙混合后播种。

b. 点播：也称穴播，即按一定的株行距挖穴播种，每穴 2 ~ 4 粒。适用于大粒种子和较稀少的种子。

c. 条播：即按一定行距开沟播种，适用于中、小粒种子，行距与播幅视情况而定。

③ 覆盖：播后应及时覆土，对于撒播的细小种子，播种后可以覆极薄的一层细砂土，但浇水或浸盆后温床和器皿上方一定要盖一层薄膜、稻草或玻璃以增加湿度，防止种子干燥。大粒种子覆土深度为种子厚度的 2 ~ 3 倍，中小粒种子一般以不见种子为度，用 0.3 cm 孔径的筛子筛土。

④ 镇压：播种后将床面压实，使种子与土壤密切结合，便于种子从土壤中吸水膨胀，促进发芽。镇压时要求土壤疏松、上土层较干，土壤黏重不宜镇压，以免影响种子发芽。催芽播种的不宜镇压。

⑤ 浇水：在播种前营养土应灌足底水，出苗前不需要灌水。镇压覆盖后，需立即浇水，特别是浸水处理过的种子，必须立即浇水，如有些种子发芽期较长，需要灌水时，应进行喷雾灌溉，避免直接用大水喷灌，

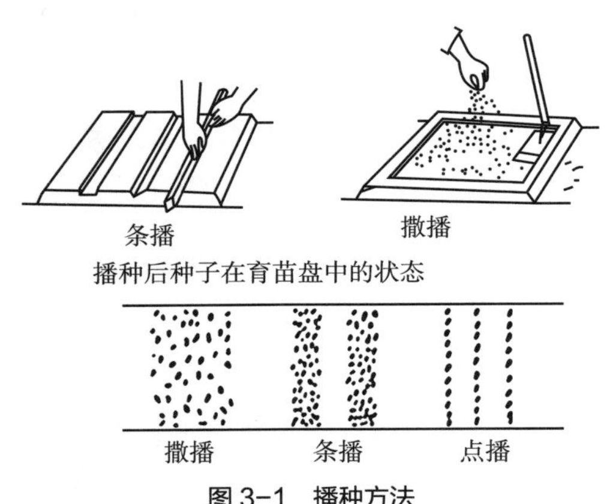

图 3-1　播种方法

以免苗床板结。

⑥ 播后管理：播种以后到出苗前后，土壤要保持湿润，给水要均匀，不可使苗床忽干忽湿，或过干过湿。要经常检查覆盖物是否完好，以防雨水冲刷床面。种子发芽后，需立即除去覆盖物，经过一段时间的锻炼后，才能完全暴露在阳光下。待真叶出现后，宜施氮肥一次。露地苗床幼苗过密，需即行间拔，使留下的苗能得到充足的阳光和养料。间拔后需立即浇水，使留下的幼苗根部不致因松动而死亡。幼苗长出 4 ~ 5 片真叶时，进行移植，放大株行距。

（2）盆播

盆播一般是指播种温室花卉种子、细小种子和珍贵种子，通常在温室中进行，受季节和气候条件影响较小，播种期没有严格的季节限制。使用浅盆播种，细小种子宜采用撒播，播种不宜过密，可掺入细沙与种子一起播入，用细筛筛过的土覆盖，厚度约为种子大小的 2 ~ 3 倍。播后应注意保持盆土的湿润，干燥时仍然用浸盆法给水。幼苗出土后逐渐移到日光照射充足之处，当长出 1 ~ 2 片真叶时，进行移植，仍移植于浅盆内。

（3）穴盘播种

穴盘播种，以穴盘为容器，选用泥炭土配蛭石作为培养土，花卉生产中大量播种时，常配有专门的发芽室，可以精确地控制温度、湿度和光照，为种子萌发创造最佳条件。播种后将穴盘移入发芽室，待出苗后移回温室，长到一定大小时移栽到大一号的穴盘中，直到出售或应用。这种方式育成的种苗，称为穴盘苗。

穴盘育苗技术是与花卉温室化、工厂化育苗相配套的现代栽培技术之一，广泛应用于花卉、蔬菜和苗木的育苗，目前已经成为发达国家的常用栽培技术（图 3-2）。该技术的突出优点是在移苗过程中对种苗根系伤害很小，缩小了缓苗的时间；种苗生长健壮，整齐一致；操作简单，节省劳力。

图 3-2　穴盘育苗设备

3.2　无性繁殖

3.2.1　分生繁殖

分生繁殖是植物营养繁殖的一种，即从母株上分离出部分植物器官，另行栽植而形成独立生活的新植株的繁殖方法。这种简单可靠的繁殖方法，具有成活率高、成苗快、开花早的特点，但繁殖系数低，短期内产苗量较少。分生繁殖依植物种类不同，可分为分株法和分球法。

1）分株

即分割由母株发生的根蘖、吸芽、走茎、匍匐茎等，进行栽植形成独立植株的方法，此法适用于丛生萌蘖性强的宿根花卉及木本观赏植物（图 3-3）。

（1）分株丛

将根部或茎部产生的带根萌蘖（根蘖、茎蘖）从母体上分割下来，形成新的独立植株的方法。如蜡梅、牡丹、文竹、万年青、芍药等。另有一类常常产生根蘖的观赏植物，如丁香、蔷薇、紫玉兰、锥花福禄考等。

（2）吸芽

有些植物在根际或地上茎的叶腋间能自然萌生出短缩、肥厚、呈莲座状的短枝，即吸芽。吸芽自然生根后自母体分割下来，即可培育成一个新的独立植株，如凤梨类、花叶万年青、芦荟、景天、拟石莲花、苏铁、鱼尾葵等。

（3）珠芽及零余子

由球根花卉地上部分产生的球根状而小的吸芽，即为珠芽。如百合属卷丹等在叶腋处着生的小鳞茎；葱属观赏植物大花葱等在花序上长出的小鳞茎，均为珠芽。而薯蓣类叶腋间呈块状的芽称零余子。

（4）走茎

从叶丛基部抽生出来的节间长、横生的茎称走茎。在其顶端及节的部位花后长叶、生根，形成小植株，如吊兰、吊竹梅、香堇、虎耳草、翠鸟兰（燕尾）、蝴蝶兰等。

（5）匍匐茎

植物从根部发出横生地面的茎称匍匐茎，节间稍短。匍匐茎上每节处都能生出不定根和芽，分离下来都是一个独立完整的植株，如狗牙根、野牛草、草莓等。

2）分球

大部分球根类花卉的地下部分分生能力都很强，每年都能生出一些新的球根，用它进行繁殖，方法简便，开花也早，分球根的方法因球根部分的植物器官不同，必须区别对待（图 3-4）。

图 3-3　分株

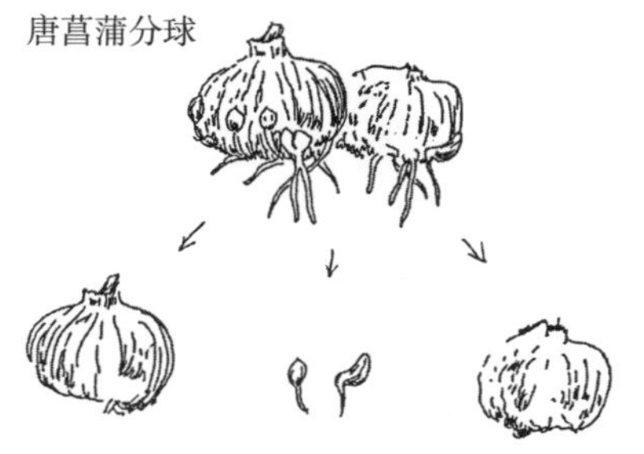

图 3-4　分球

（1）球茎

球茎萌发后在基部自然形成新球，新球旁产生子球。常见球茎类球根花卉有唐菖蒲、小菖兰、番红花、秋水仙、马蹄莲等。

（2）鳞茎

鳞茎之顶芽常抽生真叶和花序，鳞叶之间可发生腋芽，每年可从腋芽中形成一个至数个子鳞茎，即小球。鳞茎根系处或鳞茎与地上茎交接处也会产生数个幼鳞茎。如水仙、郁金香、风信子、球根鸢尾、芍药。夏、秋开花的一般冬季休眠，春季种植，如百合、朱顶红、石蒜、葱兰等。

（3）块茎

块茎顶端通常具几个发芽点，块茎表面也分布一些芽眼可生侧芽。如仙客来、马蹄莲、彩叶芋、大岩桐、球根秋海棠等，块茎不能靠自然增生小球来繁殖，需借助人力分割，而分割的块茎外形不整齐，有碍观瞻，故园艺上少用，而多采用播种方法。

（4）根茎

用根茎繁殖时要待地上部分生长停止后，把根茎挖出，从连接点分开，每一块根茎上面应具有 2 ~ 3 个芽才易成活，易繁殖种类具隐芽也可成株。如鸢尾、蜘蛛抱蛋、香蒲、紫菀、萱草、铁线蕨等。

（5）块根

块根叶芽都着生在接近地表的根颈上。在繁殖时应将整个块根栽入土内进行催芽，然后再按芽分割进行繁殖。如大丽花、银莲花、花毛茛等（图 3-5）。

3.2.2 扦插繁殖

1）扦插繁殖的特点

扦插是利用植物的营养器官（根、茎、叶）的分生机能或再生能力，将其从母株割取后，在适当的环境条件下使其再生根、发芽而长成新的植株。有繁殖速度快、方法简单、操作容易等优点。

2）扦插繁殖的类型及方法

通常依选取植物器官的不同、插穗成熟度的不一而将扦插分为叶插、茎插、根插。

（1）叶插

常用于叶片具有再生能力的草本植物，切下后能在叶脉、叶柄、叶缘等处产生不定根和不定芽，从而形成新的植株。如秋海棠类、虎尾兰、大岩桐、落叶生根及草胡椒等。

① 全叶插：以完整叶片为插穗，依插穗位置分为 2 种：平置法，取一枚成熟叶片，切去叶柄，并将叶片背面的各支脉用刀片切出许多伤口，然后将叶片平铺在干净湿润的沙面上，以铁针或竹针固定，使叶片和沙面紧密贴合，经过一段时间，主脉伤口处可萌发出幼苗。直插法，将叶柄插入沙中，叶片立于沙面上，叶柄基部就发生不定芽。

② 片叶插：将叶片切成小段，横插或竖直插入基质中，以后会从基部伤口处生出新根和地下根状茎，再由根状茎的顶芽萌发出一棵新的植株（图 3-6）。

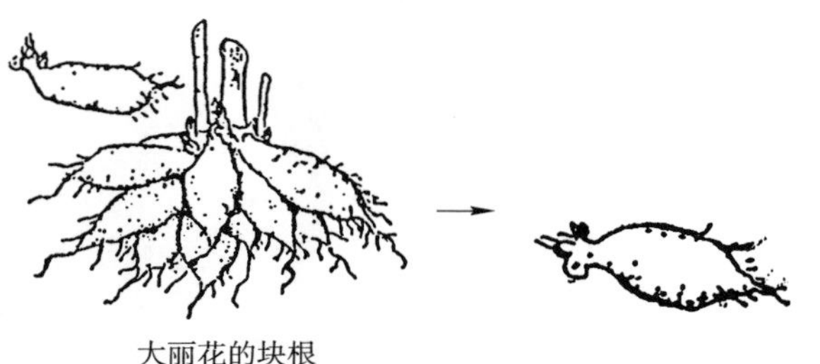

图 3-5 块根

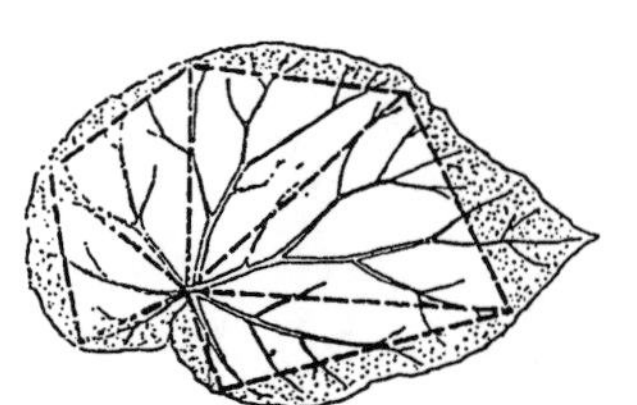
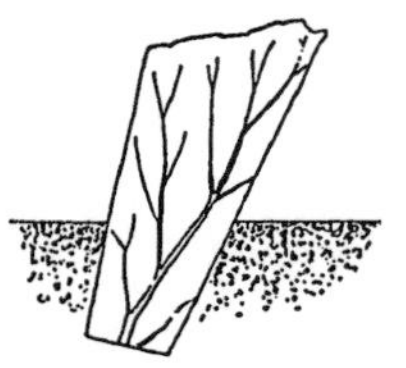

图 3-6 片叶插

（2）茎插

以带芽的茎作为插条，是最为常用的扦插方法，又细分为叶芽扦插、硬枝扦插、半硬枝扦插、嫩枝扦插、肉质茎扦插和草质茎扦插。

① 叶芽扦插：指用完整叶片带腋芽及其着生处茎或茎的一部分作为插条的方法。

② 硬枝扦插：多用于落叶木本花卉，如月季、榆叶梅、连翘、贴梗海棠、玉兰、朱蕉、叶子花等。

③ 半硬枝扦插：半硬枝扦插在生长期进行，多用于常绿、半常绿的木本花卉，如米兰、栀子、山茶、杜鹃、月季等。

④ 嫩枝扦插：一般用半木质化的当年生嫩枝作插穗，又叫绿枝扦插，多用于常绿木本观赏植物，如比利时杜鹃、扶桑、龙船花、茉莉等。

⑤ 肉质茎扦插：肉质茎一般比较粗壮，含水量高，有的富含白色乳液。因此，扦插时切口容易腐烂，影响成活率。如蟹爪兰、令箭荷花等，须将剪下的插穗置于阴凉处使切口水分散失或用草木灰涂抹伤口，以防止霉烂影响发根，待晾干后再扦插。而垂叶榕、变叶木、一品红等插条切口会外流乳汁，必须将乳液洗清或待凝固后再扦插。

⑥ 草质茎扦插：这在盆栽花卉中应用十分广泛，如四季秋海棠、长春花、非洲凤仙、矮牵牛、一串红、万寿菊、菊花、香石竹、网纹草等。

（3）根插

一些具有肥大肉质须根系或直根系的花木，如芍药、牡丹、贴梗海棠、紫藤、凌霄、蓍草、肥皂草、剪秋罗、宿根福禄考等，都可以进行根插繁殖，这些花卉的根上易生不定芽萌发而长出新的植株。

3）影响扦插生根的因素

（1）植物体内在因素

① 植物种类：不同植物之间的遗传性也反映在插条生根的难易上，不同科、属、种，甚至品种之间都会存在差别。例如，仙人掌科、景天科、杨柳科的成员普遍易扦插生根；山茶属的种间反映不一，山茶和茶梅易，云南山茶难；菊花、月季等品种间差异大。

② 母本的生理年龄：幼龄苗的插穗比老龄苗的插穗容易愈合生根。

③ 不同的器官：不同的植物不同的营养器官有不同的生根、出芽能力。多数花卉茎插易生根成苗，叶插能生根的种类均能茎插。

④ 母株的营养状态：营养良好、生长正常的母株，体内含有丰富的各种促进生根的物质，是插条生根的重要物质基础。

⑤ 枝梢的部位：易于生根的种类，枝梢的部位对生根没有影响，但对另一些植物常有以下情况：侧枝比主枝易生根；硬枝扦插时取自枝梢基部的插条生根好些；软枝扦插以顶梢作插条比下方部位的生根好；营养枝比结果枝更易生根；去掉花蕾比带花蕾者生根好。

（2）扦插的环境条件

扦插所要求的环境条件：影响扦插能否成活的因素很多，主要是环境条件，包括温度、湿度、光照、土壤及通气条件。

① 温度：一般插条生根的温度，应比栽培时所需的温度高 2 ~ 3 ℃，温度的急剧变化，易引起枝条腐烂。一般植物在 15 ~ 20 ℃时较易生根。土温较气温略高 3 ~ 5 ℃时，对扦插最有利，采用增加土温（底温）的方法，以促进生根。

② 湿度：插条在形成愈伤组织时，在伤口周围需要较大的湿度，所以，土壤应经常保持湿润。如土壤过湿、通气不良，新根易腐烂，尤其是多浆植物。空气湿度要求是愈大愈好（相对湿度应保持在 80%以上）。为了保证较高的空气湿度，应经常喷水。

③ 阳光：软枝扦插，一般都带有顶芽与叶片，它们在阳光下进行光合作用，产生生长素，以促进生根、

发芽。但在强烈直射的日光下，温度高，蒸腾量大，往往致凋萎，所以，散射光较好。

④ 氧气：插条生根时，细胞分裂旺盛、呼吸作用增强，需要充足的氧气。理想的扦插基质（土壤）是既能经常保持湿润，又可做到通气良好。

⑤ 扦插基质：扦插是利用植物营养器官本身所含养分或叶片进行光合作用所补充营养来供给发根，因此基质中的养分不十分重要，有机质的存在有时会引起病菌侵入而导致插条腐烂，但是，在扦插生根后不能及时移植的情况下，基质中则需要有适当的养分。

4）插穗的选择

插穗选择的正确与否直接关系到扦插成活率，一般情况下，实生苗插穗比无性繁殖苗插穗容易愈合和生根。扦插繁殖时，要在生长健壮、无病虫害的幼龄母株上选择当年生、中上部、向阳生长的叶芽饱满、枝条粗壮、节间较短、生长势强的枝条作插穗。

3.2.3 嫁接繁殖

将性状优良的母本植物体的一部分接到遗传特性不同的另一植株体上，其组织相互愈合后形成一个新的植物个体，称为嫁接繁殖（图 3-7）。用于嫁接的植物材料称为接穗，承接接穗的植株称为砧木。

1）嫁接繁殖的特点

（1）嫁接繁殖可用于生产实生苗或采用分生、扦插方法大量繁殖有困难的品种（如桂花、梅、白兰、山茶等），也用于仙人掌类不含叶绿素的紫、红、粉、黄色品种，以及需要保持品种的特征、特性的品种。

图 3-7 嫁接繁殖

（2）嫁接苗普遍比实生苗或扦插苗生长较为茁壮，开花和结实较早。

（3）选择砧木时可视具体条件而定，如某地土壤害虫严重的，可选抗虫力强的品种来做砧木，提高对不良环境的抵抗性。

（4）可根据需要改变植株的造型。

（5）嫁接繁殖还是品种复壮、枝条损伤个体的一个补充繁殖方法。

（6）嫁接还可促进或抑制生长发育，使植株乔化或矮化。

嫁接繁殖不足之处是首先要提前培育大量砧木，需要花费一定的时间、土地和人力；嫁接技术性较强，要培养熟练技工；还要摸索砧木与接穗的亲和性；嫁接苗的寿命一般要比实生苗短；此外，嫁接部膨大影响外形美观。尽管如此，嫁接用于花卉繁殖还是很普遍的。

2）嫁接成活的要素

（1）嫁接的原理

嫁接的原理即通过砧木、接穗结合部位形成层的再生、愈合，使导管、筛管互通，从而形成一个新的个体。

（2）嫁接植物的亲和性

亲和性是指砧木与接穗能否通过一定的组织，相互结合在一起进行生活的能力。两种植物嫁接面愈合得好，成活快，生长茁壮，说明亲和性好。

从一般植物亲缘学观点看，近缘的亲和性较强，远缘的亲和性弱。

（3）嫁接技术

正确的嫁接方法和技术是嫁接成活的另一重要因素。关键要根据花卉的特点，选择恰当的嫁接时期和嫁接方法。

3）嫁接成活的因素

亲和性是成活的先天性条件，即遗传因素。而影响成活的还有其他一些因素。

（1）内在因素方面

① 砧木。砧木的树龄视品种、季节和地区而定，从一年生到十年的老龄木都可以。而幼龄的砧木成活率高。不过，树桩盆景和果树亦有使用老龄砧木的。总的说，在适龄问题上砧木的适应范围较广，可塑性较大。

② 接穗。主要决定于树龄和充实度两个因素。接穗的枝龄影响甚大，用二年生枝条作接穗成活率显著下降。同样是当年的接穗，以绿枝作接穗成活率高。与木质化的当年老熟枝比较，绿枝的成活率高。接穗的充实度和嫁接成活亦有很大的关系。嫩枝所含碳水化合物较多，愈伤组织的形成较好，成活率较高。

此外，砧穗贮藏的营养低，含有树脂、单宁、髓部较大和导管、管胞细小的树种，成活率较低。

（2）外因方面（环境条件）

嫁接后最初一段时间的环境因素对成活的影响很大。

① 光：直接光明显阻碍愈伤组织的形成，因此嫁接初期要避免嫁接部分阳光直接照射。

② 温度：多数植物以 20 ~ 25 ℃为嫁接适宜温度。

③ 相对湿度：愈伤组织的形成，相对湿度以 95% 左右为宜，55% 以下就不利于愈伤组织形成。嫁接处最好以薄膜材料包扎。

4）嫁接的适宜季节

嫁接的适宜季节依花木种类、地区以及嫁接方法之不同而异。如枝接一般在春季树液开始流动而芽尚未萌动前进行。芽接则在夏末秋初接穗腋芽已经发育充实，砧木皮层易剥离时进行。但各地气候不同，嫁接时期有很大差异。

5）常用的嫁接方法

可分为枝接和芽接两大类。

（1）枝接法

用枝条作接穗的称为枝接，通常在休眠期进行，其中只有靠接法和腹接法在生长期间进行。

① 切接法：是最常见的方法，于春、秋进行，以春季较好，适于砧木较接穗粗的情况。砧木宜选用 2 cm 粗的幼苗，稍粗点也可以，在距地面 5 cm 左右处断砧，削平断面，选择较平滑的一面，用切接刀在砧木一侧（略带木质部，在横断面上约为直径的 1/5 ~ 1/4）垂直下切，深约 2 ~ 3 cm。削接穗时，接穗上要保留 2 ~ 3 个完整饱满的芽，将接穗从距下切口最近的芽位置背面，用切接刀向内切达木质部（不要超过髓心），随即向下与接穗中轴平行切削到底，切面长 2 ~ 3 cm，再于背面末端削成 0.8 ~ 1 cm 的小斜面。将削好的接穗，长削面向里插入砧木切口中，使双方形成层对准密接，接穗插入的深度以接穗削面上端露出 0.5 cm 左右为宜，俗称“露白”，有利愈合成活。

嫁接成活后，当新梢伸长 25 ~ 30 cm 时，应立一支柱绑好，以防风吹倒，同时把接口处的扎条解开。

② 劈接法：适用于大部分落叶树种，通常在砧木较粗、接穗较小时（砧木粗度为接穗的 2 ~ 5 倍）使用，而接穗也可较大，在春季进行。将砧木在离地面 5 ~ 10 cm 处截去，并削平剪口，用劈接刀从其横断面的中心垂直向下劈开。注意劈时不要用力过猛，要轻轻敲击劈刀刀背或按压刀背，使刀徐徐下切，切口长 2 ~ 3 cm。接穗留三个饱满的芽，下端削成楔形，削面长 2 ~ 3 cm。接穗插入时可用劈接刀的背端撬开切口，把接穗插入，须使外侧形成层密切接合，一般接 2 枝，待成活之后留一茁壮枝就可。劈接一般不必绑扎接口，但如果砧木过细，夹力不够，可用塑料薄膜条或麻绳绑扎。接后可培土覆盖，可用接蜡封口。此法广泛用于木本花卉，也用于菊花、仙人掌类和霸王鞭的嫁接。

③ 插皮接：是枝接中最易掌握，成活率最高，应用也较广泛的一种。要求在砧木较粗，并在离皮的情况下采用。在生产上用此法高接和低接的都有。一般在距地面 5 ～ 8 cm 处断砧，选平滑顺直处，将砧木皮层垂直切一小口，长度比接穗切面略短。接穗留 2 ～ 3 个芽。然后将接穗削成长 3.5 ～ 4 cm 的斜面，厚 0.3 ～ 0.5 cm（厚度看砧木粗细而定，砧木粗插入部分可厚些，反之则薄些），背面削成一小斜面或在背面的两侧再各微微削去一刀。接合时，用刀尖将树皮两边适当挑开，将削好的接穗在砧木切口处沿木质部与韧皮部中间插入，长削面朝向木质部并使接穗背面对准砧木切口正中，接穗插入时注意“留白”（留 0.5 cm 长的伤口露在上面）。最后用塑料薄膜条（宽 1 cm 左右）绑缚。用此法也常在高处嫁接，可同时接上 3 ～ 4 根接穗，均匀分布，成活后即可作为新植株的骨架。

④ 腹接：腹接也叫腰接，是在砧木腹部进行枝接的一种方法，多在生长季 3 ～ 10 月间进行，适用于针叶树及砧木较细的种类。腹接的优点是嫁接时可不剪断砧木，砧木与接穗接触面大、成活率较高，而且嫁接一次失败后还可及时补接。腹接方法较多，主要有如下两种：

a. 切腹接：一般接穗为具有 2 ～ 3 个芽、长约 5 cm 的枝段，下端两侧削成等长的楔形或一侧厚一侧薄；用切接刀以 20° ～ 30° 角斜向切入砧木枝条，深至砧木直径 1/3，长 2 ～ 3 cm，将砧木枝条微弯，使切口张开，插入接穗，对准形成层，绑缚即成。

b. 皮下腹接：在砧木的嫁接部位作一“T”形切口，深至皮下即可，并在“T”形切口上方挖去半圆形皮部。将接穗大削面朝里插入砧木切口内，捆扎好。

⑤ 舌接：舌接一般适用于枝条较软而砧木径 1 cm 左右，并且砧木、接穗大体相同粗细的嫁接。由于舌接形成层接触面大，愈合快，接合牢固，所以成活率很高。将砧木离地面 5 ～ 20 cm 处剪断，用刀呈 30° 方向向上斜削成 2 ～ 5 cm 长的斜面，再在斜面前端 1/5 ～ 1/3 处垂直向下切一刀，深约 2 cm。接穗上留 1 ～ 3 个芽，在接穗基部芽的同侧削一马耳形切面，长 3 cm。削面要光滑平整，用锋利的刀一刀削成，再在削面上由下往上 1/3 处顺着树条往上劈，劈口长约 1 cm，成舌状。把接穗的劈口插入砧木的劈口中，使接穗和砧木的舌状部位交叉起来，然后对准形成层，向内插紧。如果砧木和接穗不一样粗，一边形成层要对准、密接、绑严。

（2）芽接法

是以芽为接穗的嫁接，为生长期嫁接的典型方法，在花木的繁殖栽培中用得较多（图 3-8）。

① “T”字形芽接：“T”字形芽接也是生产中常用的一种方法，因其接芽片成盾形，故也称盾形芽接。“T”字形芽接必须在树液流动、树木离皮时进行。

采取当年生新鲜枝条为接穗。将叶片除去，留有一点叶柄，先从芽的上方 0.5 cm 左右处横切一刀，刀口长 0.8 ～ 1 cm 左右，深达木质部，再从芽下方 1 cm 左右处稍带木质部向上平削到横切口处取下芽，然后去掉木质部取下芽片，芽在盾形芽片上居中或稍偏上。选用一、二年生的小苗作砧木。在砧木距地面

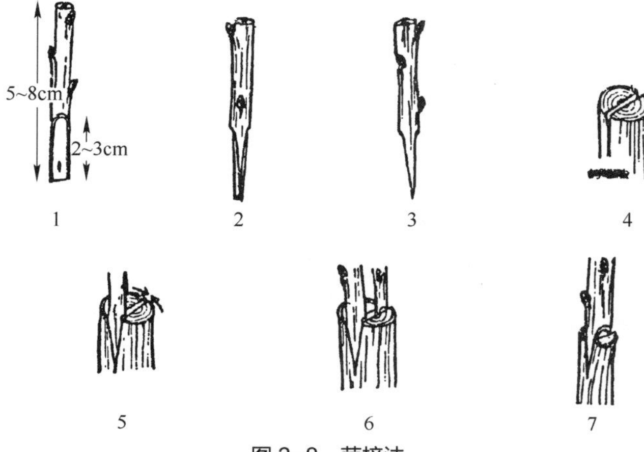

图 3-8 芽接法

1—接穗的切法； 2—切面成三角楔形； 3—砧木上接两枝接穗时，则切成两面楔形； 4—砧木的切法； 5—接穗直径小于砧木时，嫁接靠一边； 6—两边接； 7—砧木与接穗相同时，劈接最合适

5 ~ 8 cm 左右，选树干迎风面光滑处，横切一刀，深度以切断皮层为准，再从横切口中间向下垂直切一刀使切口呈“T”字形。用芽接刀尾部撬开切口皮层，随即把取好的芽片插入，使芽片上割与“T”字形上切口对齐，最后用塑料薄膜条将切口自下而上绑扎好，芽露在外面，叶杆也露在外面，以便检查成活。

② 嵌芽接：嵌芽接也叫带木质部芽接，是芽接的一种方法。常于春季进行芽接或秋后接穗和砧木离皮困难时应用，同时也用于皮层较厚、枝梢具有棱角（如佛手）或沟纹的树种。先从芽的上方 1 ~ 1.5 cm 处稍带木质部向下切一刀，然后在芽的下方 1.5 cm 处横向斜切一刀，取下芽片。在砧木选定的高度上取迎风面光滑处，从上向下稍带木质部削一与接芽片长宽均相等的切面。将此切开的稍带木质部的树皮上部切去，下部留有 0.5 cm 左右。然后将芽片插入切口使两者形成层对齐，再将留下部分贴到芽片上，用塑料薄膜条绑扎好即可。

③ 块状芽接：也称补片芽接，此法比“T”字形芽接稍复杂，芽片取方块状，芽片与砧木形成层接触面积大，成活率较高。因其操作较复杂，工效较低，一般树种多不采用。

取长方形芽片，再按芽片大小在砧木上切开皮层，嵌入芽片。砧木的切法有两种，一种是切成“]”形，称“单开门”芽接；一种是切成“I”形，称“双开门”芽接。注意嵌入芽片时，使芽片四周至少有三面与砧木切口皮层密接，镶嵌好后用塑料薄膜条绑扎即可。

④ 套芽接：又称环芽接，其接触面积大，易于成活。于春季树液流动后生长旺盛季节进行，主要用于皮部易于剥离、嫁接难以成活的树种。先从接穗枝条芽的上方 1 cm 左右处剪断，再从芽下方 1 cm 左右处用刀环切，深达木质部，抽出管状芽套。再选粗细与芽套相同的砧木，剪去上部，呈条状剥离树皮。随即把芽套套在木质部上，对齐砧木切口，再将砧木上的皮层向上包，盖住砧木与接芽的接合部。若砧木过粗或过细，可将芽套在芽的背面纵向切开，如此砧木可不剪断，只取同样大小的树皮将接芽套在贴木上，用塑料薄膜条绑扎好即可。

（3）根接法

是用根（包括实生苗、生根的插条、嫁接后埋入土中的压条）作砧木进行嫁接的方法，适用于牡丹（以芍药根作砧木）、蔷薇（以野蔷薇作砧木）、月季、玉兰、大丽花、八仙花、凌霄、紫藤、木槿、铁线莲等。

（4）胚芽接

又称芽苗砧嫁接、子苗嫁接，是用砧木种子萌发的幼嫩胚芽进行嫁接的一种方法。木本花卉在胚芽半木质化时即砧木长到 8 ~ 10 cm 时进行，太嫩操作不方便，过迟则接穗贮藏困难，方法多同根接。山茶、板栗、核桃、银杏、梅花等可用此法繁殖，这种繁殖方法用于木本花卉，其优点是成活率高，缩短育苗周期。

3.2.4　压条繁殖

压条繁殖方法是利用枝条生根能力，将母株接近地面的枝条（不切离母株），在其基部堆土或将其下部一段枝条扭曲埋入土中，给予生根的环境条件，待其生根之后剪离母株而移植成为独立新株。压条繁殖方法的优点为成活容易，成苗快，开花早，能保持原有品种的优良特性。用其他方法繁殖无效的种类或要繁殖出较大的新植株时，常采用此法。一般分为偃枝压条法、壅土压条法和高枝压条法三种。

1）偃枝压条法

此法多用于枝条柔软而细长的藤本花卉和丛生灌木，如迎春、夹竹桃、棣棠、凌霄、蔓性蔷薇、金银花等。选择母株基部近地面的生长发育健壮的 1 ~ 2 年生枝条，在一定部位扭曲后埋于土中，深度约 10 ~ 20 cm，枝条上端露出地面，经常保持土壤湿润。埋入土中部分先用钩形树杈、钢丝或木钩固定在穴中，并予以环刻或环剥（深达木质部，宽 1.0 cm 左右），以促进发根。经过一段时间，埋入土内的节部萌发新根，待新苗老熟后，即可分段剪离母株起苗移栽。春季压条者，多数在夏秋已充分生根，即可与母株分离栽培其他处（图 3-9）。

图 3-9 偃枝压条法

2）壅土压条法（图 3-10）

适用于枝条短硬，不易弯曲，多萌蘖及丛生性很强的木本观赏植物，如红瑞木、榆叶梅、黄刺玫、珍珠梅、木兰、贴梗海棠、金银木、牡丹、蜡梅等。多在生长旺季在其枝条基部距地面约 25 cm 处培土，将整个株丛的下半部分埋入土中，并经常保持土壤湿润。经过一段时间，隐芽部位处长出新根，到第二年春季扒开土堆，将枝条自基部剪离母株，分株移栽即可（图 3-10）。

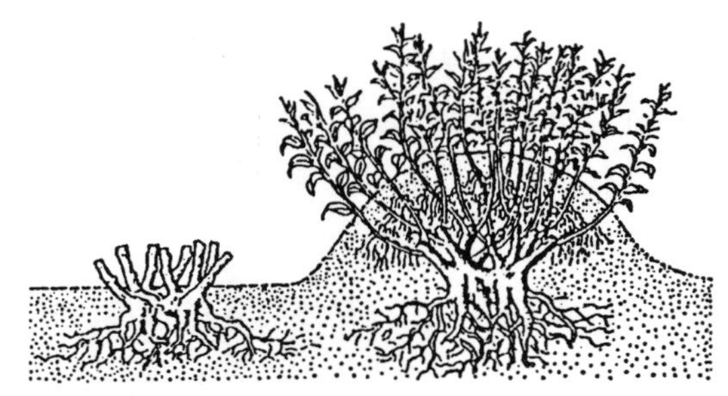
图 3-10 壅土压条法

3）高枝压条法

又称高位压条法，适用于植株基部不易发生萌蘖，枝条位置过高，又不易弯曲到地面的温室木本观赏植物，另外，一些种类较为罕见珍贵的花木也多用此法繁殖。如梅花、白兰、米兰、含笑、叶子花、朱蕉、橡皮树、变叶木、柑橘、广玉兰、桂花、山茶等（图 3-11）。其方法是在生长旺季挑选发育充实的二年生枝条，在其适当部位进行环剥，同时可用吲哚丁酸粉剂或水剂处理伤口的上端切口及中间，然后用花盆、毛竹筒、塑料薄膜、棕皮、油纸等包裹固定，内加保湿生根填充材料如水苔、马粪泥、木屑、泥炭土、山泥、青苔等，浇透水并经常保持湿润。待生根后，从包裹物下剪离母体，去掉包扎物，带土栽入盆中，放置在阴凉处养护，待大量萌发新梢后再见全光进行分栽。

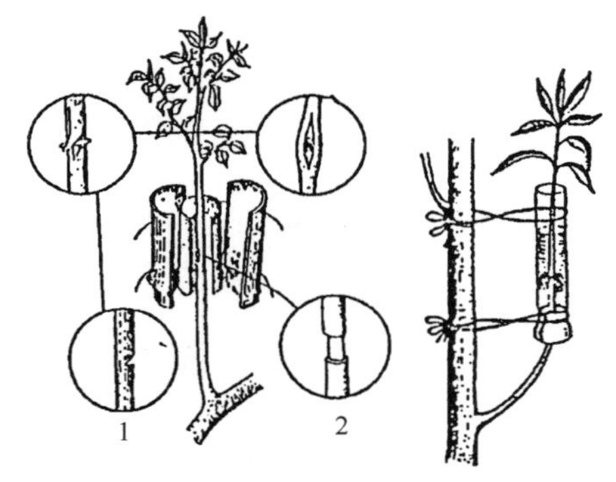

图 3-11 高枝压条法
1—生根处的刻伤处理； 2—生根处的环剥处理

压条法比扦插法简单易行，而且此法常可以一次获得少数的大苗，因此对于小规模的需要或业余栽培等是经济可靠的繁殖方法。但因压条繁殖的效率较低，一次难以产生大量苗木，各株压条管理的要求也不一致，因此成本较高，不适合大规模经营。

3.2.5 孢子繁殖

1）孢子繁殖的特点

孢子繁殖在植物界比较广泛，在花卉中仅用于蕨类植物。孢子产生在蕨类植物叶的背面成丛的孢子囊中，每个孢子囊里有 16 个孢子母细胞，每个母细胞经过减数分裂又产生 4 个孢子。所以每个孢子都是单倍体，为母本植物正常染色体的一半，只有在一定的温度、湿度及 pH 值下才能萌发成原叶体。这种细胞不经两性的结合就可直接发育成新个体的繁殖方式称为孢子繁殖。生产上利用蕨类植物产生的孢子进行繁殖，是蕨类特有的繁殖方法。

2）孢子人工繁殖方法

孢子人工繁殖能取得大量幼苗，但孢子细微，培养期中抗逆力弱，需精细管理，在空气湿度高及不受病害感染环境条件下才易成功。培养步骤如下：

（1）孢子的收集

蕨类的孢子囊群多着生于叶背。人工繁殖宜选用已成熟但尚未开裂的囊群。选取囊群已变褐色但尚未开裂的叶片，放薄纸袋内于室温（21 ℃）下干燥一周，孢子便自行从孢子囊中散出。除尽杂物后移入密封玻璃瓶中冷藏，备播种用。

（2）基质

播种基质以保湿性强又排水良好的人工配合基质最好，常用 2/3 清洁的水藓与 1/3 珍珠岩混合而成。

（3）播种和管理

将基质放在浅盘，稍压实、弄平后播入孢子。播后覆以玻璃保湿，放 18 ~ 24 ℃无直射日光处培养。发芽期间用不含高盐分的水喷雾使之一直保持高的空气湿度。孢子约 20 d 左右开始发芽，从绿色小点之间扩展成平卧基质表面的半透明绿色原叶体，直径不及 1 cm，顶端略凹入，腹面以假根附着基质吸收水分养料。原叶体生长约 3 ~ 6 个月后，腹面的卵细胞受精后产生合子，合子发育成胚，胚继续生长便生出初生根及直立的初生叶。不久又从生长点发育成地上茎，并不断产生新叶，逐渐长大成苗。

（4）移栽

若原叶体太密，在生长期中可移栽 1 ~ 2 次。第一次在原叶体已经充分发育尚未见初生叶时，第二次在初生叶生出后进行。用镊子将原叶体带土取出，不使受伤，按 2 cm 株行距植于盛有与播种相同基质的浅盘中。移栽后仍按播种时相同的方法管理，至有几片真叶时再分栽。

3.2.6 组织培养

1）主要仪器设备和物品

（1）仪器设备

光学显微镜（附有相差、荧光和显微摄影装置）、天平（感量 1/10 g 的粗天平、感量 1/100 g 的扭力天平、感量 1/1000 g 的分析天平）、高压蒸汽灭菌锅、恒温箱、恒温干燥箱、超净工作台、冰箱、离心机（4000 转 /min）、生物切片机、手持放大镜、恒温水浴锅、双目解剖镜、pH 测定仪、转床、摇床、培养架、空调器及日光灯组。

（2）其他物品

除上述大件仪器设备外，还需必备的物品有：培养皿、烧杯、试管、量筒、三角瓶、刻度吸管、滴管、漏斗、洗瓶、滴瓶、酒精灯、解剖刀、解剖针、剪干、镊子、纱布、棉花、牛角匙、牛皮纸、牛皮筋、特种铅笔、电炉、pH 试纸。

2）培养基的配制

培养基主要由矿质营养、有机物质、生长调节剂、碳源等组成。培养基的种类较多，以 MS 培养基使用最为广泛。

培养基配制过程大致如下：首先配制母液，定容至 1000 mL。在配制时先取适量蒸馏水溶解蔗糖倒入容量瓶，再取植物生长调节物质等定容，倒入大烧杯与琼脂一同加热溶解，加热时应不停地搅拌以免烧焦。配制好的培养基，用 0.1 ~ 1.0 mol/L 的 AC 和 NaOH 将 pH 进行调整，然后分装入瓶（培养基占容器 1/4 ~ 1/3 为宜），用棉花与牛皮纸、覆纸铝箔、硫酸纸、耐高温塑料薄膜等封口，灭菌后用于接种或放入 4 ℃左右的黑暗条件下保存。

3）外植体的分类

植物组织培养中由于接种外植体的不同，可以分为以下几类：

（1）植株培养：是具备完整植株形态材料的培养，如幼苗及较大植株的培养。

（2）胚胎培养：把成熟或未成熟的胚从胚珠内分离出来，培养在人工合成的培养基上，使其发育成为正常的植株。

（3）器官培养：离体器官的培养，根据植物及需要的不同，可以分离茎尖、根尖、叶片、叶原基、子叶、花瓣、雄蕊、胚珠、子房、果实等作为外植体培养，使其发育成完整植株。

（4）组织或愈伤组织培养：为狭义的组织培养，是分离植物体的各部分组织来进行培养，如茎尖分生组织、形成层木质部、韧皮部、表皮组织、胚乳组织和薄壁组织等或采用从植物器官培养产生的愈伤组织来培养，通过分化诱导可形成植株。

（5）细胞或原生质体培养（悬浮培养）：由愈伤组织等进行液体振荡培养所得到的能保持较好分散性的离体细胞或很小的细胞团的液体培养，或是用酶及物理方法除去细胞壁的原生质体培养，皆可通过培养，分化产生植株。

4）组织培养的四个阶段

（1）外植体的选择：从植物体上切取下来用于组织培养的部分称为“外植体”。

如果用侧芽增殖进行繁殖，可以切取植物枝条的顶芽和侧芽。许多草本花卉的顶芽和植株上部的芽作分生组织和茎尖培养时成功率比较高。

（2）外植体的灭菌：经常使用的灭菌剂有次氯酸钠（商品名称为安地福民）、过氧化氢等。

（3）外植体的接种：通常这一工作必须在超净工作台上进行。提前 20 min 将超净台启动，并用 70% 酒精擦净台面。先点燃酒精灯，接种时，先在超净台内打开培养基瓶口的包纸，在火焰上烤一下瓶口，再开启瓶盖。用无菌刀（在火焰上烤过）根据需要将外植体切块，再用无菌镊子将外植体小心地放在培养基的表面。再用火焰烤一下瓶口和瓶盖后，盖好，包上原来的牛皮纸。接种后及时写好记录和标签。

（4）试管苗出瓶和移栽：为增加试管苗对外界的适应能力，需逐步地对小苗进行锻炼。

试管苗出瓶前需打开瓶塞，锻炼 1 ~ 2 d。从试管中取出小苗时尽可能不带或少带培养基。取出后用清水轻轻将根部残存的培养基洗去，再栽种到培养土中。

栽植试管苗可用浅盆或温床，土壤可用透水、通气好的腐叶土或泥炭土加 1/3 的珍珠岩，也可用砂壤土。栽植的方法可以参照播种繁殖中移苗的做法。

3.2.7 穴盘苗生产

1）穴盘育苗特点

穴盘育苗是选用穴盘作为容器进行育苗的技术方式。

（1）适于规模化生产，操作简单、快捷。

（2）秧苗生长发育一致，苗壮质优。

（3）病虫害少。

（4）成本低廉。

（5）穴盘苗多采用无土基质，便于存放、运输。

2）穴盘育苗的设施

穴盘育苗要求一定的设施设备，包括温室、发芽室、混料和填料设备、播种机、打孔器、覆料机、喷雾系统、移苗机、移植操作台、传送带和穴盘等。穴盘多由塑料制成，有方形穴或圆形穴等，规格多样，常见穴盘从 32 穴到 512 穴不等，其中尤以 32 穴、128 穴、288 穴、512 穴等较为常见，而穴盘规格（长宽）一般为 54 cm × 28 cm。此外还有加厚、加高型专用于培育木本树苗的穴盘。

3）穴盘苗的生产及苗期管理

（1）基质选配与填料

根据不同种子类型选择并混配好基质或选用育苗用商品基质，然后将基质加水增湿，以手抓后成团，但又不挤出水为宜。

（2）播种与覆盖

填料后的穴盘宜及时播种，播种可根据种子类别选择适宜的播种机及其内部配件，如播种模板、复式播种接头或滚筒等及其他配套设施，如打孔器、覆料机、传送系统等。播种时要保持播种环境的光照、通风条件，便于操作人员检查播种精度。覆盖时应注意厚度，如覆盖太少则失去原有作用；覆盖太多，种子会被埋得过深，会使种子腐烂增多。覆料可人工操作，但如有条件的话最好用专门的覆料设备来给穴盘覆料。

（3）发芽室催芽

播好种子浇过水后放在发芽架上进入发芽室，根据种类不同，选择加光或不加光，并调好适宜温度。由于不同种类或品种的发芽时间不同，因此，当种子胚根开始长出后每 3 ~ 4 h 观察 1 次，当有 50% 种苗的胚芽开始顶出基质而子叶尚未展开时，就应移出发芽室，若过迟可能导致小苗徒长。一些发芽和生长很快的品种，应在天黑前检查一下出芽情况，如有相当部分苗已顶出基质，就应马上移出发芽室，以免隔夜后苗徒长。此外，发芽室应定期清洗保洁，有条件的可使用紫外灯或药物定期杀菌消毒，以防止发芽室内发生病虫害。

（4）种苗的管理

从发芽室移出的幼苗进入育苗温室，应加强管理。首先，水分的管理是穴盘育苗成功与否的关键，基质应经常保持适度湿润，不能过干或过湿，但不同的花卉其要求的水分不一样，在不同的阶段水分要求也不一样，应区别对待。其次，应注意调整温度和光照，每一种花卉都有其最适宜的发芽与生长温度，一般控制在 20 ~ 27 ℃，在适宜的温度范围内增温愈高则生长愈快，夜温稍低有利于幼苗健壮生长。不同花卉要求的光照不一样，应根据其发芽的好光性与忌光性及生育习性来确定适宜的光照，光照度一般为 6000 ~ 40000 lx，时数一般为 12 ~ 14 h。另外，还应及时给基质补充养分，由淡渐浓，还应保持环境清洁、干燥通风，预防病虫害的发生。

第 4 章　花卉的栽培管理

本章学习目的：本章主要讲述了各种园林花卉的栽培管理方法。园林花卉是园林植物造景的主要部分，通过本章学习使学生掌握各种园林花卉栽培的基本技术以及不同生态习性的花卉的栽培特点，掌握常规的共性管理技术和特殊的技术管理环节。

4.1　露地花卉的栽培管理

4.1.1　露地花卉的栽培管理

花卉的生命活动过程是在各种环境条件综合作用下完成的。为了使花卉生长健壮、姿态优美，必须满足其生长发育需要的条件，而在自然环境下，几乎不可能完全具备这些条件，因此花卉生产中常采取一些栽培措施进行调节，以期获得优质高产的花卉产品。

1）整地和作畦

整地的目的在于改良土壤的物理结构，使其具有良好的通气和透水条件，便于根系伸展，又能促进土壤风化，有利于微生物的活动，从而加速有机肥料的分解，以利于花卉吸收。在种植花卉之前，应对土壤的 pH、土壤的成分、土壤养分进行检测，为栽培花卉提供可靠的信息。壤土是最好的园土，不过砂土和黏土也可通过加入有机质或砂土进行改良。可加入的有机质包括堆肥、厩肥、锯末、腐叶、泥炭以及其他容易获得的有机物质。

作畦的方式很多，在花圃地中，用于播种和草花的移植地，大多需要密植，因此畦宽多不超过 1.6 m，以便站在畦埂上进行间苗和中耕除草。球根类花卉的栽植地、切花生产地和木本花卉的栽植地，都保留较宽的株行距，因此畦面都比较大，主要应根据水源的流量来决定每畦面积的大小。

在雨量较大的地区，地栽牡丹、大丽花、菊花等特怕水渍的花卉时，最好打造高畦，四周开挖排水沟，防止畦面积水。畦埂的高度应根据灌水量的大小和灌水方式来决定，采用渠道自流给水时，如果畦面较大，畦埂应加高，以防外溢。用浇灌、喷灌或胶管灌水时，畦埂不必过高。畦埂的宽度和高度是相应的，沙质土应宽些，黏壤土可狭些，但不要小于 30 cm，以便于来往行走。

2）间苗

间苗又称疏苗，主要是对播种地而言，以保证每棵花苗都有足够的生长空间和土壤营养面积。间苗还有利于通风透光，使苗木茁壮生长并减少病虫害的发生。间苗常用于直播的一、二年生花卉，以及不耐移植而必须直播的种类，如香豌豆、虞美人、花菱草等。

3）移植

露地花卉中除了一些不耐移植的种类需直接播种以外，大多数花卉均应先在苗床育苗，经 1 ~ 2 次移植以后，最后定植于花坛或花圃畦中。花苗被移植后，主根必然被切断，因而可促使侧根大量发生，并能抑制苗期的徒长，增加分蘖以扩大着花部位。

移栽前对苗圃地和栽植地都应事先灌水，灌水后要等表土略干后再行起苗，否则会因根部土球过于湿黏有碍栽植后根系的伸展。移栽草花苗最好在阴天进行，降雨前移栽的成活率最高。移栽后要将四周的松土按实，然后马上灌水，小苗移栽最好用喷壶洒水，一定要浇透，大苗可以漫灌。以后应结合扶苗进行松土保墒，切忌连续灌水，否则在新根尚未伸出土团前因缺少空气，常会造成根系腐烂而死亡。对一些幼嫩的花苗还应搭设苇帘来遮阴。

4）灌溉与排水

夏季浇水多在早晚进行，此时水温与土温相差较小，不致影响根系活动。冬季应在中午前后进行。露地播种床的幼苗，因植株矮小，宜用细孔喷壶喷水。小面积可用喷壶、木桶、木勺等工具人工浇水，大面积的可用抽水机抽水，用沟渠灌水或喷灌。每次浇水都应浇透土层。花卉浇水次数往往根据季节、天气和花卉本身生长状况来决定。夏季蒸发量大，早晚各浇一次水，春秋隔天浇一次水，冬季气温低，许多花卉生长缓慢或呈休眠状态，应当少浇。幼苗期可以少浇些，随着花卉的旺盛生长，至开花前要多一些，开花期间保持湿润，结实期又要略少浇水，如果叶上有茸毛的植物，则不要对着叶上淋水，以免发生斑点。

5）施肥

花卉的施肥方法，可分为基肥、追肥以及根外追肥。

（1）基肥：基肥是播种前，或移植前施在土壤中的肥料，目的是提高土壤肥力，全面供给植物整个生长季所需的肥料。以有机肥为主，可配以化肥、骨粉、过磷酸钙等作为基肥，对于改进土壤的物理性质有重要作用，厩肥及堆肥、骨粉、河泥等多在整地前翻入土中，粪干及饼肥在播种或移植时进行沟施或穴施。

（2）追肥：追肥是补充基肥的不足，满足花卉不同生长发育时期的特殊要求的肥料。追肥常用腐熟的人粪尿或饼肥进行液施，亦可施用尿素、过磷酸钙等化学肥料，但浓度要小，一般不超过 1%～3%。

（3）根外追肥：是将肥料溶液喷在叶子上被叶子直接吸收，能及时补充植物所缺的营养。在植物生长旺盛期或缺少某种元素时常用此法。

6）中耕除草

中耕能疏松表土，切断土壤毛细管，减少水分蒸发，增加土温，使土壤内空气流通，促进土壤中有机物的分解，为根系正常生长和吸收营养创造良好的条件。在中耕的同时还能结合除草。

在苗木栽植的初期，大部分土面都暴露在阳光下，这时除土表容易干燥外，杂草也繁殖很快，因此应经常中耕除草。随着幼苗逐渐生长，根系扩大，这时中耕宜浅，否则根系被切断，使生长受阻碍。秋季的露地花卉大多已布满田面，形成了郁闭状态，因此应在郁闭前将杂草拔净。

除草可以避免杂草和花卉争夺土壤中的养分、水分和阳光。化学除草久已应用，有效除草剂有数十种，包括无机化合物与有机化合物药剂，药剂除草优点很多，药量小、效用大，省力、省工。但使用时需准确掌握各种药剂的作用和性能，以及配制各种药剂溶液的浓度。

7）整形与修剪

整形指整理花卉全株的外形和骨架，其作用是既有美化造型意义，更重要的是通过一定外形和骨架的建立而达到调节花卉生长发育之目的，使各部器官的生理机能相协调，从而防止徒长和促进开花结果。修剪则包括对花卉植株的局部或某一器官的具体修理措施，目的也是调节生长和发育。

（1）整形

露地花卉的整形方式比较简单，现将常用的几种方式分述如下：

① 单干式：一株一本，一本一花，不留侧枝，仅在顶端开一朵花或少数几朵，此种形式常用于菊花、

芍药及大丽花。

② 多干式：一株多本，每本一花，花朵多单生于枝顶。如大丽花，留 2 ~ 4 主枝，菊花留 3 枝、5 枝、7 枝、9 枝等，其余侧枝全部摘除。

③ 丛生式：许多一、二年生草花，宿根草花和花灌木都按此法整形。有的是通过花卉本身的自然分蘖而长成丛生状，有的则是通过多次摘心或平茬、修剪，促使根际部位长出稠密的株丛。用这种方式整形的花木，其花朵大多生长在叶腋间，如一串红、美女樱、榆叶梅、贴梗海棠等。

④ 悬挂式：当主干长到一定高度或者株丛稠密的花灌木，将它们的侧枝引向一个方向，然后越过墙垣或花架而悬挂下来。这种整形方式多结合园林防护进行，花朵大多开在下垂的枝条上，许多蔷薇科的花灌木常采用这种整形方式。

⑤ 攀缘式：多在藤本花卉整形时使用，利用这些花卉植物善于攀缘的特性，让它们附着在墙壁上或者缠绕在篱垣上以及花架、棚架、山石、枯木上生长，如羽叶茑萝、牵牛花、紫藤等。

⑥ 匍匐式：利用一些花卉的枝条不能直立生长的特性，让它们自然匍匐在地面或者山石上。如爬地柏、鸭跖草、半支莲、垂盆草等。

⑦ 支架式：人工制作棚架，通过绑扎，使一些蔓性藤本花木攀附于棚架上，形成透空花廊或花洞。如金银花、紫藤、络石、葡萄以及多花蔷薇等。

⑧ 圆球式：将一株花木，通过多次的摘心或短剪，促使其从主枝上长出许多稠密的侧枝，然后再对突出的侧枝进行短剪，使它们再发生二次枝和三次枝，并将整个树冠剪成圆球或扁球形，球体的下部越接近地面越好，最好不留主干。对大叶黄杨、锦熟黄杨以及冬青等常常这样整形。

⑨ 尖塔式：多用于针叶乔木类观赏植物。首先要创造一个笔直的主干，将第一层侧枝留在距地面 50 cm 左右的地方，以上各层侧枝之间都保留相对的等距，越向上侧枝越短，最后收成尖顶。如雪松、千头柏、桧柏等。

⑩ 雨伞式：这种整形多用于龙爪槐、枸杞等。首先要保持较长的主干，让侧枝从干顶丛生而出，利用它们自然下垂的特性而形成伞状。

（2）修剪

花卉植物的修剪主要有以下几项工作：

① 摘心：摘心指的是摘除主枝或侧枝上的顶芽，有时还需将生长点部分连同顶端的几片嫩叶一同摘掉。其目的在于压缩植株的高度和幅度，促使它们发生更多的侧枝，从而增加着花的部位和数量，使树冠更加丰满。摘心还能延迟花期或促使其第二次开花。

② 除芽：除芽包括摘除侧芽和挖掉脚芽，前者多用于观果类花卉，后者多用于球根或宿根类草花和一些多年生木本花卉。

③ 剥蕾：主要是剥掉叶腋间生出的侧蕾，使营养集中供应顶蕾开花，以保证花朵的质量，许多多年生宿根草本花卉都需要进行剥蕾。

④ 短截：又叫短剪，多用于多年生木本花卉。做法是剪去枝条先端的一部分枝梢，促使侧枝发生，并防止枝条徒长，使其在入冬前充分木质化并形成充实饱满的腋芽或花芽。

⑤ 疏剪：疏剪是从枝条的基部将它们全部剪掉，从而防止株丛过密，以利于通风透光，对乔木类花卉来说，常用疏剪的方法疏去内向枝、交叉枝、平行枝等等，使树体造型更加完美。

⑥ 折枝和捻梢：对于一些短剪后非常容易发生侧枝的花木，为了防止枝条徒长以促进花芽分化，常将它们的枝条扭折。

⑦ 曲枝：为了使一些木本花卉的树冠长势均衡，可将一些长势过强的枝条向侧方压曲，弱枝扶之直立，以增强其生长势。

8）防寒越冬

防寒越冬是对耐寒能力差的露地花卉，要采取各种防寒措施，使其安全度过严寒的冬季，保证其正常生长发育。北方冬季气候寒冷，一些二年生（耐寒性弱）或多年生花卉，要采取防寒措施，使其安全过冬，保证其正常地生长发育。一般常采用以下几种措施：

① 覆盖法：即在霜冻到来之前，在畦面上用干草、落叶、马粪及草席等将苗盖好，晚霜过后再清理畦面，耐寒力较强的花卉小苗，常用塑料薄膜进行覆盖，效果较好。

② 培土法：对冬季地上部分全部休眠的宿根花卉，可在其上盖土或埋入地下，以防止冻害，等冬天过去再将上面的土除去，使其继续生长。

③ 灌水法：即利用冬灌进行防寒，即浇冻水。由于水的热容量大，灌水后可以提高土壤的导热量，将深层土壤的热量传到表面。同时，灌水可以提高附近空气的温度，即提高植株周围的土壤和空气的温度，因此，起到保温和增温的效果。

④ 烟熏法：即利用熏烟进行防寒。为了防止晚霜对苗木的危害，在霜冻到来前夕，南方在寒流到来之前，可在苗畦周围或上风向点燃干草堆，使浓烟遍布苗木上空，即可防寒。

4.1.2　一、二年生花卉的栽培管理

在露地花卉中，一、二年生花卉对栽培管理条件要求比较严格。在花圃中要占用土壤、灌溉和管理条件最优越的地段。

通常在土地封冻以前翻耕土地，北京多在 10 月下旬至 11 月上旬。耕后经冬季低温可消灭部分病虫和保蓄地下水分。亦可春耕，但要在早春土地解冻后开始，翻耕过的土地，春天要及时按整地要求平整好、区划好排灌系统、作畦，畦一般东西向延长，长为 6 m，宽为 1.65 m，每亩可作 60 个畦。

1）播种和播种后管理

播种前要细致整好播种床，一般情况下床内不施肥。一、二年生花卉播种时通常不用进行种子处理。播种方法常用撒播，覆土厚度以不见种子为宜，露地播种覆土可稍厚些。为减少水分蒸发、保持床内湿润，播种床上常加盖玻璃窗或蒲席。一般情况下播种后不再灌水，但若缺水，亦可用细孔喷壶喷水，但会使床土表层板结，对发芽不利，因此在播种前必须充分灌水，若播种床周围土壤干燥，可一起灌水湿润。幼苗出土后，逐渐去掉覆盖物，幼苗拥挤时，应及时间苗，使空气流通、日照充足，则生长健壮。间苗时应选留茁壮的幼苗，去掉弱苗和徒长苗，并拔除混杂其中的其他苗和杂草。当幼苗长至 3 ～ 4 片真叶时，即可进行移植（除直播花卉外）。第一次移植都是裸根移植，边掘苗、边栽植、边浇水，以免幼苗萎蔫。经 1 ～ 2 次移植后，当幼苗充分生长并已开花，即可定植到花坛中去。

2）二年生花卉栽培管理

二年生花卉在北京 8 月中、下旬播种，发芽后在10月底到 11 月初要将幼苗栽到阳畦越冬。阳畦的管理，依天气情况而定。晴天上午 9 时前后打开蒲席，下午 4 时许盖上蒲席。天气渐冷，可延迟或提前拉盖蒲席，如遇阴天刮大风，可在中午打开蒲席的两头，通气一两小时，雪天可不打开蒲席，积雪必须及时扫去。3 月上中旬起将阳畦内的小苗陆续移植到阳畦南面的畦内栽培。为使植株低矮分枝多，这时可进行摘心。在栽培过程中要经常进行灌水、追肥和中耕除草。

4.1.3　宿根花卉的栽培管理

宿根花卉适应性强，根系较为发达，一经栽植，即可多年生长，连年开花。在栽植时，应对土壤进行深耕，在深耕的同时，施入大量有机肥料，以保证有较好的土壤条件，并能维持较长时间的肥力。另外，不同生长期的宿根花卉对土壤的要求也有差异，一般

幼苗期喜腐殖质丰富的土壤，第二年以后以黏质土壤为佳。宿根花卉种类繁多，可根据不同类别采用不同的繁殖方法。凡结实良好、播种后一至两年即可开花的种类，如蜀葵、桔梗、耧斗菜、除虫菊等常用播种繁殖。繁殖时期依不同种类而定。夏秋开花、冬季休眠的种类可春播；春季开花、夏季休眠的种类可秋播。有些种类如菊花、芍药、玉簪、萱草、铃兰、鸢尾等，常开花不结实或结实很少，而植株的萌蘖力很强；还有种类，尽管能开花产生种子，但种子繁殖需较长的时间方能完成，对这些种类均采用分株法进行繁殖。分株的时间：依开花期及耐寒能力来决定。春季开花且耐寒力较强的可于秋季分株，如芍药、桔梗等；夏秋开花，耐寒力较差的如秋海棠、虎耳草等可于春季分株；而石菖蒲、万年青等则春、秋两季均可进行。还有一类如香石竹、菊花、五色苋等常可采用茎段扦插的方法进行繁殖。

4.1.4 球根花卉的栽培管理

1）球根花卉的栽培

球根花卉是一个庞大的家族，其原产地各异，种类不同，栽植时期也不一样。春植球根类，如唐菖蒲、美人蕉、大丽花等，原产于热带及亚热带地区，耐寒力稍差，通常是在春季栽种球根，夏、秋季开花，秋后地上都枯萎停止生长，冬季球根休眠；水仙、百合、风信子、郁金香等球根花卉，原产于温带，耐寒力较强，它们大多是秋季栽种球根，第二年春季开花，夏季休眠；马蹄莲、仙客来、大岩桐、球根秋海棠、彩叶芋等，为多年生常绿球根花卉，休眠期多在炎热的夏季，虽暂停生长，但地上、地下部均不枯萎，如果创造凉爽的环境条件，仍能缓慢生长，且不用年年重新栽植，它们中的一部分可用分株繁殖，有的可用播种繁殖。

球根花卉的地下部通常膨大成球状或块状，栽植时应注意选疏松、肥沃、透气性良好的土壤，特别要防止积水，以免球根腐烂。栽植球根花卉的有机肥一定要腐熟。大多数球根花卉花朵硕大，花期较长，对肥料的需求较高，栽植时应施足基肥，并应保证有足量的磷、钾肥以满足球根发育以及开花的需求。球根栽植的深度因土质、栽植目的、种类不同而异。沙质土壤深植，反之则浅植。用于繁殖，每年需采掘新球者浅植；观赏栽培，多年后采掘新球的深植。通常球根栽植深度为种球径的3倍。个别种类，如晚香玉、葱兰，以覆土至球根顶部为宜，百合类要深达球径的4倍，而仙客来则需露出球茎的三分之一，使生长点在土面以上。种球球根可挖沟栽植，也可穴植，依种球大小而定。

大多数球根花卉的叶片均很少，而且其叶片数一定，如郁金香五片叶、唐菖蒲八片叶时开花，栽培管理应注意保护叶片免受损伤，否则叶片减少，影响养分的合成，不利于新球的形成，也影响观赏。多数种类的球根花卉，吸收根少而脆，一经碰断则不能再生新根，所以，当球根栽植后，在生长期不宜移栽。为保证新球的膨大生长，采取切花时应注意，在保证切花长度要求的前提下，尽量少伤叶片；花后要立即剪除残花，减少养分消耗；花后加强肥水管理，也是充实新球的有利措施。

2）球根的采收与贮藏

球根花卉地上部分停止生长进入休眠以后，大部分种类的地上部分球根需从土中挖出，并给予适宜条件进行贮藏。春植球根应于秋季采收贮藏越冬；秋植球根多在夏季休眠后贮藏。球根采收后，可对土地进行翻耕，增施有机肥料，以利下一季的种植。生产上种植繁殖用的种球，每季进行一次采收和重新栽植；园林中种植用于观赏的球根花卉，根据种类不同可每隔3～6年采掘分栽一次。间隔时间过短，增加工作量，也影响观赏价值和景观效果；间隔时间过长，新球或子球增殖较多，常过于拥挤、生长不良而使花形变小、花色变浅，从而影响观赏效果。一般水仙类的球根花卉，在园林种植时，每隔 5 ～ 6 年采掘一次，而百合类、石蒜、美人蕉、晚香玉等，通常 3 ～ 4 年掘出球根分栽一次。球根采收应在植株停止生长，叶尚未完全枯黄脱落时进行。采收过早，球根发育不够充实，养分尚未完全积聚于球根中；采收过晚，地上部茎叶完全枯萎脱落，不好确定土壤中球根的位置，采收时容易损伤球根，且子球也容易散失。土壤略微湿润，有利于种球挖掘。采收时，将种球由土中掘出，抖净泥土，按照不同种类，进行阴干或翻晒。一般唐菖蒲、晚香玉等可在日光下翻晒几天使其干燥，大丽花、美人蕉等只要阴干至外皮干燥即可。在阴干和翻晒的同时，将种球按照球径的大小、种球的质量进行分级、分类。在入贮前，根据不同种类采用不同的方法消毒或杀菌。

春植球根类花卉冬季贮藏时，对通风要求不高，且要保持一定湿度的种类，可采用堆藏或埋藏的方法，常将球根埋藏于湿润沙或沙与土各半的混合基质中；要求通风良好、充分干燥的球根宜采用架藏法。室温宜保持在 4 ～ 5 ℃条件下，最低不低于 0 ℃，最高不高于 10 ℃。秋植球根类夏季贮藏时，首要问题是使贮藏环境通风、干燥、凉爽。一般保持室内温度不高于 35 ℃，大量贮藏可于室内设架，架与架之间距至少保持 30 cm，每层架上铺以苇帘、席箔等以利通风，也可将种球先装于尼龙网眼袋中，堆于层架上，或悬挂于室内；少量贮藏，可装袋或放入浅箱、木盘、竹篮、布袋中，放置于阴凉、通风之环境中。

无论是春植球根花卉，还是秋植球根花芽分化都是在夏季中温时进行。盛夏季节气温过高，有碍花芽的分化，以致造成花芽分化暂停或缓慢进行，稍凉后，又继续分化。因此，春植球根花卉，在夏季生长期的栽培管理是一个十分重要的环节，应创造良好的小气候，改善土壤通透状况，加强水、肥供应等；秋植球根花卉的夏季贮藏也是一个相当重要的环节，为球根贮藏创造一个凉爽、通风、干燥的环境条件是必需的。

4.2 花卉栽培的设施

花卉栽培的设施主要指风障、冷床、温床、冷窖、荫棚和温室等栽培设施，以及其他设施，如机械化、自动化设备，各种机具、用器等。人们将用上述花卉栽培设备创设的栽培环境，称为保护地，在保护地进行花卉栽培称为花卉的保护地栽培，这种保护地园艺也被称为设施园艺。

4.2.1 花卉保护地的作用

花卉保护地主要有两方面的作用：

首先，在不适于某类花卉生存的地区，栽培该类花卉。例如在北京这一冬季严寒干燥，春季干旱多风的温带大陆性气候地区，利用温室等保护地条件，就可以栽培终年要求温暖湿润的热带兰、鸟巢蕨、变叶木等热带花卉。

其次，在不适于花卉生长的季节进行花卉栽培。例如在酷热的夏季，一些要求气候凉爽的花卉，或被迫进入休眠，或生长衰弱以致死亡。但是，若在有降温设备的温室中，仍可正常生长。在我国北方严寒的冬天，草木凋萎，而在温室内各类花卉却仍然能正常地生长开花。所以保护地栽培和露地栽培相结合，就可以周年进行花卉生产，保证鲜花的四季供应。

总之，具备各种保护地的栽培环境，就可以不受地区、季节的限制，集世界各气候带地区和要求不同生态环境的奇花异卉于一地，进行周年生产，满足人们的需要。

4.2.2 花卉保护地的类型

花卉种类繁多，包括来自寒带以至热带不同类型的花卉种类。因此，在栽培上需要有各种不同的设备，如温室、温床、荫棚、地窖、水池、贮藏室及工作室等。

1）温室

温室是花卉栽培中最重要的、同时也是应用最广泛的栽培设备，比其他栽培设备（如风障、冷床、温床、冷窖、荫棚等）对环境因子的调节和控制能力更强、更全面，是比较完善的保护地类型。温室是栽培热带、亚热带及冬春开花的花卉种类所不可缺少的设备，特别在寒冷地区，有些原产温带、耐寒力较弱的花卉种类，需用简单的温室保护越冬（图 4-1）。

2）温床及冷床

（1）温床

利用人工加温，并有较完善的保温设备的苗床叫温床。温床一般用于一年生草花在早春提前播种，秋播草花及部分盆花越冬和扦插繁殖。

① 温床的加温方式

温床的加温方式可分蒸汽或热电加温和酿热物加温两种。

② 温床的构造

温床南北向设置，一般宽 1.2 ~ 1.5 m，长度可根据用地大小、作业情况而定。周围有围墙，南低北高，墙高视温床用处而定。

（2）冷床

构造与温床相同，但它完全利用太阳的热量而不用任何人工加温，在北方叫阳畦。

图 4-1 荷兰连栋温室

3）塑料棚

塑料棚的形式、规格均依需要而定。可在墙壁的南侧搭上单面或弧形的小棚架，也可搭成单拱或多拱连接式的大棚，棚架可木制，也可用钢材。建造塑料大棚的原则是经济实用、因地制宜、使用方便。使用塑料棚生产花卉的优点是：

（1）延长花卉的生长期。

（2）棚内生产能抵御自然灾害，能防霜、防轻冻、防风、防轻度冰雹等。

（3）大棚拆除后，该地仍能继续生产或种植其他花卉，使土地得到充分利用。

（4）棚内的温度、光照、湿度等，均较露地更易于调节和控制，使之更适于花卉生长需要。

4）其他设备

（1）风障

风障是比较简单的保护地类型。在我国北方常用于露地花卉的越冬，多与冷床结合使用，南方少用。风障是利用各种高秆植物的茎秆栽成篱笆形式，以阻挡寒风、提高局部环境温度与湿度，保证植物安全越冬，提早生长，提前开花。

（2）荫棚

荫棚为设置于露地的棚架。柱及主架可用木材、水泥或钢材制作，檩条可用竹材或细钢材，尽量注意外形美观，其顶部可覆盖苇帘，或用木板条以适当的间隔钉于顶部用以遮阴。荫棚高度一般为 2.5 ~ 3 m。荫棚主要在夏季供不耐高温和阳光直射的花卉遮阳用，大部分温室花卉于夏季高温时可移置于荫棚内，荫棚内一般都设有花架及水池。

（3）地窖

在北方为减少冬季的温室管理工作，使落叶的半耐寒种类，如石榴、无花果、月季、夹竹桃、梅花等，既能安全越冬，又不占用温室，可于温室附近建筑地窖，将以上花卉置于地窖中，地窖的大小视存花的多少而定，深度为冻层深度的 2 ~ 3 倍。方向以东西走向为宜，在顶部适当留有通气窗。

（4）贮藏室

花卉栽培上需要的贮藏室，除贮藏一般的用具、肥料、药品等物外，还需要贮藏种苗、土壤等。种苗贮藏室中，特别是秋植球根贮藏室，需要有较大的面积和必要的设备，需要室内通风良好，温度变化不大，室内要设置分层木架，以便存放球根，使球根迅速干燥。贮藏春植球根，室内宜保持一定的温度，最低温度不能低于 5 ℃。有的需要干燥贮藏，如唐菖蒲、晚香玉等。有的需要沙藏保持一定湿度，如大丽花、美人蕉等。

4.3　温室花卉的栽培管理

温室花卉栽培是花卉产业化栽培生产的重要部分，通过温室栽培可以为温室花卉提供良好的物质和环境条件。但是要取得良好的栽培效果，还必须掌握完全的栽培管理技术，即根据各种温室花卉的生态习性，采用相应的栽培管理技术措施，创造最适宜的环境条件，取得优异的栽培效果，达到质优、成本低、栽培期短、供应期长、产量高的生产要求。

4.3.1　培养土的制造与配置

温室花卉的种类不同，其适宜的培养土亦不同，即使同一种花卉，不同的生长发育阶段，对培养土的质地和肥沃程度要求也不相同。因此，为适合各类花卉对土壤的不同需要，必须配置不同特性的培养土。

1）常见温室用土种类

（1）堆肥土：是由植物的残枝落叶、旧换盆土、垃圾废物、青草及干枯的植物等，一层一层地堆积起来，经发酵腐熟而成。堆肥土含有较多的腐殖质和矿物质，一般呈中性或微碱性（pH 6.5 ~ 7.4）。

（2）腐叶土：是由落叶堆积腐熟而成。腐叶土土质疏松，养分丰富，腐殖质含量多，一般呈酸性（pH 4.6 ~ 5.2），适于多种温室盆栽花卉应用，尤其适用于秋海棠、仙客来、地生兰、蕨类植物、倒挂金钟、大岩桐等。

（3）针叶土：是由松科、柏科针叶树的落叶残枝和苔藓类植物堆积腐熟而成。针叶堆积 1 年即可应用。针叶土呈强酸性（pH 3.5 ~ 4.0），腐殖质含量多，不具石灰质成分，适用于栽培杜鹃等酸性土植物。

（4）泥炭土：是由泥炭藓炭化而成。

① 褐泥炭：是炭化年代不久的泥炭，呈浅黄至褐，含多量有机质，微酸性（pH 6.0 ~ 6.5）。褐泥炭粉末加河沙是温室扦插床的良好床土。泥炭不仅具有防腐作用，不易生霉菌，而且含有胡敏酸，能刺激插条生根，比单用河沙效果好得多。

② 黑泥炭：是炭化年代较久的泥炭，呈黑色，含有较多的矿物质，有机质较少，并含一些沙，呈微酸性或中性（pH 6.5 ~ 7.4），是温室盆栽花卉的重要栽培基质。

（5）砂土：即一般的沙质土壤，排水良好，但养分含量不高，呈中性或微碱性。另外，蛭石、珍珠岩亦可作栽培基质。

2）培养土的配制

温室花卉的种类不同，其适宜的培养土亦不同，即使同一种花卉，不同的生长发育阶段，对培养土的质地和肥沃程度要求也不相同。例如播种和弱小的幼苗移植，必须用疏松的土壤，不加肥分或只有微少的肥分。大苗及成长的植株，则要求较致密的土质和较多的肥分。花卉盆栽的培养土，因单一的土类很难满足栽培花卉多方面的习性要求，故多为数种土类配制而成。例如一般播种用的培养土的配制比例为：腐叶土 5、园土 3、河沙 2。

温室木本花卉所用的培养土，在播种苗及扦插苗培育期间要求较多的腐殖质，大致的比例为腐叶土 4、园土 4、河沙 2。植株成长后，腐叶土的量应减少。

4.3.2 盆栽的方法

1）上盆

是指将苗床中繁殖的幼苗，栽植到花盆中的操作。具体做法是按幼苗的大小选用相适应规格的花盆，用一块碎盆片盖于盆底的排水孔上，将凹面向下，盆底可用由培养土筛出的粗粒或碎盆片、沙粒、碎砖块等填入一层排水物，上面再填入一层培养土，以待植苗。用左手拿苗放于盆口中央深浅适当位置，填培养土于苗根的四周，用手指压紧，土面与盆口应有适当距离，栽植完毕后，用喷壶充分灌水，暂置阴处数日缓苗。待苗恢复生长后，逐渐放于光照充足处。

2）换盆

就是把盆栽的植物换到另一盆中去的操作。换盆有两种不同的情况：其一是随着幼苗的生长，根系在盆内土壤中已无再伸展的余地，因此生长受到限制，应及时由小盆换到大盆中；其二是已经充分成长的植株，不需要更换更大的花盆，只是由于经过多年的养植，原来盆中的土壤物理性质变劣，养分丧失，或为老根所充满，换盆仅是为了修整根系和更换新的培养土，用盆大小可以不变。

3）转盆

在单屋面温室及不等式温室中，光线多自南面一方射入，因此，在温室中放置的盆花，如时间过久，由于趋光生长，则植株偏向光线投入的方向，向南倾斜。这样偏斜的程度和速度，又与植物生长的速度有很大的关系。生长快的盆花，偏斜的速度和程度就大一些。因此，为了防止植物偏向一方生长，破坏匀称圆整的株形，应在相隔一定日数后，转换花盆的方向，使植株均匀地生长。双屋面南北向延长的温室中，光线自四方射入，盆花无偏向一方的缺点，不用转盆。

4）倒盆

有两种情况，其一是盆花经过一定时期的生长，株幅增大从而造成株间拥挤，为了加大盆间距离、使之通风透光良好、盆花茁壮生长必须进行的操作。如不及时倒盆，会遭致病虫为害和引起徒长。其二是在温室中，由于盆花放置的部位不同，光照、通风、温度等环境因子的影响也不同，盆花生长情况各异。为了使各盆花生长均匀一致，要经常进行倒盆，将生长旺盛的植株移到条件较差的温室部位，而将较差部位的盆花，移到条件较好的部位，以调整其生长。通常倒盆常与转盆同时进行。

5）松盆土

松盆土可以使因不断浇水而板结的土面疏松，空气流通，植株生长良好，同时可以除去土面的青苔和杂草。青苔的形成影响盆土空气流通，不利于植物生长，而土面为青苔覆盖，难于确定盆土的湿润程度，不便浇水。松盆土后还对浇水和施肥有利。松盆土通常用竹片或小铁耙进行。

6）施肥

在上盆及换盆时，常施以基肥，生长期间施以追肥。

7）浇水

花卉生长的好坏，在一定程度上决定于浇水的适宜与否。其关键环节是如何综合自然气象因子、温室花卉的种类、生长发育状况、生长发育阶段、温室的具体环境条件、花盆大小和培养土成分等各项因素，科学地确定浇水次数、浇水时间和浇水量。花卉的种类不同，浇水量不同；花卉的不同生长时期，对水分的需要亦不同。当花卉进入休眠期时，浇水量应依花卉种类的不同而减少或停止。从休眠期进入生长期，浇水量逐渐增加。生长旺盛时期，浇水量要充足。开花前浇水量应予适当控制，盛花期适当增多，结实期又需要适当减少浇水量；花卉在不同季节中，对水分的要求差异很大；花盆的大小及植株大小与盆土的干燥速度有关系。盆小或植株较大者，盆土干燥较快，浇水次数应多些；反之宜少浇。

浇水的原则是盆土见干才浇水，浇水就应浇透，要避免多次浇水不足，只湿及表层盆土，而形成“腰截水”，使下部根系缺乏水分，影响植株的正常生长。

4.3.3　盆花在温室中的排列

在温室中栽培花卉，特别是在一间温室中同时栽培多种花卉时，为了获得生长发育良好的植株，就要考虑盆花在温室中如何摆放的问题。由于不同种类的花卉的生态习性不同，所以不同种类花卉的摆放位置就有所不同，甚至同一种花卉在不同时期的摆放位置都应有所不同。如果摆放不当，不仅影响花卉的生长发育，而且对温室的利用也极不经济。因此，必须了解温室的性能和植物的生态习性。

在进行盆花排列时，要使植物互不遮光或少遮光，应把矮的植株放在前面，高的放在后面。走道南侧最后一排植株的阴影，可投射在走道上，以不影响走道另一侧的花卉为原则。

温室的各部位温度不一致，近侧窗处温度变化大，温室中部较稳定，近热源处温度高，近门处由于门常开闭，温度变化亦较大。因此应把喜温花卉放在近热源处，把比较耐寒的强健花卉放在近门及近侧窗部位。

有些花卉放在潮湿处容易徒长，应放在高燥、通风良好的部位，在花盆下面放一个倒置的花盆，有助于通风。

4.3.4　花卉采收及管理

花卉的采收及管理对植物的产后寿命有很大的影响。而产后寿命对开花植物接下来的销售很重要，一个开花植物的寿命很长，而且所有花蕾都开放，观叶植物的叶子很漂亮且没有病虫害，都标志着一个植株的健康。这些因素反映了收获后好的管理措施是赢得未来市场的关键。

1）植物品种的选择

品种的选择对于生产和销售都是很重要的。通常，品种选择取决于两个条件：①根据植物的形态特征或生态习性（开花时间和数量）选择生产哪个品种。②还应考虑植物的寿命，因为不同品种对运输和在室内的表现有很大的不同。

2）采收后管理

（1）温度和光照

温度直接影响盆栽植物的生长状况。栽培在相对较高的室温下可缩短其生长周期，从而保证提早上市；而在相对较低的温度下贮运对保持盆栽植物的品质有很重要的作用，如采前的低温处理可以减少温度骤变给植物带来不利的影响。在生产期的最后 2 ~ 4 周改变温度是延长植物寿命的最佳时间。在这时，夜温降低 2 ~ 3 ℃，不但能延长植物寿命而且减少能耗。

调节光照是盆栽花卉采后处理的主要内容。不同植物对光照强度的要求不同，过强的光照会使植物灼伤，而低于光照补偿点的光照强度对植物生长不利。维持盆栽花卉正常光合作用所要求的光照强度通常比旷野或温室中的光照强度低得多，因此，部分遮阴有利于生长发育。具低光补偿点的植物在低光照环境下生长较好，而且更适合采后处理、贮藏和运输环境的改变以及低光照的住家和办公环境。但对于一些植物来说，高光强会延长寿命，减少落蕾和幼花脱落。例如，高光强对一品红、菊花或其他高光植物寿命的影响很大，以至于在冬天光照强度不高的北方，最好提供高光强的补光措施。

（2）施肥

盆栽植物的施肥原则是既促进植物快速、适度生长，又不使土壤基质过分积累盐分。施肥时要注意以下几点：水的质量，施肥的适当浓度，栽培基质的 pH 值。而且，要改变对原有施肥看法的改变，要知道多施肥不是在什么时候都利于植物品质的。所有生产因子中，施肥对植物寿命和质量作用最大。施肥方法对长寿没有影响，但施肥比例、氮源和持续时间对长寿确实有作用。钙也对植物的寿命有很大作用。

（3）灌溉

灌溉对于根的发育起决定性作用。健康的根会一直为植物提供营养。但是，由于根常常是埋在土里的，所以很容易忽略根是组成植物质量的因素，作为一个生产者，如果想生产高质量的盆栽植物，地上（叶和花）和地下部分质量都好。灌溉措施对于根的发育起到决定性作用。对于大多数盆栽植物来说，最好就是在出售前 2 ~ 4 周减少浇水。限制浇水的同时停止施肥。

（4）盆栽容器与基质

盆栽基质的理化性质要适应植物的需求。一般而言，基质应当有较高的保水保肥能力和适当的毛细空间。栽培容器的大小适当十分重要。如果栽培容器过小，植株根系在盆内缠绕生长并充满盆内空间，植株易因土壤干旱而脱水，从而造成损伤。这种盆花出售前最好换大一些的盆。

（5）病虫害控制

真菌、细菌和害虫可严重损伤甚至毁掉盆栽花卉。在采后销售环节或在消费者的住所或办公室中不便喷洒药剂，且药剂对人们的健康有害，所以应保证出售的植株无病虫害。在采后上市的环节中，盆栽花卉易被灰霉菌感染，这种病害甚至在较低温度中也会很快发生，它常引起严重的损失。对灰霉菌敏感的植物如红掌、杜鹃、秋海棠、菊花、瓜叶菊、仙客来、一品红、果子蔓、落地生根、喜林芋、岩角藤属和非洲紫罗兰等应当在售前喷布杀菌剂加以保护。

（6）乙烯

盆栽花卉对乙烯的反应不如切花敏感。但乙烯对许多盆栽花卉，尤其是盆栽观花植物产生有害影响。在观花植物中，乙烯可引起花蕾枯萎，花瓣、花蕾、花朵、整个花序和果实脱落，加速花的老化和萎蔫。乙烯会引起观叶植物的叶向上偏转，停止生长，使叶片发黄和脱落。

（7）盆栽花卉的运输

① 运输时间：盆栽花卉的运输时间是很重要的，适当的运输时间会使花卉寿命延长几天或几周。对于不同植物的不同发育阶段运输的效果是不一样的。大多数秋植球根，应该在第一朵花显色时就运输出去销售。菊花和大丁草当有 50% 的花开放时运输。一品红要在苞片完全显色，花没有完全开放时运输。八仙花属当花 50% ~ 75%开放时运输，秋海棠要在花 10% ~ 75%开放时运输。

② 包装：包装可以减少花和叶在运输时所造成的机械损伤和生理上的变化。一般说，选择超过植物顶部 5 ~ 8 cm 的包装对植物的保护效果最好。最好在包装和装箱前六小时浇水，当把包装好的植物放入运输箱里时，密封的箱子里的相对湿度为 100%，是病害发生的理想环境，会损害植物的寿命。因此，装箱前不要浇水。生产者使用卡车或货箱运输来降低箱内的湿度，一般集装箱内保持 80% ~ 90% 的相对湿度。

③ 运输条件：在运输过程中有三个主要影响盆栽植物寿命的因素：空气中的乙烯、温度、运输持续时间。空气中的乙烯会促进开花和落蕾。温度过高或过低都会加速植物的死亡，或者对叶子和花造成伤害。运输时间如果超过三天就会对花卉寿命产生显著影响。

4.4 促成和抑制栽培

促成和抑制栽培又称催延花期。我国自古就有花卉进行促成栽培，开出“不时之花”的记载。明朝《帝京景物略》云：“草桥唯冬花支尽三季之种，坏土窖藏之，蕴火炕烜之，十月中旬，牡丹已进御矣。”可见北京草桥在明代已熟练掌握牡丹促成栽培的方法。

4.4.1　促成和抑制栽培的意义

冬季，在我国除南方温暖地区尚有露地花卉可供应用外，在北方寒冷地区，由于冬季气温过低，不能在露地生产鲜花。为了满足冬春季节对鲜花的需要，就要采用促成和抑制栽培的方法进行花卉生产。使花期比自然花期提前的栽培方式称为促成栽培，使花期比自然花期延后的方式称为抑制栽培。目的在于根据市场或应用需求按时提供产品，以丰富或满足人们的需要。尤其是“十一”“五一”、元旦、春节等节日用花，需要数量大、种类多，要求质量高，还必须准确地应时开花。这样，促成和抑制栽培就成了理想的栽培手段，日益受到园林生产部门的普遍重视，并被纳入正常的花卉生产计划中，成为经常应用的花卉生产技术措施之一。目前不少花卉，如月季花、香石竹、菊花、百合等重要种类，采用促成和抑制栽培，已能达到终年供花的目标。另一方面，人工调节花期的过程中，由于准确安排栽培程序，可以缩短生产周期，加速土地利用周转率；准时供花还可以获取有利的市场价格。因此，促成与抑制栽培技术具有重要的社会意义与经济意义。

4.4.2　花卉促成和抑制栽培的途径

花卉促成和抑制栽培，就是人为地利用各种栽培措施，使花卉在自然花期之外，按照人们的意志定时开放。即所谓“催百花于一刻，聚四季于一时。”开花期比自然花期提前者称为促成栽培；比自然花期延迟的称为抑制栽培。

欲使花卉顺遂人愿地提早或延迟开花，必须深入地掌握各类花卉的生长发育规律和生态习性，以及花芽分化、花芽发育和开花的习性，熟悉各类栽培花卉在不同生长发育阶段对环境条件的要求，人为地创设或控制相应的环境条件，以促进或延迟花卉的生长发育，达到催延花期的目的。催延花期的主要途径有：

1）温度处理

温度的主要作用有如下几个方面：

（1）打破休眠：增加休眠胚或生长点的活性，打破营养芽的自发休眠，使之萌发生长。

（2）春化作用：在花卉生活周期的某一阶段，在一定温度下，通过一定时间，即可完成春化阶段，使花芽分化得以进行。

（3）花芽分化：栽培花卉的花芽分化，要求一定的适宜温度范围，只有在此温度范围内，花芽分化才能顺利进行。不同的花卉适宜温度不同。

（4）花芽发育：有一些花卉在花芽分化完成后，花芽即进入休眠，要进行温度处理才能打破花芽的休眠而发育开花。花芽分化和花芽发育常需不同的温度条件。

（5）影响花茎的伸长：有的花卉花茎的伸长要行一定时间低温的预先处理，然后在较高的温度下花茎才能伸长。也有一些花卉春化作用需要的低温，也是花茎伸长所必需的，如球根鸢尾、小苍兰、麝香百合等。

综上可见，温度对打破休眠、春化作用、花芽分化、花芽发育、花茎伸长均有决定性作用。我们进行相应的温度处理即可提前打破休眠，形成花芽并加速花芽发育而提早开花。反之，不给相应的温度条件，亦可使之延迟开花。

2）日照处理

对于长日性和短日性花卉可以人为地控制日照时间，以提早或延迟其花芽分化或花芽发育，调节花期。

3）药剂处理

主要用来打破球根花卉及花木类的休眠，提早萌芽生长，提早开花。还可以使用生长调节剂等化学药物对花期的促成与抑制起重要作用。这类技术措施需要与所控制的环境因子相配合才能达到预期的目的。

4）栽培措施处理

调节繁殖期或栽植期，采用修剪、摘心、施肥和控制水分等措施可有效地调节花期。

4.4.3 促成和抑制栽培的技术方法

1）温度处理

花卉温度处理要综合考虑如下问题：①同种花卉的不同品种感温性常有差异。②处理温度的高低，多依该种花卉原产地或品种育成地的气候条件而不同。温度处理一般以 20 ℃以上为高温，15 ~ 20 ℃为中温，10 ℃以下为低温。③处理温度亦因栽培地的气候条件、采收的早晚（如球根花卉）、距预定开花期时间的长短、球根的大小等而不同。④处理的适宜时间，是在休眠期处理、还是生长期处理，因花卉种类或品种的特性而不同。⑤温度处理效果，因为花卉种类和处理日数多少而异。⑥许多花卉的促成和抑制栽培，常需同时进行温度和日照长度的综合处理或在处理过程中先后采用几种处理措施才能达到预期效果。⑦处理中或处理后的栽培管理情况对促成和抑制栽培的效果有极大影响。

（1）休眠期的温度处理

一些多年生花卉在入冬前如放入高温或中温温室内培养，一般都能提前开花。秋播草花中的大部分如果冬季放入高温温室，都可在早春开花，这种栽培方式叫作“秋种冬花”，草花中的瓜叶菊、旱金莲、大岩桐等常采用这种方式催花。还有一些春季开花的木本花卉，如牡丹、南迎春、碧桃等，如在温室中进行促成栽培，可将花期提前到春节前后。杜鹃、山茶在南方都在早春开花，但花芽已在头年入冬前基本形成，在北方盆栽时如将它们放入中温温室，可促使它们在冬季开花。

利用加温方法来催花，首先要预定花期，然后再根据花卉本身的习性来确定提前加温的时间。在将室温增加到 20 ~ 25 ℃、湿度增加到 80%以上的环境下，牡丹经 30 ~ 35 d 可以开花，杜鹃需 40 ~ 45 d 开花，龙须海棠仅 10 ~ 15 d 就能开花。

（2）生长期的温度处理

种子发芽后应立即进行低温处理，有春化效果的花卉很少，仅见于矢车菊、多叶羽扇豆等。而在植株营养生长达到一定程度、再行低温处理的，能够促进花芽分化的花卉种类比较多，如紫罗兰、报春花、瓜叶菊、小苍兰、石斛兰、木茼蒿等。这些花卉在夏秋持续高温的地方，茎不伸长，叶呈莲座状。这时候一经低温处理，就会形成花芽，茎亦旺盛伸长生长。

2）光照处理

春天开花的花卉多为长日照植物，秋天开花的花卉则多为短日照植物。一般短日照和长日照花卉，30 ~ 50 lx 的光照强度就有日照效果，100 lx 有完全的日照作用。通常夏季晴天中午的日照强度是 100000 lx 左右，一般讲光照强度是能够充分满足的。

光照处理包括长日照处理、短日照处理和光暗颠倒处理三种方式。

（1）长日照处理：是为了使长日照花卉在短日照条件下，完成光照阶段而提前开花，必须用灯光来补充光照。采取长日照处理也可以使短日照条件下开花的花卉延迟开花。长日照处理方法有多种，如彻夜照明法、延长明期法、暗中断法、间隙照明法、交互照明法等。目前生产上应用较多的是延长明期法和暗中断法。

① 延长明期法：在日落后或日出前给以一定时间照明，使明期延长到该植物的临界日长小时数以上。较多采用的是日落前作初夜照明。

② 暗中断法：也称“夜中断法”或“午夜照明法”。在自然长夜的中期（午夜）给以一定时间照明，将长

夜隔断，使连续的暗期短于该植物的临界暗期小时数。通常晚夏、初秋和早春夜中断照明小时数为 1 ~ 2 h，冬季照明小时数多，约 3 ~ 4 h。

③ 间隙照明法：也称“闪光照明法”。该法以“夜中断法”为基础，但午夜不用连续照明，而改用短的明暗周期。其效果与夜中断法相同。

④ 交互照明法：此法是依据在诱导成花或抑制成花的光周期需要连续一定天数方能引起诱导效应的原理而设计的节能方法。

（2）短日照处理：能促使短日照花卉提前开花和使长日照花卉延迟开花。如菊花、一品红为典型的短日照花卉，可以在夏秋季进行短日照处理，使其提前开花。

短日照处理的方法：在日出之后至日没之前利用黑色遮光物，如黑布、黑色塑料膜等对植物遮光处理，使日长短于该植物要求的临界小时数的方法称为短日照处理。短日照处理以春季及早夏为宜，夏季作短日照处理，在覆盖物下易出现高温危害或降低产花品质。为减轻短日照处理可能带来的高温危害。应采用透气性覆盖材料，在日出前和日落前覆盖，夜间揭开覆盖物使与自然夜温相近。

（3）光暗颠倒处理：可以改变夜间开花的习性。“昙花一现”说明昙花的花期很短，但是，更重要的是昙花的自然花期是在夏季午后的 9 时至 11 时左右，使人们欣赏昙花受到限制。如果当昙花花蕾形成，长达 8 cm 左右的时候，白天遮光，夜晚开灯照明，就可使昙花在白天开放，且能延长开放的时间。

3）光照与温度组合处理

在花卉的促成和抑制栽培中，有时光线和温度中某一个因子对打破休眠、生长、花芽分化、花芽发育和开花起明显的支配作用。如紫罗兰的花芽分化期需要 15 ℃以下的温度，秋菊的花芽分化需要短日照条件等。但多以这两个处理因子为主，进行合理地组合以促进或延迟开花。例如秋菊要求在短日照条件下分化花芽，但是必须给予 15 ℃以上的温度，若低于 15 ℃，则花芽分化受阻。同时一个处理因子变化了，其他因子也需要随之改变，才能达到预期的效果。例如报春花，进行短日照处理，促进花芽分化，只有在 16 ~ 21 ℃时才有效；当温度降至 10 ℃时，则长、短日照下均可分化花芽；温度升至 30 ℃时，不管日照长短均不分化花芽。再如仙人指，是多浆植物，也是短日照植物；短日照处理，要求 17 ~ 18 ℃才能开花；温度达到 21 ~ 24 ℃以上，即使短日照也不开花；温度降至 12 ℃左右，长日照下也能开花。

4）植物生长调节剂在促成与抑制栽培上的应用

（1）促成诱导成花

矮壮素、B_9、嘧啶醇可促进多种植物的花芽形成。矮壮素浇灌盆栽杜鹃与短日照处理相结合，比单用药剂更为有效。有些栽培者在最后一次摘心后 5 周，叶面喷施矮壮素 1.158% ~ 1.84%溶液可促进成花。应用 0.25% B_9，在杜鹃摘心后 5 周喷施叶面，或以 0.15%喷施 2 次，相隔 1 周有促进成花作用。矮壮素促秋海棠花芽形成的适温为 18 ℃；如温度高于 24 ℃则花朵变小。矮壮素在短日照条件下促进叶子花成花。

乙烯利、乙炔、β- 羟乙基肼（BOH）对凤梨科的多种植物有促进成花作用。赤霉素对部分植物种类有促进成花作用。细胞分裂素对多种植物有促进成花效应。KT 可促进金盏菊及牵牛花成花。BA 和 GA 组合应用，对部分菊花可在短日照诱导的后期代替光周期诱导成花。

（2）打破休眠促进开花

不少花卉通过应用赤霉素打破休眠从而达到提早开花的目的。宿根花卉芍药的花芽需经低温打破休眠，5 ℃下至少需经 10 d。促成栽培前用 $GA_3$10 mg/L 处理可提早开花并提高开花率。蛇鞭菊在夏末秋初休眠期用 $GA_3$100 mg/L 处理，经贮藏后分期种植分批开花。当 10 月以后进入深休眠时处理则效果不佳，开花少或不开花。

木本花卉也可利用赤霉素打破休眠提早开花。杜鹃花形成花芽后于秋季进入休眠。休眠期的长短与休眠深度因品种而异。5 ~ 10 ℃低温有利于解除休眠。应用赤霉素促进解除休眠提早开花的适宜时机与花芽发育程度有关。

（3）代替低温促进开花

夏季休眠的球根花卉，花芽形成后需要低温使花茎完成伸长准备。赤霉素常用作部分代替低温的生长调节剂。

（4）防止莲座化，促进开花

一些宿根花卉在经过越夏高温后生长活力下降，在凉温中转向莲座化而停止生长，须经过低温期后方可恢复生长活力。

（5）代替高温打破休眠和促进花芽分化

夏季休眠的球根花卉起球时已进入休眠状态，在休眠期中花芽分化。促成栽培中常应用高温处理打破休眠和促进花芽分化，而应用生长调节剂也有同样效应。

5）栽培措施处理

（1）调节繁殖期和栽植期

① 调节播种期：如“五一”用花，一串红可于 8 月下旬播种，冬季温室盆栽，不断摘心，不使开花，于“五一”前 25 ~ 30 d，停止摘心，“五一”时繁花盛开，株幅可达 50 cm。其他如金盏菊 9 月播种，冬季在低温温室栽培，12 月至次年 1 月开花。

② 调节栽植期：如需“十一”开花，可于 3 月下旬栽植葱兰，5 月上旬栽植荷花（红千叶），7 月中旬栽植唐菖蒲、晚香玉，7 月 25 日栽植美人蕉（上盆，剪除老叶、保护叶及幼芽）。

（2）其他栽培措施处理

① 修剪：为“十一”开花，早菊的晚花品种 7 月 1 ~ 5 日，早花品种 7 月 15 ~ 20 日修剪。

② 摘心：一串红于“十一”前 25 ~ 30 d 摘心。

③ 摘叶：榆叶梅于 9 月 1 ~ 8 日摘除叶片，则 9 月底至 10 月上旬开花。

④ 施肥：适当增施磷钾肥，控制氮肥，常常对花卉的花发育起促进作用。

⑤ 控制水分：人为地控制水分，使植株落叶休眠，再于适当时候给予水分供应，则可解除休眠、发芽、生长、开花。玉兰、丁香等木本植物，用这种方法也可以在“十一”开花。

在花卉催延花期的实际工作中，常采用综合性的技术措施处理，促成和抑制栽培的效果更加显著。

4.5 无土栽培

4.5.1 概述

1）无土栽培的原理

无土栽培是近几十年来发展的一种先进的植物栽培技术，在农业生产和科学研究中已被广泛应用。在花卉的生产栽培中，更具有突出的实用价值和广阔的发展前景。几千年来，植物的生长都离不开土壤。植物依靠土壤将自己的身躯固定在空间，更重要的是植物通过自身庞大的根系从土壤中吸收所需要的矿质营养。无土栽培，是经过科学家多年的潜心研究，把植物所需要的大量营养元素，按照一定的比例配制成植物所需要的营养液，再将这些营养液直接供给根系的栽培方法。

2）花卉无土栽培的优缺点

（1）花大、产量高：特别是营养液栽培的水培植物，由于有良好的水分来源，在光合作用中可与 CO_2 产生更多的碳水化合物。一般植物的气孔中午关闭，但水培植物的气孔中午开放。其原因与有充分水的供应有关，加上有了足够的养分供应，培养出来的产品花大、色艳、质量好、产量高。

（2）省水：土壤中栽培的植物，由于水分的蒸发、流失和渗漏，被植物吸收利用的只是很少一部分。无土栽培可避免这些现象，节约大量水分。

（3）节约养分：在土壤中施用的肥料常损失一半以上，且因失去的元素不同，造成养分不平衡。无土栽培则是按植物的需要配制的营养液，并在不渗漏的容器中栽培，所以损失极少。

（4）清洁卫生，病虫害少：土壤栽培系采用有机肥，既不卫生，又易传染病虫害。无土栽培所用的营养液为无机化肥，可免去病虫害的传播。

（5）无杂草：无土栽培利用清洁基质，便于消毒，很少带有杂草种子，不需人工锄草。常用自动化控制，可以节省大量劳动力。

（6）不受土地限制：在沙漠、荒原等不毛之地以及少地和无地的地方，都可利用窗台、屋顶、墙壁及空间来进行，亦可在海洋进行无土栽培。

无土栽培由于具有上述突出优点，在世界上已广泛应用。目前我国已经建立许多无土栽培的生产基地。

4.5.2　无土栽培的方法

因环境和条件的不同，采用方式可以多种多样，关键是要供给植物适宜的营养和充分的通气条件。温度、光照等均与土壤栽培相同。目前常用的有水培和基质培两种方法。

1）水培

即将花卉的根系悬浮在栽培容器的营养液中，营养液必须不断循环流动，以改善供氧条件。近年发展的营养膜技术（NFT，Nutrient Film Technique），仅有一层薄营养液流经栽培容器的底部，不断供给花卉所需营养与水分，同时大大改善了供氧条件。水培方式由于设备投入较多，故应用受到一定限制。

2）基质（或称介质）栽培

即在一定容器中，以基质固定花卉的根系，花卉从中获得营养、水分和氧气的栽培方法。栽培基质有两大类，即无机基质和有机基质。无机基质如沙、蛭石、岩棉、砻糠灰、珍珠岩、泡沫塑料颗粒、陶粒等；有机基质如泥炭、锯末、木屑等。

此外用作栽培基质的还有陶粒、椰子纤维、木炭、砖块、树皮等。采用任何一种基质，使用前均应进行处理，如筛选去杂、水洗除泥、粉碎浸泡等。有机基质经蒸汽或药剂消毒后才宜应用。

4.5.3　营养液

植物生长的必要元素有 16 种，有大量元素和微量元素之分。N、P、K、Ca、Mg、S 为大量元素；而 Fe、Zn、Mn、Cu、B、Mo、Cl 为微量元素。营养液的配方应由大量元素、微量元素和长效肥料，按不同的比例配制而成，还要考虑营养液的 pH 值范围。

1）营养液配制的原则

在无土栽培中，营养液必须正确使用，主要是保持各种离子之间的数量关系，使它们有利于植物的生长和发育，也就是应达到各种营养元素的平衡。要做到这一点必须经过化学分析和精确的计算，同时还要经过反复的栽培实践。

（1）营养液的组成

① 营养液的浓度：在植物根系内的溶液浓度不低于营养液浓度的情况下，营养液的浓度偏高并没有多大危害，但过多的铁和硫对各种植物都是相当有害的。各种花卉植物所适应的溶液浓度都不能超过 0.4%。

② 营养液应含有花卉所需要的元素数量的多少，可以把它们按照下列顺序来排列，即：氮、钾、磷、钙、镁、硫、铁、锰、硼、锌、铜、钼。这一顺序仅是近似顺序，一些蛋白质含量较少的花卉植物，它们所需

要的钾往往多于氮。在植物的生长发育中，氮、钾、磷、钙、镁、硫、铁等主要营养元素的比例如果发生错误，例如磷多于氮或者钙多于钾，植物也能生活一段时间而不致死亡，如果上述某种元素严重缺少，植物将无法生存下去。一种花卉植物在其不同的生长发育阶段，体内干物质中的氮、钾、磷的含量比例在不断地变化，某些植物在生长初期阶段所需的氮和钾，往往要比后期的发育阶段高出两倍。

③ 配制营养液应采用易于溶解的盐类，并易为植物吸收利用以满足植物的需要。元素比例依花卉种类而调配。其次是矿物质营养元素，一般应控制在千分之四以内。在此范围之内的总浓度以多少合适，如何经济利用，在配制营养液之前必须细心计算。

（2）营养液的酸碱度

营养液中 pH 值大小直接关系到无机盐类的溶解度和根系细胞原生质半透性膜对它们的渗透性。不同花卉植物适应不同的酸碱度。一般营养液的 pH 值在 6.5 时，植物优先选择硝态氮。若营养液的 pH 值在 6.5 以上或为碱性时，则以铵离子形式提供较合适，但溶液中氮素总量不得超过 25%。因此营养液的 pH 值也是使植物合理吸收营养的重要条件。遇营养液的 pH 偏高或是偏低，与栽培花卉要求不相符时，应进行调整校正。当 pH 偏高时加酸，偏低时加氢氧化钠。多数情况下为 pH 偏高，加入的酸类为硫酸、磷酸、硝酸等。加酸时应徐徐加入，并及时检查，使溶液的 pH 达到所需的数值。在测定酸碱度时除可使用分光光度计及精密试纸外，还可观查植物的表现，当溶液偏碱时会妨碍锰和铁的吸收，造成叶片黄化，偏酸时会游离出过多的铁而造成幼根枯死。

（3）严格控制微量元素

因为若在营养液中微量元素使用不当，即使只有很少剂量，也能引起毒性。原则上任何一种元素的浓度不能下降到它原来在溶液内浓度的 50%以下。

（4）配制营养液时的用水问题

配制营养液的水要保证清洁，不含杂质。在进行大规模花卉无土栽培时，每次配制营养液多以 1000 L 为单位，因此不可能使用蒸馏水来配制，这就必须对使用的水有充分了解。如果水中钙和镁的含量很高或者是硬水，营养液中能够游离出来的离子数量就会受到限制。自来水中大多含有氯化物和硫化物，它们都对植物有害，还有一些重碳酸盐也会妨碍根系对铁的吸收。因此在用自来水配制营养液时，应加入少量的乙二胺四乙酸钠（EDTA-Na）或腐殖盐酸化合物来克服上述缺点。如果用泥炭来作为无土栽培的基质，则可自然消除上述缺点。在地下水质不良的情况下，还可以使用过滤后的河水及湖水。

（5）配制营养液中螯合剂的使用

螯合物又称络合物，一个金属离子与两个或多个配位体形成的环状构造化合物称螯合剂。不易沉淀，但易被植物吸收利用。在栽培中经常使用的螯合剂有 EDTA-Fe，为黄色结晶粉末，易溶于水。此外无土栽培中使用的螯合剂还有 EDTA-Mn 以及 EDTA-Zn 等，都可以为植物生长提供必需的金属元素。

（6）配制营养液时的其他注意事项

配制营养液时切勿使用金属容器，更不能用它来存放，应使用陶瓷、搪瓷、塑料及玻璃器皿。在配制时最好先用 50 ℃的少量温水将各种无机盐类分别溶化，然后按照配方中所开列的顺序逐个倒入装有相当于所定容量 75%的水中，边倒边搅拌，最后将水加到全量。在调整 pH 时，应先把强酸、强碱加水稀释或溶化，然后逐滴加入营养液中，同时不断进行测试。注意不要把水向硫酸中倒，而应把硫酸向水中倒。

2）营养液在使用过程中应注意的事项

（1）营养液是个缓冲液，因此在无土栽培中营养液经过一段时间的使用后，一方面因植物吸收会使一部分元素的含量降低，另一方面又会因溶液本身的水分蒸发而使浓度增加，于是营养液中的离子关系失去了平衡。在花卉生长表现正常的情况下，当营养液减少时，只需添加新水而不必补充营养液。当补充植物对营养液必须吸收的离子时，如果加入过多的化合物，浓度过高会影响植物生长，要迅速稀释，或将溶液全部换掉，并及时测定和保持营养液的 pH。

（2）在向水培槽或大面积无土栽培基质上添加补充营养液时，应从不同部位分别倒入，各注液点之间的距离不要超过 3 m。

4.5.4　基质

1）基质的作用

固定作用，有一定的保水保肥能力，透气性好，有一定的化学缓冲能力，保持良好的水、气、养分的比例。无土栽培基质还应满足下列要求：安全卫生，轻便美观，有足够强度和适当结构。

2）各种无土栽培基质的性质

（1）水

水是无形无味的透明液体，是许多物质的很好的溶剂。在水培基质里的根系，一方面吸收水里的养分，另一方面向水里排放一些有机物，并在水中积累。这些有机物有相当一部分是植物长期生长在土壤中形成的习惯性分泌物质，这一类物质的作用主要是溶解或络合土壤中根系不易吸收的养分；分泌物的一部分是根系或地上部分运到根系的一些“废物”。

（2）沙

沙是无土栽培中常用的基质。特别是沙漠地区更是无可选择的唯一基质。沙作为无土栽培基质具有含水量恒定、透气性好、安全卫生等特点，但不保水保肥。

（3）砾

砾和沙一样，但颗粒直径比沙粗，大于 2 mm。基质表面多多少少被磨圆了。它保水保肥的能力不如沙，但通气性比沙强。有些砾含有石灰质，这种砾不能用作无土栽培基质。

（4）陶粒

陶粒是在约 80 ℃下烧制而成的、团粒大小比较均匀的岩物质，粉红色或赤色。陶粒内部结构松、孔隙多，类似蜂窝状，质地轻，在水中能浮于水面。是良好的无土栽培基质。

（5）蛭石

蛭石的吸热能力和保温能力都很强，用它做基质并加入水或营养液后可培植花木，更适合扦插育苗。

（6）珍珠岩

珍珠岩是由硅质火山岩形成的矿物质，因具有珍珠状球形裂纹而得名。珍珠岩具备透气性好、含水量适中、易于排水等优点。所有植物根系都适合在珍珠岩中生长，特别是喜酸性的纤细的须根系花卉，在其他基质中不容易生长而在珍珠岩中生长健壮。

（7）岩棉

岩棉是一种纤维状的矿物，由 60％的辉绿岩、20％的石灰石和 20％焦炭经 1600 ℃高温处理，然后喷成直径 0.5 mm 纤维，再加压制成供栽培用的岩棉块或岩棉板。岩棉质轻，孔隙度大，通透性好，但持水略差，pH 7.0 ~ 8.0，含花卉所需有效成分不高，目前仅西欧各国应用较多。

（8）泥炭

又称草炭，为半分解的植被组成，因植被母质、分解程度、矿质含量而有不同种类。富含有机质，持水保水力强，pH 偏酸，含植物所需要的营养成分，一般因通透差很少单独使用，常与珍珠岩、蛭石、沙等配成各种营养土。泥炭占的比例为 25％ ~ 75％，混合用于花卉栽培。有时泥炭中含有有害盐分。可以先用少量花木试种，待确认无毒之后再扩大使用。

（9）锯末

锯末是一种便宜的无土栽培基质。如果花卉种植场周围有锯末来源，可以通过以下方法处理后使锯末变为很好的无土栽培基质。轻便锯末基质很轻，和珍珠岩、蛭石的密度相似。作为长途运输或高层建筑上栽培花卉是很好的基质。锯末具有良好的吸水性与通透性，对大多数粗壮根系的植物都很容易满足其水汽的比例。

（10）树皮、稻壳

树皮、稻壳都能提供良好的通气条件和吸水性。但有些树皮和锯末一样，含有有害物质，同样必须发酵后再使用。稻壳重量轻，排水通气性好，不影响氢离子浓度，通常作为混合基质配料，含量低于 25%。

（11）炉渣

炉渣（煤渣）几乎有锅炉的地方均可见到，取材很方便。炉渣的密度大约 200 kg/m^3，总孔隙度 55%。其中空气容积 22%，持水容积 33%。用作基层的无土栽培基质是合适的。炉渣含有一定的营养物质，适合偏酸性花卉的栽培。特别是炉渣含有多种微量元素，用炉渣栽培的花卉一般不缺铁等微量元素。

第 5 章　花卉的病虫害防治

本章学习目的：通过对花卉病虫害防治的学习，了解植物病虫害的病原物及害虫的种类和发病的症状，掌握常见花卉病虫害类型和防治方法。能灵活运用所学知识实施病虫害的防治技术。

5.1　花卉主要病虫害的防治措施

目前，花卉生产随着园林事业的发展，在绿化及美化城乡环境、净化被污染的空气方面有着重要意义。由于人们对花卉的需求日益增长，花卉的生产及外销已提到日程上来。花卉是经济效益较高的植物，在有些国家的经济收入中已占重要地位，如荷兰、意大利、联邦德国、日本、新加坡、泰国等。联邦德国花卉全年生产的价值高于汽车工业的产值。利用它获取外汇是一个很好的途径。我国是一个园林古国，花卉资源丰富，品种繁多。由于近几年的开放政策，我国花卉外销及国内销售已大大增加，为了使花卉达到理想的经济效益及观赏效果，研究花卉病虫害的防治是极为重要的。

由于病虫害的危害造成花卉生产的经济损失，严重影响了各国的贸易和销售。据报道，美国有 86000 hm^2 的观赏植物（包括球茎及草本花卉）由于线虫的为害，每年平均损失 6 亿美元多。花卉线虫病在我国的牡丹、仙客来、四季秋海棠、月季等观赏植物上发生日趋严重。我国出口到日本的菊花、香石竹和唐菖蒲等花卉，曾因带有病毒病而被该国烧毁，并赔偿经济损失。由于病毒病使香石竹的切花生产大幅度地下降。月季黑斑病、菊花褐斑病及芍药红斑病等在我国普遍发生，以及红蜘蛛、蚜虫、介壳虫等虫害也普遍存在。因此影响花卉的观赏价值与经济效益，所以加强花卉病虫害的防治，不仅是保证各种花卉健康生长发育、提高城乡环境绿化、美化和香化效率的必要措施，也是花卉栽培不可忽视的重要问题。

花卉病虫害的防治方法是多种多样的，概括起来包括：栽培防除、物理防除、化学防除和生物防除。此外，还将介绍许多不同的防治技术。

1）栽培防除

采用适宜的栽培技术，不但能创造有利于花卉生长发育的条件，培育出优良的品种增强抗病虫的能力，还能造成不利于病虫生长发育的环境，抑制和消灭害虫的发生和危害，对某些病虫害有良好的防治效果。

（1）选用抗病虫优良品种和秧苗：利用花卉品种间抗病虫害能力的差异，选择或培育适于当地栽培的抗病虫品种，是防治花卉病虫害的重要途径，如南京栽培的芍药中以‘东海朝阳’等品种红斑病发病较轻；北京的月季中，‘伊斯贝尔’等品种对月季黑斑病有较好的抗病性。同时在花卉生产中，要选用优良的、不带病虫害的种子、球根、接穗、插条及苗木等繁殖材料，进行播种、育苗和繁殖，也是减少病虫害发生的重要手段。

（2）合理栽培与管理：种植花卉首先要选择良好苗圃地，除考虑苗木、花卉生产要求的环境条件外，还要防止病虫害的侵染来源，如一般长期栽培蔬菜及其他作物的土地，积累的病原物及潜存的害虫比较多，这些病虫往往为害花卉，故不宜作为花圃地。轮作可以相对减轻一些病虫害。特别对专化性强的病原菌及单食性害虫是一种良好的防治措施。

2）物理及机械方法

目前常应用热处理（如温汤浸种）、超声波、紫外线及各种射线等物理、机械方法防治病虫害。很多夜间活动的昆虫都具有趋光性，可以利用灯光诱杀，用光电结合的高压电网灭虫灯及金属卤化物诱虫灯，其诱虫效果较黑光灯为好。

利用害虫的潜伏习性，设置害虫的栖息环境，诱集害虫，如苗圃、花圃中堆积新鲜杂草，诱集蛴螬、地老虎等地下害虫，或用树干束草、包扎麻布片诱集越冬害虫，以及用毒饵诱杀，都是简单易行的方法。

热力处理法：不同种类的病虫害对温度具有一定要求。温度不适宜，影响病虫的代谢活动，从而抑制它们的活动、繁殖及为害。所以，控制温度可以防治病虫害，如塑料大棚采用短期升温，可使粉虱大量减少。用温水浸种（45 ~ 60 ℃）或浸泡苗木、球根以达到杀死附着在种苗、球根外部及潜伏在内部的病原物，在温度达 50 ℃，浸泡球根、苗木等 30 min，可以杀死根瘤线虫。将感病植物放置 40 ℃左右温度下，1 ~ 2 周，可治疗病毒病。

此外，用烈日晒种、焚烧、熏土、高温或变温土壤消毒，或用枯枝落叶在苗床焚烧，都可达到防治土壤传播病虫害的作用。

近些年来，也利用超声波、各种辐射线、紫外线、红外线来防止病虫害。

遮挡：将温室的一些开放的地方，例如通风口、侧墙等进行适当的遮挡，可以阻止和限制害虫进入温室。这样做可以在植物生长的季节里减少使用杀虫剂。最适宜的遮挡装置的尺寸应该根据害虫的种类而定。粉虱（462 μm）、蚜虫（340 μm）、潜叶虫（640 μm）、蓟马（192 μm）。选择使用遮挡装置时最好可以将最小的昆虫都阻挡在外。遮挡装置构成的种类有针织的、编织的，还有薄膜。使用遮挡装置会减少温室内的空气流动，孔越小的装置，越抑制空气流动。

3）植物检疫

植物检疫主要是防止某些种子、苗木、球根、插条及植株等传播的病虫害，由于生产及商业贸易和品种交流活动中，往往在国际或国内不同地区造成人为的传播，而引起各种病虫害的侵入、流行。因此，国家专门制定法令，设立专门机构，对引进或输出的植物材料及产品，进行全面的植物检疫，防止某些危险性的病虫害由一个地区传入另一地区。

4）生物防治及生物工程技术的应用

生物防治是利用自然界生物间的矛盾，应用有益的生物天敌或微生物及其代谢产物，来防治病虫害的一种方法。利用有益的生物来消除有害的生物，其效果持久，经济安全，避免传染，便于推广，这是目前很重要及很有发展前途的一种防治方法。

（1）以菌治病：是利用微生物间的拮抗作用及某些微生物的代谢产物，来抑制另一种微生物的生长、发育，甚至致死的方法，这种物质称为抗菌素。如“5406”菌肥能防治某些真菌病、细菌病及花叶型的病毒病。此外，还有链霉素、放线菌酮、内疗素等多种抗菌素都可用于防治花卉病害。

（2）以菌治虫：是对害虫的病原微生物以人工的方法进行培养，制成粉剂喷撒，使害虫得病致死的一种防治方法。引起害虫得病的病原物有细菌、真菌、病毒等。目前已为国内外广泛利用，并取得良好的防治效果。如细菌制剂中的苏云金杆菌对鳞翅目昆虫的幼虫毒性最强。目前生产上使用的有青虫菌、杀螟杆菌等，可用来防治柳毒蛾、桃蛀螟和刺蛾类等。

其次，是利用真菌消灭害虫，如虫霉菌可以感染蚜虫；白僵菌可以寄生鳞翅目、鞘翅目等昆虫以及螨类。又如白粉虱赤座霉对粉虱有高效的致病能力。

（3）以虫治虫：应用寄生黄蜂（拟寄生类昆虫）、捕食害虫的昆虫来防除控制温室内的害虫。拟寄生类的昆虫，将卵产于害虫体内，由卵孵化成幼虫，消耗尽害虫体内的养分，最后发育成成虫，在已经死去的害虫身体上钻出一个洞，然后飞出来。拟寄生类的昆虫不会使害虫马上死去，而是会减少它们的繁殖，使失去适应性。拟寄生类的昆虫一般对所要侵害的害虫种类和害虫所处的生长时期有所选择。捕食性昆虫一般是消耗掉部分的昆虫或者吃掉整个昆虫。它们通常以各个时期的害虫为食，例如，卵、幼虫和成虫。

在害虫的数量还没有达到很多时，提早地放出害虫的自然天敌是很重要的，因为这样可以获得更好的效果。在得到这些自然天敌后应该马上放出使用，因为这些生物防除的因子存活期很短。在防除这些生物前要对其进行检查，以确保它们的活性。

此外，近年来利用无菌株的组织培养方法，培育带菌的幼苗，这也是一种从"种菌"着手，防止病害的新方法。

总之，利用生物工程的方法，用于防治病虫害，日新月异，发展很快，大有前途。随着生物遗传工程革新的生物学新技术的发展，防治病虫害将出现更多良好的方法。

5）化学防治

化学防治法是利用化学剂防治病虫害的方法。其效稳定，收效快，应用方便，不受地区和季节的限制。但是，实践证明，化学防治也有一些缺点，如使用不当会引起植物药害和人畜中毒。由于残留而污染环境，造成公害。虽然在病虫害大规模发生时，仍大量采用化学防治，但它只能是综合防治中的一个组成部分，化学防治只有与其他防治措施相互配合，才能得到理想的防治效果。

正确使用杀虫剂要注意以下几点：

（1）减少使用杀虫剂和杀螨剂的用量可以降低害虫种群之间的选择压力，从而限制害虫的生长、减少害虫的数量。这样也可以减少药物对健康植物的毒害。

（2）为了延长这些化学药剂的药效，重要的是要循环交替使用不同作用方式的药剂而不是不同的化学药剂，这样才能避免害虫产生抗药性。因为有许多化学药剂具有相似的作用方式。

（3）杀虫剂应该在早上或者下午使用，因为许多害虫，例如蚜虫、白粉虱和蓟马会在这个时段活动。在害虫不出现活动的时候使用药效短的、触杀型的杀虫剂和杀螨剂是没有效果的。在较热和阳光充足的时候，使用杀虫剂，会加速药剂的挥发，从而影响药效。与此相反的是，在阴天，或者相对湿度比较高（70%）的条件下使用园艺油类（石蜡油）的虫害防治物质会对植物产生毒性，因为这些物质在植物体上需要很长时间才会被吸收完全，变得干燥。

在采用化学药剂防治病虫害时，必须注意防治对象、用药种类、用药浓度、施用方法、用药时间、施用部位和环境条件等。根据不同的防治对象选择适宜的药剂，药剂浓度不宜过高，以免对植物产生药害，喷药要周全细致，尤其是保护性药剂，应该使药液均匀地覆盖在被保护的植物表面及背部。一般喷药不要在气温最高的中午时间，以免发生药害，在阴雨天气不宜喷药，喷药后如遇降雨，必须在晴天后再喷一次。

在使用化学药剂的同时，应高度重视人、家畜的安全，要严格遵守每种药剂的性能、方法等说明，以免发生药害及中毒事故。

5.2 花卉常见病虫害的防治

5.2.1 常见虫害防治

1）蓟马

苜蓿蓟马（*Frankliniella occidentalis*）是危害园林花卉主要的蓟马品种，它以温室中栽培的园艺植物和花卉植物为食，广泛分布于美国和世界各地。

（1）为害

蓟马以花卉、球根、球茎、茎干、芽为食，所造成的危害最初不易被发现，一般附近组织增生，叶片破溃，芽或花瓣银色斑点、斑点、纸质、畸形。感染的球茎和花一般脱落或盲花。如果数量较大，则会在植物表面排泄一层类似油漆的排泄物。

苜蓿蓟马会传播凤仙花坏疽病和番茄斑萎毒病，这种携带病毒的能力是蓟马的最大危害。蓟马在幼虫阶段啃噬感染植物就会携带上病毒。蓟马成虫会在取食健康植株时将病毒散播。一旦植株感染上这类病毒，通常无法治愈；只有通过监测染病植物和控制苜蓿蓟马才能有效防治病毒病。

（2）管理防治

保持栽培环境的清洁，例如，清除杂草、植物残体和培养基质，对于防治蓟马都很重要。清除温室内的杂草可以消除一些隐藏的、残留的病菌和虫害的来源。

加强植物检疫。在运输植物苗木、果实、种子等之前，事先进行药剂熏蒸处理，以严格控制有害蓟马随着植物运输各地而广泛传播。

生物防治：蓟马的天敌包括寄生性和捕食性两大类。捕食性天敌包括：纹蓟马科、管蓟马科、花蝽科、瓢虫科等。寄生性天敌有：缨小蜂科、赤眼蜂科、黑卵蜂科等。

药剂防治：在蓟马为害高峰期前，可喷洒 40% 乐果乳油 1000 倍液、80% 敌敌畏乳油 3000 倍液、50% 马拉硫磷乳油 4000 倍液和 50% 杀螟乳油 2000 倍液。大多数的杀虫剂只能够除去处于化蛹或者成虫阶段的蓟马。而对于蓟马的卵或若虫没有作用。因此需要重复使用杀虫剂来杀死新孵化出来的蓟马，包括在产卵和化蛹阶段、成虫和若虫阶段。尤其是在重叠的生殖期更为重要。杀虫剂的使用次数因季节不同，蓟马的生长周期在气候冷凉的条件下要长于在温暖的气候条件下的。因此在气候凉爽的季节要延长杀虫剂的使用时间。

2）蚜虫

在温室周年生产中，对于一些花卉植物来说，蚜虫是一种最难防除的害虫。

（1）危害

蚜虫用它刺吸式的口器吸取植物体内的汁液，对植物造成直接的伤害。蚜虫在取食植物新生的部分时会使新生的叶片卷曲、变形，同时也会影响、阻碍植物的发育。此外，蚜虫会产生一种透明的、黏稠的、甜的液态物质。这种物质是烟霉存在的生长介质。它们会破坏或者降低植物的观赏价值。由于蚜虫蜕皮而产生的白色外皮，也会影响植物的观赏价值。此外，蚜虫也会传播一些有害的病毒。

（2）管理防治

清除杂草是减少蚜虫的一个预防手段。蚜虫以一些在温室常见的阔叶杂草为食。温室中的杂草为蚜虫提供了生存的场所，会使蚜虫大量地繁殖。此外，避免过量的施肥，因为过量的施肥会引起植株柔嫩多汁，吸引大量的蚜虫来取食。同时还会增加蚜虫的繁殖能力。

菊花、甘薯以及一些其他植物品种对不同种类的蚜虫的感受能力不同。为了阻止蚜虫大规模地发生，应该经常监测那些对蚜虫敏感的植物。

保护和利用天敌。蚜虫常见天敌主要有瓢虫、草蛉、食蚜蝇、蚜茧蜂、蚜小蜂等。真菌天敌有蚜霉菌属（*Entomophthora*），它在蚜虫的体外寄生。适当栽培一定数量的开花植物，有利于天敌的活动。施用农药应在天敌昆虫数量较少，且不足以控制蚜虫数量的时期。

在使用生物防除方法时，要先辨别蚜虫的种类，因为不同拟生物性昆虫有自己专一针对的蚜虫类型。此外，要保证在蚜虫群体数量变大和还未对植物体产生伤害之前释放拟寄生类昆虫和捕食性昆虫。

药剂防治：蚜虫大量发生时，可喷施 40％的氧化乐果、乐果、50％马拉硫磷乳剂和喷鱼藤精 1000 ～ 2000 倍液。可以防治蚜虫的杀虫剂还有杀虫灵、丙二醇－丁基醚、石蜡油硫丹、川楝素。大多数杀虫剂是通过接触起作用，所以对植物充分喷施杀虫剂是很重要的。在使用内吸型杀虫剂（颗粒状或者液态）时，要确保对每一个装植物体的容器都要使用，因为如果遗漏会为蚜虫提供生存的场所。此外，循环使用不同作用方式的杀虫剂可以抑制蚜虫群体数量的增加。另外一个有效的方法是在温室开敞的地方（通风口、侧墙、门）设置屏障，阻止蚜虫进入温室。

“烟草水”防治，烟草末 40 g 加水 1 kg，浸泡 48 小时后过滤制得原液，使用时加水稀释（1 kg 水），另加洗衣粉 2 ～ 3 g，搅匀后喷洒植物，有较好效果。

物理防除：利用色板诱杀，在花卉栽培的温室内，可放置黄色粘板，诱粘有翅蚜虫，还可采用银白锡纸反光，防除迁飞的蚜虫。

3）白粉虱

在温室中，出现并存在于植物体整个生长季节的主要的白粉虱种类有：温室白粉虱和银叶白粉虱。另一种白粉虱种类是纹翅白粉虱，它一般在夏末秋初时节出现在温室中。

（1）危害

粉虱的若虫和成虫具刺吸式口器，主要取食植物韧皮部组织。感染大量粉虱可以使植物萎蔫，叶片褪色、枯萎及脱落。粉虱影响植物生长甚至杀死植物幼苗。若虫和成虫排泄的蜜液粘在叶片上可以促进黑霉菌的生长。某些种类的粉虱能够引起植物生长失调，比如茎干和叶片萎黄病，畸形或传播病毒病。

（2）管理防治

适当的浇水和施肥可以减少植物受到白粉虱的侵袭。保持植物健康，避免施肥过量，尤其是氮肥，氮肥会影响白粉虱的繁殖。以一品红为例，施用硝酸铵后出现的白粉虱的卵要多于施用硝酸钙时白粉虱的卵。

良好的卫生条件、防虫措施和栽培措施是避免粉虱问题发生的最为有效的方法。一旦粉虱数量增多，那么防控将会十分困难，损失将不可避免。要杜绝或降低感染概率可以选用未感病的植株，杜绝污染源，将害虫排除在温室之外。还可以栽培抗虫品种。如果可能的话改变栽培时间。避免过度灌溉和施肥，这会提高植物感染粉虱的概率。一些对白粉虱敏感的植物，在被栽培到温室之前要进行检查。

白粉虱对黄色有强烈趋性，可在植物旁边悬挂黄色粘板，振动花枝，使飞舞的成虫趋向和粘到黄板上，起到诱杀作用。

某些杀虫剂如果在恰当的时间恰当的方式可以暂时降低粉虱的数量。仔细监测，发现感染时要在大规模爆发以前将其在小范围内消灭。

4）螨类

俗称红蜘蛛，一般在植物的叶片上取食，直接破坏叶片组织，螨类不是昆虫；螨类是属于蜘蛛类的节肢动物，和蜘蛛、壁虱类同属一纲。与昆虫不同，螨类没有触角、分节的身体和翅。

（1）危害

螨类危害很普遍，无论是草本、木本、阔叶、针叶、果树、花灌木等均受其危害，使叶片失绿，呈现斑点、斑块，或叶片卷曲、皱缩，严重时整个叶片枯焦，似火烤，顾其又被称为“大龙”。有些螨类可使树叶脱落。

（2）管理防治

螨类很容易通过风力、受感染的植物、器械、人工传播。控制植物材料的来源、良好卫生设施条件可以避免螨类的传播。定量使用杀虫剂也可减少病害的发作。在一些地区释放虫的天敌会有很好的效果。

药剂防治：Abamictin，cinnamaldehyde，以及pyridaben、IGRs 控制螨类很有效。窄谱杀虫乳油或皂剂等低毒性的杀虫剂，施用后防治效果很好。据报道，窄谱杀虫乳油对于食肉螨类几乎没有影响，所以当螨类天敌出现时它是一个很好的选择。考虑到毒性对于农作物生长情况的影响，要适当减少使用的频率。更多具有持久性的杀螨剂是可利用的，包括氨基甲酸盐、有机磷酸盐和合成除虫菊酯。然而，这些物质能导致螨类、植物、天敌的生理变化，有时会增加螨类的数量。

生物防治：螨类天敌种类很多，包括寄生性的病原微生物和捕食性天敌。在病原微生物生物方面如虫生藻菌（*Entomophthora* sp.）和芽枝霉（*Cladosporium cladosporioides*）感染柑橘全叶螨，对该螨的种群数量有一定的抑制作用。在捕食性天敌方面，有捕食性昆虫及捕食性螨类，如瓢虫科的食螨瓢属（*Stethorus*），花蝽科的小花蝽（*Orius minutes* L.），缨翅目的六点蓟马 [*Scolothrips sexmaculatus*（*Pergande*）] 均可不同程度地捕食各种螨类。对于上述天敌，应注意保护。进行药剂防治时，要合理、适时地使用选择性杀虫剂。

5）蜗牛、蛞蝓

蜗牛和蛞蝓有相似的生物学和结构学特征，除了蜗牛有一个明显的螺旋状的外壳之外。蜗牛和蛞蝓属于软体动物，一类依靠不断分泌黏液的强健的“足”而滑动的生物。除了强健的身体和蜗牛的外壳，身体最容易辨别的还有长在头上、收到外界干扰能够收缩的触角（感知器）。

（1）危害

蜗牛和蛞蝓具有咀嚼式 / 锉式的口器，可以通过在具有光滑的或者粗糙边缘的叶片上制造出一些不规则的洞来伤害植物。它们通过一种叫做齿舌的结构来取食。

（2）管理防治

防治蜗牛和蛞蝓最好的方法就是清理它们的栖息地，清除一切它们可能隐藏的地方。包括清除杂草、枯叶、地被植物（操作台下面的）以及温室内外的一切不良植物。此外，清理掉所有木本的残体和石块。铁对蜗牛和蛞蝓有毒害作用，通常在三到六天内起作用。

药剂防治：硫酸铜或者波尔多液（硫酸铜和氢氧化钙）可以喷洒到苗床下面或者附近区域，和容器的外部来驱除蜗牛。这也可以减少某种病害的传染源。这类物质危害植物，防止其与植物直接接触。黏性物质里面含有硫酸铜，可以抵御蜗牛和蛞蝓的为害。

啤酒诱饵陷阱可以用来引诱、淹死软体动物，特别是蛞蝓。然而，这种方式只能在几英尺（1 英尺≈0.3 m）的范围内起作用，每隔几天都需要再次填充啤酒，以保证足够的深度可以淹死蜗牛和蛞蝓。啤酒越新鲜防治效果（少于几天）越好。陷阱应该垂直或足够倾斜，防止蜗牛和蛞蝓爬上来。陷阱高度不能超过地面 9 mm。

生物防治：蜗牛和蛞蝓有很多天敌，包括病原体、蛇、鸟、甲虫、昆虫。在一些地区甲虫是主要的以蜗牛为食的室外动物。例如在加利福尼亚北海岸，以前在温室内用蟾蜍来消灭蜗牛和蛞蝓，目前在某些情况下仍在使用。

5.2.2 花卉主要病害的防治

花卉病害是指花卉在生活过程中，由于受不良环境条件的影响和其他生物的侵染，使其代谢作用受到干扰和破坏，在生理上和组织结构上产生一系列的病理变化，在外部形态或内部形态上表现出不正常的状态，使植物不能正常地生长发育，导致产量下降、品质变劣，甚至造成局部或整株死亡的现象，称为花卉病害。

1）植物、病原物、环境与植物发病的关系

花卉的发病，决定于寄主、病原、环境三者的相互关系。就病原和寄主花卉而言，发病与否决定于花卉的抗性和病原的致病性。感病花卉不具病原的抗性基因，易感病；抗病花卉因具对病原物的抗病基因，则表现抗病。但病原对寄主花卉感病与否的转化又受环境的制约，没有适当的环境作用，即使病原和感病寄主存在，也不一定发病。病原、环境和花卉三者的相互作用，是花卉病害发生、发展的关键。

2）病原种类概述

引起花卉发病的原因有许多，大致可分为生物性病原和非生物性病原两类。生物性病原主要包括真菌、细菌、类菌质体、病毒、植物体、线虫、藻类和螨类等，一般统称为病原物。这些生物性病原物所引起的花卉病害，称生物性病害。它具有传染性，因此也称作传染性病害或侵染性病害。

非生物性病原指由于环境不适合而造成的病害。环境因子包括水分、温度、光照、有毒气体等。凡是非生物病原所引起的植物病害称非生物病害。它不具有传染性，因此称作非侵染性病害。如水分不足造成植物枯萎；温度过低引起冻害；肥料和微量元素的不适而引起的各种缺素症或肥害；低浓度有毒气体造成的各类烟害等，所以，又称生理性病害。

3）花卉病害的症状及类型

花卉病害的症状是识别和诊断病害的根据。因此，正确描述症状对判断病害性质和病原是十分重要的。植物病害的症状类型大致可归纳以下几种：

（1）白粉病类：由真菌中的白粉菌引起，多发生在叶片、幼果和嫩枝。病斑常近圆形，其上出现很薄的白色粉层，后期白粉层上散生许多针头大小的黄褐色颗粒，即病症；除去白粉层，可看到受害植物组织的黄色斑点即病状，如月季白粉病等。

（2）锈病类：由真菌中的锈菌引起，发生于花卉的枝、叶、果等部位。病部可见锈黄色粉状病症，花卉受其为害多形成斑块、须状物或瘤肿，如松叶锈病、月季锈病及梨、桧柏锈病等。

（3）斑点病类：由真菌、细菌等引起，多发生于花卉的叶和果实上，是花卉最常见的一类病害。斑点有大小、形状、色泽不同，常见的有角斑、褐斑、漆斑、黑斑、轮纹等。发病初期一般褪绿变黄，后期病部坏死。外围边缘有明显的轮廓，斑点上常出现霉层或黑色小粒点，如月季花褐斑病等。

（4）腐烂病类：为花卉受真菌或细菌侵染后细胞坏死，组织解体所致。按发病部位的不同，可分为果腐、茎腐、根腐、花腐；按腐烂质地不同，可分为溃疡、流胶等，如杨、柳、苹果的腐烂病，桃的褐腐病等。

（5）花叶或变色病类：多数由病毒、类菌质体及生理原因等引起。通常是整株性发病，病株叶色深浅浓淡夹杂，有的出现红、紫或黄化等症状，如美人蕉花叶病等。

（6）肿瘤病类：常由真菌、细菌、线虫等引起。病株的枝干、叶和根部发生局部瘤状突起，如月季根癌病、樱花根瘤病等。

（7）丛枝病类：由真菌、病毒、类菌质体等病原引起。病株顶芽生长被抑制，枝条节间缩短成簇，如枣疯病等。

（8）萎蔫病类：由真菌、细菌引起。病株输导组织受侵害，细胞膨压下降，叶片萎蔫，一般为整株性发病。但常随发病部位和病状的不同分为枯萎、立枯、猝倒等，如：花卉立枯病。

（9）畸形类：包括株形和器官各部位的变形，如叶片皱缩、肿大、矮化、徒长、花器变形等。常由真菌、病毒、生理因素所引起，如桃缩叶病、杜鹃叶肿病等。

（10）煤污病类：发霉指果实和种子表面出现绿色、黑色、灰色霉状物，使种子、果实霉烂。煤污病多发生于果实和枝上，病部为一层煤烟状物，影响植物呼吸和光合作用，常伴随介壳虫、蚜虫发生，如含笑煤污病。

4）病原物的传播

（1）空气传播：病原菌类的真菌孢子可借助于气流将其从甲地传播到乙地，有的甚至可以传播几百公里。例如瓜类的白粉病就是靠空气传播的。

（2）雨水传播：多数细菌病害是由于细菌悬浮在雨水或灌溉水中，随着流水或暴风传播开来。如金鱼草叶枯病主靠流水传播。

（3）土壤传播：病原菌的孢子，在土壤中繁殖或休眠，当环境适宜时，侵入作物体的地下部分，称之为土壤传播。如花卉猝倒病。

（4）昆虫传播：主要是靠昆虫制造伤口和携带病原体进行传播。如蚜虫传播病毒等。

（5）种苗传播：病原菌潜伏在苗木、果实、块茎或种子中，通过引种、调种，病原菌有了远距离的传播。

（6）接触传播：健全的植株与得病植株接触或健全植物体的某部分与患病植株接触而将病菌传播。如唐菖蒲的病毒病，常因切取鲜花时不慎而传染。

5）病害的防治

（1）隔离：通过植物检疫，杜绝危险性病原菌输出或输入。国家与国家之间，甚至省与省之间，花卉及其产品的转移，一定要经过检疫的手续，防治病原菌传入新地区，以免病害的蔓延。

（2）根除：花卉种植前，应选择无病的种子或苗木；除去田间发病植物或被害部分；防除媒介昆虫及病原潜伏的杂草；清除枯枝残叶；堆肥充分腐熟，翻耕土壤及田间卫生等作业。轮作是消灭病原的好方法。因为潜伏于土壤中的病菌一般能存活 1 ~ 3 年，如施行 3 年以上轮作，则无法获得寄主，也就无法生存繁殖。此外，用日光、火焰、热气、药剂等，都能达到消毒的效果。

（3）保护：保护是防治病害侵染的必要手段，常用的方法为改变病原繁殖的环境条件和使用药剂两种。

① 改变温度：病原在寄主组织内外的发育与繁殖，都需一定的适宜温度，如设法改变温度条件，使温度升高或降低，都可以减少病害发生。

② 改变种植时期：改变作物种植的时期，能够躲避病害发生的盛期，使作物避免病害的为害。

③ 改变湿度：降低湿度，可以减少病原孢子萌发的机会。如保护地内防止月季的白粉病，采取傍晚通风、降低大棚内湿度的方法，可减少白粉病的为害。

④ 药剂的防治：利用化学药剂喷洒。

第 6 章　园林花卉的应用

本章学习目的：本章介绍了花卉应用的基本原理，通过本部分的学习，了解花卉应用时所要遵循的原则，使花卉的应用更加科学合理。

6.1　花卉应用的基本原理

花卉应用设计是人为地运用植物材料创造美的过程，因此花卉应用景观必须符合人们的审美观点。花卉作为活体材料，应用时还应考虑其个体的生物学特性、环境的影响及群落特征等方面的因素。本章就此两方面介绍花卉应用设计时必须遵循的科学性原理及在形式美、色彩美、意境美的创造过程中应遵循的基本原则及花卉设计的构图形式。

6.1.1　科学性原理

园林花卉应用设计的直接对象和创作元素是具有鲜活生命力的植物材料。而植物材料除了具有美学要素（即对花卉应用设计至关重要的观赏特征），同时还具有生物学的特征，即生命的特征。如果花卉不能正常、健康地生长和发育，也就很难表现出种或品种所特有的观赏性和美学价值，再好的设计方案也是徒劳的。因此在花卉应用设计中应遵循科学性的原理，即在充分了解植物生物学特性的基础上，满足植物对环境的需求。

1）充分了解花卉的生物学特性

在园林花卉的应用设计中，准确掌握花卉的生物学特性极为重要。首先，从花卉的系统发育和个体寿命而言，花卉有不同的类型，如草本的一、二年生花卉、多年生花卉、木本花卉等，它们因类型不同而习性各异。不同类型、不同种类的花卉因形态不同而形成不同的观赏特征；因生命周期和年生长发育周期不同而表现出不同生命阶段及一年中不同季节的观赏特点；因种类不同而叶、花、果期各异，才使得园林中不仅花开次第，而且四季景观各具特色。因此只有准确掌握各类花卉的生长发育规律，才能在园林花卉配置时，使不同的种类各得其所，充分发挥各自的优势，创造出优美的植物景观。

2）掌握环境因子与花卉的互作关系

花卉在生长发育过程中，除了受自身遗传因子的影响外，还与环境条件有着密切的关系，无论是花卉的分布，还是生长发育，甚至外貌景观都受到环境因素的制约。因此，花卉应用设计的基本原则就是遵循生态学相关理论。植物与环境的关系表现在个体水平、种群水平、群落水平以及整个生态系统等不同的层面上。

不同的花卉对环境有不同的要求，它们在长期的系统发育中，对环境条件的变化也产生各种不同的反应和多种多样的适应性，即形成了花卉的生态习性。因此，在花卉应用设计中，要考虑两个方面：适地适花，适花适地。首先要充分了解生态环境的特点，如各个生态因子的状况及其变化规律，包括环境的温度、光照、水分、土壤、大气等，掌握环境各因子对花卉生长发育不同阶段的影响；在此基础上，根据具体的生态环境选择适合的花卉种类。下面简述环境各因子对花卉生长发育的作用及花卉适应于各个环境因子而形成的生态类型。

（1）温度

温度是影响植物生长的最重要的生态因子之一。温度在地球上具有规律性和周期性的变化，如随着海拔和纬度升高而降低；温带地区随着一年四季的变化及昼夜的变化温度也随之变化。这种变化首先影响植物在地球上的分布，使得不同地理区域分布不同的种类从而形成特定的植物生态景观，如热带的雨林、季雨林景观，亚热带的常绿阔叶林、常绿硬叶林景观，温带的夏绿阔叶林、针叶林景观，寒带的苔原等。这些不同的地理区域也分布着不同的花卉，如热带、亚热带的蝴蝶兰（*Phalaenopsis amabilis*）、石斛兰（*Dendrobium nobile*）等气生兰和仙人掌类花卉，温带的百合类花卉，高海拔地区的雪莲（*Saussurea involucrata*）、报春花属（*Primula* spp.）及绿绒蒿属（*Meconopsis* spp.）等。在四季分明的地区，自然界温度的周期性变化还造成植物景观的季相变化。

图 6-1　冬季开放的蜡梅花

图 6-2　热带兰科植物

温度直接影响花卉的生长发育。适应于不同的温度条件导致花卉的耐寒力不同，如原产于寒带和温带的多数宿根花卉如萱草、一枝黄花（*Solidago canaden*）等耐寒性强，可忍受较低的冰冻温度，在北方可露地过冬（图 6-1）。原产于热带和亚热带的多数花卉如蝴蝶兰、变叶木（*Codiaeum variegatum* var. *pictum*）等均为不耐寒花卉，不能忍受冰冻温度（图 6-2）。原产于暖温带的大多数半耐寒性花卉能忍受一定程度的低温，但不能忍受长期严酷的冬季，也不耐炎热的夏季，如金盏菊（*Calendula officinalis*）、紫罗兰（*Matthiola incaca*）等。

（2）光照

光是植物进行光合作用的能量来源，因而是植物生长发育的必需条件。光照状况也具有规律性和节律性的变化，光因子在光强、日照时间长短及光质方面的这些变化，极大地影响着花卉的分布和个体的生长发育。

适应于光照强度的不同，花卉具有喜光、喜阴及耐半阴之别，喜光花卉必须生长在全光照条件下，如多数的露地一、二年生花卉；喜阴花卉要求在适度庇荫的条件下方能生长良好，如原产于热带雨林下的蕨类植物、兰科植物及天南星科植物等；耐半阴花卉对光照的适应幅度较宽，如萱草、耧斗菜（*Aquilegia vulgaris*）等宿根花卉。对特定花卉而言，光照强度过弱或过强（如超过植物光合作用的光补偿点和饱和点）都会导致光合作用不能正常进行而影响花卉正常生长发育。适应于光周期的变化，花卉有长日照花卉、短日照花卉及中性花卉等类型。长日照花卉要求在较长的光照条件下才能成花，而在较短的日照条件下不开花或延迟开花，如三色堇、瓜叶菊（*Senecio cruentus*）等。短日照花卉的成花要求较短的光照条件，在长日照条件下不能开花或延迟开花，如菊花、一品红等。中性花卉对光照长度的适应范围较宽，较短或较长的光照条件下均能开花，如扶桑（*Hibiscus rosa-sinensis*）、香石竹（*Dianthus carryophyllus*）等。不同的光谱成分不仅对花卉生长发育的作用不同，而且会直接影响花卉的形态特征，如紫外线可以抑制植株的高生长，并促进花青素的形成，因而高山花卉一般低矮且色彩艳丽，热带花卉也大多花色浓艳。

（3）水分

水分是植物体的重要组成部分，也是植物光合作用的原料之一。水有汽、雾、露水、雪、冰雹、雨等各种形态，它们在特定的地域也发生着周年性或昼夜性等规律性的变化,从而影响着植物的生态景观。首先，降水的分布直接影响植物的分布。不同植被类型就是由热量和水分因子共同作用的结果，如在热带终年雨量充沛而均匀的地区分布着热带雨林，在周期性干湿交替的地区则分布着季雨林，干旱地区则形成稀疏草原这一独特的热带旱生性草本群落；在温带，温暖湿润的海洋性气候下分布着夏绿阔叶林，而干旱的条件下则分布着夏绿旱生性草本群落的草原。虽然水分是花卉生长发育所不可缺少的因子，但花卉对水分的需求差异很大，不仅表现在不同种类上，而且表现在同一种类不同的生长发育阶段。影响花卉生长的水分环境是由土壤水分状况和空气湿度共同作用的结果，如原产于热带雨林中的层间植物就主要依赖于空气中大量的水汽而生存；分布于沿海或湿润林下的植物种类到内陆干旱地区难以正常生长发育，空气湿度是限制因子之一。在园林环境中可以通过人工灌溉来调整土壤的水分状况，满足花卉的要求，然而空气湿度主要受自然气候的影响，不容易调控，对花卉的选择有时限制更大。

适应于不同的水分状况，花卉形成不同的生态类型，如旱生、中生、湿生和水生花卉。旱生花卉能忍受较长时间的空气或土壤干燥。为了在干旱的环境中生存，这类花卉在外部形态和内部结构上都产生许多适应性变化，如仙人掌类花卉。湿生花卉在生长期间要求大量的土壤水分和较高的空气湿度，不能忍受干旱。典型的水生花卉则需在水中才能正常生长发育。中生花卉要求适度湿润的环境，分布最为广泛，但极端的干旱及水涝都会对其造成伤害。不同花卉类型中，凡根系分布深，分枝多的种类，从干燥土壤和深层土壤中吸水能力强，具有较强的抗旱性，宿根花卉多数种类具有此特性。一、二年生花卉与球根花卉根系分布较浅，耐干旱和水涝的能力都较差。

（4）土壤

土壤不仅起着固定花卉的作用，而且是花卉进行生命活动的重要场所。土壤对花卉生长发育的影响，主要由土壤的理化性质和营养状况所决定。因不同的质地有砂土、壤土、黏土等不同的土壤类型，不同的土壤类型又有着不同的理化状况，对花卉的生长发育有重要的影响。土壤的酸碱度是土壤重要的化学性质，也是对花卉生长发育影响极大的因素。不同的花卉种类对土壤酸碱度有不同的适应性和要求。大部分的园林花卉在微酸性至中性的条件下可以正常生长，但有的花卉要求较强的酸性土，如兰科花卉、凤梨科花卉及八仙花（*Hydrangea macrophylla*）等；有些植物则要求中性偏碱性的土壤，如石竹属的一些花卉。土壤的营养状况包括土壤有机质和矿质营养元素，直接影响花卉的生长发育。

城市土壤因践踏和碾压等机械作用以及建筑垃圾的混杂导致土壤紧实、黏重、透气性差、pH 较高、营养状况差，极大地影响了花卉的正常生长发育。

（5）大气

空气的主要组成成分氧气和二氧化碳都是植物生存必不可缺的生态因子和物质基础。然而大气因子中限制园林花卉生长发育的因素主要是大气污染和风。大气污染的种类很多，对植物危害较大的主要有二氧化硫、硫化氢、氟化氢、氯气、臭氧、二氧化氮、煤粉尘等。但也有一些花卉种类对特定的污染有较强的抗性，如抗二氧化硫的花卉有金鱼草（*Antirrhinum majus*）、美人蕉（*Canna generalis*）、金盏菊、紫茉莉（*Mirabdis jalapa*）、鸡冠花（*Celasia argentea* var. *crietata*）、大丽花（*Dahlia pinnata*）等；抗氟化氢的有大丽花、一串红、倒挂金钟、山茶、天竺葵、紫茉莉、万寿菊等。因此在进行园林花卉应用设计时，尤其是在污染严重的城市或厂矿区，应分析污染源及污染程度，进而选择抗性强的花卉种类。

综上所述，可以看出各个生态因子对花卉分布、生长发育以及景观外貌的生态作用都不容忽视。值得注意的是虽然在特定条件下对特定物种而言，影响植物生存的生态因子有主次之分，但必须考虑生态因子的综合作用。在园林花卉应用设计中，不仅要考虑种植区域的自然气候和土壤状况，立地条件的微气候环境也极为重要，同时还需根据人工养护的力度，选择最适的花卉种类。

3）了解植物群落的基本特征，合理进行人工植物群落的配植

园林绿地建设是在城市高度人工化的环境中建造城市植被。园林绿地中许多人工群落的结构和层次都比较简单，如行道树、绿篱、大面积平面种植的花坛、草坪、地被等景观，这类绿地在服务于人类的各项活动和游憩方面具有重要的作用。然而为了使园林绿化获得更大的绿量从而体现出更好的生态效益，适当地段采用植物复层混交的群落式配植非常重要。建立人工植物群落，必须充分了解和遵循自然界植物群落的构成特征及演替规律。自然界的组成和结构是园林绿化中师法自然的基础。

在一定地段的自然环境条件下，由一定的植物成分形成的有规律的组合即为植物群落。植物群落有一定的种类组成和结构特征，并在植物之间以及植物和环境之间构成一定的相互关系。植物群落的结构特征包含种类的组成、群落的外貌或外形、植物的密度、色相或季相以及群落的成层现象。每一个植物群落都是由一定的种类组成，植物种类决定了植物群落的其他特征。群落的外貌由构成植物种类的生活型如乔木、灌木、藤本或草本植物等所决定。植物种类在群落中密度不同，形成群落不同的郁闭度或覆盖度，同时，由于种类的不同，各种植物群落具有的色彩形相即色相不同，如蓝绿色的针叶林，浅绿色的柳树林。园林绿化中大量选用常年异色叶植物，其目的就是创造不同的群落色相。随着季节变更而发生的物候变化还使群落表现出不同的季相，尤其在四季分明的温带地区，季相是植物景观中非常重要的内容，也是人工植物群落中常常刻意营造的景观效果。

6.1.2 艺术性原理

1）园林花卉配置的形式美原理

园林美是园林的思想内容通过艺术的造园手法用一定的造园要素表现出来的符合时代和社会审美要求的园林的外部表现形式，它包括自然美、社会美和艺术美三种形态。由于园林构成材料的多样性及审美活动中主客观交融的复杂性，园林美也表现出其复杂性，然而园林美的规律与美的规律是直接统一的。形式美是艺术美的基础，是所有艺术门类共同遵循的规律，园林艺术也不例外。形式美是通过点、线条、图形、体形、光影、色彩和朦胧虚幻等形态表现出来的。园林花卉丰富多彩的观赏特征本身就包含着丰富的形式美的要素，在遵循科学性原理的前提下，按照形式美

的规律在平面和空间进行合理的配置，形成点、线、面、体等各种形式不同的花卉景观，正是花卉应用设计的基本内容。因此在园林花卉设计中，各要素之间及同一要素个体之间的布局和设置同样遵循形式美的法则。

（1）和谐的统一性

统一是指由性质相同或类似的要素并置在一起，造成一种一致的或具有一致趋势的感觉。所谓变化是指由性质相异的要素并置在一起所造成的显著对比的感觉。变化与统一是对立的统一体。优秀的园林必定是造园的各种要素（地形、植物、山水、建筑等）组合成有机统一的整体结构，形成一个理想的环境空间，体现出一定的社会内容，反映出造园艺术家当时所处社会的审美意识和观念，达到内容与形式的和谐统一。这一和谐统一的审美特征表现在外在形式上则包含三个层次：构成园林形式的材料要素自身的和谐统一，要素与要素之间关系的和谐统一及要素所组合成的整体空间布局的统一。

在植物配植的总体形式与内容和谐统一以及花卉与其他造园要素（如建筑、山石、水体等）相互之间和谐统一的前提下，具体到某一局部的花卉设计可以通过变化甚至对比来追求景观的生动和感染力，比如色彩的变化、株形和姿态的变化、体量的变化、质感的变化等等。但是这些变化不应冲淡园林形式的整体风格，在统一中求变化，且要在变化中求统一，做到整体统一，局部变化，局部变化服从整体。

（2）比例的协调性

比例是部分对部分、部分对全体在尺度间的数据化的比照。比例是人们在时间活动中，通过对自然事物的总结抽象出来的能满足视觉要求的具有协调性的物与物的大小关系，因而具有美的观赏效果。著名的毕达哥拉斯学派提出的黄金分割率被人们视为最美的比例。和谐完美的比例也存在于自然界的各个方面。然而构成协调性的美的比例其本质不是具体数据，而是人类在实践活动中产生的感情意识、感觉经验所形成的一种对照关系。因此，园林中美的比例应是组成园林协调性美的内涵之一。园林存在于一定的空间，园林中各造园要素也以创造出不同的空间为目的，这个空间的大小要适合人类的感觉尺度，各造园要素之间以及各要素的部分和整体之间都应具备比例的协调性。中国古代画论中“丈山尺树，寸马分人”是绘画的美的比例，园林也与此同理。如颐和园的万寿山、昆明湖及以佛香阁为主体的建筑群之间的比例与园林整体空间的比例是非常协调的；同样在仅有数亩的苏州小型园林网师园中，也通过建筑布局及其与水之间关系的处理创造出协调的比例而没有拥塞的感觉，达到“地只数亩，而有迂回不尽之致；居虽近堪，而有云水相忘之乐”的艺术效果。在园林花卉的配置上，植物与其他造园要素之间以及植物不同种类之间也充满了比例关系。大型的园林空间必须用高大或足量的植物来达到和环境及其他景观元素的比例协调，而小型的园林空间，就必须选择体量较小的植物以及适宜的用量与之匹配。

（3）均衡的稳定性与动感

均衡是指事物的各部分在左右、前后、上下等两方面的布局上其形状、质量、距离、价值等诸要素的总和处于对应相等的状态。均衡分对称均衡和不对称均衡。对称均衡表现为具有如中轴线或中心点形成的一个中心和对应物形成特定空间的一定区域。它体现出生物体自身结构的一种符合规律性的存在形式，具有稳重、庄严的感觉。园林中，对称均衡是指建筑、地貌、植物等群体的两方面在布局上同轴对应相等。规则式园林在整体布局上均采用均衡对称的原则，如欧洲的规则式园林不仅表现在建筑、喷泉、雕塑等对称均衡，而且树木的种植位置和造型、花坛的布局及图案等也均以对称均衡的形式布置。中国的寺庙园林和纪念性园林也常常采用对称均衡的布局，尤其是道路两边植物的对称式配置，既给人以整齐划一、井然有序的秩序美，也创造出安定、庄严、肃穆的环境气氛，然而有时会觉得单调、呆板，缺乏动感。自然风景丰富多彩，绚丽多姿，很难看到对称均衡，然而却处处充满了视觉的均衡。这种两边不对称却又处于平衡的状态被称为不对称均衡。不对称均衡是自然界普遍的、基本的存在形式。东方园林，尤其是中国传统园林艺术就是遵循“虽由人作，宛自天开”的原则而进行不对称均衡布局的。园林中因地制宜，峰回路转，步移景异，高下各宜，虚实相生，绝无严格之对称，又处处充满均衡稳定，且生动活泼，妙趣横生，达到极高的艺术境界。

（4）节奏与韵律

韵律节奏是各物体在时间和空间中按一定的方式组合排列，形成一定的间隔并有规律地重复。因此韵律节奏具有流动性，是一种运动中的秩序。韵律按其形式可分为连续韵律、渐变韵律、起伏韵律、交错韵律等。园林中的韵律和节奏是由园林要素自身的形状、色彩、质感等以及植物、建筑、山石、水等要素的连续、重复的运用，并在连续、重复中按照一定的规律安排适当的间隔、停顿所表现出来的。在一个和谐完美的园林中处处存在着韵律节奏。道路两旁，同一树种等距离栽植的行道树，其树干的重复出现产生的垂直方向的韵律节奏和树冠勾勒出的轮廓线连续起伏的变化产生的水平方向上的韵律节奏，可视为连续韵律节奏，表现为整齐一律的韵律和单一的节奏，是园林花卉配置中较为简单的形式，景观效果不够丰富。需要注意的是，在园林植物配置中，韵律节奏不能有过多的变化。变化过多必然杂乱，这又遵从于统一的协调性和变化之间的辩证关系。

2）园林花卉配置的色彩原理

园林艺术是一种综合的艺术形式，充满了形象、色彩、声响、气味等美学特征，然而不容置疑的是，眼睛感受的视觉形象是最为重要的审美特征。虽然园林中最基本的色调是绿色，但园林环境中丰富的色彩变化一直是人类不懈的追求。也正因如此，才有花卉新品种的层出不穷。因此在园林花卉应用设计中，色彩设计至关重要。有时园林花卉的设计几乎就是色彩的设计，如花坛和花境。

（1）色彩学的基本知识

① 色彩的来源

物体由于其内部质的不同，受光线照射后，产生光的分解现象。一部分光线被吸收，其余的被反射或透射出来，成为我们所见的物体色彩。

② 有彩色和无彩色

人能用眼睛看到的色彩非常丰富，这些种类繁多的色彩可以分为两类：白、灰、黑等不含色素的“无彩色”及红、黄、绿、蓝等“有彩色”。

③ 色彩的三要素

a. 色相：有彩色的相貌、名称。在诸多的色相中，红、橙、黄、绿、蓝、紫就是具有基本色感的色相。

b. 明度：也称光度、辉度，指色的明暗程度。无彩色黑、灰、白有明度，有彩色也有明度，如白色、黄色明度高，黑色、紫色明度低。利用不同明度的色彩搭配，可以创造出造型艺术作品的立体感。

c. 彩度：也称纯度或饱和度，指含彩量的饱和程度。黑、白、灰属无彩色系，其彩度为零。如果在黑、白、灰中加上彩色，彩度便增加，在纯彩色中加上黑、白、灰，彩度便会降低。花卉配置时如果利用某一种颜色的不同彩度进行搭配，就可形成统一、协调的效果。

（2）色彩与心理

① 色感的倾向

人眼看见各种色彩，常常会发生感觉上的习惯反应。比如看到火的橙色就有热的感觉，看到冰的青色就有冷的感觉。因而颜色也就因人的感觉而有了冷暖色之分。在 12 色相环中，由红紫到黄绿都是暖色，以橙为最暖，从青绿到青紫都是冷色，以青为最冷。紫色和绿色都是由暖色和冷色混合而成的，称为温色。色彩的冷暖是相对的，如同一种色彩若含红、橙、黄较偏暖，而含青、青绿、青紫则偏冷。温色与暖色相比偏冷，而与冷色相比则偏暖。

人对色彩的冷暖感觉在花卉配置中具有非常重要的作用，我们常常选用具有不同色感的植物材料来布置不同用途和不同气氛的场合，如喜庆场合常常用暖色调的花卉来表达愉快及热烈的气氛，而有些场合宜选用冷色调的花卉来创造安静和雅致乃至肃穆的氛围。

② 色彩的错觉

同样大小的物体，由于颜色对人眼所造成的错觉，会感觉深色的物体面积小，而浅色的物体面积大，这是因为白色有扩散的感觉，而黑色有收缩的感觉。同样，红、橙、黄一类的暖色有扩散的感觉，青色一类的冷色有收缩的感觉。我们还会感觉到暖色及亮色有前抢感，而冷色及暗色有隐退感。不同明度的颜色中，亮色轻，暗色重；相同明度下，艳色重，浊色轻。亮色、高彩度色、暖色明快活泼；暗色、低彩度色及冷色忧郁。亮色、暖色、彩度高的色华丽；而暗色、冷色、彩度低的色朴素。这些方面表现出的色彩的错觉在园林花卉的配置中都会运用到。

（3）色彩的象征意义

人们在长期的生产实践中，赋予了某些具象联想物的色彩以约定俗成的象征意义。同时，由于世界上不同的国家和地区，民族、宗教信仰和风俗习惯等的不同，对色彩的感情反应也可能不一样。正确理解色彩的象征意义，运用色彩来表达景观的意境和情调，烘托设计的主题思想，在花卉应用设计中非常重要。

花卉常见色彩的表情及用色习俗：

① 红色：艳丽、热烈、富贵。多用于表现喜庆欢乐的场面。不同冷暖和浓淡的红色，如玫红、粉红等可表现娇艳、柔美、轻盈等不同的美感。自然界中，红色系的花卉品种非常多，红色花也是各国人民喜爱的颜色，如欧美圣诞节的花卉装饰、中国春季等各种喜庆节日的花卉装饰均以红色为主。

② 橙色：火焰的主调，色彩最“响亮”，表现光辉、温暖、欢乐、热烈的情绪。也代表了秋季的灿烂，表达丰收的主体多以橙色为主调。橙色的花卉品种也较多。

③ 黄色：太阳的颜色。是光明与希望的象征。黄色在中国封建社会是神圣与权威的象征，佛教也常用黄色表示超脱世俗。金黄色表现辉煌、华丽，淡黄色表现轻快、柔和，如春天黄绿的嫩叶和鹅黄的花使人感觉春光明媚。

④ 绿色：自然和生命的颜色。代表生机、希望、和平。植物的绿色是园林中最基本的颜色，是布置其他造园要素的背景和底色，而且因不同的种类具有极为丰富的变化，如墨绿、浓绿、碧绿、翠绿、粉绿、黄绿等。

⑤ 蓝色：天空和大海的颜色。代表宁静、悠远、凉爽、朴素、柔和的情绪。蓝色最适宜夏季及炎热地区花卉装饰，给人以凉爽感。

⑥ 紫色：深紫色表现宁静、沉闷，浅紫色娇艳、柔嫩。紫色在光线较暗处具有消失感。

⑦ 白色：最亮的颜色。代表洁净、素雅、凉爽、安静、高尚，可与任何深浅的颜色来搭配，或明快，或醒目。园林花卉配置中，白色花用途极为广泛。自然界开白色花的植物最多，几乎占花卉总数的 1/3。夏季的园林中，以白色花和绿色、蓝色等搭配，可以创造恬静、清凉及柔和的气氛。

⑧ 灰色：代表朴素、温和、沉静、雅致。自然界的花色少有灰色，但有些观叶花卉呈灰绿或灰白色，易与其他色彩搭配，在花坛、花境中常常作为花卉色彩搭配的调和色。

3）花卉应用中色彩的设计

（1）统一配色

① 单色配置：指使用一种色相的不同明暗、浓淡深浅的变化来配色，比如红色系中的深红、大红及粉红主次分明地组织在一个作品中，最易起到和谐、统一的效果，有时按照一定方向和次序来组合同一色相的明暗变化，也会形成优美的韵律和层次变化。

② 近似色配置：在色相环中，距离越近的色相颜色越相近。近似色配置即运用相邻的几种颜色来配置，如红、橙、黄相配，或黄、黄绿、绿相配。近似色的色相差应该在 3 ~ 4 档之内。这种配色方法颜色之间既有过渡，又有联系，既柔和统一，又有着适度的变化，不显呆板。同样要注意的是近似色配色也要有主色调和配色之分，各种颜色不能平均分配。

③ 色调配置：即色相虽有差异，但以统一的亮度来调和，也能组成柔美和谐的情调，如浅粉、乳白、淡黄的组合，虽然色相不同，但在白与亮灰的色调上相统一，就不会显得变化太大。

总之，统一配色就是要求在整体色彩设计时，追求统一、协调的效果，而不是变化突兀，对比强烈。这种配色可创造多种艺术效果，或华丽，或浪漫，或宁静，或温馨等等。与此相对应的配色即对比配色。

（2）对比配色

① 色相对比：在色相环上，距离越远的颜色对比越强烈，相差 1800 的颜色互为补色，对比最为强烈，如红—绿、黄—紫、橙—蓝等。花卉配置时，为了突出某一主体，在其周围适当配以对比色，会起到显著的效果。

② 色调对比：主要指色彩亮度上的明暗对比，相互衬托。

对比配色重在表现变化、生动、活泼、丰富的效果。强烈的对比能表现各个色彩的特征，鲜艳夺目，给人以强烈、鲜明的印象，但也会产生刺激、冲突的效果。因此对比配色中，各种颜色不能等量出现，而应主次分明，在变化中求得统一，最为关键。

（3）层次配色

色相或色调按照一定的次序和方向进行变化，叫层次配色。这种配色效果整体统一，并且有一种节律和方向性。色相层次配色可以按色相环变化的顺序，也可以根据创作要求来组织；色调层次配色主要是按照明度和彩度的变化来配色。层次配色时色彩的变化既可以沿花坛、花境等长轴方向渐次变化，亦可以由中心向外围变化，根据具体配植方式而定。

（4）多色配置

多种色相的颜色配置在一起。这是一种较难处理的配色方法，把握不好往往会导致色彩杂乱无章，处理得好可以显得灿烂而华丽。花卉配置时应注意各种色彩的面积不能等量分布，要有主次以求得丰富中的统一。另外也要注意在色调上力求统一。

活生生的花卉是园林中最能代表自然脉动的元素，因此花卉设计最具时令性。园林中季相的变化主要就是通过色彩设计而取得。春天的鹅黄嫩绿，表明了大地复苏，开始焕发勃勃生机；以橙色为主的近似色的配置最能表现秋季的成熟和丰盈；而各种浓墨淡彩的绿，正是夏季园林中最动人之处。相反，在室内的花卉应用设计中也可以反季节而行，为室内创造出舒适、惬意的气氛。如炎热的夏季，可以用白色及冷色系的花加以搭配，显得安静而雅致；隆冬时节，则尽可以使用暖色调的花卉，创造一个暖意融融、温馨浪漫的世界；元旦、春节期间则可以尽情挥洒红色来烘托节日的喜庆气氛。

6.1.3 园林花卉配置的意境美

中国园林在美学上的最大特点是重视意境的创造。意境的渊源十分久远。王国维在《人间词话》中说："境非独谓景物也，喜怒哀乐亦人心中之一境界，故能写真景物、真感情者，谓之有境界，否则谓之无境界。”可见意境是在外形美的基础上的一种崇高的情感，是情与景的结晶体，即只有情景交融，才能产生意境。园林意境是通过园林的形象所反映的情意使游赏者触景生情产生情景交融的一种艺术境界，它同中国的文学、绘画有密切的关系。

在园林意境的创造中，作为造园最重要的材料要素之一，花卉的选择和配置起着十分重要的作用。园林意境的时空变化，很多都源自于花卉的物候或生命节律的变化。陶渊明用“采菊东篱下，悠然见南山”体现恬淡的意境。白居易在《吾庐》中这样写道“新昌小院松当户，履道幽居竹绕池。莫道两都空有宅，林泉风月是家资。”再如“门对青山近，汀牵绿草长；寒深抱晚橘，风紧落垂杨。”等淋漓尽致地描写了园林花卉在其生命进程和物候更迭中的美学特征如何应用到园林中，来创造一种充满生机的、特异的艺术感染力。

6.2　花卉在园林绿地中的应用

6.2.1　花坛

1）花坛的概念与作用

近年来，随着国民经济和旅游事业的日益发展，园林绿化与环境美化，已引起了人们高度重视。从南到北，从东到西，全国出现了一个空前的园林绿化、美化、香化热潮，绿化水平，成为评价一个国家、城市和单位精神文明和物质文明、公民素质和领导水平的主要标志之一。特别是现代绿化要求具备：“春夏观花，秋观叶，冬季观果，四季青”，“乔、灌、草立体栽植，土不露天尘不离地的效果”。另外，随着城市现代化步伐加速种花、养花已普及到千家万户。人们对花卉的欣赏水平逐步提高，对花卉的利用方式更加丰富多彩。在城市，特别是在园林中，花坛已成为园林艺术的重要组成部分。花坛的设计、施工与管理，对整个城市园林面貌影响很大，已促使花坛的运用具有广泛的群众性。

（1）花坛的概念

花坛为具有一定的几何形轮廓的植床内种植各种不同色彩的观赏植物，以表现群体美的设施。花坛在园林绿地中与其他园林植物相比，所占的比重很小，但却在园林绿地中起着“锦上添花”和“画龙点睛”的作用（图 6-3）。

花坛是按照设计意图在一定形体的范围内，集中栽植观赏植物，以表现群体美的设施。花坛具有美化环境、基础性装饰和渲染气氛的作用，在美化环境时既可作为主景，也可作为配景。城市绿化的花坛不仅千姿百态、色彩缤纷，而且拉近了人与自然的距离，美化了城市环境。随着城市园林绿化事业的发展，花坛在园林绿地中越来越显示其重要作用。

（2）花坛的作用

花坛在园林植物造景中发挥着越来越重要的作用，尤其是在短期内能创造出绚丽而富有生机的景观效果，给人以强大的视觉效果冲击力和感染力。归纳起来花坛主要有以下几个方面的作用：

① 美化和装饰的作用

色彩绚丽协调、造型美观独特的花坛设置在公共场所和建筑物四周时，能对其起着装饰、美化、突出的作用，给人以艺术的享受。特别是在节日期间增设

图 6-3　花坛

图 6-4 奥地利皇家庭院的花卉应用

图 6-5 云南世博园入口处花坛

的花坛，能使城市面貌焕然一新，增加节日气氛。

② 标志和宣传的作用

利用不同色彩的观赏植物组成各种徽章、纹样、图案或字体，或结合其他物品陪衬主体，起到标志和宣传的效果（图 6-4）。

③ 组织交通的作用

设置在交叉路口、干道两侧、街旁较开阔的广场上的花坛，有着分隔空间、分道行驶和组织行人路线的作用（图 6-5）。

④ 提供游览休息的去处

利用若干个花坛按一定规律结合在一起，所构成的花坛群，实际上是一种小游园的形式，为人们提供了休息和娱乐场所。

⑤ 弥补园林中及季节性景色欠佳的缺陷

2）花坛的类型

现代花坛式样极为丰富，某些设计形式已远远超出了花坛最初的含义。现将具有花坛基本特征的设计形式归类如下：

（1）按照季节分类

春花坛、夏花坛和秋花坛。

（2）按照花卉种类分类

灌木花坛、混合花坛和专类花坛。

（3）按照功能分类

① 基础花坛：设置在建筑物的墙基、大树基部、台阶、灯柱、宣传牌基座等处的花坛，均可称为基础花坛。这类花坛能起装饰、美化建筑物，衬托大树、台阶、灯柱等的作用。

② 街道花坛：城市中马路的分车带、安全岛、回车处等交通错综复杂的地方，可设置花坛，既美化市容，又组织交通。

③ 移动花坛：用盆栽花卉拼装的花坛，称为移动花坛或花堆，多用于重大节日，一般色彩鲜艳，突出欢快明朗气氛，现已被广泛采用。常用的花卉品种有一串红、地肤、国庆菊、小丽花、鸡冠花等。

④ 连续花坛：各种独立花坛相互协调，远眺时连成一片，每个独立花坛的形状不要求绝对相同，但宽度必须一致，达到既有轮廓上的变化，又有统一的规律。

⑤ 毛毡花坛（模纹花坛）：这种花坛多采用色彩鲜艳的矮生草花，在一个平面栽种出种种图案，好像地毯一样。所用草花以耐修剪、枝叶细小茂密的品种为宜，如半枝莲、香雪球、三色堇、矮翠菊、彩叶草、五色草等。除了可以布置成平面式、龟背式，还可将其布置成立体的花篮或花瓶式。

⑥ 雕塑花坛：以动物、人物或实物等形象作为花坛的构图中心，通过骨架和各种植物材料组装成的花坛。

（4）按照空间分布形式分类

① 平面花坛：花坛表面和地面平行，主要观赏花坛的平面效果，其中包括沉床花坛和稍高出地面的花坛。花丛花坛多为平面花坛（图 6-6）。

② 斜面花坛：花坛设置在斜坡或阶梯上，也可搭成架子摆放各种花卉，形成一个斜面为主要观赏面。一般模纹花坛、文字花坛、肖像花坛多用斜面花坛（图 6-7）。

③ 立体花坛：在花坛内利用植物材料所组成的各种立体艺术造型，称为立体花坛。也就是说立体花坛是用五色草及其他观赏植物制成的，一种具有明确的主题和内容构成的三维空间的应时艺术景观。因此，立体花坛的设计，必须有明显的设计意图和主题思想，如用五色草栽种成花篮、花瓶、亭子及动物造型等，现已被广泛应用。制作立体花坛的技术要求较高，养护管理要精细，常用于美化主要景点（图 6-8）。

④ 花丛花坛（集栽花坛）：这种花坛集合多种不同规格的草花，将其栽植成有立体感的花丛；花坛的外形可根据地形特点，呈自然式或规则式的几何形等多种形式；内部花卉的配置，可根据观赏位置不同而各异。如四面观赏的花坛，一般在中央种植稍高的植物品种，四周种植较矮的种类；单面观赏的花坛，则前面种植较矮的种类，后面种植高的植物，使其不被遮掩；一般情况下。以一、二年生草花为主，适当配置一些盆花（图 6-9）。

（5）按花坛的组合分类

① 单个花坛：只有一个独立的花坛，花坛的宽与长的比为 1：1 或 1：3。

图 6-6　平面花坛

图 6-7　斜面花坛

图 6-8　立体花坛

图 6-9　花丛花坛

② 带状花坛：只有一个独立的花坛，但花坛的宽与长的比在 1：4 ～ 1：3 以上。

③ 花坛群：由相同或不同形状的多个花坛组成的花坛群体，一般多设置在大型广场或草地上。花坛群的底色应统一为一种植物，以突出整体感。

3）花坛设计的原则

花坛在环境中可作为主景，也可作为配景。形式与色彩的多样性决定了它在设计上也有广泛的选择性。花坛的设计首先应在风格、体量、形状等方面与周围环境相协调，其次才是花坛自身的特色。

（1）因地制宜

花坛设计时要因地制宜，选择适合当地气候条件和土壤状况的植物材料，根据当地经济实力和民族习惯决定花坛的数量、类型和图案色彩等，避免盲目照搬和攀比。

（2）协调统一

进行花坛设计时，应该从整体考虑某一环境所要表现的形式、主体思想以及色彩的组合等因素，要达到与环境统一、协调，又能充分发挥花坛本身的最佳效果，如果作为陪衬设置的花坛，必须注意不能喧宾夺主。同时还要非常注意花坛设置的具体位置，对所处环境的空间分隔产生的影响。尤其是节日和重大会议期间布置的临时花坛，更要考虑到这一点，否则容易造成交通和人员的拥堵，甚至引起安全事故。

（3）主题突出

花坛设计之前要先立意，即花坛所要表现的是什么样的主题，是以观赏为主、烘托营造气氛为主还是要表现更深的内涵等等。例如“五一”花坛要体现劳动节的欢乐气氛；国庆花坛既要体现节日的气氛，还要反映出国家的建设成就、繁荣富强的景象及体现出国家的方针政策等。

（4）比例适宜

花坛的体量大小、形状应与花坛所处的广场、街道、庭院和建筑物周围的比例适宜，广场中心花坛一般不应超过广场面积的 1/3，不小于 1/15。面积特别大的广场，单一的花坛很难与之协调，应考虑设置花坛群组。

（5）设计感强

在生活中常会出现由环境的变化以及光线、形体、色彩等因素的干扰，加上人本身的生理原因，人们对于物体的观察有时会发生错误的判断，通常将这种错误感觉称为视错觉。在进行造型造景花坛设计，要设计一个高度较高的动物造型时，要适当扩大头部比例。还有一种称为面积视错觉的，即相同大小的面积，会因为色彩的明度而产生错觉。明度越高，面积显得越大，明度越低，面积显得越小。即冷色、深色给人以收缩感，暖色、浅色给人以膨胀感。因此在花坛配色时要注意合理利用视错觉。

另外，一般设计花坛时面积不要过大，花坛直径应在 10 ～ 20 m 之间，高度上应小于等于 8 m，同时花坛周围应留上一定的观赏空间，通常应留出观赏对象高度的 3 倍的距离或水平方向上留出观赏对象平面直径 1.2 倍的距离。

（6）方便操作

设计时根据现场的条件，确定是平面花坛还是斜面花坛或立体花坛；用什么材料建造，建造完成后怎样进行养护管理等。

（7）高低有致

花坛中的内侧植物要略高于外侧，由内而外，自然、平滑过渡。若高度相差较大，可以采用垫板或垫盆的办法来弥补，使整个花坛表面线条流畅。

（8）花色协调

用于设计花坛的花卉不拘品种、颜色的限制，但同一花坛中的花卉颜色应对比鲜明，互相映衬，在对比中展示各自夺目的色彩。同一花坛中，避免采用同一色调中不同颜色的花卉，若一定要用，应间隔配置，选好过渡花色。

（9）简洁流畅

花坛设计的图案，一定要采用大色块构图，在粗线条、大色块中突现各品种的魅力。简单轻松的流线造型，有时可以收到令人意想不到的效果。

（10）主次配合

镶边植物是花坛摆放的收笔，这一笔收得好与坏，直接影响到整个花坛的摆放效果。镶边植物应低于内侧花卉，可一圈，也可两圈，外圈宜采用整齐一致的塑料套盆，其品种选配视整个花坛的风格而定，若花坛中的花卉株形规整，色彩简洁，可采用枝条自由舒展的天门冬作镶边植物；若花坛中的花卉株形较松散，花坛图案较复杂，可采用五色草或整齐的麦冬作镶边植物，以使整个花坛显得协调、自然。总之，镶边植物不只是陪衬，搭配得好，就等于给花坛画上了一个完美的句号。

另外，在花坛设计中还可采用绿色的低矮植物，如五色草作为衬底，摆放在不同品种、不同色块之间，形成高度差，产生立体感。

4）花坛的设计方法

在遵循花坛整体布局和设计原则的基础上，不同类型的花坛在位置设置、植物选择、平立面构图、色彩搭配等方面也有所不同。下面以两种常用花坛分别加以介绍。

（1）花丛花坛

花丛花坛是应用最广泛的花坛类型，广场、道路、街头绿地、公园、庭院、建筑周围都可以应用。根据设置地点的不同，可大可小，可长可短，可以是规则式的，也可以是自然式的构图，形式多样，变化无穷，装饰效果很好，在设计方面相对简单。

① 植物选择

以观花草本为主体，可以是一、二年生的花卉，也可以是多年生球根或宿根花卉。可适当选用少量常绿及观花小灌木作辅助材料。

一、二年生花卉为花坛的主要材料，其种类繁多，成本较低。球根花卉也是花丛花坛的优良材料，色彩艳丽，开花整齐，但成本较高。适合花坛应用的花卉应株丛紧密、花期一致、花朵繁茂，理想的植物材料盛花时花朵能掩盖枝叶，达到“见花不见叶”的程度。花期较长，至少保持一个季节的观赏期。同一种植物不同色彩的搭配简单易行，是花丛花坛常用的形式之一。纯色搭配及组合比复色混植更能体现出色彩美。不同种花卉群体配合时，除考虑花色外，也要考虑花的质感相协调才能获得较好的效果。植株的高度依种类不同而异，但以选用 10 ~ 40 cm 的矮生品种为宜。此外要移植容易，缓苗较快，抗性强，尤其以抗旱性强喜光类为最佳。

常用的植物一般有：一、二年生花卉如万寿菊、翠菊、三色堇、一串红等；宿根花卉如四季秋海棠、荷兰菊、小菊类、石竹等；球根花卉如大丽花中的小花品种、美人蕉等。

适合花坛中心的植物如：一品红、杜鹃、桂花、海桐、大叶黄杨、龙舌兰、软叶刺葵等。适合花坛镶边的植物有银叶菊、彩叶草、地肤、天门冬、垂盆草、沿阶草、半支莲、美女樱等。

② 色彩设计

花丛花坛要表现的主要是花卉群体的色彩美，因此色彩设计在考虑与周围环境协调的基础上要精心地选择不同花色的花卉巧妙搭配。以建筑物作背景的花坛，色彩设计上应与建筑的色彩有明显区别；以山石为背景的花坛，色彩以紫、红、粉、橙等为宜；以绿色植物为背景的花坛应选用鲜艳的明度高的浅色调，这样才能发挥花坛锦上添花、画龙点睛的效果。

花丛花坛常用的配色方法：

a. 对比色应用：这种配色较活泼明快，给视觉一种强烈的对比感觉，这也正是突出花坛视觉效果、吸引人们注意的地方。如红色 + 绿色，橙色 + 蓝紫色等。

b. 暖色调作用：类似色或暖色调搭配，色彩不鲜明时可加白色来调剂，并提高花坛的明亮度。这样配色鲜艳、热烈而庄重，大型花坛中常用。如红 + 黄 + 白等。单一色块的花坛是近年来应用颇多的一种方法，不仅可用于大空间，也可以用于小空间内的单色花坛或多个单色花坛组成的花坛群。进行色彩设计时要注意一个花坛配色不要太多，一般花坛 2 ~ 3 种颜色，大型花坛 4 ~ 5 种颜色足矣，配色多而复杂难以表现群体的花色效果，显得杂乱。同时要注意色彩视错觉的应用。

③ 图案的设计

花坛的外部轮廓应与所设置的环境相协调，设置花坛组群时，可以灵活运用不同形状进行组合。花丛花坛内部图案要简洁，轮廓明显。忌在有限的面积上设计繁琐的图案，一个花坛即使用色很少，但图案复杂则花色分散，也不宜体现整体色块效果。在设计时可提出多季观赏的实施方案，可用同一图案更换花材，也可另设方案，按季节更换植物材料，完成花坛季相交替。

（2）造型花坛的设计

造型花坛主要表现和欣赏由观叶或花叶兼美的植物组成的精致复杂的图案造型，要求图案清晰、精美细致，有长期的稳定性，可供较长时间的观赏。

① 植物的选择

植物的高度和形状对造型花坛的表现有密切的关系，是选择材料的重要依据。低矮细密的植物才能形成精美细致的华丽图案。生长缓慢的多年生植物可以使花坛保持长期的稳定性，以枝叶细小、株丛紧密、萌蘖性强、耐修剪的观叶植物为材料（图 6-10）。通过修剪可使图案更清晰，供长期观赏。典型的造型花坛材料为五色草类及矮黄杨等。但由于五色草的颜色较暗可以适当配种少量植株低矮、株形紧密、观赏期一致、花叶细小的观赏植物，如香雪球、四季秋海棠、半支莲、雏菊、孔雀草等；也可选用易于蟠扎、弯曲、修剪、整形的植物材料，如菊、倒柏、三角花、常春藤等。

图 6-10 花坛不同的植物配置效果

② 色彩设计

色彩设计应与环境的格调、气氛相吻合，且色彩受植物材料的限制（因造型花坛中应用最多的是五色草及小菊类）造型物本身色彩不是很丰富（花球、花柱除外），可以通过将造型物放在一些色彩艳丽、图案简洁的平面花坛中加以协调。

③ 造型设计

造型物的形象依环境及花坛主题来设计，可为花篮、花瓶、动物、图徽、建筑小品、花球、花柱、花车、花树等等。近些年来许多造型花坛将现代机械及声、光、电技术引入花坛设计中，如夜景照明装饰，电动旋转基座，会眨眼、能鸣叫的动物造型等，使立体的造型花坛真正活了起来。但此种利用现代光、电、声技术的花坛由于造价很高，不适宜大量推广，只适宜小范围内使用。花坛还是应该以花、以植物材料为主。设计立体花坛时要注意高度与环境的协调，一般应在人的视觉观赏范围内，高度要与花坛面积成比例。以四面观圆形花坛为例，造型一般高为花坛直径的 1/6 ~ 1/4 较好。

④ 设计造型花坛时要注意处理好几个比例关系

a. 造型与骨架的关系：造型花坛实际使用活的植物材料来做雕塑，因此在确定了造型的尺寸后，骨架应做得瘦一些，留出栽植植物的空间。即根据造型、植物材料、栽培基质的尺寸来确定骨架的尺寸。

b. 造型各细部之间的比例关系：如建筑小品亭子是造型花坛中经常选用的对象，亭子顶的大小与亭柱粗细及高度的比例很重要；另外，考虑到视错觉等的影响，造型尺寸不能完全写实，要具体情况具体分析，结合多方因素，最后做到协调美观，符合人们的观赏习惯。

c. 造型大小与花坛的关系：造型不能充满整个花坛，造型的垂直投影占花坛面积的 30% ~ 40% 为宜。

d. 造型的自重与配重的关系：为了保持立体造型花坛的稳定，必须对立体造型进行配重。一般造型自重与配重的比例为 1 ： 3。造型的自重应包括骨架、植物材料、基质的总重量。

立体造型花坛的养护管理较花丛花坛和模纹花坛复杂，目前广泛采用的是在造型内部埋设喷灌设备，在花坛设计时应同时进行喷灌等相关设计。

6.2.2　花境

1）花境的概念

花境类似带状花坛，但花境上的花卉布置自然，以花灌木或多年生花卉为主。花境是花卉应用的一种重要形式，是园林中从规划式到自然式构图的过渡形式，它追求的是“虽由人作，宛若天开”的意境。所谓“花境”是人们参考自然风景中野生花卉在林缘地带自然散布规律以后，经过艺术提炼而设计的自然花带，其艳丽的色彩和丰满的群体形象会给人留下深刻的印象；是人们参照自然风景中野生花卉在林缘地带的自然生长状态，经过艺术提炼，应用于园林中的一种形式。花境艳丽的色彩和丰富的群体形象能营造出自然化、多样化、层次化、色彩化的园林景观，是传统的花卉应用形式所不能比拟的，越来越受到人们的青睐。在花园中，花境的位置是十分重要的。以自然的花、自然的叶营造自然的园林景观，道法自然各种宿根观花观叶植物错落有致，相互映衬的园林艺术新形式。花境的出现给原本崇尚于大色块、模纹型、平面化布置花坛的传统园艺手法，注入了自然和清新。花境布置注重植物色彩、姿态，各种花卉次第开放，花多而不炫耀、花少而不黯淡，季相变化丰富，与绿地融汇为一体。花境布置适宜性强，兼用面广，无需大面积专用花坛，林间、水边、路旁、岩沿等都可培植。

2）花境的类型

（1）从设计形式上分，花境主要有三类：

① 单面观赏花境

这是传统的花境形式，多临近道路设置。花境常以建筑物、矮墙、树丛、绿篱等为背景，前面为低矮的边缘植物，整体上前低后高，供一面欣赏（图 6-11）。

② 双面观赏花境

这种花境没有背景，多设置在草坪上或树丛间，植物种植是中间高两侧低，供两面观赏（图 6-12）。

③ 对应式花境

在园路的两侧、草坪中央或建筑物周围设置相对应的两个花境，这两个花境呈左右二列式。在设计上统一考虑，作为一组景观，多采用拟对称的手法，以求有节奏的变化。

（2）从植物选材上分，花境可分为：

① 宿根花卉花境

花境全部由可露地过冬的宿根花卉组成。

② 混合式花境

花境种植材料以耐寒的宿根花卉为主，配置少量的花灌木、球根花卉，或一、二年生花卉。这种花境季相分明，色彩丰富，多见应用（图 6-13）。

③ 专类花卉花境

以同一属不同种类或同一种不同品种植物为主要种植材料的花境。作专类花境用的宿根花卉要求花期、株形、花色等有较丰富的变化，从而体现花境的特点，如百合类花境、鸢尾类花境、菊花花境等。

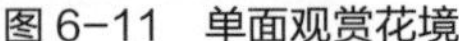
图 6-11　单面观赏花境

图 6-12　双面观赏花境

图 6-13　荷兰库肯霍夫公园的混合式花境

3）花境的应用

花境布置一般都以树丛、树群、绿篱、矮墙或建筑物等作为背景，根据组景的不同特点形成宽狭不一的曲线或直线的花带。花境内的植物配置是自然式的，主要以欣赏其本身特有的自然美以及植物自然组合的群落美为主。花境设计首先是确定平面，要讲究构图完整，高低错落，故配植在一起的各种花卉不仅彼此间色彩、姿态、体形、数量等应协调、得体，而且相邻的花卉其生长强弱、繁衍速度也应大体相似，植株之间能共生而不能互相排斥。花境中的各种花卉呈斑状混交。斑块的面积可大、可小，但不宜过于零碎和杂乱。几乎所有的露地花卉都能用作花境的材料，但以多年生的宿根、球根花卉为佳，因为这些花卉能多年生长，不需经常更换，维护起来也比较省工，还能使花卉的特色发挥得更充分。设计者要切实了解花卉的不同生长习性，使花境具有持久和优美的观赏效果。然后选择各种不同的花卉种类进行合理搭配。

花境是模拟自然环境下花卉交错生长的状态，不仅能展示植物的个体美，而且能体现植物组合的自然群体美。花境以乔、灌、花、草相结合，可以构成相对稳定的植物群落，且种类丰富、应用形式广泛、养护管理粗放，其艳丽的色彩和丰富的群体形象能营造出自然化、多样化、层次化、色彩化的园林景观，是传统的花卉应用形式（如花坛、花带等）所不能比拟的。

（1）花境植物

花境植物种类丰富，以乔、灌、花、草相结合，以其丰富的植物材料品种构成了相对稳定的植物群落，充分体现了植物多样性。花境中常用的植物材料种类包括露地宿根花卉、一、二年生花卉、球根花卉、观赏草、乔木及花灌木等。几乎所有的露地花卉都能作为花境的材料，但以多年生的宿（球）根花卉为宜。花境常用的宿根、球根观花观叶植物如：大花萱草、玉簪、杂种鸢尾、美国薄荷、宿根福禄考、宿根美女樱等。花境常用的观赏草如：细叶芒草、蒲苇、细叶针茅、金叶苔草、血草、玉带草、狼尾草、斑叶芒、花叶燕麦草等。花境常用的一、二年生草花或可作为一年生花卉的有：美女樱、藿香蓟、四季海棠、孔雀草、美人蕉、矮牵牛、翠菊、雁来红、百日草、小丽花等。花境常用的灌木如：醉鱼草、金叶莸、兰花莸、金叶接骨木、红瑞木、锦带等。总之，花境植物材料丰富，几乎各种类型的植物结合不同的环境都可以在花境中得到很好的应用，这也充分体现了中国物种繁多的优势。

（2）花境的布置形式

花境是通过适当的设计，栽种以草本为主的观赏植物使之形成长带状，多供一侧观赏的自然式造景设施。花境可栽植在林缘、绿化带、草坪中、绿篱旁、道路旁、建筑物或构筑物边缘等地，布置形式灵活多样，可以根据具体的地形和环境做成各种类型的花境。

① 花境设在草坪的边缘（图 6-14）

② 花境设在园路的路侧（图 6-15）

③ 花境设在林缘、水边可以栽植一色的或多色镶嵌的矮性花卉，形成彩色地被，十分艳丽美观（图 6-16）

④ 花境设在建筑物或构筑物的边缘（图 6-17）

⑤ 花境设在庭院绿地（图 6-18）

⑥ 花境设在园林绿地（图 6-19）

⑦ 花境设在自然坡地（图 6-20）

⑧ 花境设在水边（图 6-21）

此外，以乔灌木为背景可以做成林缘花境；在道路中间可做成隔离带花境；在交通环岛可以设置岛式花境；还可以根据季节和色彩等做成多种不同主题的花境。并且在形状上可以是规则式、自然式，也可以是混合式。从观赏角度上可以是单面观赏（2 ~ 4 m 宽），也可以双面观赏（4 ~ 6 m 宽）。

（3）花境植物色彩丰富、观赏期长

花境中的色彩不仅仅指花朵的颜色，还包括叶片的颜色及果实的颜色。由于花境植物材料丰富，因此各种植物开花时间此起彼伏，在花期上可以相互弥补，再加上一些观叶植物的应用，使其观赏期较长，在北京地区可保持春、夏、秋三季有花，而且开花不断，此起彼落，通过不同的花期展示不同的季相景观。如春季开花的种类有：金盏菊、飞燕草、桂竹香、紫罗兰、山耧斗菜、花毛茛、郁金香、蔓锦葵等；夏季开花的种类有：蜀葵、射干、美人蕉、大丽花、天人菊、唐菖蒲、姬向日葵等；秋季开花的种类有：荷兰菊、雁来红、乌头、百日草、鸡冠、凤仙、万寿菊等。需要注意的是，开花的植物应分散在整个花境中，避免局部花期过于集中，使整个花境看起来不协调，影响观赏效果。

图 6-14　花境设在草坪的边缘

图 6-15　花境设在园路的路侧

图 6-16　荷兰库肯霍夫公园的临水花境

图 6-17　沈阳世博园百合塔下花镜种植

图 6-18　荷兰某庭院绿地花镜

图 6-19　林下绿地花镜应用

图 6-20　大连星海公园自然坡地花镜

图 6-21　水边杜鹃种植

4）花境的种植和养护

花境中植物适宜以宿根花卉为主，因为这些花卉能多年生长，不需要经常更换，养护起来比较省工，还能使花卉的特色发挥得更充分。此外花境对植物高矮要求不严，也不要求花期一致，使得花境的养护管理相对粗放。一般花境种植后可维持 3 ~ 5 年，比起由一年生草花组成的花坛、花带来，不仅景观更加丰富，而且节约成本。但也需要注意三个问题：首先，虽然花境中各种花卉的配置虽然比较粗放，也不要求花期一致，但要考虑到同一季节中各种花卉的色彩、姿态、体形及数量的协调和对比，整体构图必须严整，还要注意一年中的四季变化，使一年四季都有花开。其次，虽然对植物高矮要求不严，但要注意开花时不被其他植株遮挡。再次，一般花境的花卉以花期长、色彩鲜艳、栽培管理粗放的宿根花卉为主，适当配以一、二年生草花和球根花卉，或全部用球根花卉配置，或仅用同一种花卉的不同品种、不同色彩的花卉配置。总之，虽使用的花卉可以多样，但也要注意不能过于杂乱，要求花开成丛，并能显现出季节的变化或某种突出的色调。

（1）种植

① 植物材料的准备：根据设计的方案，来确定苗木的种类、数量、规格等。

② 土壤准备和除草：首先对地块进行深翻，在细碎土块中清除石块、瓦片、残根断株及杂草等，然后拌入腐熟的营养土后耙平，使土壤疏松，便于根系生长，促进有机物的分解，同时有利于土壤水分的保持和病虫害的防治。

③ 放线：按平面图纸用白灰或沙在植床内放线，对有特殊土壤要求的植物，可在种植区采用局部换土措施。要求排水好的植物可在种植区土壤下层添加石砾。对某些根蘖性过强，易侵扰其他花卉的植物，可在种植区边界挖沟，埋入石头、瓦砾、金属条等进行隔离。

④ 栽种：栽种时，需把苗放正，把根展开，然后再覆土，并及时压实，使根系与土壤密接。种植穴的深度、大小依植物根系而定，一般以能舒展主根为原则。

（2）养护

俗话说“三分种，七分养”。花境是以植物景观为特色的景观，尤其需要不断地养护来控制最理想的植物效果。正确的花境养护是任何花境设计成功的关键。一般花境养护的主要工作有浇水、施肥、修剪、中耕除草、病虫害防治等。

① 浇水：养护过程中，首要的事情是适当和正确地浇水。适当的浇水可以促进根系的发育，过量的浇水会导致病虫害的滋生，而当植物缺少水分时则会干枯而死。当然浇水时间的长短、浇水量与次数应该依据季节与种植种类而定。

② 施肥：施肥的目的就是提高土壤的肥力。对于生长于条件好的土壤的植物可以不施肥，如土壤条件较差，为保证植物的长势应定期追肥，追肥量视种类及植株生长情况而定。

③ 修剪：修剪是花境养护过程中一项非常重要的措施。修剪可以促进二次或多次开花，控制植株高度，防止植株侵蚀，并去除枯、病、残花枝叶。

④ 中耕除草：除草是一项必不可少的工作。杂草不仅消耗土壤中的养分和水分，影响植物的生长，而且杂草生命力强、长势快，不及时除去其生长势必将盖过景观植物，极大地影响整个植物景观的观赏效果。

⑤ 病虫害防治：预防是处理病虫害问题的最好方法。选择健康的植物植株、适当的浇水时间、仔细观察问题出现的迹象等是延长植物寿命的方法。当然对于植物体上不同的表现症状，要加以识别并使用不同的防治药剂。

⑥ 分栽、翻种、分隔：由于花境植物材料众多，经过一段生长期后，不仅植物生长过密，而且植物与植物之间也会过密还会发生植物侵蚀等，容易引起植株倒伏和病虫危害等，因此适当进行分栽、翻种、分隔相当重要，它有利于保持植物与植物之间的生长空间。

⑦ 防寒保暖：一些品种冬季地上部分休眠后，宜使用土或稻草等覆盖，以达到保暖的作用，避免被冻伤后来年无法萌发。

⑧ 覆盖：这是花境种植中减少工作量的一个行之有效的方法。如用碎树皮、卵石等材料不仅可以覆盖裸露的土地，又可以起到保水的作用。

6.2.3　花台

花台是将花卉栽植于高出地面的台座上，其周围多用砖石等围起，形成一种池形的封闭空间，类似花坛，但面积较小。通常设置于庭院中央或两侧角隅、建筑物的墙基、窗下、门旁或入口处。花台的配植形式可分为两类：

1）整齐式布置

其选材与花坛相似，由于面积较小，一个花台内通常只选用一种花卉，除一、二年生花卉及宿根、球根花卉外，木本花卉中的牡丹、月季、杜鹃花、迎春、金钟、凤尾竹、菲白竹等也常被选用。由于花台高于地面，所以选用株形低矮、枝繁叶茂并下垂的花卉（如矮牵牛、美女樱、天门冬、书带草等）较为相宜。

2）盆景式布置

把整个花台视为一个大型的盆景，按制作盆景的造型艺术配植花卉。常以松、竹、梅、杜鹃花、牡丹等为主要植物材料，配饰以山石、小草等。构图不着重色彩的华丽，而以艺术造型和意境取胜。这类花台其台座也常按盆景盆座的要求而设计。

6.2.4　立体景观

立体景观是指利用攀缘植物绿化墙壁、栏杆、棚架、杆柱及陡直的山石等。它在我国应用已久，距今 2400 年的春秋时期，吴王夫差就命人在南京城墙上种植了薜荔，成为早期立体绿化的典范。欧洲立体绿化的应用也有悠远的历史，且较为普遍，至今人们仍能在一些城堡、宫殿中见到粗壮的紫藤。

1）立体景观的特点

立体景观是通过攀缘植物去实现的，攀缘植物本身具有柔软的攀缘茎，能随攀缘植物的形状以缠绕、攀缘、钩附、吸附等方式依附其上（图 6–22）。

（1）立体景观在外观上具有多变性。攀缘植物依

图 6-22　云南大理三塔院墙的垂直绿化

图 6-23　荷兰住宅墙外绿化

附于所攀缘的物体之外，表现的是物体本身的外部形状，它随着物体的形状而变化。这种特点为其他乔木、灌木、花卉所不具备。

（2）立体景观节约用地，能充分利用空间，达到绿化、美化的目的。在一些地面空间狭小，不能栽植乔木、灌木的地方，可种植攀缘植物。攀缘植物除了根系需要从土壤中汲取营养，占用少量地表面积外，其枝叶可沿墙而上，向上争夺空间。

（3）立体景观在短期内能取得良好的效果，攀缘植物一般都生长迅速，管理粗放，且易于繁殖。在进行垂直绿化时可通过加大种植密度的方法，使其在短期内见效。

（4）攀缘植物本身不能直立生长，只有通过它的特殊器官如吸盘、钩刺、卷须、缠绕茎、气生根等，依附于支撑物如墙壁、栏杆、花架上，才能直立生长。在没有支撑物或支撑物本身质地不适于植物攀缘的情况下，它们只能匍匐或垂挂伸展，因此垂直绿化有时需要用人工的方法把植物依附在攀缘物上（图 6-23）。

2）攀缘植物的分类

攀缘植物的种类，按其攀缘方式分为：

（1）缠绕式：自身缠绕植物不具有特殊的攀缘器官，依靠自身的主茎缠绕于他物向上生长，这种茎称为缠绕茎。其缠绕方向有向右旋的，如啤酒花等；有向左旋的，如紫藤、牵牛花等；还有左右旋的，缠绕方向不断变化的植物。

（2）攀缘类：依靠茎或叶形成的卷须或其他器官，攀缘他物生长，用这些攀缘器官把自身固定在支撑物上向上方或侧方生长。常见的攀缘器官有卷须、吸附根、倒钩刺等，形成卷须的器官不同，有茎卷须，如葡萄；有叶卷须，如豌豆、铁线莲等。

（3）吸附类：依靠气生根或吸盘的吸附作用进行攀缘生长。由枝先端变态而成的吸附器官，其顶端变成吸盘，如爬山虎。

（4）吸附根：节上长出许多能分泌胶状物质的气生不定根吸附在其他物体上，如常春藤。

（5）倒钩刺：生长在植物体表面的向下弯曲的镰刀状逆刺，将植物体钩附在其他物体上向上攀缘，如藤本月季。

（6）复式攀缘植物：具有几种攀缘能力，如既有缠绕茎又有攀缘器官的葎草。具有两种以上攀缘方式的植物，成为复式攀缘植物。

（7）蔓生类：无特殊器官，攀缘能力较弱。

3）立体景观的类型

立体景观依据应用方式不同，可大致分为五类：

（1）室外墙面绿化（图 6-24）

利用攀缘植物对建筑物墙面进行装饰的一种形式。尤其适用于人口密集的城市中。有着广阔的应用前景。植物营造适应考虑的因素有：

① 墙面质地

目前国内外常见的墙面主要有清水砖墙面、水泥粉墙、水刷石、水泥搭毛墙、石灰粉墙面、陶瓷锦砖、玻璃幕墙等。前四类墙面表层结构粗糙，易于攀缘植物附着，配植有吸盘与气生根器官的地锦、常春藤等攀缘植物较适宜，其中水泥搭毛墙面还能使带钩刺的植物沿墙攀缘。石灰粉墙的强度低，且抗水性差，表层易于脱落，不利于具有吸盘的爬山虎等吸附，这些墙体的绿化一般需要人工固定。陶瓷锦砖与玻璃幕墙的表面十分光滑，植物几乎无法攀缘，这类墙绿化最好在靠墙处搭成垂直的绿化格架，使植物攀附于格架之上，既起到绿化作用，又有利于控制攀缘植物的生长高度，取得整齐一致的效果。

② 墙面朝向

一般而言，南向、东南向的墙面，光照较充足，光线较强；而北向、西北向的墙面光照时间短，光线较弱。因此，要根据植物的生态习性去绿化不同朝向的墙面，喜阳性植物（如凌霄、爬山虎、紫藤、木香、

图 6-24　室外墙面绿化

藤本月季等）应植于南向和东南向墙面下，而耐阴植物（如常春藤、薜荔、扶芳藤等）可植于北向的墙面下。

③ 墙面高度

墙面绿化时，应根据植物攀缘能力的不同，种植于不同高度的墙面下。高大建筑物，可爬上三叶地锦、爬山虎、青龙藤等生长能力强的种类；较低矮的建筑物，可种植胶东卫矛、络石、常春藤、扶芳藤、薜荔、凌霄、美国凌霄等。适于墙面绿化的材料十分丰富，如蔷薇，枝叶茂盛，花期长；又如紫藤，种植在低矮建筑墙面、门前，使建筑焕然一新。

④ 墙体形式与色彩

在古建筑墙面上，一般配扭曲的紫藤、美国凌霄、光叶子花等，可增加建筑物的凝重感。在现代风格的建筑墙体上，选用常春藤、薜荔等，并加以修剪整形，可突出建筑物的明快、整洁。另外，建筑墙面都有一定的色彩，在进行植物选配时必须充分考虑。红色的墙体配植开黄色花的攀缘植物，灰白的墙面嵌上开红花的美国凌霄，都能使环境色彩变亮。

⑤ 植物季相

攀缘植物有些具有一定的季相变化，刚萌发的紫藤春季露出淡绿的嫩叶，夏季叶色又变为浓绿；深秋的五叶地锦一改春夏的绿色面目，鲜红的叶子使秋色更加绚丽。因此，在进行垂直绿化时，需要考虑植物季相变化，并利用这些季相变化去合理搭配植物，充分发挥植物群体的美、变化的美。如在一个淡黄色的墙体上，可把常春藤、爬山虎、山荞麦混合种植。常春藤碧翠的枝叶配植于墙下较低矮处，可作整幅图的基础；山荞麦初秋繁密的白花可装点淡黄色的墙面；爬山虎深秋的红叶又与山荞麦和常春藤的绿叶相得益彰。

常见的、适于墙面绿化的攀缘植物有：爬山虎、粉叶爬山虎、异叶爬山虎、络石、紫花络石、英国常春藤、中华常春藤、美国凌霄、大花凌霄、胶东卫矛、扶芳藤、

冠盖藤、薜荔、爬藤榕、九重葛、毛宝巾、东南地锦、青龙藤。上述材料均可适作山石和柱形物的攀缘植物。除此之外，还有：啤酒花、金银花、淡红忍冬、盾脉忍冬、大花忍冬、苦皮藤、打碗花、田旋花、蝙蝠葛等。

（2）花架、绿廊、拱门、凉亭的绿化

植物选择应依建筑物的材料、形状、质地而定，以观花、赏果为主要目的，兼有遮阴功能。建筑形式古朴、浑厚的，宜选用粗壮的藤本植物；建筑形式轻盈的，宜选用精干细柔的植物（图 6-25）。

适于这类绿化的植物有：山葡萄、葡萄、五味子、冬红花、紫霞藤、乌头叶、蛇葡萄、大血藤、南五味子、花蓼、香花崖豆藤、葛藤。

（3）栅栏、篱笆、矮花墙等低矮且通透性的分隔物的绿化

宜选用花大、色美或花朵密集、花期较长的攀缘植物。常用的植物有：马兜铃、党参、东京藤、月光花、大花牵牛、圆叶牵牛、七叶莲、三叶木通、何首乌、金银花、油麻藤、五叶地锦等。

（4）庭院中小型荫棚、凉棚的绿化

宜选用有一定经济价值、较为轻盈的攀缘植物。常用的植物有：葡萄、西葫芦、黄独、蛇瓜、绞股蓝、扁豆、狗枣猕猴桃、观赏南瓜等（图 6-26）。

（5）阳台绿化

一般阳台位于建筑的高处，空间有限，夏秋季节，光照强烈，建筑材料吸收辐射较多，蒸发量大，冬季风大、寒冷。阳台环境所限，应选择能适应上述条件生长的植物。由于土层浅而少，应选择水平根系发达的浅根性植物；由于阳台风大，不宜选择枝叶繁茂的大型木本攀缘植物，应选择中小型的木本攀缘植物或草本攀缘植物；由于阳台蒸发量较大，应选择抗旱性强和管理粗放的种类和品种（图 6-27）。

阳台绿化的植物材料常选择攀缘和蔓生植物，如木本攀缘植物地锦、常春藤、葡萄、金银花、凌霄、十姐妹、叶子花等；草本攀缘植物牵牛、茑萝、丝瓜、扁豆、香豌豆等；一年生或多年生草花美女樱、金盏花、半枝莲、矮牵牛等。

6.2.5 水面绿化

水生花卉可以绿化、美化池塘、湖泊等水域，也可装点小型水池；还有些适宜于沼泽地或低湿地栽植。栽培各种水生花卉使园林景色更加丰富多彩，同时还起着净化水质、保持水面洁净、控制有害藻类生长等的作用（图 6-28）。

水生花卉在园林绿化中的应用体现在以下一些方面。

中国园林最大的特点是以中国的山水画为蓝本，将其精彩局部，经过精炼和艺术加工，构成极富诗情画意的自然景观。山、石、水、树、花、楼、亭、榭、

图 6-25　紫藤门廊种植

图 6-26　恭王府棚架绿化

图 6-27　阳台绿化

台等是中国的园林主体，而水则是中国园林的灵魂。水属动态，是生动活泼的因素，在水域中水生花卉是衬托园林水景的重要材料。

在中国园林中，大都采取挖湖、塘、筑池与堆山、叠石、建亭桥、修阁榭等措施，应用依水堆山、植水生观赏植物的手法，使其形成水天一色、四季分明、静中有动的景观（图 6-29）。从观景和配植的角度应注意下列几个方面。

首先是在水景中突出重点，并配有专门欣赏莲花、睡莲等风景的建筑，构成各类水生花卉的主体小景区，如杭州西湖的“曲院风荷”，扬州瘦西湖的“荷华桥”。在名胜古迹中也有用莲花来烘托历史人物情操的，如四川眉山市的“三苏祠”。人们为了纪念宋代文学家苏洵和苏辙父子而修的园林，园内的“瑞莲亭”等，都是有声、有色、有香，水、莲、建筑构成一体的极好范例。

其次是要因地因水制宜，依山畔湖植水生花卉。水生花卉在水面布置中，要考虑到水面的大小、水体的深浅，选用适宜种类，并注意种植比例，协调周围环境。如大的湖泊或池塘，宜在沿岸的浅水区，或亭、榭、台、桥边种植，不必也不可能满湖栽植。栽植的手法有疏有密，多株成片，或三五成丛，或单株孤植，自然天成。种植面积宜占水面的 30% ~ 50%为好，不可满湖、塘、池种植，影响园林景观。为了便于管理，种类又要多样化，应在水下修筑图案各异、大小不等、疏密相间、高低不等适宜水生花卉生长的定植池。其主要目的是防止各类植物相互混杂影响植物的生长发育（图 6-30）。

在溪流、瀑布之中的群石之隙、湖塘石景之旁植水生花卉，随碧波荡漾之风采，烘托山、石浑厚之壮丽，也有风趣，可为江南绝景。沿湖种植水生花卉，湖岸栽柳，莲柳相映是中国园林植物配植的传统手法，如：“四面莲花三面柳，一城山色半城湖”，济南的大明湖就是绝好的景区。

水生花卉不仅在烟波浩瀚的大湖中显露身手，而且在我国园林的配置小池中添景助兴。水生花卉在私家庭院中的小水体里，虽开花不多，只要合理配植，却会给人展示以点红染碧、幽院披霞的景观。有的可以食用，又适宜欣赏，给人们家庭的物质和精神生活上增添一种无限的乐趣（图 6-31）。

水生花卉在园林水体中的绿化作用是十分重要的。水景是园林之灵魂，园林布置得再美，若缺乏水面，充其量也只算得上目盲的美人。而水体有静态与动态之分，静态的水体包括大大小小的自然式和规则式的湖泊、池塘、水池等；动态包括江河、溪流、喷泉、瀑布等。但实际上往往动中有静、静中有动。无论哪种水体若没有水生花卉植物加以装饰，则显得马无鞍、人无衣，难以展现水体风采。用水生花卉装点水体，应考虑所覆盖的比例，一般不超过 1/2，或留出更多的空间供游人观鱼

图 6-28　水面绿化

图 6-29　北京陶然亭公园

图 6-30　凤眼莲水边种植

或欣赏水上、水下景观。若为规则的水池，池底要光洁，可先将水生花卉栽好后再沉入池底供观赏。近些年来，我国在创造水景方面取得了不少经验，如南京、杭州、武汉在水生植物研究开发利用方面走在全国的前列；另外，各大城市、大型场矿、机关、院校及宾馆内用水生、阴生、湿生观赏植物装点的水景，不仅美观大方，而且还起到极好的防暑降温的效果。

6.2.6 屋顶绿化

1）屋顶绿化概况

近年来随着城市化进程的加快，人民生活水平的提高，各地居住区用地不断增加，而居住区绿地在净化空气、降低噪声、美化局部环境等方面起着重要作用。居住区绿地规划设计的优劣，将直接关系到居住区环境的好坏。然而在一些用地紧张的地方，建筑占用的面积较多，可供绿化的面积相对较少，这就需要发展屋顶绿化，做屋顶花园（图 6-32）。

一个绿化屋顶就是一台自然空调，和没有绿化的屋顶相比，绿化屋顶可以降温。屋顶绿化对增加城市绿地面积、改善日趋恶化的人类生存环境空间、改观城市高楼大厦林立的局面，以及对美化城市环境、改善生态效应有着极其重要的意义。屋顶绿化是节约土地、开拓城市空间、“包装”建筑物和都市的有效办法，是建筑与绿化艺术的合璧，是人类与大自然的有机结合。

我国屋顶花园的发展是 20 世纪 80 年代后期，2000 年以后迅速普及。如成都、广州、上海、长沙、兰州等城市。有代表性的如广州东方宾馆屋顶花园、上海华亭宾馆屋顶花园、北京首都宾馆的屋顶花园和兰州园林局屋顶花园。

2）屋顶绿化的类型

（1）休闲屋面：在屋顶进行绿色覆盖的同时，建造园林小品、花架、廊亭以营造出休闲娱乐、高雅舒适的空间。

（2）生态屋面：就是在屋面上覆盖绿色植被，并配有给水排水设施，使屋面具备隔热保温、净化空气、阻噪吸尘、增加氧气的功能。生态屋面不但能有效增加绿地面积，更能有效维持自然生态平衡，减轻城市热岛效应。

（3）种植屋面：是每一个热爱生活的人都希望拥有的。能够有一个绿色的庭院，并能采摘、食用自己亲手种植的果实，分享劳动的愉悦。

（4）复合屋面：是集“休闲屋面”“生态屋面”和

图 6-31　可食莲子的荷花

图 6-32　屋顶绿化

“种植屋面”于一身的屋面处理方式。它能够兼优并举，使一个建筑物呈多样性，让人们的生活丰富多彩，尽享其中之乐趣，有效地提高生活品质，促使环境的优化组合。

精美是屋顶花园的特色，屋顶花园要为人们提供优美的游憩环境，因此，它应比露地花园建造得更精美。屋顶花园的景物配置、植物选配均应是当地的精品，并精心设计植物造景的特色。由于场地窄小、道路迂回，屋顶上的游人路线、建筑小品的位置和尺度，更应仔细推敲，既要与主体建筑物及周围大环境保持协调一致，又要有独特的园林风格。

3）屋顶绿化设计应注意的问题

（1）屋顶绿化要考虑屋顶承重问题。这关系到安全问题。建筑物的承载能力，受限于屋顶花园（绿化）下的梁板柱和基础、地基的承重力。由于建筑结构承载力直接影响房屋造价的高低，因此屋顶的允许荷载都受到造价的限制，只能在一定范围，特别是对原有未进行屋顶设计的楼房进行屋顶绿化时，更要注意屋顶的允许荷载。

（2）屋顶绿化要考虑渗漏排水问题。由于植被下面长期保持湿润，并且有酸、碱、盐的腐蚀作用，会对防水层造成长期破坏。同时，屋顶植物的根系会侵入防水层，破坏房屋屋面结构，造成渗漏。排水不好，造成积水、根部腐烂。

（3）屋顶绿化要考虑设计问题。一是建筑设计时要考虑屋顶绿化的特殊要求，如：屋顶承重、屋顶防漏、照明、供水排水、防漏等尽量考虑周全。二是进行屋顶花园设计时要因地制宜。屋顶花园的面积都不大，要在有限的屋顶面积内将雕塑、园路、灯光、水池、喷泉、花木、亭台小品、建筑风格等精致结合。

（4）屋顶绿化要考虑因屋顶环境恶劣而致的植物成活困难问题。植物要在屋顶上生长并非易事，因屋顶的生态环境与地面有明显的不同，光照、温度、湿度、风力等随着层高的增加而呈现不同的变化。需根据各类植物生长特性，选择适合屋顶生长环境的植物品种。宜选择耐寒、耐热、耐旱、耐贫瘠、生命力旺盛的花草树木。花木最好选择袋栽苗，以保证成活。

屋顶绿化要考虑栽培基质问题。传统的壤土不仅重量重，而且容易流失，如果土层太薄，极易迅速干燥，对植物的生长发育不利；如果土层厚一些，满足了植物生长，但屋顶承受不住。因此，应该选用质地轻的无土基质来代替壤土。

（5）屋顶绿化要考虑植物搭配问题。屋顶花园面积都不大，植物的生长又受屋顶特定的环境所限制，可供选择的品种有限。一般宜以草坪为主，适当搭配灌木、盆景，避免使用高大乔木，还要重视芳香和彩色植物的应用。做到高矮疏密错落有致、色彩搭配和谐合理。

对于大多数城镇来说，屋顶至今还是人们所忽视的待开发的“处女地”，虽然每幢楼房的屋顶面积十分有限，但成千上万座高楼大厦的面积相加起来，就是一个十分可观的数字。有人估计，一座城市的屋顶面积，大约为居住区的 1/5。因此，开发屋顶花园前景十分广阔。可以预见，若干年后，屋顶绿化这朵建筑与园艺相结合的奇葩，将为我们的都市空间增添更绚丽的色彩。

4）屋顶绿化的植物选择

用于屋顶绿化的植物，其选择需要非常认真。要切实注意对于植物生长的各种不利因素。估计小气候的作用，全面考虑种植条件，要考虑种植土的深度与成分、排水情况、空气污染情况、浇灌条件、养护管理等因素。还要考虑植物本身的体态、色彩效果、质感、成长速度等。植物是否容易移植也须慎重考虑。因此，屋顶绿化的植物选择，应具有如下特征：

（1）植物品种强壮并具有抵抗极端气候的能力；

（2）种植耐贫瘠的花灌木；

（3）能忍受干燥、潮湿积水的品种；

（4）能忍受夏季高热风、冬季陆地越冬的品种；

（5）抗屋顶大风的品种；

（6）能抵抗空气污染并能吸收污染的品种；

（7）容易移植成活、耐修剪、生长较慢的品种；

（8）较低的养护管理要求等。

屋顶绿化中，除了道路、水体、园林小品、乔灌木及地被植物外，花卉应起到主要的美化功能，创造出花团锦簇、绿草如茵、荷香拂水、空气清新的景观与意境。屋顶绿化常布置成花坛、花境、花群及花台等各种方式。

在屋顶绿化中，可采用单独或连续带状及成群组合等类型。内部花卉所组成之纹样，多采用堆成的图案。花坛要求经常保持新鲜的色彩与整齐的轮廓。因此，多选用植株低矮、生长整齐、花期集中、株丛紧密而花色艳丽的品种。

植株的高度与形状对花坛的纹样与图案的表现效果有密切的关系。如低矮紧密且株丛较小的花卉，适合于表现花坛平面图案的变化，可以显示出较细致的花纹，故可用于模纹花坛的布置。

花坛中心宜选用较高大而整齐的植物材料。如美人蕉、毛地黄、高金鱼草等；也有用树木如苏铁、蒲葵、凤尾兰及修剪成球形的黄杨等。花坛边缘也常用矮小的灌木绿篱或常绿草本作镶边栽植。如雀舌黄杨、紫叶小檗、葱兰、沿阶草等。

花境以树丛、树群、绿篱、矮墙或建筑小品作背景的带状自然式花卉布置；这是根据自然风景中林缘野生花卉自然散布生长的规律，加以艺术提炼而应用于屋顶绿化的。花境的边缘，依照屋顶环境的地段不同，可以是自然曲线，也可采用直线，而各种花卉的配植是自然斑状混交。

花境中各种花卉的配植应考虑到同一季节中彼此色彩、姿态、体形及数量的调和与对比，整体构图又必须是完整的，还要求一年中有季相的变化。几乎所有的露地花卉都可以布置花境，但在我国北方寒冷的地区，必须选用能陆地越冬的宿根花卉品种。宿根以及球根花卉能更好地发挥花境特色，并且维护比较省工。

屋顶绿化中因场地小也经常采用花台的形式。可采用不同组合的立体花台，花台平面也可根据所处环境，做成方形、长方形、圆形等。也可以将花台布置成盆景式，常以松、竹、梅、杜鹃、牡丹为主，并配以山石小草。重姿势风韵，不在于色彩之华丽。花台以栽植草花作整形式布置时，其选材基本与花坛相同。由于面积小，一个花台内常用一种花卉；因台面高于地面，故更应选株形较矮、紧密匍匐或茎叶下垂于台壁的花卉。宿根花卉中玉簪、芍药、萱草、鸢尾、白银芦、兰花及麦冬草、沿阶草等均常用。此外，迎春、月季、杜鹃及凤尾竹等花木也常用于花台布置。在广东等沿海地区，花台中种植巴西木、龟背竹、散尾葵、鱼尾葵、三角花等也取得较好的观叶、观花效果。

6.2.7 地被设计

1）地被植物的概念

地被植物是指能覆盖地面的、具有植株低矮、枝叶繁密、枝蔓匍匐、根茎发达和繁殖容易等特点的低矮植物。它不仅包括多年生低矮草本植物，还有一些适应性较强的低矮、匍匐型的灌木和藤本植物。这里所说的低矮地被植物，主要指适用于园林绿化的一些地被植物，因此人们又称它们为“园林地被植物”。

2）地被植物的类型与分类

（1）地被类型

① 景观地被

运用观花、观果、观叶的地被植物进行绿地建植，通过科学、艺术配置，在北方能做到三季有花，秋、冬有果；在南方则能达到四季有花的美丽植物景观。这种地被适合大面积种植，形成壮观的植物群落，也可以小面积栽培应用（图 6-33）。

② 耐阴地被

选择耐阴的地被植物，配植在乔木或灌木下，遮

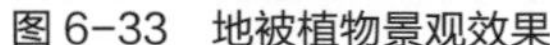
图 6-33　地被植物景观效果

图 6-34　玉簪林下种植效果

图 6-35　墙体绿化

拦树下的裸露土壤，可增加绿地面积，更重要的是可以减少水土流失（图 6-34）。

③ 悬垂和蔓生植物地被

这类地被常用于住宅区绿化、墙面绿化、公路及斜坡绿化等。它主要是利用植物本身扩展性强、生长势旺盛的特点，能很快达到绿化、美化的效果（图 6-35）。

④ 防止侵蚀地被

选择根系强大、生长迅速、扩展力强的植物，能完全覆盖地面。这些植物还具有耐干旱和耐贫瘠性强的性能，能有效控制杂草；它们通常用在公路、铁路斜坡和堤岸边，起到保护水土和绿化、美化的作用。

⑤ 杂草地被

这类植物作为地被有一定优点，繁殖快，覆盖地面的速度快，管理非常容易。但是它的缺点也很明显，就是侵入性很强，表现在其繁殖太快，不易清除，容易侵入周围绿地或农田，成为具有严重危害的杂草（图 6-36）。

（2）地被植物按种类分类

① 草本地被植物

在园林绿地中，草本地被植物应用最广泛，其中又以多年生宿根、球根类草本最受人们欢迎。如鸢尾、葱兰、麦冬、水仙、石蒜等。有些一、二年生草本地被，如春播紫茉莉、秋播二月兰，因具有自播能力，连年萌生，持续不衰，因此，同样起着宿根草本地被的作用（图 6-37）。

② 藤本地被植物

此类植物一般多作垂直绿化应用，也有用在高速路、公路及立交桥的边坡绿化的。在实际应用中，其中不少木质藤本或草质藤本，也常被用作地被性质栽植，且效果甚佳。如铁线莲、常春藤、络石藤等，这些植物中多数具有耐阴的特性，因此，在实际应用中，很有发展前途（图 6-38）。

图 6-36　北京海淀公园一角

图 6-37　郁金香与一、二年生草本植物搭配效果

图 6-38　大连滨海路山体藤蔓植物绿化效果

③ 蕨类地被植物

蕨类地被植物如石松、贯众、铁线莲、凤尾蕨、肾叶蕨等，大多数喜阴湿环境，是园林绿地林下的优良耐阴地被材料。在广州市的越秀公园，一些斜坡上就用多种蕨类植物作为地被植物，景观独特，观赏性强（图 6-39）。

④ 矮竹地被植物

竹类资源中，茎秆比较低矮，养护管理粗放的矮竹种类较多，其中少数品种类型已开始应用于绿地假山、岩石中作地被植物，例如，菲白竹、箬竹、倭竹、鹅毛竹、菲黄竹、凤尾竹、翠竹等（图 6-40）。

⑤ 矮灌木地被植物

在矮性灌木中，尤其是一些枝叶特别茂密、丛生性强，有些甚至呈匍匐状、铺地速度快的植物，不失为优良的地被材料。如爬行卫矛、铺地柏等，铺地柏在北京应用比较广泛。另一些是极耐修剪的六月雪、枸骨等，只要能控制其高度，也可作为地被应用（图 6-41）。

⑥ 香味地被植物

紫茉莉、茉莉花、栀子等用作地被，既可观花也可观叶，它们的花还有宜人的香味，是一类很好的地被植物（图 6-42）。

3）地被植物在园林中的配置原则

地被植物是现代城市绿化造景的主要材料之一，也是园林植物群落的重要组成部分。随着我国园林事业的蓬勃发展，绿地的种类繁多，功能各异，所形成的植物景观也丰富多彩。如何应用国内外的园林地被植物资源，形成美丽的风景，是园林规划设计时应该考虑的问题之一。因为绿地的不同，即使在同一块绿地的不同分区内，地被植物的配置也不同，只有掌握了地被植物的特性，充分利用不同的地被植物去丰富、充实各种绿地、草坪、林带和树丛等，才能组成风格各异的人工群落景观。因此，研究和掌握地被植物配置时要注意的问题有：

（1）适地性原则

充分了解建植绿地的气候特征、土壤理化性状、光照强度以及湿度等情况。然后，充分了解地被植物的特性，例如，植物高度、绿色期、开花期、花色、适应性等。例如，南方的红花檵木适合生长在酸性环境中，而北方，由于很多地方为碱性土壤，因此不适合在北方地区应用。要根据园林绿地不同的性质和功能进行配置（图 6-43）。

绿地的种类很多，如公园绿地、风景游览绿地、防护绿地、城市街道绿地等。其中，公园绿地是布局最为复杂、造景要求最高的绿地之一。它既有开阔的草地，又有高大的林带；既有规则的花坛，又有自然的花境；既有供游人活动的场所，又有封闭式的空间，应选择植株整齐一致、花序顶生或是耐修剪的品种，而在自然式的环境中，则可以选择植株高低错落、花色多样的品种，从而形成活泼自然的野趣。

图 6-39　云南蝴蝶泉边蕨类植物栽植效果

图 6-40　北京紫竹院矮竹地被植物

图 6-41　大连滨海路某别墅绿化

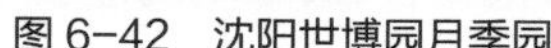
图 6-42　沈阳世博园月季园

图 6-43　地被栽植效果

图 6-44　地被植物层次效果

（2）层次分明原则

高度搭配要适当。园林置景中的植物群落一般由乔木、灌木和草本层组成，为使整个群落层次分明、有较强的艺术感染力，除了树种选择应简洁、协调外，植株高度也是一个重要的因素。当上层的乔、灌木分枝高度比较高，而且种类较简洁时，下面的地被植物就可以适当高一些。反之，当种植区面积较小时，则应选择较为低矮的种类，否则会使人感到局促不安。在花坛边，应选择一些更为低矮的匍地种类，并使其高度保持在 5 cm 以下，这将会更加衬托出花的艳丽。总之，地被的主要作用是起到衬托的目的，突出主体，并使群落层次分明（图 6-44）。

（3）色彩协调原则

地被植物与乔、灌木有各自不同的叶色、花色和果色，因此在园林规划设计时，应予以合理设计搭配，使形成的景观错落有致、季相变化丰富。如在落叶树种中，可选择一些常绿或冬绿的种类，包括麦冬、长叶车前、二月兰等地被植物。在常绿树丛下，则可选用一些耐阴性强、花色明亮、花期较长的种类，包括玉簪、白芨、酢浆草等，达到丰富色彩的目的。因此，整个群落还应注意色彩的相互交替或互补，当上层乔、灌木为开花植物时，就应该考虑到地被的花期和色彩。如紫荆色的花盛开时，下层配以成片开黄花的毛茛，这样，色彩对比强烈，可形成一个色彩缤纷的树丛景观（图 6-45）。

6.3　花卉装饰

随着国际交往的增加、旅游事业的发展和人民生活水平的提高，花卉及花卉装饰将日益成为喜庆迎送、社交活动、生活起居及工作环境的必需品和组成部分。

6.3.1　盆花装饰

盆栽花木是各种场合花卉装饰的重要材料，种类繁多，便于布置和更换，在社交活动、喜庆迎送和宾馆、餐厅、办公室等场所的环境美化中担当着重要角色。

图 6-45　雪叶菊与彩色叶树搭配效果

1）盆花的含义及特点

盆栽花卉或温室花卉作室内点缀，或作花卉展览，目前较为常见。盆花是较大场所花卉装饰的基本材料，便于布置及更换，种类及形式多样，又有持久的观赏期。其特点是：

（1）盆花的种类可供选择的范围较宽，不受地域适应性的限制；

（2）盆花装饰可利用特殊栽培技术进行促成或抑制栽培摆出不时之花；

（3）盆花便于精细管理，完成特殊造型达到美学上更高的观赏要求；

（4）盆花装饰布置场合随意性强。

2）盆花的分类

（1）根据盆花植物组成分：独本栽培、多本群栽和多类混栽；

（2）根据植物姿态及造型分：直立式、散射式、垂吊式、图腾柱式和攀缘式；

（3）按其对环境要求的不同，依高度（包括盆高）可分为特大盆花：200 cm 以上；大型盆花：130 ~ 200 cm；中型盆花：50 ~ 130 cm；小型盆花：20 ~ 50 cm；特小型盆花：20 cm 以下。

3）盆花装饰的应用

根据花卉的生态习性和应用目的，合理地将盆花陈设、摆放。通常情况下，门厅内宜陈设高大的观赏植物，如南洋杉、大型龟背竹、叶子花等，形成气派不凡、多姿多彩、优美壮观的景色，给人留下美好的印象。大型观赏植物给人以雄伟、庄重、有风采、玩味无穷的感受。小型盆花如文竹、伞草、水养水仙、小型仙人球类等，宜作桌台几案或柜上的陈设，显得文静、幽雅。若光照、温度等环境因子不相宜，则必须定期更换，保持正常的生长势。

将盆花移入室内作装饰、点缀，主要应用于起居室、餐厅、卧室及阳台、客厅等处。门框、窗格及阳台栏杆最好用蔓性花卉装饰，向阳的窗户或阳台可组成绿檐或绿棚。有下垂枝叶的花卉，最适合放在窗台及阳台外沿或悬挂于窗户中央。有经验者常是把诸多盆花轮换摆放，以便始终保持花卉植株生机勃勃、富有活力、茁壮、茂盛的形象。此外，盆花装饰还可用于花卉展览。

（1）室内盆花的装饰

利用盆花来装饰居室，最早始于公元 7 世纪武则天称帝时，宫廷中利用地窖熏烘法使盆花在春节开花，用来装点宫廷。之后还有利用蔓性植物来布置花亭、花廊、花篱、垂花门的。

室内盆花装饰可以产生清幽淡雅的情趣，如果在墙角放一盆遒劲、清秀的棕竹，在书架上放一盆纤柔如云、亭亭玉立的文竹，在墙边布置一两盆覆墙盖壁、葱绿雅致的常春藤，顿时会给居室带来一股清新、有生气的绿色。人们还可以根据植物生长的习性和室内陈设的需要，采用攀缘布置法，即利用蔓性植物的爬攀习性来布置房间，待植物生长到一定阶段，即可形成一堵绿墙，或形成绿色的室内阶梯或柱子。常用的攀缘植物有：金银花、木通、凌霄、薜荔、蔓绿绒、洋常春藤、绿萝、椒草等；另一是悬垂布置法，在空中悬挂几盆婆娑袅娜、随风摇曳的吊兰、洋常春藤，会给居室带来许多春意。

① 大型商厦、宾馆、饭店底层及楼层间装饰

该类建筑的底层或楼层间常开辟有高大宽敞的公用空间，用于疏散人流或供客人短暂休息，人流量较大。盆花摆放应具有简洁、鲜明、热情大方的气氛。可选用体形较大、姿态挺拔的种类，如：苏铁、棕竹、棕榈、南洋杉、散尾葵等，同时可搭配色彩明快的盆花群。在宾馆、饭店的底层空间，色彩处理应趋于柔和，对比不宜过于强烈，给客人形成一个安静、轻松的休息环境。

在不影响交通的前提下，屏风、墙壁或中央地带可设置盆花群，作面状布置，形成室内的视觉焦点，后排摆放南洋杉、黄杨球、散尾葵作为背景，前排以

天门冬、绣墩草镶边，柱子周围环绕规格一致、色彩明快的盆花。沙发、座椅旁或角落可摆放体量较大的植物，如：散尾葵、橡皮树、棕竹等，也可设置花架，摆放盆花以装饰墙角。各出入口旁边摆放姿态优雅、观赏价值高或体量较大的植物以引起人们注意，起到引导交通的作用，同时也可利用植物作为屏障来遮掩室内某些不美观的部位。

有的高档酒店、饭店的底层空间设有宽阔的楼梯，这里也是装饰的重点部位。沿楼梯摆放小型观叶植物，如：天门冬或应时草花，使其缓和生硬的台阶，给人们以轻松、舒适的韵律感。在楼梯起始或尽头的平台上可配置体量较大的苏铁、棕竹、黄杨球等。扶手上可用蔓性攀缘植物如常春藤任其缠绕，倍增自然情趣。花园酒店大堂内的楼梯就是以这种方法布置的。楼梯下端的平台上，摆放两盆大型苏铁，端庄大方；每级台阶上摆放数盆天门冬，与大红地毯相互映衬，既显雍容华贵，又觉自然轻松，收到了较好的装饰效果（图 6-46）。

② 餐厅的装饰

高档酒店、饭店已逐渐成为商务活动的重要场所。盆花装饰应使人心境愉快、增进食欲，同时也为客人提供一个轻松、安静的商谈环境。在大餐厅中沿墙壁、墙角摆放大中型观叶或观花植物。柱子旁摆放中型花木或环绕摆放小盆花，如：瓜叶菊、金盏菊等。餐桌上可放置插花或秋海棠、非洲紫罗兰等轻盈艳丽的小型盆花。豪华包间的装饰应提高花卉装饰的艺术品位。在包间的墙角、沙发旁可摆放姿态较好的观叶植物如龟背竹、散尾葵等，或利用几架摆放一两盆具一定艺术品位的盆景，窗台上放置若干小巧、轻盈的小型盆花，并随季节调整种类（图 6-47）。

③ 办公室或书房的装饰

这里是人们处理公务或看书学习的场所，花卉装饰应创造一个安静、舒适的氛围，以提高学习和办公效率。办公桌上可放小型盆栽，如清秀雅致的水仙、文竹。书柜上方摆放天门冬、吊兰、常春藤枝条下垂的盆栽。墙角点缀一两盆常绿观叶植物如假槟榔、绿宝石、巴西木等，窗台上根据不同朝向选择适合的植物种类，如：君子兰、茉莉、米兰、文竹、秋海棠、仙客来等。

④ 会议室的装饰

会议室应突出简洁大方、庄重严肃的特点。但由于会议的目的不同，花卉装饰的风格也有各自的侧重点。

a. 严肃的政治性会场。为了烘托庄重、严肃的氛围，适宜用对称的规则式手法布置。植物应用以常绿观叶植物为主调，为打破单调、沉闷的气氛，可以适量点缀少量色彩亮丽的观花植物。植物体量应与会议室的大小相称。主席台后边按一定间隔摆放体形端庄的南洋杉、黄杨球等；两侧放置体量较大的苏铁、棕竹等，以取得稳定、庄重的效果；主席台前沿摆放小型枝叶细小、密集的天门冬、沿阶草等。有些单位的

图 6-46　酒店中庭盆花摆放

图 6-47　餐厅一角

会议场是圆桌形的，一般在圆桌中间的空处摆放以观叶为主的植物如鹅掌木、一叶兰、万年青等。注意高度一般应低于桌面，桌面上可以摆放几盆精巧、秀丽的插花或盆花。

b. 欢迎、表彰、庆典、联欢会场。这类会场在气氛上应突出热烈、亲切、轻松、活泼。色彩处理上以暖色调为宜，色彩对比适当增强，植物种类多样化，观叶、观花植物相互映衬，布置高低错落有致。除盆花外，还可配以花篮、插花、花束，以烘托气氛。会场内如有主席台，仍以对称的规则式手法布局，装饰的重点亦在主席台周围。若不设主席台，如联欢会场，则可采用自由活泼的自然式手法布局，以点、线、面装饰空间，结合吊、挂等方法，使人如同置身于繁花似锦的大自然之中，感到轻松活泼、心情畅快。

（2）广场盆花的装饰

① 集会广场

主要在节日期间或重大活动期间进行重点装饰。广场人流量大，盆花装饰应首先保证交通便利，所占面积不宜过大。广场本身较为开阔，装饰应从整体考虑，着重于远观效果。植物种类可以选择体量较大、体态端正的常绿植物和花大色艳、花期一致的观花植物；也可把枝叶细碎、花形较小的矮小盆花成群、成片或以带状布置，应注意株形整齐、品种单一、色彩有较强对比，尤其以大色块形成鲜明对比，效果最佳。具体的摆放位置一般有：入口处、广场四周、主席台、道路两侧、标语或雕塑周围、广场中心或某些需要分隔人流、组织空间的地段。在广场入口处常常设置模纹花坛或植物造型，其周围可按一定图案设置盆花群。广场四周常用高大盆栽（如黄杨球、龙柏、南洋杉、雪松等）隔一定距离整齐分列，但种类不能过多，以免杂乱。道路两侧用小型盆花镶边，亦可群集成盆花群，灯柱周围环绕摆放小盆花。标语牌、雕塑周围或两侧可摆放大型盆花或以小型盆花环绕摆放。在广场中心或需分隔人流的地段，按一定几何图案布置成为盆花花坛，要求密集整齐、花期一致、色彩分明、突出整体效果（图 6-48）。广场中心的舞台或主席台，要进行重点装饰，装饰方法同前面所述会议室中的主席台相同，但注意体量应加大，否则不能烘托其气氛。

② 入口广场

一般企事业单位、酒店、宾馆、商厦的大门内外常辟有一定范围的广场，盆花装饰应体现出热情、大方、充满活力的风格，采用规则式手法布局。选用体形壮观、高大的棕竹、苏铁、黄杨球、龙柏球等摆放于大门两侧，盆器宜厚重、朴实，与入口体量相称。广场两侧结合台阶以中小型盆花（如：串红、国庆菊、月季、扫帚葵、天门冬）组成对称整齐的盆花带。其后方以常绿植物形成背景，增加层次感。广场较大也可沿轴线布置连续的花带，兼有组织交通的功能（图 6-49）。

图 6-48　北京海淀公园入口广场

图 6-49　法国迪斯尼公园入口

③ 街道两侧

在主干道两侧道路交叉口，为烘托节日气氛，常以盆花设置花坛或花带。某一花带内的盆花种类不宜超过4种，色彩对比应强烈，以大色块手法创造鲜明的效果。花带可在路侧设置成各种规则的几何形状，如长方形、圆形、半圆、椭圆、菱形或以不同的几何形状组合图案，如两个圆形或椭圆或菱形相连，以避免长距离的图案雷同而造成单调之感。

（3）花卉展览

会展就是展览、展示，让人参观、鉴赏。会展的内容很多，一般有农副产品、时装、工艺、生活用品等展览，这些展览会上的绿化装饰起到点缀烘托气氛的作用。而花卉展览是自身的展示，有主题的展览（图6-50）。

花卉展览首先要考虑场地的大小、室内或室外及地形的起伏。场地大，花卉规格要大，数量要多；反之规格小，数量要小。室内或室外要选择适应季节变化和温差变化的。地形起伏时要因地制宜，才能达到较好的效果。花卉展览还要考虑展台、展板、景点的设计和灯光效果的配备。布局上主配景的安排要强调错落有致、层次变化的艺术手法，追求色彩配置和谐。在布置时，传统的名花或景点要以东方形式展示，外来洋花一般以西方欧美图案形式展示。

图6-50　哈尔滨市香坊公园菊花展

由于观花的色彩较观叶丰富，在配置中要尽量追求和谐，或主色调的配置，或对比色调的配置，或调和色的配置，切忌杂乱。

6.3.2　切花装饰

花卉等观赏植物除能地栽、盆栽，达到美化、彩化环境外，还能提供用于装饰的花枝、绿叶和果枝等，这种切取的茎、叶、花、果，作为装饰的材料称切花（叶）。切花较盆花更方便，常用作插花、花篮、花圈或花环、花束、扣花及其他装饰等。

1）切花材料的选择及保鲜

当代世界，应用花卉装饰比较盛行，现代月季、香石竹、菊花、唐菖蒲，被誉为四大切花。我国俗语，“红花虽好也要绿叶扶持”，花卉装饰的效果如何不在于花卉种类的名贵程度，而在于将切取的茎、叶、花、果等材料，根据装饰目的协调地、艺术地配置起来，能够达到预期的要求即表明成功。

（1）目前常见的切花种类

① 观花类：香石竹、唐菖蒲、菊花、月季、紫罗兰、金鱼草、金盏菊、香豌豆、百合、郁金香、马蹄莲、石蒜、朱顶红、香雪兰、翠菊、非洲菊、万寿菊、鸡冠花、百日草、麦秆菊、鹤望兰、扶桑、牡丹、芍药等。

② 观叶类：苏铁、罗汉松、八角金盘、文竹、龟背竹、广东万年青、蕨类、一叶兰、虎尾兰、美丽针葵、花叶常春藤、银边翠等。

③ 观果类：火棘、金橘、南天竹、五色椒、佛手、枇杷、石榴、枸骨、珊瑚树、紫珠等。

④ 其他：银柳、叶子花、芦苇和画眉草的花序等。

（2）切花的保鲜

由于近年来花卉栽植技术的提高，鲜花出口外销已成为国际竞争的重要项目。切花由于脱离了植株（母体），失去了根压，所以，只能保持短暂的新鲜度，因此，实践上采取多种措施，以利延长切花的新鲜度（寿命）。

① 采集

切花的保鲜，首先要掌握采集花卉的时间。夏季，最宜在清晨和雨后采集花卉。因为此时的植株得到了雨露滋润，正处于枝绽叶饱阶段，花朵最为鲜艳。采后的花要及时水养，以防夏季高温造成切花失水。冬季，应将采集时间放在中午或傍晚。冬天的早晨寒霜未消，花卉萎顿，不宜采集，而中午在温暖的阳光照射下，袪除寒夜风霜的侵扰，复又恢复生机，傍晚的花枝，饱含着白天综合吸收的养分，更为精神。春、秋季，采集花卉的时间可以不限，但以清晨和黄昏采集为宜。

采集花卉，不可随意乱攀乱折，应选择生长壮实的花枝折取，方能养得持久。此外，在切取花材时要注意生态环境的保护，以不影响母株的生长发育和形态美观为原则。

② 切取

a. 切取时期：应根据花卉的生长、开花习性，选择恰当的时期切取。如对观花类通常视花蕾已含苞欲放或半开放时于早晨剪取。有些花朵半开放时剪下做切花，常不能正常地开放，这类花卉定要让其自然开放后才能切取，如香豌豆等。

切取花枝时视应用目的而决定枝条的长度和带叶片的数量，也要考虑被切取的植株（母株）能否正常地生长的因素，防止破坏性剪切和损坏花卉植株。

b. 切取方法：从植物生理的角度考虑，要能有效地延长花枝的保鲜期，就要使切离植株的花枝内部的输导系统，主要是水分自下而上的流动不中断。因此，要讲究切取的方法。

c. 水中切取：平时人们插花，往往是把花卉剪下，插入容器然后倒入水。其实当花卉被剪断时，空气早已进入花茎导管内，花枝的水线断离，妨碍了花卉的正常吸水。正确的方法应该是将花枝弯于水中再在水中切离母体，使切口不与空气接触，并将切取花枝的下部移入切花盛器中，待使用时再剪去一段花枝，使枝内输导组织不存在空气、保持通畅的导管液流，进而花朵得到充足的水分供给。操作时，事先做好各项准备，动作迅速、果断、准确。

d. 烫烧切口：切取含有乳汁的花枝时，切后立即将切口浸入沸水中约 20 s，或在火焰上将切口烤至枯焦。这种做法可以防止花枝内组织液外溢，并插入水中后利于吸水，从而延长保鲜期。对草质茎（枝）常用水烫，木质茎多用火烤，操作时勿使花枝的花朵、叶片灼伤。

在采用烫烧法处理花枝之前，要做好前期的准备工作。花枝的处理应在留出要处理的那部分外。必须将花枝用纸包裹起来，以免烟气、火焰和蒸汽熏烫而伤整体。处理后要及时放在水中保养，个别切花会出现一时的萎靡不振，但不用担心，不久花枝就会复原。

e. 扩大切口：将花枝基部斜切，或剪下后在切口对花枝再纵向剪 2 ~ 4 个裂口，并嵌入石粒等撑开裂口，扩大切口的吸水面，或用锤子将花枝末端敲碎。最常用于木本花卉。夏季时节，天气炎热，花卉的水分蒸发过快，采用此法，也能起到顺利吸水的作用。

f. 深水醒花：如果切花是从远方采撷带回，或从花店买花旅途久置，鲜花则会出现垂头萎蔫或脱水干枯现象，此时可将花梗末端放在水中剪去少许，再把它全部浸在清水中。对于花瓣娇嫩的花朵，要让花头露出水面，利用水压促使花枝吸水。花枝浸水时间约 2 h，花朵就会慢慢抬起头来，花枝重又变得鲜艳挺拔。如果采用温水处理，效果则更为明显。此种方法对草本和木本花卉都很适用，但当切花经过处理后仍未变得鲜艳挺拔，说明醒花无望，只得舍弃。

g. 药剂处理：应用药剂主要是灭菌防腐，或促进花枝继续生长，防止产生离层引起花瓣脱落，这也是延长保鲜期的有效途径。常用药剂有高锰酸钾、石碳酸、硼酸、水杨酸，使用的生长调节剂和营养物质有维生素 B_{12}、阿司匹林、蔗糖、食盐等，配制成适宜的浓度作保鲜液，延长保鲜期效果显著。

h. 其他处理：花枝瘦弱的可用细金属丝缠绕于枝上加固；花瓣易落的可滴熔化的石蜡于花瓣基部，或提前去雄，如对百合花、朱顶红花朵去雄后能明显延长花期。

③ 贮藏

目前常用的切花贮藏方法有：

a. 低温贮藏法：一般将切花材料包装后放于低温下，可以延长保鲜期。各种切花材料所需的冷藏温度不同。通常草本易失水，贮藏温度低些。而木本花卉低温冷藏的温度，常比草本高 2 ~ 4 ℃。

b. 减压冷藏法：通常情况下，月季剪花后 4 d 即枯萎。如果改用 0 ℃低温贮藏，可以存放 14 ~ 20 d；如果改用减压冷藏，即放于 0 ℃、大气压降至 40 mm 水银柱高的条件下，则可以延长贮藏期为 42 d，出冷室后仍可能正常开花。

c. 气调贮藏法：我国多采用此种方法。用聚乙烯塑料膜套住花，控制氧气进入，让其自发调节；或用人工气调，即在包花的塑料套里，充进氮气或二氧化碳气体取代氧气，若能结合保鲜剂的处理，效果更好。

④ 运输

鲜切花的运输过程一直是保鲜的难题，随着国际切花市场的扩大，有许多国家都致力于运输保鲜的研究。

a. 提高运输效率，缩短运输时间，充分利用现代化的交通工具，以最短的时间送到客户手里。

b. 改进包装。较为理想的包装方法是采用盒装，最好是在硬纸盒内加一层塑料薄膜，并将切花固定和分层排列，减少挤压带来的伤害。

c. 使用保鲜剂。运输的保鲜主要是在运输前作保鲜剂浸泡处理。有些名贵的花要用塑料管灌满保鲜液套在切花茎基切口处，可保证花卉运输过程的保鲜需要。

2）切花的应用

中国的插花艺术从最初实用性的佛前供花逐步发展演变成一门独特的艺术，中国是世界上最早出现插花论著的国家，如唐代罗虬的《花九锡》，明代袁宏道的《瓶史》(1599 年)，张谦德的《瓶花谱》。特别是《瓶史》被公推为世界上最早、最系统介绍插花的专著。

插花是一种室内装饰的艺术，是以切取植物可供观赏的枝、叶、芽、花、果、根等为材料（现代插花还用一些硬质材料），插入一定的容器之中，按照一定的设计原则，组成一件精致美丽、富有诗情画意的花卉装饰品，艺术地再现自然美和生活美。顾名思义，插花就是把花插在瓶、盘、盆等容器里，而不是栽在这些容器中。所插的花材，如枝、如花、如叶，均不带根，只是植物体上的一部分，并且不是随便乱插的，而是根据一定的构思来选材，遵循一定的创作法则，插成一个优美的形体（造型），借此表达一种主题，传递一种感情和情趣，使人看后赏心悦目，获得精神上的美感和愉快。所以，插花是一门艺术，同雕塑、盆景、造园、建筑等一样，均属于造型艺术的范畴。

（1）插花的特点

插花艺术同绘画、雕塑、盆景以及园林设计等诸艺术一样，具有一定的文化特征，体现一个国家、一个民族及一个地区文化和社会的传统。但插花艺术属于造型艺术范畴，虽与上述的造型艺术有共同之处，它仍有自己的特点。

① 装饰性强：插花艺术品极易渲染烘托气氛，富有强烈的艺术感染力，也就是说极容易美化环境。由于插花作品的形状、大小、色彩和意境等都可以随环境、季节、人意来组织和表现。因此，插花最适宜与所要求美化的环境取得一致、和谐，来达到明显的艺术效果，并且美化装饰环境速度最快。相比之下盆花布置、盆景则需培养相当长的时间。

② 时间性强：插花艺术作品所陈设的时间较短，

一般在一星期左右。而且构思、造型要求迅速而灵活，并且要经常性地更换花材，重新布置。故插花作品适用于短时间、临时性的应用，如会议、宾馆、艺术插花等。

③ 灵活性强：插花艺术的随意性、灵活性比较大，即插花的创作和作品陈设布置都比较简便和灵活，创作者即使没有合适的工具和容器、没有高档而鲜艳的花材，只要有一把剪刀和一个能盛水的容器（如烟灰缸、茶杯、碟、碗等等）即可。哪怕是宅房的绿叶或田间路边的野花小草等，甚至瓜、果、蔬菜、粮食作物等，均可随环境需要进行构思造型或随时随地取材，现场即兴表演。其作品的陈设布置同样也可随需要挪动或重新布置。

④ 作品精致：插花作品是融艺术性与生活性于一体，因而作品表现出精、巧、美，体积比较小，常以质、色、形来取胜。

（2）插花的作用

随着人们生活水平的提高，鲜花逐步走进千家万户，成为人们生活中一种必不可少的消费品。插花作为鲜花的重要布置形式也必将大众化、业余化。

① 美化环境、陶冶情操。插花既是一种艺术的创造，又是一个人审美的表现。同时其作品可以点缀环境，优化、美化环境，并且各朵花，每一枝条都有植物本身的内在美。因此，插花不但起到陶冶人的心灵、情操，而且起到美化生活的作用。

② 普及花卉知识，了解植物的作用。

③ 一些植株或花朵具有净化空气的作用。

（3）插花的构图原则

① 均衡

均衡是指花材、花器在构图布局上要给人以稳定感和自我支撑力。对称是最简单的均衡，仅见于整形式的插花中；大多数的插花是采用不对称的、动态的均衡。插花材料在容器上下、左右、前后，其数量多少、形态变化、色彩浓淡均不是完全一样，但整个构图的重心要在下部，从而产生稳重感。插花的均衡有时也借助于配饰物的运用。在放置插花作品时于适当的方位陪衬以画幅、工艺装饰品等，往往能起到良好的作用。

② 调和

调和或协调是指各构图因素本身和相互之间要相互贴切、相互配合，共同完成插花构图要体现的意境、目的和气氛。如只选用一种花卉，一般在性质上是容易调和的。但如果剪裁不当，品种花色混杂，那么在色彩与形态上仍然会有不调和之弊。

插花所放的环境，色彩有浓淡，光线有明暗，位置有高低，使用的性质不同，均应考虑，使之相互调和。

③ 韵律

有规律的再现成为节奏，在节奏的基础上深化而形成的既富有情调又有规律、可以把握的属性称为韵律。好的插花不仅符合调和及均衡的原则，而且还要富有变化。在体量较大的插花或一组插花中，除有一主要构图中心外，在合适的位置还可以组织少数几个辅助中心，以增加画面变化。韵律的创作手法还可运用花卉的种类不同或品种花型色彩差异、花朵大小及开放程度不一、枝的曲直与横斜变化等。

变化既要多样，又要统一，要有组织、有呼应，能更完美表现主题，切忌兼收并蓄、画蛇添足，或宾主不分、画面割裂的现象。

④ 对比

构图各要素在程度上形成较大差异时就产生对比感。对比可产生刺激、兴奋感，使主题更突出。

（4）插花的色彩

插花的用色，不仅是对自然的写实，而且是对自然景色的夸张，可以随着插花造型的需要进行变化。插花使用的色彩，首先要服从作者所要表达的情趣，或鲜艳华美，或清淡素雅。其次，插花色彩要经得起看，远看时进入视觉的是插花的总体色调。总体色调不突出，画面效果就弱，作品容易出现杂乱感，而且缺乏特色，近看插花时，要求色彩所表现出的内容个性突出、主次分明。

插花色彩的配置，一般要考虑三个方面：一是花卉与花卉之间的色彩关系；二是花卉与容器之间的色彩关系；三是插花与环境、季节之间的色彩关系。这三方面的关系若能正确掌握，插花配色就能得心应手了。

（5）插花的类别

① 依艺术风格分类

按照这个分类可将整个世界分为三大类别，即西方式、东方式和现代自由式插花。

a. 西方式插花，又叫密集式插花或大堆头插花。

a）主要特点：插花强调几何形构图，造型简单、大方，体现均衡、对称、稳重。花材种类多，数量大，焦点花、骨架花和填充花明确，色彩以艳丽浓厚繁多，表现出热情奔放、华丽的风格，注重追求插花作品的块面和群体的艺术效果，而不太讲究花材的个体美或姿态美，尤其不讲究枝、叶的表现，仅将它们作为陪衬或作遮掩花泥和花插容器之用（图 6-51）。在我国此类插花广泛应用于宾馆、会议，能强烈地烘托热烈、欢腾之气氛。

b）造型要点：

花材的选择：西方几何式插花无论是鲜花或人造花，都可以按期在整体造型的地位分为三部分：骨架花（亦称线条花）、焦点花（指花材中块状花及定型花）和填充花。

图 6-51　西方式插花

花器与花枝长度的比例：西方插花一般选用浅色的浅盆或高脚杯等，往往为花型把花器全部遮掩住不外露为宜；轮廓清晰，立体感强；焦点明显，花叶的朝向围绕焦点向四周散开；色彩和谐悦目。

b. 东方式插花，也称为线条式插花，其代表为中国和日本。起源于中国并流传到日本。

a）其主要特点：崇尚自然，师法自然并高于自然。融书法、绘画、诗歌于插花艺术中，强调插花作品的构想、意境。一般选用的花材比较简练，不以量取胜，而以姿和质取胜，不仅着力表现花朵的美，而且十分重视枝、叶和果实的表现力及季节的感受。造型上以自然线条构图为主，应用点线结合，形成刚柔、虚实、藏露、起伏等多变的艺术效果。色彩上以淡雅、朴素著称，主题思想明确，力求考虑三种境界即生境、画境和意境。生境即师法自然，高于自然；画境则遵循绘画原则和原理，达到美如画的境界；意境即插花的任务和目的，具有一定的主题思想，含蓄深远，耐人寻味和遐思，表现出作者的情怀和寄托。

b）东方插花的造型要点：

（a）符合植物自然生长规律。

（b）起把要紧，上散下聚，有如一丛怒起；同一光源，势态协调，融书法画理于插花中。

（c）讲究线条的应用，参差不伦，虚实相生，注意宾主关系。

c. 现代自由式插花，融合了东方插花简明的线条与西方插花集团组合的特点，加以提炼而成的另一种插花方式。

a）自由式插花的特点：东西方结合，以装饰为主，抽象的造型。

b）主要形式：T 型、S 型、螺旋型、L 型、三角型、不对称三角型、直立型、水平型等。此种插花已被宾馆、会议等处应用，因为其花用量相对较少，而且能烘托一定的气氛。

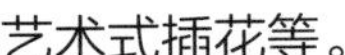

c）造型要点：

（a）花材的表现：现代插花并非表现花材本身的自然形态和神韵，而只是利用花材作为造型的素材，表现它是一个点、一束线条或是一个面，已构成某一需要的抽象形态。

（b）以非自然的手法和构筑的意念，强调创造性的构成。

（c）构图灵活，造型多变而不规则。

（d）造型式插花的花器：现代式插花的花器往往特别设计一些奇形怪状的异型花器，使构图增添奇异的色彩，以满足创作的需要。

② 依用途分类

a. 礼仪插花

这类插花的目的是为了喜庆迎送、社交等礼仪性活动，用来增添团结友爱、表达敬重、欢庆等快乐气氛，因而造型要求简单整齐、色彩鲜艳明亮，通常体形较大，花材较多，插作繁密等。礼仪插花的形式很多，常用的有花篮、花环、花束、花圈、桌饰、捧花、头饰等。

b. 艺术插花

主要为美化装饰和艺术欣赏之用，这类插花造型上不拘一格，既有线条式，又有西方式或综合式。该类插花注重主题思想的表达，注重内涵，意境丰富和深远，色彩上既有艳丽明快又可素洁淡雅。从风格上讲，有东方艺术式插花、西方艺术式插花和现代自由艺术式插花等。

c. 生活插花

随意性较强，大自然中应时的野花、小草均可作为花材，家中的玻璃杯就可作为花器。日常的生活插花，主要着重于点缀室内，烘托气氛，注意形式美的装饰，不必拘泥于一定要插出含有思想深度和无限意境的高标准的艺术插花（图 6-52）。

③ 依花材性质分类

a. 鲜花插花：以新鲜花、枝、叶、果等植物材料作花材制作的插花。其特点：时间性强，观赏期短、花材选用易受季节之限制，花材价格也比较昂贵，养护管理较费工。

b. 干花插花：用新鲜的植物材料经自然干燥或加工干燥而成的干花作为花材的插花叫干花插花。其特点：观赏期长，可人工随意染色，可放置 1 ~ 2 年，成本较低，且省工。

c. 干鲜花融合插花：由于鲜花不足或太昂贵时，或陈设环境不利于鲜切花时使用。

d. 人造花插花：采用假花如塑料花、绢花等作材料。

3）插花的应用装饰

（1）居室插花

可根据房间和人的具体情况来选择不同特征的花卉作为居室插花装饰用花（图 6-53）。居家插花主要

图 6-52　生活插花

图 6-53　居室插花

有以下三种形式：

① 野趣插花

凡是不用商品花材插制的富有野趣的插花，都可称为野趣插花。它是插花的最早形式。野趣插花的特色十分鲜明。

野趣插花的主要特点是：

a. 具有浓郁的大自然气息，再现了大自然的优美风貌。

b. 简便灵活，构成随意。野趣插花可以放在居家的各种场合，如居室、客厅、书房、餐厅等处。艺术感染力强。取自大自然的花材，经过艺术的点化，具有超乎寻常的艺术感染力。在居室中摆放一件野趣插花作品，就把大自然的美景引入到人们的生活环境中，大自然浓浓的清新气息，在室内扩展、充盈，人们宛若置身于大自然的怀抱。居室插花，贵精不贵多，一室之内不宜摆放过多的插花作品。

c. 欣赏时间短。野趣插花与其他鲜花插花一样，属于短期欣赏的花卉装饰类型。一般插作完成后 1 ~ 2 d 是其最佳欣赏期，不宜超过 3 d，若多于 3 d，就必须换花。当然，温度和湿度是否合适是影响插花观赏期的主要因素，若提高湿度、降低温度，则观赏期可以延长，反之就会缩短。

d. 野趣插花，特别适合当前的消费水平，可以不用花钱或很少花钱就能经常插制一款作品，用来美化环境。

② 蔬果插花

蔬果插花是以蔬菜水果为花材的插花形式。唐代欧阳詹写的《春盘赋》是最早的有关蔬果插花的记载。蔬果插花是最符合居家插花要求的插花形式。

其主要特点有：

a. 具有浓厚的居家特色。用蔬菜、水果为花材插制的插花作品，带有家庭的亲切韵味，布置在相宜的部位，使人感到温馨。布置在餐桌上，它那浓艳的色彩、美丽的造型、清新的气息，使人兴致倍增，食欲大开。

b. 观赏价值高。用蔬菜和水果插花，实际上是对蔬菜和水果观赏性的一次再认识，也是对蔬菜水果观赏价值的一次深入开发。

c. 随时插制，随时取换，常变常新。在餐桌上以蔬菜水果为花材创作一件作品，当做菜或饭后食时，可以随意取用，有了新鲜蔬菜或水果再加以更换，或重新进行创作。

③ 盆花组合式插花

将家中养的盆花，去盆放塑料袋内包好，放入稍大的容器内，留出浇水的位置，根据布置的需要进行造型。观赏期比鲜花插花要长很多。当花凋谢后，可仍旧归盆养护。盆花归盆养护后开花，可以再行组合。当盆花组合有空隙或需要重点装饰时，可以购买少量人造花插入，这也是一种节省开支的插花形式。

（2）其他环境的插花装饰

可以利用插花装饰的环境很多，主要看其是否具备装饰条件和装饰要求。庭院和户外环境的插花，在中国传统上是一种憩静悠闲的艺术形式。对于花展区的插花，整个展区要有一个焦点和中点，它对吸引游人、烘托气氛、渲染效果起较大的作用。因此，在大型插花展览中，必须要有一件大型插花作品，如天津大赛，在一楼、二楼大厅的入口处内部有一组大型插花作品。有的因入口处布置会影响整个展区的划分，则可在大厅适合位置来布置。有的因建筑结构较特殊，只能布置其中心位置，如在杭州花圃举行的两岸中华插花艺术交流展，在 1400 m^2 的半圆形大厅内举行，主入口又在半圆形的两边，大型插花作品就布置在圆心处。

4）插花作品的摆放与保护

作品体量应与室内空间大小相协调。

（1）一般客厅、会议室较宽敞明亮，宜摆放大、中型作品，而书房、卧室等宜摆放小型作品。

（2）插花作品与室内墙壁、地板、天花板、家具等的色彩要相协调。

（3）专题插花展内墙壁、展品的色彩应简洁素雅，以白色作为背景最佳，这样才能衬托出花材鲜艳之美。

（4）插花作品摆放位置应与作品构图形式适应，既便于欣赏又不使作品变形。

一般直立式、倾斜式作品宜平视，应放置在书桌、餐桌、会议桌及窗台上；而下垂式作品宜仰视，应放置高处，如书架、花架、衣柜等的上边；水平式作品多宜俯视可放置在茶几上，整洁、明亮是插花作品对环境的最基本要求。另外，插花作品尤其是鲜切花切忌与水果靠近。这是因为乙烯能引起鲜切花过早凋萎；还要切忌将插花摆放在直射的阳光下或冬天靠近热源处。室内更不宜有烟味，须保持室内空气新鲜而流通。

5）切花的其他应用

（1）花束

花束是将3～5支或更多的花枝合扎在一起成束，花束的握手部分不可过于粗大，以便于握持。为尽量维持花朵的新鲜，花束基部浸湿后应包以蜡纸，外再裹锡纸或金箔，其上还饰以彩带等物（图6-54）。用于制作花束的切花材料不应有钩刺，如选用的花枝有刺应提前去除。对具异味，或易污染衣服的材料，一般不采用。一般用于制作花束的花枝有唐菖蒲、月季、香石竹、菊花、马蹄莲、晚香玉、郁金香、非洲菊、百日草、翠菊、紫罗兰、文竹、肾蕨等。花束的形状，

图6-54　花束

因用途及风俗习惯的不同而异，小型的花束制作较易，常用香堇、香豌豆、铃兰及文竹等扎成；较大的花束，切花也多需事先加工，使扎成的花束姿态稳定，不易变形。

我国有些地区的群众有用花枝、花束以表达感情的习惯，即花语，把鲜花作为传递真、善、美的信物。如云南西双版纳和澜沧等地的哈尼族青年，如果一个小伙子看中了意中人，他就会采一束山茶花或月季花，托人送给心爱的姑娘。在对外交往中为了表达友好之情，常献上一束使对方高兴的花，如紫藤花表示欢迎，月桂表示荣耀，矢车菊表示优雅。一般地说玫瑰象征着爱情，当敬送花束时应弄清楚和尊重各国友人的习俗，恰当地表达出各种花的含义。当前，花束的应用较广，如用于迎送宾客、祝贺、慰问等。国外的母亲节、女儿节、情人节、狂欢节、复活节、圣诞节等，都用花束等花卉饰物互相馈赠，交流或表达感情。

（2）花篮

花篮，通常采用竹、柳条、藤等材料编织成篮状构造，其内插以鲜花而形成花篮。一般多作为喜庆、祝贺的礼物，或室内装饰用；有时也用作纪念、悼念等活动。花篮的外形通常为圆形、椭圆形或长方形，均有较长的提把；花篮的大小差异很大，大者高、宽可达1m以上，小者仅数十厘米。前者供就地放置，后者用以装饰几案等。

花篮制作时，为了保持花篮内花枝的新鲜度，先在篮中放置吸水花泥或其他吸水材料，便于固定插入的花枝，并作为供水来源。以线形花材勾画构图轮廓，再插主体花枝和填充花。最后用丝带做蝴蝶结系于篮上或表明赠词。

一般来说，庆贺花篮色彩上按中国的习俗，采用暖色调，但要搭配协调，有主色调，花材种类也不要太多；生日花篮重点在花材的选择和礼品上，花型可用三角型、弯月型、水平型等；探亲访友花篮可加入

一些水果，插制成水果花篮，也可加入一些蔬菜、水果，插制成蔬果花篮；观赏花篮可根据作者的创意和想表现的意趣来决定花型、花材，重在创意、技巧、神韵和艺术欣赏；悼念花篮宜选用冷色调，花形多用等边三角形、扇形。

（3）花圈及花环

花圈一般是用竹材或树枝编织成的环状物，其上用稻草等物包裹，再覆盖绸布或绑扎上绿色枝叶将草环等遮盖住，然后插上鲜花即成。我国习惯上使用花圈表达哀悼之情，用于祭奠活动。花色多用冷色，如蓝、紫色，或中性色白色等为主，形成宁静、哀悼的气氛，并用常青叶、松枝等作衬垫，以示死者永垂不朽。

花环是用花枝和细绳，或直接用花枝串联扎成的环状饰物。大者可套在人的脖子上，小者可挂在胸前，以示尊敬和欢迎。

花圈及花环由于能供给花卉的水分甚少，所以花朵很易萎蔫，故应尽量选用切花持久的材料。当前，国际间的交往应用花环较多，所选用的切花应无异味和不会污染人的服饰，因有些花朵花瓣的色彩或雄蕊的花粉会污染衣服。百合花、朱顶红的花朵的花粉很易自然散落，引起染色，所以不宜使用。

（4）桌饰及壁饰

切花也可以直接装饰于桌面、墙壁或垂挂的幕布或窗帘上。桌饰花要求精细美丽，常用的有月季、香石竹、非洲菊、热带兰、水仙等。花材不能有异味，不能有病虫和散落的花粉等污染。这类形式主要应用于节日布置及宴庆之际，花卉的装饰只需维持很短时间（图 6-55）。

（5）佩花

佩花，是用细金属丝将花朵绑扎，而后佩戴于胸前或鬓发处作头饰。用作佩花的传统花卉是茉莉、白兰、代代花等，色彩素雅，香气袭人，常制作成多种造型，如呈蝴蝶状、孔雀状等。

当代流行的佩花，色、香并重，常以香石竹、月季、香堇等色彩艳丽的香花，再配以文竹等纤细青翠的枝叶构成饰物佩戴。宜作佩花的切花，以质地轻柔、花叶纤细、不易凋萎、不污染衣服、并具芬芳香气的花朵为佳品。

6.3.3　干燥花装饰

随着人民生活水平的不断提高、生活观念的日益改变，花卉业也在全国悄然兴起，并且蓬勃发展。干燥花就是按照市场需求，适应社会发展，立足自身优势，近年来脱颖而出的“一朵奇花”。它基于自然，而高于自然，不仅深受国内消费者的欢迎，而且在国际市场上也风靡不衰，蒸蒸日上。

1）干燥花的含义及特点

（1）干燥花的含义

干燥花是指将自然界里的植物、花草，用先进的科技手段，使其迅速脱水、保持原色、原形，最终成为永久性的观赏花卉。为了增强其艺术效果，还可经过漂白、染色、取舍、组合、造型，最后呈现出各种优美的自然姿态。

（2）干燥花的特色

首先，干燥花装饰品种类丰富多彩。我国地域辽阔，植物资源极为丰富。在人工栽培的植物中，就有天然的干燥植物。如：麦秆菊、千日红、千日白、小麦、

图 6-55　球根切花桌饰

棉花、高粱以及各种植物的果实等。也有极为常见的杂草，如：野燕麦、车前草、毛腊、情人草等，还有许多数不胜数需要加工再干燥的植物，都可以成为制作干燥花的原材料。

其次，持久的观赏价值，管理方便。和一般鲜切花相比，存放时间长。鲜切花的寿命最长一般也只有5～7 d。而干燥花只要保持环境的清洁和较低的湿度，即可长期存放。在供应上与鲜切花相比，不受季节限制，可随时取用，能够保持较稳定的周年供应，在运输上，干燥花与鲜切花相比也有较大的优势。只要保持较低的相对湿度即可，不受其他任何条件的限制，十分方便。

再次，色彩丰富，形态朴实、自然。由于运用了漂白、染色、重新组合、造型等技术处理，所以材料的颜色更加丰富多彩，这一点是鲜切花无法与之相比的。在创作过程中，在艺术的表现手法上与众不同，可以利用抽象、夸张的艺术手法，尽情发挥艺术的想象力和创造力，充分表达创作者丰富的思想感情，由于干燥花朴实、自然，具有较强的立体感，能够体现出一派柔美、古朴的自然风光，故在欣赏作品时，还会有一种回归自然的轻松感觉。

最后，创作随意，不拘一格。干燥花分平面干燥花和立体干燥花两大类。它们在作品的创作过程中，不拘形式可随意创作。如在插花过程中，可用瓶、盘、钵等器皿，也可用各种草、竹等编制的各种造型作为载体，还可以借助镜柜、扇面、花环等进行创作。

2）干燥花的分类及应用

（1）干燥花的种类

① 根据制作过程中保持形态状况分为：干切花和压花。

② 根据制作过程中对花材色彩的处理分为：原色干花、漂白切花、染色干花和涂色干花。

（2）干燥花应用形式

在应用方面，干燥花也具有较广阔的发展领域。应用形式多种多样。如：用干燥花制作成的书签、贺卡、干花画等可以馈赠亲友。用干燥花制作成的大型花篮，可用于宾馆、饭店、商场以及会议室等。小型花篮、花环、花瓶以及扇面、镜框等又可用于办公室、现代化家庭的美化设计。它还由于不受采光条件的限制，又可用于较暗的场所。可以说，干燥花应用范围极广。

在社会主义市场经济的今天，人们工作和生活的节奏都在加快。闲暇之余，人们成群结队、携家带口，去旅游，投入大自然的怀抱。享受大自然的风光，这不正是人们渴望回归自然、追求自然的真实写照吗？被人们称为永不凋谢的永生花——干燥花，正是适应时代的要求而产生的。它朴实、自然，像一股清泉，必将会作为一种时尚的礼品，被愈来愈多的人们所接受。

3）干燥花的制作

（1）采集与整理

干花植物素材来源广泛，有野生的、也有人工培的，采集时要注意识别和选择合适的植物器官。一般来说，制作干花应选择花刚开放成熟、质地坚韧、花瓣含水量少、厚实，花型中小的花卉；叶材的采集，要求叶厚、手感粗糙、易整形不易干缩卷曲、质地柔韧性好、挺而不脆的厚型草质叶；枝材、茎材及其他素材的采集均要求形好、质好并据不同用途进行合理选择。如千日红、麦秆菊、蝴蝶花、翠雀、迎春、天人菊、孔雀草、一品红、补血草（干枝梅）、霞草等。采集时间一般以上午 9 时到 11 时为好，一是无露水，二是花草本身含水量适中，采集后既易保鲜也易烘干脱水；下午花草多处于凋萎状态，不宜采集。可选花蕾初放，也可选完全开放的。采到的花草应立即分类装袋放在阴凉处，以保持新鲜状态。选择好花材，基本上是越新鲜的花苞和半开的花，制成干花后形态越好。将要凋谢的花，不便作干花的花材。为提高其成品率，需对采回素材进行整理，除去病弱残枝、侧枝与侧蕾，以及过密的叶、花、花序和果枝，因为通风可加快干燥速度；最后为了使生产规范化，干制前还得按干花标准体量的大小进行剪切与分级。

（2）花材干燥

干燥花的制作过程，最主要的步骤就是植物材料的干燥过程。干燥过程也即是花材内部脱水的一个过程，刚采集回来的植物素材都需要尽快进行干燥处理。目前世界各国所用的干燥方法众多，各有其特点，主要有以下几种：

① 自然干燥法

是通过空气的自然流通来除去植物材料中水分的方法。它是最原始、最简易的一种干燥方法，但需时较长，适用于含纤维多、水量低、花型小、茎短的植物材料。一般在花开七至九分时采摘。有倒吊法、接线法、直立法三种。

将整束花倒吊，使花卉的水分在空气中自然蒸发干燥，倒吊法适于枝茎较软或花朵较大的植物，如玫瑰。先剪除叶子，将茎部擦拭干净，5 ~ 10 朵扎成一捆，花朵之间不可挤压重叠。置于通风处，冷暖气机口最合适，窗边也可以。大约 1 星期后，就变成美丽的干燥花卉。要使干燥后的花卉仍具有原来的色彩，必须注意花材的选择，可选用花瓣水分较少的种类，如含羞草、千日红、蔷薇、满天星等。干燥的时间愈短，愈能保持花草的鲜艳色彩。吊挂的场所应选择空气流通的地方，避免吊挂在窗边或贴在墙上，以免受潮或受阳光照射使花枝损伤。

② 液体干燥法

利用具有吸湿性而非挥发性的有机液剂处理植物材料。利用液剂对水分替代和保持作用制成的干花，具有好的光泽和柔软的质感，但在高温环境中易出现液剂渗出和花材霉变、色彩较暗等现象。常用液剂为甘油和福尔马林。

取同等分量的丙三醇与温水混合后，将要干燥的鲜花插入其中，使其慢慢干燥。为防止鲜花水分快速蒸发，应将其插在小口径的瓶子里，这样可使绿色的叶片变成褐色，与干燥后的花朵配在一起非常雅致。若要使液体能快速到达叶片前端，采用的花枝高度最好不超过 50 cm，切口以上 10 cm 的茎表皮也应除去，以提高吸收液体的能力。用棉花蘸丙三醇液体擦拭每一片叶子，等液体完全浸透后，就可作为装饰品出售。

③ 埋没干燥法

它适用于干燥玫瑰、芍药等大型含水量高的花材。此法是将花材埋入各种干燥剂，如沙、硼砂、盐、矽胶中，借干燥剂的吸湿作用，就生产出具有鲜花本色的干燥花卉。埋花的容器最好选择不吸湿的塑料盒，深度必须达 7 cm 以上。如只埋一朵花，可利用一只大玻璃杯或碗，盖上盖子或用双层塑料袋来代替盖子，鲜花在埋入干燥剂之前，需作一定的处理。如花茎太细的菊花或花瓣较大的蔷薇，需在花瓣的基部背面涂一点蜡，然后将花茎切下，从切口处插入 1 根几厘米长的钢丝，下部扭成一个圈，再埋入干燥剂中。一般来说，先剪去枝茎，若花型是多层瓣的，如菊花、康乃馨要花面朝上埋没；花型较平的，如太阳花、向日葵等，要花面朝上倒放在干燥剂上；而略具喇叭状的伸展花型，如兰花或百合等，则需花面朝上，斜放在干燥剂上。埋没时间因品种不同而有差别，比如蔷薇，需 5 ~ 10 d。所选花卉以盛开的较为理想。采摘最好选在晴天露水干后，这时花朵含水量相对较低，有利于快速干燥。

④ 变温干燥法

a. 加温干燥法

给植物材料适当加温，以破坏其内部原生质结构，从而促进体内水分加速蒸发的强制干燥方法。这种方法干燥效果比自然干燥法好，目前常用的有烘箱烘干法、干花机干燥法、微波干燥法。其中微波干燥法不仅速度快而且保形保色效果好，但使用此法时要注意有所选择。

b. 低温干燥法

是利用 0 ~ 10 ℃的干燥冷空气作为干燥介质的强制干燥法，这种方法虽能保存较好的色泽，但要求高且耗时长，所以不常用。

⑤ 变压干燥法

a. 减压干燥法

是以减压空气为干燥介质的干燥方法，把植物材料放入抽成一定真空的密闭容器中后使植物材料内水分迅速蒸发或升华从而干燥，目前这种方法只用于永生花的生产中。

b. 重压干燥法

为制作平面压花常用的干燥方法，给植物材料施以适当的压力，就可以保持它的平面形态。比较传统的重压干燥法有重石压花法与标本夹压花法，注意压力大小适中；由于每种干燥法各有其局限性，实际运用中常将各种干燥方法进行合理的综合利用，以取得最佳的干燥效果。

（3）脱色与漂白

① 自然脱色

花材在自然条件下由于光照以及空气中氧的作用使色素受到破坏而褪色。如绿色的叶片和一些小型花卉褪色后呈淡绿色或浅棕色，但制作干花装饰时仍具有观赏性。对于这类花材可采用自然褪色法。此法经济适用。

② 干花漂白

不少花材在自然脱色后缺乏纯净感，而漂白在花材的加工制作中是很重要的一道工序。首先选择一定的化学试剂，如亚氯酸钠、双氧水、漂白粉、硫磺熏蒸等。以双氧水的处理工艺为例：一般使用浓度为 30% 的工业用双氧水，程序为浸泡→脱色→一段漂白→二段漂白→清洗两次。

漂白处理后的清洗很重要，要清除残存的漂液及杂物，使漂白的花材不含漂液，保持洁净。此工序的温度一定要严格控制在不高于 60 ℃，否则会损伤植物纤维。

（4）着色

漂白后的干花花材要经过着色处理才能有漂亮的色泽。

① 花材的保色

通过化学药剂与植物材料的色素发生化学反应而增加花材原有色素的稳定性，从而有效地保持色彩的保色方法。不同色彩花材所含色素种类不同，保色的可能性悬殊。使用的保色技术常用的有绿色素材的保色，是采用硫酸铜浸液或煮浸法。

② 花材的涂色

花材的涂色可以用水性颜料和油性颜料，使颜料附着在植物表面，而使植物具有一定的颜色。这种方法使干花花材的色彩不真实、不柔和，效果不是很好。

③ 花材的染色

在干花花材的着色处理方法中，最多的和最好的是使用化学染色方法。其原理是：将花材浸于色料中，色料随茎秆吸的水液流进纤维素的组织中。随着花材干燥而固着在纤维素壁上，使花材有柔和的和自然的颜色，有真实感。花材的染色一般使用水染法，即在染料中完成染色过程。常用的染料有活性染料、直接染料和碱性染料。

（5）艺术组合

是把经过各种方式处理成型的干花素材按照一定的艺术构成规律组合成干花艺术作品的过程。组合时必须遵循色彩统一、色彩调合、构图均衡和韵律节奏四大主要原则。

6.4 花卉在专类园中的应用

6.4.1 专类园概述

1）专类园的含义及特点

专类园是在一定范围内种植同一种类观赏植物供

游赏、科学研究或科学普及的园地。有些植物变种、品种繁多并有特殊的观赏性和生态习性，宜于集中一园专门展示。其观赏期、栽培条件、技术要求比较接近，管理方便，游人乐于在一处饱览其精华。

专类园在景观上独具特色，能在最佳观赏期集中展现同类植物的观赏特点，给人以美的感受。同时可以进行园艺学、植物学的科普教育和从事观赏植物资源的收集、保存、杂交育种等研究工作。

2）专类园的分类

随着园林的发展，专类花园所表达的内容越来越丰富，概括起来大致分为以下几类：

（1）把植物分类学上同一属内不同品种的花卉，或者同一个种内不同品种的花卉，按着它们生态习性、花期早晚的不同，以及植株高低和色彩上的差异等进行种植设计组织在同一个园子里。常见的有丁香园、牡丹园、山茶园、鸢尾园、杜鹃园等。

（2）把同一个科或不同科的花卉种植在同一个园子里，往往是由于这类花卉生态习性具共同点，而栽培管理上又要求较特殊的条件，如对水分、光照等方面有特定的需求。这类专类园常见的有仙人掌多浆植物专类园、水生花卉专类园、岩生或高山植物专类园等。

（3）根据特定的观赏特点布置的主题花园，如芳香园、彩叶园、百花园、观果园等。

（4）主要服务于特定人群或具有特定功能的花园，如以具有特殊质地、形态、气味等花卉布置的盲人花园、儿童花园、墓园等。

（5）按照特定的用途或经济价值将一类花卉布置于一起，如香料植物专类园、药用植物专类园、油料植物专类园等。

3）专类园的设计要点

专类园通常根据所搜集植物种类的多少、设计形式不同，建成独立性的专类花园；也可在风景区或公园里专辟一处，成为一独立景点或园中之园。

专类园的整体规划，首先应以植物的生态习性为基础，进行适当的地形调整或改造；平面构图可按需要采用规则式、自然式或混合式。在景观上既能突出个体美，又能展现同类植物群体美。在种植设计上，既要把不同花期、不同园艺品种植物进行合理搭配来延长观赏期，还可运用其他植物与之搭配、加以衬托，从而达到四季有景可观的效果。专类园中还常常结合适当的其他园林要素以及形式适当的科普宣传栏等，来丰富和完善主题思想，同时引导人们对文化典故及科普知识的了解，提高人们的审美情趣，使专类园真正具有科学的内涵及园林的形式，达到可游、可赏的目的。

6.4.2　岩石园

岩石园是以岩石及岩生植物为主，结合地形选择适当的沼泽、水生植物，展示高山草甸、牧场、碎石陡坡、峰峦溪流等自然景观。全园景观别致，富有野趣。岩生植物多半花色绚丽，体量小，易为人们偏爱。为模拟自然高山景观需要，园艺家们精心培育出一大批各种低矮、匍生、具有高山植物体形的栽培变种，甚至高逾数十米至百米的雪松、云杉、冷杉、铁杉都被培育成匍地类型。18 世纪末欧洲兴起引种高山植物，一些植物园中开辟了高山植物区，成为现在岩石园的前身。

英国爱丁堡皇家植物园于 1860 年，在国内东南部首先建立了一个岩石园，历经 100 余年的改建及不断完善，至今占地 1 hm^2，其规模、地形、景观在世界上最为有名。其次邱园也有一个不小的岩石园。其他的植物园，以及某些公园、校园中很多都有大小不等的岩石园。在东方，首次以植物园形式出现的，是 1911 年在日本东京大学理学部内建造的岩石园。其后，我国在庐山植物园，于 20 世纪 30 年代由陈封怀先生创建了一个岩石园。其设计思想为：利用原有地形，模仿自然，依山叠石，做到花中有石，石中有花，花石相夹难分；沿坡起伏，垒垒石垛，丘壑成趣，远眺可显出万紫千红。花团锦簇，近视则怪石峰峡，参差连接形成绝妙的高山植物景观，至今还保存有石竹科、报春花科、龙胆科、十字花科等高山植物约 236 种。

1）岩石园的含义及类型

（1）岩石园的含义

把岩石与岩生植物和高山植物相结合，并配以石阶、水流等构筑成的庭园就是岩石园。这种庭园虽然是人工建造的，却可再现高山上的多花草地，以及亚高山和深山里的大自然景观，使人们能够感受到大自然的美。

（2）岩石园的类型

① 规则式岩石园

结合建筑角隅、街道两旁及土山的一面做成一层或多层的台地，在规则式的种植床上种植高山植物。这类岩石园地形简单，以展示植物为主，一般规模较小。

② 自然式岩石园

以展示高山的地形及植物景观为主，模拟自然山地、峡谷、溪流等自然地貌形成景观丰富的自然山水面貌和植物群落。一般面积较大，植物种类也丰富。

③ 墙园式岩石园

是一类特殊的展示岩生花卉景观的形式。常利用园林中各种挡土墙及分离空间的墙面，或者特意构筑墙垣，在墙的岩石缝隙种植各种岩生植物从而形成墙园。一般形式灵活，景色美丽。

④ 碎石床

模拟高山上的岩石碎片地带以及冰河末端的岩砾地带景观，地表种植矮草或宿根的垫状花卉。

⑤ 容器式微型岩石园

采用石槽及各种废弃的水槽、木槽、石碗等容器，种植岩生植物并用各种砾石相配，布置于岩石园或庭园的趣味式栽植，再现大自然之部分景观。

2）植物配植

通常把岩石园种植的植物材料称为岩生植物，而在岩生植物中还包括了一部分高山植物。总之，适于岩石园栽种的植物材料是较广泛的，有宿根草本植物、矮生花卉及针叶树。

（1）岩生花卉的选择

① 岩生花卉的特点：

a. 耐贫瘠和干旱。

b. 植株低矮、紧密。

c. 枝叶细小、花色鲜艳。喜紫外线强烈、阳光充足和冷凉环境。

由于岩生花卉具有以上特点，因此岩生植物应选择：植株低矮，生长缓慢，节间短，叶小，开花繁茂和色彩绚丽的种类。一般来讲，木本植物的选择主要取决于高度；多年生花卉应尽量选用小球茎和小型宿根花卉；低矮的一年生草本花卉常用作临时性材料，是填充被遗漏的石隙最理想的材料。日常养护中要控制生长茁壮的种类。

② 岩生花卉的应用：除结合地貌布置外，也可专门堆叠山石以供栽植岩生花卉；也有利用台地挡土墙或单独设置的墙面、堆砌的石块留有较大的隙缝，墙心填以园土，把岩生花卉栽于石隙，根系能舒展于土中。另外，铺砌砖石的台阶、小路及场院，于石缝或铺装空缺处，适当点缀岩生花卉，也是应用方式之一。

（2）植物配植

植物配植要模拟高山植物景观。一般高山上温度低，风速大，空气湿度大，植物生长期短，乔木长不起来，只有灌丛草甸或高山五花草甸。

从宏观的高山植物景观来看，有些灌丛作为优势种极为突出，如长白山自然保护区 2000 m 以上有大片苞叶杜鹃，高度仅 10 cm 左右，平铺地面，花时一片粉红色；也有成片的毛毡杜鹃和黄色的牛皮杜鹃。

这种成片的优势种形成的色块非常壮观。同样，在高山五花草甸上有优势种极为突出的草本花卉，如青海湖边一片红色的马先蒿或一片蓝紫色的葱属植物，但也有各种花卉竞相争艳的五色草甸，北京百花山顶 7 月份有 40 多种高山花卉在一处同时盛开；新疆的白杨沟山坡上有 10 余种野生花卉满坡盛开。但从微观的植物景观来看，不同的生态环境长着不同的高山植物，在选择岩石园设计形式的同时，也要创造适合不同类型植物生活的小环境。比如上升式岩石园，就有向阳面和阴面之分，可把喜阳的矮小植物栽在阳面。在墙园及碎石园里，把耐干旱的下垂植物种在阳面的墙侧。园内设有小水池，还可以把喜阴及耐水湿的植物配植在水池近旁。在裸露的岩石缝隙间，配植些多肉状及垫状开花植物。这些自然景观都是在进行岩石园植物配植时良好的素材和样本。每一丛种类的多少及面积的大小视岩缝大小而异，同时要兼顾色彩上的视觉效果。

3）岩石园的景观设计

（1）自然式岩石园

自然式岩石园以展现高山的地形及植物景观为主，并尽量引种高山植物。园址要选择在向阳、开阔、空气流通之处，不宜在墙下或林下。岩石园的地形改造很重要。模拟自然地形，应有隆起的山峰、山脊、支脉（图 6-56）下凹的山谷，碎石坡和干涸的河床，曲折蜿蜒的溪流和小径，以及池塘与跌水等。流水是岩石园中最愉悦的景观之一，故要尽量将岩石与流水结合起来，使具有声响，显得更有生气。因此，要创造合理的坡度及人工泉源。溪流两旁及溪流中的散石上种植植物，使外貌更为自然，丰富的地形设计才能造成植物所需的多种生态环境，以满足其生长发育的需要。一般岩石园的规模及面积不宜过大，植物种类不宜过于繁多，不然管理极为费工。岩石块的摆置方向应趋于一致，才符合自然界地层外貌。同时应尽量模拟自然的悬崖、瀑布、山洞、山坡造景。岩石园内游览小径宜设计成柔和曲折的自然线路。小径上可铺设平坦的石块或铺路石碎片。其小径的边缘和石块间种植低矮植物，故意造成不让游客按习惯走路，而需小心翼翼避开植物，踩到石面上，使游赏时更具自然野趣。同时也让游客感到岩石园中除了岩石及其阴影外，到处都是植物。建造岩石园前必须用除草剂除尽土壤中的多年生杂草，特别是具有很长走茎、生长茁壮的多年生杂草，以及自播繁衍能力极强的一年生杂草。多数高山植物喜欢肥沃、疏松、透气及排水良好的土壤，土壤酸度可保持在 pH 6 ~ 7。

图 6-56 自然式岩石园

总之，夏季要创造凉爽湿润的土壤环境，冬季则要干燥和排水良好，不然有些具有莲座叶的高山植物易因湿冷而腐烂死亡。自然的野生环境中，很多高山植物生长在被松散石块覆盖的山坡上。夏季融雪提供大量冷凉的雪水，冬季有雪窝保护其越冬。在岩石园中创造碎石缓坡来模拟这种自然环境，同时保证在夏季能获得足够的水分，并有良好的排水，而冬季又不会太潮湿。岩石园中栽植床是极为重要的。除了在岩石块摆置时留出石隙与间隔，再填入各种栽植土壤外，多数要专门砌出栽植池。

（2）规则式岩石园

规则式是相对自然式而言的。常建于街道两旁，房前屋后，小花园的角隅及山的一面坡上。外形常呈台地式，栽植床层层排列，比较规则。景观和地形简单，主要欣赏岩生植物及高山植物。从岩石园的整体上看，岩石布局宜高低错落、疏密有致，岩块的大小组合又能与所栽植的植物搭配相宜。反之，若置石呆板或杂乱无章都不能产生出自然风光中的妙趣。

（3）墙园式岩石园

这是一类特殊的岩石园。利用重叠起来的岩石组成的石墙或用作分割空间的墙面缝隙种植各种岩生植物。有高墙和矮墙两种。高墙需做 40 cm 深的基础，而矮墙则在地面直接垒起。要把岩石堆置成钵状，在石墙的顶部及侧面都能栽植植物，而植物的根部都向着墙的中心方向，侧面还可栽植下垂及匍匐生长的植物。建造墙园式岩石园，石块插入土壤固定，要由外向内稍朝下倾斜，以便承接雨水，使岩石缝里保持足够的水分供植物生长，石块之间的缝隙不宜过大，并用肥土填实，竖直方向的缝隙要错开，不能直上直下，以免土壤冲刷及墙面不坚固。石料以薄片状的石灰石较为理想，既能提供岩生植物较多的生长缝隙，又有理想的色彩效果。

（4）碎石床

模拟高山上的岩石碎片地带以及冰河末端的岩砾地带景观。地表种植矮草或宿根的垫状花卉。其他部分稍低一些，并点置一些岩石。

（5）容器式微型岩石园

一些家庭中常趣味性地采用石槽或各种废弃的动物食槽、水槽，各种小水钵石碗、陶瓷容器进行种植。种植前必须在容器底部凿几个排水孔，然后用碎砖、碎石铺在底层以利排水，上面再填入生长所需的肥土，种上岩生植物。这种种植方式便于管理和欣赏，可到处布置。

6.4.3 水景园

1）含义及类型

水景园是用水生花卉对园林中的水面进行绿化装饰的纯自然式的专类园林形式。其类型主要有：

（1）从地点上，可分为室内式和室外式两种

温带地区，冬季无霜冻害，多在露地设置，可四季观赏。冬季寒冷的地区，虽可在露地设专类园，但秋末多将植物移入温室越冬，次年春末再移回水中。室内式专类园，受气候变化的制约性小，而且温室结构、天窗开设力求符合水生植物的采光需求，水池造型可根据植物习性不同单独设计，四季观赏（图 6-57）。

（2）从水生植物种类上，可分为综合性和单一性两种

综合性的是栽种多种类、多类型的水生植物。单一性的则只栽种一两种水生植物，如荷花园、花菖蒲园等。

2）水生花卉的作用与配植原则

（1）水生花卉的作用

① 改善水面单调呆板的空间。

② 净化水质，抑制有害藻类的生长。

③ 水生植物具很高的经济价值。

（2）配植原则

园林水体的种植设计简言之即通过广义的水生植物（包括沼生及湿生植物）的合理配植，创造优美的景观。这一合理配植的过程，便是建立人工水生植物群落的过程。为达到最佳和持久的景观效果，种植设计中满足植物的生态需求是根本的原则。这其中，要

图 6-57　北京植物园观赏温室水生植物配置

充分了解水生植物群落中各水生植物的特点、生态习性及群落的交替演变规律，并在此基础上选择特定的品种栽种于适合的园林水体不同的深浅层次中。同时，合理地构筑种植设施，加上群落建成后合理的人工干预及养护管理，才能保证水生花卉的正常生长发育，充分展示水生花卉的观赏特点，创造出源于自然又高于自然的水体艺术景观。

各种水生植物原产地的生态环境不同，对水位要求也有很大差异，多数水生高等植物分布在 100 ~ 150 cm 的水中；挺水及浮水植物常以 30 ~ 100 cm 为适；而沼生、湿生植物种类只需 20 ~ 30 cm 的浅水即可。

① 水深 30 ~ 100 cm 的植物：荷花、睡莲、芡实、伞草、香蒲、芦苇、千屈菜、水葱、王莲等。

② 水深 10 ~ 30 cm 的植物：荇菜、凤眼莲、萍蓬草、菖蒲等。

③ 水深 10 cm 以下的植物：燕子花、花菖蒲、石菖蒲等。

在配植上，除按水生植物的生态习性选择适宜的深度栽植外，专类园的竖向设计也可有一定起伏，在配植上应高低错落、细密有致。从平面上看，应留有 1/3 ~ 1/2 的水面。水生植物不宜过密，否则会影响水中倒影及景观透视线。因此，常在水中设置金属网或设池，以控制水生植物的生长范围。

3）水景园的设计要点

水景园的设计要根据水的深度、流速以及园林景观的需要来设计；要留有空间，体现水面特有的空灵、宁静，限制水生花卉的生长区域，以免妨碍水中倒影的产生；同一片水面的水生花卉种类宜简不宜杂。

（1）水面景观

在湖、池中通过配植浮水花卉及适宜的挺水花卉等，同时配植时注意花卉彼此之间在形态、质地等观赏性状的协调和对比，尤其是植物和水面的比例。从而形成美丽的水面景观（图 6-58）。

图 6-58　水生花卉的水面景观

（2）岸边景观

水景园的岸边景观主要通过湿生的乔灌木及挺水花卉组成，这些植物可以产生弱化岸边的效果，形成高低错落、或自然或规则的岸边景观。其中线条构图是岸边植物景观最重要的表现内容。

乔木的枝干不仅可以形成框景、透景等特殊的景观效果，不同形态的乔木还可形成丰富的天际线，作为背景形成强烈的景观效果。岸边的灌木或柔条拂水，或临水相照，成为水景的重要组成内容。岸边的挺水花卉或亭亭玉立，或组合成群与水岸搭配，点缀池旁桥头，极富自然之情趣。

（3）沼泽景观

自然界沼泽地分布着多种多样的沼生植物，成为湿地景观中最独特和丰富的内容。在面积较大的沼泽园中，种植沼生的乔、灌、草多种植物，并设置汀步或铺设栈道，引导游人进入沼泽园的深处，去欣赏奇妙的沼生花卉或湿生乔木的气根、板根等奇妙景观。在小型水景园中，除了在岸边种植沼生植物外，也常结合水池构筑沼园或沼床，栽植沼生花卉，丰富水景园的观赏内容。

6.4.4　蕨类植物园

1）概述

蕨类植物以其奇特优美的叶形姿态和多种多样的

生活适应性，一直受到人们的喜爱，作为观赏目的的栽培和应用具有悠久的历史。同时，由于对蕨类植物的偏爱推动了各方面的研究，尤其是随着蕨类生活世代的揭示，这种奇妙的有性和无性世代的更替更是激发了人们的兴趣，其研究成果也有力地促进了蕨类植物的繁殖、育种及栽培和应用。

随着园林建设的发展，越来越多地要求植物配植中建立对复层混交的人工植物群落，进而对群落下层的耐阴地被等都提出了要求，这正给蕨类植物的应用提供了舞台。通过对蕨类植物专类园来收集、驯化、展示和推广适宜各地栽培的蕨类植物，探讨蕨类植物在园林中应用的方式势在必行。

2）蕨类植物的观赏特点

（1）株形

蕨类植物株高相差悬殊，矮者伏地而生，高不盈尺（如翠云草等），高者如乔木状，亭亭生长（如苏铁蕨等）。蕨类植物株形千变万化，丰富多彩，或直立成丛或匍地成片，或缠绕于树或攀附于灌丛。

（2）叶

蕨类植物的叶有营养叶和功能叶之分，它们或相同，均为绿色，或形状与颜色均不相同。叶片不仅有草质、纸质、革质、肉质等之别，叶形更是千姿百态、大小各异。除了绿色之外，蕨类植物也有许多彩叶和花叶的种类，有粉红、绿白相间的花纹及金色或银色等等，虽无花却胜似开满花。与其他花卉不同，蕨类植物的新叶都以别具一格的蜷卷的叶芽开始。可以说，蕨类植物从一露出地面就充满了无限的魅力和神奇。

（3）孢子囊群

蕨类植物的孢子囊群不仅是蕨类植物的繁殖器官和分类的重要形态特征，而且因其鲜艳色彩或奇特形状而具有独特的观赏价值。它们有的如马蹄，有的似蛾眉，有的成线形，有的为圆形，有的沿叶脉而分布，有的镶嵌于叶缘，有的散生，有的组成美丽的图案，千变万化。

（4）根状茎

有些蕨类植物裸露于地表的肉质、肥厚的根状茎，因造型独特而密被各色鳞毛而具有观赏价值。如金毛狗的肥大根状茎密被金黄色鳞毛，状如金毛狗；圆盖阴石蕨的根状茎密被银白色细致的鳞毛，状如狗尾等。

3）蕨类植物专类园的景观设计

（1）地栽景观

蕨类植物的地栽景观可通过不同蕨类植物的丛植、群植及地被而形成。还可结合建筑作基础栽植，以软化建筑的生硬线条。土生蕨类植物是蕨类园的主角，不仅因为它们种类丰富，而且这类蕨生长最为旺盛，栽培也最为容易。

（2）沼泽及水景景观

构筑沼泽景观和水体，布置湿生和沼生蕨类植物，是花园中经常见到的景观。

（3）附生景观

在温暖、潮湿的地区或展览温室内，可以将鹿角蕨、巢蕨等蕨类悬垂布置，或栽植于朽木、枯枝、树干等上，将根系裸露于空气中以模拟自然界附生蕨类景观。热带地区将肾蕨等栽植于棕榈科植物的叶鞘处也是常见的应用形式；或沿墙做格子架布置附生蕨，既打破墙面的单调，又可营造丰富的蕨类植物景观。

（4）石生景观

根据当地的自然气候及蕨类园的小气候特点，选择适宜的蕨类植物，结合假山石、石墙甚至岩石园的形式，营造岩石景观将会别有情趣。也可以将蕨类植物与草坪、山坡、路边等处的置石相配，或者软化岩石生硬的线条，或与岩石的质感形成对比，相得益彰。

（5）容器式栽植景观

无论暖地还是北方的展览温室内，都可以结合容器栽植，用一些具有特殊观赏价值的蕨类植物装点出入口、台阶、道路等地。

（6）与其他植物的配植景观

为提高蕨类植物的观赏性，可结合其他阴生植物、观花及彩叶植物、乔灌木配植，进行景观营造。

6.4.5　仙人掌及多浆植物专类园

1）含义及类型

仙人掌和多浆植物是仙人掌科和其他科中具肥厚多浆肉质器官（茎、叶或根）植物的总称。其中仙人掌科种类较多，因而在园艺上常单列，简称仙人掌类，另将其余的多浆植物称为多浆或多肉植物。

由于这类植物种类繁多（仅仙人掌科植物就有 140 余属，2000 种以上），而且形态奇特，有极高观赏价值，且对生境有特殊的适应性，因此常专辟花园来展示，用以普及植物学、生态学及园艺学等方面的知识，并创造富有异域风情的景观，这类花园称为仙人掌及多浆植物专类园。

2）观赏特点

仙人掌和多浆植物不仅种类繁多，而且形态各异，在花卉园艺中是趣味性强的一类植物，可供人欣赏和玩味（图 6-59）。

（1）形态奇特。多数种类都有特异的变态茎，扇形、圆形和多角形等。

（2）棱形各异。这些植物的棱脉都突出在肉质茎的表面，有上下竖向贯通的，也有螺旋状排列的，此外，棱脉的条数多少也不同。

（3）刺形多变。仙人掌和多肉植物在变态茎上常有刺座（刺窝）。刺座的大小及排列方式也依种类不同而有变化。

（4）花形和色彩。这类植物花色艳丽，以白、黄、红等为多数。多数种类重瓣性强，不少种类傍晚至夜间开花或有芳香。花形变化丰富，有漏斗形、管形、钟形及辐射状花等。

3）专类园的景观设计

（1）模拟自然界沙漠景观，以自然式布局的形式展示仙人掌和多浆植物，是该种专类园的最常见形式。通常地貌上具有一定的起伏，可模拟沙丘、碎石滩等自然生境，按不同植物观赏特点，高大的茎干状多肉种类配植于后面，较矮小的茎叶多肉花卉布置在靠前的位置，或将高大的柱状种类作为主景，四周配植较矮小的种类，疏密有致。仙人掌和多浆植物形态变化大，一定要注意每个景区突出其主景，强调多样性中的协调统一，否则就会显得杂乱无章，没有条理性。

（2）种植设计应以植物的生态性为基础，并结合观赏特点和景观效果进行布局（图 6-60）。

6.4.6　牡丹园

以牡丹为主体设置牡丹专类园。以欣赏其姿、色、香、韵为主，集中栽植大量优良品种。暮春时节，姹

图 6-59　仙人掌及多浆植物专类园

图 6-60　仙人掌及多浆植物专类园

紫嫣红，花团锦簇，蔚为壮观。给人以艳冠群芳的感受，叹为观止。

1）对于牡丹专类园的设计，应坚持的原则

（1）以牡丹为主体，表现牡丹的群体及个体景观效果；

（2）通过诗词、歌赋、传说、神话等，增添牡丹园的文化内涵；

（3）应用多种造园要素（建筑、水体、园路等）多方位体现牡丹园的文化氛围及艺术景观效果；

（4）为游人提供全方位的观赏空间，或群观，或孤赏，同时提供必要的游憩服务设施；

（5）对牡丹园四季景观统筹考虑。

2）布置方式

（1）规则式牡丹专类园

主要应用于地形平坦、便于作几何式布置的区域。一般以品种圃的形式出现，即将园圃划分为规则式的几何形栽植床，内部等距离栽植各种牡丹品种。这类专类园比较整齐、统一、可以突出牡丹主体，便于进行品种间的比较和研究，是以观赏或生产兼观赏或品种资源保存为目的的。

（2）自然式牡丹园

此种设计形式的特点是结合园内地形及地貌的变化来进行种植设计。结合地形和其他花草树木、山石、建筑等自然和谐地配置一起，达到“虽由人作，宛自天开”的艺术效果。从而进一步烘托出牡丹的雍容华贵、天生丽质，形成一个个优美的景色（图 6-61）。

（3）台式及阶式牡丹园

此种形式是按园内的起伏地形所构筑成的花台或连续的阶式花台来栽植各种牡丹的形式。

6.4.7 奇趣瓜果园

各种形态、各种颜色的蔬菜类瓜果，不但是人类赖以生存的重要食源的一部分，而且还极具观赏价值，招人喜爱。为了倡导绿色食品和无公害食品生产、消费，促进名、优、特、新产品的不断开发，以温室设施、有机种植等技术，对以南瓜为主的各种蔬菜类瓜果进行活体栽培和展示，通过运用艺术手法造园，结合文化底蕴演绎与科普知识宣传，营造出一个优美、舒适、清新、幽静的蔬菜类瓜果生态环境，给游客以一个充满生机活力、充满审美情趣和文化内涵的“都市田园”景观。

如建立南瓜种植区（图 6-62）、葫芦瓜种植区、特长丝瓜种植区、冬瓜、节瓜种植区、青瓜种植区、西瓜种植区、哈密瓜种植区、网纹甜瓜种植区、大头瓜种植区、蛇瓜种植区等。

6.4.8 珍稀花卉园

营建珍奇花卉博览区，融观赏性、芳香性、艺术

图 6-61 北京植物园牡丹园

图 6-62 奇趣瓜果园

性、知识性于一体，使其成为树立品牌、展示科技创新、吸引更多游客、提高效益的一个具有独特功能的亮点。

1）中外兰花种植区

根据兰花的不同种类，“中外兰花种植区”可分为“国兰”和“洋兰”两个养兰区。每个养兰区又可以按照不同的品种分别设置若干小区，如“国兰”区可划分为“春兰”“蕙兰”“建兰”“墨兰”等十多个小区；“洋兰”区可划分为“蝴蝶兰”“万代兰”“跳舞兰”“石斛兰”“卡特兰”“大花蕙兰”等多个小区。每个分区都巧妙布局，构成艺术性很强、和谐统一的园圃景观、令游客步移景异、赏心悦目，叹为观止。

兰花，是世界上无数的奇花异卉之中最早载入历史典籍的花卉。兰文化，在花文化之中，沉积最为厚重，年代最为流长，内容最为丰盈。建造“中外兰花种植区”，可以挖掘兰文化的丰富资源，以各种形式装点整个兰园，让游客走进兰园，就是走进兰文化那独特迷人的世界而流连忘返。从而，弘扬华夏民族优良的传统文化。

2）四季香花种植区

艳丽的鲜花吸引人，而艳丽又芳香的鲜花更加吸引人。为此，创建四季香花园，不仅展示鲜花外观的色彩、质感和形态，而且展示鲜花内在的芳香。四季香花种植区可按季节分为四个花苑，即：春香花苑、夏香花苑、秋香花苑、冬香花苑。四个花苑分类种植在四个季节开花飘香的花卉。四季香花园的营造，要充分体现出浪漫的情调和艺术的水准，使其同时成为“浪漫花园”“艺术花园”。

第 7 章　一、二年生花卉

7.1　常见的一、二年生花卉

7.1.1　鸡冠花

别名：鸡冠、鸡冠头、红鸡冠、鸡公花

拉丁名：*Celosia cristata*

科属：苋科，青葙属

形态特征：株高 30 ~ 90 cm，茎直立，粗壮，少分枝，上部扁平，绿色或红色。叶互生，卵形，卵状披针形或线状披针形，顶部渐狭，全缘，有柄。肉质穗状花序顶生，花轴扁平、肉质，呈鸡冠状，中部以下集生多数小花，上部花多退化，花被膜质，5 片。花色深红，亦有黄、白及复色变种。花期 8 ~ 10 月。胞果卵形，盖裂，内含种子 4 粒，扁圆形，黑色具光泽（图 7–1）。

图 7–1　鸡冠花

生态习性：鸡冠花原产印度，一年生草本花卉。喜高温，不耐寒，遇霜则植株枯萎，怕涝，耐肥不耐瘠薄，在瘠薄土壤中鸡冠花变小。宜栽植在阳光充足、空气干燥的环境和排水良好的肥沃沙壤土上。对二氧化硫抗性强，对氯也有一定抗性。

繁殖栽培：种子繁殖。北方一般 3 月在温室播种或者4月下旬露地直播，温度20 ℃以上7 ~ 10 d发芽，苗期温度以 15 ~ 20 ℃为宜。待苗长出 3 ~ 4 片真叶时可间苗一次，到苗高 5 ~ 6 cm 时带根部土移栽定植，栽后要浇透水，7 d 后开始施肥，每隔半月施一次液肥。常见病害有叶斑病、立枯病和炭疽病，可用 50% 代森锌可湿性粉剂 300 倍液喷洒，虫害有小绿蚱蜢和蚜虫为害，用 90% 敌百虫原药 800 倍液喷杀。

种类及品种介绍：鸡冠花变种、变型和品种很多，按植株高度来分，有矮型品种（20 ~ 30 cm）、中型品种（40 ~ 60 cm）和高型品种（约 80 cm）。按花期分，有早花和晚花品种。色泽自极淡黄（近白）至金黄、棕黄，又自玉红、玫红、橙红至紫红色，并有黄系和红系夹杂的洒金、二乔等复色。一般栽培品种有四种：

（1）普通鸡冠花（见上面介绍）。

（2）子母鸡冠，植株呈广圆锥形，高 30 ~ 50 cm，多分枝。花序呈倒圆锥形，皱褶极多，主花序基部着生许多小花序，侧枝顶部亦能开花，花色橘红。

（3）圆绒鸡冠，株高 40 ~ 60 cm，有分枝，不开展。花序卵圆形，表面绒羽状，紫红或玫瑰红色，具光泽。

（4）凤尾鸡冠，又名芦花鸡冠、笔鸡冠，高 30 ～ 120 cm，茎粗壮多分枝，植株外形呈等腰三角形状。穗状花序聚集成三角形的圆锥花序，直立或略倾斜，着生枝顶，呈羽毛状。色彩有各种深浅不同的黄色和红色。

园林用途：鸡冠花色彩丰富，有深红、鲜红等色，适宜布置大型花坛、花境，也是很好的盆栽材料，目前还可制成干花，用于插花艺术。

7.1.2　矮牵牛

别名：番薯花、毽子花、碧冬茄

拉丁名：*Petunia hybrida*

科属：茄科，碧冬茄属

形态特征：株高 20 ～ 50 cm，全株具黏毛匍匐状；叶互生，嫩叶略对生，卵状，全缘，几无柄；花单生于叶腋或顶生，花萼五裂，花冠漏斗状，花瓣边缘变化很大，有平瓣、波状、锯齿状瓣。花色繁多，有红、紫红、粉红、橙红、紫、蓝、白及复色等，五彩缤纷，十分艳丽。花期 4 ～ 10 月（图 7-2）。

生态习性：矮牵牛原产于南美洲巴西、阿根廷、智利及乌拉圭等地，多年生草本植物，多作一、二年生栽培。喜阳光充足和温暖的环境，不耐寒，生长适温 15 ～ 20 ℃，冬季温度在 4 ～ 10 ℃，如低于 4 ℃，植株生长停止，能经受 -2 ℃低温；夏季可耐 35 ℃左右的高温，对温度的适应性强。忌水涝，喜排水良好的沙质壤土或弱酸性土壤。

图 7-2　矮牵牛

繁殖栽培：播种或扦插法。在 20 ～ 25 ℃的条件下，7 ～ 10 d 即可发芽。出苗后温度保持在 9 ～ 13 ℃。重瓣品种不易结实，可用扦插法繁殖。2 片真叶时，移栽一次，幼苗具 5 ～ 6 片真叶时可定植于 10 cm 盆或 12 ～ 15 cm 的吊盆中。小苗要带土移植，定植要早，否则缓苗较慢。需摘心的品种，在苗高 10 cm 时进行，在摘心后 10 ～ 15 d 用 0.25% ～ 0.5% B_9 喷洒叶面 3 ～ 4 次，控制植株高度，促进分枝，效果十分显著。矮牵牛在夏季高温多湿条件下，植株易倒伏，注意修剪整枝，摘除残花，以保持株形美观，达到花繁叶茂。病虫害较少，易于栽培。

种类及品种介绍：矮牵牛园艺品种繁多，从株形上可分为高生种、矮生种、丛生种、匍匐种；从花型上可分为大花、小花、波状、锯齿、重瓣、单瓣；从花色上可分为紫红、鲜红、桃红、蓝紫、白和复色等。

园林用途：矮牵牛花期长，花期早，花朵硕大，色彩丰富，花型变化颇多，是优良的花坛花卉，或花境、花丛、花坛的镶边材料，又宜盆植、吊植，美化阳台居室。

7.1.3　翠菊

别名：江西腊、姜心菊、蓝菊、五月菊、七月菊、八月菊、九月菊

拉丁名：*Callistephus chinensis*

科属：菊科，翠菊属

形态特征：株高 20 ～ 100 cm，茎直立，表面有白色糙毛，多分枝；叶互生，卵形至椭圆形，具有粗钝锯齿，基部叶有柄，叶柄有小细翅，上部叶无叶柄，叶两面疏生短毛；头状花序单生枝顶，花径 3 ～ 15 cm，总苞具多层苞片，外层革质、内层膜质，中央管状花黄色，舌状花 1 ～ 2 轮，色彩丰富，有白、黄、橙、红、紫、蓝等色，深浅不一。栽培品种的舌状花多轮；瘦果呈楔形，浅褐色，9 ～ 10 月成熟，种子寿命 2 年。秋播花期为第二年 5 ～ 6 月，春播花期 7 ～ 10 月（图 7-3）。

图 7-3　翠菊

生态习性：翠菊原产我国东北、华北以及四川、云南各地，一、二年生草本。植株健壮，喜凉爽气候，喜阳光，喜湿润。不耐寒，怕高温，白天最适宜生长温度为 20 ~ 23 ℃，夜间 14 ~ 17 ℃。为浅根性植物，不耐旱，不耐涝，不择土壤，但具有喜肥性，在肥沃湿润和疏松、排水良好的壤土、砂壤土中生长最佳，积水时易烂根死亡。高型品种适应性较强，随处可栽，中矮型品种适应性较差，要精细管理。忌连作，需隔 3 ~ 4 年栽植一次。盆栽宜每年换新土一次。

繁殖栽培：种子繁殖，多为春播，发芽适温 18 ~ 21 ℃，3 ~ 6 天可发芽。出苗后应及时间苗。2 片真叶时分苗，移栽要在小苗时进行，苗大移栽影响成活。经一次移栽后，苗高 10 cm 时定植。由于翠菊喜肥，所以除施用腐熟的基肥外，要适时补充化肥。灌水要根据天气和土壤干旱情况而定，现蕾后要控水停肥，以防止主茎和侧枝的徒长，夏季干旱时，须经常灌溉。常见病害有黑斑病，可用 70% 托布津 800 倍液防治。虫害有红蜘蛛和蚜虫为害，用 40% 乐果乳油 1500 倍液喷杀。

种类及品种介绍：翠菊品种繁多，花色丰富。按花色可分为蓝紫、紫红、粉红、白、桃红、黄等色。按株型可分大型、中型、矮型。大型株高 50 ~ 80 cm；中型株高 35 ~ 45 cm；矮型株高 20 ~ 35 cm。按花型可分单瓣型、驼羽型、管瓣型、松针型、菊花型等。

园林用途：矮型品种适合布置花坛或作为边缘材料，亦可盆栽观赏；中、高型品种适于各种类型的园林布置；高型可作‘背景花卉’，也宜作切花材料。是氯气、氟化氢、二氧化硫的监测植物。

7.1.4　金盏菊

别名：长生菊、金盏花、长春菊、黄金盏、常春花

拉丁名：*Calendula officinalis*

科属：菊科，金盏菊属

形态特征：株高 30 ~ 60 cm，全株具毛。叶互生，长圆至长圆状倒卵形，全缘或有不明显锯齿，基部稍抱茎；头状花序单生，径 4 ~ 5 cm，舌状花黄色，总苞 1 ~ 2 轮，苞片线状披针形，花色有黄、橙、橙红、白等色，也有重瓣、卷瓣和绿心、深紫色花心等栽培品种，花期 4 ~ 6 月；瘦果弯曲，果熟期 5 ~ 7 月（图 7-4）。

生态习性：金盏菊原产欧洲南部及地中海沿岸，一、二年生草本。耐寒，怕热，生长适温为 7 ~ 20 ℃，幼苗冬季能耐 -9 ℃低温，成年植株以 0 ℃为宜。喜阳光充足环境，适应性较强，较耐干旱瘠薄，但在肥沃、疏松和排水良好的沙质壤土或培养土最为适宜。土壤 pH 以 6 ~ 7 最好。金盏菊栽培容易，能自播繁衍。

繁殖栽培：种子繁殖，常以秋播或早春温室播种，

图 7-4　金盏菊

7 ~ 10 d 出苗，4 ~ 5 月可开花。秋播出苗后，于 10 月下旬在冷床假植越冬。金盏菊枝叶肥大，生长快，早春应及时分栽定植，幼苗 3 片真叶时移苗一次，待苗 5 ~ 6 片真叶时分栽定植，定植后 7 ~ 10 d，可用摘心或者喷施 0.4% B_9 溶液喷洒叶面 1 ~ 2 次来控制植株高度，促进分枝。生长期每半月施肥一次，肥料充足，开花多而大。常见病害有枯萎病和霜霉病，可用 65%代森锌可湿性粉剂 500 倍液喷洒防治。初夏气温升高时，金盏菊叶片常发现锈病为害，用 50%萎锈灵可湿性粉剂 2000 倍液喷洒。早春花期易遭受红蜘蛛和蚜虫为害，可用 40%氧化乐果乳油 1000 倍液喷杀。

种类及品种介绍：园艺品种多为重瓣，有平瓣型和卷瓣型。还有适宜做切花的长花茎品种。还有各种花型，托桂花型。

园林用途：金盏菊春季开花较早，色彩艳丽，为春季花坛常用花材。也可盆栽观赏或作切花。对二氧化硫、氟化物、硫化氢等有毒气体均有一定抗性。

7.1.5　万寿菊

别名：臭芙蓉、蜂窝菊、臭菊、千寿菊

拉丁名：*Tagetes erecta*

科属：菊科，万寿菊属

形态特征：株高 20 ~ 100 cm，茎直立，光滑而粗壮。叶对生或互生，羽状全裂，裂片披针形，叶缘背面具油腺点，有特殊气味。头状花序单生，花径 5 ~ 13 cm，花梗粗壮而中空，近花序处肿大。舌状花瓣上具爪，边缘波浪状，花期 7 ~ 9 月。瘦果黑色，下端浅黄，冠毛淡黄色，果期 8 ~ 9 月（图 7-5）。

图 7-5　万寿菊

生态习性：万寿菊原产墨西哥，一年生草本植物。性喜阳光充足和温暖的气候环境，稍耐早霜，生长适温为 15 ~ 20 ℃，冬季温度不低于 5 ℃；夏季高温 30 ℃以上，植株徒长，茎叶松散，开花少。稍耐阴，较耐旱，在酷暑条件下生长不良，适应性强，对土壤要求不严，但以肥沃深厚、富含腐殖质、排水良好的沙质土壤为宜。

繁殖栽培：种子繁殖为主，也可以扦插繁殖。一般 3 月份播种，发芽适温 15 ~ 20 ℃，播后 5 ~ 10 d 发芽。扦插可以在 5 ~ 6 月进行，在室温 19 ~ 21 ℃下，插后 10 ~ 15 d 生根，扦插苗 30 ~ 40 d 可开花。2 ~ 3 片真叶时移植一次，幼苗具 5 ~ 7 片叶时定植。幼苗期生长迅速，苗高 15 cm 时摘心，促使分枝。生长期每半月施肥一次，为了控制植株高度，在摘心后 10 ~ 15 d，用 0.05% ~ 0.1% B_9 水溶液喷洒 2 ~ 3 次，每旬一次。常见病害有叶斑病、锈病和茎腐病，可用 50%托布津可湿性粉剂 500 倍液喷洒。虫害有盲蝽、叶蝉和红蜘蛛为害，用 50%敌敌畏乳油 1000 倍液喷杀。

种类及品种介绍：品种按植株高低，可分为高茎种：株高 90 cm 左右，花形较大；中茎种：株高 60 ~ 70 cm，花形中等；矮茎种：株高 30 ~ 40 cm，花形较小。按花型，分为蜂窝型：花序基本上由舌状花构成，管状花分散夹杂其间，花瓣多皱，花序圆厚近球形；散展型：花序外形与蜂窝型相似，但舌状花先端阔，较平展，排列较疏松；卷钩型：花瓣狭窄，先端尖，有时外翻，舌状花互相卷曲钩环。

园林用途：万寿菊花大色艳，花期长。其中矮型品种，分枝性强，花多株密，植株低矮，生长整齐，球形花朵完全重瓣，最适作花坛布置或花丛、花境栽植；中型品种，花大色艳，花期长，管理粗放，是草坪点缀花卉的主要品种之一，主要表现在群体栽植后的整齐性和一致性，也可供人们欣赏其单株艳丽的色彩和丰满的株形。高型品种，花朵硕大，色彩艳丽，花梗较长，做切花后水养时间持久，是优良的鲜切花材料，也可作带状栽植代篱垣，或作背景材料之用。

7.1.6 三色堇

别名：蝴蝶花、猫儿脸、鬼脸花

拉丁名：*Viola tricolor*

科属：堇菜科，堇菜属

形态特征：株高 15 ~ 25 cm，全株光滑，茎长而多分枝。叶互生，基部叶有长柄，基生叶近心形，茎生叶矩圆状卵形或宽披针形，托叶宿存，基部有羽状深裂。花大，花径 4 ~ 10 cm，腋生，下垂，有总梗及 2 小苞片；萼 5 宿存，花瓣 5，不整齐，一瓣有短而钝之距，下面花瓣有线形附属体，向后伸入距内。花色瑰丽，通常为黄、白、紫三色，或单色，还有纯白、浓黄、紫堇、蓝、青等，或花朵中央具一对比色之“眼”，花期 4 ~ 6 月，蒴果椭圆形，三裂，果熟期 5 ~ 7 月（图 7-6）。

生态习性：三色堇原产于欧洲南部，多年生草本，常作二年生栽培。喜凉爽，忌酷热，在昼温 15 ~ 25 ℃、夜温 3 ~ 5 ℃的条件下发育良好。较耐寒，能耐 -15 ℃的低温。喜光，略耐半阴。不耐瘠薄，喜肥沃、排水良好、富含有机质的中性壤土或沙壤土。

图 7-6 三色堇

繁殖栽培：播种繁殖，秋播或春播。种子发芽适温为 15 ~ 20 ℃，避光条件下 10 ~ 15 d 发芽，生长适温为 10 ~ 13 ℃，播种后 14 ~ 15 周开花。为使春季开花一般用秋播，在 8 月下旬至 9 月上旬播于冷床，3 ~ 4 片真叶时，可进行适当的炼苗，促使植株健壮。5 ~ 6 片真叶时移栽一次，10 月下旬带土移入阳畦，第二年 3 月下旬定植，定植后需勤施肥水，4 ~ 6 月开花，到夏季则生长不良。东北地区多春播，3 月在温室播种，5 月就能开花。春季雨水过多时易发生灰霉病，可用 65% 代森锌可湿性粉剂 500 倍液喷洒。天气干燥时，常有蚜虫为害，用 40% 氧化乐果乳油 1500 倍液喷杀。

种类及品种介绍：三色堇园艺品种十分丰富，主要按花茎大小、花色类型分类。按花茎大小分为：巨花型，花茎 8 ~ 10 cm，适合花坛及盆栽应用；大花型，花茎 6 ~ 8 cm，适合花坛及组合盆栽；中花型，花茎 4 ~ 6 cm，适合岩石园及花坛；小花型，花茎 2 ~ 4 cm，适合岩石园及悬挂花篮应用；微花型，花茎 2 cm 以下，适于岩石园应用。按花色类型分为：斑色系，花瓣基部有较大的深色斑纹；纯色系，花瓣单色，无异色斑纹；翼色系，花朵上方两枚花瓣异色；花脸系，花朵中央沿深色斑纹有一圈浅色花纹；花边系，花瓣边缘异色，呈花边状。

园林用途：三色堇为春天优良的花坛材料，开花早，花期长，花色丰富多彩，花形奇特，品种繁多，可在公园成片种植，也可供花坛、花境、盆钵栽培或作为镶边材料，是近年来非常受欢迎的盆栽及庭院花卉。

7.1.7　百日草

别名：百日菊、步步高、火球花、秋罗、对叶梅

拉丁名：*Zinnia elegans*

科属：菊科，百日草属

形态特征：株高 40 ~ 120 cm，茎直立而粗壮，上被短毛，表面粗糙。叶对生，呈卵圆形或椭圆形，叶基抱茎。头状花序单生枝端，梗甚长，花径 4 ~ 10 cm，总苞钟状，基部连生成数轮，舌状花倒卵形，有白、黄、红、紫等色，管状花黄橙色，边缘 5 裂，瘦果。花期 6 ~ 9 月，果熟期 8 ~ 10 月（图 7-7）。

生态习性：百日草原产墨西哥，一年生草本。喜阳光，喜温暖，生长适宜温度 15 ~ 25 ℃。耐半阴，不耐寒，耐干旱，忌连作，怕湿热。地栽在肥沃和土层深厚的田块生长良好，盆栽时以含腐殖质、疏松肥沃、排水良好的沙质培养土为佳。

繁殖栽培：种子繁殖，一般 3 月下旬在温室播种，发芽适温 20 ~ 25 ℃，播后 5 ~ 7 d 出苗。因为百日草侧根少，移栽时缓苗较慢，所以忌大苗移栽。幼苗长出 1 片真叶后，分苗移栽一次，长至 5 ~ 10 cm 时定植，并按大小苗分级栽种。定植后每月施一次液肥。为促使植株矮化、分枝多，还可在苗期喷施 B_9 100 ~ 500 倍液。百日草不耐酷暑，进入 8 月会出现开花稀少、花朵较小的现象，需加强灌溉，防治红蜘蛛。如此至 9 月可正常开花、结实。

图 7-7　百日草

种类及品种介绍：百日草经长期人工杂交和选育，栽培品种较为繁多，大体上可分为大花高茎型、中花中茎型和小花丛生型三类。大花高茎型株高 90 ~ 120 cm，分枝少，顶生花序直径可达 12 ~ 15 cm。中花中茎型株高 50 ~ 60 cm，分枝较多，花序直径为 6 ~ 8 cm，顶部略平展，整个花序近似扁球形。小花丛生型株高为 40 cm，分枝多，每株着花的数量也多，但花序直径小，仅有 3 ~ 5 cm，舌状花平展而不翻卷，花序外观似球形。

园林用途：百日草花期长，适应性强，为夏秋季花坛、花境、花海的常用花卉。高型品种可用于切花，水养持久。矮型品种用于花坛，也可作盆栽观赏。

7.1.8　麦秆菊

别名：蜡菊、贝细工

拉丁名：*Helichrysum bracteatum*

科属：菊科，蜡菊属

形态特征：株高 40 ~ 90 cm，茎直立，多分枝，全株被微毛。叶互生，条状披针形，全缘，无叶柄。头状花序单生枝端，花径 3 ~ 6 cm，总苞片多层、膜质、覆瓦状排列，外层苞片短，内部各层苞片伸长酷似舌状花，有白、黄、橙、粉、红及暗色等，一般被人误认为花瓣。黄色小型的管状花聚生在花盘中央，花期 7 ~ 9 月。瘦果灰褐色，光滑（图 7-8）。

生态习性：麦秆菊原产于澳大利亚，多年生草本花卉，常作 1 ~ 2 年生栽培。喜温暖和阳光充足的环境，生长适温为 12 ~ 25 ℃。不耐寒，不耐阴和水湿，忌酷热，适应性强，耐粗放管理，在湿润、疏松肥沃、排水良好的土壤上生长良好。

繁殖栽培：种子繁殖，春播秋播均可，以春播为主。一般 3 ~ 4 月在温室播种，种子具有喜光性，撒播后轻轻镇压即可。发芽适温为 15 ~ 20 ℃，一周左右出苗。苗高 8 ~ 10 cm 时定植，为了使植株矮壮

图 7-8　麦秆菊

多开花，需进行 2 ~ 3 次摘心。生长期每半月施肥一次，花期增施两次磷钾肥。常见病害有茎腐病和线虫引起的根腐病，可使用 10% 抗菌剂 401 醋酸溶液 1000 倍液喷洒。虫害有叶蝉，用 50% 二溴磷乳油 1500 倍液喷洒。

种类及品种介绍：同属植物约 350 种，目前常栽培的有：毛叶麦秆菊，具蔓延茎，叶片倒卵圆形，头状花序单生、银白色，原产新西兰；伞花麦秆菊，基部有些灌木状，叶片卵圆形，头状花序呈伞房状，总苞苞片长圆形，先端钝，乳白色，原产南非；天山麦秆菊，为宿根草本，全株密被绒毛，叶片狭披针形，头状花序呈伞房状，黄色或橘红色，原产中国新疆，此种麦秆菊花似金色的太阳，光彩夺目，十分动人，在岭南的花圃普遍种植。

园林用途：麦秆菊花色多，可以丛植、片植或布置花坛，矮生品种也可以盆栽观赏。它的苞片富含硅酸，呈膜质，干后形如腊花，色泽艳丽，经久不退，宜作切花、插花，还可以做成花篮、花束等礼仪用品。

7.1.9　波斯菊

别名：大波斯菊、秋英、扫帚梅

拉丁名：*Cosmos bipinnatus*

科属：菊科，秋英属

形态特征：株高 1 ~ 2 m，茎直立，粗糙，有纵向沟槽，幼茎光滑，多分枝。单叶对生，呈二回羽状全裂，裂片线形，较稀疏。头状花序顶生或腋生，花茎 5 ~ 8 cm，有长梗，总苞片两层，内层边缘膜质，舌状花 1 轮，花瓣尖端呈齿状，花瓣 8 枚，有白、粉、深红色，筒状花占据花盘中央部分均为黄色，花期 6 ~ 10 月。瘦果光滑，线形，尖端有喙（图 7-9）。

生态习性：波斯菊原产于墨西哥，为一年生草本植物。适应性强，喜光照充足，不耐寒，也不耐酷暑，生长适温为 13 ℃。耐干旱、耐瘠薄是其突出特点，在肥沃、疏松、湿润而排水良好的土壤上生长良好。

繁殖栽培：种子繁殖，4 月春播，发芽适温 18 ~ 25 ℃，播后 7 ~ 10 d 出苗，须及时间苗，幼苗具 4 ~ 5 片真叶时移植，并摘心，也可直播后间苗，6 月初定植。如栽植地施以基肥，则生长期不需再施肥，土壤若过肥，枝叶易徒长，开花减少。波斯菊为短日照植物，春播苗往往叶茂花少，夏播苗植株矮小、整齐、开花不断。具有自播能力，各变种和品种间容易杂交，使种质退化，如作为种子生产时，需注意进行隔离栽培。常见病害有叶斑病、白粉病，可用 50% 托布津可湿性粉剂 500 倍液喷杀。虫害有蚜虫、金龟子为害，用 10% 除虫精乳油 2500 倍液喷杀。

种类及品种介绍：主要园艺变种有白花波斯菊，

图 7-9　波斯菊

花纯白色；大花波斯菊，花较大，有白、粉红、紫等颜色；紫红花波斯菊，花为紫红色。还可分为早花型和晚花型两大系统，还有单、重瓣之分。

园林用途：波斯菊株形高大，叶形雅致，花色丰富，适于布置花境，在草地边缘、树丛周围及路旁成片栽植，颇有野趣。也可作花群和花境配置，或作花篱和基础栽植。重瓣品种可作切花材料。

7.1.10 凤仙花

别名：指甲草、透骨草、金凤花、洒金花

拉丁名：*Impatiens balsamina*

科属：凤仙花科，凤仙花属

形态特征：株高 30 ~ 100 cm，茎肥厚多汁而光滑，节部膨大，呈绿色或深褐色，茎色与花色相关。叶互生，披针形，叶柄两侧有腺体。花单朵或数朵簇生叶腋，花冠蝶形，有单瓣、重瓣之分，花色有白、水红、粉、玫瑰红、大红、洋红、紫、雪青等，花期 6 ~ 10 月。蒴果，状似桃形，成熟时外壳自行爆裂，将种子弹出（图 7-10）。

生态习性：凤仙花原产印度、中国南部、马来西亚，为一年生草本植物。喜阳光，怕湿，耐热不耐寒，遇霜则枯萎。对土壤要求不严，耐瘠薄，但在土层深厚的肥沃土壤上生长良好。适应性较强，移植易成活，生长迅速。

繁殖栽培：种子繁殖。以 4 月播种最为适宜，在 23 ~ 25 ℃下，4 ~ 6 d 即可发芽。6 月上、中旬即可开花，花期可保持两个多月。当小苗长出 3 ~ 4 片叶后，即可移栽。5 月中旬定植于露地。定植后，对植株主茎要进行打顶，增强其分枝能力；基部开花随时摘去，这样会促使各枝顶部陆续开花。对盐害非常敏感，宜薄肥勤施，10 d 后开始施液肥，每隔一周施一次。避免浇水过多或干旱。最适 pH 为 5.8 ~ 6.5。凤仙花生存力强，适应性好，一般很少有病虫害。

图 7-10 凤仙花

种类及品种介绍：品种很多，可分单瓣和重瓣两大类。重瓣按花型可分为蔷薇型、山茶型和石竹型。现在花市上大部分是新几内亚凤仙。新几内亚凤仙为凤仙花科、凤仙花属多年生常绿草本植物。花色丰富、色泽艳丽欢快，四季开花，花朵繁茂，花期长；植株丰满，叶片洁净秀美，叶色、叶形独具特色；生长速度快，可自然成形，宜作周年供应的时尚盆花。

园林用途：由于凤仙花适应性强，花色品种极为丰富，观赏价值高，可适用于花坛、花境、花篱、自然丛植和盆栽观赏等。

7.1.11 一串红

别名：墙下红、撒尔维亚、爆竹红、炮仗红、西洋红

拉丁名：*Salvia splendens*

科属：唇形科，鼠尾草属

形态特征：株高 20 ~ 90 cm，茎四棱，光滑，茎节常为紫红色，茎基部多木质化。叶对生，有长柄，叶片卵形或三角状卵形，先端渐尖，缘有锯齿。顶生总状花序，被红色柔毛，花 2 ~ 6 朵轮生，苞片卵形，深红色，早落；萼钟状，2 唇，宿存，与花冠同色；花冠唇形有长筒伸出萼外，花期 7 ~ 10 月。小坚果卵形，内有黑色种子，容易脱落，果熟期 8 ~ 10 月（图 7-11）。

图 7-11　一串红

生态习性：一串红原产南美洲，多年生草本，常作一年生栽培。喜阳光充足，也耐半阴，喜温暖，忌霜害，不耐寒，生长适温为 20 ~ 25 ℃，低于 15 ℃则出现黄叶，30 ℃以上则花叶变小。对土壤要求不严，但在肥沃疏松的土壤上生长较好。

繁殖栽培：种子繁殖为主，也可扦插。播种在 3 ~ 6 月进行。发芽适温 20 ~ 25 ℃，光照充足利于发芽，大约 8 ~ 10 d 种子即可萌发。扦插可于夏秋 5 ~ 7 月进行，插穗取组织充实的嫩枝，摘去顶芽再插，生根容易。一般扦插后 15 ~ 20 d 左右生根，50 d 左右开花。2 ~ 3 片真叶时移栽一次，4 月下旬到 5 月上旬移栽露地，以后可以多次摘心，促使侧枝生长，使植株矮化，叶繁花多。一串红喜肥，要及时追肥，缺肥时叶色变浅，施用 1500 倍的尿素或硫铵水溶液可以保持叶色鲜绿。由于花期长，花萼日久褪色又不能自行脱落，所以栽培上要及时剪除残花，保持长开不败。常见虫害主要是蚜虫和红蜘蛛，蚜虫可用稀释 1000 倍的氧化乐果防治，红蜘蛛可用稀释 1000 ~ 1500 倍 50% 的三氯杀螨醇来灭杀，也可用氧化乐果防治。

种类及品种介绍：栽培变种有一串白、一串紫或具桃红、朱红、淡红色的花。还有丛生一串红、矮生一串红（株高仅 20 cm）。

园林用途：一串红为常用红花种，颜色的鲜艳为其他草花所不及。秋高气爽之际，花朵繁茂，很受人们喜爱。常用作花丛花坛的主题材料，及带状花坛或自然式纯植于林缘。常与浅黄色美人蕉、矮万寿菊、浅蓝或水粉色之紫菀、翠菊、矮藿香蓟等配合布置。矮生种更宜作花坛用。一串红的白色品种除与红花品种配合，观赏效果较好外，一般白、紫色品种的观赏价值不及红色品种。

7.1.12　鼠尾草

别名：一串兰、洋苏草、普通鼠尾草

拉丁名：*Salvia japonica*

科属：唇形科，鼠尾草属

形态特征：株高 30 ~ 100 cm，茎直立，四棱，基部常木质化。叶对生，长椭圆形，叶缘有钝锯齿。顶生总状花序，花萼钟状，蓝紫色，花梗密被蓝紫色的柔毛。花冠蓝色、淡紫、淡蓝至白色，筒状，冠檐二唇形（图 7-12）。

生态习性：喜温暖、光照充足、通风良好的环境。耐旱，但不耐涝。不择土壤，宜排水良好，土质疏松的中性或微碱性土壤。

繁殖栽培：播种繁殖、扦插繁殖。播前温水浸种，直播或育苗移栽均可。小苗 4 对真叶时摘心，花后摘

图 7-12　鼠尾草

除残花。炎热的夏季需要进行适当遮阴。在生长期每半月施肥一次，花前增施磷钾肥。

园林用途：蓝色系花卉，布置花坛、花境、盆栽。可点缀岩石旁、林缘空隙地，群植效果甚佳，适宜公园、林缘坡地、草坪一隅、河湖岸边布置。

7.1.13　彩叶草

别名：五彩苏、锦紫苏、洋紫苏、鞘蕊花

拉丁名：*Coleus blumei* Benth.

科属：唇形科，彩叶草属

形态特征：株高 30 ～ 50 cm，最高可达 90 cm，茎四棱。叶对生，菱状卵圆形，叶缘为锯齿状。叶片颜色丰富有黄、绿、红、棕、紫、蓝等鲜艳，以及多色镶嵌成美丽图案的复色。圆锥花序，花小，淡蓝色或带白色（图 7–13）。

生态习性：彩叶草原产印尼，多年生草本，多作一年生栽培。性喜温暖、湿润的气候条件，不耐寒，冬季温度不低于 5 ℃，生长适温为 20 ～ 25 ℃。喜阳光充足的环境，光线充足能使叶色鲜艳，能耐半阴，夏季高温时需稍加遮阴。适宜在肥沃、疏松、排水性好的土壤中生长，忌积水。

繁殖栽培：播种和扦插两种方法。播种繁殖时，可于 3 月下旬室内盆播，种子发芽最适温度为 18 ℃，播后约 10 d 发芽。扦插繁殖可在春秋季进行，剪取枝条上部 6 ～ 8 cm，去掉部分叶片，插于粗沙中保持湿润，在 15 ℃下 4 ～ 5 d 就可生根。彩叶草对土壤及肥水管理要求不高，盆栽需疏松、肥沃的沙质土壤。夏季高温期，除浇水外，注意叶面喷水，以保持叶面清新。生长期每半月施肥一次，以氮肥为主。苗期适时摘心，以促使萌发侧技，枝叶繁茂，姿态丰满。幼苗期易发生猝倒病，注意播种土壤的消毒，生长期有叶斑病为害，可用 50% 托布津可湿性粉剂 500 倍液喷洒。常见的虫害有介壳虫、红蜘蛛和白粉虱，可用 40% 氧化乐果乳油 1000 倍液喷雾防治。

图 7–13　彩叶草

种类及品种介绍：彩叶草品系繁多，按照叶子特点通常分为五种类型，其中大叶型叶子大、植株高、叶面皱；彩叶型叶子小、叶面较平滑、叶色变化多端、色彩斑斓如虹；皱边型叶子边缘褶皱如彩裙花边；柳叶型叶子呈柳叶状，边缘有不整齐的锯齿和缺裂；黄绿叶型叶子黄绿色、形状较小。目前常见的栽培品种有：红虹、天鹅绒红、矮桃红的品种。

园林用途：彩叶草与其他花卉植物搭配种植，通过强烈的色彩对比，可衬托出诗情画意的景观效果，是春夏季节布置园林花坛的理想植物。彩叶草叶色娇艳多姿，是盆栽、庭院、公园布置花坛、列植、丛植等大面积美化环境的首选观叶植物。

7.1.14　五彩石竹

别名：须苞石竹、美国石竹、十样锦

拉丁名：*Dianthus barbatus* L.

科属：石竹科，石竹属

形态特征：株高 30 ～ 60 cm，茎直立，有棱。单叶对生，叶片披针形，长 4 ～ 8 cm，宽约 1 cm，顶端急尖，基部渐狭，合生成鞘，全缘。花单生或多数组成聚伞花序，花茎约为 3 cm，花芳香，有白、粉红、鲜红等色，有白点斑纹，顶端齿裂。苞片 4 ～ 6 枚，萼筒上有条纹。花期 5 ～ 8 月，果熟期 6 ～ 10 月（图 7–14）。

图 7-14　五彩石竹

图 7-15　美女樱

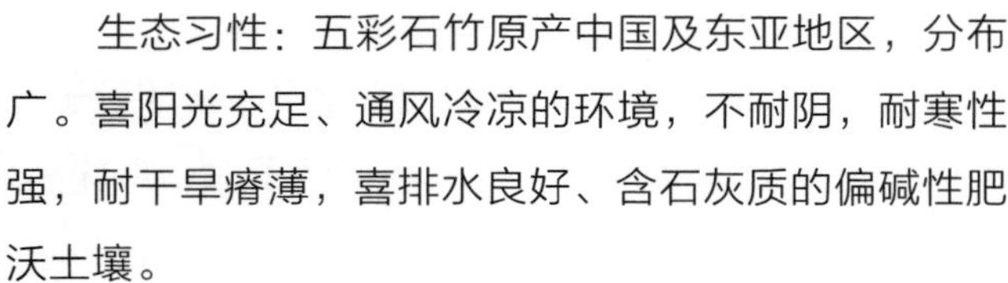

生态习性：五彩石竹原产中国及东亚地区，分布广。喜阳光充足、通风冷凉的环境，不耐阴，耐寒性强，耐干旱瘠薄，喜排水良好、含石灰质的偏碱性肥沃土壤。

繁殖栽培：种子繁殖为主，也可扦插或分株繁殖。秋播或春播，发芽适温 20 ～ 22 ℃，种子经 5 ～ 10 d 出苗，苗期生长适温为 10 ～ 20 ℃。在生长期每隔 3 周施一次肥，并且进行 2 ～ 3 次摘心，促使其分枝。花后剪除残枝。如果营养充足，秋季还可以再开花。

园林用途：五彩石竹花朵繁密，花色丰富，花期长，园林中常用于布置花坛、花境，或者点缀装饰岩石园，也可以盆栽或者用作切花。

7.1.15　美女樱

别名：美人樱、四季绣球、铺地锦、铺地马鞭草、草五色梅、苏叶梅

拉丁名：*Verbena hybrida*

科属：马鞭草科，马鞭草属

形态特征：株高 20 ～ 50 cm，茎粗壮，具四棱，直立或匍匐生长，全株被柔毛。叶对生，有柄，矩圆形或矩圆状卵形，先端钝，边缘有不等大的阔圆齿，近基部略呈裂片状。穗状花序顶生，开花部分呈伞房状，苞片近披针形，萼管状五短裂；花冠筒状，先端五裂；花色有蓝、紫、粉红、大红、白色等。花冠中央有明显的白色或浅色的圆形“眼”。花期 5 ～ 11 月，陆续开放。小坚果 4 枚，包藏于宿萼内，短棒状（图 7-15）。

生态习性：美女樱原产巴西、秘鲁和乌拉圭等地，为多年生草花，常作一、二年生栽培。喜温暖、湿润和阳光充足环境。不耐阴，不耐旱，较耐寒，生长温度为 5 ～ 25 ℃，最适温度为 16 ℃，冬季温度可耐 -5 ℃。在生长过程中对水分比较敏感，怕干旱又忌积水。在肥沃、透水性好的土壤上生长良好。

繁殖栽培：种子繁殖为主，也可扦插。春、秋季均可播种。一般需要 15 ～ 20 d 出苗，发芽适温 15 ～ 20 ℃。幼苗长出 3 ～ 4 片真叶时定植，定植后及时摘心有利于促发新枝。扦插全年均可以进行，插后 15 d 左右可生根，30 d 可移栽上盆。美女樱侧根少，缓苗慢，移栽时要尽量保护好土坨。花期从 5 月一直可持续到霜前，能耐低温和轻霜，移入温室可以常年开花不断，是少有的长花期品种之一。常见病害有白粉病和霜霉病，可用 70% 甲基托布津可湿性粉剂 1000 倍液喷洒。虫害有蚜虫和粉虱为害，可用 2.5% 鱼藤精乳油 1000 倍液喷杀。

种类及品种介绍：园艺变种和品种约有 100 多个，颜色非常丰富，其中以鲜红色和深红色为最佳。变种有白心种，花冠喉部白色，大而显著；斑纹种，花冠边缘具复色斑纹。同属观赏种有深裂美女樱、直立美女樱、细叶美女樱和加拿大美女樱。

园林用途：花期长，花色丰富，适合盆栽和吊盆栽培，装饰窗台、阳台和走廊，鲜艳雅致，富有情趣。又可用作花坛和花境，如成群摆放公园入口处、广场花坛、街旁栽植槽、草坪边缘，清新悦目，充满自然和谐的气息。

7.1.16　马鞭草

别名：紫顶龙芽草、野荆芥、龙芽草、凤颈草、蜻蜓草

拉丁名：*Verbena officinalis*

科属：马鞭草科，马鞭草属

形态特征：株高 30 ~ 120 cm，茎直立，基部木质化。单叶对生，叶片卵圆形至长卵形或长圆状披针形，两面被硬毛。穗状花序顶生或腋生，细弱，花梗长，花淡紫至蓝色（图 7-16）。

生态习性：多年生草本，常作一、二年生栽培。喜干燥、阳光充足的环境。喜湿润，怕涝，不耐干旱，低洼易涝地不宜种植。喜肥，对土壤要求不严，以土层深厚、肥沃的壤土及沙壤土为好。

繁殖栽培：种子繁殖。露地直播，苗高 5 cm 时间苗，穴盘育苗 7 ~ 10 cm 时定植。生长期及时浇水，雨季注意排水，大面积栽植除杂草，雨后松土。

园林用途：花海、花田的优良材料，可在路边、山坡、溪边或林旁成片栽植，也可做花境背景栽植。

7.1.17　长春花

别名：日日草、山矾花、五瓣梅

拉丁名：*Catharanthus roseus*

科属：夹竹桃科，长春花属

形态特征：株高 30 ~ 60 cm，茎直立，分枝少，叶对生，长圆形，基部楔形具短柄，常浓绿而光泽。聚伞花序顶生或腋生，花冠高脚碟状，5 裂，花朵中心有深色洞眼，花色有蔷薇红、纯白、白色。花期 7 ~ 10 月，如能保持在 20 ℃时可常年开花不断（图 7-17）。

生态习性：长春花原产非洲东部及亚洲东南部，喜温暖和阳光充足环境，生长适温为 15 ~ 22 ℃，冬季温度不低于 10 ℃。忌干热，耐半阴。忌湿怕涝，一般土壤均可栽培，但盐碱土壤不宜，以排水良好、通风透气的沙质土壤为好。

繁殖栽培：种子繁殖和扦插繁殖。发芽适温为 20 ~ 25 ℃，播后 14 ~ 21 d 发芽。幼苗具 3 对真叶时移植一次，春暖后选阴天移植到露地定植，为促进分枝和枝繁叶茂，生育期要进行 2 ~ 3 次摘心。扦插繁殖，室温 20 ~ 25 ℃，插后 15 ~ 20 d 生根。不能缺水，也不能积水，特别是在盛夏、雨季要注意排水防涝。在花期随时摘除残花，以免残花发霉影响植株生长和观赏价值。常见病害有叶腐病、锈病和根疣线虫，叶腐病用 65%代森锌可湿性粉剂 500 倍液喷洒。

图 7-16　马鞭草

图 7-17　长春花

锈病用50%萎锈灵可湿性粉剂2000倍液喷洒。根疣线虫用80%二溴氯丙烷乳油50倍液喷杀防治。

种类及品种介绍：常见品种有白长春花（'Albus'）, 花冠白色；黄长春花（'Flavus'），花冠黄色。有高型品种，株高50～60 cm，适于花境和切花；矮型品种，株高15～20 cm，全株呈球形，分枝多，花朵繁茂，适于花坛和盆花；匍匐品种，株高15～20 cm，适于种植钵和吊盆。

园林用途：长春花适用于盆栽、花坛和岩石园观赏，特别适合大型花槽观赏，无论是白花红心还是紫花白色，花槽的装饰效果极佳。在热带地区长春花作为林下的地被植物，成片栽植，花时，一片雪白、蓝紫或深红，有其独特的风格。高秆品种还可做切花观赏。

7.1.18 半支莲

别名：太阳花、松叶牡丹、龙须牡丹

拉丁名：*Portulaca grandiflora*

科属：马齿苋科，马齿苋属

形态特征：株高10～20 cm，茎匍匐状或斜生。叶互生或散生，肉质，圆柱形。花1～3朵簇生茎顶，茎部有8～9枚轮生的叶状苞片，并生有白色长柔毛，花径3～4 cm，碟形、花瓣5枚，有重瓣种，花色有白色、黄色、红色、紫色等。花期6～8月。种子生于蒴果中，肾状圆锥形，细小，具灰黑色金属光泽，果期7～10月（图7-18）。

生态习性：半支莲原产巴西，一年生草本植物。适应性强，极易栽培。性喜充足的阳光，过阴不易开花，不耐寒、怕炎热，适生温度15～25℃。喜肥沃的沙质壤土，耐瘠薄，怕渍水。花于日出后开放至午后凋谢，阴天至傍晚始凋谢。

繁殖栽培：种子繁殖、扦插繁殖。播种于2～3月在温室进行，半支莲种子细小，播种时要与细沙均匀混合撒播，不覆土或者覆薄土，发芽整齐，10 d左右出苗，扦插繁殖取嫩枝扦插，生根容易，一般插后60 d左右可开花。初期生长十分缓慢，幼苗在天气暖后，生长转快，宜及时间苗和定植，移植容易成活，不带土亦可。整个生长期间要求不干不渍，适当施肥，半月施一次千分之一的磷酸二氢钾，就能达到花大色艳、花开不断的目的。当半支莲的蒴果顶盖呈黄白色或灰白色时，即表明种子已经成熟，这时就应及时采收，否则，其蒴果将开裂散落，无法收集。半支莲极少病虫害。

图7-18 半支莲

种类及品种介绍：庭园栽培主要为重瓣种，有白、白花红点、雪青、淡黄、深黄、妃红、棕红、大红、深红和紫红；除前三种花色的茎基部为绿色外，余均为浅棕红色。近年来又培育出了可全日开花的新品种，可以不受弱光的影响，又耐瘠薄、耐干旱，更加提高了其观赏效果。

园林用途：半支莲花、叶均美，是优良的地被花卉，为毛毡花坛、花坛边缘、花境边缘的良好材料，可植于公路边、江河边、湖岸边，既能美化环境，又能护坡。园林中可用于布置花坛或岩石园，亦能盆栽观赏。

7.1.19 观赏向日葵

别名：美丽向日葵、太阳花

拉丁名：*Helianthus annus* L.

科属：菊科，向日葵属

形态特征：茎直立，圆形而多棱角，质硬，被粗毛。叶互生，卵形。头状花序，周围舌状花，不结实；中间为管状花，结实。花色为黄色（黑心），莲花形。果褐色、黑色或白色，瓜子形（图 7-19）。

生态习性：忌高温多湿，喜阳光充足，不耐阴，不耐旱，不耐涝，不耐寒。喜肥，对土壤要求不严。抗病能力差。

繁殖栽培：种子繁殖。观赏向日葵的主根很深，种子直接播种于最终的容器中。种子宜播种于排水良好、无病虫害、pH 在 6.5 ~ 7.0 的栽培基质中，播种后轻轻覆盖。种子萌发的土壤温度是 20 ~ 25 ℃，8 d 左右开始发芽，出苞后施二铵、钾肥，使苗生长旺盛。种子萌发后逐渐增加光照强度，当子叶完全展开后可适当施用肥料。种苗生长的温度是日温 20 ~ 25 ℃、夜温 18 ~ 20 ℃，高温会使植株徒长。适当灌溉以促进植株生长，在开花之前停止施肥，施用一定量的生长调节剂可以控制植株的高度。

种类及品种介绍：观赏向日葵自 19 世纪 80 年代初，在欧洲被用于观赏以来，仅有 100 多年的栽培历史，但发展很快。从单瓣的向日葵，选育出 90 cm 矮生种、橙色重瓣种和分枝性强的小花类向日葵，使向日葵观赏范围很快扩大。市场又出现杂种 1 代向日葵品种。欧洲的育种家把观赏向日葵向矮生、重瓣和多色方向发展。

园林用途：观赏向日葵花朵硕大，鲜艳夺目，枝叶茂密，寓意美好，象征着光明与美好，是新颖的盆栽和切花植物。也可用于花坛、花境、花海或庭院观赏。

7.1.20　藿香蓟

别名：胜红蓟、咸暇花、蓝翠球

拉丁名：*Ageratum conyzoides*

科属：菊科，藿香蓟属

形态特征：株高 20 ~ 60 cm，全株被绒毛。叶对生或上部叶互生，叶片卵形。头状花序，呈伞房花序或圆锥花序排列，小花全部为管状花，花色有淡蓝色、蓝紫色、紫红色、白色等，花期 7 月至降霜。瘦果，褐黄色，顶端有鳞状冠毛（图 7-20）。

生态习性：藿香蓟原产热带美洲地区，多年生草本，常作一、二年生栽培。喜温暖和阳光充足环境，不耐寒，怕高温，生长适温为 15 ~ 30 ℃；对土壤要求不严，以肥沃、排水良好的沙壤土为好；分枝力强，耐修剪，适宜粗放的管理，种子有自播繁衍能力。

繁殖栽培：种子和扦插繁殖，发芽适温为 18 ~ 25 ℃，播后约 2 周发芽。播种苗 3 ~ 4 cm 高时移栽一次，7 ~ 8 cm 高时定植或盆栽。生长期每半月施肥一次，6 ~ 7 片叶时进行摘心，促使多分枝。开花期增施磷肥 1 ~ 2 次。常见病害有根腐病、锈病，根腐病用 10% 抗菌剂 401 醋酸溶液 1000 倍液喷洒，锈病用 50% 萎锈灵可湿性粉剂 2000 倍液喷洒。

图 7-19　观赏向日葵

图 7-20　藿香蓟

种类及品种介绍：在园艺上常见的栽培品种有大花藿香蓟，市场上常售的品种有：杂交一代“蓝色礁湖”，花色纯蓝，是一年生花卉中不可多得花色。株高13～20 cm，是非常优秀的花坛和镶边植物，亦适合于盆栽及大型组合盆栽。杂交一代“超级太平洋”整个花期都能保持浓艳的紫色。株形紧凑而整齐，非常适合穴盘和盘盒容器生产。花园中，“超级太平洋”良好的株形和繁茂的花朵一直保持到晚秋。

园林用途：藿香蓟株丛繁茂，花朵奇特，色彩迷人，是花坛、花境的优质材料，也可用于小庭院、路边、岩石旁点缀，密生的植株还具有一定的覆盖地面的特性。矮生种可盆栽观赏，高秆种用于切花插瓶或制作花篮。

7.1.21 雏菊

别名：延命菊、春菊

拉丁名：*Bellis perennis* L.

科属：菊科，雏菊属

形态特征：植株矮小，全株具毛，高7～15 cm。叶基部簇生，呈倒卵状或匙形，基部渐狭，先端钝，微有齿；头状花序单生，花葶于叶丛中抽出，高出叶面，花葶高7.5～15 cm，花径2.5～4.0 cm，舌状花多轮，线形，具白、粉、紫、洒金等色，筒状花黄色。花期3～6月，果熟期5～7月。瘦果，种子扁平，千粒重0.17 g（图7-21）。

生态习性：多年生宿根草本，原产西欧，在北方多作二年生草花栽培。性强健，较耐寒，喜冷凉气候，可耐-4～-3 ℃低温，通常可以露地稍加覆盖越冬。在肥沃、富含腐殖质、湿润、排水良好的沙质土壤生长，开花更佳。忌炎热，在6月中下旬，生长势及开花衰退，如在半阴下，还可略延长花期。能够进行自播繁殖。

图7-21 雏菊

繁殖栽培：播种繁殖，一般采用秋播。北京地区于秋季8～9月露地播种，种子发芽适温为22～28 ℃，播后5～7 d出苗，具2～3片真叶时进行1次移栽，4～5片真叶时可以定植。雏菊甚至在大量开花时也可移栽，夏季开花后，老株经过分株，并进行追肥及灌溉后，秋季或早春在温室中又可再次开花，春季定植后至开花期，有充足的水分，则花多而叶茂。生长期间要注意灌水，花前及时施肥。由于实生苗易发生变异，很多品种采用花后分株繁殖，分株苗经施肥和灌水后，秋季或早春可以在温室内再次开花。

种类及品种介绍：雏菊有半瓣和重瓣品种，园艺品种均为重瓣类型。花色丰富，有的舌状花呈管状少有的上卷，有的反卷，如卷花雏菊、舌花雏菊。用于观赏的同属其他种类有：全缘叶雏菊（*B. integrifolia* Michx.），花冠25 cm，淡紫色或白色；林地雏菊（*B. sylvestris* Cyr.），头状花序稍下垂，舌状花顶端深红色。

园林用途：雏菊小巧玲珑，花期较长，是华北地区早春到“五一”前后布置花坛和花境镶边的重要材料，或与春季开花的球根花卉配植，沿小径栽植，盆栽雏菊可以用来点缀室内、案边或窗台，幽雅别致，妙趣横生。

7.1.22 千日红

别名：火球、千日草、圆仔花

拉丁名：*Gomphrena globosa* L.

科属：苋科，千日红属

形态特征：株高约50 cm，矮生品种仅15 cm

左右，全株密被纤细毛，茎直立多分枝。单叶对生，长椭圆形，全缘。头状花序，圆球形，着生于枝顶，小花干后不落，不变色。花有紫红、粉红、金黄、橙黄、白等色。胞果近球形，种子密被白色纤毛，褐色（图 7-22）。

生态习性：喜阳光充足，性强健，耐干热，耐旱，不耐寒，宜疏松肥沃的土壤。花期 7 ~ 10 月。

繁殖栽培：种子繁殖。把种子播种在排水良好、无病害、pH 在 5.5 ~ 5.8 的基质中。用粗糙蛭石轻轻覆盖，保持介质湿润。发芽温度 21 ~ 24 ℃，播后 10 ~ 14 d 出苗。当茎和子叶长出时降低土壤温度到 20 ℃左右，逐渐增加光照水平，持续保持介质完全湿润。花期不宜浇水过多，每隔 15 ~ 20 d 施肥一次，花期应不断摘除残花，促使开花不断。花后修剪、施肥可再次开花。

种类及品种介绍：千日红的常用品种有‘侏儒’，一种株形矮小的品种，有粉色、紫色、白色和混合色，在栽培中更整齐一致。‘伙伴’有紫色和玫瑰色的混合色，也是优良的品种。‘港湾’有淡紫色和红色，可作切花。‘红色港湾’与草莓在田间很相似，能长到 61 cm 高，也可作切花。

园林用途：适于花坛、花境、盆栽，亦可作鲜切花和干花。花色明艳，若搭配其他植物，则色彩颇为出色。

图 7-22　千日红

7.1.23　紫罗兰

别名：草桂花

拉丁名：*Matthiola incana*

科属：十字花科，紫罗兰属

形态特征：株高 30 ~ 60 cm，全株被灰色星状柔毛，茎直立，多分枝，基部稍木质化。叶互生，叶面宽大，长椭圆形或倒披针形，先端圆钝。总状花序顶生和腋生，花梗粗壮，花瓣 4 枚，瓣片铺展为十字形，花淡紫色或深粉红色，具芳香，花期 3 ~ 5 月。单瓣花能结籽，重瓣花不结籽，果实为长角果、圆柱形，种子有翅，果熟期 6 ~ 7 月（图 7-23）。

生态习性：紫罗兰原产欧洲南部，多年生草本，常作一、二年生栽培。喜阳光充足，稍耐半阴，喜温暖和冷凉的环境，忌燥热，耐寒，冬季能耐短时间的 -5 ℃的低温。要求疏松肥沃、土层深厚、排水良好的土壤。

繁殖栽培：种子繁殖，北方一般在 1 ~ 2 月温室播种。发芽适温 16 ~ 18℃，播后约 2 周发芽。在真叶展叶前需分苗移植。因其直根性强，须根不发达，如较早移植，并且移植时要多带宿土，可少伤根。栽植时应施足基肥，生长前期视植株长势适当施肥。不可栽培过密，否则通风不良，易受病虫害。定植后浇

图 7-23　紫罗兰

透水。如养护得当，4月中旬即可开花。开花后需剪花枝，追肥1～2次，到6～7月可第2次开花。紫罗兰为直根性植物，不耐移植。常见病害有叶斑病，可喷洒1%的波尔多液或25%多菌灵可湿性粉剂300～600倍液来防治；猝倒病，发病初期用50%的代森铵水溶液300～400倍液或70%甲基托布津可湿性粉剂1000倍液防治。虫害主要是蚜虫，喷施40%乐果或氧化乐果1000～1500倍液，或杀灭菊酯2000～3000倍液或80%敌敌畏1000倍液等。

种类及品种介绍：园艺品种甚多，有单瓣和重瓣两种品系。重瓣品系观赏价值高；单瓣品系能结种，而重瓣品系不能。一般扁平种子播种生长的植株，通常可生产大量重瓣花；而饱满充实的种子，大多数产生单瓣花的植株。花色有粉红、深红、浅紫、深紫、纯白、淡黄、鲜黄、蓝紫等。在生产中一般使用白花、粉花和紫花等品种生产切花。依株高分为高、中、矮三类；依花期不同有夏紫罗兰、秋紫罗兰及冬紫罗兰等品种；依栽培习性不同分为一年生及二年生类型。

园林用途：紫罗兰花期较长，花朵丰盛，花序硕大，色彩丰富，有香味，可用作花坛、花境、花带的布置材料和盆栽美化，也是很好的切花植物。

7.1.24　二月兰

别名：诸葛菜、二月蓝、菜子花、紫金草

拉丁名：*Orychophragmus violaceus*

科属：十字花科，诸葛菜属

形态特征：株高10～50 cm，茎直立，基部或上部稍有分枝，浅绿色或带紫色。基生叶及下部茎生叶羽状全裂，上部叶长圆形或窄卵形，基部耳状，抱茎。花瓣宽倒卵形，密生细脉纹。花紫色、浅红色或褪成白色。长角果线形，种子卵形至长圆形，黑棕色（图7-24）。

图7-24　二月兰

生态习性：适应性强，耐寒，耐阴。对土壤要求不高，在肥沃、湿润、阳光充足的环境下生长健壮。自播生长能力强。

繁殖栽培：种子繁殖。秋季播种，撒播或条播，播后镇压。喜肥，生长期施肥，保持土壤湿润。花后可进行修剪。

园林用途：早春花坛的良好选择，是理想的林下地被植物，可栽种在林下、公园、林缘、山坡、草地，即可独立种植，也可以与各种灌木混栽。

7.1.25　虞美人

别名：丽春花、赛牡丹

拉丁名：*Papaver rhoeas* L.

科属：罂粟科，罂粟属

形态特征：全株被绒毛，具白色乳汁。茎细长，分枝细弱。叶互生，叶片为不整齐的羽状分裂，有锯齿，花单生于茎顶，具长梗，花蕾下垂，花开后花梗直立，花朵向上，花瓣质薄，具光泽，似绢。花瓣宽倒卵形或近圆形，全缘或稍裂。花色有深红、鲜红、粉红、紫红、淡黄、白色和复色，有的具不同颜色镶边，有的在花瓣基部具黑色斑点，花期5～6月。蒴果杯形，种子肾形（图7-25）。

生态习性：喜阳光充足，宜温暖，耐寒，但不耐高温，忌高湿，要求干燥通风之处。对土壤要求不严，但以排水良好、肥沃的沙质壤土生长最佳。不耐移栽，

图 7-25　虞美人

图 7-26　花菱草

能自播。

繁殖栽培：种子繁殖。罂粟属植物均为直根性，须根极少，采用直播法繁殖。发芽适温 20 ℃左右。生长期间保持土壤湿润，一般情况下 10 d 浇一次水。种子成熟较一致，可一次采收。勿使圃地湿热或通风不畅，忌连作，施肥不可过多，否则病害多，发现病株时，要及时拔除深埋或烧毁。注意田园卫生及病虫害防治工作。如需移栽供园林布置时，宜用营养钵或小纸盆育苗，连钵（盆）移植，否则生长不良，甚至不能成活。

种类及品种介绍：虞美人有复色、间色、重瓣和复瓣等品种。

园林用途：虞美人娇艳动人，花色绚丽，花姿优美，加之花瓣质薄如绫，光洁似绸。适于种植花坛、花带或成片种植，是春季装饰公园、绿地、庭园的理想材料。虞美人可与球根花卉混植于花境中，以虞美人的叶丛衬托球根花卉，当虞美人开花时，又可掩饰球根花卉花后的残株败叶。

7.1.26　花菱草

别名：金英花、人参花

拉丁名：*Eschscholzia californica* Cham.

科属：罂粟科，花菱草属

形态特征：多年生草本作一、二年生栽植。肉质根，株高 30 ~ 60 cm，直立或开展倾卧状，全株被白粉，呈灰绿色。叶互生，多回三出羽状，深裂至全裂。花单生于枝顶，具长梗，花径 5 ~ 7 cm；花瓣狭扇形，亮黄色，基部色深。有乳白、淡黄、金黄、橙黄、橙红、橘红、玫红、浅粉等品种，还有半重瓣和重瓣品种。花期 4 ~ 6 月（图 7-26）。

生态习性：喜冷凉干燥气候，较耐寒，要求日光充足，不耐湿热，宜疏松肥沃、排水良好、土层深厚的沙质壤土，也耐瘠薄。能大量自播繁衍，直根性。

繁殖栽培：种子繁殖。花菱草为直根性，宜直播，冬季土壤不结冻的地区可秋播。我国北方地区于早春在室内育苗，15 ~ 20 ℃条件下，7 d 左右发芽，断霜后定植。

园林用途：花菱草茎叶灰绿，花朵繁多，花色艳丽，日照下有反光，为美丽的春季花卉是良好的花带、花境或草坪丛植及地被覆盖材料，也供盆栽观赏。

7.1.27　金鱼草

别名：龙头花、龙口花、洋彩雀

拉丁名：*Antirrhinum majus*

科属：玄参科，金鱼草属

形态特征：茎直立，基部木质化，微有绒毛。叶基部对生，上部互生，叶片披针形至阔披针形，全缘，光滑。总状花序顶生，小花密生，有短梗，花冠筒状唇形，基部膨大成囊状。花色鲜艳丰富，有白、淡红、深红、肉色、深黄、浅黄、黄橙等色。花期 5 ~ 6 月，蒴果，孔裂（图 7-27）。

图 7-27　金鱼草

生态习性：多年生草本，常作一、二年生栽培。喜凉爽气候，忌高温多湿，较耐寒。喜光，稍耐半阴，喜肥沃疏松、排水良好的土壤，忌积水，稍耐石灰质土壤。能自播繁衍。

繁殖栽培：以播种繁殖为主，种子细小，喜光种子，覆土薄易发芽。发芽适温 15 ~ 20℃，播后 1 ~ 2 周发芽。为延长花期，气候适合地区可分期播种。华北地区秋播后冷床越冬，翌年 6 ~ 7 月开花；华东地区秋播，露地越冬，4 ~ 5 月开花。扦插繁殖用于重瓣品种或保持品种特性，在 6 ~ 7 月或 9 月进行，半阴处两周可生根。对日照要求高，光照不足易徒长，开花不良。主茎 4 ~ 5 节时适当摘心，促多分枝多开花。喜肥，除栽植前施基肥外，在生长期每隔 7 ~ 10 天追肥一次，并保持土壤湿润，促使植株生长旺盛，开花繁茂。花后去残花，开花不断。夏季花后及时打顶，适当追肥，可继续开花。

种类及品种介绍：金鱼草有各种花色、花型和高矮不同的品种，常见栽培种有数百种。按植株高矮分为：高型品种（90 ~ 120 cm），少分枝，多做切花；中型品种（45 ~ 60 cm），分枝多，花色丰富，可用于园林和切花生产；矮型品种（15 ~ 25 cm），分枝多，花小，花色丰富，适用于园林应用。

园林用途：金鱼草因花似金鱼，故得名。金鱼草株型挺拔，花色浓艳丰富，花形奇特，是优良的花坛、花境材料，高型种可作切花及背景材料，矮型种可盆栽观赏和作花坛镶边，也可用于布置岩石园。切花品种水养时间持久。

7.1.28　毛地黄

别名：自由钟、洋地黄、紫花毛地黄

拉丁名：*Digitalis purpurea* L.

科属：玄参科，毛地黄属

形态特征：株高 60 ~ 120 cm，茎直立，少分枝，全株被灰白色短柔毛或腺毛。叶粗糙、皱缩，基生叶呈莲座状，具长柄，叶缘有圆锯齿，卵形至卵状披针形；茎生叶叶柄短或无，长卵形，叶形由下至上而渐小。顶生总状花序，花冠钟状而稍偏，于花序一侧下垂，花梗、苞片、花萼都有柔毛；花紫色，筒部内侧色浅白，并有暗紫色细点及长毛。花期 6 ~ 8 月，蒴果卵球形（图 7-28）。

生态习性：耐寒，耐瘠薄土壤，喜阳也耐阴，耐旱。喜富含有机质，疏松肥沃，排水良好的土壤。

繁殖栽培：种子繁殖或分株繁殖。把种子播种在排水良好、无病虫害，pH 为 5.5 ~ 5.8 的萌发介质中。保持介质湿度均匀，17 ℃左右 2 ~ 3 d 萌发。当 50% 的种子萌发后，逐渐增加光照强度。子叶展开后可施用一定量的叶肥。真叶长出后可降低温度到 14 ℃左右，在介质干透后再浇水。移植的前一周进行炼苗。毛地黄有多年生习性，如环境合适时（夏季凉爽、通

图 7-28　毛地黄

风及排水良好），花后老株可越夏生长。冬季防寒越冬后，又可再度开花。老株可分株繁殖，分株宜在早春进行，成活容易。

种类及品种介绍：常见栽培种有锈点毛地黄，花序长，着花密，花冠黄色，被锈红色斑点，外具短茸毛；黄花毛地黄，花大而长，约 5 cm，淡黄色，上有棕褐色斑点；希腊毛地黄，总状花序，有毛、花长 2.5 cm，白色，有网状脉纹。

园林用途：毛地黄花茎挺直，花冠别致，色彩明亮，适于作花境的背景材料，或作大型花坛的中心材料。若丛植则更为壮观。盆栽供早春赏花。

7.1.29　飞燕草

别名：彩雀花、千鸟草、翠雀

拉丁名：*Consolida ajacis*（L.）Schur

科属：毛茛科，飞燕草属

形态特征：茎直立，疏被微绒毛，上部疏生分枝。茎下部叶有长柄，掌状三裂再作细裂状，小裂片线形，中部以上具短柄或无柄。总状花序顶生，萼片 5，花被紫色、粉红色或白色，花瓣 2 轮，合生，距细尖与萼片同色。蓇葖果，成熟后自动开裂（图 7-29）。

生态习性：较耐寒，喜高燥而忌积涝，以肥沃且含有机质的沙质壤土为好，宜栽植于日照充足、通风良好的凉爽环境。

图 7-29　飞燕草

繁殖栽培：种子繁殖。春、秋均可播种，而以秋播为好，种子发芽温度以 15 ~ 20 ℃为宜，需 10 ~ 20 d 出苗。在穴盘苗根系发达时及时进行移栽。移植到室外之前先给予一段 4 ~ 10 ℃的低温适应期。选择排水良好的种植地，在种植前施足底肥，生长期内喷施 1 ~ 2 次叶面肥。飞燕草虽喜干燥，但因须根少，易受旱，待春暖生长旺盛时，灌水应充足，切勿土壤过干。在暖地或小气候温暖之处，可露地越冬。这样可采用直播而不移植，生长更好。

种类及品种介绍：‘大帝王（Giant Imperial）’是株高在 91 ~ 120 cm 的品种，包括深蓝色、玫瑰色、淡紫色、粉红色、白色和复合色等八个色系。‘QIS’非常适于生产鲜切花和干花，这一品种颜色绚丽，茎干直立，包括七个色系。

园林用途：飞燕草植株挺拔，叶细，花序较大，色彩明丽，常常捆扎成束点缀在花束中，是理想的切花材料，也是花境的重要材料，或丛植于绿地。

7.1.30　月见草

别名：夜来香、山芝麻、野芝麻

拉丁名：*Oenothera biennis* L.

科属：柳叶菜科，月见草属

形态特征：植株高大，全株具毛，茎直立。基生叶丛生呈莲座状，茎生叶互生，下部叶片狭长披针形至长圆形，上部叶片短小。抽薹前根肉质，白色肥大，抽薹后主根木质化。花黄色，具芳香。花径 4 ~ 5 cm，成对簇生于枝上部叶腋间，花瓣倒心脏形，蒴果 4 棱，种子细小（图 7-30）。

生态习性：耐寒，耐旱，耐瘠薄，喜光，忌积水，喜阳光充足而高燥之地，抽薹开花需要一定的低温刺激能自播繁衍。

繁殖栽培：种子繁殖，可直播或育苗移栽。直播种子要预先低温处理，播量 0.2 g/m^2，播后覆土约

图 7-30 月见草

图 7-31 羽扇豆

0.5 cm。8 ~ 9 月播种，在华北地区小苗须于冷床或露地加土覆盖防寒越冬；5 月即可开花，花期延至 9 ~ 10 月。4 ~ 5 月播种，6 ~ 10 月开花不断。

种类及品种介绍：常见的栽培品种有：拉马克月见草，茎上具红色突起，花较大而繁多。美丽月见草高 50 cm，具羊毛状毛，幼苗时枝多倾卧向后直升。白花月见草，株矮，圆形，无香味，花淡白，适合花坛布置。

园林用途：月见草花夜晚开放，香气宜人，适于点缀夜景，是夜花园的良好植物材料，配合其他绿化材料用于园林、庭院、花坛及路旁绿化。高大种类可用作开阔草坪的从植、花境或基础栽植，有近似花灌木的效果；中矮种类可用于小路沿边布置或假山石隙点缀，也宜作大片地被花卉。花茎不仅有良好的观赏价值，而且有较高的经济价值和药用价值。

7.1.31 羽扇豆

别名：鲁冰花

拉丁名：*Lupinus polyphyllus*

科属：豆科，羽扇豆属

形态特征：株高 100 ~ 150 cm，茎粗壮直立。叶多基生成丛，掌状复叶，披针形至倒披针形，叶质厚，叶面平滑，背面具粗毛。轮生总状花序，小花多而密，在枝顶排列成塔形，长可达 60 cm。花色丰富，有白、黄、橙、桃红、红、紫、蓝以及双色品种，花期 5 ~ 6 月。荚果，被绒毛，种子黑色（图 7-31）。

生态习性：羽扇豆原产于南欧地中海地区，多年生草本花卉。喜气候凉爽、阳光充足，忌炎热，较耐寒（-5 ℃以上），生长适温为 10 ~ 28 ℃，稍耐阴，要求土层深厚、肥沃疏松、排水良好的微酸性砂壤土。深根性，主根发达，须根少，不耐移植。

繁殖栽培：种子繁殖。秋季或春季播种，由于种皮较厚，播种前将种子在温水中浸泡 24 h 来软化种皮，发芽适温为 16 ~ 23 ℃，约 3 ~ 4 周发芽。播种出苗后需及时间苗，待真叶完全展开后移苗分栽。由于根系发达，移苗时保留原土，以促进缓苗。在定植以前视长势进行 1 ~ 2 次换盆。生长期每半月施肥一次，盆土保持湿润，通风要好，花前增施磷、钾肥 1 ~ 2 次。常见病害有叶斑病，可用多菌灵可湿性粉剂 1500 倍喷施，效果良好。

种类及品种介绍：羽扇豆品种繁多，花色绚丽，有白、黄、蓝、紫等色，常见的观赏品种有黄花羽扇豆，花黄，植株稍矮，开花较早；蓝花羽扇豆，花色或粉紫、或嫣红、或淡橘；窄叶羽扇豆，茎高 1 ~ 1.5 m，分枝多。花紫色或白色；白花羽扇豆，小叶 5 ~ 7 片，倒卵状矩圆形，边缘有纤毛。花白色或微带蓝色，花萼不裂。

园林用途：羽扇豆叶形和花序优美、花色丰富，可盆栽布置大堂，点缀庭院、门厅。也可以作为切花装饰家居，同时也是布置自然园林花坛和花境的好材料。

7.1.32　羽衣甘蓝

别名：花包菜、叶牡丹、彩叶甘蓝

拉丁名：*Brassica oleracea* var. *acephala*

科属：十字花科，甘蓝属

形态特征：株高 30 ~ 40 cm，叶矩圆倒卵形，宽大，长可达 20 cm，被白粉。叶柄粗而有翼，着生于短茎上。外部叶片呈粉蓝绿色，内叶叶色极为丰富，有紫红、粉白、白、象牙黄等色。总状花序顶生，有小花 30 余朵。长角果圆柱形（图 7-32）。

生态习性：耐寒，喜冷凉气候，苗期能耐较低温度，生长期适温为 15 ~ 20℃。为短日照植物，喜阳光，耐盐碱。极好肥，喜肥沃土壤。

繁殖栽培：播种繁殖，8 ~ 9 月播种育苗，可用做畦与穴盘育苗两种方法进行，出苗后保持苗床湿润，苗期少浇水，适当中耕松土，防止幼苗徒长。翌年 3 月下旬至 4 月上旬定植露地。生长期要经常保持土壤湿润，夏季不积水，适当追肥。注意防治菜青虫、蚜虫和黑斑病。

种类及品种介绍：园艺品种按叶型、株型可分为皱叶型、圆叶（波叶）型、锯齿叶型（孔雀型）。皱叶型，叶片高度皱褶，排列紧密，为传统品种，株型为莲座型，用于花坛栽植和盆栽，其叶色分为红紫类、黄白类；圆叶（波叶）型，叶片平整或略波折，排列紧密，其株型又分为莲座型和切花型，莲座型叶基生，排列紧密，无地上茎，是花坛、盆花的高级品种，切花型具地上茎，切花用，也可用于花坛中央或作背景用；锯齿叶型，叶片羽状深裂，也叫羽叶型，叶基生，排列紧密，无地上茎，叶色也分为红紫类和黄白类，有切花用和花坛、盆花用品种。

园林用途：羽衣甘蓝株型丰满整齐，酷似牡丹花形，叶色亮丽，是丰富冬季和春季花坛不可多得的材料，也是盆栽观叶的佳品，有些高型品种还是新型的切花用材。

7.1.33　报春花

别名：樱草、年景花

拉丁名：*Primula malacoides* L.

科属：报春花科，报春花属

形态特征：叶卵形或矩圆状卵形，有 6 ~ 8 浅裂，边缘浅波状。伞形花序，多轮重出，有香气。花色白、淡黄、粉红至深红色，花冠高脚碟状，花梗高出叶面。花期 1 ~ 4 月（图 7-33）。

生态习性：为多年生草本植物，常作一、二年生栽培。较耐寒，喜温凉、湿润环境，以含腐殖质多而排水良好的酸性壤土为宜。苗期忌烈日曝晒和高温，不耐霜冻，花期早。

繁殖栽培：一般用播种法繁殖，有的种类亦可扦插和分株。播种以 5 ~ 7 月为适期，种子细小，播后不覆土，保持土壤湿润，置半阴处，约 7 ~ 14 d 发芽。

图 7-32　羽衣甘蓝

图 7-33　报春花

7 ~ 8 片叶时定植于 17 cm 盆中，生长期每 7 ~ 10 d 施一次液肥，夏、秋两季需遮阴，冬、春季温度宜保持在 12 ℃左右。

园林用途：报春花株丛雅致，花色艳丽，花期正值元旦和春节，可增添喜庆气氛。宜盆栽，适合装点客厅、居室及书房。在温暖地区，还可露地植于花坛、假山、岩石园、野趣园、水榭旁。

7.1.34 半边莲

别名：急解索、半边花、细米草、蛇舌草

拉丁名：*Lobelia chinensis* Lour.

科属：桔梗科，半边莲属

形态特征：高约 10 cm，有乳汁。茎纤细，稍具 2 条纵棱，近基部匍匐，节着地生根。叶互生，狭披针形至线形，全缘或疏生细齿；具短柄或近无柄。花单生叶腋，花梗长 2 ~ 3 cm；花萼筒喇叭形，先端 5 裂；花冠淡红色或淡紫色，先端 5 裂，裂片披针形，均偏向一侧。蒴果倒圆锥形。种子多数，细小，椭圆形，褐色。花期 5 ~ 8 月，果期 8 ~ 10 月（图 7-34）。

生态习性：喜潮湿、半阴、冷凉的环境，但也耐轻度干旱。适宜沙质壤土栽培。

繁殖栽培：分株繁殖，扦插繁殖。

分株繁殖：春季 4 ~ 5 月间，新苗长出后，根据株丛大小，每株丛可分 4 ~ 6 株不等，然后开沟，按行距 5 ~ 7 寸（1 寸≈ 3.3 cm）、株距 2 ~ 3 寸栽种。

扦插繁殖：北方高温、高湿季节，为扦插适期，将植株上部茎枝剪下，插于沙床，温度 25 ~ 30 ℃，保持土壤潮湿，约 10 d 可生根成活，成活后移于苗床，至翌年春定植田间。

园林用途：片植或丛植在湿润的林缘草地中，也可作模纹花坛的配置材料，也可在花境中种植或庭园观赏。

7.1.35 风铃草

别名：钟花

拉丁名：*Campanula medium* L.

科属：桔梗科，风铃草属

形态特征：全株具粗毛。茎粗壮而直立，稀分枝。基生叶卵状披针形，边缘具钝齿，茎生叶披针状矩形。总状花序顶生，萼片具反卷的宽心脏形附属物；花冠，钟形，白色或蓝色，基部稍膨大，五裂，如屋檐风铃（图 7-35）。

生态习性：喜深厚肥沃而湿润的土壤，喜冷凉而忌干热。

繁殖栽培：播种、扦插、分株繁殖。

播种繁殖：将种子播种在排水良好、无病虫害的基质中。轻轻覆盖一层粗蛭石，但不要完全遮光。保持基质温度在 20 ℃左右，并维持均一的基质湿度。种子会在一周左右萌发。当半数以上的种子萌发后，逐渐增加光照强度。可在基质见干后再浇水，每周施用

图 7-34 半边莲

图 7-35 风铃草

一定量的叶肥。

扦插繁殖：将插条插在排水良好、无病虫害、pH 为 6.0 ~ 7.0 的基质中。使插条生长在 20 ℃左右的环境中。

分株繁殖：一般在春秋两季进行分株繁殖。

园林用途：风铃草花色淡雅，玲珑可爱，宜用于夏季花卉布置，高型用作花坛、花境背景及林缘丛植，也可作切花。矮型多盆栽观赏或布置岩石园。

7.1.36　蛾蝶花

别名：蛾蝶草、荠菜花

拉丁名：*Schizanthus pinnatus*

科属：茄科，蛾蝶花属

形态特征：株高 20 ~ 100 cm（视品种而定），多分枝，全株有腺毛。羽状复叶全裂。总状圆锥花序顶生，花径 2 ~ 4 cm，有白、纯白、深红、蓝紫等色，花期春夏（图 7-36）。

生态习性：蛾蝶花原产南美智利，为一、二年生草本花卉。喜凉爽温暖气候，喜光照，耐寒性较强，生长适温为 15 ~ 25 ℃，要求肥沃、排水良好的壤土。

繁殖栽培：种子繁殖。秋冬季播种，春季开花。发芽适温为 15 ~ 20 ℃，约 8 ~ 15 d 发芽。出苗后全光照管理，并适当控水，以防小苗徒长，长出 3 ~ 4 片真叶时分苗，苗高 12 cm 左右时定植。定植成活后摘心，以促使多分枝。前期以氮肥为主，花前以磷钾肥为主。花后及时剪除残花，可促发新枝再次开花。常见的病害有菌核病，可用 70% 代森锰锌可湿性粉剂 500 倍液或 70% 甲基托布津 600 倍液、40% 菌核净 1500 倍液防治；灰霉病，可用 50% 速克灵可湿性粉剂 1000 倍液或 50% 扑海因可湿性粉剂 1000 倍液、75% 百菌清可湿性粉剂 500 倍液喷雾防治；虫害有蚜虫、烟粉虱，可用 10% 的吡虫磷 1500 倍液防治。

图 7-36　蛾蝶花

种类及品种介绍：品种有高秆、矮秆之分。高秆品种高 50 ~ 100 cm，长势强，花大，花序较长，可用于花坛、花境和切花。矮秆品种高 20 ~ 40 cm，分枝性强，株形矮壮圆整，开花繁多，是目前主要的栽培品种。蛾蝶花性状丰富，花色有粉红、朱红、粉、白、蓝、紫、紫红等十几个品种；叶型上有大叶、细叶、板叶等；株形上有馒头形、高圆形、扫帚形等；花型上有普通型、多裂型、羽毛型等。经多年栽培选育，市场上陆续推出了矮型密花、早花、大叶、大花、纯色、复色等多个新品种。

园林用途：蛾蝶花花如洋兰，叶形如蕨，极具异国情调，是早春季节优美的切花和盆花，在南方温暖地区还适宜布置春季花坛。

7.1.37　五色苋

别名：红绿草、锦绣苋、模样苋

拉丁名：*Altemanthera bettzichiana*

科属：苋科，虾钳草属

形态特征：株高 15 ~ 40 cm，茎直立或斜生，分枝较多，株丛紧密，极耐修剪。叶对生，全缘，窄匙形，叶面绿色或具各色彩纹。花序头状，簇生叶腋，小型，白色（图 7-37）。

生态习性：喜温暖，不耐寒，宜在 15℃以上越冬。

图 7-37 五色苋

宜阳光充足，略耐阴。喜高燥的沙质壤土，不耐干旱和水涝。盛夏生长迅速，入秋后叶色艳丽。

繁殖栽培：主要春夏季扦插繁殖。扦插的适宜温度为 20 ~ 25 ℃，相对湿度为 70% ~ 80%。一般取健壮的嫩枝顶部 2 节的长度为插穗，保持适宜条件，7 ~ 10 d 即可生根，2 周即可移植上盆或定植。夏季扦插宜略遮荫。生长季节适量浇水，保持土壤湿润，喜欢略微湿润的气候环境，要求生长环境的空气相对湿度在 50% ~ 70%。作模纹花坛需要浇水喷雾。当气温 20℃以上时，生长加速，可进行多次摘心或修剪，使之保持半圆形的矮壮、密集的枝丛。若作模纹花坛，注意刈平。一般不需施肥，为促其生长，也可追施 0.2% 的磷酸铵。若施肥过多，叶色暗淡。在春、秋、冬三季，给予直射阳光的照射，特别冬季管理注意阳光充足。五色苋一般病虫害较少。

种类及品种介绍：

1. 小叶红（*Alternanthera amoena* Voss），茎平卧斜出，分枝较多。叶狭，呈椭圆状披针形，先端钝圆尖，基部下延，叶柄短。叶舌状红色有彩斑，叶面常有橙、粉红、玫瑰红等颜色的斑块。

2. 绿草（*Alternanthera bettzickiana* Nichols），茎直立或斜出，呈密丛，节膨大。叶较狭，呈长椭圆状披针整形，基部抱茎有叶柄。叶呈鲜绿色，带黄晕及色斑，常见绿色叶品种‘小叶绿’和红褐色品种‘小叶黑’。

3. 大叶红（*Alternanthera dentate* Rubiginosa），茎直立，植株较高，节间长，分枝量较大。叶披针状卵形或稍阔，端尖，叶脉明显。叶片宽大，平展光滑，叶柄较长。茎叶暗紫色，夏季嫩叶紫红色。

园林用途：五色苋类植株矮小，分枝力强，耐修剪，叶色鲜艳，适宜布置模纹花坛。可用不同的色彩配置成各种花纹、图案、文字等平面或立体图样。也可用于花坛和花境边缘及岩石园。

7.1.38 银边翠

别名：高山积雪、象牙白

拉丁名：*Euphorbia marginata*

科属：大戟科，大戟属

形态特征：株高 60 ~ 80 cm，直立分枝多，具乳汁，全株具柔毛。叶卵形、长卵形或椭圆状披针形，全缘，无柄，顶部叶轮生或对生，边缘呈白色或全叶白色；下部叶互生，绿色。花小具白色瓣状附属物，着生于上部分枝的叶腋处。花期 7 ~ 8 月（图 7-38）。

生态习性：喜阳光充足、气候温暖的环境。喜肥沃、排水良好的沙质壤土，不耐寒，耐干旱。直根性，不耐移植，能自播，生长迅速。

繁殖栽培：种子繁殖，扦插繁殖。直根性，宜直播。扦插繁殖，应插入干土中，待剪口流出的汁液被吸收后再浇水。

园林用途：银边翠顶叶呈银白色，与下部绿叶相

图 7-38 银边翠

映，有如青山积雪，如与其他颜色的花卉配合布置，更能发挥其色彩美。为良好的花境和花坛背景材料，还可作插花配叶。

7.1.39　五色椒

别名：朝天椒、观赏辣椒、佛手椒、樱桃椒、珍珠椒

拉丁名：*Capsicum frutescens*

科属：茄科，辣椒属

形态特征：株高40～60 cm，茎直立，半木质化，黄绿色，多分枝。单叶互生，卵状披针形或矩圆形，全缘，先端尖，叶面光滑。花较小，白色，单生于叶腋，或簇生枝顶。浆果直立，斜垂或下垂，指形、圆锥形或球形；幼果绿色，熟后红色、黄色或带紫色（图7-39）。

生态习性：不耐寒，喜温热。适温：苗期20 ℃，开花期15～20 ℃，果实成熟时期25 ℃以上，低于10 ℃或高于35 ℃发育不良。要求湿润肥沃的土壤，花期7～10月。

繁殖栽培：种子繁殖。将种子播种在排水好、无病害、pH在5.5～5.8的基质中，需要覆盖。基质温度在22 ℃左右的条件下5～7 d生根。一个月左右可进行移栽。

种类及品种介绍：观赏辣椒有‘Medusa’和‘Chilly Chili’。过去的许多观赏辣椒果实太辣不好处理，而这些新品种的果实温和对儿童安全，适合公共场所种植。果实开始时乳白色，变黄然后橘黄，最终变为红色，一株植物可以展现很多色彩。‘Ember’是紫色叶片和紫色果实的品种‘Jerusalem Cherry’和‘Christmas Cherry’是可应用于圣诞节的植物，改变了过去一品红充斥市场的局面。在2月进行播种，12月出售。在5月将种移入15 cm盆，夏天在室外种植以利于传粉，第四叶生长出后进行修剪，在第一次霜冻到来之前移入室内。

园林用途：盆栽夏秋观果，可配植花坛、花境。

7.1.40　牵牛花

别名：喇叭花、朝颜

拉丁名：*Ipomoer purpurea*

科属：旋花科，牵牛花属

形态特征：茎蔓生成缠绕茎，长达2～4 m，茎叶被密毛。叶互生，卵状心形，常呈三裂状。聚伞花序腋生，1朵至数朵，花冠喇叭形，花色有粉红、蓝紫、白及复色多种，花期6～9月。蒴果球形，每果3～4粒种子，种子黑色，果期9～10月。

生态习性：原产温带地区，一年生攀缘花卉。适应性强，喜气候温和、光照充足、通风适度的环境，不怕高温酷暑，适生温度为15～30 ℃。对土壤适应性强，较耐干旱盐碱，属深根性植物，最好直播或尽早移苗。大苗不耐移植（图7-40）。

图7-39　五色椒

图7-40　牵牛花

繁殖栽培：种子繁殖，可于3月底4月初直播于露地。发芽适温20～30℃，湿度适中时，播后15～20 d可出苗。当长出3～4片真叶时可间苗、定苗或移栽。当苗高30 cm左右，即需设架，使其茎缠绕而上。在幼苗长出6片真叶时进行摘心，促进分枝。腋芽生出后，全株选留健壮芽3枚，其余全部剪除。生长过程中注意施肥，但一次不宜过多，以免茎蔓徒长，开花不多。开花期间每隔10 d左右，追施一次少量叶肥，并增施适量磷、钾肥。牵牛花开花期正处炎热的夏、秋季，气温高、蒸发量大，因此，必须及时浇水，否则，茎蔓易凋萎，影响开花。

种类及品种介绍：常见栽培的有裂叶牵牛，叶具深三裂，花中型，1～3朵腋生，有莹蓝、玫红或白色；圆叶牵牛，叶阔心脏形，全缘，花型小，有白、玫红、莹蓝等色；大花牵牛，叶大柄长，具三裂，中央裂片较大，叶易长具不规则的黄白斑块；花大型，花径可达10 cm或更大，在日本栽培最盛，称朝颜花，并选育出众多园艺品种，花型变化多样，花色丰富多彩。

园林用途：牵牛花花色丰富，是美丽的庭院花卉，可在篱垣、棚架旁种植，使茎蔓攀缘，垂直绿化效果甚好。

7.1.41 茑萝

别名：五星花、茑萝松、游龙草、锦屏封、绕龙花

拉丁名：*Quamoclit pennata*

科属：旋花科，茑萝属

形态特征：蔓生，茎细长光滑，约4～6 m。叶互生，羽状深裂。聚伞花序腋生，着生五星状小花1至数朵，花径1.5～2 cm；花冠高脚碟状、鲜红色和白色，花期7～10月。蒴果卵圆形，种子黑色，长卵形，有棕色细毛，果熟期8～10月（图7-41）。

图7-41 茑萝

生态习性：原产墨西哥，现分布于我国各地，一年生蔓性草本花卉。喜阳光充足及温暖环境，不耐寒，耐干旱瘠薄，对土壤要求不严，抗逆性强，管理粗放，但在排水良好的肥沃腐殖质土壤中生长更好。

繁殖栽培：种子繁殖。宜春播，一般长江流域在4月初露地播种，北方可于早春在温室中盆播，成苗后脱盆，带原土球定植于露地。发芽适温约为25℃，大约7～14 d出苗。小苗长出3～4片真叶时定植。生长季节，适当给予水肥。大约7～10 d浇水一次，开花前追肥一次。盆栽上盆时盆底放少量蹄片作底肥，以后每月追施液肥一次，经常保持盆土湿润，还应立支架供其缠绕。由于适应性强，管理粗放，一般没有什么病虫害。

种类及品种介绍：常见栽培的品种有圆叶茑萝，叶片卵形，顶端尖，花冠洋红色，喉部黄色，花多而色艳；槭叶茑萝，又称掌叶茑萝，为羽叶茑萝与圆叶茑萝的杂交种，叶片呈掌状分裂，裂片披针形，顶端长锐尖；总花梗粗大，着花1～3朵，色深红，花比羽叶茑萝的花大一倍；鱼叶茑萝，叶心脏形，具3深裂，花多，二歧状密生，三者中以掌叶茑萝最美。

园林用途：茑萝是优美的蔓生花卉，花形虽小，但是星星点点，别有一种韵味，是布置庭院花架、花篱的首选植物，也可盆栽观赏。

7.1.42　其他一、二年生花卉（表 7–1）

其他一、二年生花卉　　表 7–1

名称	拉丁名	科属	形态特征	生态习性	园林用途
醉蝶花	*Cleome spinosa*	白花菜科，白花菜属	高 1 m 左右，茎直立，表面有黏质绒毛。掌状复叶，小叶 5 ~ 7 片，阔披针形，叶柄细长，基部有刺状托叶。总状花序顶生。花瓣 4 片，具长爪，与细长的雄蕊组成蝴蝶形的花朵。花色有红、紫红和白等色	喜光，喜温暖，不耐寒，适合在通风向阳处生长。要求土壤肥沃而排水良好，能自播	花坛、花境、路边、林缘丛植，也可盆栽和切花
香彩雀	*Angelonia salicariifolia*	玄参科，香彩雀属	高 30 ~ 70 cm，全株密被细毛，叶片枝干上有油腺。叶对生或上部互生，披针形或条状披针形。花单生叶腋，花瓣唇形，花色有紫、淡紫、粉紫、白等	喜高温多湿，不耐寒，喜光，微遮阴处也可栽培。宜疏松、肥沃且排水良好的土壤	花坛、花台、丛植等
夏堇	*Torenia fournieri*	玄参科，蝴蝶草属	高 20 ~ 30 cm，植株低矮，多分枝，茎光滑，具 4 棱。叶对生，卵形，叶缘有细锯齿。花冠二唇状，上唇浅紫色，下唇深紫色，喉部有黄斑。夏秋开花，花期长	喜高温，耐炎热，不耐寒。喜光，耐半阴。对土壤要求不严，耐旱，可自播繁衍	夏季优美的草花，花坛、花境、种植钵、地被等种植
花烟草	*Nicotiana alata*	茄科，烟草属	高 30 ~ 50 cm，全株被粘毛。叶对生，基部稍抱茎。假总状花序顶生，花冠喇叭状，花色有紫红、粉红、淡黄、白等色	喜温暖，不耐寒，较耐热，耐旱，向阳，肥沃疏松的土壤	优美的花坛、花境材料，可作盆栽、庭院、草坪绿化植物
旱金莲	*Tropaeolum majus*	旱金莲科，旱金莲属	茎叶稍带肉质，灰绿色，光滑。茎细长，半蔓性或倾卧。叶互生，具长柄，盾状，似莲叶。花腋生，具长柄和长距，花瓣 5 枚，有紫红、粉红、橘红、橙黄和乳白等色	喜凉爽，但不耐寒，喜温暖湿润，忌酷热，喜阳光充足环境，性强健	花坛、吊盆、种植钵、岩石园、地被、自然式丛植等
矮雪轮	*Silene pendula*	石竹科，蝇子草属	高 30 cm，全株具白色柔毛，上部具腺，多分枝。叶对生，卵状披针形或狭椭圆形。花腋生，聚伞花序，花色有粉红、白、淡紫、浅粉、玫瑰等色	耐寒，喜光，喜肥，在富含腐殖质的湿润壤土上生长更佳	花坛、花境，也可点缀岩石园
香雪球	*Lobularia maritime*	十字花科，香雪球属	株高 20 ~ 30 cm，多分枝，匍匐生，茎具疏毛。叶互生，披针形或线性，全缘。总状花序顶生密集，花小，白色或淡紫色，微香	喜柔和光照，稍耐寒，忌炎热。喜冷凉、干燥气候。能自播	优美的岩石园花卉、地被花卉，也可花坛栽植或盆栽，或花境边缘、路边布置等
桂竹香	*Cheiranthus cheiri*	十字花科，桂竹香属	高 30 ~ 45 cm，茎直立，分枝密。叶互生，披针形。总状花序，单瓣或重瓣，花黄、橙黄或黄褐色，有芳香	喜阳光充足、凉爽气候，较耐寒，不耐热	花坛、盆栽、切花
五色菊	*Brachycome iberidifolia*	菊科，五色菊属	株高 20 ~ 45 cm，多分枝。叶互生，羽状分裂。头状花序单生，舌状花较大，开展，蓝色，管状花黑色，有香气	喜阳光充足，喜温暖，不耐寒，忌炎热，忌涝	岩石园丛植或花境、花坛边缘栽培，也可盆栽观赏
地肤	*Kochia scoparia*	藜科，地肤属	高约 100 cm，全株被短柔毛，多分枝，株形紧密呈卵圆形至圆球形。叶互生，线形，细密。花小，不显著，生于叶腋间	喜阳，稍耐阴。不耐寒，耐盐碱，耐炎热，耐干旱，耐瘠薄。自播力强	坡地草坪自然式栽植，也可作花坛中心材料或背景，或短期绿篱
雁来红（三色苋）	*Amaranthus tricolor*	苋科，苋属	高 80 ~ 100 cm，茎直立，少分枝。叶大互生，卵状披针形，暗紫色。入秋上部叶片变鲜红、暗红、橙红相间，十分艳丽，穗状花序小，不明显，腋生	喜阳光充足，不耐寒，耐干旱，忌湿热，怕涝。对土壤要求不严，能自播	花丛、花群自然丛植，或作花境背景材料，也可于院落角隅或基础栽植，也可做切花
红叶苋	*Lresine herbstii*	苋科，红叶苋属	茎直立，少分枝，茎及叶柄均带紫红色，叶脉红色、黄色或青铜色。叶对生，广卵圆形至圆形。花小，淡褐色	喜温暖湿润，不耐寒，耐阴、忌湿涝，耐干热环境和瘠薄土壤	在花坛、花境、花丛中做点缀，也可盆栽观叶

续表

名称	拉丁名	科属	形态特征	生态习性	园林用途
福禄考	*Phlox drummondii*	花荵科，福禄考属	高 40 ~ 60 cm，多分枝。叶基部对生，上部互生，卵圆形至披针形。聚伞花序顶生，花冠高脚蝶状，花有红、玫红、粉、白、蓝、紫或复色	稍耐寒，喜凉爽环境，忌酷热。喜阳光充足，连日阴雨天花色不鲜艳。忌水涝及盐碱地	花坛、花境，盆栽或切花
勿忘草	*Myosotis sylvatica*	紫草科，勿忘草属	株高 30 ~ 60 cm，茎上具粗毛。叶互生，叶片倒披针形。总状花序顶生，花冠高脚蝶状，蓝色、粉色或白色，喉部黄色	性耐寒，喜凉爽气候及半阴环境，要求肥沃、湿润及富含有机质土壤	花坛、花境、林缘、岩石园、坡地等处栽植，亦可盆栽或插花
紫茉莉	*Mirabilis jalapa*	紫茉莉科，紫茉莉属	株高 1 m 左右，茎多分枝而开展，具明显膨大的节部。单叶对生，三角状卵形。花顶生，花萼长筒喇叭状，无花瓣。有紫红、粉、黄、白等色及混色，微香	喜阳，耐半阴，喜温暖湿润气候，不耐寒。性健壮，易栽培。喜肥沃疏松土壤	花坛、花境栽植，林缘周围大片栽植，或房前屋后、篱旁路边丛植
风船葛	*Cardiospermum halicacabum*	无患子科，倒地铃属	一年生攀援草本植物，茎枝纤细，有纵棱，长 4 ~ 5 m。叶互生，二回三出复叶。花小，白绿色不明显蒴果鼓胀成气球状	喜温暖，不耐寒，喜阳光充足的环境	垂直绿化篱垣，或盆栽做阳台、窗台的绿化植物
香豌豆	*Lathyrus odoratus*	豆科，香豌豆属	一年生蔓性攀缘草本，全株被白毛，茎四棱，有翼。羽状复叶，仅基部两片小叶，先端小叶变态成卷须。花腋生，总状花序，着花 1 ~ 4 朵，花大，蝶形，具芳香。有紫、红、蓝、粉、白等色	喜阳光充足，喜冬季温和夏季凉爽，忌炎热。深根性，不耐移植	切花、垂直绿化、地被、盆栽观赏，亦可装饰窗台和阳台点缀
红花菜豆	*Phaseolus coccineus*	豆科，菜豆属	蔓性草本，全株具短毛。三出羽状复叶，互生。总状花序腋生，花多而密，花冠鲜红色，蝶形。荚果，种子可食	不耐寒，要求阳光充足，深厚肥沃土壤	垂直绿化材料，装饰篱垣
含羞草	*Michelia fuscata*	豆科，含羞草属	株高 20 ~ 60 cm，全株具刚毛和皮刺。二回羽状复叶，小叶长圆形。头状花序腋生，花小，淡红色	性喜温暖、湿润气候，要求阳光充足。小叶对外界刺激极为敏感，轻触即闭合，5 ~ 8 分钟后慢慢恢复原状	趣味性观赏植物，可盆栽观赏

7.2 一、二年生花卉的应用实例

7.2.1 概述

1）一、二年生花卉的含义及类型

（1）一年生花卉

① 典型的一年生花卉是指在一个生长季内完成整个生活史的花卉。从播种到开花、死亡在当年内进行，一般春天播种，夏季开花，冬天来临时死亡。

② 多年生作一年生栽培的花卉有几个原因：在当地露地环境中作多年生栽培时，对气候不适应；生长不良或两年后生长差；同时，它们具有容易结实，当年播种就可以开花的特点，如美女樱、一串红。

（2）二年生花卉

① 典型的二年生花卉是指在两个生长季内完成生活史的花卉。从播种到开花、死亡跨过两个年头，第一年营养生长，然后经过冬季，第二年开花结实、死亡。一般春天播种，种子发芽，营养生长，第二年春或初夏开花、结实，在炎夏到来时死亡。

② 多年生作二年生栽培的花卉。园林中的二年生花卉，大多数种类是多年生花卉中喜冷凉的种类，在露地环境中作多年生栽培时对气候不适应；生长不良或两年后生长势减弱；有容易结实、当年播种翌年就

可以开花的特点，如雏菊等。

（3）既可以作一年生栽培又可以作二年生栽培的花卉

这类花卉由其本身的耐寒性、耐热性及栽培地的气候特点所决定。通常情况下此类花卉的抗性较强，有一定的耐寒性，又不怕炎热。此外，一些喜温暖、忌炎热、喜凉爽、不耐寒的花卉也属此类，如霞草。

2）生态习性

（1）一、二年生花卉生态习性的共同点

① 对光的要求。多数一、二年生花卉喜欢阳光充足，仅少数喜半阴环境。

② 对土壤的要求。除重黏土和过度疏松的土壤外，都可以生长，以深厚肥沃、排水良好的土壤为最佳。

③ 对水分的要求。不耐干旱，根系浅，易受表土影响，要求土壤耐湿。

（2）一、二年生花卉生态习性的不同点

① 主要对温度的要求不同。一年生花卉喜温暖，不耐严寒，大多不能忍受 0 ℃以下的低温，生长发育主要在无霜期进行，因此主要是春季播种，又称春播花卉。

② 二年生花卉喜冷凉，耐寒性强，可耐 0 ℃以下的低温，一般在 0 ~ 10 ℃下 30 ~ 70 d 完成春化作用；不耐夏季炎热，主要采用秋播，又称秋播花卉。

3）园林用途特点

（1）一、二年生花卉品种繁多、形状各异、色彩艳丽，开花繁盛整齐、装饰效果好，在园林中可起到画龙点睛的作用。一年生花卉是夏季景观中的重要花卉，二年生花卉是春季景观中的重要花卉。

（2）花期集中，花期长。一、二年生花卉是规则式园林应用形式（如花坛、种植钵、窗盒等）常用花卉，如三色堇、金鱼草、百日草、凤仙花、一串红、万寿菊等花期集中，方便及时更换种类，可保证较长的观赏效果。

（3）种苗繁殖容易，可以大面积使用，见效快。

（4）有些种类可以自播繁衍，形成野趣，可以当宿根花卉使用，如二月兰。

4）应用形式

在园林绿地中除栽植乔木、灌木外，建筑物周围、道路两旁、疏林下、空旷地、坡地、水面、块状隙地等，都是栽种花卉的场所，使花卉在园林中构成花团锦簇、绿草如茵、荷香拂水、空气清新的意境，以最大限度地利用空间来达到人们对园林的文化娱乐、体育活动、环境保护、卫生保健、风景艺术等多方面的要求。花卉在园林中最常见的应用方式即是利用其丰富的色彩、变化的形态等来布置出不同的景观，主要形式有花坛、花境、花丛、花群以及花台等，而一些蔓生性的草本花卉又可用以装饰柱、廊、篱以及棚架等。

7.2.2　具体应用实例

1）花坛

花坛一般多设于广场及建筑物的出入口处和道路的中央、两侧及周围等处。花坛要求经常保持鲜艳的色彩和整齐的轮廓，因此多选用植株低矮、生长整齐、花期相对集中、株丛紧密而花色艳丽（或观叶）的花卉种类来布置。一、二年生花卉为花坛的主要材料，其种类繁多，色彩丰富，成本较低（图 7-42）。

图 7-42　花坛

盛花花坛中堇紫色 + 浅黄色（堇紫色三色堇 + 黄色三色堇、藿香蓟 + 黄早菊），橙色 + 蓝紫色（金盏菊 + 雏菊、金盏菊 + 三色堇），绿色 + 红色（扫帚草 + 星红鸡冠）等是对比色的应用。深色调的对比较强烈，给人兴奋感，浅色调的对比配合效果较理想，对比不那么强烈，柔和而又鲜明。黄早菊 + 一串红、千日红或金盏菊或黄色三色堇 + 白雏菊或白色三色堇 + 红色美女樱的配植是暖色调的应用。类似色或暖色调花卉搭配，色彩不鲜明时可加白色以调剂，并提高花坛明亮度。这种配色鲜艳、热烈而庄重。白色建筑前用纯红色的一串红等，或由单纯红色、黄色如金盏菊等的单色花组成的花坛组为同色调的应用。这种配色不常用，适于小面积花坛及花坛组，起装饰作用，不作主景（图 7-43）。

模纹花坛中一、二年生花卉用得较少，因其生长速度不同，图案不易稳定，可选用草花的扦插、播种苗及植株低矮的花卉作图案的点缀，如五色苋、香雪球、三色堇、矮串红等，但把它们布置成图案主体则观赏期相对较短，一般不使用。

涉及的部分一、二年生花卉的园林用途：

（1）三色堇

三色堇花色瑰丽，株形低矮，多用于花坛、花境及镶边植物或作春季球根花卉的“衬底”栽植。也有盆栽及用于切花、襟花等的。

图 7-43　模纹花坛

（2）藿香蓟

藿香蓟花朵繁多，色彩淡雅，株丛覆盖效果良好。宜为花丛、花群或小径沿边种植。也是良好的地被植物。

（3）雏菊

园林中宜栽于花坛、花境的边缘，或沿小路栽植，与春季开花的球根花卉配合，也很协调。此外，也可作盆栽观赏。

（4）扫帚草

在园林中宜于坡地草坪作自然式栽植，株间勿过密，以显其株形；也可用作花坛中心材料，或成行为短期绿篱之用，生长迅速整齐。北方农家常将老株割下，压扁晒干作扫帚用。

（5）鸡冠花

矮型及中型鸡冠花用于花坛及盆栽观赏。高鸡冠花适于作花境及切花。鸡冠花的花序、种子都可入药；茎叶有用作蔬菜的。

（6）一串红

一串红常用红花种，颜色鲜艳为其他草花所不及。秋高气爽之际，花朵繁密。常用作花丛、花坛的主体材料，以及带状花坛或自然式栽植于林缘。常与浅黄色美人蕉、矮万寿菊、浅蓝或水粉色紫菀、翠菊、矮藿香蓟等配合使用。矮生种更宜作花坛使用。

（7）千日红

千日红可作园林一般露地栽植，也可盆栽。其花头采下制成干花，经久色泽不变，为我国民间传统装饰用，也可入药。

（8）美女樱

美女樱分枝紧密，匍匐地面；花序繁多，花色丰富而秀丽，园林中多用于花境、花坛。矮生品种也适合作盆栽。

（9）香雪球

香雪球植株匍地，花开一片银白色，耐干旱，为优美的岩石园花卉；宜作小面积的地被花卉或花坛、花境边缘布置，也可供盆栽或窗饰。

2）花境

布置花境应突出其自然和耐粗放管理的特性，因此一、二年生花卉很少应用于花境。若使用则可在以耐寒的宿根花卉为主的混合式花境中少量配置。如万寿菊、矢车菊、香雪球，鸡冠花、百日草的园林应用就可用来布置花境图（图 7-44）。

涉及的部分一、二年生花卉的园林用途：

（1）万寿菊

万寿菊花大色艳，花期长，其中，矮型品种最适作花坛布置或花丛、花境栽植；高型种作带状栽植可代篱垣，花梗长，切花水养持久。

（2）矢车菊

矢车菊宜为大片自然丛植或坡地覆盖花卉，也可用于花境丛植或花坛布置；常促成栽培，大量用于切花生产。矮型品种可供花坛及边缘装饰配植，也可作盆花。

（3）百日草

百日草为花坛、花境的常见花卉，又用于丛植和切花，切花水养持久。

3）花丛及花群

花丛及花群是将自然风景中野生花卉散生于草坪山坡的景观借用于园林造景之中，通常布置于开阔的草坪周围，使林缘、树丛、树群与草坪之间起联系和过渡作用；也可用于布置自然曲线型道路的转折点，使人产生步移景换的感觉；也可点缀于小型院落及铺装场地（包括小园路、台阶等）之中。一、二年生花卉较常用。如一串红、美女樱、羽衣甘蓝、雏菊、矮牵牛、百日草等（图 7-45）。

涉及的部分一、二年生花卉的园林用途：

（1）羽衣甘蓝

羽衣甘蓝叶色美丽鲜艳，是冬季花坛的主要材料。也可盆栽观赏。高型品种是优良的切花材料。此外，羽衣甘蓝的营养丰富，含有大量的维生素 A、维生素 C、维生素 B_2 及多种矿物质；叶片绿色，在炒食、拼盘装饰等烹调后，可以保持鲜美的色泽，是一种珍稀特菜（图 7-46）。

（2）矮牵牛

矮牵牛花大、花多、开花繁茂、花期长、色彩丰富，是优良的花坛和种植钵花卉，可自然式丛植。匍匐性强的品种还可以作垂吊盆栽观赏。

4）花台

（1）整齐式布置

其选材与花坛相似，由于面积较小，一个花台内通常只选用一种花卉。由于花台高出地面，所以选用株形低矮、枝繁叶茂并下垂的花卉（如矮牵牛、美女樱等）较为相宜（图 7-47）。

（2）盆景式布置

把整个花台视为一个大型的盆景，按制作盆景

图 7-44　花境

图 7-45　花丛及花群

图 7-46　羽衣甘蓝

图 7-47　花台

的造型艺术配置花卉。常以松、竹、梅、杜鹃、牡丹等为主要植物材料，配饰以山石、小草、一、二年生草花等。构图不着重色彩的华丽，而以艺术造型和意境取胜。这类花台其台座也常按盆景盆座的要求而设计。

5）篱垣及棚架

篱垣、棚架等，利用蔓性花卉可以迅速将其绿化、美化，蔓性花卉还可点缀门楣、窗格和围墙。由于草本蔓性花卉茎十分纤细，花果艳丽，装饰性强，其垂直绿化、美化效果可以超过藤本植物，有时用钢管、木材作骨架，经草本蔓性花卉的攀缘生长，能形成大型的动物形象，如长颈鹿、金鱼、大象，或形成太阳伞等，待蔓性花草布满篱、架后，细叶茸茸、繁花点点，甚为生动有趣。适宜设置在儿童活动场所。草本蔓性花卉有牵牛、茑萝、香豌豆、风船葛等，这类花卉质轻，不会将篱、架压歪、压倒。

涉及的部分一、二年生花卉的园林用途：

（1）茑萝

适植于篱垣、花墙和小型棚架上，可盆栽，亦可用作地被。

（2）香豌豆

冬季优良的切花。花姿优雅，色彩艳丽，轻盈别致，芳香馥郁。可用于插花、花篮、花圈、花束、餐桌装饰等。也为垂直绿化的良好材料，用以美化窗台、阳台、棚架等。矮生类型可盆栽或用于花坛镶边。

（3）风船葛

风船葛为优美的中小型垂直绿化材料，主要观赏其气球状蒴果和裂片优美的小叶，夏日观之，嫩绿淡雅，满目清凉。

第 8 章　宿根花卉

8.1　常见宿根花卉

8.1.1　菊花

别名：菊华、九华、女华、黄花、黄华

拉丁名：*Dendronthema morifolium* Tzvel（*Chrysanthemum morifolium* Ramat）

科属：菊科，菊属

我国是菊的故乡，菊花千姿百态，清香四溢，傲霜挺立，凌寒盛开，有花中君子之美誉。

形态特征：为多年生草本植物或宿根亚灌木，扦插苗的茎分为地上茎和地下茎两部分。株高 20 ~ 200 cm，茎色嫩绿或褐色，被灰色柔毛或茸毛，基部半木质化。花后茎干枯死，次年春季由地下茎发生蘖芽。单叶互生，卵圆至长圆形，边缘有缺刻及锯齿，叶柄长 1 ~ 2 cm，柄下两侧有托叶或退化。头状花序顶生，舌状花内雄蕊退化，雌蕊一枚，为雌花；筒状花为两性花。花色有红、黄、白、紫、绿、粉红、复色、间色等色系。花期夏秋至寒冬，但以 10 月为主。瘦果扁平，内含种子一粒，次年 2 月种子成熟（图 8-1）。

生态习性：菊花适应性强，性喜凉爽，较耐寒，生长最适温度为 18 ~ 21 ℃，最高 32 ℃，最低 10 ℃，地下根能耐 -10 ℃低温。喜阳光充足，但也能耐阴，耐干旱，忌水湿。喜地势高、土层深厚、富含腐殖质、疏松肥沃、排水良好的壤土。在微酸性至微碱性土壤中皆能生长。而以 pH 6.2 ~ 6.7 最好。为短日照植物，在每天 14.5 h 的长日照下进行营养生长，每天 12 h 以上的黑暗与 10 ℃的夜温适于花芽发育。

种类及品种介绍：菊花在我国具有悠久的栽培历史。由于其适应能力强，栽培范围广，加上长期的自然杂交和人工选择以及环境条件的影响，产生了各种各样的变异，形成丰富多彩的栽培品种。在古代的菊谱中，大多以颜色作为分类标准。随着菊花品种的增多和现代园艺技术的发展又产生了许多分类标准，但大多都以花的特征为主要标准。

另外通常还有一些常用的分类方法：

根据花期分为夏菊（6 ~ 7 月开花）、早菊（9 ~ 10 月开花）、秋菊（10 ~ 11 月开花）和寒菊（12 月至翌年 1 月开花）。

根据整枝方式和在园林中的应用（菊艺）分为独本菊、立菊、大立菊、悬崖菊、嫁接菊、案头菊、菊艺盆景。

图 8-1　菊花

繁殖栽培：依栽培方式不同而有别，在温暖地区常作露地栽培，周年进行切花生产。除选择品种外，主要是利用电灯照明来控制菊花短日照下花芽分化和开花的作业，以达到周年生产的要求。

近年来，我国在菊花繁殖上，除沿用扦插等营养繁殖外，也运用组织培养方式进行增殖和保存名贵品种，并利用辐射诱变等手段获得了一些新品种。

园林用途：菊花品种繁多，花型及花色丰富多彩，选取适宜品种可布置花坛、花境及岩石园等。自古以来盆栽菊花清高雅致，深受我国人民喜爱。案头菊及各类菊艺盆景使人赏心悦目，日益受到欢迎。菊花在世界上是重要的切花之一，在切花销售额中居首位。水养时花色鲜艳而持久，除此外，切花还可供花束、花圈、花篮制作用。杭菊等多入药，或作清凉饮料用。一些地区，还用菊花制作菊花酒、菊花肉等饮料及风味食品。

菊花因其花姿千变万化、花色姹紫嫣红、花香幽雅清芳，常常会作为展示花卉。一般展示的类型可分为以下几种：

（1）品种展示型：以各种品种的展示为主，注意各品种间的前后高矮，以及颜色的搭配。也有的是按照花型分类放置，科普性较强而装饰性较弱。

（2）意境烘托型：此方式多与和菊花相关的古典诗词及神话传说相结合，加入仿真模型或小品等其他景观因素，在赏菊的同时注意意境的创造与烘托，表现出一定的文化底蕴。

（3）图案表现型：此方式往往将菊花与其他植物相搭配，组合成某种图案，具有较强的装饰性和视觉冲击性。

8.1.2 芍药

芍药和牡丹，自古并称为“花中二绝”。在花卉王国中，人们把牡丹奉为花王，把芍药誉为花相。它们都是我国传统名花，冠压群芳，艳丽绝伦。

别名：将离、婪尾春、余容、梨食、白树、没骨花

拉丁名：*Paeonia lactiflora* PalL.（*P. albiflora* PalL.）

科属：芍药科，芍药属

形态特征：芍药具肉质根，高 60 ～ 120 cm。2 回 3 出羽状复叶，小叶通常三裂、椭圆形、狭卵形至披针形，绿色、近无毛。花 1 至数朵着生于茎上部顶端，有长花梗及叶状苞，苞片 3 出；花紫红、粉红、黄或白色，尚有淡绿色品种；花径 13 ～ 18 cm；单瓣或重瓣，单瓣花有花瓣 5 ～ 10 枚，重瓣者多枚；萼片 5 片宿存；离生心皮 3 ～ 5 个，无毛；雄蕊多数；蓇葖果，种子多数，球形，黑色；花期 4 ～ 5 月，依地区及品种不同而稍有差异；果熟期 8 ～ 9 月（图 8-2）。

生态习性：芍药性极耐旱，北方均可露地越冬。北京地区 3 月底至 4 月初萌芽，4 月上旬现蕾，10 月底至 11 月初地上部分枯死，在地下茎的根颈处形成 1 ～ 3 个混合芽，为次年生长开花打下基础。

土壤以壤土及沙质壤土为宜，利于肉质根生长；排水必须良好，否则易引起根部腐烂；盐碱地及低洼处不宜栽种芍药。喜向阳处，稍有遮阴开花好。

繁殖栽培：

1）分株繁殖

分株在 8 月下旬至 10 月上旬，茎叶刚枯萎，地温尚高，根系易恢复，产生新根快，华北地区较早，

图 8-2 芍药

以 8 月下旬至 9 月中旬为宜；长江流域可迟些，在 9 月下旬至 10 月上旬。如分株过迟，新根发不出新株，损伤根系当年不能恢复，虽不死，亦不易开花，故有“春分分芍药，到老不开花”“七芍药、八牡丹”之说法。

2）播种繁殖

芍药大约在大暑后或立秋前，果实才能成熟。芍药果实宜在尚未开裂前采收，采收后置于室内通风的湿润地上，每两天翻动一次，使其自然干燥，严防烈日暴晒，经过几天，果皮由黄变成褐黑色，种子从果皮裂口散出，这时种子已完成后熟期，便可供播种使用。为了使种子不散失水分，必须立即播种。如果条件不具备，不能及时播种，可把种子埋在沙子里，但最好是当年播种。

芍药的块根，必须经过冬季 30 ~ 50 d 的低温（-1 ~ 10 ℃），春天才能发芽、开花。否则即使在 25 ~ 30 ℃的适温条件下，也不发芽，更不能开花。7 月芍药，说明春季不能栽培芍药。

3）栽培管理

芍药喜欢肥沃疏松，而又略带酸性的沙质土壤，不宜在碱性土壤中生长。如果土壤碱性过大，会引起叶片黄化，甚至萎缩枯死。芍药最适于露地栽培。栽培芍药有三忌：一忌排水不良；二忌土壤板结（碱化）；三忌阳光照射不足。露地栽培，应施厩肥深翻，整细后理成高厢。一般厢高为 10 ~ 15 cm，厢宽为 70 cm，长度不限。栽培的株距为 80 cm。栽培时根据根系长短、大小挖坑，注意根部要舒展，不宜过深，覆土以盖上顶芽 4 ~ 5 cm 为度，栽完后浇一次透水，壅土越冬。

4）病虫害防治

（1）红斑病：病害主要侵染叶片，发病后茎部受害出现暗红色长圆形病斑，边缘略突起，中央开裂下陷。病菌在病残株茎和病果中越冬，靠气流传播。防治方法是，早春萌动前可喷 3 波美度石硫合剂，展叶后每隔半月喷 1 次 800 倍液 50%退菌特或 80%代森锌 500 倍液，10 d 一次，连喷 2 ~ 3 次。

（2）褐斑病：初染紫褐色小斑点，扩大成褐色至黑褐色轮纹，7 ~ 9 月发病重。发病初期用 0.5%等量式波尔多液或 80%代森锌喷 3 ~ 4 次。

（3）根腐病：染病根部腐烂，发黑，是排水不畅引起的，可将植株挖出，切除腐烂部分，再用 0.5%高锰酸钾洗根，硫磺粉涂伤口。

（4）灰霉病：可用 70%托布津 800 倍液防治。

种类及品种介绍：芍药属约有 33 种，现将中国原产的其他种列述于下：

（1）草芍药（*P. obovata* maxim.）：我国四川、甘肃、陕西、湖北、河南、安徽等省有分布。

（2）毛叶草芍药（*P. obovata* var. *willmottiae* Stern）：云南、四川、贵州、甘肃、陕西有分布。

（3）美丽芍药（*P. mairei* LévL.）：云南、贵州、四川、陕西、甘肃有分布。

（4）毛果芍药（*P. lactiflora* var. *trichocarpa* Stern）：分布于东北、河北、山西及内蒙古。

（5）多花芍药（*P. emodi* Wall. ex Royle）：分布于西藏南部。

（6）白花芍药（*P. sterniana* Fletcher）：分布于西藏东南部。

（7）川赤芍（*P. anomala.* subsp. *veitchii*）：分布于西藏东部、四川、青海东部、甘肃及陕西南部。

园林用途：芍药适应性强，管理较粗放，能露地越冬，是我国传统名花之一。各地园林普遍栽培，常作专类花园观赏，或用于花境、花坛及自然式栽植。中国园林中常与山石相配，更具特色。

芍药作切花栽培也较普遍，切花宜在含苞待放时切取，若置于 5 ℃条件下，可保持 30 d 左右仍能正常开放。在室温 18 ~ 28 ℃条件下水养，依品种不同，可持续 4 ~ 7 d 不等。

芍药根经加工后即为“白芍”为药材之成品。

8.1.3 鸢尾属

拉丁名：*Iris* L.

形态特征：鸢尾科宿根草本。具块状或匍匐状根茎，或具鳞茎。本属植物约有 300 种，多分布于北温带，我国近 70 个种（包括变种），多分布于西北、东北及西南。叶多基生，剑形至线形，嵌叠着生。花茎自叶丛中抽出，花单生，蝎尾状聚伞花序或圆锥状聚伞花序；花从 2 个苞片组成的佛焰苞内抽出；花被片 6，基部呈短管状或爪状，外轮 3 片大而外弯或下垂，称重瓣，内轮片较小，多直立或呈虹形，称旗瓣，花柱分支 3，扁平，花瓣状，外展覆盖雄蕊；蒴果长圆形，具 3 ~ 6 角棱，有多数种子（图 8-3）。

图 8-3　鸢尾

种类及品种介绍：

1）球根鸢尾

地下部分是鳞茎的种类，有西班牙鸢尾（*I. xiphium* L.）、网纹鸢尾（*I. reticulata* Bieb.）等（详见球根花卉）。

2）鸢尾

别名：蓝蝴蝶、扁竹叶

拉丁名：*I. tectorurm* Maxim（*I. tomiolopha* Hance）

宿根草本，根茎粗短，淡黄色。植株较矮，约 30 ~ 40 cm。叶剑形，纸质、淡绿色。立花柱花瓣状，与旗瓣同色，蒴果长圆形，种子球形，有假种皮。花期 5 月。原产我国，云南、四川、江苏、浙江等省均有分布，多生于海拔 800 ~ 1800 m 的灌丛中，性强健，耐半阴。尚有白花变种 var. *alba* Dykes，是英国播种选育出的。

3）蝴蝶花

拉丁名：*I. japonica* Thunb.（*I. chinensis* Cutt.）

宿根草本，根茎较细，入土较浅。叶常绿性，深绿色，长约 30 cm，有光泽。花茎稍高于叶丛，2 ~ 3 分枝；花淡紫色，花径 5 cm，垂瓣具波状锯齿缘，中部有橙色斑点及鸡冠状突起；旗瓣稍小，上缘有锯齿。花期 4 ~ 5 月。

原产我国中部西南、华东及日本。常丛生于林缘，江苏、浙江多作常绿性地被植物。中国原产的为二倍体，可孕；日本原产者为 3 倍体，具不孕性。

4）德国鸢尾

拉丁名：*I. germanica* L.

宿根草本，根茎粗壮，株高 60 ~ 90 cm。叶剑形，稍革质，绿色略带白粉。花葶长 60 ~ 95 cm，具 2 ~ 3 分枝，共有花 3 ~ 8 朵，花径可达 10 ~ 17 cm，有香气；垂瓣倒卵形，中脉处有黄白色须毛及斑纹；旗瓣较垂瓣色浅，拱形直立。花期 5 ~ 6 月，花型及色系均较丰富，是属内富于变化的一个种。著名园艺品种有 10 多个，如‘舞会’（Ballet Dancer）为杏黄色大花品种；‘粉宝石’（Pink Cameo），花橙红色，须毛为橙色；‘圣铃’（Temple Bells），花杏黄色，具橙色须毛的美丽大花波状瓣，适于花坛用品种等。园艺品种多达数百个以上。原产欧洲中部，多数品种自欧洲原种杂交而来，世界各国广为栽培。

5）银苞鸢尾

别名：香根鸢尾

拉丁名：*I. pallida* Lam.（*I. odoratissima* Joep.）

宿根草本，根茎粗大。叶宽剑形，被白粉，呈灰绿色。

花茎高于叶片，有 2 ~ 3 分枝，各着花 1 ~ 2 朵，苞片银白色，干膜质；垂瓣淡红紫色至堇蓝色，有深色脉纹及黄色须毛；旗瓣发达色淡，稍内拱；花具芳香，花期 5 月。根茎可提香精。原产南欧及西亚，各国广为栽培。变种有：var. *dclmoticc* Hort。较原种叶片宽，内花被片短。尚有花被片具斑点的及斑叶品种。

6）花菖蒲

别名：玉蝉花

拉丁名：*I. ensata* Thunb.（*I. kaempferi* Sieb. ex Lem.）

宿根草本，根茎粗壮。叶长 50 ~ 70 cm，宽约 1.5 ~ 2.0 cm，中脉显著。花茎稍高出叶片，着花 2 朵；花色丰富、重瓣性强，花径可达 9 ~ 15 cm；垂瓣为广椭圆形，无须毛；旗瓣色稍浅。花期 6 月。原产中国东北及山东、浙江、日本、俄罗斯远东及朝鲜。是本属内育种较早、园艺水平较高的种，多数品种是从种内杂交选育而成，目前栽培的多为大花及重瓣类型称为花菖蒲。喜水湿及微酸性土壤。常作专类园、花坛、水边等配置及切花栽培。

7）马蔺

别名：马莲

拉丁名：*I. lactea Pal* L. var. *chinensis*（Fisch.）Koidz.（*I. palliasii* Fisch. var. *chinensis* Fisch）

宿根草本，根茎粗短，须根细而坚韧。叶丛生、狭线形，基部具纤维状老叶鞘，叶下部带紫色，质地较硬。花茎与叶近等高，每茎着花 2 ~ 3 朵；花堇蓝色，垂瓣无须毛，中部有黄色条纹，径约 6 cm。花期 5 月，蒴果长形，种子棕色，有角棱。原产中国及中亚细亚、朝鲜。对土壤及水分适应性极强，可作地被及镶边植物，全株入药，叶为绑扎材料。

鸢尾类通常园艺上还有如下分类：

（1）德国鸢尾类

这一类以德国鸢尾为主，是 *I. aphylla*、*I. variegata*、*I. pallida*、*I. florentina* 及 *I. sambucina* 的总称及其杂种。

（2）路易斯安那鸢尾类

是属于无须毛（Apogon）的一类，以美国路易斯安那州、密西西比河流域原产的种、变种、天然杂种为基础。

（3）西伯利亚鸢尾类

为无须毛类鸢尾。主要包括 *I. sibirica*、*I. sanguinea* 及其杂交种。因而其叶、花形态多介于上述两类之间。株高 10 ~ 100 cm。花色多为白色及青紫色，外花被片网纹变化多，约有 200 多个品种。

（4）海滨鸢尾类

属无须毛鸢尾类。原种产于欧洲、小亚细亚、印度、阿尔及利亚等地，是由海滨鸢尾的种及其杂交种构成的，共 11 种左右。株高 25 ~ 90 cm，高型的有达 180 cm 的。茎粗壮，外花被片圆形，近年来园艺品种较多，花色丰富，有黄、淡黄、褐、蓝、紫等色，花型与球根鸢尾中的 *I. xiphium* 相近似，内花被片狭长而直立，外花被片稍微卵形。

（5）有髯毛鸢尾类

这类鸢尾又分为长髯毛鸢尾类（Tall Bearded Irises），主要种有 *I. pallida*、*I. trojana* 等 4 种；中髯毛鸢尾类（Median Bearded Irises），主要种有 *I. aphylla*、*I.subbiflora*、*I. florentina*、*I. germannica*、*I. variegata*、*I. inbricata* 等；矮型髯毛鸢尾类（Dwarf Irises，Miniature Dwarfs），主要种有矮鸢尾（*I. chamaeiris*）、矮菖蒲（*I. pumila*）及 *I. tigridia*、*I. binata* 等。有髯毛鸢尾类品种极多，花色齐全，有不少著名的园艺品种。

生态习性：耐寒性较强，一些种类在有积雪层覆盖条件下，−40 ℃仍能露地越冬。但地上茎叶多在冬季枯死；也有常绿种类。鸢尾类春季萌芽生长较早，春季或夏初开花，花芽分化多在秋季 9 ~ 10 月间完成，即根茎先端的顶芽形成花芽，顶芽抽出花葶后即死亡，而在顶芽两侧常发生数个侧芽，侧芽在春季生长后形成新的根茎，并在秋季重新分化花芽。

繁殖栽培：鸢尾类通常用分株法繁殖，每隔 2 ~ 4 年进行一次，于春季花后，或秋季均可，寒冷地区应在春季进行。分割根茎时，应使每块具 2 ~ 3 个芽为好。及时分株可促进新侧芽的不断更新。如大量繁殖，可将新根茎分割下来，扦插于湿沙中，保持 20 ℃温度，2 个月内可生出不定芽。除分株繁殖外，还可播种繁殖。通常于秋天 9 月以后种子成熟后即播，播种后 2 ~ 3 年开花；若播种后冬季使之继续生长，则 18 个月就可开花。

依对水分及土壤要求不同，其栽培方法也有差异，现就以下两类加以说明：

（1）要求排水良好而适度湿润的种类：喜富含腐殖质的黏质壤土，并以含有石灰质的碱性土壤最为适宜，在酸性土中生长不良。栽培前应充分施以腐熟堆肥，并施油粕、骨粉、草木灰等为基肥。栽培距离依种类而异，强健种应 45 ~ 60 cm。生长期追施化肥及叶肥。

（2）要求生长于浅水及潮湿土壤中的种类：通常栽植于池畔及水边，花菖蒲在生长迅速时期要求水分充足，其他时期水分可相应减少些；燕子花须经常在潮湿土壤中才能生长繁茂。这一类不要求石灰质的碱性土壤，而以微酸性土为宜。栽植前施以硫铁、过磷酸钙、钾肥等作基肥，并充分与土壤混合。栽植时留叶 20 cm 长，将上部剪去后栽植，深度以 7 ~ 8 cm 为好。

此外，鸢尾还可进行促成栽培及切花栽培。如德国鸢尾在花芽分化后，于 10 月底进行促成栽培，夜间最低温度保持 10 ℃，并给予电灯照明，1 ~ 2 月份即可开花。抑制栽培时，于 3 月上旬掘起装箱，在 0 ~ 3 ℃下低温贮藏，若令其开花，则在 60 ~ 80 d 前停止冷藏，进行栽植即可开花。

园林用途：鸢尾种类多，花朵大而艳丽，叶丛也美观，一些国家常设置鸢尾专类园。如依地形变化可将不同株高、花色、花期的鸢尾进行布置。水生鸢尾类又是水边绿化的优良材料。此外，在花坛、花境、地被等栽植中也习见应用。一些种类（如荷兰鸢尾等）又是促成栽培及切花的材料，水养可观赏 2 ~ 3 d，球根类可水养一个月左右。某些种类的根茎可提取香精。

8.1.4 耧斗菜属

拉丁名：*Aquilegia* L.

形态特征：毛茛科、耧斗菜属多年生宿根草本植物。本属植物约 70 种，分布于北温带，我国有 8 种，产西南及北部。叶基生和茎生，2 ~ 3 回 3 出复叶。花近直立，萼片 5，如花瓣状，辐射对称，与花瓣同色。花瓣 5，宽卵形，长距自花萼间伸向后方；雄蕊多数，内轮的变为假雄蕊；雌蕊 5。花色丰富，有蓝色、黄色、粉色、白色、胭红色、淡紫色、复色等，花期 5 ~ 6 月。蓇葖果，千粒重 1.42 ~ 1.89 g（图 8-4）。

耧斗菜杂交易获成功，栽培品种中有不少是杂交种。原产加拿大的 *A. canadensis* 于 1640 年输入英国，原产北美的 *A. chrysantha* 也于 1873 年传至欧洲，这些都成为本属育种的主要亲本，从而选育出众多园艺品种。

主要种类及品种：

1）加拿大耧斗菜

拉丁名：*A. canadensis* L.

图 8-4 耧斗菜

宿根草本，株高 50 ～ 70 cm，高型种。2 回 3 出复叶。花数朵着生于茎上；萼及距均为红色；花瓣淡黄色；距近直伸；花期 5 ~ 6 月。原产加拿大及美国，还有以下变种：

（1）矮型变种（var. *nana*）：高约 23 cm。

（2）黄花变种（var. *flavescens*）：花浅黄色。

2）黄花耧斗菜

别名：垂丝耧斗菜

拉丁名：*A. chrysantha* A. Gray

宿根草本，株高 90 ～ 120 cm 的高型种，多分枝，稍被短柔毛。2 回 3 出复叶，茎生叶数个。萼片暗黄色，先端有红晕，水平向平展；花瓣深黄色，短于萼片；花径 5 ～ 7 cm，距长约 5 cm，细长而开展；花期稍晚，约 7 ～ 8 月。原产北美。长距耧斗菜（Long Spur）就是本种与加拿大耧斗菜的杂交种，具淡黄色、黄色、红色及矮型等变种。

3）耧斗菜

拉丁名：*A. vulgaris* L.

宿根草本，株高约 60 cm，茎直立，多分枝。2 回 3 出复叶，具长柄，裂片浅而微。一茎着生多花，花瓣下垂，距与花瓣近等长、稍内曲；花有蓝、紫、红、粉、白、淡黄等色；花径约 5 cm，花期 5 ～ 6 月。原种产欧洲至西伯利亚，近年已与其他种进行杂交，花色有红、淡红、浅绿、白等色及具条纹的。

（1）大花变种（var. *olympica*）：花大，萼片暗紫至淡紫色，花瓣白色。

（2）白花变种（var. *nivea* Baumg）：花白色，花径约 6 cm。

（3）重瓣变种（vat. *flore ～ pleno*）：花重瓣、多种颜色。

（4）斑叶变种（var. *vervaeneana*）：叶片有黄斑。

4）杂种耧斗菜

拉丁名：*A. hybrida* Hort.

宿根草本。是一园艺杂交种。主要亲本有 *A. canadensis*，*A. caerulea*，*A. chrysantha* 等。株高约 90 cm，萼片长 8 ～ 10 cm，花色丰富，有紫红、深红、黄色及矮生品种。花期 5 ～ 8 月。是近年栽培的主要品系。

5）华北耧斗菜

拉丁名：*A. yabeana* Kitagawa

宿根草本，株高 60 cm，疏被短柔毛，基生叶有长柄，1 ～ 2 回 3 出复叶；茎生叶小。花下垂、美丽；萼片紫色，与花瓣同色；距长 1.7 ～ 2 cm，末端钩状内曲，雄蕊多数，不超出花瓣；花药黄色，内轮雄蕊退化，白色，膜质。我国东北、华北、西北、华东、陕西、山西、山东、河北等地有分布。4 月下旬开花，可弥补早春花卉的不足。

生态习性：耧斗菜原产欧亚、美洲等地，性强健而耐寒，可耐 -25 ℃低温，华北及华东等地区均可露地越冬。喜富含腐殖质、湿润而排水良好的沙质壤土，宜较高的空气湿度，在半阴处生长及开花更好。

繁殖栽培：分株或播种繁殖。播种繁殖于春、秋季均可进行。2 ～ 3 月可于冷室盆播，或 4 月在露地阴处直播。若 9 月上旬播种，次年有 30% ~ 40%开花；5 ~ 6 月播种则次年着花更多，但露地育苗时，在 7 ～ 8 月间应以苇帘遮阴。新采收的种子，在 21 ～ 24 ℃下，在 1 ～ 2 周内发芽，但贮藏过的种子，播种前必须在 4 ℃低温湿藏 2 ～ 3 周，在 18 ℃、荧光照射下，21 ～ 28 d 发芽。定植时以数株丛植一起效果为好。分株宜在早春发芽以前或落叶后进行。全光照促进植物开花；催花过程中，要求 12 ～ 18 h 光周期，最低光照强度为 3200 ～ 5400 lx；光周期从 10 h 增加至 18 h，植株高度增加 2 ～ 3 倍。保持土壤湿润，但水分过多，植株容易根腐。每次浇水时，施用 200 mg/L 氮肥和钾肥。喷施 5000 mg/L 的 B_9，能够有效地控制植株高度。潜叶虫是主要的虫害，有时会发生蚜虫、蓟马等虫害。所以在低温、黑暗贮藏期间，应该摘除老叶。在栽培期间，容易发生茎腐病和根腐病，叶斑病也常发生。

园林用途：耧斗菜叶片优美，花形独特，品种多，花期长，从春至秋陆续开放，自然界常生于山地草丛间，其自然景观颇美，而园林中也可配置于灌木丛间及林缘。此外，又常作花坛、花境及岩石园的栽植材料。大花及长距品种又为插花之花材。部分种可入药。

8.1.5 蜀葵

别名：熟季花、端午锦、一丈红、吴葵、卫足葵、胡葵、龙船花、麻杆花、棋盘花

拉丁名：*Althaea rosea* Cav.

科属：锦葵科，蜀葵属

形态特征：一、二年生草本，茎直立，株高 1 ~ 3 m，全株被毛。叶大、互生，叶片粗糙而皱、圆心脏形，5 ~ 7 浅裂，具长柄；托叶 2 ~ 3 枚、离生。花大、单生叶腋或聚成顶生总状花序，花径 8 ~ 12 cm；小苞片 6 ~ 9 枚，阔披针形，基部连合，附着萼筒外面；萼片 5，卵状披针形。花瓣 5 或更多，短圆形或扇形，边缘波状而皱或齿状浅裂；花色有红、紫、褐、粉、黄、白等色，单瓣、半重瓣至重瓣；雄蕊多数，花丝连合成茧状并包围花柱；花柱线形，突出于雄蕊之上，花期 6 ~ 8 月。蒴果，种子肾脏形。1573 年从中国输入欧洲（图 8-5）。

图 8-5　蜀葵

生态习性：原产中国，在中国分布很广，华东、华中、华北均有，华北地区可露地越冬。耐寒，喜阳，耐半阴，忌涝，要求排水良好的肥沃土壤。

繁殖栽培：通常用播种繁殖，也可进行分株和扦插。春播、秋播均可。种子成熟后即可播种，正常情况下种子约 7 d 就可以萌发。

分株宜在花后进行。适时挖出多年生蜀葵的丛生根，用快刀切割成数小丛，使每小丛都有两三个芽，然后分栽定植即可。扦插仅用于特殊优良的品种，利用基部发生的萌蘖，插穗长 8 cm，扦插于盆内，盆土以沙质壤土为好，插后置于阴处以待生根。

蜀葵栽培管理较为简易，幼苗长出 2 ~ 3 片真叶时，应移植一次，加大株行距。移植后应适时浇水，开花前结合中耕除草施追肥 1 ~ 2 次，追肥以磷、钾肥为好。播种苗经 1 次移栽后，可于 11 月定植。幼苗生长期，施 2 ~ 3 次液肥，以氮肥为主。同时经常松土、除草，以利于植株生长健壮。当叶腋形成花芽后，追施 1 次磷、钾肥。为延长花期，应保持充足的水分。花后及时将地上部分剪掉，还可萌发新芽。盆栽时，应在早春上盆。因种子成熟后易散落，应及时采收。栽植 3 ~ 4 年后，植株易衰老，因此应及时更新。另外，蜀葵易杂交，为保持品种的纯度，不同品种应保持一定的距离间隔。蜀葵易受卷叶虫、蚜虫、红蜘蛛等为害，干旱天气易生锈病，应及时防治。

在植株上常发生蜀葵锈病，其病原是锦葵柄锈菌（*Puccinia malvaceanurm* Mont）。染病植株叶片变黄或枯死，叶背可见到棕褐色、粉末状的孢子堆。春季和夏季于植株上喷洒波尔多液防治，播种前应进行种子消毒。

种类及品种介绍：

（1）Chater s Hollyhock：大花、极重瓣。

（2）Begonia Flowered：秋海棠型。

（3）Indian Spring：一年生的代表品种，春播在

年内即可开花，半重瓣。

常见种还有药用蜀 *A. officinalis* L.。花红色至淡粉色，花径 2.5 cm，花瓣 5，花期 7 月。原产东欧，1718 年传至其他地方，我国新疆有野生。

园林用途：蜀葵花色丰富，花大而重瓣性强，一年栽植可连年开花，是院落、路侧、场地布置花境的好种源。可组成繁花似锦的绿篱、花墙，美化园林环境。园林中常于建筑物前列植或丛植，作花境的背景效果也好。此外还可用作盆栽观赏。花瓣中的紫色素，易溶于酒精及热水中，可用作食品及饮料的着色剂。茎皮纤维可作编织纤维材料，蜀葵的根、茎、叶、花、种子是药材，有清热凉血之效。

8.1.6　紫菀属

拉丁名：*Aster* L.

形态特征：菊科，半耐寒性；宿根草本，稀为一年生草本。本属植物约 500 种，分布于温带地区，北美最多；我国约 100 种，各地均产，多数种类供观赏。株高约 60 cm，多分枝；叶互生，全缘或有不规则锯齿；头状花序，呈伞房状或圆锥状着生，稀单生，总苞片数列，外列常较短，舌状花列，雌性，结实，呈白、蓝、红、紫色，管状花两性，黄色、间有变紫或粉红色者，花期夏秋。

种类及品种介绍：

1）紫菀

拉丁名：*A. tataricus* L. f.

宿根草本，高 0.4 ~ 2.0 m。茎直立，上部有分枝。叶披针形至长椭圆状披针形，基部叶大，上部叶狭、粗糙，边缘有疏锯齿。头状花序，径 2.5 ~ 4.5 cm，排成复伞房状。总苞半球形，具 3 层苞片，边缘宽膜质，紫红色。舌状花 20 枚左右，淡紫色；管状花黄色。花期 7 ~ 9 月。庭院及切花用。原产中国、日本及西伯利亚。

2）美国紫菀

别名：红花紫菀

拉丁名：*A. novae-angliae* L.

宿根草本，高 60 ~ 150 cm，全株被粗毛，上部呈伞房状分枝。叶披针形至广线形，全缘，具黏性茸毛，叶基稍抱茎。头状花序聚伞状排列，径 4 ~ 5 cm；舌状花 40 ~ 60 个，长 1.5 cm，深紫色、堇色，少有红、粉及白色等；管状花带黄、红、白或紫色。花期 9 ~ 10 月。1710 年自北美输入英国。原产北美东北部。广为栽培，多作花坛栽植用。花枝切取后，往往闭花而不再开放，故不适作切花。

3）荷兰菊

拉丁名：*A. novi-belgii* L.

耐寒性多年生草本，高 50 ~ 150 cm，与 *novae ~ angliae* 近似，但叶形稍狭，无黏性，近全缘，基部稍抱茎。头状花小，径约 2.5 cm；膏状花数较前者少，约 15 ~ 25 个，暗紫色或白色。总苞片线形，端急尖，微向外伸展。花期 8 ~ 10 月。原产北美，1717 年输入英国。花坛及切花应用。

4）北美紫菀

拉丁名：*A. ptarmicoides* Torr. et. Gray

耐寒性宿根草本，高 30 ~ 60 cm。叶质稍硬，具光泽，线状披针形，近全缘，深绿色，无柄，基部狭；上部叶细长，分枝处的叶呈线状凿形。总苞片长椭圆状披针形。头状花序径约 2 cm；舌状花长 4 ~ 9 mm，白色，具光泽。花期 6 ~ 7 月，原产北美。适作切花，也用于花坛。

生态习性：紫菀类喜日照充足及通风良好的环境，宜较湿润又排水良好的肥沃壤土，尤忌夏日干燥。

繁殖栽培：播种、分株或扦插繁殖。3 月中下旬用盆播或温床播种，在 15 ℃条件下，约一周即可发芽，苗高 6 ~ 8 cm 时移植，4 月中旬定植，但播种苗不易保持原有品种特性，需严格选种。分株繁殖，秋季或春季将自老株根际处所生的萌蘖取下分栽，每丛3个芽左右即可。扦插繁殖多在5～6月间进行，剪取幼枝，在沙床上进行扦插，2月后生根就可移栽。如为“十一”布置花坛用苗，可在7月下旬至8月中旬扦插。荷兰菊在北京地区的自然花期为9月上中旬，通常摘心后20 d又可显花，因此若于9月10日左右摘心，至国庆节可盛开。

紫菀叶斑病（*Aster leaf spot*）病原为交链孢霉（*Alternaria* sp.）和紫菀尾孢（*Cercospora asterata*）等。受叶斑真菌侵染后，造成不同程度的落叶，影响植株正常生长及观赏，应及时清除病叶、进行烧毁，以减少侵染，在雨季喷布铜制剂或硫制剂（7～10 d一次），以防止病害蔓延。紫菀白粉病（*Aster powdery mildew*）病原为二孢白粉菌（*Erysiphe cichoracearum*），在栽植密度大时，由于植株下部湿度过高而易于发病，除加强管理、确定合理栽植密度外，一旦发现白粉病，就应喷施可湿性硫或粉锈宁防除。

园林用途：高型种类可布置花境；矮型种可盆栽和栽于花坛中。多数种类均作切花生产栽培。

8.1.7 蓍草属

拉丁名：*Achillea* L.

菊科宿根耐寒性草本。本属植物约100种，分布于北温带，我国有7种，多产于北部。叶互生，常为1～3回羽状深裂。头状花序小，伞房状着生，边缘花舌状、雌花能结实，有白、黄、紫等色；筒状花黄色、两性，也结实；瘦果压扁状。

1）千叶蓍

别名：西洋蓍草、洋蓍草、欧蓍草

拉丁名：*A. millefolium* L.

形态特征：多年生草本，高30～100 cm。根状茎匍匐，着生根和芽。茎直立、稍具棱，上部有分枝，密生白色长柔毛。叶披针形、矩圆状披针形或近条形，2～3回羽状深裂至全裂，下部叶片长，上部叶片短，裂片及齿为披针形或条形，顶端有软骨质小尖，被疏长柔毛或近无毛，有蜂窝状小点。头状花序多数，密集成复伞状；总苞矩圆状或近卵状，总苞片3层，覆瓦状，绿色有中脉，边缘膜质；舌状花白色、粉红色或紫红色，舌片近圆形，顶端有2～3个齿；筒状花黄色矩圆形，无冠毛；花期6～10月（图8-6）。

生态习性：千叶蓍为喜凉爽而湿润环境条件的寒地型草坪植物，温带至寒温带各地都可生长。生长适宜温度为18～22 ℃。抗寒性强，幼苗和成苗均能忍受零下5～6 ℃的霜寒；北方各地均能安全越冬。在哈尔滨市于1985年历史上少有的春寒中，经连续两天零下8 ℃的霜冻，除叶尖受害外别无损伤。又较耐热，在南京中山植物园的花圃中，就是酷热也无夏枯现象发生。

千叶蓍为中生植物，适宜生长的年降水量为500～800 mm。既抗旱，又耐湿，故从高岗地到低湿地都生长良好。充足的水分下叶茂花繁，叶色浓绿，绿色期更长，园林效果就更好。千叶蓍为喜光的植物，光照越足生长越好。又为长日照植物，在长日照条件下开花结实。

千叶蓍对土壤有较大的适应性，在瘠薄或肥沃的土壤、微酸性土壤至微碱性土壤中都可生长。以排水良好、多有机质的微酸性至中性土壤为最好。

图8-6 蓍草

在哈尔滨市，千叶蓍于 3 月下旬或 4 月上旬，土壤解冻不久就返青，先生长簇叶，5 ~ 6 月抽葶，6 ~ 7 月开花成熟，10 月上、中旬地上部枯死。生育期为 200 ~ 210 d；绿色期为 190 ~ 200 d。

繁殖栽培：千叶蓍的生长发育要求有肥沃而疏松的土壤层，使根系很好地下扎和顺利伸延。因此，秋深耕地，翻后及时耙地保墒，是千叶蓍良好生长的基础。对于沙地、黄土地等土壤瘠薄的地，要结合耕翻，施足基肥。在每亩优质粪肥 1500 ~ 2500 kg 的范围内，土壤越瘠薄，施肥越要多，以保证有旺盛的生命力。

种类及品种介绍：变种 var. *rubrum* Hort. 株高近 1 m，花粉至红色；花期 6 ~ 8 月。

园林用途：多栽植在庭院中供观赏，更适于组建草坪用。在南京、西安、哈尔滨等地均有栽培。该草既可供主体草种用，也可供镶嵌或点缀之用。此草返青早，枯死晚，绿色期长达 200 d 以上，而且颜色鲜绿、叶姿优美、草层厚密，可获最佳园林效果。此草另一个优点是花多而密，盛花期一片花海，或洁白似雪，或红艳如霞，使草坪更加绚丽多彩。

2）其他种类及品种介绍

（1）珠蓍

拉丁名：*A. ptarmica* L.

宿根草本，株高 30 ~ 100 cm。叶长披针状线形，有锯状锯齿缘。花白色，伞房状着生；舌状花白色，8 ~ 9 个；花期 7 ~ 9 月。重瓣品种‘珍珠’（The Pearl）为著名的切花用品种，株高可达 75 cm，具有匍匐性的直立状根茎，叶光滑，细披针形，暗绿色，有点锯齿。花形似绒球，头状花序，纯白色小花。花期夏季，花可风干制作花环或是摆饰。性喜肥沃、排水良好土壤。分株法繁殖，适宜期为春季或秋季。原产欧洲及日本。主要变种有：var. *macrophala* Ohwi. 株高 60 ~ 100 cm，花白色，花期 7 ~ 8 月。原产日本中北部。

（2）矮蓍草

拉丁名：*A. nana* L.

宿根草本，株高 5 ~ 10 cm，全株密被绒毛。根匍匐状，茎不分枝，但生有具叶的匍匐枝。羽状叶，上部叶无柄。花灰白色，具芳香；舌状花 6 ~ 8 个；花期 7 ~ 10 月。原产南欧，1759 年传入欧洲他处。

（3）凤尾蓍

拉丁名：*A. filipendulina* L.

宿根草本，高约 1 m，较强健。茎具纵沟及腺点，有香气。羽状复叶，椭圆状披针形，小叶羽状细裂，叶轴下延；茎生叶稍小，上部叶线形刺毛状。头状花序鲜黄色，伞房状着生；边缘花舌状或筒状；花期 6 ~ 9 月。原产高加索，1803 年输入欧洲。花坛及切花用。

生态习性：蓍草类栽培容易，对土壤及气候条件要求不严，日照充足之地及半阴处均可生长，但以排水良好、富含有机质及石灰质的沙质壤土最好。

繁殖栽培：春秋可分株或播种繁殖。播种多行条播，保持土壤湿润，约一周左右发芽，苗出齐后，适当间苗。种子发芽力可保持 2 ~ 3 年。分株繁殖时可施以堆肥或少量油粕作基肥，则长势良好。

园林用途：多用于花境布置或丛植。矮生种可用于岩石园；高型种多剪取用作切花，水养持久。西洋蓍草还可以用来制作干花，通过把植物茎的上部挂起来风干，但不要过早收获，否则干花效果不佳。

8.1.8　落新妇属

拉丁名：*Astilbe* Buch. -Ham.

虎耳草科宿根草本。本属约有 20 种，主要分布于亚洲东南部及北美洲，我国约有 14 种，广布于南北各省。单叶或 2 ~ 4 回 3 出复叶。花小、两性或单性，白色至粉红色，圆锥花序；花瓣 3 ~ 4 枚或缺失；雄蕊通常 8 ~ 10 枚，雌蕊 2 或 3，多为蓇葖果（图 8-7）。

图 8-7 落新妇

1）落新妇

别名：升麻

拉丁名：*A. chinensis* Franch. et Sav.

形态特征：宿根草本，株高 40 ~ 80 cm，根状茎粗壮呈块状，有棕黄色长绒毛及褐色鳞片，须根暗褐色。茎直立，被多数褐色长毛并杂有腺毛。基生叶为 2 ~ 3 回 3 出复叶，具长柄；茎生叶 2 ~ 3 枚，较小，小叶片长 1.8 ~ 8 cm，边缘有重锯齿，叶上面疏生短刚毛，背面特多。圆锥花序长达 30 cm，与茎生叶对生，花轴密生褐色曲柔毛。苞片卵形，较花萼短。花密集，几无柄，花瓣 4 ~ 5 枚，红紫色，狭条形，长约 5 mm。雄蕊 10；心皮 2，离生。花期 7 ~ 8 月。原产中国，在长江中、下游及东北地区均有野生。朝鲜、俄罗斯也有分布。

生态习性：分布于我国长江流域至东北各地，朝鲜、俄罗斯也有分布。生于海拔 390 ~ 3600 m 的山谷、溪边、林下、林缘和草甸处。喜半阴和腐殖质丰富的微酸性或中性土壤，也耐轻碱性土壤。

繁殖栽培：落新妇主要采用分根繁殖，在 10 ~ 11 月份将母株挖出，进行分割，每株要求保留 4 ~ 6 个芽眼，然后地栽或盆栽。落新妇的根很大，如果选择盆栽要将其栽入稍大的盆中。选择排水好、无病害的基质，pH 在 6.0 ~ 7.0。也可以采用播种方法繁殖，但所需的生长时间会很长，从播种到长成可出售植株需 30 ~ 31 个月。繁殖时将种子播在湿润的泥炭藓上，土温保持在 21 ℃，大约 2 周时间开始发芽，大约 50 ~ 60 d 后形成小苗；如果种子不发芽，用 4 ℃低温处理 3 ~ 4 周，即可打破休眠，在 21 ℃条件下 2 ~ 3 周内发芽。冬天播种夏天开花质量差。

种类及品种介绍：常见的品种有：'Pumila'，株高 25 cm，花序大而开展，花淡紫色，花期 8 月，这个品种在排水好、潮湿阴凉的环境生长良好；'Finale'，株高 40 cm，花粉红色；'Serenade'，株高 40 cm，花粉红色；'Veronica Klose'，株高 40 cm，花深粉红色，晚花；'Visions'，株高 35 cm，粉红色香花；'Astilbe × crispa'的'Perkeo'，株高 25 cm，花粉红色，花期 7 ~ 8 月。

园林用途：落新妇是耐寒的多年生宿根花卉，栽培管理容易，适合配置在开阔的林地、溪边、湖边、花坛、花带内，可丛植、群植或混合栽植。矮生类型可布置岩石园；鲜花或干花用于室内装饰；又因便于促成栽培，是很好的盆栽植物。

2）其他种类及品种介绍

（1）日本落新妇

别名：泡盛草

拉丁名：*A. japonica* A.Gray

宿根草本，株高 30 ~ 60 cm。小叶披针形，2 ~ 3 回细裂，具粗锯齿，被锈色短毛。穗状花呈圆锥花序式排列，长 10 ~ 20 cm，白色而美丽，花期 5 ~ 6 月。原产日本，生长于湿润、多石的峡谷中。各国均有栽培，是近年来本属育种的主要亲本之一。

（2）单叶落新妇

拉丁名：*A. simplicifolia*

宿根草本，株高 15 ~ 30 cm，叶长 7.5 cm。花序大而开展，花粉红色，花期 7 ~ 8 月。夏季叶色呈铜色或铜绿色。

（3）道氏落新妇

拉丁名：*A. thunbergii* Miq.

宿根草本，株高 40 ~ 50 cm。与泡盛草相似，但因花茎及叶柄基部带红晕而易于区分。花序呈圆锥状排列。花初开白色，渐变为红色，花期 6 ~ 7 月。原产日本。

（4）阿伦德氏落新妇

拉丁名：*A. arendsii* Arends

宿根草本。是由德国人 George Arends 采用中国原产的大卫氏落新妇（*A. davidii* Davidii），日本落新妇（*A. japonica*）等杂交选育而来，花有紫色至白色等多种颜色。

（5）蔷薇落新妇

拉丁名：*A. rosea* Van Waveren et Kruiff

宿根草本，是日本落新妇同落新妇的杂交种，与日本落新妇的茎叶及花穗形态相近，花为美丽的淡粉色。欧洲还培育出了矮生的适于盆栽及花坛应用的品种以及大花穗品种。

生态习性：落新妇类性强健，喜生于疏林下湿润处及路旁草丛间，在半阴条件下生长较好。特别是日本落新妇在半阴条件下发育及开花良好，适于在灌木丛间丛植。作切花应用则吸水力差。

繁殖栽培：分株或播种繁殖。常于秋季进行分株繁殖。将植株掘出，剪去地上部分，每丛带有 3 ~ 4 个芽重新栽植，施些堆肥、油粕等作基肥则利于生长。*A. rosea* 也常作促成栽培，于 10 月中旬掘起栽植到大盆或木桶中，置于室外，至 1 月中旬以后移进温室，夜温保持在 12 ~ 15 ℃，至 3 月下旬即可开花。播种繁殖应浅覆土，否则不易发芽。

栽培时要求遮阴，可以改善叶色、增加叶片的宽度。在促成栽培时期，不需要遮阴，但到开花时，要求遮阴以便降低光照强度，光照强度不能超过 32000 lx。在自然强光条件下，要求遮阴 50%。12 h 光照期（8 h 光照十中断暗期 4 h）下生长的落新妇，其初生和次生花序比 8 h 人工短日照下栽培植株多。长日照栽培条件下，花序变窄、长。

落新妇喜生长在湿润土壤中，要求大量的水分，干旱胁迫容易造成植株损伤；强光、高温条件下，缺水使叶片造成损伤；但是花发育期间，水分过多可能引起病害。落新妇类性强健，但某些杂交种在高温情况下易患病，应注意通风及防除病害。

落新妇对营养水平要求较低，高水平的营养条件，可能会对其造成毒害，造成叶片退绿。

园林用途：落新妇属多数种都是美丽的园林花卉，根茎也可入药。自 1900 年以来，荷兰、德国、日本等国以落新妇、*A. davidi*、日本落新妇、道氏落新妇等为亲本，培育出了多数杂交种，包括红色系、粉色系、紫色系以及高型、中型、矮型品种以及适于盆栽、地栽、花坛、切花、促成栽培和根系强健的固堤用品种，经人工选育后，朝着花序密集而紧凑、花色艳丽而丰富的方向发展。

8.1.9　金鸡菊属

拉丁名：*Coreopsis* L.

形态特征：菊科，一年生或多年生草本，稀灌木状。本属植物约 100 种，分布于美洲、非洲及夏威夷群岛。叶片多对生、稀互生，全缘、浅裂或切裂。花单生或为疏圆锥花序；总苞 2 列，每列 8 枚，基部合生。舌状花 1 列、宽舌状，黄、棕或粉色，少结实；管状花黄色至褐色（图 8–8）。

种类及品种介绍：

1）大花金鸡菊

拉丁名：*C. grandiflora* Hogg

形态特征：宿根草本，高 30 ~ 60 cm，稍被毛，有分枝。叶对生，基生叶及下部茎生叶披针形、全缘；上部叶或全部茎生叶 3 ~ 5 深裂，裂片披针形至线形、

图 8-8 金鸡菊

顶裂片尤长。头状花径 4 ~ 6.3 cm，具长梗，内外列总苞近等长；舌状花通常 8 枚，黄色，长 1 ~ 2.5 cm，端 3 裂，管状花也为黄色；花期 6 ~ 9 月。

种类及品种介绍：'Baby Sun'，株高 30 ~ 41 cm，花金黄色，每片花瓣的基部带有红色花斑。'Early Sunrise'，开花十分早，在春季种下 100 d 之后就可以出售。'Sunburst'，株高 90 cm，一般可以作为切花，适应力强。'Sunray'，是最受人喜爱的金鸡菊的品种之一，株高 60 cm，花金黄色，并且对栽培环境要求不高。'Teguile Sunrise'，是一种受专利保护的无性繁殖品种，未经许可不能任意繁殖。它的叶子有乳白和黄色的变异。春天长出粉红色的新叶，在秋天变成红褐色，而夏天会开满橙黄色的花。

2）大金鸡菊

拉丁名：*C. lanceolata* L.

形态特征：耐寒性宿根草本，高 30 ~ 60 cm，无毛或疏生长毛。叶多簇生基部或少数对生，茎上叶甚少，长圆状匙形至披针形，全缘，基部有 1 ~ 2 个小裂片。头状花具长梗，径约 5 ~ 6 cm，外列总苞常较内列总苞短；舌状花 8 枚，宽舌状，黄色，端 2 ~ 3 裂；管状花也为黄色；花期 6 ~ 8 月。有大花、重瓣、半重瓣等多数园艺品种，大花重瓣的如'Sunburst'较为有名。原产北美，各国有栽培或野生。

3）轮叶金鸡菊

拉丁名：*C. verticillata* L.

形态特征：宿根草本，高 30 ~ 90 cm，无毛，少分枝。叶轮生，无柄，掌状 3 深裂，各裂片又细裂。管状花黄色至黄绿色，花期 6 ~ 7 月。原产北美，1759 年输入欧洲。

品种：'Moonbeam'，株高可达 46 cm，开着柔软的黄花，并且花期持续整个夏天，是最受欢迎的品种；'Zagreb'，株高大约 30 cm，花金黄色，并且适应力特别强。

习性及繁殖栽培：金鸡菊类栽培容易，常能自播繁衍。生产中多用播种或分株繁殖，夏季也可进行扦插繁殖。

园林用途：花坛及花境栽植，也可作切花应用。因为易于自播繁衍，常成片生长形成地被。

8.1.10 金光菊属

拉丁名：*Rudbeckia* L.

形态特征：菊科，一年生或多年生草本。本属植物约 30 种，原产北美，用于花坛或切花。叶互生，茎生叶稀对生，单叶或复叶。头状花序具异性花，生于枝顶；总苞半球形；总苞片 2 层，稀 3 ~ 4 层，外层叶状；花序托凸起呈柱状；舌状花黄色，中性；盘花两性，管状，5 裂，淡绿色或淡黄色至紫黑色；瘦果 4 棱形；冠毛为冠状体或杯状体或无冠毛。

种类及品种介绍：

1）金光菊

拉丁名：*R. laciniata* L.

科属：菊科，金光菊属

形态特征：多年生草本植物，一般作 1 ~ 2 年生栽培。枝叶粗糙，株高可达 2 m，多分枝。叶片较宽，基部叶羽状分裂，5 ~ 7 裂；茎生叶 3 ~ 5 裂，边缘具稀锯齿。头状花序 1 至数个着生于长梗上。舌状花单轮，倒披针形而下垂，长 3 cm 左右，金黄色；管状花黄绿色，花期 7 ~ 9月。

生态习性：适应性很强，既耐寒、又耐旱，不择土壤，极易栽培，上海地区可多年栽培并保持良好性状；应选择排水良好的沙壤土及向阳处栽植，喜向阳通风的环境。花前应追液肥，并保持土壤湿润，利于开花；若节制水分，可使植株低矮、减少倒伏。

繁殖栽培：可用播种、扦插和分株法繁殖。播种宜在春、秋两季进行，露地苗床播种，待苗长至 4 ~ 5 片真叶时移植，11 月定植，露地越冬，亦可在冷室内盆播。分株也在春秋进行。生长期适当施肥水，雨季注意排水。最好 2 ~ 3 年分栽一次，管理简便。

种类及品种介绍：本属有金光菊、毛叶金光菊、齿叶金光菊、大金光菊、抱茎金光菊。变种有重瓣金光菊（var. *hortensis* Bailey）；园艺品种有‘乡色’（cv.Rustic Colors），矮生，花橙黄色；‘大菊黄’（cv. Orange Bedder），花径 7 ~ 8 cm，矮生，宜作镶边材料。

园林用途：花朵繁盛，株形较大，适合庭院布置，可作花坛、花境材料，或布置草地边缘成自然式栽植。应用情况：金光菊应用在街道绿地中花境内，非常适宜上海的生长环境，开花观赏期长，落叶期较短。亦可作切花。

2）毛叶金光菊

拉丁名：*R. serotina* Nutt（*R. hirta* L.）

形态特征：又称黑心菊，为菊科、金光菊属多年生宿根草本花卉，常作一、二年生草花栽培。株高 80 ~ 100 cm，全株被有粗糙的刚毛，在近基部处分枝。叶互生，茎下部叶匙形，长 10 ~ 15 cm，茎上部叶长椭圆形或披针形，均全缘，无柄。头状花序单生，花径 10 ~ 15 cm。盘缘舌状花金黄色，有时有棕色环带，有时呈半重瓣。管状花暗棕色，聚集呈半球形突起，直径 2 ~ 3 cm，高 2 cm 左右。花期 5 ~ 11 月。黑心菊原产北美，耐寒性强，又耐干旱，对土壤适应性强，管理较为粗放（图 8-9）。

图 8-9　毛叶金光菊

3）齿叶金光菊

别名：美丽金光菊

拉丁名：*R. speciosa* Wender. non LK.

形态特征：宿根草本，株高 30 ~ 90 cm，茎具疏毛，稍张开。基生叶及下部茎生叶矩圆形至卵形，有柄；上部茎生叶卵状至披针形，具不整齐齿。舌状花 12 ~ 20 个，长 4 cm，纯黄色，基部橙黄色；管状花褐紫色，结实期高约 1.5 ~ 2 cm；总苞片紫色；花期 8 ~ 10 月。原产北美，园林中有栽培。

4）大金光菊

拉丁名：*R. maxima* Nutt

宿根草本，株高 1.2 ~ 2.7 m，茎光滑，灰绿色。叶广卵形至长椭圆形，全缘或具细齿，长可达 30 cm，上部茎生叶心形，抱茎。头状花 10 至数个，具长花梗；舌状花黄色，长 2.5 ~ 5 cm，先端下垂；管状花近圆柱形，带褐色；花期 8 月。原产北美，生育旺盛，适应性强。

8.1.11　矢车菊属

拉丁名：*Centaurea* L.

形态特征：菊科，一、二年生或宿根草本。本属植物约 500 种，原产欧洲地中海沿岸、亚洲及北非；我国约产 10 种。全株被白毛。叶互生、全缘或羽状浅裂至深裂。头状花序具长梗、单生或为圆锥状，全部为管状花，边缘花通常发达或成放射状，紫、蓝、黄或白色，先端 5 裂，多不孕；总苞卵形至球形，苞片常具附属物，或具刺。

主要种类及品种介绍：

1）大花矢车菊

拉丁名：*C. macrocephala* Puschk.

耐寒性多年生草本，高 40 ~ 90 cm，茎单生而直立。叶互生，具细齿，下部叶长椭圆形，具短柄；上部叶大，稍宽、包围头状花。头状花序单生，金黄色，径约 8.0 ~ 10 cm，近球形，缘花与心花等大；总苞片 8 ~ 12 列，苞片附属物为膜质、褐色；花期 6 ~ 7 月。原产高加索亚高山草原地，耐寒。1805 年输入英国。多作切花应用。

2）山矢车菊

拉丁名：*C. montana* L.

多年生草本，高 30 ~ 40 cm。茎通常不分枝，有匍匐茎及翼，被绿色绵毛。叶互生，阔披针形，全缘、波状缘或有齿，幼叶银白色。头状花径约 8 cm，缘花发达而伸长，具 4 ~ 5 线状裂，蓝、紫、粉、白等色，依品种不同而异；花期 5 ~ 6 月。原产欧洲及小亚细亚。1956 年介绍至英国。抗寒性强。

3）白绒毛矢车菊

拉丁名：*C.cineraria* L.

多年生至亚灌木状，高 50 cm。茎直立，有分枝，全株被短白绵毛，叶被白毛，呈白色，可观赏。叶为 2 回羽状分裂，裂片阔线形至线形，下部叶片有柄。头状花序多，金黄色，径约 4 ~ 5 cm；缘花稍超出心花；苞片膜质缘，具长缘毛、黑色；花期 7 ~ 8 月。原产意大利南部、西西里岛及北非。适作花坛镶边植物。1710 年传至英国，不耐寒。

习性及繁殖栽培：矢车菊类适于肥沃的沙质壤土，忌连作，喜日照充足及适度湿润的环境。依种类不同耐寒性也有差异，如 *C. macrocephala* 可耐 0 ℃以下低温。春秋都可进行播种繁殖。分株繁殖 4 ~ 5 年进行一次。像 *C. cineraria* 等观叶性种，可在 9 月扦插，冬季在室内越冬，也可用根插。山矢车菊适于贫瘠的沙质土壤。

园林用途：依株形不同应用有差异，高型者可作花境材料；矮生种用于花坛，切花应用水养持久。

8.1.12 勋章花

别名：勋章菊

拉丁名：*Cazania rigens*

科属：菊科，勋章花属

形态特征：多年生草本植物，株高 20 ~ 30 cm，具根茎，茎较短。叶由根际丛生，线状披针形或倒卵状披针形，全缘或有浅羽裂，叶背密被白毛。头状花序顶生，舌状花为红、橙、粉、黄、白及复色等，花色丰富。其花心有深色眼斑，形似勋章，具有浓厚的野趣。室内栽培四季开花；露地栽培花期为 4 ~ 7 月，花期长。瘦果长卵形，果熟期 7 ~ 8 月（图 8-10）。

生态习性：勋章花原产非洲南部，我国于 20 世纪末引种栽培。其性喜温暖、湿润、向阳环境，适生温度为 15 ~ 30 ℃，好凉爽，不耐冻，宜于疏松、肥沃的沙壤土中生长，忌高温高湿与水涝。勋章花色姿秀丽，花朵迎着太阳开放，随太阳落山而闭合，如此反复开放 10 d 左右才凋谢。地栽表现良好，植株强健，开花更多。

图 8-10　勋章花

繁殖栽培：勋章花可播种、分株、扦插繁殖，也可应用组织培养法育苗。勋章花容易结籽，花朵凋谢后 15 d 左右种子成熟，种子覆有绒毛，成熟后会随风飞走，要注意采收。新鲜种子无休眠期，环境条件合适的地方，可自播繁衍。其种子发芽温度以 16 ℃为宜，一周左右发芽。第一对真叶展开时，进行分苗移植；苗高 10 cm 时开始定植，春播苗 3 个月后即能开花。分株通常在早春 3 ~ 4 月进行，将株丛分割数丛，然后定植在指定地点。扦插随时皆可进行，切取健壮茎节上的芽，直接插入温床，在 25 ℃温度条件下，两周后生根。待幼根由白变为黄褐色时，开始移植。

园林用途：勋章花花形奇特，花色多彩，花心具深色眼斑，形似勋章。花朵迎着太阳开放，至日落后闭合，具浓厚的野趣。用它盆栽摆放花坛或草坪边缘，十分自然和谐。也可点缀小庭园或窗台，同时也是很好的插花材料。

8.1.13　君子兰属

拉丁名：*Clivia* LindL.

形态特征：石蒜科常绿宿根花卉。根系肉质、粗大，叶基部形成假鳞茎。叶二列状交互迭生，宽带形，草质，全缘，深绿色。花葶自叶腋抽出，直立扁平；伞形花序顶生，下承托被覆瓦状苞片；花漏斗状，红黄色至大红色。浆果球形，成熟时紫红色。属有 3 种，原产南非。我国引入栽培有 2 种。

种类和品种介绍：

1）大花君子兰

别名：剑叶石蒜

拉丁名：*C. miniata* Regel

形态特征：叶宽大，长 30 ~ 80 cm，宽 3 ~ 10 cm（叶宽的品种可达 14 cm）；叶 2 ~ 3 年才衰老脱落；叶表面深绿色而有光泽。花葶粗壮，呈半圆或扁圆形；每花序着花 7 ~ 36 朵，最多可达 50 余朵直立着生；花被片 6（或更多），2 轮，基部合生成短筒。花色有橙黄、橙红、鲜红、深红等色。一个果实具种子 1 ~ 40 粒，种子百粒重 80 ~ 90 g，呈白色不规则形。早春 3 ~ 4 月为盛花期（图 8-11）。

种类及品种介绍：大花君子兰的主要园艺变种有黄色君子兰（var. *aurea*），花黄色，基部色略深；斑叶君子兰（var. *stricta*），叶有斑。

2）垂笑君子兰

拉丁名：*C. nobilis* Lindl.

形态特征：本种叶片较大花君子兰稍窄，叶缘有坚硬小齿；花葶高 30 ~ 45 cm，着花 40 ~ 60 朵，花被片较窄，花呈狭漏斗状，开放时下垂，故名垂笑君子兰。花期夏季，染色体数 $2n = 22$。本种在我国广泛栽培。

除以上两种之外，还有细叶君子兰（*C. gardenii* Hook），与垂笑君子兰相似，叶窄呈拱状下垂，深绿色；花 10 ~ 14 朵，伞形花序，橘红色或黄色。花期冬季。少见栽培。

在我国人们常常根据来源、生物学及主要特征等，将我国君子兰分为国兰、改良兰、横兰、雀兰、垂笑兰、小型兰、花脸、鞍山兰、彩色兰（叶艺兰）和日本兰等十大品系。

生态习性：原产非洲南部山地森林中，地处印度洋和大西洋交流处，即南纬 30° 地区。所以君子兰性喜温暖湿润，宜半阴，生长适温 15 ~ 25 ℃，10 ℃

图 8-11　君子兰

以下生长迟缓，5 ℃以下则处于相对休眠状态，0 ℃以下会受冻害。30 ℃以上叶片徒长，花葶过长，影响观赏效果。生长期间应保持环境湿润，空气相对湿度70%～80%，土壤含水量20%～40%适宜，切勿积水，尤其冬期室温低时，以免烂根。生长过程中不宜强光照射，特别是夏天，应置荫棚下栽培。要求疏松肥沃、排水良好、富含腐殖质的沙质壤土。君子兰类植物在东北、华北及华东地区以温室栽培，华南及西南地区则露地盆栽。大花君子兰每年可开花 1 次或 2 次，第 1 次在春节前后，一个花序可开放 30 多天；第 2 次在 8 ～ 9 月，只有一部分植株能开两次花。植株寿命约 20 ～ 25 年。

繁殖栽培：常采用播种法与分株法繁殖。为异花授粉植物，经人工授粉可提高结实率，且能进行有目的的品种间杂交，以选育新品种。授粉后经 8 ～ 9 个月，果实成熟变红，剥出种子稍晾即可播种。室温 10 ～ 25 ℃，约 20 d 生根，40 d 抽出子叶，待生出 1 片真叶后进行分苗，第二年春天上盆，用腐叶土 5 份、壤土 2 份、河沙 2 份、饼肥 1 份混合而成。因为根系粗壮发达，宜用深盆栽植，盆底需填碎盆片和石砾等排水物以利排水。冬天移入温室内栽培，温度保持 10 ℃左右，予以适当干燥，促其逐渐进入半休眠状态，夏天置室外荫棚下培养，将盆底用砖或花盆垫起。生长期每半月追施液肥 1 次，盛夏炎热多雨，施肥容易引起根部腐烂，故需停止施用。但要注意加强通风，宜向叶面经常喷水。在开花前应追施磷肥，以使花繁色艳。若管理得当，3 年即可开花，一般 4 ～ 5 年开花，分株繁殖宜在 3 ～ 4 月时进行，将母株叶腋抽出的吸芽切离，另行栽植或插入沙中，生根后上盆。

园林用途：君子兰属植物花、叶、果兼美，观赏期长，可周年布置观赏。傲寒报春、端庄肃雅，深受人们喜爱。是布置会场、楼堂馆所和美化家庭环境的名贵花卉。全国各地普遍栽培。

8.1.14 非洲菊

别名：扶郎花

拉丁名：*Gerbera jamesonii* Bolus

科属：菊科，非洲菊属

形态特征：非洲菊为多年生草本花卉。株高约 30 ～ 40 cm，全株具细毛，叶基生，具长柄，柄长 15 ～ 20 cm，叶片长 15 ～ 25 cm，宽 5 ～ 8 cm，羽裂状浅裂或深裂，叶片边缘具疏齿，叶背具长毛。花梗长而中空，高出叶丛，花梗顶端着生头状花序；花有两种，外围为带形舌状花，倒披针形或带形，3 齿裂，有红、黄、橙、粉红等色，内围为筒状花，花小，黄色或与舌状花同色，花径可达 10 cm。花期很长，几乎终年有花，但 4 ～ 5 月和 9 ～ 10 月最盛（图 8-12）。

生态习性：非洲菊原产于非洲南部。性喜温暖湿润的气候条件，生长期适温为 20 ～ 25 ℃，温度低于 10 ℃或高于 30 ℃，则停止生长，处于半休眠状态。非洲菊是喜光植物，要求充足的阳光，要求疏松肥沃、微酸性沙质壤土。稍耐寒，长江以南地区冬季采取覆盖防寒可以露地越冬。

繁殖栽培：

非洲菊的繁殖，可用播种繁殖和分株繁殖。

1）播种繁殖

非洲菊的种子寿命短、发芽率低，其发芽率仅有

图 8-12　非洲菊

30%左右。因此种子成熟后即行盆播，否则极易丧失发芽力。播种方法采用小粒种子的播种法在室内进行，在 20 ～ 25 ℃的温度下 10 ～ 14 d 即可发芽。发芽后移至向阳处，待子叶完全开展后进行分苗，小苗长出 2 ～ 3 片真叶时即可定植，定植后 2 ～ 3 个月可见开花。

2）分株繁殖

栽培 2 ～ 3 年的植株即可进行分株。分株时期一般是在 4 ～ 5 月第一批盛花期之后进行；在北方多结合入冬前换盆换土进行分株。分株时将母株根土抖散，然后分切成带有 2 ～ 4 片叶子的若干小株。分切时注意保护幼芽和尽量使小株带有较多的根群（不带根的难以成活），对生长不良和过老的叶子要剪去。栽植不宜过深，根芽必须露在土面。

危害非洲菊的常见病害有：

（1）叶斑病：由菊叶点霉菌引起的病斑具有同心轮纹，其上着生黑色小点。防治方法：

① 加强栽培管理：应选择阳光充足、空气流通、排水良好的沙壤土环境种植非洲菊，适当施用农家肥，或增施磷、钾肥，以增强植株抗病力。发病初期或病害不严重的，应及时摘除病叶，集中销毁，以控制病害传播和蔓延。

② 药剂防治：发病严重的，可用 50%多菌灵 500 ～ 600 倍液，或 70%甲基托布津可湿性粉剂 800 ～ 1000 倍液喷洒。最好将病叶摘除后再喷药，以提高防治效果。

（2）根颈腐烂病：病株地上部极易拔起。由隐地疫霉菌引起的土传病害。防治方法：

① 应以预防为主，不在低洼地种植非洲菊，一般地段也要注意排水。适当浅植。

② 选用无病植株采种，或分株作繁殖材料。

③ 发病重的圃地不要连作非洲菊。可用 80%乙磷铝（疫霜灵、三乙磷酸铝）400 倍液浇灌土壤，减少或消灭土壤中的病原菌。

种类及品种介绍：近几年经世界各国花卉育种工作者的不断努力，非洲菊的盆栽新品种不断涌现。一些含有重瓣、深色花眼、冠毛等特性的品种越来越多，花色也越来越丰富。其中包括：雨燕系列、玛雅系列、欢乐系列、黑眼系列和永久系列等。

园林用途：同时又可周年开花，且能耐长途运输，切花供养期长，是为理想的切花花卉。若配以肾蕨、文竹等翠绿观叶植物，更令人神往心醉。栽培良好，每株一年平均可切取 30 枝切花。非洲菊也很适宜用作盆栽观赏，是点缀案头、橱窗、客厅的佳品。在温暖地区，如我国华南地区，作宿根花卉应用、庭院丛植、布置花境、装饰草坪边缘等均有极好的效果。此外，全草可供药用，有清热止泻的作用。

8.1.15　紫松果菊

别名：紫锥花

拉丁名：*Echinacea purpurea* Moench

科属：菊科，松果菊属

形态特征：宿根草本花卉。有人将本种并入 *Rudbeckia* 一属中。株高 60 ～ 120 cm，全株具糙毛。叶卵形至卵状披针形，边缘具疏浅锯齿；基生叶基部下延，柄长约 30 cm；茎生叶叶柄基部略抱茎。头状花序单生枝顶；总苞 5 层，苞片披针形，端尖刺状；舌状花一轮，淡粉、洋红至紫红色。瓣端 2 ～ 3 裂，最初长约 2.5 cm，之后延长至 5 ～ 8 cm，并稍下垂；中心管状花具光泽，呈深褐色，盛开时橙黄色；花径约 10 cm；花期 6 ～ 10 月。原产北美，1699 年传至欧洲。变种 var. *serotina* Bailey，茎及叶上均具糙毛（图 8-13）。

生态习性：性强健而耐寒，北京地区能露地越冬。喜光照及深厚肥沃、富含腐殖质的土壤，可自播繁衍。

繁殖栽培：春、秋播种繁殖，播种苗经 1 ～ 2 次

图 8-13 紫松果菊

图 8-14 鹤望兰

移植后即可定植，株距约 40 cm。春、秋可分株繁殖。夏季天旱时，应适当灌溉，并施以液肥，可延长花期。冬季如覆盖厩肥，来年生长旺盛。

园林用途：紫松果菊生长健壮而高大，花期长，宜作花境、花坛中的材料或丛植。花梗挺拔，水养持久，又是切花的良好材料。

8.1.16 鹤望兰

别名：天堂鸟、极乐鸟花

拉丁名：*Strelitzia reginae* Banks

科属：旅人蕉科，鹤望兰属

形态特征：多年生草本花卉。根茎粗大，肉质，能贮存大量水分和养分，叶片颇似芭蕉。鹤望兰具有不明显的半木质化短茎，短茎的地上部分为叶鞘套摺，地下部分着生肉质根，叶为单叶互生，4 ~ 9 月开花。鹤望兰的花，为佛焰苞状的总苞花序，总苞内有花 5 ~ 9 朵，单花有花柄，长柄上开出奇特的花朵，窄披针形，3 枚萼片为深橘红色，外 3 枚花瓣为橘红色或橙黄色，内 3 瓣为天蓝色，宛若仙鹤延颈遥望之姿。花朵中心有雄蕊和花柱，雌蕊在花舌前部，3 室，胚珠多枚，果实为蒴果（图 8-14）。

生态习性：鹤望兰，原产南非，不耐寒，性喜温暖湿润的气候和光照充足的环境，在深厚肥沃、排水又好的黏性土壤中生长最好。

鹤望兰不耐寒冷，冬季温室的温度应保持在 13 ~ 18 ℃之间，最低不得少于 8 ℃。鹤望兰的最适宜生长的温度为 16 ~ 25 ℃，在这样的温度条件下，它不但可以全年开花，而且花大色艳，观赏价值极高。鹤望兰忌高温酷热，超过 30 ℃时，就很少开花，甚至不开花。35 ℃以上或者 10 ℃以下，便停止生长。鹤望兰在漫长的夏季，喜欢散射光照，在烈日暴晒下，叶片会黄化或灼伤，所以最好置于略有花荫，或者半阴半阳、通风良好的环境，减少 50%的强光照；秋冬季节宜置于阳光充足的环境，否则植株细弱，蘖芽萌发少，生长发育不正常，甚至不开花。

繁殖栽培：鹤望兰一般不易产生种子，若要进行有性繁殖，必须采取人工授粉的方法进行育种。

鹤望兰的种子成熟后，可随采随播，种子生长发育的温度为 25 ~ 30 ℃，一般经过 30 d 以上的发育过程，新鲜的种子便可萌发新芽。幼苗出土后，移至有光照的地方，便于幼苗接受光照，促进健壮生长。当幼苗长到 5 ~ 7 cm 时，便可进行分栽，大约经过 3 ~ 4 年的精心养护，鹤望兰才能开花。

鹤望兰分株繁殖，除去高温的 7 ~ 8 月外，其余时间都可进行。但是，最佳的分株时间是在春季的 3 ~ 4 月和秋季的 9 ~ 10 月。

鹤望兰，性喜温暖湿润的气候，它最适宜的生长温度为 16 ~ 25 ℃。它怕干旱，更怕水渍。夏季要在凉爽半阴半阳的光照条件下，度过酷暑炎热的夏天。秋冬季节，又需要充足的阳光照射，才能生长良好。鹤望兰喜肥，营养生长期，每星期施一次腐熟的饼类肥料，浓度为 1 ： 10、1 ： 8，开花前追施磷钾肥料，必要时追施 2 ~ 3 次速效复合化肥。

种类及品种介绍：同属的栽培品种还有尼古拉鹤望兰（*S. nicolaii* RegeL.），茎高约 5 m，叶大柄长，基部心形。苞带红褐色，外花被片白色，内花被片蓝色。5 月开花。大鹤望兰（*S. augusta* Thunb.），是本属中最大者，茎高达 10 cm，叶生茎顶，形似芭蕉叶，叶长 60 ~ 120 cm，柄长 100 ~ 200 cm。总苞深紫色，长 30 ~ 40 cm，内外花被片皆为白色。用于切花栽培。

园林用途：鹤望兰为大自然中罕见的惟妙惟肖的禽类美态的花卉。宜庭院、花坛栽培，系高档切花，也是大型高档盆栽花卉。

8.1.17　虎尾兰属

拉丁名：*Sansevieria* Thunb.

形态特征：百合科常绿宿根草本。有横展的根茎。叶基生，直立，硬纤维质或多肉质，扁平或圆柱状；具横纹或色缘。花葶单生；总状或穗状花序；花白色；花被管状，裂片 6，稍不等大，狭长而开张。同属植物约 60 种，主要原产于非洲热带和印度。

种类及品种介绍：

我国引入栽培的有以下几种：

1）虎皮兰

拉丁名：*S. trifasciata* Prain（*S. zebrina* Glnti L.）

形态特征：叶直立性，厚革质，长 30 ~ 120 cm，线状披针形，端尖锥状，基部渐狭为沟状的柄；两面具明显的浅绿色和深绿色相间的横纹。花淡绿色或绿白色；花梗长 30 ~ 60 cm，花序单生。原产非洲热带西部。园艺变种很多，主要有金边虎皮兰（var. *laurentii* N. E. Br.），叶缘金黄色。短叶虎皮兰（var. *hahnii* Hort. 或 *S. hahnii*），1939 年在美国由金边虎皮兰（*S. trifasciata* Prain var. *laurerttii* N. E. Bt.）枝变产生，株高仅 20 ~ 25 cm。叶片短小，深绿色具淡绿色横纹。金边短叶虎皮兰（var. *goldem hahnii* Hart.），叶短，具黄边，非常美丽。

2）锡兰虎尾兰

拉丁名：*S. zeylanica* Willd

形态特征：叶 5 ~ 6 枚丛生，叶长 45 ~ 75 cm，剑形，半圆柱状，基部较厚，有深沟，径 22.5 cm。叶暗绿色，背面有浅绿色横纹及暗绿色纵纹。花绿白色，花葶长 30 cm。花期 9 月。染色体数 $2n = 40$、42。原产印尼。

3）千岁兰

拉丁名：*S. nilotica* Baker

形态特征：叶丛生，叶片内曲，长 90 ~ 120 cm，宽 2.5 ~ 6.0 cm，先端渐狭，下部叶 U 形着生；深绿色有明显的淡色横斑，边缘绿色；花葶超出叶上。原产非洲热带。园艺变种主要有金斑千岁兰（var. *craigii* Hort.），叶面有黄白斑。银线千岁兰（var. *argenteo* ~ *striata* Hort.），叶片较狭，表面具白色纵纹。本种较少见栽培。

虎尾兰类适应性强，管理简单，苗期浇水不可过多，否则常致根茎腐烂。夏季需避强光，置荫棚下栽培。由春至秋生长旺盛，应充分浇水，并适当追肥。冬季需控制浇水，停止追肥。注意勿使室温过低。否则常引起叶基部腐烂。

园林用途：虎尾兰属植物为常见的盆栽观叶花卉。室内装饰、温室地栽均宜。尤其短叶虎尾兰和金边短叶虎尾兰等小型变种，点缀窗台、案头，十分惹人喜爱。虎尾兰属植物又是良好的纤维植物。

8.1.18 花烛属

拉丁名：*Anthurium* Schott

形态特征：天南星科常绿宿根花卉。株高 30 ~ 50 cm，有茎或无茎，直立，稀蔓性。叶常绿，草质，长圆披针形，长约 20 cm，宽约 8 cm，全缘或分裂。佛焰苞卵圆形、椭圆形或披针形，长约 10 cm，似蜡质，有光，开展或弯曲，有粉红色、白色、白底红斑、黄色和绿色的品种；肉穗花序圆柱形乃至球形。原产美洲热带，约有 500 种。花烛佛焰苞光滑且富有蜡质光泽，配以中央的肉穗花序形似蜡烛台，奇丽无比。可作中、小型盆栽，颇受人们青睐（图 8-15）。

主要种类及品种：

1）哥伦比亚花烛

别名：红鹤芋、哥伦比亚安祖花

拉丁名：*A. andreanum* Lindl.

形态特征：叶鲜绿色，长椭圆状心形，长 30 ~ 40 cm，宽 10 ~ 12 cm，花梗 50 cm 左右；佛焰苞阔心脏形，长 10 ~ 20 cm，宽 8 ~ 10 cm，表面波状，有光泽的鲜朱红色，十分美丽。肉穗花序长 6 cm，圆柱形直立，带黄色。原产哥伦比亚，1853 年特利阿那（M.Triana）博士在哥伦比亚发现本种，1876 年由安德勒（M. Andre）传至欧洲。夏威夷是哥伦比亚花烛的世界栽培中心，从 1940 年起广泛进行育种改良，育出许多花形和花色十分优异的品种。多行切花栽培，是国际花卉市场上新兴的切花。

图 8-15 花烛

种类及品种介绍：主要园艺变种有可爱花烛（cv. Amoenum Hort.），苞深桃红色，肉穗花序白色，先端黄色；克氏花烛（cv.Closoniae Lind.et Rodig），苞长 20 cm，宽 10 cm，心脏形，端白色，中央带淡红色；大苞花烛（cv.Grandiflorum Lind.et Rodig），佛焰苞大，长 21 cm，宽达 14 cm；粉绿花烛（cv. Rhodochloarum Andre），高达 1 m，苞粉红，中心绿色，肉穗花序初开黄色后变白色等。

2）花烛

拉丁名：安祖花

拉丁名：*A. scherzerianum* Schott

形态特征：叶披针形，长 15 ~ 30 cm，宽 6 cm，暗绿色，花梗长 25 ~ 30 cm，佛焰苞长 5 ~ 20 cm，宽 5 ~ 10 cm，火焰红色，肉穗花序常螺旋状，花多数，几乎全年开花。与哥伦比亚花烛相异点为：叶细窄；佛焰苞无光泽；肉穗花序螺旋状等。环境适宜几乎全年开花。原产中美洲，本种是由危地马拉的钱再尔（M. Scherzer）发现的。在欧洲栽培普遍，经育种产生许多花梗粗短、多花性的品种。本种比哥伦比亚花烛栽培更为普遍。

园艺变种很多，佛焰苞有紫色带白斑、白色、红色、黄色、白底粉点、绿带红斑、鲜红色、红带白斑等的变种。

3）晶状花烛

别名：晶状安祖花

拉丁名：*A. crystallinum* Lind. et Ander.

形态特征：茎上多数叶密生；叶阔心脏形，长 40 ~ 50 cm，宽 30 cm，暗绿色，有天鹅绒般光泽，叶脉粗，银白色，花超出叶上，佛焰苞带褐色，细窄，肉穗花序圆柱形，带绿色。原产哥伦比亚的新格拉纳达。为主要观叶种。

园林用途：花烛属花卉是国际花卉市场上新兴的切花和盆花。全年可以开花，切花水养期达半月以上。花烛属花卉，苞美、叶秀、观赏期极长，市场需求日增，是理想的切花种类。可在我国气候较为适宜的地区，如海南岛、云南南部等地大力发展。

8.1.19　四季秋海棠

别名：瓜子海棠

拉丁名：*Begonia semperflorens* Link et Otto

形态特征：秋海棠科、秋海棠属多年生常绿草本植物。具须根。茎粗壮直立，肉质，多分枝，光滑；单叶互生，有光泽，卵圆形至广椭圆形，边缘有锯齿，叶基部偏斜。绿色、古铜色或深红色；聚伞花序腋生，花单性，雌雄同株，花具白、粉和红等色。雄花较大，花瓣 2 片，宽大；萼片 2 片，较窄小。雌花稍小，花被片 5。蒴果三棱形，内含多数微细的种子，千粒重 0.11 g（图 8–16）。

生态习性：四季秋海棠虽为多源杂种，但主要原种皆原产南美巴西。喜温暖，不耐寒，生长适温 20 ℃左右，低于 10 ℃生长缓慢。适宜空气湿度较大、土壤湿润的环境，不耐干燥，亦忌积水。喜半阴环境，夏季不可放阳光直射处，要适当遮阴。开花不受日照长短的影响，只要在适宜的温度下，就可四季开花。四季秋海棠适生于疏松肥沃、排水性、通气性良好的土壤，pH 5.5 ~ 6.5 为宜。

繁殖栽培：可用播种、扦插和分株等方法繁殖。

图 8–16　四季秋海棠

以播种法应用最多。因播种苗分枝性强，容易培育成株形丰满的盆花，而且叶色鲜绿光亮，花后剪去花枝，又可萌发新枝继续开花数月。而且种子易得，繁殖方便。而扦插法成苗后，分枝性弱，株形不丰满，繁殖系数又低，故除重瓣品种外，一般不采用扦插繁殖。分株繁殖更少见应用。

矮壮素能够有效地控制四季秋海棠的高度。当幼苗形成 4 片真叶后，白花品种喷施 500 mg/L 的矮壮素；其他花色品种则施用 1000 mg/L 的矮壮素。B_9 对控制四季秋海棠的高度也有效。用昼夜温差（DIF）控制其高度有一定的作用。

种类及品种介绍：

四季秋海棠根据花色、花径大小、叶色、单瓣或重瓣等可大致分为如下品种类型：

（1）矮性品种：植株低矮，花单瓣；花色有粉、白、红等；叶绿色或褐色。

（2）大花品种：花单瓣，花径较大，可达 5 cm 左右；花色有白、粉、红等；叶绿色。

（3）重瓣品种：花重瓣，不结实；花色有粉、红等；叶绿色或古铜色。

园林用途：四季秋海棠是目前栽培最普遍的夏种秋海棠。夏季花坛的重要材料，又是很受欢迎的盆花，在世界上进行大量生产和消费。秋海棠属花卉皆作盆花观赏，花、叶均极美丽。

8.1.20　肖竹芋属

拉丁名：*Calathea* G. F. W. Mey.

形态特征：又称蓝花蕉属，竹芋科常绿宿根草本。叶基生或茎生，叶面常有美丽的色彩，形态与竹芋属植物十分相似。与它的不同点为子房 3 室，有胚珠 3 个；花瓣状退化雄蕊 1 枚；花序为短总状或球花状，不分枝。肖竹芋属约 150 种，分布于美洲热带和非洲。我国引入栽培多种（图 8–17）。

图 8-17 肖竹芋

种类及品种介绍：

1）绒叶肖竹芋

别名：花条蓝花蕉、天鹅绒肖竹芋

拉丁名：*C. zebrina* Lindl.

为多年生草本植物，株高 30 ~ 80 cm。叶 6 ~ 20 片，长椭圆形，叶面淡黄绿色至灰绿色，天鹅绒状光泽。头状花序，蓝紫色或白色。原产巴西。

2）紫背肖竹芋

别名：显明蓝花蕉、红背葛郁金

拉丁名：*C. insignis* Bul L.

株高 30 ~ 100 cm。叶线状披针形，长 8 ~ 55 cm；稍波状，光滑；叶片向上呈直立式伸展。表面淡黄绿色，有深绿色的羽状斑；叶背深紫红色。穗状花序长 10 ~ 15 cm，花黄色。原产巴西。

3）黄苞竹芋

别名：玫瑰竹芋

拉丁名：*C. cvocata*

植株丛生，株高约 30 cm。叶片椭圆形，全缘，波浪状，叶面呈波浪状凹凸，橄榄绿色，长 12 ~ 15 cm，宽约 7 cm。花序穗状，花梗紫红色，鹅黄色苞片，色艳姿美，花期冬至春季。

4）彩叶肖竹芋

别名：彩叶蓝花蕉、花叶葛郁金

拉丁名：*C. picta* Hook. f.

株高 30 ~ 100 cm，全株被天鹅绒状软毛。叶 4 ~ 10 枚；椭圆形稍尖，长 15 ~ 38 cm，宽 5 ~ 7 cm；呈波状，表面天鹅绒状橄榄绿色，在中脉两侧有淡黄色羽状纹；叶背深紫红色。花序圆锥状，花淡黄色。原产巴西。1898 年布鲁（Bull）从巴西引入英国。

5）肖竹芋

别名：大叶蓝花蕉

拉丁名：*C. ornata* Koern.（*Maranta ornata* Lind.）

株高约 1 m。叶椭圆形，长 10 ~ 16 cm，宽 5 ~ 8 cm；叶面黄绿色，有银白色或红色的条斑；背面暗堇红色；叶柄长 5 ~ 13 cm。是肖竹芋属中最美丽的种之一。有许多园艺品种。原产圭那亚、厄瓜多尔、哥伦比亚。

6）红边肖竹芋

别名：红边蓝花蕉、彩虹竹芋、粉红肖竹芋、玫瑰竹芋

拉丁名：*C. roseo ~ picta* Regel

红边肖竹芋植株较矮小，株高 30 ~ 60 cm，叶椭圆形或卵圆形，长 20 ~ 30 cm，宽 15 ~ 20 cm，叶稍厚、带革质，光滑而富光泽，叶面青绿色，叶脉青绿色，中脉浅绿色至粉红色，羽状侧脉两侧间隔着斜向上的浅绿色斑条，叶脉侧排列着墨绿色线条，叶脉和沿叶缘呈黄色条纹，犹如披上金链；近叶缘处有一圈玫瑰色或银白色环形斑纹，如同一条彩虹，故名彩虹竹芋。叶背具紫红斑块，远看像盛开的玫瑰花，故名玫瑰竹芋。

7）孔雀竹芋

别名：孔雀肖竹芋、五色葛郁金、蓝花蕉或马寇氏蓝花蕉

拉丁名：*C. makoyana*

孔雀竹芋植株密集丛生，挺拔。株高 20 ~ 60 cm，叶柄紫红色，从根状茎长出，叶片薄革质，卵状椭圆形，长 10 ~ 20 cm，宽 5 ~ 10 cm，黄绿

色。在叶的表面绿色上隐约呈现着一种金属光泽，且明亮艳丽，主脉两侧交互排列羽状暗绿色长椭圆形的绒状斑纹，与斑纹相对的叶背面为紫色，左右交互排列，状如美丽的孔雀尾羽，故称孔雀竹芋。叶片有“睡眠运动”，即在夜间叶片从叶鞘部向上延至叶片，呈抱茎折叠，翌晨阳光照射后重新展开，十分有趣。

生态习性：分布于美洲和非洲热带，宜高温多湿及半阴环境。生长期适温 25 ~ 30 ℃，冬季温度不可低于 10 ℃。喜疏松多孔质的栽植材料。

繁殖栽培：分株或插芽繁殖。经常保持高温高湿的环境，夏季置荫棚下栽培。栽培用土以疏松的培养土为宜。小盆栽植可用水藓；通常用腐叶土、园土及河沙配制。切叶栽培多用于温室地栽。肖竹芋类易生介壳虫，要经常注意观察和及时防治，可用 25% 亚胺硫磷乳剂 1000 倍液或 40% 氧化乐果 1500 倍液喷杀。

园林用途：是重要的温室观叶植物。适于盆栽室内观赏，也可进行切叶生产。另外，天鹅绒肖竹芋在园林中还可作阴湿处的布置。

8.1.21　翠雀属

拉丁名：*Delphinium* L.

形态特征：毛茛科一、二年生或宿根草本，原产北温带，约 300 种，我国约有 110 种，南北各省均有分布，但主产地为西南和西北，有些供庭园观赏用。茎直立，叶掌状 3 出复叶或掌状浅裂至深裂。花序成总状或穗状；花左右对称，多为蓝色，也有其他颜色；萼片 5、花瓣状，后面一枚延长成一距；花瓣 2 ~ 4 枚，重瓣者多数，上面一对有距，且突伸于萼距内；雄蕊多数或瓣化为重瓣；雌蕊 1 ~ 5 个。有胚珠多颗；果为蓇葖果。

种类及品种介绍：

1）大花飞燕草（图 8-18）

别名：翠雀花

拉丁名：*D. grandiflorum* L. var. *chinense* Fisch.

为多年生草本植物。茎直立，多分枝，株高 30 ~ 100 cm，全株被柔毛。叶互生，掌状深裂。总状花序顶生，花穗长，花朵大，径约 2.4 ~ 4 cm；蓝、淡蓝、莲青及肉色，多数有斑点；距直伸或稍弯；花期 6 ~ 9 月。萼片瓣状，蓝色。

2）美丽飞燕草

别名：颠茄翠雀

拉丁名：*D. belladonna* Hort.

宿根草本，多分枝，花大型。是园艺品种中主要栽培品系之一。

3）高飞燕草

拉丁名：*D. elatum* L.（*D. alpinum* Waldst. et Rit. D. *pyramididale*）

宿根草本，高 1 ~ 2 m，无毛。叶大，稍被毛。掌状 5 ~ 7 深裂，上部叶 3 ~ 5 裂。花穗较长。原始种花为蓝色，在园艺品种中有花萼蓝色、花瓣紫色的品种以及花心是黑色的品种，园艺品种约达 4000 种以上，是现今主要栽培品系之一。与伊朗原产的 *D. zalil*（黄花）、加利福尼亚原产的 *D. cardinale*（红花）及 *D. nudicaule*（橙红色花）杂交后出现多种变化。

飞燕草类多用堆肥或磷钾肥等作基肥；追肥应以氮肥为主。老植株易染病虫害，因而常 2 ~ 3 年便移

图 8-18　大花飞燕草

植一次，也有助于防除病虫害，移植后增施基肥，又利于生长及开花。植株高大，易弯曲倒伏，有碍观赏及切花品质，栽培中可用绳、网固定。切花时应于花穗上80%花朵开放时切取为宜。

园林用途：可丛植，或作花坛、花境栽植，又可用于切花。

8.1.22 百子莲

别名：百子兰、紫君子兰

拉丁名：*Agapanthus africanus* Hoffmg.（*A. umbellatus* L.Her.）

形态特征：石蒜科多年生常绿草本。地下部分具短缩根状茎和绳索状肉质根。叶二列状基生，线状披针形至舌状带形，光滑，浓绿色。花葶自叶丛中抽出，粗壮直立，高40～80 cm，高出叶丛；着花10～30朵，呈顶生伞形花序，外被两片大形苞片，花开后即落；花梗长2.5～5 cm；花被6片连合，呈钟状漏斗形，花被片长圆形、约与筒部等长，鲜蓝色；花期7～8月。蒴果，含多数带翅的种子（图8-19）。

种类及品种介绍：从花色看，有白、鲜蓝、深蓝、暗蓝等色及粉紫色具深蓝紫色条纹的变种。此外，还有重瓣变种（var. *flore pleno* Hort.）：深蓝色，重瓣，不全开呈蕾状，花期长，是切花生产的重要材料；多花变种（var. *giganteus* Hort.）：深蓝色，花序着花达120～200朵，花葶高达1.2 m；大花变种（var. *maximus* Hort.）：花鲜蓝色，花大，1花序着花30～60朵，叶亦宽；斑叶变种（var. *variegatus* Hort.）：叶有白色条斑，花蓝色，株矮，抗寒力弱；早花变种（var. *praecox* Hort.）：开花早，淡蓝色，叶窄，花小，多用为切花。

图8-19 百子莲

百子莲的品种中'蓝绶带'（Blue Ribbon）花葶高达1.8 m，着花200朵以上，花鲜蓝色有深蓝色条纹，是百子莲中最大的品种。

生态习性：性喜温暖湿润。对土壤要求不严，但在腐殖质丰富、肥沃而排水良好的土壤上生长良好。若土质松软而瘠薄易发生较多的分蘖。具有一定抗寒能力，在南方温暖地区可以在露地稍加覆盖越冬；北方需在冷室或温室中栽培，越冬温度1～8℃即可。

繁殖栽培：以分株为主。在秋天开花后分株，春天分株当年不能开花。在温暖地区作露地切花或花坛栽植者，可4年分株1次；以繁殖为目的者，每年分株，这样常需2～3年开花；盆栽者，视情况2～3年分1次。老株若不适时分株，则开花逐年减少。分株时，每一新株应带2～3芽。盆栽者常结合秋季换盆时进行。也可播种繁殖，但发芽很慢，小苗生长缓慢，5～6年才能开花，故一般少用。种子发芽力可保持2～3年。

分株缓苗后，需加强肥水管理，否则1～2年内不能开花。在生长期间，尤其夏季炎热时，宜置阴凉通风处，充分灌水，追施油粕、鱼粕等液肥，并适度施用过磷酸钙和草木灰，着花良好。当盆内充满根系时着花繁密。冬季百子莲进入半休眠状态，应停止浇水。在温暖地区露地栽培时，作宿根花坛栽植，宜于北面有灌木屏障、冬天日照也充分之地栽植。施足基肥，株行距30～40 cm。若行切花栽培，床宽1 m，栽3～4行，通路60 cm，因百子莲要求土壤肥沃，栽前要施基肥，每100 m^2面积入堆肥200 kg、油粕4 kg、过磷酸石灰2 kg、草木灰2 kg。夏季干燥，可床面铺草减少水分蒸发。秋天分株者，防幼芽受冻，冬天可敷草防寒。在冬天较寒冷地区，床面应覆土 6 ~ 10 cm 防寒。从 2 月下旬起，将塑料薄膜覆盖床面，可提早花期 10 ~ 15 d。剪取切花应于小花即将开放时进行。花葶带两片叶剪下，马上插水中，洗去从切口流出的黏液，5 枝 1 束，使充分吸水。

园林用途：百子莲叶丛浓绿，光亮，花色明快，花繁密，宜盆栽或露地布置花坛、花境。在温暖地区，可用于宿根花坛和露地切花栽培。

8.1.23　铁线莲

拉丁名：*Clematis* spp.

科属：毛茛科，铁线莲属

形态特征：多年生藤本植物，少数呈直立草本或灌木。叶多对生，复叶或单叶。花单生或排列成圆锥花序。花形坛状、钟状或轮状；萼片瓣化，瓣片缺失；雌、雄蕊多数，各具 1 胚珠。瘦果结成头状体，顶端具宿存羽状花柱。

生态习性：铁线莲在野生环境中，常与灌木丛伴生。喜凉爽，茎基部与根部略有蔽荫环境，顶部宜有轻度遮阴或光照。由于气候条件的变化与不协调，常会使花期后延；一些白色、浅粉或浅蓝色品种的花色会出现绿化现象，随光线的增强，花色能逐渐转正。大多数种与品种性耐寒，一般可耐 -20 ℃低温，某些种可耐 -30 ℃低温。但山铁线莲在冬、春干冷地区，枝条连年干枯而死亡。铁线莲喜肥沃、有机质丰富、排水良好的土壤；忌积水或夏季干旱而无保水力的土壤。大多数种类、品种喜微酸性至中性土壤环境，但转子莲适宜微碱性土，山铁线莲可生长在较强的酸性土中。

繁殖栽培：播种、扦插、分株和嫁接繁殖均可，主要用扦插繁殖。

种子成熟后及时采收，采后即播；若春播，种子需沙藏处理，翌年再播。

栽培品种主要用扦插繁殖。7 ~ 8 月取半成熟枝条，在节间（即上下两节的中间）截取具两个芽的一段作插条。扦插基质用泥炭和沙各半混合而成。扦插深度以节上芽刚露土面为宜。扦插后置于半阴处，保持地温 15 ~ 18 ℃，3 ~ 4 周可生根。

铁线莲不耐移植，栽培地要深耕，并施足基肥。通常挖深 40 cm、径 60 cm 的大穴来栽植，在穴底放进大量腐殖质含量丰富的有机肥，并加入掺骨粉的表土。若土壤排水不良，应混进适量的泥炭或腐殖质土。栽植后，在上面覆盖厚 10 cm 的泥炭或腐殖土，以避免根部夏季过分受热，同时可保持土壤湿润。

虫害常见的有红蜘蛛和食叶性害虫；病害常有枯萎病，特别是雨过天晴，温度急剧上升时，枝条突然枯萎。此外，秋季易发生锈病，应采取综合防治措施及时防治。

种类及品种介绍：

（1）铁线莲（*C. florida* Thunb.）：2 回 2 出复叶，小叶片狭卵形，叶背疏生短毛；花单生叶腋，在花梗近中部具 2 枚对生叶状苞片；花被 4 枚、6 枚、8 枚，乳白色，背面有绿色条纹。变种：重瓣铁线莲（var. *plena*）；蕊瓣铁线莲（var. *sieboldii* D.Don），雄蕊部分花瓣状。产我国中、南部，生低山区丘陵灌丛中、山谷路旁及小溪边。

（2）毛叶铁线莲（*C. lanuginosa* LindL.）：单叶卵圆形，稀 3 出复叶，叶质厚，叶背密被灰色绵毛；单花顶生，径约 7 ~ 15 cm，淡紫色；特产于浙江东北部海拔 100 ~ 400 m 山谷、溪旁灌丛中。为本属原种中花朵直径最大者。

园林用途：铁线莲是攀缘植物中品种最多，花色最鲜丽，花朵最新颖的一大类，是一种优良的垂直绿化、美化材料，常用于攀缘墙篱、凉亭、花架、花柱、拱门等园林建筑；有“攀缘植物皇后”的美称。铁线莲也可用作展览用切花、地被或攀缘常绿或落叶乔灌木上。在我国西北地区应用较多。

8.1.24 萱草

别名：忘忧草、川草花、丹棘

拉丁名：*Hemerocallis fulva*

科属：百合科，萱草属

形态特征：多年生草本。块根白肉质肥大，根茎短。叶基生，排成二列状，长带形，稍内折。花葶自叶丛中抽出，状粗，高于叶面，可达 100 cm。圆锥花序顶生，着花 8 ~ 12 朵；小花冠漏斗形，橘红色，花瓣中部有褐红色“八”形斑纹；花期 6 ~ 7 月，早上开放，晚上凋谢，味芳香，有许多变种（图 8-20）。

生态习性：萱草类花卉耐寒，北方地区可露地越冬。根系发达，适应性强，喜光，也耐半阴。根肉质，耐干旱，忌水湿，喜土层深厚、肥沃、湿润及排水良好的沙质壤土，但对土壤要求不严，在其他各类土壤上也能生长。在过湿的土壤中容易烂根而死亡。

繁殖栽培：繁殖以分株为主，也可播种。播种以秋季最好，一般 9 ~ 10 月露地播种，次春萌芽生长。分株每 2 ~ 4 年进行 1 次，最好在 9 月中下旬花凋叶枯后进行。也可于早春萌发新芽前进行，但以秋季分株效果好，每丛有 2 ~ 4 个芽即可。栽植地应施足充分腐熟的基肥，以堆肥或厩肥为主。生长季节每月追施液肥 1 ~ 2 次。

图 8-20 萱草

萱草类适应性强，一般定植后 3 ~ 5 年不需特殊管理。但因其根系逐年向地表上移生长，故每年秋冬之交应在根际培土培肥，以保证翌年生长开花良好。

种类及品种介绍：

（1）大花萱草（*H. middendorffii* Trautv. et Mey）：花大，宿根草本。叶长 30 ~ 45 cm，宽 2 ~ 2.5 cm，低于花葶。花 2 ~ 4 朵，黄色，有芳香。

（2）重瓣萱草（var. *kwanso*）：又名千叶萱草，花橘红色，半重瓣。花葶着花 6 ~ 14 朵，无香气。此外，还有长筒萱草、斑花萱草等。

（3）小黄花菜（*H. minor* MilL.）：宿根草本，高 30 ~ 60 cm。叶绿色，长约 50 cm，宽 6 mm。着花 2 ~ 6 朵，黄色。

园林用途：萱草花大色艳，早春叶片萌发早，适应性强，管理粗放，适于作盆栽或花坛、花境布置，或路边、疏林、草坪或坡地丛植、行植、片植，十分宜人。

8.1.25 石竹

别名：洛阳花

拉丁名：*Dianthus chinensis*

科属：石竹科，石竹属

形态特征：多年生草本，通常一、二年生栽培，株高 20 ~ 40 cm。叶对生，线状披针形，先端渐尖，基部抱茎。花单生或数朵簇生，有红、白、紫红等色，具香气。作多年生或二年生栽培，花期 4 ~ 5 月。果熟期 6 月。当年播种，花期 7 ~ 9 月。因蒴果成熟期不一致，应注意分批采收（图 8-21）。

生态习性：原产我国，分布很广，东北、华北、西北以及长江流域均有栽培。性耐寒，在北京可露地或保护地越冬。耐干旱，喜阳光充足、干燥、通风、凉爽的环境；喜排水良好、含石灰质的肥沃土壤。忌潮湿、水涝，作一年生栽培越夏常有死株。

图 8-21　石竹

繁殖栽培：繁殖以播种为主。常于 9 月播于露地苗床。发芽温度 21 ~ 22 ℃。播后约 5 d 可发芽，10 d 齐苗。苗期生长的适温为 10 ~ 20 ℃。在北方地区常阳畦越冬，长江流域露地越冬，春季定植。扦插时期宜 10 月至翌年 3 月进行。将枝条剪成 6 cm 左右的小段，插于沙床或露地苗床。在寒冷地区需在温室内扦插，植株长根后进行定植。定植距为 20 ~ 30 cm，定植后每隔 1 周施肥 1 次，9 月份以后可再次开花。

种类及品种介绍：

（1）香石竹（*D. caryophyllus* L.）：又叫麝香石竹、康乃馨。多年生草本。茎直立，多分枝，株高 70 ~ 100 cm，基部半木质化。花色有大红、粉红、鹅黄、白、深红等，还有玛瑙等复色及镶边色等，有香气。

（2）少女石竹（*D. deltoides* L.）：全株灰绿，植株低矮，15 ~ 40 cm 高，具匍匐生长特性。花色多深粉、白、淡紫，有香味，径 1.8 ~ 2.5 cm，规则对称，花期从 5 月末至 6 月末。

（3）常夏石竹（*D. plumarius* L.）：一种低矮的簇生草本，植株灰绿色无毛，高 30 ~ 40 cm。茎单生或有分枝。花玫瑰红、紫、白或混色。花期 5 ~ 7 月。

园林用途：石竹花朵繁密，色泽鲜艳，质如丝绒，是优良的草花，多用于布置花坛或花境，也可盆栽或作切花。亦可大量直播作地被植物，全草可入药。

8.1.26　丝石竹

别名：宿根露草、锥花丝石竹、霞草、满天星

拉丁名：*Grypsophila paniculata* L.

科属：石竹科，丝石竹属

形态特征：多年生草本，高 90 cm，全株无毛，稍被白粉，性强健，多分枝，向四面开展。叶对生，披针形至线状披针形。多数小花组成疏散的圆锥花序；花白色，景观似霞，故名“霞草”。萼短钟形，长 2 mm，5 裂；花瓣 5，长椭圆形，小花梗为萼的 2 ~ 3 倍长；开花后似满天繁星，因而又名“满天星”。花期 6 ~ 8 月，原产地中海沿岸，适于花坛及切花用，是本属中园艺水平较高的一种（图 8-22）。

生态习性：丝石竹原产地中海沿岸。耐寒，喜阳光，要求含石灰质、肥沃而排水良好的土壤，适应性强，但忌炎热和过于潮湿，切花应用时常作保护地栽培，以保证周年供花。

繁殖栽培：播种繁殖，也可分株，对于重瓣性很强的新品种通常用分株繁殖或用组织培养繁殖，尤其是切花用品种。播种繁殖时多于 9 月直播于应用园中或盆播，播后 10 天左右出苗。幼苗不宜移栽，应注意间苗和中耕除草，促进幼苗生长健壮。寒冷地区可春播。生长期每 10 ~ 14 天追 1 次稀薄液肥。

图 8-22　满天星

种类及品种介绍：

（1）匍匐丝石竹（*Grypsophila repens* L.）：多年生草本，高 15 cm。茎匍匐性或横卧，先端直立，不具白粉。叶线状，无毛。花稍大，白色或稍带粉色，组成疏生圆锥花序，花瓣长为萼片的 2 倍；花期夏至秋。原产阿尔卑斯山及比利牛斯山海拔 2000 m 处。适于岩石园中栽培。

（2）卷耳状丝石竹（*Grypsophila cerastioides* D. Don）：低矮匍匐性多年生草本，高 10 cm，全株密被软毛。基生叶耳状、具长柄；茎生叶倒卵形。花大、径约 1.7 cm，白色至淡紫色，有红色脉。适于岩石园栽培。

园林用途：丝石竹性强健，少病虫害。花朵繁茂，分布均匀，犹如繁星，适于花坛、花境和岩石园布置；同时也是应用最广泛的切花材料，主要作插花衬托用。

8.1.27 石碱花

别名：肥皂草

拉丁名：*Saponaria offcinalis* L.（*Silene saponaria* Fenzl）

科属：石竹科，肥皂草属

形态特征：多年生草本。株高 30 ~ 90 cm，全株绿色无毛，基部稍铺散，上部直立。叶椭圆状披针形，对生，长 15 cm，宽 5 cm，明显 3 脉。顶生聚伞花序，花瓣有单瓣及重瓣，花淡红或白色，花瓣长卵形，全缘，凹头，爪端有附属物，雄蕊 5，超出花冠；萼圆筒形，长 2 ~ 2.5 cm；花期 6 ~ 8 月（图 8-23）。

生态习性：原产欧洲、西亚、中亚及日本。性健壮，耐寒、耐旱，适应性强，对土壤及环境条件要求不严，有自播繁衍能力。

繁殖栽培：播种、分株繁殖。播种一般秋季进行，分株春、秋季均可。栽培管理简单，适当施肥水，花后修剪可再次开花。

图 8-23 石碱花

种类及品种介绍：栽培品种有：cv. Alba ~ plena，花白色；cv. Roseo-Plena，花粉红色；cv. Rubra Plena，高 30 cm，花重瓣，红色。花期夏季。

园林用途：石碱花因其适应性强，可广泛应用于园林绿化中，作花境背景，丛植于林地、篱旁。

8.1.28 剪秋罗属

别名：皱叶剪秋罗

拉丁名：*Lychnis chalcedonica* L.

科属：石竹科，剪秋罗属

形态特征：多年生草本，高 60 ~ 90 cm，全株具柔毛。单叶对生，全缘，无柄，卵形至披针形，平行脉，基生叶长 5 ~ 10 cm。小花 10 ~ 50 朵密生于茎顶成聚伞花序，径约 1.5 cm，鲜红色或砖红色，花期 5 ~ 6 月。常见品种：cv. Alb A.，花淡粉红色；cv.Carne A.，花鲜粉红色；cv. Grandiflora，花大，深红色；cv. Alba Plena，花白色，重瓣；cv. Rubra Plena，花宝石红色，重瓣（图 8-24）。

生态习性：原产俄罗斯北部及我国西北部，生长在林地及灌丛中。性耐寒，喜肥沃，不耐贫瘠，要求排水良好的土壤。

繁殖栽培：播种或分株繁殖。种子在 18 ~ 20 ℃

图 8-24 皱叶剪秋罗

条件下 2 ~ 3 周发芽。秋播较春播植株开花旺盛，播种苗当年可开花，可采用不同的播种期来调整花期。生产上可露地或冷室播种，当幼苗长高至 5 cm 时即可移植，株行距 25 ~ 35 cm，移栽后的幼苗具有 4 ~ 5 对叶片时宜摘心处理，可降低株高、增加枝数，开花多。盛花后，剪掉残花，可有二次花出现，华北能露地越冬。重瓣品种不能采用播种繁殖方法，只能靠分株繁殖保持其特性。分株一般在春季或秋季进行，每隔 3 ~ 4 年分栽 1 次。

种类及品种介绍：

同属植物约 35 种，分布在北温带至北极。我国有 10 种，常见栽培的还有：

（1）毛缕 [*L .coronaria*（L.）Desr.]：短命多年生草本，植株高至 100 cm，多分枝，密生白绒毛。花单生梗顶，鲜红色，径约 2.5 cm，有颜色各异的栽培品种。原产非洲西北部、欧洲东南部至亚洲中部，忌高温、水涝，夏季湿热地区多作二年生花卉栽培。

（2）单性剪秋罗（*L. dioica* L.）：二年生或短命多年生草本，茎高至 90 cm，全株具毛。基生叶倒卵形，长达 20 cm，具长柄；茎生叶卵形，长 10 cm，具短柄。花紫红或粉红色，白天开放，无香味。原产欧洲，自然扩散至北美东部。

（3）大花剪秋罗（*L. fuigens* Fisch. ex Sims）：短命多年生草本，忌炎热多雨。花数朵簇生茎顶，深红色。原产我国东北、华北，俄罗斯、朝鲜、日本也有分布。

（4）剪秋罗（*L. senno* Sieb. et Zucc.）：多年生草本，株高约 60 cm，全株具柔毛。花 1 ~ 7 朵成聚伞花序，径约 6 cm，鲜红色有白色条纹并有重瓣品种。花期夏秋。原产我国长江以北各地及日本。

（5）德国蝇子草（*L. viscaria* L.）：株高 40 ~ 90 cm。叶线形，光滑无毛。花紫红色，径约 2 cm，有重瓣及白花品种。原产英国、西班牙、土耳其、西伯利亚至亚洲中部。

园林用途：皱叶剪秋罗花色鲜艳，花期恰逢春夏之交花的淡季，是配置花坛、花境，点缀岩石园的好材料。也可用作切花、盆花。

8.1.29 玉簪

别名：玉春棒、白鹤花、白玉簪、玉泡花

拉丁名：*Hosta plantaginea* Aschers.

科属：百合科，玉簪属

形态特征：宿根草本，株高约 40 cm。根状茎粗大，有多数须根，叶基生成丛，具长柄，叶片卵形至心状卵形，基部心形，具弧状脉。顶生总状花序，花葶高出叶片，着花 9 ~ 15 朵；每花被 1 苞片，花白色、管状漏斗形，有芳香。花期 7 ~ 9 月（图 8-25）。

生态习性：玉簪类花卉性强健，耐寒，喜阴，忌烈日照射，在浓阴处生长繁茂，在树下或建筑物北侧

图 8-25 玉簪

生长良好；喜土层深厚、肥沃湿润、排水良好的沙质土壤，在干旱贫瘠的土壤上生长势弱，叶片黄化且无鲜亮光泽。

繁殖栽培：繁殖多用分株，也可播种繁殖，播种繁殖 2 ~ 3 年开花。一般在春季发芽前或秋季枯黄前进行分株，秋季更合适，即将根丛掘起切分，每丛 2 ~ 3 芽即可，一般每 3 ~ 5 年分 1 次。栽培宜选择土层深厚的肥沃地，栽植地以不受阳光直射的荫蔽处为好，最好栽种前施入充足的腐熟的有机肥和骨粉作基肥。发芽前及花前可施氮肥及少量磷肥。生长期降雨少的地区应经常浇水、疏松土壤，夏季过于干旱或阳光直射，均使叶片变黄，甚至叶缘焦枯。夏季应注意防蜗牛等害虫为害叶片。冬前适当灌“防冻水”，有利于防寒越冬。

种类及品种介绍：

（1）叶玉簪（*H. nigrescens* F. Mackawa）：宿根草本。叶挺而厚、圆形而波状、表面稍被白粉、具长柄。花白色至淡紫色，花期 8 月。日本多作切叶栽培。原产日本东北部。

（2）紫萼玉簪（*H. ventricosa* Stearn）：宿根草本。叶柄边缘常由叶片下延而呈狭翅状，叶柄沟槽较玉簪浅，叶片质薄。总状花序顶生，着花 10 朵以上，花径 2 ~ 3 cm，长 4 ~ 5 cm，淡堇紫色，花期 6 ~ 8 月。

（3）狭叶玉簪 [*H. lancifolia* Engler（*H. japonica* Voss non Tratt.）]：别名狭叶紫萼、日本玉簪。宿根草本，根茎较细。叶灰绿色，披针形至长椭圆形，两端渐狭。花茎中空，花淡紫色，长 5 cm，花期 8 月。有白边及花叶变种。

（4）波叶玉簪（*H. undulata* Bailey）：别名皱叶玉簪，宿根草本。叶卵形，叶缘微波状，叶面有乳黄或白色纵纹，花葶超于叶上，花冠长 6 cm，暗紫色，花期 7 月下旬至 8 月。

园林用途：玉簪类花卉花大叶美，且喜阴，园林中可配植于林下作地被用，或栽植于建筑物周围的蔽阴处，也适合盆栽。

8.1.30 万年青

别名：乌木毒

拉丁名：*Rohdea japonica* Roth

科属：百合科，万年青属

形态特征：多年生常绿草本。地下根茎短粗，具多数纤维根；叶基生，带状或倒披针形，长 15 ~ 50 cm，宽 2.5 ~ 7 cm，质厚，有光泽，全缘，常波状，端急尖，基部渐狭；花葶自叶丛中抽出，10 ~ 20 cm，顶生穗状花序，长 3 ~ 4 cm，花小，无柄，淡绿色，密集着生；花期 6 ~ 7 月，浆果球形，9 ~ 10 月果熟，呈红色、稀黄色，内含种子 1 粒。

生态习性：性喜温暖湿润及半阴的环境。夏宜半阴，常置荫棚下或林下栽培，冬天可多见日光，但也不宜强光直晒。不耐积水，用土以微酸性排水良好的沙质壤土和腐殖质壤土为宜。稍耐寒，在华东地区可以露地越冬，华北地区于温室或冷室盆栽，冬季室温不得低于 5 ℃。

繁殖栽培：播种或分株繁殖，以分株为主，春秋两季均可进行。将原株从盆中倒出，切分成数丛另行栽植。播种繁殖可在早春 3 ~ 4 月间盆播，经常保持盆土湿润，温度保持 20 ~ 30 ℃，约经 30 d 即可发芽。苗高 1 cm 分苗，栽培 3 年后开花。在北京地区温室盆栽，果不发育。本种生长强健，适应性强，栽培管理比较简便，早春可薄施液肥，夏季生长旺盛时期应加强灌溉，每隔 10 余天追肥 1 次。本种可全年室内栽培或夏季移入荫棚下；温暖地区可全年在露地栽培。栽培期间应保持空气湿润并适度通风，通风不良易发生介壳虫，人工刷去或喷布加水 100 ~ 200 倍的 20 号石油乳剂杀除。

种类及品种介绍：

常见栽培的变种有：

（1）金边万年青（var. Maginata Hort.）：叶片边缘黄色；

（2）银边万年青（var. Variegata Hort.）：叶片边缘白色；

（3）花叶万年青（var. Pictata Hort.）：叶面洒有白色斑点；此外还有大叶、细叶、矮等品种。

园林用途：万年青叶丛四季青翠，红果秋冬经久不落，为优美的观叶、观果、盆栽花卉。在我国南方是良好的林下、路边地被植物。根茎和叶还可入药。

8.1.31　火炬花

别名：火把莲

拉丁名：*Kniphofia uvaria*

科属：百合科，火炬花属

形态特征：多年生草本。地下部分具粗壮直立的短根茎；地上部茎极短。叶基生，广线形边缘内折成三棱状，长 60 ~ 90 cm，宽 2 ~ 2.5 cm。叶背有脊，叶缘有细锯齿；黄绿色，被白粉。花葶 120 cm，高于叶丛；钝圆锥状总状花序，密生小花，基部先开放，圆筒形，稍下垂，呈蕾状，红至深红色，开放后变黄红色；花期夏季。栽培品种及变种较多（图 8-26）。

生态习性：火炬花类性强健，喜温暖，稍耐寒，喜光；喜肥沃、排水好的轻黏质土壤。露地易于栽培，北京可露地越冬。要求阳光充足，不择土壤，但以黏质壤土为好。

图 8-26　火炬花

繁殖栽培：可播种繁殖，但后代易出现分离，因此除杂交育种外，多用分株繁殖，分株繁殖于春秋进行，老株根部常缠绕一起，因而应首先掘起植株，剪去老叶，露出基部的短缩茎，连同下面根系一起分离，栽植时应施基肥，以利复壮，否则，开花数年后营养消耗较多，则抗寒力减低。庭园栽植时，大型种株距约 60 cm，小型种 30 ~ 40 cm。而 *K. triangularis* 等切花栽培时，在 1 m 宽的畦内栽 3 行，株距约 30 cm 即可。华北地区种植在避风向阳处，覆盖即可过冬。

种类及品种介绍：

（1）小火炬花（*K. trangularis* Kunth）：宿根草本，与 *K. uvaria* 相比，植株显著矮小，叶细而长，花茎也短，约 40 ~ 50 cm，是一小花穗的多花性种。上部小花橙红色、下部为黄色，适作切花栽培。花期 7 ~ 10 月。原产南非，生于山地。

（2）多花火炬花（*K. multiflora* Wood. et Fvans）：宿根草本，叶长 1 ~ 1.8 m，挺而内折呈沟状，有细齿缘。花茎强健，长约 1 m；总状花序长约 30 cm 以上，花小而密，白色至绿白色，蕾期带黄色；小花长 1.2 ~ 1.5 cm，裂片具褐色纹脉；雄蕊长，为花被片的 2 倍；花期自夏至秋。原产南非东部，1887 年输入英国。

（3）多叶火炬花 [*K. foliosa* Hochst.（*K. quartiniana* A. Rich.）]：宿根草本，叶多而密集，中脉突出，长 60 ~ 90 cm。花为细圆筒形，长 2.5 cm，小花梗极短；雄蕊长而外伸，花期仲夏。原产热带非洲，1876 年输入欧洲。

园林用途：火炬花类叶片长，花序大而丰满，庭园中可栽植草坪中或作背景栽植。而 *K. triangularis* 等多花性种，可作花境栽植及切花栽培。切花时以花穗完全着色，下部小花始开时切取最宜。大型种作切花时只切花茎；而小型的多花性种应连同叶片一起切取。切花水养可达 1 周。

8.1.32 广东万年青

别名：亮丝草

拉丁名：*Aglaonema modestum* Schott（*A. acutispathum* N. E. Brown）

科属：天南星科，广东万年青属

形态特征：常绿多年生草本。茎直立，高近 1 m；叶椭圆状卵形，端渐尖至尾状渐尖，叶长 15 ~ 25 cm，叶柄长约 30 cm，中部以下鞘状；总花梗长 7 ~ 10 cm，佛焰苞长 5 ~ 7 cm；肉穗花序，雄花在上，雌花在下，浆果鲜红色（图 8-27）。

生态习性：喜高温多湿环境，生长适温 25 ~ 30 ℃，冬季室温应保持 13 ℃以上。相对湿度 70% ~ 90%为宜。耐阴，忌强光直射，夏天宜在荫棚下栽培，在室内较弱光线下，常年插瓶水养，仍可保持叶色浓绿，正常生活，甚至可以正常开花，唯每枝叶片数减少。冬季在温室内可适当补光。栽培用土以疏松肥沃、排水良好的微酸性土壤为宜。植株生长强健，抗性强，病虫害少。

繁殖栽培：繁殖常用扦插法和分株法。扦插繁殖 4 月进行，剪取茎段 10 cm 左右为插穗，沙插或切口包以水苔盆栽，保持 25 ~ 30 ℃的温度，相对湿度 80%左右，约 1 个月生根。广东万年青汁液有毒，在剪取插穗时，切勿使它溅落眼内或误入口中，以免中毒受伤。分株常于春季换盆时进行，把茎基部分枝切开，伤口涂以草木灰，以防腐烂，分别上盆，浇水不宜过多。

图 8-27 广东万年青

盆栽用土可按腐叶土 2 份、草炭土 1 份、壤土 1 份、河沙 1 份的比例配制。可另加少量碎牛粪干。盆内四周再放蹄片数片作基肥，在生长期间，每半月应追施液肥 1 次。并保持充足的水分，夏秋季节每天可向叶面喷水几次，以增加空气湿度，且可保持叶面清洁，提高观赏效果。多年老株姿态欠佳，宜重新扦插更新。北京地区通常 5 月上中旬移出温室，置荫棚下栽培，10 月移入温室越冬。

种类及品种介绍：

（1）爪哇万年青（*A. costatum* N. E. Br.）：茎很短；在基部分枝，叶卵状心脏形，长 12 ~ 22 cm，宽 7 ~ 11 cm，叶厚，有光泽，暗绿色，叶面具白色星状斑点。其中脉粗，呈白色。花序大，前伸。原产马来亚半岛。

（2）斑叶万年青（*A. pictum* Kunth）：茎矮，多分枝，高 70 ~ 80 cm，叶长椭圆形，稍薄，长 10 ~ 20 cm，宽约 5 cm，叶暗绿色有光泽，具灰绿色的大型花斑。叶柄长 3 ~ 5 cm，有短鞘，花茎长 2 ~ 5 cm。原产苏门答腊和马来西亚。有许多变种。

园林用途：在亚热带地区可露地庭院栽植，是常见的观叶植物。在北京地区多作温室盆栽，用以装饰居室、厅堂、会场等处。在室内可于玻璃器具中茎插，既可欣赏四季青翠的叶片，又可观看水中根系的伸展状况。也用于切花配叶，还可入药，有清热消肿功能。

8.1.33 紫背万年青

别名：紫万年青、蚌花、紫锦兰

拉丁名：*Tradescantia spathacea*

科属：鸭跖草科，紫露草属

形态特征：常绿宿根草本。茎短，叶放射状密生于茎顶，狭披针形，端尖，长 15 ~ 25 cm，宽 3 ~ 4 cm，基部凹入，抱茎，叶面深绿色，背面暗紫色。株形似剑麻。花腋生，呈密集伞形花序，花小，具梗，花被片 6，白色，花丝上有一列细胞构成的白色长毛。花序外具两枚蚌壳状的紫色大苞片，故又名蚌花。花期夏季。

生态习性：原产墨西哥和西印度群岛。性喜温暖湿润和阳光充足的环境。生长适温 15 ~ 20 ℃，冬季室温以不低于 6 ℃为宜。生长期需保持较高的空气湿度和充足的阳光。但不可强光曝晒，以免叶片变色或灼伤，夏季宜适当遮阴。宜肥沃而保水力强的土壤。

繁殖栽培：常用播种、扦插和分株繁殖。播种：春天在温室盆播，温度 18 ~ 25 ℃，约 7 d 发芽。幼苗生长迅速，经一次换盆，初夏定植于 18 cm 盆中。盆栽用土可由腐叶土、泥炭土和河沙等量混合而成，并施入适量的基肥。秋天即长成丰满的株形，可供观赏。扦插：由春至秋都可进行。剪取顶端嫩枝，长 8 ~ 10 cm，仅留顶端 2 枚叶片，插入沙床中，保持湿润，约半月可以生根。分株：结合春季换盆进行。切下母株旁的带根萌蘖苗分栽。

本种生长强健，栽培管理简单，在生长期需要有充足的光照、较高的空气相对湿度和保持盆土经常湿润。每 10 ~ 15 d，追施液肥 1 次。夏天可放荫棚下，冬季应在温室光照充足、通风良好处栽培。约 3 年更新 1 次。

种类及品种介绍：紫背万年青属只有紫背万年青一种。其主要园艺变种有绿叶紫背万年青（var. *viridis* Makino），叶片绿色。斑叶紫背万年青（var. *vittata* Hook.），叶背紫色，叶面黄绿色，具浅黄色条纹。

园林用途：株形独具特色，叶表面与背面色彩不同，四季常青，是优美的盆栽观叶植物。适于室内装饰会场、展览厅、食堂等公共场所。花丝上的白色长毛，是观察细胞原生质运动的良好材料。

8.1.34　侧金盏花

别名：顶冰花、冰凉花

拉丁名：*Adonis amurensis* Regel et Radde

科属：毛茛科，侧金盏花属

形态特征：多年生草本。地下根状茎短而粗，具多数须根。花单生枝顶，开花时高 5 ~ 15 cm，以后高达 30 ~ 40 cm；叶在花后长大，下部叶具长柄，叶片三角形，3 回羽状全裂；花径约 3 ~ 5 cm，萼片约 9，白色或淡紫色；花瓣约 10，黄色；雄蕊多数，心皮多数。早春 2 ~ 4 月开花，能在冰雪中开出鲜黄色花朵。果实为瘦果，成熟期 4 月上旬至 5 月上旬（图 8-28）。

生态习性：分布在我国东北、朝鲜、日本、西伯利亚。生于疏林下或林边草地。性喜光与冷凉潮湿气候及枯枝落叶层形成的微酸性腐殖质土壤。

繁殖栽培：播种繁殖。种子成熟后易脱落，注意随熟随采。收后，需要经沙藏处理，在 0 ℃温度下经 40 ~ 50 d 后熟。入冬前播种，经低温于翌年春季萌发，在 15 ℃左右条件下 20 d 可出苗。幼苗期生长缓慢，实生苗须培养 4 年才开花。春秋两季也可分根繁殖，秋季分栽的，次年春季开花。

侧金盏花每年早春顶花芽开花后，在花朵下四周形成新叶丛，开始营养生长；于当年秋季在新生长叶

图 8-28　侧金盏花

丛中心形成花芽。因此，栽培管理上要注意适当控制覆土深度；初栽的覆土应高于根颈 2 ~ 3 cm，根系互相重叠，每年生长季节应适当增添覆土。否则植株逐年高出土面，根系裸露，生长发育不良，失去观赏品质，继而死亡。花后，营养生长期以略遮阴为宜。侧金盏花最适宜作稀疏阔叶落叶林下地被植物；秋后落叶覆盖株丛，冬季免受干旱风害。亦可在建筑物北侧栽培，冬季促成栽培作微型盆花亦小巧别致。具体做法是在观赏前 10 d 将入冬前已上好的盆栽植株移放在 0 ~ 5 ℃冷室中，适当提高空气湿度，7 ~ 10 d 后开花，每朵花可开放 10 ~ 15 d。

种类及品种介绍：

（1）夏侧金盏花（*A. aestivalis* L.）：一年生草本，叶细裂如羽状；花橙黄色至深血红色，花较大。

（2）秋侧金盏花（*A. autumnalis* L.）：一年生草本，多分枝，花瓣略长于花萼，花色深红，中央色更深；花期夏秋季。产欧洲中部至西亚。

（3）金黄侧金盏花（*A. chrysocyatha* Hook f. et Thoms）：多年生草本，有长根状茎，花较大，径可达 3.5 ~ 4.8 cm，花瓣 16 ~ 24 枚，金黄色。产新疆西部高山草坡间。

（4）春侧金盏花（*A. vernalis* L.）：多年生草本。叶丛蓝绿色，叶细裂如丝羽毛状，花黄色，径约 5 ~ 7 cm，早春开放。产欧洲中部至东南部。是早春岩石园、花坛镶边的重要材料。

园林用途：侧金盏花植株矮小，花朵更有傲春寒的特性，金黄色花朵顶冰绽放，有“林海雪莲”之美称。在冬春冷凉地区可作花坛、花境、草地镶边、缀花或岩石园假山配置。全草供药用。

8.1.35 铃兰

别名：君影草、草玉铃

拉丁名：*Convallaria majalis L.*

科属：百合科，铃兰属

形态特征：多年生草本。地下部具平展多分枝的长匍匐根状茎。根茎先端具椭圆形顶芽。春季，自顶芽长出 2 ~ 3 枚卵形或窄卵形具弧状脉的叶片，基部抱有数枚鞘状叶。花葶从鞘状叶内抽出；总状花序偏向一侧，高 15 ~ 30 cm。小花约 10 朵，白色，钟状，下垂，芳香。花期 4 ~ 5 月。浆果球形，10 月成熟，红色（图 8-29）。

生态习性：铃兰主要分布在欧、亚及北美，我国东北、华北海拔 850 ~ 2500 m 有野生分布。喜生于阴坡林下潮湿处或沟边、有较充足的散射光；性健壮，忌炎热、干燥；极耐寒。在湿润及半阴、凉爽、排水良好、富含腐殖质的肥沃沙质壤土环境中，生长开花繁茂，花香淡雅。

繁殖栽培：播种及分株均可。播种繁殖的种子需经 2 个低温时期才可以发芽。用 500 mg/L 的赤霉素浸泡种子，在 2 ~ 5 ℃中 3 个月，用滤纸保湿与通气；再转入 20 ℃温度中，40 d 后即可出芽。实生苗经 4 ~ 5 年培育后，才进入开花龄。实践中，多用分切根茎或萌芽另行栽培。每一个顶芽需带一段根茎，剪下另行栽植。秋季分栽的肥大芽，次春即可开花；较小的芽需培植 1 年后才能开花。

栽培地宜选择适宜铃兰生态习性的环境条件的地方。在年平均气温 5 ~ 10 ℃地区，均能生长良好；

图 8-29 铃兰

春季气温上升到 5 ~ 8 ℃时，开始返青，返青至开花约 40 ~ 50 d。栽植前土地要进行深耕翻，并施入充分腐熟的有机肥。栽植的株行距为 15 cm × 25 cm，每丛 2 ~ 3 芽。覆土深约 5 cm。栽培多年的株丛逐年向外扩展伸延，生长十分繁茂。通常 3 ~ 4 年分栽 1 次。生长期应经常保持土壤疏松湿润。早春与秋末各施 1 次充分发酵好的追肥，使植株春季萌芽生长旺盛，开花繁茂。早春开花前要有适当阳光，花后较耐荫蔽。花期，在较高的空气湿度与蒙蒙细雨中，花香尤为宜人。盛夏，气温炎热（30 ℃以上）易使植株叶片过早枯黄，进入休眠。栽培管理中应注意调节降温。若用锯末作栽培地土表覆盖，可以降低土温，延迟茎叶的枯黄。

种类及品种介绍：栽培变种有：重瓣铃兰（var. *prolificans*）；粉红花铃兰（var. *rosea*）；花叶铃兰（var. *variegata*）等，但均不及白花铃兰健美馨香。

园林用途：铃兰植株矮小，是稀疏落叶树林下、林缘、小块林中空地及建筑物北边最好的喜半阴的地被花卉。如与蝴蝶花、紫萼等花卉相配，更产生良好的观赏效果；在自然式山石旁和岩石园中，有适当遮阴条件下丛植，或草坪、花境、混合花径点缀，坡地片植或与低矮灌木、蕨类协调栽植，则可收春赏绿叶与香花，秋观红果的雅趣。盆栽小巧精致的铃兰更是室内难得的观赏小盆花。铃兰切花花枝是严冬、初春高级香切花材料，尤以制作女士胸饰与优美花束称著。

8.1.36　薄荷

别名：鱼香草、野薄荷、水薄荷

拉丁名：*Mentha haplocalyx* Briq.（*M. arvensis* var. *piperascens* Maliv.）

科属：唇形科，薄荷属

形态特征：多年生草本，高 30 ~ 60 cm，地下茎匍匐状。叶对生，具柄，矩圆状披针形，边缘有锯齿，背面有油腺点。轮伞花序着生于上部叶腋；花冠淡紫色，上裂片较大，先端又 2 裂，其余 3 裂片近等大；雄蕊 4、前对较长；花期 7 ~ 8 月。染色体数 $2n = 96$。原产日本、朝鲜、西伯利亚等亚洲北部地区；我国多数省份均有分布，生于海拔 3500 m 以下的水旁（图 8-30）。

生态习性：耐寒性强；喜阳光充足、湿润；对土壤要求不严，适应性强。

繁殖栽培：可播种或分根状茎繁殖。管理粗放。以分根为主，春、秋掘起种根，选优者重新栽植，此外尚可用压条及扦插繁殖。施肥可提高叶片的生产量，尤以氮肥为好，兼施磷、钾肥等。

种类及品种介绍：

（1）留兰香［*M. spicata* L.（*M. gentilis*，*M. viridis* L.）］：别名绿薄荷，多年生草本，茎直立，高 0.4 ~ 13.3 m，无毛或近无毛，绿色并有匍匐枝。叶对生，淡红色，卵状矩圆形，叶脉多凹陷。轮伞花序聚生于茎及分枝顶端，组成间断的假穗状花序，长约 5 ~ 10 cm；花冠淡紫色，长 4 mm，裂片 4，近等大，上裂片微凹；雄蕊、花柱均伸出，花萼钟状，长 2 mm，具腺点；花期夏至秋。

（2）兴安薄荷（*M. dahurica* Fisch. ex Benth.）：多年生草本，高 30 ~ 60 cm。叶对生，卵形至矩圆形，叶具腺点。轮伞花序，每一叶腋具 5 ~ 13 朵花，通常茎顶 2 个轮伞花序聚集呈头状；花冠浅红至粉紫色，

图 8-30　花叶薄荷

长 5 mm，4 裂，上裂片明显 2 浅裂，其余 3 裂片近等大。

园林用途：园林中多片植或丛植。生产中常作芳香及药用植物栽培。因近花期时茎叶含芳香油最高，故多于孕蕾至初花期时采摘。芳香油用于食品、香皂、牙膏等方面。

8.1.37 东方罂粟

拉丁名：*Papaver orientale* L.

科属：罂粟科，罂粟属

形态特征：多年生草本；根肥大，直根性，茎高 60 ~ 90 cm，全株具毛，有乳汁；叶羽状深裂，粗糙有硬毛。数枚花葶自茎基抽出；花单生长梗上，深红色，花径约 10 cm；花瓣 4 枚，初开杯状，长 7 ~ 9 cm，花瓣基部有黑色斑块；蒴果成熟时孔裂；花期 5 ~ 6 月（图 8-31）。

生态习性：自然生长于海拔 1950 ~ 2800 m 的多砾石坡地或干旱草甸上。性耐寒、耐旱、喜光，忌炎热湿涝。

繁殖栽培：播种、根插繁殖。种子非常细小，对光照有反应，只需稍加覆盖。适宜发芽温度为 15 ~ 25 ℃。1 ~ 2 周内即可发芽；最适发芽温度为 20 ℃；多春播，需容器育苗，播种苗当年多数不能开花。栽培品种用根插繁殖，秋天叶枯萎后掘起，用根插法直接栽在种植位置。

图 8-31 东方罂粟

东方罂粟根系可深达 1 m 多，须根少。定植地宜选在向阳排水好、土壤肥沃深厚的地点。植株定植后不宜移植，一般每 5 ~ 6 年于秋季结合根插分株繁殖。定植株行距 40 cm × 40 cm。大苗移植后根系严重受损，生长势明显减弱，影响次年孕蕾开花，降低观赏效果，因此需加强肥水管理，一般 2 年后根系才能完全恢复。每年春季孕蕾前应追施 1 次肥料，促其花朵繁茂。气候炎热地区 6 月末种子成熟后，由于消耗大量营养，植株被迫处于休眠或半休眠状态，地上部分枯萎。此时要注意排涝，加强通风，8 月中旬后，天气逐渐凉爽，植株要发新叶。在气候温和地区，花后剪去残花，加强肥水管理，秋季可望有少量二次花。

种类及品种介绍：同属植物约 100 种，主要分布在欧、亚及美洲的温带。我国约产 7 种，常见栽培或可引种栽培的有：

（1）高山罂粟（*P. alpinum* L.）：短命多年生草本，株高 10 ~ 25 cm。叶羽状 2 ~ 3 裂，具毛。花葶数枚，单花顶生，径约 2.5 ~ 5 cm，有白、黄、红、橙红等色，芳香，花期春夏之交。

（2）砖红花罂粟（*P. lateritium* C. Koch.）：多年生耐寒草本，株高达 60 cm。叶披针形，基部羽裂。花葶多数，花顶生，砖红色，花期夏季。原产土耳其。

（3）冰岛罂粟（*P. nudicaule* L.）：又名鸡蛋黄。多年生草本，花橙黄或带红、白色，径约 8 cm，芳香，花期夏季。有重瓣品种，原产北极。其变种山罂粟［subsp. *rubro-aurantiacum*（DC.）Fedde var. *chinensis* Fedde］：花橘黄色，我国华北有野生。

（4）虞美人（*P. rhoeas* L.）：又名丽春花，一、二年生草本，株高 30 ~ 60 cm，全株具毛，有乳汁。叶不整齐羽裂。花单生长梗上，苞常下垂；花瓣 4 枚，大型，有紫红、大红、朱砂红、白或具深色斑纹等色，花期春季。栽培中有半重瓣及重瓣品种。可自播繁衍（图 8-32）。

图 8-32　冰岛虞美人

园林用途：东方罂粟花形高雅奇特，花朵大，花色丰富、艳丽，适宜布置多年生花坛、花带、篱旁、路边条植或片植，亦可配植在林缘、草坪的边缘和作矮生早春花灌木配景用。

8.1.38　荷包牡丹

别名：兔儿牡丹

拉丁名：*Lamprocapnos spectabilis*

科属：罂粟科，荷包牡丹属

形态特征：宿根草本，地下茎稍肉质。株高 30 ~ 60 cm，茎带红紫色，丛生。叶 2 回 3 出、全裂，具长柄，叶被白粉。总状花序，花朵着生一侧并下垂。萼片 2，小而早落；羽状花瓣长约 2.5 cm，外面 2 枚粉红色，基部囊状，上部狭长且反卷；内 2 枚狭长，近白色；雄蕊 6，合生成两束，雌蕊条形。花期 4 ~ 5 月。还有白花变种。原产中国，河北、东北均有野生，各地园林多栽培。

生态习性：性耐寒，耐半阴，不耐高温、高湿、干旱，喜肥沃、疏松的沙质壤土。

繁殖栽培：分株、播种或扦插繁殖。以春秋分株繁殖为主，约 3 年左右分株一次。也可进行扦插繁殖。北京地区 6 ~ 9 月间均可进行，成活率较高，次年即可开花。种子繁殖可秋播或层积处理后春播，实生苗 3 年开花。

荷包牡丹栽培容易，不需特殊管理。若栽植于树下等有侧方遮阴的地方，可以推迟休眠期、延长观赏期一个月左右。在春季萌芽前及生长期施些饼肥及液肥则花叶更茂。盆栽时宜选用深盆，下部放些瓦片以利排水。荷包牡丹也可促成栽培，在休眠后栽于盆中，置入冷室，至 12 月中旬移至 12 ~ 13 ℃室内，注意养护管理，2 月即可见花。花后再放回冷室，早春重新栽于露地。

种类及品种介绍：

（1）加拿大荷包牡丹（*D. canadensis* Walp.）：株高约 30 cm，叶背有白粉，花白色，有短距，花梗短，花期 5 月，原产北美。

（2）兜花荷包牡丹（*D. cucullariaa* Bernh.）：株高 40 cm，花白色至粉色，分布美国。

（3）异种荷包牡丹（*D. eximia* Torr Fringed Bleeding）：株高达 65 cm，叶披针形至卵圆形，深裂，花粉色，少有白色，花期春夏。

（4）美丽荷包牡丹（*D. formosa* Waslp.）：植株高 50 ~ 60 cm，总状花序稍有分枝，花粉红色，花期 5 ~ 6 月，分布北美，长势较弱，生长季节不耐移栽。

（5）大花荷包牡丹（*D. macrantha* Oliv.）：株高近 100 cm，叶大型，花淡绿色或白色，产我国四川、贵州、湖北等地。

园林用途：可丛植或作花境、花坛布置。因耐半阴，又可作地被植物。低矮品种可盆栽观赏。切花应用时，水养可持续 3 ~ 5 d。

8.1.39　扶桑

别名：朱槿、朱槿牡丹

拉丁名：*Hibiscus. rosa-sinensis* L.

科属：锦葵科，木槿属

形态特征：常绿灌木，高 2 ~ 5 m，全株无毛。叶广卵形至卵形，长锐尖，叶面深绿色、有光泽。花

图 8-33　扶桑

单生于叶腋，径 10 ~ 18 cm，大者可达 30 cm，阔漏斗形；原种花红色，中心部分深红色；栽培品种有白、粉、紫红、橙、黄等多种花色变化。并有半重瓣、重瓣及斑叶的品种。花期夏季，冬春在室内也可开花（图 8-33）。

生态习性：喜温暖湿润，不耐寒；要求光照充足。宜肥沃而排水良好的土壤。

繁殖栽培：可用扦插、播种和嫁接法繁殖。常用扦插法，春季在温室内进行，也可在夏季进行。扦插基质以粗沙最好。北京地区 3 月、4 月在室内结合修剪，用剪下的枝条扦插。插穗选当年生充实枝条，长 10 ~ 15 cm。保留 2 片叶子。插后遮阴，保持湿润。在温度 18 ~ 25 ℃下，20 d 后生根，逐渐增加光照，一个半月后即可上盆。用蛭石和珍珠岩为扦插基质也好。播种法：扶桑类种子多为硬实，要刻伤或腐蚀种皮，在浓硫酸中浸 5 ~ 30 min，用水洗净后播种，发芽适温 25 ~ 35 ℃，2 ~ 3 d 发芽。嫁接法：一些杂交种，尤其夏威夷扶桑的新品种，长势极弱，必须用嫁接法繁殖。砧木选用性质强健品种的植株。

扦插苗上盆，盆土用腐叶土、园土和沙等量混合，加入适量腐熟的堆肥。须疏松、排水良好。春天 3 ~ 4 月修剪并换盆。生长期中要充分灌水，每周可追施液肥 1 次。夏季须移置室外日光充足处。冬季室温需保持 15 ℃以上。温度过低常引起落叶，影响生长和来年的开花。在栽培中水分不宜过多，宜稍加控制。

露地栽植应在日光充足处，土壤以排水良好的肥沃黏质壤土为宜。春暖后栽植于露地，秋霜前上盆移于温室。露地栽培时，生长迅速，容易养成较大的植株，但在秋季上盆时，根系不免受伤，当年冬季及次年春季开花较差。

扶桑类有蚜虫、介壳虫为害，可喷松脂合剂或氟乙酰铵。冬季应保持通风良好，以防黑霉病发生。

种类及品种介绍：

同属植物约 300 种，常见栽培的有：

（1）槭葵（*H. coccineus* Walter）：又名红秋葵。多年生草本。茎直立丛生，半木质化，株高 2 m，幼茎绿色渐变为深灰色，叶柄紫红色，叶互生，长达 12 cm，掌状 5 ~ 7 深裂，裂片线状，边缘有不规则锯齿。花单生于叶腋，花色粉红、深红或紫红。花期 7 ~ 9 月。

（2）草芙蓉（*H. palustris* L.）：多年生宿根草本，株高 2.5 m。叶卵圆形。花粉、红或白色。播种或分株繁殖。产北美。宜作庭园绿化背景材料。

（3）玫瑰茄（*H. sabdariffa* L.）：一、二年生草本。高达 2 m。叶长 8 ~ 15 cm，3 ~ 5 裂。花单生，浅黄色，基部紫红色。产非洲及亚洲。不耐寒，播种繁殖。

园林用途：木槿属花卉是温室盆栽花木，花期长，花大色艳。是布置花坛、会场、公园的名贵盆栽花木。在云南、福建、广东一带可以露地布置，装饰园林，尤其适于做花篱。根、叶、花均可入药。

8.1.40　宿根福禄考

别名：天蓝绣球、锥花福禄考

拉丁名：*Phlox paniculata* L.

科属：花荵科，福禄考属

形态特征：多年生草本，根茎呈半木质，多须根。茎粗壮直立，高 60 ~ 120 cm，通常不分枝或少分枝，单叶，对生，茎上部叶常呈 3 枚轮生，质薄，长椭圆状披针形至卵状披针形，长 7 ~ 12 cm，边缘具硬毛，

图 8-34　宿根福禄考

顶生圆锥花序，花冠粉紫色，呈高脚碟状，先端 5 裂，萼片狭细。花期 6 ~ 9 月（图 8-34）。

生态习性：性喜冷凉气候，耐 -26 ℃低温，忌夏季炎热多雨，要求阳光充足，喜肥沃、深厚、湿润而排水良好的土壤，pH 6.5 ~ 7.5；在干燥贫瘠、排水不良、pH 过高（8 以上）或强酸土（4 以下）上均生长不良；过于庇荫处亦不宜栽植。

繁殖栽培：播种繁殖多用于培育新品种。种子宜秋播或经过低温沙藏后早春播。春播种子当年夏秋季节开花。

园林上常采用扦插或分株方法繁殖。嫩枝扦插常在早春从塑料大棚中剪取枝条，基质用泥炭颗粒、粗粒河沙、珍珠岩按 1 ∶ 1 ∶ 1 在底温 22 ~ 24 ℃条件下约 20 d 即可生根，成活率可达 85%以上。硬枝扦插常在秋季结合入冬修剪，选择健壮而充实的枝条，剪成 3 ~ 4 节的插穗，在阳畦中作硬枝扦插，通常成活率可达 60%以上。分株繁殖应结合种苗的轮作、复壮来进行，每隔 4 ~ 5 年分栽 1 次。园林上，目前应用的宿根福禄考绝大部分是已改进的优良品种，原始种已很少见栽培。定植时间以 4 月中旬至 5 月上旬为好，既对移栽苗的恢复生长有利，又可保证盛花前有足够的营养生长期，提高花期整体观赏效果。株行距以 25 cm × 25 cm 为宜，栽前应深翻土地，多施充分腐熟的有机肥。近距离随起苗随栽，可裸根但应少伤根系；远距离运输，须带球并对地上部分适当修剪。栽后应充分浇水保证土壤湿润，以利于尽快恢复生机，苗期注意松土、锄草，保证土壤疏松透气和光照充分。夏季多雨地区注意排水，防病害感染。苗高 15 cm 左右，进行 1 ~ 2 次摘心掐尖，促进分枝，控制高度，保证株丛圆满矮壮，增加花枝数及延迟花期。摘心后可适当追施 1 ~ 2 次稀薄液肥，花后应尽早剪掉残花序，并适当作些稀疏修剪，促使萌发新枝，开二次花。修剪后加强肥水管理，有条件时可进行 2 ~ 3 次叶面喷肥，以提高二次花观赏效果。

福禄考种子可以自播繁殖成苗，如不及时除去会导致品种混杂。实生苗株形变异大，花色、花期参差不一，降低观赏效果，故宜在早期及时将实生苗拔除。定植苗 2 ~ 3 年株丛最佳，第 4 年开始渐弱，故第 4 ~ 5 年就应重新分栽。栽植地忌连作，应于秋季挖出苗在阳畦或大棚内栽植，原地土用硫磺粉或其他杀菌剂消毒，春季施足腐熟基肥后再栽植。生长季节主要有叶斑病为害。侵染下部叶片致使脱落，直至全株枯死，应加强通风、透光，注意灌溉、排涝。

种类及品种介绍：

可引种栽培的有：

（1）厚叶福禄考（*P. carolina* L.）：株高达 1.2 m。叶披针形至卵形，质地厚，几无脉，长达 12 cm。圆锥花序，小花径 1.9 cm，紫色、粉红色偶有白色，花期夏至秋。

（2）蓝花福禄考（*P. divaricata* L.）：茎匍匐，株丛扩展，高达 45 cm，开花侧枝在茎节上生根。叶卵形至矩形，长达 5 cm。花蓝紫色至淡紫色，小花径 2 ~ 3 cm，花期春季，有白花品种。

（3）光秃福禄考（*P. glaberrima* L.）：株高达 1.5 m。叶线形或线状披针形，长达 10 cm。花紫色，小花径 2 cm，花期夏季。

（4）斑茎福禄考（*P. maculata* L.）：株高达 1.2 m，

常丛生,茎上有紫色条纹或斑块。小花径 1.8 ~ 2.5 cm，花白色、粉紫色，花期夏季。

（5）高山福禄考（*P. subulata* L.）：矮型，丛生，高达 15 cm。叶线形至钻形，长至 2.5 cm。花有白、粉红、深粉、粉紫及有条纹等，花径约 2 cm。花期夏季。适宜布置岩石园或作地被植物。

园林用途：福禄考类宜作花坛、花境或与其他花卉间植；高型品种可作切花；矮生品种亦可盆栽；匍匐类型是毛毡花坛和岩石园布置的重要材料，也是很好的地被植物。

8.1.41 桔梗

别名：僧冠帽、六角荷、道拉基

拉丁名：*Platycodon grandiflorus*

科属：桔梗科，桔梗属

形态特征：多年生宿根草本。高 40 ~ 120 cm，茎有乳汁，无毛，通常不分枝。叶片卵形，背面被白粉，叶 3 枚轮生、对生或互生，花单朵或数朵顶生，花冠钟状，雪青、白或蓝色，花径可达 6 cm 以上，花期 6 ~ 9 月（图 8-35）。

生态习性：性喜凉爽、湿润、阳光充足的环境，亦耐阴、耐寒。要求肥沃、排水良好的沙质土壤。

繁殖栽培：播种或分株繁殖。播种春秋均可进行，播种通常 3 ~ 4 月直播，播前先浸种，发芽后注意保持土壤湿润。春播苗当年可开花。分株也宜在春、秋进行，还可扦插繁殖。生长期适当追肥水，注意摘心，以促分枝。

种类及品种介绍：有大花变种（var. *mariesii*），花大，紫色至白色和重瓣品种（cv.‘Double Blue’），重瓣，花蓝色。

园林用途：桔梗抗逆性强，管理简便，花期长，花色淡雅，是很好的露地观赏花卉。多作背景材料，或用于岩石园中，亦可作盆栽或切花。其根是常用的重要药材。

8.1.42 长药景天

别名：八宝、蝎子草

拉丁名：*Sedum spectabile*

科属：景天科，景天属

形态特征：为宿根草本，高 30 ~ 80 cm，根状茎粗壮，近木质；全株无毛，直立、无分枝或少分枝。聚伞花序密生，花黄色，花期为夏秋（图 8-36）。

生态习性：景天原产亚洲东北部及日本，我国西北、华北、东北及长江流域均有分布。性喜凉爽、湿润、强光；要求土壤排水良好，忌雨涝积水。叶片肉质，全株含水量高，耐旱，耐寒；在华北地区可露地越冬。

繁殖栽培：以分株、扦插繁殖为主，部分种类也行叶插。播种繁殖多在早春进行，多数种类种子寿命只可保持一年，欲长期保持应放置低温及干燥条件下。

图 8-35 桔梗

图 8-36 景天

栽培较容易，但以排水良好而富含腐殖质的土壤对生育有利。露地栽培宜在早春 3 ~ 4 月充分灌水即可萌发。景天类花卉常用分株繁殖。栽培管理简单，少病虫害。

种类及品种介绍：同属常见栽培应用的有：垂盆草（*S. sarmentosum*）：多年生肉质常绿草本，高 9 ~ 18 cm，具匍匐性，节处生不定根。聚伞花序顶生，花鲜黄色，花期夏季。原产中国及朝鲜、日本。我国华东、华北等大部分地区有分布。全国各地园林中普遍栽培应用，在北京地区稍加覆盖即可越冬。垂盆草生性耐寒、耐旱、耐湿、耐瘠薄，喜半阴环境和肥沃的黑沙土壤。园林中常用作地被、毛毡花坛布置、林缘或坡地片植观赏或盆栽观赏；但肉质叶不耐践踏，故只能用作观赏地被。

园林用途：景天株形丰满，叶色葱绿，花黄、鲜艳夺目，可配合布置花坛、花境，也可成片栽植作为护坡地被，还可作切花。

8.1.43　沙参属

拉丁名：*Adenophora* Fisch

形态特征：桔梗科耐寒性多年生宿根草本。本属植物约 50 种，高可达 1 m，分布于欧洲和东亚；我国约有 40 种，南北各省都有分布，尤以中部和北部最多。根粗壮，叶互生、对生或轮生。叶卵形至线形。花序常有短分枝，顶生总状或圆锥花序，花蓝色或白色；花冠长约 12 mm，钟形而下垂，先端裂；雄蕊 5，离生。花期 6 ~ 8 月。本属与风铃草属（*Campanula*）的不同处在于花柱基部有深环状花盘或腺体，蒴果自基部开裂组成狭的圆锥花序。

种类及品种介绍：

1）沙参

别名：南沙参、轮叶沙参

拉丁名：*A. tetraphylla* Fisch.

形态特征：宿根草本，根茎粗壮，圆柱形，黄褐色具横纹。高 30 ~ 150 cm，有乳汁，花序以下不分枝，无毛。茎生叶 4 ~ 6 轮生，卵形、披针形至条形，边缘有粗锯齿、细锯齿至全缘。花序圆锥状，下部花枝轮生；花冠蓝色而下垂，口部稍缩成坛状，长 6 ~ 8 mm，5 浅裂；雄蕊 5，花丝下部变宽，边缘有密柔毛，下部具肉质花盘；花柱细长，突出花冠外；花期夏季。原产中国，从南至北多数省份均有分布，生于草坡或林缘，耐寒，喜疏松、肥沃、稍湿润的土壤。

沙参可用播种法繁殖，也可分株繁殖。暖地于秋季、寒地于春季进行分株。栽培管理粗放。沙参的花色淡雅，适用于各种自然式布置、花境、岩石园等。

2）杏叶沙参

拉丁名：*A. axilliflora* Borb.

形态特征：宿根草本，主根粗肥、细长圆锥形。高 60 ~ 100 cm，有乳汁，茎直立，上部分枝。基生叶有长柄，广卵形；茎生叶互生，近无柄，狭卵形，边缘有不整齐的锯齿。总状花序顶生；花冠紫蓝色，钟形，长 1.5 ~ 1.8 cm，5 浅裂；花期夏季。原产中国，南北各省多有分布。

3）直立沙参

拉丁名：*A. stricta* Miq.

形态特征：宿根草本，茎直立，高 60 ~ 100 cm，全株被短毛。基生叶心脏卵形，端尖；具长柄茎生叶，互生，卵形至长椭圆形。着花密，花冠钟形，长 1.5 ~ 2.0 cm；萼筒被密白短毛。花期秋季。花坛及切花应用。原产日本、朝鲜。

4）日光沙参

拉丁名：*A. nikoensis* Franch. et Savant

形态特征：宿根草本，根茎稍粗，高 20 ~ 40 cm，茎直立、近无毛。叶多互生，长 3 ~ 7 cm，线状披针形至披针形，稀长椭圆形，有锯齿。总状至圆锥状花序，着花稀疏。原产日本，有多数变种。var.

lineavifolia Takeda：高山性变种。叶线形；花期夏秋。var. *stenophylla* Ohwi：高山性变种。叶片狭，全缘；花期 7 ～ 8 月。

生态习性：沙参类性耐寒，喜生于疏松、肥沃、稍湿润的土壤中，自然界常生于阴坡草丛及林缘。

繁殖栽培：主要繁殖方式为播种繁殖，易成活，种子成熟后即播，或春季播于冷床中也可。沙参类为直根性，不宜分株繁殖。栽培管理粗放。

园林用途：沙参花色淡雅，适用于各种自然式布置、花境、岩石园等。一些种类也可作切花应用。根茎入药。

8.1.44 射干属

拉丁名：*Belamcanda* Adans.

形态特征：鸢尾科、射干属，分布于东亚，我国有射干 *B. chinensis*（L.）DC.，多年生草本，具根状茎；根状茎为不规则的块状，斜伸，黄色或黄褐色；须根多数，带黄色。茎高 1 ～ 1.5 m，实心。叶 2 列，嵌叠状，剑形；长 20 ～ 60 cm，宽 2 ～ 4 cm，基部鞘状抱茎，顶端渐尖，无中脉。花橙色而有红色斑点，排成顶生、二歧状的伞房花序；花被片 6，基部合生成一短管；雄蕊 3；子房下位，3 室，花柱 3；蒴果，有多颗黑色的种子。

种类及品种介绍：

1）射干

拉丁名：*B. chinensis* L.

宿根草本，株高 50 ～ 100 cm，地下茎短而坚硬。叶剑形，扁平而扇状互生，被白粉。二歧状伞房花序顶生；花橙色至橘黄色，外轮花瓣 3，长倒卵形，有红色斑点；内轮花瓣 3，稍小；花径 5 ～ 8 cm；雄蕊 3；花丝红色；花柱棒状，顶端 3 浅裂，花谢后，花被片旋转形，花期 7 ～ 8 月。原产中国、日本及朝鲜。广布于全国各地（图 8-37）。

2）达摩射干

别名：矮射干

拉丁名：*B.chinensis* var. *cruenta* f. *vulgaris* Makino

宿根草本。较射干植株低矮，株形紧密，高约 60 cm。叶片宽，花梗短。茎叶反转。选育出了适于作切花的黄色、乳白、红色、橙红色等品种。此外，尚有其他一些变种，如斑叶射干，叶片上具纵向黄白色条纹，生性及繁殖力均较射干弱。

生态习性：喜干燥和阳光充足的环境，耐寒性强。性强健，对土壤适应性强，宜在湿润、疏松、肥沃和排水良好的土壤中生长。耐高温，35 ℃以上温度仍能正常生长。多野生于山坡、林缘乃至石缝间。

繁殖栽培：常用播种和分株繁殖。种子无休眠期，春播在 3 月份进行，秋播在 10 月份进行，20 d 左右出苗，需培育 2 ～ 3 年才能开花。种子发芽率保持两年。分株繁殖在春季进行，3 ～ 4 月将根茎挖出，纵向劈开，每段需带芽 1 ～ 2 个，待切口稍干后栽种，10 d 后发芽出苗。

地栽、盆栽均适合。定植前可施些堆肥、饼肥等作基肥。春季根茎萌芽后和 7 月花期前后各施肥 1 次。9 月上旬追施磷肥 1 次，促进地下根茎发育。生长期遇天气干旱，应适时补水。重霜后植株逐渐枯萎，根茎可留在地下越冬。

夏季常见叶斑病和叶枯病为害，可用波尔多液和 65% 的代森锰锌可湿性粉剂 600 倍液喷洒防治。

图 8-37 射干

园林用途：园林中可行基础栽植，及作花坛，特别适合配置多年生花境和丛植于庭园边角。达摩射干的园艺品种较多，是切花的优良花材，当先端花蕾在次日开放时，为剪切的适期。射干又是切叶的好材料，根茎可入药，还用作切花材料。

8.1.45 蒲苇

别名：白银芦

拉丁名：*Cortaderia selloana* Asch.et Grae.（*C. argentea* Stapf）

科属：禾木科，蒲苇属

形态特征：禾本科宿根草本。高 1 ~ 3 m，茎丛生，雌雄异株。叶多基生，极狭，长 1 ~ 3 m，宽约 2 cm，下垂，边缘具细齿，呈灰绿色，被短毛。圆锥花序大，雌花穗银白色，具光泽，小穗轴节处密生绢丝状毛。栽培变种尚有淡紫色者，长 30 ~ 100 cm，具光泽，小穗轴节间处密生绢丝状毛，小穗由 2 ~ 3 花组成。雄穗为宽塔形，疏弱。花期 9 ~ 10 月。适应地区：华北、华中、华南、华东及东北地区。

种类及品种介绍：尚有多数变种，如：

var. *carminea-rendataleri*，花穗带紫色。

var. *carnea*，带粉红色之大花穗。

var. *pumila*，约 1 m 高之小型。

var. *rosea*，花穗带蔷薇色。

原产巴西南部及阿根廷，1848 年传入欧洲。庭园多栽培。

生态习性及繁殖栽培：矮蒲苇性强健，耐寒，喜温暖、阳光充足及湿润气候。具有优良的生态适应性和观赏价值。春季分株繁殖，秋季分株则枯死。

园林用途：蒲苇花穗长而美丽，庭园栽植壮观而雅致。还可把花穗干燥后，作干花装饰，若于抽穗后剪取，花穗易散落，通常在孕穗时即剪下，就可长时期观赏。

8.1.46 竹芋属

拉丁名：*Maranta* L.

形态特征：竹芋科常绿宿根草本。地下有块状根茎；叶基生或茎生，长椭圆形，其上有褐色条斑，叶柄基部鞘状。花少数，对生于花梗，总状花序或二歧圆锥花序；花冠筒圆柱状，裂片 3，近相等；雄蕊退化，2 枚，呈花瓣状，子房 1 室，种子 1 枚。此类有 23 种，均产美洲热带。

种类及品种介绍：

1）竹芋

拉丁名：*M. arundinacea* L.

根茎粗大肉质、白色，末端纺锤形，长 5 ~ 7 cm，具宽三角状鳞片。地上茎细而分枝，高 60 ~ 180 cm，丛生。叶具叶柄较长，卵状矩圆形至卵状披针形，长 15 ~ 30 cm，叶表面有光泽，背面颜色暗淡，总状花序顶生，花白色。园艺变种有斑叶竹芋，叶绿色，主脉两侧有不规则的黄白色斑纹。

2）白脉竹芋

别名：条纹竹芋

拉丁名：*M. leuconeura* L.

原产巴西，株高 30 cm，茎短，无块状茎。叶尖钝尖或具很短的锐尖头；叶两面平滑；叶正面淡绿色，沿主脉和侧脉呈白色，边缘有暗绿色斑点，背面青绿色，稀红色；长约 16 cm，宽约 9 cm；叶柄长 2 cm。主要园艺变种有克氏白脉竹芋（var. *kerchoveana*）：茎不直立，叶铺散状，白绿色，主脉两侧有斜向的暗绿色斑，背面灰白色。马氏白脉竹芋（var. *massangeana*）：叶的大小、形态与克氏白脉竹芋相似，叶黑绿色，有天鹅绒状光泽，主脉及支脉白色，叶背及叶柄淡紫色。

3）花叶竹芋

别名：双色竹芋

拉丁名：*M. bicolor* L.

原产巴西和圭亚那。茎基部具有块茎，无明显的根状茎。叶长椭圆形，缘稍具波状，叶面绿白色，有光泽，沿主脉是深绿色条纹，两侧有紫红色斑纹，叶背、叶柄淡紫色，叶柄的 2/3 以上为鞘状。花序腋生，花小，白色（图 8-38）。

4）红脉豹纹竹芋

拉丁名：*M. leuconeura*‘Eryrophlla’

株形矮小，生长缓慢。叶片常横向生长，椭圆形，长 10 ~ 12 cm，宽 5 ~ 6 cm。叶色具犹如鲱鱼骨状的花纹，脉纹呈紫红色，中脉两侧有银绿锯齿状斑块，叶背紫红色，中脉绿色。小花白色，有紫红色斑点。红脉豹纹竹芋是极优美的小型盆栽植物。

生态习性：原产美洲热带。性喜高温湿润及半阴环境，3 ~ 9 月为生长期，生长适温为 15 ~ 25 ℃，冬季适温 10 ~ 15 ℃，冬季需要充足的光照，夏季需遮阴，要求肥沃疏松的土壤。

繁殖栽培：以分株繁殖为主。可以在春季 4 ~ 5 月份结合换盆进行，可 2 ~ 3 芽分为一株。盆栽用土为等量的腐叶土、泥炭土和沙混合，国外多单用水藓栽植。生长期间保持水分供应及时，保持盆土湿润，并保持一定的空气湿度，每 2 ~ 3 周浇施一次稀薄肥水，而夏季高温季节则适当减少浇肥水的次数，并注意遮阴。冬季盆土宜适当干燥，过湿则基部叶片易变黄而枯焦。竹芋除夏季宜在半阴环境下栽培，其他季节给予充足的光照，但切忌遮阴过度，而导致徒长，叶细长，株形破坏，影响美观。冬季温度不低于 7 ℃。

图 8-38　花叶竹芋

生长期应保证通风良好，否则易发生介壳虫危害。发生虫害时，要及时用人工刷除或用乐果药液防治。在栽培中还应防治红蜘蛛等虫害。

园林用途：竹芋类为重要的盆栽喜阴观叶植物。在我国的南北地区均作盆栽观赏，北方地区常年在家庭室内盆栽。竹芋类是优良的室内盆栽观叶花卉，耐阴，用来美化、绿化家庭居室、卧室、书房，可较长时间摆放观赏。

8.1.47　红花酢浆草

别名：多花型红花酢浆草、三叶草

拉丁名：*Oxalis rubra* A. St. Hil

科属：酢浆草科，酢浆草属

形态特征：多年生草本，具根状茎。高约 35 cm，有多数小鳞茎，鳞片褐色，有纵棱。叶基生，小叶 3 枚倒卵形，组成掌状复叶。宽约 1.8 ~ 3.5 cm，顶端凹缺，有毛，有橙黄色泡状斑点。伞形花序有花 6 ~ 10 朵，花通常为淡红色，有深色条纹；萼片顶端有 2 条橙黄色斑纹；花瓣狭长，顶端钝或截形。花与叶对阳光均敏感，白天、晴天开放，夜间及阴雨天闭合。蒴果角果状，有毛。花果期 5 ~ 9 月。

生态习性：原产南美巴西。性喜温暖湿润的环境。耐阴，夏季炎热地区宜遮半荫，抗旱能力较强，不耐寒，华北地区冬季需进温室栽培，长江以南，可露地越冬。要求排水良好及富含有机质的砂质壤土。夏季有短期的休眠。

繁殖栽培：以分株繁殖为主，全年均可进行，也可结合早春换盆时进行。将老株的球形根状茎分成小块，栽入土中，当年即可开花。也可用播种繁殖，春、秋季皆可进行，在 25 ℃以上的高温下，一周即可出芽，春播当年可生成完好的根茎而开花，秋季播种第二年才能开花。种植时不能太深。生长期需注意浇水，保持湿润，并施肥 2 ~ 3 次，可保持花繁叶茂。冬春季节生长旺盛期应加强肥水管理，最低温度不能低于 5 ℃。夏季则进入休眠期，要注意停止施肥水，置于阴处，保护越夏。如盆栽，生长期要注意常浇水，保持空气湿润，每年需换盆一次。

种类及品种介绍：同属植物约有 500 种，常见栽培的种有：

（1）大花酢浆草（*O. bowiei* Li L.）：具肥厚纺锤形茎，小叶倒卵形，花大，紫红色，原产非洲。

（2）酢浆草（*O. corniculata* L.）：叶、花均小，花黄色，耐寒、耐旱性较强，其变种有矮生种（var. *repens* Zucc.）和紫叶种（var. *atropurpurea* Planch.）。

（3）多花酢浆草（*O. corymbosa* DC.）：又名紫花酢浆草，全株疏生长毛，花多，花紫红色具深色。

（4）山酢浆草（*O. griffithii* Edgew.）：一年生草本，小叶倒三角形，叶及叶柄具柔毛，玫瑰紫色，产我国长江流域各地。

（5）黄花酢浆草（*O. pes-caprae* L.）：小叶具紫色斑点，花黄色，产南非。

（6）四川酢浆草（*O. tetraphylla* Cav.）：小叶 4 枚，倒三角形，花红色，产墨西哥。

园林用途：红花酢浆草花期长，花色艳，其地下茎蔓延迅速，能较快地覆盖地面，又栽培容易，管理粗放，园林中广泛种植，既可以布置于花坛、花境，又适于大片栽植作为地被植物和隙地丛植。可在林缘向阳处或疏林下作地被植物。全株可入药。

8.1.48　泽兰属

拉丁名：*Eupatorium* L.

形态特征：菊科宿根草本，稀一年生草本及亚灌木。本属植物约 1200 种，主产美洲，亚洲热带，少数产欧洲及非洲；我国有 15 种，除新疆、西藏外，全国均产之。叶通常对生或轮生、稀互生，头状花序，多呈伞房状排列；管状花两性，紫、粉或白色，花冠 5 浅裂；总苞圆筒状至半球形，2 至数列；花柱分枝，突出于花冠外。瘦果 5 棱形，有刺毛状冠毛。

种类及品种介绍：

1）美洲泽兰

拉丁名：*E. aromaticum* L.

宿根草本，高 60 cm。茎单一或上部呈总状至伞形分枝。叶对生，有柄或近无柄，卵圆形至椭圆形，常具 3 脉，有钝齿。头状花序呈疏伞房状着生，有小花 10 ~ 15 朵，白色，无香气；总苞 10 ~ 14 枚，线状披针形、近等长。花期 8 ~ 10 月。原产北美洲东南部，1739 年输入欧洲。尚有变种 var. *melissoides* Gray（*E. fraseri* Hort.）：茎细而粗糙；叶稍心形至长椭圆形，柄极短。头状花 5 ~ 12 朵。

2）泽兰

别名：圆梗泽兰

拉丁名：*E. japonicum* Thunb.（*E. chinense* L. var. *simplicifolium* Kitamura）

多年生草本，高 1 ~ 1.2 m，有横向的地下茎，茎上被短毛及紫色点。叶对生，有柄，阔披针形，有不等的锯齿，叶下面有腺点。头状花序在茎顶排成伞房状；管状花，5 个左右，多为白色，有时紫色；花期秋季。原产日本中南部，我国各地多有分布，庭园栽培。茎叶入药，又可作香料。

3）佩兰

别名：泽兰

拉丁名：*E. fortunei* Turcz

多年生草本，株高 70 ~ 100 cm，茎上部被毛，中下部光滑。叶对生，多为 3 全裂，中裂片较大，裂片椭圆状披针形，无腺点。每个头状花序有花 4 ~ 6 朵，排成伞房状聚伞花序；花淡红紫色；花期秋季。原产日本，我国河北、江苏、浙江、山西、山东、河南、陕西、福建及西南等地均有分布。茎叶入药。

4）粉绿茎泽兰

拉丁名：*E. purpureum* L.

耐寒性多年生草本，高 1 ~ 2 m，茎具白粉。叶 5 ~ 6 枚轮生，卵状披针形，有粗锯齿。5 ~ 9 头状花组成伞房花序；花色有粉、红及白色；花期秋季。原产北美，适于花坛及灌丛间混植。

生态习性：泽兰类对气候条件及土壤适应性强，栽培容易。

繁殖栽培：多用根状茎进行繁殖，春秋两季挖出根茎，截成 6 ~ 10 cm 进行栽种，约 15 ~ 20 d 出苗。通常隔 2 ~ 3 年分栽一次，则生长茂盛。也可采用播种及扦插法繁殖。

园林用途：泽兰类株形较高，花期也长，园林中可丛植或作花境配置；茎叶含芳香油，可作皂用调香原料；茎叶又可入药。

8.1.49 庭荠属

拉丁名：*Alyssum* L.

形态特征：十字花科，一、二年生或宿根草本至亚灌木状。原产欧洲地中海沿岸、亚洲及北非。本属约有 100 种，我国近 10 种。多数种作花坛及岩石园栽培。茎低矮，具星状毛及单毛。叶小，多线形至匙形互生。密总状花序；萼直立；花小、白色或带黄色，窄匙状长圆形，顶端微缺至全缘；短角果。

种类及品种介绍：

1）岩生庭荠

拉丁名：*A. saxatile* L.

宿根草本，高 15 ~ 30 cm，茎丛生，呈垫状，基部木质。叶倒披针形，有时带匙状、有浅齿，灰色，被软毛，长 5 ~ 10 cm。花金黄色，花期 4 月。为本属中的主要栽培种。原产欧洲南部及中部，1710 年自南欧传至英国，适于岩石园及小盆栽培。尚有变种密花岩生庭荠 var. *compactum* Hort.：植株低矮，丛生状，花密生。重瓣岩生庭荠 var. *flore-pleno* Hort.：花重瓣。著名品种有‘Sulpbareum（Citrinum）’，花硫磺色。

2）山庭荠

拉丁名：*A. montanum* L.（*A. rostratum* Stev.）

宿根草本，高 10 ~ 20 cm，株形低矮而紧密。叶倒卵状长圆形至线形，被星状银灰色毛。花黄色，香气较浓。花期 6 ~ 7 月。原产欧洲中南部及高加索。还有大花变种 var. *grandiflorum* Hort.，花期 5 ~ 6 月，1713 年从德国传至英国。

3）高山庭荠

拉丁名：*A. odoratissimum* Hort.

宿根草本，是高仅有 9 cm 的矮性种。叶倒卵形至线形，灰绿色。短总状花序。花小，黄色。花期春季。原产南欧，1777 年传至英国，多作小盆栽植。

4）芳香庭荠

拉丁名：*A. odoratissmum* Hort.

高型，芳香，适于盆栽。

生态习性：庭荠类喜冷凉及日照充足之处，而不耐夏季酷暑及多雨潮湿的气候，因此宜作二年生栽培。庭荠虽不择土壤，但以稍含石灰质土壤及排水良好处生长更佳。

繁殖栽培：宜 9 月秋播，约 2 周发芽，种子发芽力可保持 2 ~ 3 年。4 ~ 9 月也可插芽繁殖。幼苗移植时，根系应多带土，否则不易成活。

园林用途：庭荠株形低矮，花小而繁，适宜作花境边缘栽植或布置岩石园。

8.1.50 其他宿根花卉（表 8-1）

其他宿根花卉　表 8-1

名称	拉丁名	科属	形态特征	生态习性	园林用途
三七	*Panax pseudo ginseng*	五叶科，三七属	多年生常绿草本，茎多汁，无分枝，叶深绿色，互生；头状花序	性喜温暖半阴环境，忌强光直射，不耐寒。要求肥沃、疏松、排水良好的土壤	盆栽；入药
一枝黄花	*Solidago canadensis* L.	菊科，一枝黄花属	为多年生草本植物。叶披针形，质薄，下表皮有毛。圆锥花序生于枝端和叶腋，稍弯曲，偏向一侧。簇生成圆锥状。花黄色，舌状花短小	生长强健，喜凉爽气候、日照充足，在沙质壤土中生长良好	丛植或栽于道路两侧，一些品种可作切花
黄菀	*Solidaster luteus*	菊科，黄菀属	多年生耐寒草本，茎多分枝，叶粗糙，披针形；复伞房状圆锥花序	喜阳光充足，不择土壤。花期 7 ~ 9 月	夏季花坛、花境
金莲花	*Trollius Chinensis*	毛茛科，金莲花属	多年生草本。基生叶具长柄，叶片五角形，3 全裂，2 回裂片。花单生或成聚伞花序，黄色，花瓣与萼片等长	不耐寒，喜温暖湿润、阳光充足的环境和排水良好而肥沃的土壤。夏季生长发育转弱。生长旺盛时宜少施氮肥，以利开花。花期 7 ~ 8 月	作盆栽、吊盆、地被或布置花台、花坛。若地势高，茎叶能悬垂而下，则造型极为雅致
随意草	*Physostegia virginiana*	唇形科，假龙头花属	宿根草本，茎四方形。叶对生，披针形，叶缘有细锯齿。花顶生，穗状花序，唇形花冠，花期持久。花色有淡红、紫红或斑叶变种	喜疏松、肥沃、排水良好的沙质壤土。花期 7 ~ 9 月。生性强健，地下匍匐茎易生幼苗，栽培 1 株后，常自行繁殖无数幼株	随意草叶秀花艳，适合大型盆栽或切花，栽培管理简易，宜布置花境、花坛背景或野趣园中丛植
宿根亚麻	*Linum perenne* L.	亚麻科，亚麻属	多年生草本，单叶互生，线形；松散圆锥花序，天蓝色。蒴果	喜阳光充足、土壤肥沃、排水良好。花期 6 ~ 8 月	布置花坛，点缀岩石园
麝香锦葵	*Malva moschata* Linn.	锦葵科，锦葵属	多年生草本，叶细裂，花单生或串生，玫瑰红或白色	耐旱、瘠薄，喜光，耐半阴，不耐寒	岩石园、草地丛植

8.2　宿根花卉的应用实例

8.2.1　概述

近几年随着城市园林绿化水平的不断提高，宿根花卉在道路绿化、花坛布置中被大量应用。它以较强的适应能力、易栽培的特性、与乔灌木和草坪的合理配置，构成城市绿化的群体景观效果，备受园林工作者的青睐。

1）宿根花卉的特点

宿根花卉种类繁多，花期变化大，延续时期长，花朵（叶）色彩丰富、鲜艳，花姿美丽动人，能创造优美的群落景观。水平线条的种类植株圆浑，开花密集，多为单花顶生或各类伞形花序，能形成水平方向的色块，如蓍草、金光菊等；竖向线条的种类植株秀丽，多为顶生总状花序或穗状花序，形成明显的竖线条，如火炬花、蛇鞭菊、飞燕草等；也有的花型独特，兼有水平及竖向效果，如鸢尾类、菊花等。宿根花卉的景观效应主要通过花色来体现，夏季及安静休息区的景观适宜用冷色调的蓝紫色花，给人带来凉意和恬静；早春、秋季或节假日则适宜用暖色调的红、橙色系花卉给人暖意并烘托出热烈的气氛。宿根花卉的季相景观也是利用花期和花色的差异创造的，如早春的荷包牡丹，夏日的宿根福禄考、萱草，深秋的菊花、荷兰菊等，因此园林绿化中应充分利用植株的花形、花色、花期、株形、株高、质感等观赏特性，合理搭配，创造优美的景观。

宿根花卉多生长强健，适应性强，抗热、抗旱、耐寒、耐瘠薄、抗病虫害能力表现突出，尤适于大面积种植，作护坡地被或用作街道和工矿区绿化。宿根花卉的繁殖、栽培大多没有特别的要求，一般通过播种、扦插、分株等方法繁殖。宿根花卉为多年生开花植物，一次栽植可多年观赏，避免了播种育苗等繁琐工作，养护管理技术简单。

2）宿根花卉的栽植原则

“适地适树”是绿化的原则，宿根花卉的栽植也应遵循“适地适花”的原则。宿根花卉因其周年生长在露地，栽培管理粗放，故在种植之前应对各类宿根花卉的生态习性有充分的认识，加以合理配置，使宿根花卉的景观效果保持连续性和完整性。如在林下、建筑物的背面等以散射光为主的地方应选择耐阴性强的种类，如玉簪、紫萼、落新妇、乌头、一叶兰、万年青等；在空旷地或路边应选择喜阳的种类，如萱草、一枝黄花、菊花、紫菀等；在池塘边或水体环境中应选择耐湿的种类，如石菖蒲、马蔺、溪荪、黄菖蒲、千屈菜等；在干旱瘠薄、岩石园等处则应选择萱草、垂盆草、蝎子草、石竹等耐旱的种类。不同类型的绿地，因其性质的功能不同，对宿根花卉的要求也不同。因此，要根据宿根花卉的生态习性合理配置，才能展示最佳的景观效果。

3）宿根花卉的栽培管理

（1）土壤准备

宿根花卉根系强大，入土较深，应有 40 ~ 50 cm 的土层。当土壤下层混有沙砾，有利于排水。表土为富含腐殖质的黏质壤土时，花朵开得更好。

（2）施肥

初次栽植宿根花卉时，应深翻土壤，并大量施入有机肥料，为植物提供生长所需的充足的养分和维持良好的土壤结构。为使宿根花卉生长茂盛，花大花多，最好在春季新芽抽出时追肥，花前和花后再各追肥 1 次。秋季叶枯时，可在植株四周施以腐熟的厩肥或堆肥。

（3）灌水

一般 3 月中旬要浇 1 次返青水，雨季前遇旱适时灌水，雨季要及时排涝，上冻前要浇足防冻水。其他浇水时间及次数视土壤墒情采取适当灌水措施。

（4）防寒

对耐寒的种类，如蜀葵、玉簪等，无需防寒；对一些耐寒性差的种类，灌防冻水后，再覆盖防寒物，即可使其安全越冬。

（5）其他管理

适时中耕除草，及时修剪，可使植株生长健壮，花多且大而艳。宿根花卉栽培多年后，株丛过密，生长衰退，开花稀少，病虫害渐多，宜结合分株重新栽植一次，或淘汰弱株、老株，补齐新苗，使之更新复壮。

8.2.2 宿根花卉在城市绿化中的应用

宿根花卉在城市绿化中的具体应用形式，归纳起来主要可以分为 8 种形式：

1）花坛

花坛一般多设于广场和道路的中央、两侧及周围等处，要求经常保持鲜艳的色彩和整齐的轮廓。多年生球根花卉是盛花花坛的优良材料，色彩艳丽，开花整齐。盛花花坛可选用的宿根花卉材料较多，如菊花、荷兰菊、黑心菊、落新妇、金鸡菊类、风铃草类等；一些小菊品种，苋科的小叶红、小叶黑、景天类的白草等宿根花卉，以模拟的手法表现精美的图案。

2）花境

花境的各种花卉配置应是自然斑状混交，还要考虑到同一季节中彼此的色彩、姿态体形及数量的调和与对比。花境的设计要巧妙利用色彩来创造空间或景观效果。宿根花卉是色彩丰富的植物，加上适当选用，色彩就更加丰富，就能更好地发挥花境特色。例如把冷色占优势的植物群落放在花境后部，在视觉上有加大花境深度、增加宽度的感觉，在狭小的环境中用冷色调组成花境，有空间扩大的感觉。在安静休息区设置花境，适宜多用冷色调花卉，如果为增加色彩的热烈气氛，则可使用暖色调的花。花境常用的宿根花卉有：鸢尾、芍药、萱草、玉簪、耧斗菜、荷包牡丹等。

3）岩石园

宿根花卉中一些低矮、耐旱、耐热、耐寒的种类，如石竹属的高山石竹、常夏石竹、蓍草属、龙胆科、景天科、堇菜科、蔷薇科、虎耳草科等的矮生种类，都可以用作岩石园的材料。

4）草坪

一些种类，如萱草、鸢尾、火炬花等，可与草坪草混合使用，用作草坪周围镶边，按花期在草坪中点缀宿根花卉等。

5）地被

鸢尾类、金鸡菊类、荷包牡丹类、玉簪类、萱草类、景天类等宿根花卉，都可用作地被，起覆盖裸露地面的作用，其中有些种类又能自播繁衍，如金鸡菊类，常成片逸生。

6）水体绿化

水生鸢尾类的燕子花、马蔺、溪荪、芦竹属的花叶芦竹、台湾芦竹，槭葵类，皆可作水边栽植，以丰富水景的变化。

7）基础栽植

在建筑物周围与道路之间所形成的狭长地带上栽植宿根花卉，可以丰富建筑物立面、美化周围环境，还可以调节室内视线。墙基处栽植宿根花卉，可以缓冲墙基、墙角与地面之间生硬的效果，单色墙基可种植宿根花卉，使墙面具有如同纸张作画的效果。

8）园路镶边

白草、垂盆草等景天类宿根花卉，石竹、福禄考、紫露草等宿根花卉，都可以用来进行园路镶边，有增加园路景观的作用，还兼有保护路基、防止水土流失等作用。宿根花卉应用于城市绿化作为群体观赏效果在国外已十分普遍，且取得了良好的绿化、美化效果。但在我国还刚刚起步，它反映了人们崇尚自然、追求自然的现代理念。作为宿根花卉应用的基础，我国宿根花卉品种资源十分丰富，只要勇于探索、敢于创新，相信会不断地创造出优美的人间佳境来。

第 9 章　球根花卉

9.1　常见球根花卉

9.1.1　郁金香

别名：洋荷花、草麝香

拉丁名：*Tulipa gesneriana* Linn.

科属：百合科，郁金香属

形态特征：多年 生草本，地下鳞茎偏圆锥形，直径约 3 cm，被淡黄色至褐色皮膜。株高 40 ～ 60 cm。茎叶光滑、被白粉。叶 2 型，基生叶 2 ～ 3 枚，卵状宽披针形；茎生叶 1 ～ 2 枚，披针形；均无柄。花单生茎顶，直立，花被 6，抱合呈杯状、碗状、百合花状等。雄蕊 6，子房上位。花期 4 ～ 5 月，呈红、橙、黄、紫、黑、白或复色，有时具有条纹和斑点，或为重瓣。蒴果，种子扁平（图 9-1）。

生态习性：喜光、喜冬暖夏凉的气候。耐寒力强，冬季球根能耐 -35 ℃的低温；生根需 5 ℃以上。要求疏松、富含腐殖质、排水良好的土壤。最适 pH 6.5 ～ 7.5。

图 9-1　郁金香

繁殖栽培：用分球和播种繁殖，主要以分球繁殖为主。9 ～ 10 月进行分球栽植，发育成熟的大球翌春即能开花。小鳞茎需培育 3 ～ 4 年形成大球，才能开花。用种子播种育苗，初生苗经 4 ～ 5 年的培育，地下部才发育成大球，通常用于杂交育种。

栽培管理：一般秋季地栽，早春茎叶出土，不久进入花期，初夏休眠。园地必须向阳避风、土层深厚、疏松，施足基肥。秋季将种球植于园地，覆土厚度为球高的 2 倍，株行距 15 ～ 20 cm，适当灌水。当种球长出 2 枚叶片时，追施 1 次磷钾液肥；花后剪去残花，减少养分消耗，利于新球、子球的形成。地下形成新球 1 ～ 3 个或 4 ～ 6 个子球。约 6 月茎叶黄枯后，掘出鳞茎，贮于阴凉通风处；此时充实的新球进入花芽分化。花芽分化的适宜气温为 20 ～ 23 ℃。秋季将种球定植于园地。由于每株只长 1 花，适当密植，才能形成景观。若在秋季提前用低温处理郁金香鳞茎，可使其提早开花。

主要病虫害：病害有灰霉病、青霉病、疫病、病毒病；虫害有种蝇、鳞茎螨、蚜虫等。

适生范围：原产地中海沿岸及亚洲中部和西部。欧洲广泛栽培，以荷兰最盛。我国均有栽培，主要以新疆、广东、云南、上海、北京为主。

种类及品种介绍：现在栽培的品种数达 6000 以

上，由栽培变种、种间杂种以及芽变选育而来，亲缘关系极为复杂。1963 年荷兰皇家球根种植者协会(The Royal General Bulb Grower's Society) 根据花期、花形、花色等性状，将栽培郁金香分为 16 群，曾为世界通用。1976 年将郁金香分为 4 类 15 个群。1981 年，在荷兰举行的世界品种登录大会郁金香分会上，重新修订并编写成的郁金香国际分类鉴定名录中，将郁金香分为早花、中花、晚花和原种 4 大类，15 个群。现简介如下 :

（1）早花类（Early Flowering）

① 单瓣早花群（Single Early Tulips）：花单瓣，杯状，花期早，花色丰富。株高 20 ~ 25 cm。

② 重瓣早花群（Double Early Tulips）：花重瓣，大多来源于共同亲本，色彩较和谐，高度相近，花期比单瓣种稍早。

（2）中花类（Midseason Flowering）

③ 胜利群（凯旋系）（Triumph Tulips）：花大，单瓣，花瓣平滑有光泽。由单瓣早花种与晚花种杂交而来，花期介于重瓣早花与达尔文杂种之间，株高 45 ~ 55 cm，粗壮，花色丰富。如著名的基斯乃利为血红色，橙黄边。

④ 达尔文杂种群（Darwin Hybrids Tulips）：由晚花种达尔文郁金香与极早花的傅氏郁金香及其他种杂交而成。植株健壮，株高 50 ~ 70 cm，花大，杯状，花色鲜明。

（3）晚花类（Late Flowering）

⑤ 单瓣晚花群（Single Late Tulips）：包括原分类中的达尔文系（Darwin）和卡特芝系（Cortege），按新分类归为一群。株高 65 ~ 80 cm，茎粗壮。花杯状，花色多样，品种极多。‘贵族’（Aristocrat）紫色白边，‘荣誉’（Renown）红色，‘夜皇后’（Queen of Night）呈紫色等。

⑥ 百合花型群（Lily ~ flowered Tulips）：花瓣先端尖，平展开放，形似百合花。原属卡特芝系。植株健壮，高 60 cm，花期长，花色多种。如‘阿拉丁’（Aladin）红花黄边，‘波耳’（Ballde）为紫花白边等。

⑦ 流苏花群（Fringed Tulips）：花瓣边缘有晶状流苏。

⑧ 绿花群（Viridiflora Tulips）：花被的一部分变为绿色。

⑨ 伦布朗群（Rembrandt Tulips）：原来只指达尔文郁金香中有异色条斑的一类，后来分类扩大为全部有异色斑条的芽变。在红、白、黄等色的花冠上有棕色、黑色、红色、粉色或紫色条斑。

⑩ 鹦鹉群（Parrot Tulips）：花瓣扭曲，具锯齿状花边。花大。如‘黑鹦鹉’（Black Parrot）花深紫黑色，是达尔文郁金香菲力浦柯明（Philippe de Comines）的芽变。

⑪ 重瓣晚花群（Double Late Tulips）：也称牡丹花型群（Peony Flowered Tulips），花大，花梗粗壮，花色多种。如‘五月珍奇’（May Wonder）花鲜桃色，‘交响乐’（Symphonia）花红色。

（4）原种及杂种（Botanical Species and Hybrids）

⑫ 考夫曼种、变种和杂种（Koufmaniana Varieties and Hybrids）：原种为考夫曼郁金香（*T. koufmaniana*）。花冠钟状，野生种金黄色，外侧有红色条纹。栽培变种有多种花色。花期早，叶宽，常有条纹。株矮，通常 10 ~ 20 cm。易结实，播种易生芽变。如‘阿尔弗雷得 · 考托特’（Alfred Cortot）为红色，‘白昼’（Daylight）红花黄色条纹。

⑬ 福斯特种、变种和杂种（Fosteriana Varieties and Hybrids）：有高型（25 ~ 30 cm）与矮型（15 ~ 18 cm）两种，叶宽绿色，有明显紫红色条纹。花被片长，花冠杯状，花绯红色，变种与杂种有多种花色，花期有早晚。

⑭ 格里吉群（Greigii Varieties and Hybrids）：原种株高 20 ~ 40 cm，叶有紫褐色条纹。

花冠钟状，洋红色。与达尔文郁金香的杂交种花朵极大，花茎粗壮，花期长，被广泛利用。

⑮ 其他种、变种与杂种。

以上各群中自 1 ~ 11 群（即前三类，早花类、中花类、晚花类）是由多次杂交后形成，即为普通郁金香。自 12 ~ 15 群（即第四类，原种及杂种）为野生种、变种或杂种，其原种性状依然明显，故以亲本种名称作群的名称。

园林用途：郁金香植株矮小，花形美丽，色泽娇艳，是世界著名的观赏花卉，主要用作切花；也可布置花坛、花境、美化庭院。郁金香花期早，花色艳丽，在世界各地广为栽培。宜作花境丛植及带状布置，或点缀多种植物花坛之中。高型品种是作切花的好材料。

9.1.2 唐菖蒲

别名：菖兰、十样锦、扁竹莲、马兰花

拉丁名：*Gladiolus hybridus*

科属：鸢尾科，唐菖蒲属

形态特征：株高 70 ~ 100 cm，球茎呈扁圆形，外被褐色纤维质表皮，内为黄白肉质鳞片。叶互生，呈嵌叠状排列，剑形。唐菖蒲的球茎上通常有 4 ~ 6 个芽眼，每个芽眼都有萌发生长能力，在大球茎的叶丛中都能抽生花葶。唐菖蒲温室栽培，全年都能开花，长穗状花序具有 40 ~ 60 cm，着花数十朵，花朵由下向上逐渐变小，渐次开放。花瓣椭圆形，花瓣边缘微皱。花色丰富，有红色、黄色、棕色、紫色、蓝色和白色。裂片有条纹，雄蕊 3 枚，雌蕊 1 枚，柱头 3 裂，子房 3 室，结蒴果，内含种子 15 ~ 70 粒，种子扁平，褐色带翅（图 9-2）。

图 9-2 唐菖蒲

唐菖蒲花梗很长，花朵排列呈蝎尾状，玲珑轻巧，潇洒柔和，花朵质如绫绸，娇嫩可爱；花色丰富，有的妖红嫣紫、富丽堂皇，有的凉玉素艳、清闲淡雅；花色有白、粉、黄、橙、红、蓝、紫、烟等，花型有号角、荷花、飞燕、平展 4 种；斑纹有纯色、桃斑、凤下撒金及细纹等；瓣边有平、波及皱瓣。是世界上四大切花之一，亦可盆栽观赏。

生态习性：原产于非洲热带和地中海地区。现在北美、西欧各国，日本及中国各地都有广泛栽培。属喜光性长日照植物，怕寒冷，不耐涝，夏季喜凉爽气候，不耐过度炎热。种球休眠期过后，在相对湿度 70% 的条件下，在 5 ℃就开始萌动。在生长过程中，温度低于 10 ℃时，植株的生长发育即受到抑制，其中以 1 ~ 2 片和 5 ~ 6 片叶期时对低温最为敏感。生长最适温白天为 20 ~ 25 ℃，夜间为 10 ~ 15 ℃。唐菖蒲是长日照植物及喜光植物，尤其在 2 ~ 3 片花芽分化时期及 6 ~ 7 片叶小花原基分化时期对光最为敏感。在冬季短日照及弱光条件下，需补充人工光源，延长光照时间，增加光照强度。光照强度最低限度 3500 lx，最佳为 10000 lx。每天光照时间不能低于 12 h，应达到 16 h。

繁殖栽培：

（1）繁殖方法

用分离子球和切割新球的方法繁殖，当开过花的植株枯萎后，掘出球茎晒干，将子球从新球下部分离开，单独存放在 5 ~ 11 ℃通风干燥的室内。翌年春分种植于田间培养，经 1 ~ 2 年即能长大成能开花的新球茎。分切种球是对二年生球茎（4 ~ 6 个芽眼），用利刀纵切成 2 ~ 3 块，每块必须带有一个强壮的芽或部分根盘，切后涂上草木灰。露地分栽这些子球，要根据各地的气候环境，可在 3 月上旬至 7 月中旬，分批分期进行栽培，这样可以开花不断。但是，秋季分球茎不宜过迟，防止幼苗出土时遇上晚霜，开花时又遇上高温、酷暑，影响正常开花。

（2）栽培管理

唐菖蒲性喜温暖湿润，喜阳光照射，不耐寒，忌高温。温带北部地区的生长发育，比南部地区要好，一般情况，唐菖蒲的球茎在 5 ℃时，便可萌发，但是，它生长发育的最佳温度为 20 ~ 25 ℃。唐菖蒲是典型的长日照花卉，它必须在 14 h 以上的光照条件下才能进行花芽分化、孕蕾开花。

病害防治：

（1）枯萎病：可发生在球茎、叶、花、根上。球茎感病后出现水渍状红褐色至暗褐色小斑，扩大成圆形凹陷，环状萎缩腐烂，后长出白色丝状物，变黑褐色干腐。种前用 50%多菌灵浸泡 30 min。对有病球茎的消毒，先在 35 ℃以下 1 周后，放水中预浸 2 d 再放入 0.5%甲醛中浸 2 h，冲洗后在 57 ℃热水中浸 30 min。

（2）叶斑病：叶初染病出现褐色至紫褐色近圆形小斑，扩大成不规则黑褐色病斑，上生小黑点。球茎初现水渍状浅红褐色至浅褐色圆形病斑，扩大呈不规则形，有时呈三角形，中央凹陷黑褐色，皱缩僵化。病原在土壤及植株残体过冬，土壤传播。球茎种前可用 50%福美双 70 倍液消毒，发病后用 75%百菌清 800 倍液喷洒。

（3）干腐病：发病时，在近地面叶基处出现黄褐色腐烂，病组织破裂，上生黑色小菌核。球茎病斑浅红色圆形，扩大成黑褐色凹陷，边缘隆起，球茎僵化。防治可用 50%五氯硝基苯施入土内，每平方米 8 ~ 9 g。

（4）弯孢霉叶斑病：球茎病斑呈圆形或不规则形，褐色至黑色，中心褐色软腐。叶片初现小角斑或圆斑，后沿叶脉扩展呈长椭圆形，黄褐色，边缘浅红褐色、中央有黑褐色霉层。病菌在病叶、病球茎过冬，风雨传播，5 ~ 11 月发病。防治可用 80%代森锰锌 800 倍液及种球消毒。

（5）疮痂病：球茎下半部呈现圆形水渍状灰白斑，扩大成褐色，病斑略凹陷，边缘突起，上有黄褐色菌脓，叶片形成长条形湿腐，最后黄褐色碎裂。细菌在病球茎、土壤中过冬。传播媒介是球螨。防治可选用无病种球。

（6）青霉病：初现红褐色凹陷斑，扩大成不规则形，边缘黑色，木栓质腐烂后出现青霉，上生黄色卵形小菌核。减少机械伤，防止病菌入侵。

（7）花叶病：叶片上有褪绿斑，多角形，茎部深绿色斑驳，新叶在初夏形成斑块状花叶。病原是菜豆黄花叶病毒、黄瓜花叶病毒。蚜虫和叶蝉传毒，汁液亦可传毒。采用无毒苗，防治传毒蚜虫和叶蝉。

种类及品种介绍：

唐菖蒲，原产地中海沿岸，尤以好望角一带最多，有野生品种 250 多种，目前，世界各国栽培的园艺品种约 8000 余种，我国有 200 多个品种，如‘红婵娟’‘白桃’‘燕红’‘金不换’‘龙泉’‘赛明星’‘冰罩红’等。

（1）依生态习性分类

① 春花种类：植株矮小，球茎亦小，茎叶纤细，花轮小型，耐寒性较强，在温暖地区可秋天种植，冬天不落叶过冬，次春开花，但花色单调。本类多由原产欧亚（即地中海及西亚地区）的野生种杂交选育而成。

② 夏花种类：本类春天种植，夏天开花。一般植株高大，花多数大而美丽。花色、花型、花径大小以及花期早晚均富变化。多数由原产南非的野生原种杂交后选育而来。

（2）依花型分类

① 大花型：花大型，多而紧密，花期晚，球根增殖慢。

② 小蝶型：花较小，多富皱褶变化并多具彩斑，花姿清丽。

③ 报春花型：花朵开放时，形似报春，一般花少而稀疏。

④ 鸢尾型：花序较短，着花少，但较紧密，向上方开展，花被裂片大小，形状相似，呈辐射对称状。子球增殖力强。

（3）依生长期分类

① 早花类：生长 60 ~ 65 d，约 6 ~ 7 片叶时即可开花。

② 中花类：生长 70 ~ 75 d 后即可开花。

③ 晚花类：生长期较长，约 80 ~ 90 d 后，需有 8 ~ 9 片叶时，始能开花。

（4）依花色分类

分为 9 个色系：白色系、粉色系、黄色系、橙色系、红色系、浅紫色系、蓝色系、紫色系及烟色系。

园林用途：唐菖蒲为世界著名切花之一，其品种繁多，花色艳丽丰富，花期长，花容极富装饰性，为世界各国广泛应用。除作切花外，还适于盆栽、布置花坛等。球茎入药。对大气污染具有较强的抗性，是工矿绿化及城市美化的良好材料。

9.1.3 百合

拉丁名：*Lilium* L.

科属：百合科，百合属

形态特征：多年生球根花卉，其球根是鳞片状鳞茎，由披针形或广披针形肉质鳞片抱合而成，外无苞被，少数种类的鳞片上有节。鳞茎的中心有芽，芽伸出地面形成直立的茎后，又在茎的周围形成数个新芽，新芽的中心形成鳞片，渐次向外扩大，每一鳞片的寿命为 2 ~ 3 年。鳞茎生长数年后，因其内部芽数增多，便分裂成数个鳞茎。百合的根有两种类型，一种是长在鳞茎底部，称为“基根”，较粗，长达 30 cm，多为基部节上长出的，较细，为一年生。茎不分枝，绿色或带褐色，长短因品种而异，30 ~ 200 cm 长。地下部的茎节上常形成小鳞茎，几个至十几个，可用于繁殖。叶披针形或广披针形，互生或轮生，平行脉，绿色。无叶柄或有叶柄。有些品种叶腋处可萌发绿色或紫色的珠芽，也可供繁殖。花着生在茎顶端，单生或呈总状花序，有小花一至数十朵，互生或轮生。花朵无萼片，花瓣 6 枚，呈漏斗状或杯状，基部有蜜腺，花形丰富，筒部因种类不同而长短各异，花朵的着生有横向、直立或下垂，花瓣平展或反卷，花色有红、白、黄等，并常带有各种颜色的斑点、条纹。雄蕊 6 枚，子房上位，蒴果 3 室，种子扁平。花期 5 ~ 8 月（图 9-3）。

生态习性：百合种类繁多，自然分布较广，但由于原产地生态条件不同，生长习性各异，大多数种类喜冷凉湿润气候，宜半阴的环境，耐寒力强，但耐热力较差。要求富含腐殖质和排水良好的微酸性土壤。温度低于 5 ℃或高于 30 ℃时，生长几乎停止。生长适温白天 25 ~ 28 ℃，夜间 18 ~ 20 ℃。有些种类

图 9-3 百合

如王百合、川百合、兰州百合、湖北百合和卷丹，能耐碱性土。其中卷丹较喜温暖、干燥的气候，较耐阳光照射，湖北百合也较喜阳光，麝香百合喜光照、温暖，但不耐寒，抗病力弱，易感染病毒病和叶枯病，严格要求酸性。

繁殖栽培：

（1）繁殖方法

① 种子繁殖：百合花可用种子繁殖，有的品种播种后生长发育快，1 ~ 2 年可以开花，高砂百合当年就能开花。百合花的种子，可以随采随播，也可把种子晾干后，用布袋贮藏于通风干燥的地方，待到来年，气温稳定在 20 ~ 24 ℃的 3 ~ 4 月播种。对于经过干燥贮藏的种子，可采取浸泡的方法进行处理。方法是：将种子倒入 35 ~ 40 ℃的温水中，盖上纱布浸泡 24 h 或 36 h，待种子充分吸足水分后，再进行播种。

② 播种珠芽：在花葶的叶腋间，有些品种的百合花能长出一些小圆球式的小鳞茎，呈现绿色或紫红色，植物学称之为珠芽。可采集珠芽，用播种的方法无性繁殖百合花。

③ 分球茎繁殖：百合花鳞茎的寿命，一般可达 3 年以上。

分球茎的时间，一般在 9 月上旬至 10 月中旬，最迟不得超过 11 月中旬，春季可在 4 月中旬进行。分球栽培前，可用多菌灵水合剂对小球进行 30 min 的消毒处理。为了使鳞茎下的根系得以充分伸展，小球栽培要浅一些，埋入土壤一部分即可，上面再覆盖一层土。栽后灌一次透水，以后便可进行正常管理。

④ 鳞片繁殖：百合花的鳞片可分片繁殖，时间在 9 月中旬至 10 月中旬。将生长两年以上的鳞茎，一片一片进行分离，然后栽培于沙质木箱苗床中，入冬前，鳞片便能产生愈伤组织。

⑤ 组培脱毒繁殖：利用植株的茎尖或珠芽生长点等外植体，接种到 MS 加激素的培养基上，可以直接诱导出无病毒种苗。百合组织培养容易成功，繁殖快，是今后工厂化生产优质无病毒百合种苗的重要途径。

（2）栽培管理

① 收种球：一般在 8 月下旬至 9 月，百合地上部分开始枯黄时可以挖种球；种球挖起后，先进行分级，然后用清水冲洗掉上面的泥块，用消毒液消毒（1：1000 的甲基托布津）。

② 种球贮藏：以 60 cm × 40 cm × 18 cm 的带孔鳞茎贮藏箱，贮藏箱堆放好后，上层的塑料薄膜也应盖好，然后进入冷库贮藏。若长期贮藏（半年以上），温度为 −2 ~ −1.5 ℃；若仅为打破休眠的，短期贮藏（1 ~ 2 个月），温度 1 ~ 5 ℃。

③ 种植技术：一般以质地疏松且保水良好的土壤为好，一般不需施太多的基肥，以腐熟过的农家肥为宜。

④ 种植后管理：在百合的栽培中最重要的就是根系的发展，最开始的发根温度必须维持在 12 ~ 13 ℃最佳，高于 15 ℃就会妨碍茎根的生长，所以在较温暖的季节，降低土温是必要的。在茎根发育期间，土壤要保持一定湿度。另外，在茎根发育期间，掀开塑料薄膜通风，通风口一下子不要放得太大，否则空气湿度降低太快，叶片蒸腾失水与茎根吸水失调而发生烧叶，这时要往地表灌水，增加空气湿度。

病虫害防治：

（1）百合叶枯病：病害发生在叶片上部，病斑呈圆形或椭圆形，大小不一，浅黄色至浅红褐色，严重时整叶枯死，茎花发病后褐腐。发病时可用 75%百菌清或 50%多菌灵 600 ~ 800 倍液防治。

（2）百合疫病：疫病为害叶、花、茎及鳞茎，叶片染病后最初现水渍状小斑，扩大成灰绿色病斑，软腐，表面产生白色霉层。本病是恶疫霉菌侵染所致，病菌在土壤中过冬，雨多发病重。生长期可喷 40%乙磷铝可湿性粉 200 倍液或 25%甲霜灵可湿性粉剂 800 倍液防治。

（3）百合茎腐病：发病多在贮藏运输期，主要为害鳞茎，表现为褐色腐烂。病菌在带病鳞茎和被传染的土壤中存活越冬，成为主要侵染源，可用50%本来特500倍液浸鳞茎15～30 min或40%甲醛浸种球3.5 h。

（4）百合潜隐花叶病毒：表现为苗期花叶及叶片上褪绿斑、枯斑。

（5）刺足粮螨：成螨乳白色，洋梨形。主要在土下为害球根，被害部黑腐，叶片枯黄。收获后可用40%三氯杀螨醇1000倍液浸泡2 min防治。

种类及品种介绍：百合园艺品种有9个种系，用于生产栽培的常有3个种系，即亚洲百合杂种系为山丹、卷丹、川百合；麝香百合杂种系；东方百合杂种系，如鹿子百合、天香百合、日本百合及湖北百合等。

（1）麝香百合：又名铁炮百合，鳞茎较小，球形或扁球形，黄白色。植株刚直挺秀，高40～90 cm。花平生或数朵排列呈总状平伸或稍下垂，花形如喇叭，花大，长12～15 cm，蜡白色，基部略带绿色晕，具浓郁的甜香。产我国台湾和日本。生长适温白天25～28 ℃，夜间18～20 ℃，12 ℃以下生长差，小鳞茎能耐0 ℃低温。喜向阳，花期6～7月，是名贵切花。

（2）王百合：又名王香百合、岷江百合，鳞茎卵形至椭圆形，直径10 cm以上，红紫色。茎高1.5 m，叶多，叶片狭长，背面中脉桃紫色。花2～9朵，喇叭形，长15 cm，白色，先端开裂并向外反卷，花被筒内面基部黄色，外侧紫褐晕，有香气，产四川、云南。性强健，喜向阳，耐石灰质碱性土壤，耐寒，花期6月，栽培易，世界名品，花卉市场上的抢手货。

（3）兰州百合：鳞茎较大，球形或扁球形，白色。叶片条形，密集互生。花橙红色，下垂，花瓣向外反卷。通常不结蒴果。较耐寒、耐碱。兰州百合是著名的食用百合。

（4）山丹：又名渥丹，鳞茎圆形，白色，径2.5 cm，鳞瓣较少，野生高不盈尺。叶条形，花数朵，向上开放呈星形，深红色，无斑点，有光泽，花期5～7月，适应性强，花红似火。

（5）卷丹：又称南京百合、虎皮百合。鳞茎球形至广卵状球形，白色，径4～8 cm，茎高0.7～1.5 cm，具稀毛，叶狭披针形，上部叶腋处生黑紫色珠芽。花8～20朵以上，橙红色，稍下垂，开后反卷，内具紫黑色斑点。耐寒，耐轻碱土，可在阳光下生长。

（6）川百合：又名大卫百合，鳞茎小，卵状球形，径3～4 cm，白色，茎高1 m左右，叶线形，多而密集，花下垂，数朵乃至几十朵排成总状花序，花期7月，著名的兰州百合是其变种。

此外还有细叶百合、湖北百合、东北百合、毛百合、鹿子百合、青岛百合、条叶百合等。

园林用途：百合适宜于大片纯植或丛植疏林下、草坪边、亭台畔以及建筑基础栽植。亦可作花坛、花境及岩石园材料或盆栽观赏。由于百合花花姿优美、清香晶莹、气度不凡，加上许多美好的传说和寓意，使人们十分喜爱百合花。因此，在众多的切花品种中，它属于名贵切花。

9.1.4 大丽花

别名：大理花、天竺牡丹、西番莲、地瓜花、红薯花

拉丁名：*Dahlia pinnata* Cav.

科属：菊科，大丽花属

形态特征：多年生草本，地下部分具粗大纺锤状肉质块根，簇生，株高40～150 cm不等。茎中空，直立或横卧；叶对生，1～2回羽状分裂，裂片近长卵形，边缘具粗钝锯齿，总柄略带小翅；头状花具长梗，顶生或腋生，其大小、色彩及形状因品种不同而富于变化；外周为舌状花，一般中性或雌性，中央为筒状

图 9-4　大丽花

花，两性；总苞两轮，内轮薄膜质，鳞片状，外轮小，多呈叶状；总花托扁平状，具颖苞；花期夏季至秋季。瘦果黑色，压扁状的长椭圆形（图 9-4）。

生态习性：性喜湿润清爽、昼夜温差大、通风良好的环境。适宜生长温度 15 ~ 25 ℃，夏季高于 30 ℃，则生长不正常，少开花。冬季低于 0 ℃，易发生冻害。块根贮藏以 3 ~ 5 ℃为宜。喜柔和充足光照，10 ~ 12 h 日照长度。

繁殖栽培：

（1）繁殖方法

① 扦插繁殖：每年的 3、4 月扦插成活率最高。

② 分株繁殖：春季 3、4 月份期间，取出储藏的块根，将每一块根及附着生于根颈上的芽一起切割下来（切口处涂草木灰防腐），另行栽植即可。

③ 播种繁殖：此法多用于品种选育和培育花坛用花。大丽花夏季因湿热而结实不良，故种子多采自秋凉后成熟者，在霜冻前切取，置于向阳通风处，吊挂起来催熟。来年翌春播种，发芽适温 20 ~ 22 ℃，一般 7 ~ 10 d 发芽，当年秋季便可开花，其长势比扦插苗和分株苗均强健。

（2）栽培管理

盆栽宜选用扦插苗，尤以低矮中小花品种为好，亦可用少数中高生品种，以花型整齐者为宜。盆土配置应以底肥充足、土质松软、排水良好为原则，并随植株大小和换盆大小进行调制。定植用土一般用腐叶土 50%、菜园土 35%、沙 10%、草木灰 5%或园土 5 份、细沙（或过筛的炉灰渣）3 份、堆肥 2 份混匀调配为宜。

病虫害及其防治：

（1）根腐病：染病后茎叶很快枯萎，进而块根腐烂，植株迅速死亡。

防治方法：栽前土壤消毒，盆底垫排水层，合理浇水和排水，保持通气通风良好。

（2）褐斑病：叶片感病后，初现淡黄色小点，扩大下陷，最后形成近圆形中央灰白色、边缘暗褐色白病斑，具轮纹，直径 1 ~ 5 mm，表面产生淡褐色霉状物。患病植株同时遭受红蜘蛛为害，使叶片产生褐色斑点，继而扩大变为暗褐色，最后干枯脱落，导致植株死亡。

防治方法：

① 及时摘除并烧掉病叶。

② 喷洒 75%百菌清可湿性粉剂 600 倍液，77%可杀得可湿性粉剂 500 倍液，47%加瑞农可湿性粉剂 700 倍液，50%苯菌灵可湿性粉剂 1000 倍液，800 ~ 1000 倍多菌灵、代森锌、托布津等杀菌类药物于叶面。

（3）病毒病：发病初期叶片上出现环形斑并沿中脉褪绿，呈现花叶、畸形、节间缩短、植株矮化、丛生、花蕾少或不开花症状。

防治方法：

① 及时防治蚜虫，清除残枝病叶以防传染。

② 选用无毒繁殖材料。

（4）白粉病：此病主要为害叶片、嫩梢、花蕾、花枝等部位。受害部位表面出现一层白色粉状物。

防治方法：

① 及时摘除病叶并进行销毁。

② 早春植株萌动前，喷 1 次 25%多菌灵可湿性粉剂（600 倍液）杀死越冬病菌；展叶后，每隔

10 ~ 15 d 喷洒 1 次 50%多菌灵可湿性粉剂 1000 倍液，或 15%粉锈宁可湿性粉剂 1500 倍液，或 70%甲基托布津可湿性粉剂 700 倍液，连续喷 3 ~ 4 次。

（5）灰霉病：叶上发病，病斑常发生于叶缘，淡褐色至褐色，有时显轮纹，水渍状，湿度大时长出灰霉。茎部病斑褐色，呈不规则状，严重时茎软化而折倒。

防治方法：

① 及时清除病叶、病花并深埋。

② 实行轮栽或换用无病毒新土。

③ 加强栽培管理，避免栽植过密，以利于通风透光。浇水时不要向植株淋浇，以免水滴飞溅传播病菌。

④ 发病后可用 70%甲基托布津粉剂 2000 倍液或 50%扑海因可湿性粉剂 1500 倍液防治。

种类及品种介绍：同属有 12 ~ 15 种，均原产于墨西哥及危地马拉海拔 1500 m 以上山地。栽培种和品种极为繁多，世界各地均有栽培，我国各地园林中也习见栽培，尤以吉林为盛，为我国大丽花的栽培中心。品种分类有多种方法，多数国家和地区大多以植株高度、花茎大小以及花色、花型为主要依据进行分类，现介绍国内几种主要分类法：

（1）依植株高度分类：

① 高型：植株粗壮，高约 2 m，分枝较少，花型多为装饰型及睡莲型。如‘桃红牡丹’。

② 中型：株高 1.0 ~ 1.5 m，花型及品种最多。

③ 矮型：株高 0.6 ~ 0.9 m，菊型及半重瓣品种最多，枝叶丛生，花朵繁茂，俗称：小丽花。

（2）依花色分类：有红、橙、黄、白、粉、淡红、紫红以及复色等。

（3）依花型分类：单型；领饰型：有两轮舌状花，其中一轮形似衣领故而得名；托桂型：外瓣舌状花 1 ~ 3 轮，筒状花发达突起呈管状；牡丹型；球型；小球型；装饰型；仙人掌型。

园林用途：大丽花为国内习见花卉，花色艳丽，花型多变，品种极其丰富，应用范围较广，宜作花坛、花境及庭前丛栽；矮生品种最宜盆栽观赏，高型品种宜作切花，是花篮、花圈和花束制作的理想材料。

9.1.5 美人蕉

别名：小花美人蕉、小芭蕉

拉丁名：*Canna indica* L.

科属：美人蕉科，美人蕉属

形态特征：具粗壮肉质根茎，上有节及鳞片状的皮膜，在根茎节的周围长出许多须根，地上茎直立不分枝。单叶互生，叶宽大，呈长椭圆形；叶柄鞘状。单歧聚伞花序排列呈总状或穗状，具宽大叶状总苞。花两性，不整齐；萼片 3 枚，呈苞状；花瓣 3 枚呈萼片状；雄蕊 5 枚均瓣化为色彩丰富艳丽的花瓣，成为最具观赏价值的部分。其中 1 枚雄蕊瓣化瓣常向下反卷，称为唇瓣。另一枚狭长并在一侧残留 1 室花药。雄蕊亦瓣化形似扁棒状，柱头生其外缘。蒴果球形，种子较大，黑褐色，种皮坚硬。花期很长，初夏至秋末陆续开放（图 9-5）。

生态习性：美人蕉类性强健，适应性强，几乎不择土壤，具有一定耐寒力。在原产地无休眠性，周年生长开花。在我国的海南岛及西双版纳亦同样无休眠性，但在华东、华北等大部分地区冬季则休眠。尤其在华北、东北地区根茎不能露地越冬。本属植物性喜

图 9-5 美人蕉

温暖炎热气候，好阳光充足及湿润肥沃的深厚土壤。可耐短期水涝。生育适温 25 ~ 30 ℃。为闭花授粉植物。

繁殖栽培：

（1）繁殖方法

① 播种繁殖：美人蕉大部分品种均能结实，10 月种子成熟，采收后用清水洗去果肉，捞出种子阴干贮藏。于 3 ~ 4 月播种，种皮坚硬，播种前应将种皮刻伤或开水浸泡（亦可温水浸泡 2 d）。

② 分株繁殖：深秋季节，美人蕉经霜打后，茎叶枯萎，此时将根茎挖出，晾干后藏于干沙或锯末中，保持温度 5 ~ 10 ℃。第二年春季，将根茎取出，用利刀切离，每丛保留 2 ~ 3 个芽就可栽植（切口处最好涂以草木灰或石灰）。

（2）栽培管理

一般春季栽植，暖地宜早，寒地宜晚。选择向阳温暖且能防风之地，栽前按 50 cm × 100 cm 的株行距挖大坑，深 8 ~ 10 cm，基肥可用堆肥和草木灰。美人蕉适应性强，管理简单，生育期间应多追施液肥，平时保持土壤湿润。7 ~ 8 月即可开花。

病虫害防治：

（1）黑斑病：病叶早期产生圆形病斑，暗褐色，微具轮纹，上生淡黑色霉状物，后期病斑融合扩大。高温季节发病严重。

防治方法：发病初期将病叶剪除，或每 10 ~ 15 d 喷施 1 次 1%波尔多液或者 50%代森锌可湿性粉剂 800 ~ 1000 倍液，或 25%敌力脱 2500 倍液，或 50%托布津 500 ~ 800 倍液。加强栽培管理，栽植密度不可过大。

（2）锈病：病叶初为黄色水渍状小斑，其后病斑扩大，橙褐色至褐色，有疱状突起，边缘出现黄绿色斑环。冬天，病斑上产生深褐色粉末状冬孢子堆。

防治方法：每年冬天清除病叶及病株，集中烧毁；种植前进行种苗、块茎消毒。发病初期，交替喷施 0.3 波美度石硫合剂、敌锈钠 500 倍液、25%粉锈宁 200 ~ 3000 倍液、50%硫黄悬浮剂 200 ~ 300 倍液。

（3）根茎腐烂病：根茎受侵染后，细根呈水渍状腐烂，根茎部变褐，植株地上部褪绿，严重时整个根茎部腐烂，植株枯死。

防治方法：挖除病株，及时销毁。进行轮作，盆栽的要经常换土；种植前用高锰酸钾 1000 倍液消毒根茎，种下后用 70%甲基托布津 500 倍液浇根。

（4）芽腐病：主要为害叶芽和花芽。在芽未展开前侵害，引起褐色芽腐，当受侵染的芽叶展开后，沿叶脉处有许多斑点或条纹，初时呈白色，其后转为黑色。花芽受侵染后，不能开放，枯死。

防治方法：用健康的根茎繁殖；栽植前将根茎在链霉素 500 ~ 1000 倍液中浸泡 30 min，也可将链霉素溶液喷洒植株，进行防治；加强通风管理，避免土壤过于潮湿；并且种植密度不能过大。发病前喷洒 27%高脂膜 100 ~ 150 倍液保护；发病后交替喷洒 90%土链霉素 3000 ~ 4000 倍液或 30%倍生 1000 倍液。

种类及品种介绍：本属共有 50 余种，常见栽培且有观赏价值的有以下几种：

（1）美人蕉：又叫小花美人蕉、小芭蕉。为现代美人蕉的原种之一。株高 1 ~ 1.3 m，茎叶绿而光滑。叶长椭圆形，长 10 ~ 30 cm，宽 5 ~ 15 cm。花序总状，着花稀疏；小花常 2 朵簇生，形小，瓣化瓣狭小而直立，鲜红色；唇瓣橙黄色，上有红色斑点。

（2）蕉藕：又叫食用美人蕉、姜芋。植株粗壮高大，高 2 ~ 3 m。茎紫色。叶长圆形，长 30 ~ 60 cm，宽 18 ~ 20 cm，表面绿色，背面及叶缘有紫晕。花序基部有宽大总苞；花瓣鲜红色，瓣化瓣橙色，直立而稍狭；花期 8 ~ 10 月，但在我国大部分地区不见开花。

（3）黄花美人蕉：又叫柔瓣美人蕉。株高

1.2 ~ 1.5 m，根茎极长大。茎绿色。叶长圆状披针形，长 25 ~ 60 cm，宽 10 ~ 20 cm。花序单生而疏松，着花少，苞片极小；花大而柔软，向下反曲，下部呈筒状，淡黄色，唇瓣圆形。

（4）粉美人蕉：又叫白粉美人蕉。株高 1.5 ~ 2 m，根茎长而有匍匐枝，茎叶绿色，具白粉。叶长椭圆状披针形，两端均狭尖，边缘白而透明；花序单生或分枝，着花少，花较小，黄色；瓣化瓣狭长，唇瓣端部凹入。有具红色或带斑点品种。

（5）鸢尾花美人蕉：株高 2 ~ 4 m。叶广椭圆形，表面散生软毛。花序总状，稍下垂；花大，长约 12 cm，淡红色；瓣化瓣倒卵形，唇瓣狭长，端部深凹。

园林用途：本类茎叶茂盛，花大色艳，花期长，适合大片的自然栽植，或花坛、花境以及基础栽培，低矮品种可盆栽观赏。美人蕉还是净化空气的良好材料，对有害气体的抗性较强。有些种类还有经济价值，如蕉藕的根茎富含淀粉，可供食用。美人蕉的根茎和花可入药，有清热利湿、安神降压的作用。

9.1.6 风信子

别名：洋水仙、五色水仙

拉丁名：*Hyacinthus orientalis* L.

科属：百合科，风信子属

形态特征：鳞茎球形或扁球形，外被有光泽的皮膜，其色常与花色有关，有紫蓝、淡绿、粉或白色。株高 20 ~ 50 cm，叶基生，4 ~ 8 枚，带状披针形，端圆钝，质肥厚，有光泽。花序高 15 ~ 45 cm，中空，总状花序密生其上部，着花 6 ~ 12 朵或 10 ~ 20 朵；小花具小苞，斜伸或下垂，钟状，基部膨大，裂片端部向外反卷；花色原为蓝紫色，有白、粉、红、黄、蓝、堇等色，深浅不一，单瓣或重瓣，多数园艺品种有香气。花期 4 ~ 5 月。蒴果球形，果实成熟后背裂，种子黑色，每果种子 8 ~ 12 粒（图 9-6）。

图 9-6 风信子

生态习性：风信子原产地中海东岸及小亚细亚一带。性喜阳光，较耐寒，要求排水良好和肥沃的沙壤土。具有秋季生根、早春出芽、4 ~ 5 月开花、6 月休眠的习性。

繁殖栽培：

（1）繁殖方法

常用分球、播种和组培繁殖。

① 分球繁殖：秋季栽植前将母球周围自然分生的子球分离，另行栽植。但分球不宜在采收后立即进行，以免分离后留下的伤口于夏季贮藏时腐烂。

② 播种繁殖：为培育新品种，采用种子采后即播，以秋季为主，播种土严格消毒，播后覆土 1 cm，翌春 1 ~ 2 月发芽。播种苗培养 4 ~ 5 年能开花。

③ 组培繁殖：用花芽、嫩叶作外植体，繁殖风信子鳞茎。将消毒的花芽接种到添加 3 mg/L 6-BA 和 0.3 mg/L NAA 的 MS 培养基上，诱导分化出小鳞茎，再转移到含 0.1 mg/L NAA 的 MS 培养基上，生根后将小鳞茎转移到土壤基质中。

（2）栽培管理

风信子的栽培分为地栽、水培、盆栽 3 种：

① 地栽

选择排水良好、疏松肥沃的中性沙质壤土。种植前进行土壤消毒，喷施代森锌或代森铵。然后将土壤深翻至 30 cm 左右，施足基肥，基肥可使用堆肥、骨粉等。

② 水培

风信子水培关键是选好鳞茎，以大者为上，其外被膜需完好有光泽，被膜的颜色与花色有关，优良的种球应表皮纵脉清晰且距离较宽，内部鳞片包裹紧密，指压坚实有弹性，顶芽饱满外露，基部的鳞茎盘宽厚，用手掂量有沉重感。荷兰进口的种球是经处理的，即在 25.5 ℃下促进花芽分化，又在 13 ℃下放置 2.5 个月，促进花茎发育，然后才可在 22 ℃左右温度下进行水培。

③ 盆栽

盆土用泥炭、园土、沙各 1/3 配制而成，栽植深度以鳞茎肩部与土面等平为宜，栽后充分浇水放入冷室内，并用干沙土埋上，埋的厚度以不见花盆为度，室温保持 4 ～ 6 ℃，促使生根，待花茎开始生长时将花盆移到温暖处，并逐渐增温至 22 ℃，3 ～ 4 月即可开花。

病虫害防治：

（1）黄腐病：染病后叶尖附近产生黄色水渍状条斑，继而向下扩展，褐变坏死。花梗被害后亦现水渍状褐变，皱缩枯萎。感病鳞茎的中心部分黄色软腐，横切病变区有大量黄色黏性细菌。鳞茎带菌，病菌随雨水和风传播，高温多湿利于发病。这种病在荷兰非常严重，因此，一定要加强检疫，避免用有病的种球。在国内已普遍流行，发病很重，如发现病株，及时拔除，发病后及时喷洒 100 mg/L 的链霉素。

（2）灰霉病：被害叶尖褐变，皱缩、扩展后叶片软化折倒腐烂，表面被一层灰绿色霉状物覆盖，后期产生针头大小的黑色菌核。病菌以菌核在病残体及土壤中越冬，随风雨传播。发病期间用 80%代森锌 500 倍液或 75%百菌清 800 倍液防治。

（3）菌核病：主要为害风信子叶片和鳞茎，病株叶片变黄，叶片枯萎，极易从鳞茎中拔离。感病鳞茎内部变色，腐烂，其中贯穿着白色菌丝，球根外表和鳞片之间有扁平的菌核，开始白色后变为黑色。以菌核在土壤中越冬，菌丝在土壤表面蔓延侵染周围健康植株，因此，对基质可用热力或多菌灵消毒，消灭越冬病原，发现病株，及时拔除。发病初期，可用 65%敌克松 600 ～ 800 倍液喷洒。

（4）斑叶病：病毒经种球传播。侵入后沿叶脉产生纵行淡绿色或黄色条斑，严重时叶片减少，全株萎缩或不再抽生花茎。应及时拔除病株，建立无病留种地。及时防治传毒昆虫。用 50%马拉松 100 倍液，50%氧化乐果 1500 倍液喷杀。

种类及品种介绍：

重要变种：有 3 个变种，花小，从 11 月开始有花。

（1）罗马风信子（var. *albulus* Baker）：早生型，植株细弱，叶直立有纵沟。每株抽生数枝花葶。花小，白色或淡青色，宜作促成栽培。原产法国南部。

（2）大筒浅白风信子（var. *praecox* Voss）：鳞茎外皮堇色。外观与上面变种很相似，唯独花冠有膨大且生长健壮，原产意大利。

（3）普罗文斯风信子（var. *provincialis* Jord）：全株细弱，叶浓绿色有深纵沟。花少而小且疏生，花筒基部膨大，裂片舌状。原产法国南部、意大利及瑞士。

园林用途：风信子姿态娇美，五彩缤纷，艳丽夺目，清香宜人，且有花卉中少见的蓝色，是早春开花的著名球根花卉，为欧美各国流行甚广的名花之一。适于布置花坛、花境和花槽，也可作切花、盆栽水植，摆放在阳台、居室供人欣赏，是一种干净有趣的栽培方式，极适合家庭采用。

9.1.7　晚香玉

别名：夜来香、月下香、玉簪花

拉丁名：*Polianthes tuberosa* L.

科属：石蒜科，晚香玉属

形态特征：多年生草本。地下部分具圆锥状的鳞块茎（上半部分呈鳞茎状，下半部分呈块茎状）。叶基生，带状披针形，茎生叶较短，愈向上越短并呈苞状。穗状花序顶生，小花成对着生，每穗花 12 ～ 32 朵。花白色，漏斗状，端部 5 裂，筒部细长，具浓香，至夜晚香气更浓，故名曰：夜来香。花期 7 月中旬至 11 月上旬，盛花期则在 8 ～ 9 月间，蒴果球形，种子多数，黑色，扁锥形。

生态习性：晚香玉性喜温暖湿润、阳光充足的环境，生长适温 25 ～ 30 ℃，临界温度为夜温 2 ℃以上、日温 14 ℃，气温适宜则终年生长，四季开花，而以夏季为最盛。自花授粉，但由于雌蕊晚于雄蕊成熟，所以自然结实率很低。花芽分化于春末夏秋生长时期进行，此时期要求最低气温为 20 ℃左右，但也与球体营养状况有关，一般球体质量大于 11 g 以上者，均能当年开花，否则当年不开花。对土质要求不严，以黏质土壤为宜；对土壤温度反应较敏感，喜肥沃、潮湿而不积水的土壤，耐盐碱。干旱时，叶边上卷，花蕾皱，难以开放。

繁殖栽培：

（1）繁殖方法

通常分球繁殖。母球自然增殖率很高，通常一母球能分生 10 ～ 25 个小球（当年未开过花的母球分生球）。子球大者，当年栽培当年能开花，否则需培养 2 ～ 3 年方能开花。

播种繁殖常用于培养新品种。种子千粒重 9.35 g，发芽率 75%以上，发芽适温 25 ～ 30 ℃，播种后 1 周即开始发芽。

（2）栽培管理

盆栽晚香玉一般 4 月进行。栽种前先将经过冬天贮藏已极干燥的块茎放在冷水中浸泡一昼夜。让其充分吸收水分，以利发芽，口径 20 ～ 22 cm 的花盆每盆可栽大球 3 个，盆土用园土或沙壤土均可，盆底放 50 g 左右饼肥作基肥。晚香玉喜欢阳光充足的环境，在全日照下生育最佳，因此盆栽时宜将它放置向阳处培养。盆栽宜每年换 1 次新的培养土。

秋末霜冻前将球根挖出，略经晾晒，除去泥及须根，并将球的底部（块茎部分的基部）薄薄切去一层，显露白色为宜，然后将残留叶丛编成辫子吊挂在温暖干燥处贮藏越冬。

病虫害防治：

（1）灰霉病：常在高温多湿、土壤过于黏重时发生。

防治方法：可用 50 % 的益发灵可湿性溶剂（Euparen）1000 倍液喷施，亦可用大生或万力防治。少施氮肥，多施钾肥。

（2）叶枯病：植株受侵染后，叶片上出现褪绿色黄斑，扩大后连成一片，呈不规则状，黄褐色至灰褐色，后期叶片干枯并出现黑色粒状的分生孢子器。病原为半知菌类叶点菌属真菌，该病菌存活在寄主植物病残体上，由风雨、灌溉水等传播，多从伤口及脆弱的叶尖、叶缘处侵入为害。多发生于 8 ～ 10 月，高温、高湿有利于发病。

防治方法：选用健康种球；夏末开始每 7 ～ 10 d 喷 1 次 0.2% ～ 0.5%等量式波尔多液或 2%硫酸亚铁或 50%退菌特 800 倍液。

（3）根瘤线虫：幼虫侵害根部，产生串珠状根瘤，使植株发育不良，变矮小和黄化。

防治方法：忌连作，栽前进行土壤消毒；发生侵害时可用 1%丁基加保扶粉剂（Furndan）、24%欧杀灭溶液（Vydate）防治。

种类及品种介绍：全属约 12 种，仅本种作为园艺栽培和利用，其他原种尚未栽培。本种的主要品种有以下几种：

（1）'Albino'：为一芽变形成的单瓣品种，花纯白色。

（2）'Dwarf Pearl'：矮性品种。

（3）var. *flore* ~ *pleno* Hort：重瓣花变种。

（4）'Mexican Early Bloomi'：单瓣，早生品种。周年开花，以秋季为盛。

（5）'Pearl'：重瓣品种，茎高 75 ~ 80 cm。花序短，着花多而密。花冠筒短。

（6）'Tall Double'：大花重瓣品种，花茎长，宜作切花。

（7）'Variegate'（斑叶晚香玉）：叶长而弯曲，具金黄色条斑。

园林用途：为重要的切花材料。亦宜庭院中布置花坛或丛植，散植于石旁、路旁及草坪周围花灌丛间。花白色浓香，至晚愈浓，是夜晚游人纳凉游憩地方极好的布置材料，其花朵又可提取香精油。

9.1.8　水仙

别名：冰仙、雅蒜、天葱、玲珑花

拉丁名：*Narcissus tazetta* var.*chinensis* Roem

科属：石蒜科，水仙花属

形态特征：多年生草本植物。鳞茎卵圆形，直径 3.2 ~ 5.8 cm，由多数肉质鳞片组成，外皮膜质，黄褐色或褐色。叶 5 ~ 6 枚，基生，带状披针形，叶面覆白粉。花葶高 34 ~ 79 cm，花单生，黄色或淡黄色，横向或斜上方开放，花径可达 10 cm；花被片 6 枚，分内外两层，副冠喇叭形，黄色，边缘呈不规则齿牙状皱褶。花期 3 ~ 4 月，果实 5 ~ 6 月成熟。蒴果。千粒重 17 ~ 47 g（图 9-7）。

图 9-7　水仙

生态习性：性喜温暖、湿润的气候，忌炎热高温，喜水湿，较耐寒。水仙为秋植球根花卉，具有秋冬生长、早春开花并贮存养分、夏季休眠的习性，休眠期在鳞茎生长部分进行花芽分化。

光照：短日照花卉，每天只要 10 h 光照就能正常生长发育，光照不足，叶徒长，花少；光太强，不利生育。

温度：前期喜凉爽，中期耐寒，后期喜温暖，气温 20 ~ 24 ℃、相对湿度 70% ~ 80%适宜鳞茎膨大。花芽分化的适温为 17 ~ 20 ℃，空气相对湿度 80%，温度超过 25 ℃以上时花芽分化受到抑制。开花适温 10 ~ 20 ℃。

水分：水仙喜水湿，生长旺盛期需水更多，成熟期对水分需要量相对减少。

土壤：露地栽培宜选土层深厚、疏松、富含有机质、保水力强的沙壤土，pH 5 ~ 6.5 为宜。

繁殖栽培：

（1）繁殖：可以采用播种、分球、分切鳞茎、组织培养等方法繁殖。分切鳞茎：将母球纵切成 8 ~ 16 块，将其进一步切成 60 ~ 100 个双鳞片，把双鳞片放置在湿润的基质上，覆盖湿润的蛭石，保持温度 20 ℃，大约 90 d 形成子球，子球开花大约需要 3 ~ 4 年；自然分球，将子球从母球上分离下来，在 4 年期间，大约形成 3 ~ 4 个开花球。种子繁殖一般在培育新品种时采用。

（2）栽培技术：选用排水良好的基质，常用树皮、泥炭藓、珍珠岩、沙子、蛭石或园田土等混合，pH 6.0 ~ 7.0 为宜。植株密度，15 cm 的花盆中种植 3 粒种球，20 cm 的花盆中种植 5 ~ 6 粒种球；微型品种可以分别在 10、13、15、18 cm 的花盆种植 2 粒、3 粒、5 粒、7 粒种球。冷处理和促成栽培均在花盆中进行。

球根的冷处理（9 ℃）必须要足够长，这样在 16 ℃的促成栽培温度下，大约 21 d 开花。

病虫害防治：

（1）褐斑病：大都发生叶片中部和边缘。初期叶尖现褐色小点，扩展成椭圆形、纺锤形、半圆形或不规则形浅红褐色大斑，周围组织变黄，病斑连接成细长大型条斑，病重时叶片像火烧似的，漳州农民称为“火团病”。病菌在鳞茎顶部的鳞片内越夏，过冬或在朱顶红、文殊兰等其他寄主越夏，在水仙幼苗上过冬。雨水、灌溉水传播，病菌生长适温 20 ~ 25 ℃，种球剥去膜质鳞片，用 0.5%甲醛浸泡 30 min 或 65%代森锌 300 倍液浸泡 15 min，可减少初次侵染菌源，从水仙萌发到开花期末，用 75%百菌清 600 倍液或 50%克菌丹 500 倍液或 80%代森锰锌 500 倍液，每 10 d 1 次，交替使用。

（2）水仙鳞茎基腐病：地下部先感病，根系变褐色水渍状腐烂，鳞茎基盘出现褐色斑点并向上蔓延，使鳞茎组织呈现褐色腐烂，鳞片间可见白色丝状物，严重时鳞茎腐烂，地上部褐变枯死。病菌在病株残体及土壤中存活、越冬，从鳞茎及根部伤口侵入，发病适温 28 ~ 32 ℃。种植前用 50%本来特 500 倍液浸鳞茎 15 ~ 30 min，或用甲醛 120 倍液浸种球 3 ~ 4 h，已发病可用多菌灵 800 倍液灌根。

（3）水仙茎线虫病：为害叶与鳞茎，感病鳞茎横切面有 1 至数个深色环，上有乳白色线虫，病株矮化，鳞茎小，腐烂。叶片被害产生浅黄色小疱状斑，畸形扭曲。病原是甘薯茎线虫。要加强检疫，土壤用涕灭威，每平方米 1.2 ~ 5.6 g，加细土拌匀撒入种植穴内或用 80%棉隆粉剂加 70%敌克松 500 倍液浇灌。有病种球在 50 ~ 52 ℃热水中浸泡 10 min，或放在 45 ~ 46 ℃温水中浸 10 ~ 15 min。

（4）水仙病毒病：病毒病有花叶型、黄条斑型及潜隐病和条纹病，由水仙花叶病毒、黄瓜花叶病毒（叶蝉、汁液或接触传毒）和水仙黄条斑病毒（桃蚜、其他蚜、汁液传毒）引起。可用脱毒、销毁病株及防治传毒昆虫等方法防治。

种类及品种介绍：全世界水仙有 30 种，10000 余个品种，大体分为喇叭水仙、明星水仙、红口水仙、多花水仙、长寿花及其他水仙。中国水仙“本生武当山谷间”，这是误解，其实中国水仙是唐朝从意大利引进的，是多花水仙的一个变种。

按花型分为单瓣与重瓣，单瓣叫金盏银台，莛小脉纹细，花被洁白如雪，排列如盘，副冠黄金作盏，香气浓郁。重瓣称为玉玲珑，莛大脉纹粗，花被下部青黄、上部淡白，卷曲为一簇。近来福建平潭选育出‘平潭水仙 8189’及‘漳州金三角’等新品种。

按栽培类型可分：

（1）福建漳州水仙，产漳州市东南 5 km 的龙溪县九湖乡的蔡坂、新塘、洋坪等村。鳞茎肥大，易出脚芽，均匀对称，鳞片疏松肥厚，花莛多，香味浓。漳州水仙面积达 300 hm^2，推广了小粒改大粒、浅植改深植、密植为稀植、试管脱毒、花期调控等技术。

（2）上海崇明水仙，鳞茎较小，鳞片薄而紧密，多数为卵圆状球形，不易产生脚芽，花莛少，香味较淡。名贵的品种有‘白玉’水仙、‘琉璃’水仙、‘喇叭’水仙及‘亚香味’水仙等。

（3）浙江舟山水仙，产于舟山及温州地区，目前还有野生，形态介于上述两种之间。

园林用途：水仙类株丛低矮清秀，花形奇特，花色淡雅，清香，久为人们所喜爱。既适宜室内案头、窗台摆设，又适宜园林中布置花坛、花境；也适宜疏林下、草坪上成丛成片种植。水仙类花朵水养持久，为良好的切花材料。

9.1.9 花毛茛

别名：芹菜花、波斯毛茛

拉丁名：*Ranunculus asiaticus* L.

科属：毛茛科，毛茛属

形态特征：多年生球根草本花卉。地下块根顶端簇生叶片。春季在叶丛中抽生茎干，株高可达 30 ~ 45 cm，茎干中空，外具白色绒毛，叶态 2 ~ 3 回羽状深裂，叶缘有深裂“牙齿”。茎干分枝，顶端和枝顶着花 1 ~ 4 朵。花萼绿色，5 ~ 6 月开花，花色特别丰富，有白、黄、橙、桃红、大红、雪青、紫及复色花，花瓣似蜡质，具晶莹光泽，观赏价值高（图 9-8）。

生态习性：原产于欧洲东南部及亚洲西南部。花毛茛性喜凉爽及半阴环境，忌炎热，高温、高湿生长不良，夏季休眠，较耐寒，在我国长江流域可以露地越冬。要求腐殖质多、肥沃而排水良好的沙质或略黏质土壤，pH 以中性或微碱性为宜。喜湿，怕干，忌积水。

繁殖栽培：

（1）繁殖

① 分株繁殖：花毛茛的分株繁殖，可在秋季的 9 ~ 10 月进行。

栽培以前，对分切的植株，要用硫黄粉或草木灰涂抹切口，进行消毒、干燥处理。栽培时，要选大小适宜的土陶花盆，用素沙土进行栽培。浇透水后，置于荫蔽通风处，缓苗 10 ~ 15 d 后，便可进行正常管理。

② 播种繁殖：花毛茛的播种繁殖，主要是培育好种子。9 月中下旬便可播种。

播种苗床，可用大小适宜的木箱，种子少也可用土陶花盆代替苗床。基质可用森林腐叶土 3 份、山泥土 2 份、沙质菜园土 3 份、腐殖土 2 份配制。

图 9-8　花毛茛

（2）栽培管理

花毛茛，原产于热带或南亚热带的凉爽山区，性喜光照和空气清新的环境。对土壤要求不严，全国各地都适宜栽培。

盆栽用土要求疏松肥沃、透气性好、富含有机质的沙质土壤。配制这样的培养土，可用森林腐叶土 3 份、山泥土 2 份、肥塘泥 3 份、堆积的干杂肥或厩肥 2 份配制。但是，这些基质要提早收集，长期堆积发酵腐熟。夏季阳光强烈时挖开暴晒数日，然后整细过筛备用。

花毛茛生性强健，长势繁茂，在整个生长过程中，要适时适量追施肥料。花毛茛，性喜土壤疏松湿润，盆土不宜过干，生长季节，可每隔 2 ~ 3 d 浇水一次。花毛茛怕水涝，下雨后要及时倒掉盆内积水。开花以后，结合施肥，土壤要保持湿润，一般见到盆土表面发白时要及时浇水，使土壤疏松、湿润、透气，促进植株旺盛生长。

病虫害防治：

（1）白绢病：在株丛部分的基部产生白色丝状霉，使茎部表皮腐烂，水分无法上升，导致枝叶枯萎死亡。

防治方法：进行土壤消毒；发病初期喷洒 75% 甲基托布津 1500 倍液。

（2）灰霉病：通风不良的环境中易发生该病，使株丛产生暗绿色水渍状病斑，继而腐烂。

防治方法：应及时拔除病株；发病初期喷洒 75% 甲基托布津 1500 倍液。

（3）根腐病：主要为害根、块根、茎及叶。根和块根受侵染产生水渍状变软、黑褐色病斑，叶柄受害后产生长条形褐黑色斑，从茎部扩展到叶片，植株出现萎蔫，很快坏死。雨水多、排水不良及植株栽植过密易诱发此病。

防治方法：选择排水良好、无病虫害土壤栽植；栽植不能过密。发现病株，及时拔除并销毁；发病时喷洒敌克松 800 倍液防治。

（4）虫害：主要有根蛆、潜叶蝇。防治用 40%氧化乐果乳油 1500 倍液喷杀。

种类及品种介绍：本属约 600 种，广布于全世界。园艺品种较多，花常高度瓣化为重瓣型，色彩极丰富，有黄、白、橙、水红、大红、紫以及栗色等。

（1）土耳其花毛茛系（*R. asiaticus*'Africanus' Hort.）：叶宽大，边缘缺刻浅；花瓣波状，内曲抱花心呈半球形。

（2）法国花毛茛系（*R. asiaticus*'Superbissimus' Hort.）：1875 年自法国引入荷兰后经改良而成。本系多为植株高、半重瓣的品种。

（3）波斯花毛茛系（*R. asiaticus*'Persicus'）：本系由原始的基本种改良而来。花大，色彩丰富，但花期较晚。

（4）牡丹花毛茛系（*R. asiaticus*'Paeonius'）：1925 年输入荷兰。该系多数品种的花常呈单瓣，具芳香。栽培较为普遍。

日本栽培的花毛茛品种不同于以上系统，花径达 8 ~ 10 cm，堪称超大花品种，并且花茎也高，约为 50 cm。

园林用途：花毛茛品种繁多，花大色艳，宜作切花或盆栽，也可植于花坛或林缘、草坪四周。

9.1.10 番红花

别名：西红花

拉丁名：*Crocus sativus* L.

科属：鸢尾科，番红花属

形态特征：为多年生草本植物。地下具扁圆形或圆形的球茎，肉质。球茎外围有纤维质或膜质外皮包裹。栽植后，球茎顶部有数个芽萌发，形成 3 ~ 6 个分蘖。分蘖的顶芽部位营养条件良好，可抽出单生花茎，每一分蘖有花 1 ~ 2 朵，每朵花期 2 ~ 3 d。花形呈酒杯状，昼开夜合，上午 10 时左右开花最盛。花具花被 6 枚，花径 4 ~ 6 cm，有细长的花筒，花柱细长，伸出花筒外，柱头有 3 深裂，花柱与柱头是主要的药用部分。花色有白、黄、雪青、紫红、深紫等。春花种主要花期在 3 ~ 4 月，秋花种一般在 10 ~ 11 月开花，早花品种在 8 ~ 9 月即开花（图 9-9）。

图 9-9 番红花

生态习性：喜光照充足、温和湿润的气候，忌炎热；较耐寒。要求富含有机质、疏松肥沃、排水良好的沙质壤土；pH 要求 5.5 ~ 6.5。雨涝积水，球茎易腐烂。春花品种在春末至夏初进行花芽分化。球茎发根最适温度为 9 ℃，番紫花周径大于 7 cm 的才能开花，而其他种类则在 5 cm 以上能够开花。

繁殖栽培：

（1）繁殖技术：主要采用子球进行无性繁殖。每年在老球的顶端形成一个新球，并从外伸的侧芽上产生数个子球，成为繁殖种球最主要的材料，也可以种子繁殖，从播种到开花，大约需要 3 ~ 4 年。

（2）栽培技术：采用排水良好、可溶性盐分低的基质，在基质中不能加入黏土；基质 pH 要求为 6.0 ~ 7.0。选用周径在 9 cm 以上的种球，10 cm 花盆中，通常种植 5 ~ 6 粒种球；12.5 cm 的花盆中，种植 7 ~ 9 粒种球。

病虫害防治：

（1）腐烂病：病原是尖镰孢菌。为害番红花的主芽，受害球茎形成许多小子球而不开花。

防治方法：

① 忌连作，进行轮作，盆栽时要经常换盆土。

② 用 5%石灰水浸种消毒。

（2）干腐病：病原为唐菖蒲座盘菌。植株受侵染后花茎上产生褐色病斑，并引起叶鞘腐烂。

防治方法：

① 种植时挑选无病害的球茎，进行轮作。

② 球茎贮藏前先进行干燥处理，后放置于干燥场所贮藏。

（3）花叶病：病原为鸢尾花叶病毒、黄瓜花叶病毒。受感染的植株叶片呈花叶状，叶基部产生条纹，叶缘锯齿状，略弯曲，花瓣上有斑点或条纹。病毒由蚜虫或汁液传播。

防治方法：

① 及时清除染病植株，减少传染源。

② 防治传毒介体蚜虫，可用 25%西维因 800 倍液或 50%敌百虫 1500 倍液或溴氰菊酯 4000 倍液防治。

种类及品种介绍：番红花分属几个不同种的一些园艺品种。世界上有 75 个种，近年荷兰供应的种球主要种源来自金黄番红花、托马西氏番红花、荷兰番红花（番紫花）、西比氏番红花、安哥拉番红花等，大多数为春季开花品种。秋季开花的品种来源于美丽番红花、环带番红花。

荷兰番红花主要品种有‘珍妮’‘匹克威克’‘纪念’‘紫纹格兰迪’‘条纹之王’及‘金黄’番红花。原产巴尔干半岛与土耳其等地区，国内由印度传入西藏，故名。

园林用途：番红花植株矮小，叶丛纤细，花朵娇柔幽雅，开放甚早，是早春庭院点缀花坛或边缘栽植的好材料。可按花色不同组成模纹花坛，也可三五成丛点缀岩石园或自然布置于草坪上。还可盆栽或水养供室内观赏。

9.1.11 仙客来

别名：兔子花、萝卜海棠、兔耳花

拉丁名：*Cyclamen persicurn* Mil L.

科属：报春花科，仙客来属

形态特征：多年生球根植物。具有球形肉质块茎，块茎呈扁球形，叶片丛生于块茎顶端，叶片大，肉质，多为心形，叶片深绿色，有灰白的花纹，叶柄肉质，褐红色，叶背暗红花。花大型，单生而下垂，花梗长 15 ～ 25 cm，肉质，自叶腋处抽生；萼片 5 裂，花瓣 5 枚，基部连合成短筒，上翻，形似兔耳；花色丰富，花期冬春，达 5 ～ 6 个月，受精后花梗下弯；蒴果球形，种子褐色，形如老鼠屎（图 9-10）。

生态习性：喜凉、怕热、喜润、怕雨，即冬季温暖多雨多湿、夏季气候温和、阳光充足、冷凉湿润的气候，不耐寒冷，怕高温，28 ℃以上植株就会枯死。

繁殖栽培：

（1）繁殖

① 播种繁殖：采用人工辅助授粉的方法，用不同种类的花粉，进行人工授粉，可以获得优良品种。用播种的方法繁殖仙客来，关键在于选好品种，掌握好开花的时机。可在第一批开花的植株中，选择花型优美、色彩鲜艳、有香味的健壮植株，每盆留花 10 朵左右，其余花蕾剪去，以便集中养分，促使种子饱满。花后施一次磷钾肥料，春季充分进行阳光照射。

图 9-10 仙客来

② 分球根繁殖：用分球根的方法繁殖仙客来，一般很少采用。如果必须采用此法，宜在老球根休眠以后的 9 ~ 10 月进行。操作时，在选好的老球根两芽或多芽的中间，用利刀切开，但是每个茎块上都必须有芽根（即芽的生长点），切口要及时涂抹草木灰或硫黄粉，放在阴凉、通风、干燥处，待切口干缩后再进行分球根栽培。

（2）栽培管理

① 幼苗生长适温白天为 20 ℃左右，夜间在 10 ℃左右，进入成苗期，7 ~ 15 片叶子时，温度白天 20 ~ 25 ℃，夜间 13 ℃。30 片左右叶子开始进入高温期，自然温度白天 25 ~ 37 ℃，夜间 20 ~ 25 ℃。

② 大花仙客来属冷凉花卉，对低温忍受力有限，夜间 10 ~ 20 ℃可多开花，7 ~ 8 ℃花期推迟。仙客来不可恒温，切不能逆温，否则造成生长不良和不明原因的死亡，家庭养花时，极易出现夜间恒温与逆温现象，必须加以注意。

③ 光照：仙客来是喜光花卉，但不需强光和直射光，更怕曝晒，冬季栽培一定要有良好的光照，夏季遮光率以 60%～75%左右为好。

④ 基质：仙客来为肉质根，要求基质疏松、透气，以富含有机质的腐叶土为好。

种类及品种介绍：仙客来原产于地中海沿岸东南部，从以色列和约旦至希腊一带沿海岸的低山森林地带均有分布。同属植物大约有 20 种。

栽培中多将品种分为 3 个系：

（1）大花系：该系品种繁多，花朵较大，植株长势旺，但对温度要求较高，要求夜温 10 ~ 12 ℃为宜，是冬季元旦、春节重要盆花，常栽培于直径 15 cm 的花盆；主要品种有‘胜利女神’‘巴巴库’‘橙色绯红’‘肖邦’‘巴赫’‘海顿’‘李斯特’‘贝多芬’等。

（2）微型系：植株矮小，花朵较小，常栽培于直径为 9 ~ 12 cm 的花盆，植株抗低温性强，夜温 5 ~ 6 ℃仍可正常开花；主要品种有‘玫瑰玛丽’‘乌依丽’‘阿来格丽’‘钢琴’‘紫水晶’‘黄玉石’‘青玉’‘安妮丽埃’等。

（3）F_1 系：该系品种具有长势强、品质优良、生育速度快、种子发芽率高、长势一致等特点，对低温适应性强，夜温 5 ~ 6 ℃仍可正常开花，常栽培于直径 12 ~ 15 cm 的花盆，是现代栽培主要品系，品种繁多，颜色丰富；常见品种有‘哈丽奥斯’‘托帝妮亚’‘托斯卡’‘卡门’‘阿依达’‘诺尔玛’‘包列斯’‘爱丝米拉达’等。

园林用途：仙客来花形别致，色彩丰富娇艳，株态翩翩，是冬春季节优美的盆花。常用于室内布置，摆放窗台、案头、花架，装饰会议室、客厅均宜。

9.1.12 马蹄莲

别名：水芋、观音莲

拉丁名：*Zantedeschia aethiopica* Spreng.

科属：天南星科，马蹄莲属

形态特征：块茎褐色，肥厚肉质，在块茎节上，向上长茎叶，向下生根。叶基生，叶柄长 50 ~ 65 cm，下部有鞘，叶片箭形或戟形，先端锐尖，具平行脉，叶面鲜绿，有光泽，全缘。花梗大体与叶等长，顶端着生一肉穗花序；外围白色的佛焰苞，拟短漏斗状，喉部开张，先端长尖，反卷；肉穗花序黄色，短于佛焰苞，呈圆柱形；雄花着生在花序上部，雌花着生在下部，雄花具离生雄蕊 2 ~ 3 枚，雌花上有数枚退化雄蕊。花有香气。果实为浆果（图 9-11）。

生态习性：原产非洲南部的河流旁或沼泽地中。性喜温暖、湿润的环境，不耐寒，不耐干旱，生长适温 20 ℃左右，不宜低于 10 ℃。冬季需充足的日照，光照不足着花少，稍耐阴。喜疏松肥沃、腐殖质丰富的沙壤土。花期较长，如秋天栽植块茎，花期从 12 月

图 9-11　马蹄莲

直到翌年 6 月，以 2 ~ 4 月为盛花期。其休眠期随地区不同而异。在好望角栽培，因夏季干旱而休眠；在纳塔尔则因冬季低温休眠；而在冬不冷、夏不热的亚热带地区，全年不休眠。在我国北方均作盆栽，冬季移入温室栽培，冬春开花，夏季因高温干燥而休眠。

繁殖栽培：

（1）繁殖方法：以分球为主，也可播种。

① 分球繁殖：花后植株进入休眠，翻盆换土时剥块茎四周形成的小球，另行栽植。培养一年，第二年即可开花。

② 播种繁殖：在 2 月初至 4 月下旬，选择白色、健壮、大型的马蹄莲品种，采用人工授粉的方法，8 月上旬开始播种，播种前最好先催芽，用 70 ℃左右热水浸种，水凉后倒掉，盖上几层湿布，保持湿润，每两天用水冲洗 1 次。15 d 左右出芽，在备好的苗床或浅盆内播种，覆土盖没种子即可。注意要适当遮光，湿度要大一些，温度不宜过高，这样三星期左右小苗就会长出土面，发芽率、成活率在 90% 以上，以后可按马蹄莲的一般管理方法管理。

（2）栽培管理：马蹄莲喜生于深厚肥沃、疏松的微酸性沙质壤土中，可用腐叶土、菜园土、细沙按 6 ∶ 3 ∶ 1 的比例混合成培养土。

马蹄莲喜湿润，长叶后从中秋到翌春都要常浇水，常保持盆土偏湿而不渍水为好，并常向叶面喷水和附近地面洒水，增加空气湿度，利其生长。

马蹄莲喜肥，从长叶到开花前要薄肥勤施，每 10 d 左右施 1 次氮、磷、钾复合液或颗粒肥。

马蹄莲好阳光，喜长光，忌强光。从中秋长叶直到冬春开花都要多见阳光，特别是冬季移入棚内后，要给予全光照，保持 10 ℃以上，元旦至春节前开始抽苞，3 ~ 4 月达盛花期。

马蹄莲怕烟熏，应注意将花盆放置在空气流通没有烟雾的地方，防止受到烟熏。

矮化栽培马蹄莲可采用多效唑处理，使其明显矮化，提高观赏价值。

病虫害防治：

（1）叶霉病：初发病后，叶尖或叶缘变黄，后沿叶脉蔓延，形成不规则大斑，后在叶背产生墨绿色霉层。采用无病植株或种子，播前用 0.2% 多菌灵浸种 30 min 后再播。

（2）叶斑病：初染叶片产生淡褐色至黄褐色病斑，多呈圆形、椭圆形及不规则形，不明显轮纹，后生黑色小点状霉状物。发现病叶后，及时清除病残体，再喷 50% 多菌灵 800 倍液，15 d 1 次连喷 3 次。

（3）根腐病：近开花时下部或外层叶片现浅黄色条纹，整个叶片褐枯，根水渍软腐。可用 50% 温水浸泡 1 h 或用 1% 过乙酸溶液浸泡 100 min，亦可用 0.4% 的 70% 土菌消喷洒土壤。

（4）软腐病：发病后在茎基部和根状茎发生软腐，向上蔓延使叶片枯亡，花变褐色花梗软腐。要彻底剔除有病根状茎，初发病时可用 100 mg/L 的农用链霉素浇灌病土。

种类及品种介绍：同属有 8 种，常见栽培的有：

（1）银星马蹄莲：叶面上有银白色斑点，叶柄较短，佛焰苞黄色或乳白色，花期 7 ~ 8 月。

（2）黄花马蹄莲：叶片广卵心脏形，鲜绿色，叶面上有白色半透明状斑点，佛焰苞深黄色，花期 5 ~ 6 月。

（3）红花马蹄莲：植株矮小，20 ~ 30 cm，叶片披针形，端狭长，佛焰苞瘦小，粉色至红色，花期 4 ~ 6 月。

由以上 3 个种杂交而成的还有粉红、乳白、黄、鲜红色的品种。国内杂交种有'紫星河''粉波''粉衬裙'和'红艳'马蹄莲等新品种。

常见栽培的园艺类型有：

（1）白柄种：块茎较小，生长缓慢。叶柄基部白绿色，佛焰苞阔而圆，色洁白，平展，基部无皱褶，花期早，花数多，1 ~ 2 cm 直径的小块茎就能开花。

（2）绿柄种：块茎粗大，生长势旺，植株高大，叶柄基部绿色。花梗粗壮，略成三角形，佛焰苞长大于宽，花较小，黄白色，不太平展，基部有明显的皱褶，开花迟，块茎直径 5 ~ 6 cm 以上才能开花。

（3）红柄种：植株较为健壮，叶柄基部带有红，佛焰苞较上种为大，长宽相近，外观呈圆形，色洁白，基部稍有皱褶。花期中等。

园林用途：马蹄莲叶片翠绿，形状奇特；花朵苞片洁白硕大，宛如马蹄，是国内外重要的切花花卉。常用于插花，制作花圈、花篮、花束等。也常作盆栽，是书房、客厅的良好盆栽花卉。

9.1.13 小苍兰

别名：香雪兰、洋晚香玉

拉丁名：*Freesia refracta* Klatt

科属：鸢尾科，香雪兰属

形态特征：多年生草本。地下球茎圆锥形或卵圆形，直径 1 ~ 2 cm，白色，外有黄褐色薄膜。球茎下面长根，根为一年生。叶基生，互生，剑形或线形，长 15 ~ 30 cm，宽 1 ~ 1.5 cm，绿色，全缘。茎细长、柔软，有分枝，高 40 cm，绿色。茎顶端着生穗状花序，弯曲，小花 5 ~ 10 朵，疏生于一侧，花朵直立，具芳香。每一朵花都有佛焰苞片，花冠狭漏斗状，长 5 cm，花瓣基部呈细长筒状，中部膨大，上部裂为 6 瓣，先端圆；花色有白、黄、紫等；雄蕊 3 枚，雌蕊 1 枚，顶部 3 裂又再 2 裂；蒴果扁圆或近圆形，种子褐黑色。花期 1 ~ 4 月。

生态习性：小苍兰原产南非，喜暖怕寒又怕热，夏季炎热即进入休眠，天气凉爽后球茎又开始发芽、生长、抽茎、开花、生育。适温为 18 ~ 20 ℃，夜间 14 ~ 16 ℃，越冬温度 6 ~ 7 ℃。喜光，要求光照充足，但高温强光下易徒长，短日照条件下有利于诱导花芽分化，待花芽分化结束后，长日照条件则有利于花芽的发育和花期提前；它对水分要求严格，既怕潮又怕旱，水多会烂根，水少会生长受阻。喜疏松肥沃、排水良好的土壤。

繁殖栽培：

（1）繁殖技术：采用子球繁殖和播种繁殖。播种前将种子在水中浸泡 24 h，播种后用蛭石覆盖，维持 15 ~ 20 ℃，从播种到开花大约需要 9 个月。

（2）栽培技术：开花后 6 周采收种球，放置在 22 ℃下 2 周，之后进行种球分级。

栽培基质要求排水性、通气性良好；基质必须消毒、不能含有氟化物，pH 6.5 ~ 7.0。小苍兰属于温周期栽培类型，即生长发育要求高温（30 ℃）—低温（10 ℃）—高温（30 ℃）的变化。当植株形成叶 7 片以上后，温度降至 15 ℃或更低，则有利于诱导开花。在促成栽培时，每 14 d 进行 N、P、K 平衡施肥，N 素浓度为 200 mg/L；避免施用氨态氮肥；过磷酸钙含氟化物，因此不能施用，否则会引起叶片烧尖。在种植前用 100 ~ 200 mg/L 的醇草定或 50 ~ 200 mg/L 的多效唑浸泡种球 1 h，能够有效缩短节间和叶片长度，控制植株高度。

病虫害防治：

（1）花叶病：植株受侵染后，叶片产生花叶或形成褪绿斑，植株萎黄、瘦小，种球退化。该病毒可通过汁液、介体昆虫等传播。

防治方法：

① 选用无病毒种球种植。

② 防治介体昆虫，用 40％乐果 1000 倍液、90%敌百虫 1000 倍液、1.2%苦参素 1000 倍液喷杀。

（2）菌核病：病菌为害茎基和球根，致使茎基部和球根腐烂，植株生长不良，逐渐枯萎。

防治方法：

① 挖除病株，减少传染来源。

② 多施有机肥，勿偏施氮肥。

③ 发病期间栽培室喷洒 70%甲基托布津 1000 倍液、50%多菌灵 100 倍液消毒。

（3）灰霉病：受侵染的叶和花瓣上有斑点。

防治方法：

① 种植密度小些，加强通风，控制浇水量。

② 用苯菌灵、70%甲基托布津 100 ~ 150 倍液喷洒栽培室。

（4）镰刀菌腐病：球茎易受侵染，重病球不能生长或长势很弱，叶子枯黄，收缩根呈棕色腐烂。

防治方法：在种植前应先剔出病球，进行土壤消毒、种球消毒，并实行轮作，保持栽培室干燥通风。

（5）虫害：主要有蚜虫、蓟马等，喷施 50%杀虫螟硫磷 1000 倍液等内吸杀虫剂。

种类及品种介绍：

（1）小苍兰（*F. refracta*）：球茎小，约 1 cm。基生叶 6 枚，花茎常出 1 枚。花小，黄色或白色，花冠下花瓣中央有 3 条红色条斑。花期较早，有浓香。我国南方曾有栽培。

（2）红花小苍兰（*F. armstrongii*）：株高可达 50 cm。叶与花均大于小苍兰。花有红、紫红等色。4 ~ 5 月开花。1898 年由 W. Armstrong 将球茎引至英国，成为当今盛行品种的重要亲本。宜切花栽培。

大花小苍兰的品种甚多，花型有单瓣、重瓣，花径大小有异，花期有早晚，花色多样。由于本身为杂合后代，品种间易于杂交，形成了当今众多的栽培品种。

园林用途：体态清秀，花色艳丽，花香馥郁，花期较长。是优美的盆花和著名的切花。盆花用于点缀会议室、客厅、书房，置于案头、博古架，装饰效果极佳。切花瓶插，或作花圈、花篮，也娇艳非凡。温暖地区，可用于花坛或花境边缘，或作自然式布置。

9.1.14 朱顶红

别名：百枝莲、华胄兰、孤挺花、株顶兰

拉丁名：*Hippeastrum rutilum* Herb.

科属：石蒜科，孤挺花属

形态特征：鳞茎球形，较大，直径达 5 ~ 8 cm。叶 6 ~ 8 枚，与花同时抽出或花后抽出。带状或线形，长约 50 cm。花期春夏季，伞状花序，花 3 ~ 6 朵，花大漏斗形，平伸或稍下垂；花被片红色，中心及边缘具白色条纹，或白色具红紫色条纹；花被长及花径，皆为 10 ~ 15 cm；喉部有小而不明显的副冠。果实为蒴果，种子小而有薄翼，黑褐色（图 9-12）。

生态习性：本属植物主要原产美洲热带和亚热带。为常绿或半常绿性球根花卉。生长期间要求温暖湿润、阳光不过于强烈的环境，需给予充分的水肥。夏季宜凉爽，温度 18 ~ 25 ℃；冬季休眠期要求冷凉干燥，气温 5 ~ 13 ℃，不可低于 5 ℃。要求富含腐殖质、疏松

图 9-12 朱顶红

肥沃而排水良好的沙质壤土，pH 5.5 ~ 6.5，切忌积水。

繁殖栽培：

（1）繁殖方法：常用分球和播种繁殖，也可用组培、扦插繁殖。

① 分球繁殖：于 3 ~ 4 月将母球周围的小鳞茎取下繁殖。注意勿伤小鳞茎的根，可盆栽也可地栽，栽时需将小鳞茎的顶部露出地面。

② 播种繁殖：选择优良品种健壮植株上最先开放、发育健全的花朵进行人工授粉，观察蒴果发黄欲裂时摘下，取出种子存放 10 d 后，用育苗盘装充分腐熟的沙质培养上，浇开水消毒，而后点播，30 d 后可定期追施稀薄液肥促壮，2 ~ 3 年即可开花。

③ 扦插繁殖：通常在 7 月上旬至 8 月上旬的高温期进行，即将母球纵切若干等份，再用锐利的小刀切分鳞片。将鳞片扦插于基质中。待真叶 2 ~ 3 片时定植于肥沃土壤中，若生长良好，两三年便可成为开花的鳞茎。

④ 组培繁殖：常用 MS 培养基，以茎盘、休眠鳞茎组织、花梗和子房为外植体。经组培后产生愈伤组织，30 d 后形成不定根，3 ~ 4 个月后形成不定芽。

（2）栽培管理：栽种前先将盆底排水孔用碎瓦片等物垫好，上铺一层 2 ~ 3 cm 厚的粗沙，以利排水。放入 3 ~ 5 片碎骨片作基肥；然后加入培养土（堆肥土 4 份、腐叶土 4 份、沙土 2 份混匀配制），最后栽好鳞茎。

朱顶红若采收种子，应进行人工授粉，可提高结实率。由于朱顶红种子扁平、极薄，容易失水，丧失发芽力，应采后即播。若种球生产，花后及时剪除花茎，以免消耗鳞茎养分。待长出叶片后，加强施肥，促使鳞茎增大和产生新鳞茎。鳞茎在 13 ℃条件下，可贮藏 8 ~ 10 周，在 5 ℃条件下可长期贮藏。

病虫害防治：

（1）赤斑病：发病初期叶片上出现不规则的斑点，后期病斑扩大成椭圆形或纺锤形凹陷的赤褐色病斑，病斑相互连接使叶片变形枯死。

防治方法：摘去病叶并集中销毁；春天喷波尔多液，球根栽植前用 0.5%的福尔马林溶液浸泡 2 h；发病初期喷洒 75%百菌清可湿性粉剂 700 倍液，60% 杀毒矾的 6 倍液，或 80%代森锌 500 ~ 700 倍液，7 ~ 10 d 1 次，连续 3 次。

（2）病毒病：叶片上产生褪绿条块状斑纹及花叶褐色坏死，在红色花瓣上有时形成碎锦状。病原为黄瓜花叶病毒、朱顶红花叶病毒，前者由蚜虫和摩擦传毒，后者由汁液传毒。

防治方法：选择无毒种球栽植；手、工具、用具消毒；及时防治蚜虫。

（3）虫害：易受红蜘蛛侵害，可用 40%三氯杀螨醇乳油 100 倍液喷杀或将花盆搬到水池边放倒用水冲洗消除。

种类及品种介绍：朱顶红起源于亚热带美洲，从巴西到秘鲁、阿根廷和玻利维亚，品种较多，花色有粉红、玫瑰、黄、白色以及带红白条纹的复色品种，近来引进的变种、杂交品种和重瓣大花品种，花型壮丽，逗人喜爱。同属植物有 70 多种，常见的有：①孤挺花，花红色或橙红色，有香气；②红花莲，花葶侧生，顶生花朵 2 朵，钟形，花径 10 ~ 12 cm，红色；③短筒孤挺花，花被筒短，裂片倒卵形，亮红色，具白色星点；④网纹孤挺花，花粉红色，有不明显网状条纹。

园林用途：朱顶红顶生漏斗状花朵，花大似百合，花色鲜艳，适宜地栽，形成群落景观，增添园林景色。盆栽用于室内、窗前装饰，也可作切花。在欧美，朱顶红还是十分流行的罐装花卉。

9.1.15　大岩桐

别名：洛仙花、大雪尼

拉丁名：*Sinningia speciosa* Benth. et Hook

科属：苦苣苔科，大岩桐属

形态特征：大岩桐，全株密被粗毛。株高 15 ~ 25 cm，其块根茎呈扁球形，地上茎极短，叶梗通常对生，极少为三梗轮生的。每年春季自球茎顶端抽生数十支短柄，叶片就着生在这些短柄顶端，椭圆状至卵圆形，富有金属光泽，先端叶脉隆起，叶缘呈现锯齿状，表面及背面均有白色茸毛。大岩桐的花葶从球茎顶端叶腋间抽生，花朵喇叭状，花瓣丝绒质，先端浑圆，大而美丽。盛开时，一丛丛的喇叭状花朵呈现青色、紫色、墨红色、红白色、粉红色、洋红色、紫红色等。有的白边红心，有的白边蓝心，光泽细腻，十分鲜艳。花型有单瓣、重瓣和带裙状边缘的花瓣，十分丰富。大岩桐花谢后坐果，果实为蒴果，成熟后自动开裂，细小的种子多为褐色，可用来有性繁殖。

生态习性：大岩桐原产南美巴西的热带雨林中，性喜温暖湿润的环境，不耐寒，耐半阴。夏季忌强阳光直射，要求在高温、湿润、半阴的生态环境生长，避免雨水浸入，冬季落叶休眠，地下块茎在 5 ℃的环境中，可以安全越冬。喜疏松肥沃、排水良好的沙壤土。从 2 月到 10 月，大岩桐有一个较长的营养生长和生殖生长期，它最适宜的生长温度为 18 ~ 22 ℃。如果越过 30 ℃，或者低于 10 ℃，植株便进入休眠或半休眠状态。苗期生长适温为 20 ~ 28 ℃，蕾期为 18 ~ 25 ℃，空气湿度 80%左右。

繁殖栽培：

（1）繁殖方法

① 播种繁殖：大岩桐的种子非常细小，每克种子有籽粒 2.5 万 ~ 3 万粒，发芽力最多保持一年。播种时间宜在 8 ~ 9 月。

播种时，种子先用细沙拌合，再把种子均匀地撒播在盆内，不必覆土。置于大盆中把水浸透，待盆土表面湿润后取出，盖上玻璃置于荫蔽温暖处。

② 扦插繁殖：大岩桐再生能力强，嫩枝、叶片都可作为插穗，扦插时间，只要温度能控制在 20 ~ 25 ℃之间，全年都可进行。一般家庭以 5 ~ 6 月或 8 ~ 9 月为好。

③ 分球繁殖：3 月当球茎新芽长至 0.5 cm 时，掘起球茎，用锋利快刀将球茎切成 2 ~ 4 块，每块至少带有一个顶芽，用大口浅盆盛消毒培养土栽培，每盆一株。

④ 无土栽培：时间在春季的 3 ~ 4 月。当球茎萌发新芽，新根开始生长的时候，翻盆取出球茎，用清水洗净，置于阴凉处晾干，以备栽培。容器可选大小适宜的塑料花盆，基质可用泥炭、蛭石和珍珠岩。栽植后，用存放两天以上的清洁自来水浇灌，或者用浸盆法浇水，待基质表面湿润后，取出置于温暖向阳处。在适宜的温度、湿度条件下，球茎生长发育快，一般 15 ~ 20 d 就能萌发新芽。

（2）栽培要点

① 上盆：基质用腐叶土或泥炭 3 份、珍珠岩 1 份、河沙 1 份，加少量厩肥，pH 为 6.5。

② 温湿度管理：浇水时，切不可将泥土沾污叶面或花蕾，否则会产生黄斑和腐烂。要经常向地面喷水，以免叶片发黄，影响观赏效果。

③ 肥、水、光管理：缓苗后可开始追稀饼肥水，7 ~ 10 d 一次。

病虫害防治：

（1）叶枯性线虫病：由线虫引起，使嫩茎、幼株、地际茎部和叶柄基部呈水浸状软化腐败，病部逐渐向上蔓延，从叶片基部扩展到叶片。而成熟的植株从叶柄被害开始，逐渐扩大，不软化。被害叶片皱缩褐变而枯死。

防治方法：苗床用土、花盆用蒸汽消毒；或用化学药剂消毒；块茎放在 60 ℃的温水中浸泡 5 min，或用乌斯普隆消毒；将被害株拔除、烧掉或深埋。

（2）坏死环纹病毒病：该病由凤仙花坏死斑点病

毒侵染引致发病，它侵染大岩桐后出现两种症状。一是矮化型：植株矮小，抽出新叶出现系统性坏死斑，致整株萎缩或坏死。二是坏死型：叶面产生环状或不规则坏死斑纹。病毒由蓟马携带并传播。

防治方法：发现蓟马活动，立即喷洒 20%蚜必杀乳油 1500 倍液，或 3%莫比朗乳油 1500 倍液，40%氧化乐果 100 倍液杀之；必要时喷洒 3.85%病毒必克可湿性粉剂 700 倍液或 7.5%的克毒灵水剂 800 倍液；重病株已无养护价值的，应就地销毁，继续养护也不能恢复。

（3）疫病：叶、块茎、根上均可发生，叶片感染后呈暗褐色水渍状软化，扩展到叶柄后造成叶片腐烂，并生有水渍状狭窄凹陷斑，病斑常扩展融合成大斑或长条形大斑。有时茎部发病蔓延到叶柄，引起叶片折倒在盆上。块茎感染，呈软腐状凹陷斑，严重时球茎变成黑褐色软腐，内部坏死，被侵染的根变黑。病菌以卵孢子在土壤中的病残体上越冬，条件适宜时，产生孢子囊和游动孢子侵染寄主后引起发病。高温、植株生长不良易发病。

防治方法：浇水避免顶浇，盆土不能过湿；发病初期喷洒 72.2% 普力克水剂 600 倍液，或 72% 克露可湿性粉剂 600 倍液，或 60% 灭克可湿性粉剂 1000 倍液，25% 甲霜灵可湿性粉剂 500 倍液，25% 瑞毒霉可湿性粉剂 800 倍液。

（4）虫害：在生长期间，常有尺蠖吃食嫩芽，会造成严重损失，应及时捕捉和喷药防治。

种类及品种介绍：

（1）王后大岩桐：茎高 20 cm，叶卵圆形，长 × 宽为（10 ~ 20）cm×（8 ~ 15）cm，叶面绿色，背面紫色，全身丝绒毛，花从叶腋中抽出，一般 4 ~ 6 枝，花茎长 5 ~ 10 cm，花茎顶端有一朵下垂的花，花朵似拖鞋状，紫色，冠喉处有较深的紫斑。

（2）细小大岩桐：茎短小（1.5 cm），叶小圆形（直径 1.3 cm）、绿色，叶背浅绿色，有浅红色叶脉，花单朵，花冠喇叭形，上部 2 片冠瓣比下部向外开展的 3 片小。花朵紫色或淡紫色，有深色条纹，有白花变种（白仙子）可连续开花，有许多小型品种。

（3）深红大岩桐：株高 25 cm，叶长 × 宽为（8 ~ 15）cm×（5 ~ 11.5）cm，有稀毛，花期秋季，血红色，花形似头盔。

（4）喉毛大岩桐：茎直立，高约 30 cm，花白色，花冠内有红色斑点，喉部有密毛，全年开花。

（5）白毛大岩桐：茎叶密生白毛，株高 25 cm，叶 4 片轮生，叶卵圆形（15 cm×10 cm），叶背脉纹显著，夏秋开粉红花，花筒近圆筒形。

园林用途：大岩桐花朵大，花色浓艳多彩，花期很长，是深受人们喜爱的温室盆栽花卉，尤其能在室内花卉较少的夏季开花，更觉可贵，为夏季室内装饰的重要盆栽花卉。宜布置窗台、几案、会议桌或花架。控制栽植期，可使它在“五一”和“十一”开放，为重要节日提供优美的室内布置材料。

9.1.16 贝母属

别名：皇冠贝母

拉丁名：*Fritillaria* L.

科属：百合科，贝母属

形态特征：原产于土耳其北部至南亚北部地区，多年生草本植物。植株挺拔，株高 60 ~ 100 cm，地下具肉质肥厚鳞茎；叶片互生，浅绿色，波状披针形，长 7 ~ 12 cm，先端卷须状；花较大，花被钟状倒垂，长 6 cm 左右，多朵聚生茎顶，有红、黄、橙、紫等多种颜色；蒴果，膜质，春季开花，花期持续 2 ~ 3 周，秋季果熟（图 9-13）。

生态习性：贝母性喜凉爽、湿润和半阴环境，怕炎热，忌积水。

繁殖栽培：

图 9-13 贝母

（1）繁殖：可用播种、分株或扦插繁殖。

播种宜在春季进行，发芽适温为 23 ~ 25 ℃，播前种子需经湿沙层积处理，播后 10 ~ 15 d 即可发芽，但需栽培 4 ~ 6 年才能开花。

分株多在秋季进行，通常是待地上部枯萎后将鳞茎挖出，沙贮于 23 ~ 25 ℃的环境中，直至秋季再下地种植。

扦插则是以生长健壮的鳞茎上的中层鳞片为插穗，只需将其插入沙床后保持湿润，当年即能长出小鳞茎，但需经过 3 ~ 4 年的培育才能形成开花种鳞茎。

（2）栽培：种植贝母需选择疏松肥沃、富含有机质、排水良好、pH 6.0 ~ 7.5 的沙质壤土，栽前施足基肥、腐熟有机肥或鱼和骨粉均可；盆栽则宜使用腐叶土、园土和沙等量混合基质。秋季 9 ~ 10 月为种植适期，地栽株间距 30 cm 左右，栽后覆土 8 ~ 12 cm。气候寒冷的地区，需覆盖越冬。早春新芽出土后，要及时追肥 1 次，促进茎叶生长。平时保持土壤湿润，晚春开花品种花期适当遮阴，品质更好。生长期间易受叶斑病和百合黑象甲为害，可分别喷洒 50%托布津可湿性粉剂 700 ~ 800 倍液和 40%氧化乐果乳油 1000 倍液防治。夏季地上部枯萎后，进入休眠期，可留土过夏。

种类及品种介绍：种类繁多，分布于全球，欧洲非常盛行。我国各地种植较多、面积较大的有平贝母、暗紫贝母、甘肃贝母、棱砂贝母、浙贝母、伊贝母、湖北贝母。

园林用途：贝母观赏价值最高。育成的品种也最多，高秆品种适用于庭园种植，布置花境或基础种植均可，矮生品种则适合盆栽，观赏性极强。

9.1.17 石蒜

别名：龙爪花、蟑螂花、老鸦蒜、红花石蒜、一枝箭

拉丁名：*Lycoris radiata* Herb.

科属：石蒜科，石蒜属

形态特征：多年生草本。地下部分具鳞茎，广椭圆形，直径 2 ~ 4 cm，皮膜紫褐色。叶线形，深绿色，中央具一条淡绿色条纹，花后抽生。花葶直立，高 30 ~ 60 cm，着花 5 ~ 7 朵或 4 ~ 12 朵，鲜红色，筒部短，长不及 1 cm，花被裂片狭，倒披针形，上部开展并向后反卷，边缘波状而皱缩，雌雄蕊很长，伸出花冠外并与花冠同色，花期 9 ~ 10 月。

生态习性：石蒜属植物适应性强，较耐寒。自然界常野生于缓坡林缘、溪边等比较湿润及排水良好的地方。不择土壤，但喜腐殖质丰富的土壤和阴湿而排水良好的环境。

繁殖栽培：通常分球繁殖，春秋两季均可栽植，一般温暖地区多秋植，较寒冷地区则宜春植。北京常秋植，但由于冬季寒冷，虽能露地越冬而不枯叶，迟至翌年早春方能抽叶，至初夏叶变枯死，夏秋开花，采收或栽植时间宜在叶枯而花未出时期进行。石蒜属植物栽植时不宜过深，以球顶刚埋入土面为宜；栽植后不宜每年采挖，一般 4 ~ 5 年挖出分栽一次。

病虫害防治：在栽培中还未见任何病虫害，无须使用任何农药，是保持绿色生态环境的最好球根花卉。

种类及品种介绍：同属植物有 10 余种，主要产于我国和日本，我国为本属植物的分布中心。现在华东、

华南及西南地区多有野生。庭园中常见栽培的有下列几种：

（1）忽地笑（*L. aurea* Herb.）：又叫黄花石蒜、铁色箭、大一枝箭。鳞茎较大，直径 6 cm，近球形；皮膜黑褐色，叶阔线形，粉绿色。花葶高 30 ~ 50 cm，着花 7 朵或 5 ~ 10 朵；花大，黄色，筒长 1.5 cm，花被裂片向后反卷，边缘皱缩，雌雄蕊伸出花冠外，花期 7 ~ 8 月。原产我国，华南地区有野生；日本亦有分布（图 9-14）。

图 9-14 忽地笑

（2）中国石蒜（*L. chinensis* Herb.）：本种与忽地笑很相似，花亦呈黄色或橘黄色，但花冠筒比忽地笑长，为 1.7 ~ 2.5 cm；叶绿色。抽叶开花均较早。原产我国南京、宜兴等地。

（3）鹿葱（*L. squamigera* Maxim）：又叫夏水仙、叶落花挺、野大石。鳞茎阔卵形，较大，直径达 8 cm 左右。叶阔线形，宽 2 cm；淡绿色，质地较软。花葶高 60 ~ 70 cm，着花 4 ~ 8 朵；粉红色具莲青色或水红色晕；芳香；花冠筒长 2 ~ 3 cm；花被裂片斜展，端都突尖；雄蕊与花被片等长或稍短，花柱稍外伸；花期 8 月。原产我国及日本。本种耐寒。春天萌芽抽叶，夏天叶枯开花。

（4）换锦花（*L. sprengeri* Comes）：本种形似鹿葱，唯其鳞茎较小，直径 2 ~ 3 cm；叶亦较窄，色较淡，蓝绿色。花冠筒较短，长 1 ~ 1.5 cm；花被裂片淡紫红色，端带蓝色。原产我国云南及长江流域，耐寒性强，生长强健。

（5）长筒石蒜（*L. longituboa* Hsu. et Fan.）：本种花葶最高，达 60 ~ 80 cm，花冠筒亦最长，为 4 ~ 6 cm，为其主要特点。其鳞茎卵状球形，直径约 4 cm。着花 5 ~ 17 朵；花大形，白色，略带淡红色条纹；花期 7 ~ 8 月。原产我国江苏、浙江一带。

园林用途：石蒜属植物生长强健，耐阴，栽培管理简便，我国资源丰富，应大力挖掘、广泛应用于园林中。最宜作林下地被植物，亦可花境丛植或用于溪涧石旁自然式布置，因开花时无叶，露地作用时最好与低矮、枝叶密生的一、二年生草花混植，亦可盆栽水养或供切花。

9.1.18 球根鸢尾

拉丁名：*Iris* L.

科属：鸢尾科，鸢尾属

形态特征：宿根草木。具块状根茎或鳞茎，鳞茎一般较小，直径 1 ~ 3 cm。叶多基生，剑形至线形，嵌叠着生。叶数较宿根类鸢尾少。花茎自叶丛中伸出，花单生，蝎尾状聚伞花序或呈圆锥状聚伞花序；花从 2 个苞片组成的佛焰苞内抽出；花被片 6，基部呈短管状或爪状，外轮 3 片大而外弯或下垂，称垂瓣，内轮片较小，多直立或呈拱形，称旗瓣；花柱分枝 3 根，扁平，花瓣状，外展覆盖雄蕊；蒴果长圆形，具 3 ~ 6 角棱；有多数种子（图 9-15）。

生态习性：球根鸢尾类性喜阳光充足而凉爽的环境，也耐寒及半阴，在我国长江流域可以露地越冬，但在华北地区需覆盖或风障保护越冬。要求排水良好的沙质壤土，但英国鸢尾在稍黏土壤中也可生长。本类为秋植球根，秋冬季节生根（暖地冬天也可抽芽），翌年早春迅速生长开花，初夏进入休眠。花芽分化常在植后的生长初期进行，如西班牙鸢尾当幼芽伸长

图 9-15　球根鸢尾

6 cm 左右时开始花芽分化，历经 3 周完成，此期最适温度为 13 ℃。夏季贮藏温度过高时，对花芽分化有抑制作用。鳞茎寿命一年，母球开花后因养分耗尽变成残体，被其旁边的子球所代替。

繁殖栽培：

（1）繁殖方法：通常分球繁殖，少用播种繁殖。

① 分球繁殖：在立秋后、植株返青、新根萌发前进行。将母株掘起，分成数块，每块带有 2 ~ 3 个芽。

② 播种繁殖：春、秋季均可进行，种子采后即播发芽率高，20 d 左右可出苗，经下年培育即可开花。

③ 组培繁殖：近年来日本采用球根鸢尾的腋芽、鳞片、茎盘及花茎等不同器官进行组织培养，已能分化生长出新的小鳞茎，为快速繁殖和培养无病害种球提供了新的途径。

（2）栽培管理：

① 种植时期：球根鸢尾栽植时应选择向阳、干燥的地方。定植后若遇 25 ℃以上高温，易使花芽枯死而发生“盲花”现象。因此，种植期最好选择在 9 月中旬以后。

② 定植：选择排水良好的沙壤土，施入有机肥或缓效性化肥作为基肥，混匀后，按株行距 7 cm × 7 cm 将鳞茎种下，深度为 10 cm。

③ 水肥管理：定植后立即浇水，并覆盖稻草，以保持土壤水分。生长期注意避免土壤干燥，但不能有积水。当花葶伸出地表时，为使茎干坚实，必须节制浇水，但若极端干燥会使花蕾发育不良，导致“盲花”。

④ 温度：整个生长期应保持 25 ℃以下，当温度过高时应适当遮阴，但切不可长期处于光照不足的状态下，否则易产生“盲花”。

⑤ 起球与贮藏：6 月随着地上部的枯死，球根进入休眠状态。这时可将球茎挖出，置于通风阴凉处充分晾干后装入通透性好的容器中，置于 20 ~ 25 ℃条件下贮藏。

病虫害防治：

（1）细菌性软腐病：从根颈部入侵，上下蔓延，发病后，鳞茎呈褐色腐烂，恶臭。叶片发病先现水渍状褪色条纹，扩大后病叶枯黄溃烂。病菌在病残体及土壤中过冬，借水及昆虫传播，从伤口入侵。

防治方法：选用无病鳞茎栽培；发病后可喷洒 100 ~ 150 mg/L 农用链霉素。

（2）锈病：叶片初染病后出现褪绿小斑，扩大成淡黄色圆形疱状小斑，夏孢子堆破裂后现黄褐色粉末状的夏孢子，秋季现褐色绒毛状冬孢子堆，使叶片枯黄，转主寄主为荨麻属植物。4 月上旬开始发病，5 月下旬病重。

防治方法：选择抗性品种，如‘索地安’‘苗色曼’等；发病初期可用 25%粉锈宁 1500 倍液或 20%萎锈灵乳油 400 ~ 600 倍液，隔 10 ~ 15 d 1 次，连续喷 2 ~ 3 次。

（3）虫害：主要有夜蛾、蜗牛等，前者可用辛硫磷 3000 倍液喷杀，后者可施用 8%灭蜗灵颗粒剂或 10%多聚乙醛颗粒剂，每平方米 1.5 g。

种类及品种介绍：

（1）西班牙鸢尾（*I. xiphium* L.）：株高 30 ~ 60 cm，鳞茎长卵圆形，外被褐色皮膜，直径约 3 cm。叶线形，被灰白粉，表面中部具深纵沟。茎粗壮直立；着花 1 ~ 2 朵，有梗；花浅紫色或黄色，直径约 7 cm；花被筒部不显或近无；垂瓣圆形，与旗瓣等长。花期为 4 月末至 6 月。原产西班牙、法国南部及地中海沿岸。

（2）英国鸢尾（*I. xiphioides* Ehrh.）：本种与西班牙鸢尾相似，但有花 2 ~ 3 朵；花梗极短；花被筒部长 0.6 ~ 1.2 cm，垂瓣较大，基部较西班牙鸢尾宽而呈楔形；旗瓣短于垂瓣；花暗淡蓝色；花期较晚，5 月上中旬开放。原产法国及西班牙。品种有'帝王''蓝王后'。

（3）荷兰鸢尾（*I. hollandica*）：是西班牙鸢尾和丹吉尔鸢尾的杂种。株高 40 ~ 90 cm，茎顶着花 1 朵，花色有白、黄、紫、蓝等。旗瓣喉部有黄色或橙色斑点。花期比西班牙鸢尾略早 1 ~ 2 周。主要品种有'白威治伍德白色''理想浅蓝色''阿波罗双色''垂瓣黄色''旗瓣白色'。

（4）网状鸢尾（*I. reticulate* Bieb.）：本种鳞茎皮膜乳白色，显具网纹。地上茎甚短或无。叶 2 ~ 4 枚，簇生，4 棱形，有角缘。花单生，筒部细长，5 ~ 7.5 cm；垂瓣卵形，喉部白色，鸡冠状突起；花蓝紫色，有香气；花期 3 ~ 4 月。原产高加索。

园林用途：本类花卉花姿优美，花茎挺拔，常大量用于切花；也可用于早春花坛、花境及花丛材料，但在华北地区冬季需覆盖防寒，比较麻烦，不宜大面积栽植。

9.1.19 葡萄风信子

别名：蓝壶花、葡萄百合、葡萄水仙

拉丁名：*Muscari botryoides* Mil L.

科属：百合科，蓝壶花属

形态特征：鳞茎卵状球形，直径 2 cm，皮膜白色。叶基生，线形，稍肉质，暗绿色，边缘常向内卷，长 10 ~ 30 cm，常伏生地面。花葶自叶丛中抽出，1 ~ 3 枝，高 10 ~ 30 cm，直立，圆筒状。总状花序顶生，小花多数，密生而下垂，碧蓝色，花被片连合呈壶状或坛状，故有"蓝壶花"之称，花期 3 月中旬至 5 月上旬（图 9-16）。

图 9-16 葡萄风信子

生态习性：原产欧洲南部。我国仅引入本种一种，现北京、上海等大城市的花圃中有栽培。性耐寒，在我国华北地区可露地越冬。喜深厚、肥沃和排水良好的沙质壤土。耐半阴环境。葡萄风信子为秋植球根，9 ~ 10 月间发芽，当年能生长至近地表处，次年春季迅速生长、开花，至夏季地上部分枯死。

繁殖栽培：

（1）繁殖方法：繁殖多用分栽小鳞茎的方法。每隔 2 ~ 3 年将母株挖起分栽 1 次。一般于 9 月中旬进行分栽。秋季生根，次春继续生长，4 月即可开花。

（2）栽培管理：对环境要求不严格，适应性强，栽培管理简单易行。栽种前要施足底肥。3 ~ 4 月每 10 d 左右浇 1 次水，促使生长旺盛。同时追施 1 ~ 2 次复合液肥，促使开花繁茂。花谢后再施 1 ~ 2 次液肥，减少浇水，以便促使植株恢复生长和有利花芽分化。葡萄风信子有夏季休眠的习性。在其休眠期间要求控制浇水，以保持土壤半墒状态为好。冬季剪除地上部分，浇足防冻水越冬。若在秋季进行盆栽，盆土用园土 2 份、腐叶土和沙各 1 份混合，盆底施入腐熟的堆肥作基肥，15 cm 直径的盆中栽 5 ~ 6 个球，覆土厚度为球高的 1 ~ 2 倍，浇水后放在冷室，保持温度不超过 4 ~ 6 ℃，让其发根生长，花茎开始抽生时，移入 10 ~ 20 ℃温室，并逐渐增高温度，施 1 次速效液肥，花开出后，适当降低温度，以延长开花时间。

园林用途：葡萄风信子株丛低矮，花色明丽、独特，花期早而长，可达 2 个月，故宜作林下地被花卉和花境、草坪及岩石园等丛植。也作盆栽促成和切花。

9.1.20　秋水仙

别名：草地番红花

拉丁名：*Colchicum autumnale* L.

科属：百合科，秋水仙属

形态特征：球茎卵形或长卵形。叶长椭圆形或线形，与花同时或花后抽出。花葶自地下叶鞘间抽出，甚矮；着花 1 ~ 3 朵或 3 朵以上；花漏斗形，筒部细长；花被片 6，长椭圆形稍尖；雄蕊 6 枚；蒴果内含多数种子。花期春天（春花种）或秋天（秋花种）（图 9-17）。

生态习性：本类性较耐寒，喜阳光充足。宜腐殖质丰富、肥沃、湿润而又排水良好的沙质壤土，不宜黏质土壤。春花类则喜凉爽气候，不耐高温，于炎夏枯萎进入休眠。

繁殖栽培：以分球为主，亦可播种。

图 9-17　秋水仙

本类不宜每年掘起分球，通常 3 ~ 4 年分栽一次。常于叶丛枯萎而花未抽出前进行，株距 20 ~ 30 cm，深至 20 cm。草坪上种植时深度以超过草种根系为宜。秋水仙类开花容易，即使在无水无土条件下也能开花，因此不宜拖延栽植时期，以免生育不良。生育期间应保持土壤湿润。

种类及品种介绍：同属 65 种，原产欧洲、亚洲西部和中部，北非也分布。常见栽培和应用的有以下几种：

（1）美丽秋水仙

拉丁名：*C. speciosum* Ster

秋花种，株高 30 cm，球茎长卵形，外被厚皮膜。叶 4 ~ 5 枚；长椭圆状带形；长 30 cm，宽 10 cm，基部呈长鞘状。花 1 ~ 4 朵，大形；花被裂片椭圆形，长 6 ~ 7 cm，花冠筒长 15 ~ 25 cm；花浅紫堇色，基部内侧有黄斑；花药黄色。原产高加索。自 1874 年引入栽培，现有许多品种。

（2）黄秋水仙

拉丁名：*C. luteum* Baker

春花种，叶 2 ~ 5 枚，与花同时抽出。花深黄色，径 3.7 cm。原产喜马拉雅山。

（3）杂种秋水仙

拉丁名：*C. hybridum* Hort

现今园艺栽培种和品种的总称，由许多种和变种之间杂交而成。这些杂种花大，色彩丰富，有白、黄、粉红、青及紫等色，还有重瓣花及大花类型。

园林用途：与番红花类的应用相同。但本类均含剧毒，切勿误食或种植于放牧之地。秋水仙的鳞茎可提取秋水仙碱，为重要的药物。1937 年美国的 Blakeslee 用它作为诱导植物染色体加倍的药剂，以后广泛用于诱导多倍体和研究细胞行为，具有独特作用。

9.1.21 其他球根花卉（表 9–1）

其他球根花卉

表 9–1

名称	拉丁名	科属	形态特征	生态习性	园林用途
雪滴花	*Leucojum vernum* L.	石蒜科，雪滴花属	鳞茎球形，花期 3 ～ 4 月	雪滴花属性喜凉爽湿润的环境，好肥沃而富含腐殖质的土壤，半阴下均可生长良好	本属株丛低矮，花叶繁茂，姿容清秀、雅致，最宜植林下、坡地及草坪上；又宜作花丛、花境及假山石旁或岩石园布置；亦可供盆栽或切花用
夏雪滴花	*Leucojum aetivum* L.		株丛较前种稍大。鳞茎卵形，花期春末夏初（5 ～ 6 月）		
秋雪滴花	*Leucojum autamnale* L.		本种植株矮小，鳞茎球形；花期初秋		
雪钟花	*Galanthus nivalis* L.	石蒜科，雪钟花属	鳞茎球形，具黑褐色皮膜。花期 2 ～ 3 月	本属植物生态习性与雪滴花属基本相同，唯其早春要求阳光充足；春末夏初宜半阴，耐寒力更强，华北地区可露地越冬	与雪滴花属相同
大雪钟花	*Galanthus elwesii* Hook. f.		本种鳞茎、叶及花均较前种大。花期比前种更早		
绵枣儿	*Scilla sinensis* Merr	百合科，蓝绵枣儿属	鳞茎较小，花期春夏间	绵枣儿类性强健，适应性强，耐寒，耐旱并耐半阴；对土壤要求不严	本类株丛低矮整齐，花序长而大，色彩明丽；栽培管理较简单粗放，最宜作疏林下或草坡上的地被植物；也可作岩石园和花坛材料，或盆栽观赏，无不相宜
聚铃花	*Scilla hispanica* Mil L.		花期 5 ～ 6 月		
蓝绵枣儿	*Scilla nonscripta* Hoffmgg.et Link		鳞茎无皮膜。花期 5 ～ 6 月		
波斯葱	*Allium albopilosum* C.H.wright	百合科，葱属	花雪青色	性耐寒，喜阳光充足。适应性强，不择土壤，能耐瘠薄干旱土壤，但也喜肥。宜黏质壤土。能自播繁衍	本属植物长势强健，适应性强，多数为良好的地被花卉，也可供花坛、花境布置或盆栽观赏。高大种类常作切花材料，低矮种类宜作岩石园布置
南欧葱	*Allium neapolitanum*		花被白色，春季开花		
天蓝花葱	*Allium caeruleum* PalL.		鳞茎卵状球形。小花天蓝色；花期 5 ～ 6 月		
紫花葱	*Allium atropureum* W. et K.		鳞茎球形，稍带黑色。花深红色。花期 5 月		
大花葱	*Allium giganteum* Regel		鳞茎球形，花桃红色。花期 6 ～ 7 月		
冠状银莲花	*Anemone coronaria* L.	毛茛科，银莲花属	地下部分具褐色分枝的块根，花色有白、红、紫、蓝等的单色或复色；花期 4 ～ 5 月	本类中宿根性种类性强健，按一般耐寒性花卉栽。球根类银莲花多属秋植球根，喜凉爽，忌炎热。要求日光充足及富含腐殖质的稍带黏性的壤土	银莲花类多数茎叶优美，花大色艳，花型丰富，为春季花坛和切花材料；也可盆栽；用于花境、林缘、草坪等丛植也很美丽。国外常见应用，但我国各地少见栽培，应当积极推广
红银莲花	*Anemone fulgens* J. Gay		地下具块根。花期 4 月。有许多不同花色及半重瓣品种		
网球花	*Haemanthus multiflorus* Martyn	石蒜科，网球花属	鳞茎扁球形，圆球状伞形花序顶生，下呈佛焰苞。花期 4 ～ 5 月	性喜温暖湿润，喜疏松、肥沃而排水良好的微酸性沙质壤土	网球花属植物花色艳丽，繁花密集形成绚丽多彩的大花球，醒目而别致，且叶色鲜绿、叶形秀美，十分惹人喜爱。为室内装饰的珍贵盆花

9.2 球根花卉应用实例

9.2.1 球根花卉应用概述

1）球根花卉的含义与观赏特性

（1）含义：多年生草花中地下器官变态（包括根和地下茎），膨大成块状、根状、球状，这类花卉总称为球根花卉。球根花卉都具有地下储存器官，这些器官可以存活多年，有的每年更新球体，有的只是每年生长点移动，完成新老球体的交替。球根花卉种类丰富，花色艳丽，花期较长，栽培容易，适应性强，是园林布置中比较理想的一类植物材料。荷兰的郁金香、风信子，日本的麝香百合，中国的水仙和百合等，在世界均享有盛誉。

（2）球根花卉的观赏特性：大多数球根花卉花朵

大、色彩鲜艳，是园林绿化中不可缺少的种类之一。其品种繁多，群体效果好，观花的色彩丰富，观叶的姿态各异。不同种类在不同时期开花，使之季相不断变化，经常给人以耳目一新之感，符合人们的欣赏要求。

球根是球根花卉的缩影，与种子不同的是，这些球根种植后，在很短的时期内能开花，且体积小、重量轻，贮藏运输方便，省工、省财。此外，日常管理方便，便于在园林中灵活布置；适应性强，无论是在人工管理精细的景点、游园，还是偏僻的墙角、水边，都能生长，比较耐旱、耐寒、耐瘠薄，病虫害较少。球根花卉繁殖容易，管理简单。球根花卉分子球，对水肥无特殊要求，只进行正常管理即可，许多球根花卉可以在本地区露地栽培，在园林养护中一般 3 ~ 4 年挖 1 次，重新种植即可，不像草花需要每年、每季更换，省工、省时。

球根花卉具有如此多的优点，因此在绿化中如果能很好地加以应用，效果非常显著。

2）球根花卉的生态习性

大多数球根花卉要求阳光充足，少数喜半阴，如铃兰、石蒜、百合等。阳光不足不仅影响当年的开花，而且球根生长不能充实肥大，以致影响第二年的开花。对土壤要求更严，一般喜含腐殖质多、表土深厚、下层为沙砾土、排水良好的沙质土壤；而水仙、晚香玉、郁金香、风信子、百合等喜黏质壤土。由于球根花卉种类不同，因而对温度要求不同、生长季节不同，这样造成栽植时期也不同，有在春季栽植的，称春植球根，如唐菖蒲、美人蕉、大丽花、晚香玉、葱兰、韭兰等；有在秋季栽植的，称秋植球根，如水仙、风信子、百合、葡萄风信子等。

3）球根花卉园林应用特点

球根花卉是园艺化程度极高的一类花卉；种类不多的球根花卉，品种却极丰富，每种花卉都有几十至上千个品种。

（1）可供选择的花卉品种多，易形成丰富的景观。但大多数种类对环境中土壤、水分要求较严。

（2）球根花卉的大多数种类色彩艳丽丰富、观赏价值高，是园林中色彩的重要来源。

（3）球根花卉花朵仅开一季，而后就进入休眠而不被注意，方便使用。

（4）球根花卉花期易控制，整齐一致，只要球大小一致，栽植条件、时间、方法一致，即可同时开花。

（5）球根花卉是早春和春天的重要花卉。

（6）球根花卉是各种花卉应用形式的优良材料，尤其是花坛、花丛、花群、缀花草坪的优秀材料；还可用于混合花境、种植钵、花台、花带等多种形式。有许多种类是重要的切花、盆花生产花卉。有些种类有染料、香料等价值。

（7）许多种类可以水养栽培，方便室内绿化和不适宜土壤栽培的环境使用。

4）球根花卉应用具体实例

“适地适栽”是绿化的原则，不同类型的绿地，因其性质和功能不同，对球根花卉的要求也不一样。因此，要根据球根花卉的生态习性合理配置，才能展示最佳的景观效果。

（1）花坛

色彩鲜艳浓烈的球根花卉用于规则式花坛中，可以取得欢快热烈的效果。像风信子和郁金香的坚韧笔挺、雕塑般的外形，在经典的春季花坛规划中是理想的。它们可以构成鲜明的色块，既可以单独栽培，也可以与低矮的草花三色堇、勿忘我、雏菊等花卉混栽；一些夏季开花的球根花卉如大丽花、唐菖蒲用于规则式栽培，另一些球根花卉富于变化，适用于结构设计或形式更为自由的小品中，如百合花的不同品种栽植于庭园花槽，或与攀缘式多年生花卉如藤本月季随意结合，可以产生良好效果（图 9-18）。

外形雅致的花卉和不同株形的球根花卉也都适合栽种于非正式的花坛、花境与家庭花园中。将球根花卉与低矮的地被植物混合栽培开花时，球根花卉的花茎从低矮的叶丛抽出，花朵的明亮色彩与绿地形成鲜明对比，格外醒目。

球根花卉还可以穿插栽种在多年生植物间作陪衬。在混栽时，把球根花卉布置于其他色彩鲜明、随意群栽植物的间隙，可以点缀花坛。

（2）花境

球根花卉是营造园林花境的主要植物材料之一，不仅种植简便、养护省工、不需经常更换，而且还体现出季相变化。更为重要的是，能为花境带来丰富的色彩。尤其对于空间不大的小型花园具有特别重要的意义。使用球根花卉来弥补花期较短的多年生植物和灌木之不足，通过合理布局和精心安排种植计划，可以使球根花卉的花期和其他花境植物的花期相互衔接，利用球根花卉的鲜艳色彩赋予花园充满生机的颜色变化，衔接色彩主题，延长整体花期。由球根花卉、多年生植物、一年生花卉、二年生花卉和灌木构成的混栽花境，可以淋漓尽致地展现出周年性植物花期组合。特别是自秋季到春季间较为沉闷的季节，通过种植球根花卉可以带来充满生机的、有季节性的连续观赏效果（图9-19）。

（3）水景配置

水生类球根花卉常植于水边湖畔，点缀风景，使园林景色生动起来，也常作为水景园或沼泽园的主景植物材料。不仅应用常见的挺水、浮水植物如荷花、睡莲等，有些适应于沼泽或低湿环境生长的球根花卉，如泽泻、慈姑、洋水仙、马蹄莲等也开始应用于园林水景。在已竣工的杭州西湖西线水景布置中，大量运用了金叶美人蕉、大花美人蕉、紫叶美人蕉、慈姑、睡莲、荸荠、泽泻、蜘蛛兰等球根花卉，在水边以丛植为主，与清澈的湖水、斑驳的湖岸相映成趣，吸引游人驻足流连。在自然水域中栽植的大量水生类球根花卉还有特殊的生态功能，是湿地生态效应的重要组成部分，能达到植物造景和生态环境保护的完美结合（图9-20）。

（4）地被

地被植物要求植株低矮，能覆盖地面且养护简单，还要求有观赏性强的叶、花、果等。现代园林地被具有彩化、美化的发展趋势，观花地被是一个重要选择。球根花卉中有很多种类能满足此要求，因此能作为地

图9-18　球根花卉花坛应用

图9-19　球根花卉花境

被植物广泛地应用。如红花酢浆草植株低矮，叶青翠茂密，小花繁多，花期长，是极好的地被材料；铃兰花色纯白且具芳香，植于林缘、草坪坡地具有强烈的视觉和嗅觉吸引力；球根鸢尾花姿优美、花茎挺拔，丛植于湖边、草地边效果良好；石蒜在冬季时绿叶葱翠，成片种植在草地边缘或疏林之下，是理想的地被；葱兰株丛低矮整齐，花朵繁茂，花期长，最适宜林下和坡地栽植；白芨的适应性强，花色艳丽，常自然式栽植于疏林下或林缘边，颇富野趣。

宿根花卉常用作园林地被和花境，与之相比球根花卉的地被应用也有其优势。如观花效果强烈，花谢后不需修剪，因繁殖量较小不易造成生物侵害等。很多球根花卉如水仙、番红花、风信子均可以连续种植 2 年以上而不需掘起。

9.2.2　球根花卉的园林配置

1）球根花卉的季相配置

球根花卉是作花境的好材料，尤其在混植花境中具有重要的地位。在园林绿化时，为了使混合花卉有美丽的季相景观，必须进行精心的搭配。配置的原则是：春夏秋三季有花，冬季又能有绿色。因此作季相配置时，首先要有常绿的底色如阔叶麦冬、龙须麦冬、沿阶草和大吴风草等。并在常绿的地被底色上配置春花、秋花和夏花的球根花卉。也可以选用冬绿的球根花卉作为底色，如洋水仙、鸢尾等，并配置三季有花的球根花卉，以形成典雅别致的园林景观。球根花卉不仅种类繁多，而且有丰富的季相变化。春天当然是最好季节，雪钟花、水仙、风信子、郁金香先后在这里开放；夏天到来之时，又有朱顶红、鸢尾及各种百合相继开花；而后，唐菖蒲、石蒜、大丽花，一直延续到深秋。

2）球根花卉的层次配置

球根花卉种类繁多，植株高度也有一定变化，有的是同一个种内有高、中、低多种品种。在园林应用中为了达到较好的景观效果，植株的高度和层次的配置十分重要。一般在进行主题花卉展览，用不同品种的花配成大色块时，最好采用植株高度一致的种类和品种。而花色、花期不一的品种，如郁金香、百合专类园和专类花展时，把高度一致的不同品种配成大色块，其景观效果较好。而在进行自然式的多种类球根花卉配置成花境时，则应注意花卉的高度有丰富的层次变化。原则上高的种类配置在后方，低的种类配置在前方（图 9-21）。

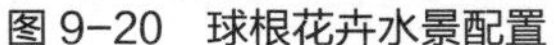
图 9-20　球根花卉水景配置

图 9-21　球根花卉的层次配置

第 10 章　木本花卉

10.1　常见木本花卉

10.1.1　牡丹

别名：花王、木芍药、洛阳花、谷雨花、鹿韭、富贵花

拉丁名：*Paeonia suffruticosa* Andr.

科属：芍药科，芍药属

形态特征：落叶灌木，一般高 1 ~ 2 m，老树可达 3 m。叶互生，纸质，2 回 3 出羽状复叶，具长柄，顶生小叶宽卵形，3 裂，侧生小叶 2 浅裂，斜卵形或倒卵形。花单生于当年生枝顶，大型，径 15 ~ 20 cm，萼 5 枚，花单瓣至重瓣，单瓣花有花瓣 5 ~ 10 枚，花瓣倒卵形，顶端常 2 浅裂。花色有红、粉、黄、白、绿、紫等。花盘杯状，革质，紫红色。蓇葖果卵形，先端尖，密生黄褐色毛。花期 4 月下旬至 5 月，果期 9 月（图 10-1）。

生态习性：牡丹原产于我国西部及北部，集中分布于西北秦岭一带。性喜温暖、干凉、阳光充足及通风干燥的独特环境。较耐寒冷，但温度不能低于 -20 ℃。不耐热，日均气温超过 27 ℃，极端最高气温大于 35 ℃，生长不良，枝条皱缩，叶片枯萎脱落。肉质根系，土壤以深厚的壤土或富含腐殖质壤土为宜，土壤平均相对湿度 50% 左右。牡丹忌盐碱土，排水必须良好，要求适度湿润，尤其夏季不过于干燥。萌蘖能力强，易分株，但不耐移植。

图 10-1　牡丹

繁殖栽培：牡丹可以采用分株、嫁接、扦插、播种等多种繁殖方法，而通常以分株和嫁接为主。分株法简单易行，但繁殖系数较低。一般秋季进行，暖地可延迟一些。

嫁接多以芍药根为砧木，进行根接，供根接的芍药根直径宜 2 ~ 3 cm，秋季进行，也可用实生苗养成砧木。劈接或嵌接法皆可。

扦插繁殖选择根际萌发的枝条为插穗，剪取长 15 cm 左右的枝段，用 300 mg/L 的吲哚丁酸处理后插于苗床，扦插深度为插穗的 1/3 或 1/2，插后立即浇水。以后经常保持床面湿润，并进行遮阴。

播种繁殖用于培育新品种。牡丹种子一般在 8 月中旬、下旬开始成熟，九分成熟时采收，采后即播种，这种方法第二年春季发芽整齐。若种子老熟或播种较晚，第二年春季多不发芽，要到第三年春季才发芽。播种苗床要高，以防积水，播后覆草保持土壤湿润。播种苗在第二年秋季可以移植，一般 5 ~ 6 年后可开花。

牡丹系深根性花卉，栽植时要选择疏松、肥沃、

深厚的沙质壤土，并选择地势干燥、排水良好的地方。栽植前应进行深耕，同时施入粪肥、厩肥、堆肥等基肥。此项整地工序最好在栽植前 2 ～ 3 个月进行。基肥也可以在栽植时施入定植穴下部，并可加施骨粉、油饼、鸡粪等。

牡丹性喜肥，要想使牡丹花大色艳，避免“隔年开花”的现象，每年至少需施三次肥：第一次花前肥，春天新梢迅速抽出，叶及花蕾伸展之时，结合浇“返青水”施入，宜用速效肥，此时施肥对花朵增大有很大的影响；第二次花后肥，以补充开花的营养消耗并为花芽分化供应充分养分，对以后的生长和花蕾增多有很大影响，肥料以速效为主，除氮肥外还可增加磷钾肥供应；第三次入冬前施肥，对增强春季的生长有重要作用，肥料以基肥为主。

为使牡丹生长健壮、年年开花、花多色艳，还要进行整形修剪。花谢后将残花剪去。花芽分化在 7 月下旬开始，应在此前进行修剪，可以获得所希望的树形。

此外，中耕对牡丹亦十分重要。春季到来后，当新梢迅速抽出时，虽无杂草亦应进行中耕松土，花后至落叶前，当地面板结时宜即中耕。一年生植株根系浅，不宜深耕，二、三年生植株可稍深，此后成长植株应浅耕，因此时根系已布满植株四周，深耕则伤根系，故一般应以耕深 5 cm 为宜，每次灌溉或降雨后数日，即应及时中耕。

种类及品种介绍：我国栽培牡丹的历史悠久，栽培品种繁多。目前全国牡丹园艺品种约为 800 个以上。根据株形、芽形、分枝、叶形、花色、花期和花型的不同，有不同的分类方法。按花色分为白、黄、粉、红、紫、绿 6 大色类。按花型分为 4 类 10 型：

（1）单瓣类：花各部均正常发育，花瓣数目少，1 ～ 3 轮；雄蕊、雌蕊均正常，能结实。野生及原始类型。

单瓣型：‘如泼墨紫’‘墨洒金’‘黄花魁’‘粉娥娇’‘青山贯雪’。

（2）重瓣类：花瓣 4 至多轮，雄蕊减少或完全退化，雌蕊正常或瓣化或不存。又分：

① 荷花型：花瓣 3 ～ 5 轮，各瓣大小相近；雌、雄蕊基本正常，明显可见。如‘青龙卧墨池’‘似荷莲’‘露珠粉’。

② 菊花型：花瓣 6 轮以上，各瓣由外向内渐小；雄蕊已明显减少。如‘桃花红’‘彩云’‘胜荷莲’。

③ 蔷薇型：花瓣极多层，雄蕊退化不存，雌蕊不存或瓣化。如‘二娇’‘朱砂红’。

（3）楼子类：楼子类的花瓣变化不大，但雄蕊均有不同程度的瓣化，即花药消失，药隔增大变宽，花丝亦增长变宽，成为具花瓣形状与色彩的窄瓣，或称瓣化雄蕊。雄蕊的瓣化进程是由内向外，离心变化的。瓣化雄蕊与原有及增多的花瓣区别明显，从花型上，花中心隆起，故称楼子。又分：

① 金环型：中心的雄蕊已瓣化，外层的未瓣化，故在花瓣与中心雄蕊瓣之间有一圈黄色的正常雄蕊。如‘姚黄’‘月娥娇’。

② 托桂型：花瓣 1 ～ 3 轮，分明而平展，雄蕊全部瓣化为窄而长的花瓣状，在花心形成较整齐的半球形。如‘娇容三变’。

③ 皇冠型：花瓣宽大，雄蕊瓣化瓣较托桂型者宽大，花心高起，形似皇冠。如‘赵粉’‘墨魁’‘首案红’。

④ 绣球型：雄蕊瓣化程度高，在大小、形状、色彩上都与外方的花瓣难于区分，全花呈绣球状。如‘豆绿’‘紫重阁’‘胜丹炉’。

（4）台阁类：花的演化进程出现了特殊现象，在一朵花中有 2 朵至数朵花叠生方式。下方花的雌蕊的上方又生出一至几朵相叠而生的上方花，使下方花的雌蕊（变态或否）居于上方花下边的四周，故称为台阁。可大体分为两型：

① 千层台阁型：上、下花的花瓣增多，雄蕊退化而成的台阁型。如‘火炼真金’‘昆山夜光’‘脂红’。

② 楼子台阁型：上、下花的雄蕊瓣化而成重瓣的台阁。如‘璎珞宝珠’‘大魏紫’‘葛巾紫’‘紫重楼’。

园林用途：牡丹雍容华贵，国色天香，花大色艳，在城市各类绿地中广泛应用。可在公园和风景区中重要部位建立牡丹专类园，如北京、上海、南京、杭州、苏州、沈阳等均有牡丹专类园。在古典园林或居民庭院中多种植于花台之上，称为“牡丹台”。在园林绿地中自然式孤植、丛植或片植，效果皆佳。还可用牡丹布置花境、花带。牡丹盆栽应用更为灵活方便，经催延花期，可以四季开放。既可在室内举办牡丹品种展览，也可在园林中的主要景点摆放，还可成为居民室内或阳台上的饰物。牡丹还可以作切花栽培，在港、澳及东南亚市场前景广阔。

10.1.2 月季花

别名：蔷薇花、玫瑰花

拉丁名：*Rosa chinensis*

科属：蔷薇科，蔷薇属

形态特征：灌木或藤本，株高 30 ～ 400 cm 或更高。茎部具弯曲尖刺，有疏有密，亦有个别近无刺品种。叶互生，奇数羽状复叶，小叶 3 ～ 9 枚，卵圆形、倒卵形或阔披针形，具锯齿，托叶与叶柄合生。花顶生、单生或丛生为伞房花序；花瓣自单瓣种 5 片至重瓣种可达 80 余片。果实为由花托发育而来的球形果或壶形肉质蔷薇果，红黄色，顶部开裂，“种子”为瘦果，栗褐色（图 10-2）。

图 10-2 月季花

生态习性：原产中国，现在世界各地广泛栽培。对气候、土壤要求不严。但以疏松、肥沃、富含有机质、微酸性的壤土及轻黏土较为适宜。性喜温暖、光照充足、空气流通、排水良好的环境。大多数品种最适温度白天为 15 ～ 26 ℃，晚上为 10 ～ 15 ℃。冬季气温低于 5 ℃即进入休眠。但夏季温度持续 30 ℃以上时，即进入半休眠状态，植株生长不良，虽也能孕蕾，但花小、瓣少，色暗淡而无光泽，失去观赏价值。

繁殖栽培：生产上多用扦插和嫁接繁殖。播种常用于繁殖砧木或育种。

生产上常用绿枝扦插，常年都可进行，用花枝作插条既经济、又有枝壮芽肥的优点，故多在开花季节扦插，但以 5 ～ 6 月及 9 ～ 11 月最佳。

嫁接是月季的主要繁殖手段。嫁接苗具生长快、成株早、根系发达、适应性强、生长壮旺、花枝长而挺直等优点，最适切花生产。砧木选生长强壮、繁殖容易、抗性强并与接穗亲和的种或品种。常用嵌芽接或“T”形芽接，接口应在新梢的最低处。粗度不足的砧木延迟到 9 ～ 11 月芽接。夏季芽接后 3 ～ 4 周即愈合，用折砧方式将砧木顶端约 1/3 折断，不断抹除砧木上的萌生芽，约 3 周后再剪砧。秋接苗在次年春季发芽前剪砧。

一般花坛栽种，在掘取苗株前应先作强修剪，每株留 3 ～ 5 根枝条，枝条长度限制在 40 cm 以下。如在落叶后至次春萌发前移植，植株可以裸根掘取，不带土，但侧根长度应不少于 20 cm，切口应修平。然后将苗株放入穴中，将根向四面理开放平，把干松碎土填入。种植深度要略深于原来栽植的深度。穴面不要理平，留有浅洼，以便蓄水。随后大量灌水。

如在早春新芽萌发后至 3 月间移植，则应带土团。过迟不宜移植，严寒时也不宜移植。如大株丛移植，可酌量多留枝条的长度，但应适当放大、加深种植穴。

定植后每年冬季施用一次厩肥或饼肥等作基肥，

浅翻入土中。植株出现花起蕾时、第一次盛花期后和第二次盛花前各施一次液肥。秋季应控制施肥，以防秋梢过旺受到冻害，春季开始展叶时新根大量生长，不要施以浓肥，以免新根受损，影响生长。

种类及品种介绍：月季花包含自然界形成的物种、古代栽培的种及人工杂交的后代所组成的一个庞大系统。现代月季是当今栽培月季花的主体，品种达上万个，新品种层出不穷，通常将现代月季按主要形态分为 7 大系：

（1）大花（灌丛）月季系（Large-flowered bush roses）：简称 GF 系。直立灌木，高 60 ~ 170 cm，茎粗壮，一般直立。叶大而有光泽。花大，径 10 ~ 15 cm，单生，偶 3 ~ 4 朵集生，色彩多样，多为高心形，姿态优美，半开时更令人陶醉；终年不断开花，花枝长，是最佳的切花品种。

（2）聚花（灌丛）月季系（Cluster-flowered bush roses）：简称 C 系。株高 60 ~ 120 cm，直立而多分枝；花数朵至 30 朵集生，花梗较长而花径较小，一般径 6 ~ 8 cm，色彩多样而鲜艳。耐寒，抗热性强，亦抗病，生长健旺。多数无香或微香。是花境、花坛的优秀用材，亦可盆栽或作切花。

（3）壮花月季系（Grandiflora roses）：简称 G 系。直立灌木，分枝多于 GF 系而更近 C 系。花径 5 ~ 10 cm，每枝有花 2 ~ 4 朵，多高心型，多数无香或淡香。

（4）攀缘月季系（Climbing roses）：简称 Cl 系。凡茎干粗壮，长而软，需另立支柱才能直立的攀缘性月季均归入该类。一般单花或有较小的花序，花朵大，每年一次花或不断开花。

（5）蔓生月季系（Rambler roses）：简称 R 系。其形态有时很难与某些野生的攀缘种或 Cl 系区分。它们之间的主要区别在于典型的 R 系每年只开一次花；花期比 Cl 系晚几周，多在仲夏以后才开放；为多花成序，最多达 150 朵；花小或很小，径 4 cm 以下。

（6）微型月季系（Miniature roses）：简称 Min 系。是株矮花小的一类，株高仅 25 cm，一枝多花，花粉红，径 4 cm，后又培育出许多多色品种。适作盆花及花坛用，株矮花小，又不断开花，是近代颇受欢迎的一类。除少数品种外，多不耐寒，也不耐阴及不适太干燥的环境。

（7）现代灌木月季系（Mordern shrub roses）：简称 MSR 系。它也有不同的来源，一般指现代栽培的野生种及其第一、二代杂交后代，一些古典月季及其后代，形态和古典月季非常相似。

园林用途：月季是世界上栽培最广泛、品种最繁多的木本花卉，是我国的传统名花之一，是园林布置的好材料。宜作花坛、花境及基础栽培。在草坪、园角角隅、庭院、假山等处配植也很合适。又广泛用作切花及盆花，是世界四大切花之一。

10.1.3　杜鹃花属

拉丁名：*Rhododendron* L.

科属：杜鹃花科，杜鹃花属

形态特征：杜鹃花属全世界有 900 余种。在不同自然环境中形成不同的形态特征，既有常绿乔木、小乔木、灌木、也有落叶灌木。其基本形态是常绿或落叶灌木。主干直立，单生或丛生；枝互生或近轮生。叶互生，常簇生枝顶，多近圆形，全缘，罕有细锯齿。花两性，常多朵组成总状伞形花序，偶有单生或簇生；花冠辐射状、钟状、漏斗状或管状，喉部有深色斑点或浅色晕。花色丰富多彩，有的种类品种繁多（图 10-3）。

生态习性：杜鹃花属种类繁多，分布于亚洲、欧洲及北美洲，其中我国约占全世界种类的 59%，特别是云南、西藏、四川三省（自治区），是世界杜鹃花的发祥地和分布中心。喜酸性土，忌含石灰质的碱土和

图 10-3 杜鹃

排水不良的黏质土壤。喜光，但忌烈日暴晒，在烈日下嫩叶易灼伤，老叶焦化，植株死亡，花期缩短，而其根部离土表近亦易遭干热伤害。喜凉爽湿润的气候。忌酷热，怕严寒，生长最适温度为 12 ~ 25 ℃，超过 35 ℃则进入半休眠状态。各类之间稍有差异。杜鹃喜湿也稍耐湿，最怕干旱，对空气湿度要求较高，相对湿度一般要求在 60% 以上，休眠期需水少，春及初夏需水多，但杜鹃根系较浅，故需土壤排水良好，切忌积水。

繁殖：常用播种、扦插和嫁接繁殖，也可行压条和分株。

播种一般采用盆播，如工厂化生产大量种苗也可采用苗床播种。盆土底层用粗粒物，如碎砖、陶粒、木炭屑、煤渣等组成排水层。苗床要加厚至 5 ~ 10 cm。然后加入基质，基质用消毒过的兰花泥或腐叶土，国外工厂化生产普遍采用泥炭、苔藓与珍珠岩的混合物作为基质。播种前将播种土用窨水法或细喷头连续数次使基质吸足水分，上下密接。种子撒播均匀后，上面薄覆一层细腐殖土；也可在兰花泥上铺以 0.5 ~ 1.0 cm 厚的苔藓，将种子直接播在苔藓中。播后盆面再盖上塑料薄膜或玻璃，最好再覆盖上 40%透光率遮光网，或置阴处，一般温度保持 15 ~ 20 ℃条件下，约 18 ~ 30 d 即可出苗。园艺品种生长较快，至 5 ~ 6 月，小苗有 2 ~ 3 片真叶时分苗，秋后进行分栽，约 3 ~ 4 年即可见花。常绿杜鹃多在秋后行分苗，翌年行分栽，3 ~ 8 年后开花。

扦插是应用最广泛的方法。插穗取自当年生刚刚半木质化的枝条（5 cm 左右），剪去下部叶片，留顶端 4 ~ 5 叶。若不能随采随插，可用湿布或苔藓包裹基部，套以塑料薄膜，放于阴处，可存放数日。以梅雨季节前扦插成活率最高。基质可用泥炭、腐熟锯木屑、兰花泥、黄山土、河沙、珍珠岩等。大面积生产多用锯木屑 + 珍珠岩，或泥炭 + 珍珠岩，比例一般 3 ∶ 1，插床底部应填 7 ~ 8 cm 排水层，以利排水，扦插深度为插穗的 1/3 ~ 1/2。用生根粉或萘乙酸 300 mg/L，吲哚丁酸 200 ~ 300 mg/L 快浸处理。插后管理重点是遮阴和喷水，使插穗始终新鲜，高温季节要增加地面、叶面喷水，注意通风降温。长根后顶部抽梢，如形成花蕾，应予摘除。一般生根后要及时移栽入苗床。9 月后减少遮阴，追施薄肥使小苗逐步壮实。10 月下旬即可上盆。

嫁接砧木常用毛白杜鹃及其变种‘毛白青莲’。主要嫁接方法有切接、侧接和芽接。切接即取毛白杜鹃小株，截去顶部，采用新枝顶梢为接穗，接后需套塑料薄膜袋，这是保证成活率的重要措施。侧接法是在毛白杜鹃的侧枝上先切一较长斜切口，将接穗末端斜削后插入，绑扎后，也要外套塑料薄膜袋；成活后亦可利用高空压条法将其取下。芽接法适用于较粗的砧木或大株的侧枝，但因杜鹃枝条不粗，可采用盾形补贴芽接法，即削取盾形芽后，再在砧木上削去同样大小一片，将芽贴上，用塑料薄膜狭条扎缚，移入避雨处，较易成活。

野生杜鹃和栽培品种中的毛鹃、东鹃、夏鹃可以盆栽，也可在蔽阴条件下地栽。西鹃全行盆栽，培养土多用兰花泥，也可用泥炭土、黄山土、腐叶土、松叶土及煤渣、锯末等配制的培养土，只要 pH 在 5.5 ~ 7.0 之间，排水良好，富含腐殖质，均可使用。上盆一般在春季出温室时（4 月）或秋季进温室时（11 月）进行。杜鹃花根系扩展缓慢，盆内不可积水。每隔 3 ~ 5 年换盆 1 次，同时修整根系。要根据天气情况、植株大小、盆土干湿及生长发育需要，灵活掌握浇水，水质忌碱性，用自来水时，最好在缸中存放 1 ~ 2 d。4 月中旬出温室，正值生长旺期，需水量大；雨季要防积水；7 ~ 8 月高温季节，蒸发量大，要随干随浇，午间、傍晚还要在地面、叶面喷水降温；11 月上旬进温室，若室内加温，生长仍旺，需水仍大，尤其开花抽梢之际需水更多，若室内不加温（但温度不得低于 -3 ~ -2 ℃），生长缓慢，3 ~ 5 d 浇一次水已足。要薄肥勤施，常用肥料为草汁水、鱼腥水、菜籽饼等，除高温季节及冬季生长缓慢期外，均可施用。连日阴雨时，可用菜籽饼末施于盆面。2 ~ 4 年生苗，为加速植株成形，常通过摘心、摘蕾来促发新枝。植株成形后，主要是剪除病枝、弱枝及重叠紊乱的枝条，均以疏剪为主。开花时置于室内，花期可延续一个月；室内通风差时，放置 1 ~ 2 周即应调换。西鹃于 7 ~ 8 月间孕蕾，秋后入室，保持在 20 ℃左右，半月即可开花。在中国，若要国庆节开花，则需先保持在 3 ~ 4 ℃低温左右，至 9 月中解除低温。花后应及时摘去残花，并进行适当修剪和施肥。

种类及品种介绍：杜鹃花品种很多，全世界达数千种；中国通常栽培的约有二三百种，均归落叶杜鹃花类。根据形态性状和亲本来源，可将中国栽培的杜鹃品种分为东鹃、毛鹃、西鹃和夏鹃 4 类。东鹃即东洋鹃，来自日本，包括石岩杜鹃（*R. obtusum*）及其变种，品种很多，主要的有‘新天地’‘笔止’‘雪月’及一年开二次花的‘四季之誉’等。毛鹃即毛叶杜鹃，包括锦绣杜鹃（*R. pulchrum*）、白花杜鹃（*R. mucronatum*）及其变种，品种较少，常见的有‘玉蝴蝶’‘紫蝴蝶’‘琉球红’‘玉铃’等。西鹃泛指来自欧洲的品种，最早在荷兰、比利时育出，系由皋月杜鹃（*R. indicum*）、映山红及白花杜鹃等反复杂交而成，是品种最多，花色、花型最美的一类，栽培较多的有‘皇冠’‘锦袍’‘天女舞’‘四海波’等，近年育出不少杂交新品种。夏鹃，主要亲本为皋月杜鹃，因在 5 月下旬至 6 月开花（有的延至 7 ~ 8 月），故称夏鹃，传统品种有‘大红袍’‘长华’‘陈家银红’‘五宝绿珠’等。‘五宝绿珠’是杜鹃花中的台阁型，花中有花，重瓣程度极高。

园林用途：杜鹃花为中国传统名花，以花繁叶茂、绚丽多姿著称，并具萌发力强、耐修剪、根桩奇特等优点，是优良的盆景材料，可盆栽或制作树桩盆景。杜鹃花的许多种和品种均能露地栽培，园林中最宜在林缘、溪边、池畔及岩石旁成丛成片种植，也可于疏林下散植，上层有落叶乔木庇荫，颇具自然野趣。杜鹃花也是花篱的良好材料，还可经修剪培育成球形观赏。集不同种类于一体的杜鹃花专类园，群芳竞秀，极具特色。

10.1.4　丁香属

别名：百结、情客

拉丁名：*Syringa* L.

科属：木犀科，丁香属

形态特征：落叶灌木或小乔木。冬芽卵形被鳞片。小枝圆，髓心实。单叶对生，椭圆或披针形，有叶柄，全缘或有时有分裂，罕为羽状复叶。花两性，呈顶生或侧生之圆锥花序。花萼小，钟形，具 4 齿裂或截形，宿存，花冠细小，漏斗状，具深浅不同的 4 裂片，白色、紫色、紫红及蓝紫色等。雄蕊 2，着生于花冠筒之中部或上部。种子长圆形，扁平，具细翅。蒴果长圆形（图 10-4）。

生态习性：原产我国华北，吉林、辽宁、内蒙古、山东、陕西、河北、甘肃均有分布，为温带及寒带树种。较耐旱，耐寒性尤强，性喜光照，亦稍耐阴。喜肥沃湿润、排水良好的土壤。忌在低湿处种植，否则发育停止、枯萎而死。

繁殖栽培：北方则以播种为主。播前将种子在

图 10-4 丁香

0 ~ 7 ℃低温下层积 1 ~ 2 个月，播后约 14 d 即可出苗。出苗适宜温度为 20 ~ 25 ℃。苗高 4 ~ 5 cm 时间苗，当年秋后可移植培大。南方常行嫁接和扦插繁殖。嫁接用女贞作砧木，3 月上、中旬进行。为培养成高干乔木型，常离地 1.5 m 处行高接，采用切接或劈接，也可在生长期芽接。休眠枝扦插，在冬季选粗壮的一年生枝条作插穗，长 10 ~ 15 cm，沙藏越冬，2 ~ 3 月扦插。南方可随剪随插，插穗萌芽时搭棚遮阴，6 ~ 7 月可行半熟枝扦插，选半木质化粗壮枝，具 2 ~ 3 节，上部留存 2 片叶，插后初时遮阴要严，后逐渐透光，湿度以保持叶不萎蔫为度。

丁香对土壤的选择并不严格，甚至在轻度盐碱土中也能生长。但是丁香不耐水湿，应选择排水良好的干燥处栽植。移栽在落叶期进行，中、小苗带宿土，大苗需带泥球。丁香喜肥、好光、畏湿。适量施肥有助于丁香健壮生长，但施肥过度反而减少花芽数量。多数原产北方的丁香种类应选择光照条件好的小环境；但原产西北和西南高海拔冷凉地区的种类，如四川丁香、云南丁香等，在华北的低海拔、春夏高温地区栽植则不耐强光，选择遮阴度为 30% ~ 40% 的小环境方能正常生长。发现病枯枝、徒长枝要及时修剪，调整树姿，以使之通风透光。冬季施足以磷、钾为主的基肥，促使来年花叶繁茂。

种类及品种介绍：同属植物 30 余种，我国有 2 种，多数都可作观赏植物在园林中应用。常见种、变种、栽培品种有：①华北紫丁香（*S. oblata*）：叶广卵形，花紫色，花期 4 月中下旬。其变种白丁香（var. *affinis*）：叶小而有微柔毛，花白色；紫萼丁香（var. *giradii*）：叶先端渐尖，花序轴及花萼蓝紫色。②朝鲜丁香（*S. dilatata*）：叶卵形，长达 12 cm；花序较松散，长达 20 cm，花紫色或白色，花冠筒细长，可达 3 cm，花期 4 月中下旬。③欧洲丁香（*S. vulgaris*）：叶卵形，花序较紧密，花蓝紫色，花期 4 月下旬。有白花、蓝花、紫花及重瓣等变种及品种，北京地区常见栽培的‘佛手’丁香（cv. Alba ~ Plena）为欧洲丁香与华北紫丁香杂交种，叶卵形至阔卵形，花序较紧密，花白色，重瓣。④关东丁香（*S. velutina*）：叶椭圆形或椭圆状卵形，花淡紫色，花筒纤细，花期 4 月下旬。⑤小叶丁香（*S. microphylla*）：别名四季丁香，叶卵形至椭圆状卵形，花冠粉红色，一年两季开花，春季花期 4 ~ 5 月，夏秋花期 7 ~ 8 月。⑥蓝丁香（*S. meyeri*）：小灌木。叶椭圆状卵形，花蓝紫色，花萼暗紫色，花期 4 月中下旬。⑦什锦丁香（*S. chinensis*）：为花叶丁香和欧洲丁香的杂交种，枝细长、伸展；叶卵状披针形，花序松散，长达 30 ~ 45 cm，花淡紫色、红紫色或白色，花期 4 ~ 5 月。⑧辽东丁香（*S. wolfi*）：形态特征与红丁香相近，唯花药着生于花冠筒口内。⑨北京丁香（*S. pekinensis*）：小乔木或灌木。叶卵形至卵状披针形，花白色，花期 5 ~ 6 月。⑩暴马丁香（*S. reticulata* var. *mandshurica*）：形态特征与北京丁香相近，唯花丝细长，雄蕊长、几为花冠裂片的 2 倍。

园林用途：可丛植于路边、草坪或向阳坡地，或与其他花木搭配栽植在林缘。也可在庭前、窗外孤植，或布置成丁香专类园。还宜盆栽，且是切花的良好材料。丁香对二氧化硫及氟化氢等多种有毒气体都有较强的抗性，故又是工矿区等绿化、美化的良好材料。

10.1.5　榆叶梅

别名：小桃红、鸾枝

拉丁名：*Prunus triloba* Lindl.

科属：蔷薇科，李属

形态特征：落叶灌木或小乔木，高 1.5 ～ 5 m。叶阔椭圆形至倒卵形，先端渐尖，有时 3 浅裂，边缘有粗重锯齿，表面粗糙无毛，背面有疏松短柔毛。花腋生，单生或 2 朵并生，先叶开放或花叶同放。粉红色或近白色，花柄极短，核果橙红色，近球形，直径 1 ～ 1.5 cm，有毛，味酸苦。有单瓣、重瓣、鸾枝等品种和变种。花期 5 月上、中旬，北方适当推迟，单株花期 10 d 左右，果实 6 月成熟（图 10-5）。

生态习性：原产我国河北、山东、山西、浙江一带。温带树种，喜光，不耐阴。耐寒，抗旱，对土壤要求不严，但以中性至微酸性疏松肥沃的沙壤土为佳，不耐水涝。根系发达，耐旱力强，最宜在向阳坡地生长。

繁殖栽培：一般嫁接或播种繁殖。播种繁殖容易，发芽率高，春播或秋播。播种苗分离很大，有单瓣、半重瓣和重瓣，花径大小相差很大，最大者可超出 1.5 cm，一般第二年开花。

嫁接繁殖以秋季芽接为主，也可春季枝接。砧木一般选用实生苗或山桃、毛桃。如欲培养小乔木状榆叶梅，常选用有主干的桃砧，在离地面 2 m 左右处高干芽接。枝接宜在春季芽萌动前进行，芽接可在 7 ～ 8 月进行。

图 10-5　榆叶梅

栽植时间可在秋季落叶后至早春芽萌动前进行。如欲移植成龄植株，可在前一年的 7 ～ 8 月间，以保留根系完好为度，由 2 面或 3 面施以断根，可以使之多长须根，对栽后成活有利。

栽培中需注意修剪。在幼龄阶段，每当花谢以后对花枝适当短截，促使腋芽萌发后多形成一些侧枝。当植株进入中年以后，株丛已长得相当稠密，这时应停止短截，将丛内过密的枝条疏剪一部分。花谢后要及时摘除幼果，以免消耗营养而影响来年开花。还可以定植以后修剪成小乔木状。花后需施以追肥，以利花芽分化，使来年花大而繁。

榆叶梅花团锦簇，色彩艳丽，是良好的催花材料。作为催花的植株，必须生长健壮，而无病虫害。催花前要满足较长时间的低温，因此一般于小雪时带土球挖起，假植露地，冬至前后移至中温温室。先放在北面，维持温度 10 ～ 15 ℃，经 4 ～ 5 d 后，待枝条恢复柔软时，可以“拍盘”“作弯”，或整修成其他形状。以后每天在枝上喷 1 ～ 2 次水，润湿花蕾，促其早开花，同时视土球干湿情况适当浇水。花蕾长到 3 ～ 6 mm 时，移到温室前半部，充分接受阳光，花色才佳，每天早、中、晚各喷水一次，室温以 18 ～ 22 ℃为宜。若要加速催花，可在后期升至 25 ℃，但不宜超过 28 ℃。温度逐渐升高者，开花均匀；反之，花朵不易开齐。且花梗过长或抽叶。花蕾露色，停止喷水，以免腐烂。数天后，移入 0 ～ 3 ℃的低温温室贮存备用。一般催花过程约需 30 ～ 40 d。

种类及品种介绍：通过在全国 10 余个省市的调查，现有榆叶梅品种 40 余个。根据来源分为两个系：即榆叶梅系（*Triloba* Series），由榆叶梅栽培变异选育而来；樱榆梅系（*Arnoldiana* Series），由榆叶梅与樱李杂交产生，最初由美国阿诺德树木园育成。按花瓣数量和形态，榆叶梅品种分为 4 类、6 型，即单瓣类、半重瓣类、千叶类和樱榆类 4 类；吊钟型、单蝶型、复蝶型、紫碗型、千叶型和樱榆型 6 型。

园林用途：榆叶梅枝节茂密，花繁色艳。宜栽于公园草地、路边，或庭园中的墙角、池畔。也适宜盆栽和作切花，为主要的春季花卉。与金钟花、连翘等搭配，红、黄花朵竞相争艳，呈现一片万紫千红的景色。也可于向阳山坡栽植，更显现出一番热闹景色。

图 10–6 山茶花

10.1.6 山茶花

拉丁名：*Camellia japonica* L.

科属：山茶科，山茶属

形态特征：栽培的山茶花是茶科、茶属的许多种、变种以及相互杂交后代的统称。其中栽培最早、最广、最多的是山茶（*C. japonica*）：常绿灌木或小乔木，高可达 8 m，小枝光滑。叶革质，表面平而光亮；叶柄短，无毛。花单生枝顶及近枝顶的叶腋，几无梗，大形，径 5 cm 以上；苞片约 10 枚，外被白色绢毛；花瓣 5 ~ 7，基部合生，一般红色，栽培品种有各型重瓣及白、粉、红、紫及 2 至数色相间；花期 11 月至次年 5 月。其次为云南山茶（*C. reticulata*）和茶梅（*C. sasanqua*）。云南山茶与山茶近似，但云南山茶枝稀叶疏，叶片较山茶长、大，网脉在叶面明显。花通常红色，少白色，大于山茶，最大花径超过 20 cm。茶梅为常绿灌木或小乔木，嫩枝无毛或有毛。叶椭圆至长圆状卵形，小，薄革质，近无毛。花顶生，径 4 ~ 6 cm，苞片及萼片不分，花开时即脱落；花瓣白色，栽培品种有粉、红等色（图 10–6）。

生态习性：性喜温暖、湿润及半阴的环境，不耐烈日暴晒，过冷、过热、干燥、多风均不宜，需疏松、肥沃、腐殖质丰富、排水良好的酸性土壤。pH 以 5 ~ 6 为宜。对土地条件要求高，以云南山茶最为严格，山茶次之，茶梅适应性最强。冬季虽可耐 10 ℃以下低温，但一般盆栽者，冬季夜间温度不宜低于 3 ℃。白天温度可稍高，但不可超过 10 ℃。开花时期的适宜温度为白天 18 ℃左右，夜间应在 10 ℃以下，若在每天光照 8 ~ 9 h 的短日照条件下，开花良好。但如果在 13.5 ~ 16 h 的长日照下，会引起大量落花。在生长期要求较高的空气相对湿度，如云南山茶宜 60% ~ 80%，而茶梅较耐干燥。

繁殖栽培：可采用播种、扦插、压条及嫁接法繁殖。扦插法主要用于山茶和茶梅的繁殖，云南山茶扦插不易生根，此法在 4 ~ 6 月间进行，采取 2 年生枝，长约 5 ~ 10 cm，上端留顶芽及侧芽各 1 个，附叶片 2 ~ 3 枚，下部叶片均须剪去。扦插用土可用沙质壤土或腐殖土。扦插盆可放荫棚下，经常保持湿润，约 60 ~ 100 d 生根。扦插苗到第二年春季可抽生新枝。山茶还行压条繁殖，采用高枝压条法，通常 5 ~ 10 月间进行，2 个月后生根，剪下上盆。山茶、云南山茶及茶梅均可用嫁接繁殖，嫁接方法主要有靠接、切接和芽苗接。砧木可用山茶或油茶及茶梅的实生苗，近几十年来，多采用山茶的变种白秧茶的扦插苗为砧木，4 年生扦插苗就可用来靠接，靠接适期在 5 ~ 6 月，多用于生根困难或名贵的品种，嫁接后约 100 ~ 120 d，砧木与接穗可完全愈合，即可与母本剪离。切接宜在春季芽萌动前进行。芽苗接为近年来常采用的方法，多用油茶当年生播种芽苗，高 4 ~ 5 cm，于 6 月间按劈接法在芽苗子叶上方 1 ~ 1.5 cm 处插入接穗，扎缚后植于苗床。

生长期间应给予充足的水分，空气保持较高湿度，叶面应经常喷水。夏季宜在荫棚下；如仍置室内，须保持阴凉通风。花后换盆，盆土宜疏松土壤，其比例为壤土与腐叶土或泥炭土等量混合，并加入少量河沙。

浇水不可用碱性水。北方土壤偏于碱性反应，而井水、河水也呈碱性，山茶花因缺铁，生长不良，叶色逐渐变黄，生长缓慢。花农常用“矾肥水”与清水间浇，以供给生长发育所需的铁元素，植株得以正常生长。矾肥水的配制方法：水 200 ~ 250 kg、加入硫酸亚铁（黑矾）2.5 kg、豆饼 5 kg、猪粪 15 kg，混合沤制，一般经 10 d 至半月，腐熟后便可使用。浸泡时间越长，肥效越大。矾肥水一般在日落时浇灌。通常冬季不浇矾肥水；春季开花后开始浇矾肥水；其后逐渐减少施用次数和用量。9 月（秋分）后停止使用。

种类及品种介绍：世界山茶品种已逾 5000 个，中国约有 300 余个。根据雄蕊的瓣化、花瓣的自然增加、雄蕊的演变、萼片的瓣化等花型变化，将山茶品种分为 3 类 12 型：

（1）单瓣类：花瓣 1 ~ 2 轮，5 ~ 7 片，基部连生，多呈筒状，雌、雄蕊发育完全，能结实。

（2）复瓣类：花瓣 3 ~ 5 轮，20 片左右，多者近 50 片。主要类型有：

① 复瓣型：花瓣 2 ~ 4 轮，雄蕊小瓣与雌蕊大部集于花心，雄蕊多趋于退化，偶有结实，如‘白绵球’‘猩红牡丹’等品种。

② 五星型：花瓣 2 ~ 3 轮，花冠呈五星型，雄蕊存，雌蕊趋向退化，如‘东洋’茶等。

③ 荷花型：花瓣 3 ~ 4 轮，花冠荷花状，雄蕊存，雌蕊退化或偶存，如‘十样景’等。

④ 松球型：花瓣 3 ~ 5 轮，呈松球状，雌、雄蕊均存在，如‘小松子’‘大松子’等。

（3）重瓣类：大部雄蕊瓣化，同时花瓣自然增加，花瓣数在 50 片以上（包括雄蕊瓣）。主要类型有：

① 托桂型：花瓣 1 轮，雄蕊小瓣聚集花心，形成约 3 cm 的小球，如‘白宝珠’等。

② 菊花型：花瓣 3 ~ 4 轮，少数雄蕊小瓣聚集花心，径约 1 ~ 2 cm，形成菊花型花冠，如‘石榴红’‘凤仙茶’等。

③ 芙蓉型：花瓣 2 ~ 4 轮，雄蕊集中簇集于近花心雄蕊瓣中，或分散簇集于若干组雄蕊瓣中，形成芙蓉型花冠，如‘红芙蓉’‘花宝珠’等。

④ 皇冠型：花瓣 1 ~ 2 轮，大量雄蕊瓣聚集其上，并有数片雄蕊大瓣居中，形成皇冠型花冠，如‘花佛鼎’等。

⑤ 绣球型：花瓣轮次不明显，花瓣与雄蕊瓣外形无明显区别，少量雄蕊散生于雄蕊瓣中，形成绣球型花冠，如‘大红球’等。

⑥ 放射型：花瓣 6 ~ 8 轮，呈放射状六角形，雌、雄蕊已不存在，如‘粉丹’等。

⑦ 蔷薇型：花瓣 8 ~ 9 轮，形若重瓣蔷薇，雌、雄蕊已不存在，如‘小桃红’等。

园林用途：山茶、云南山茶和茶梅，是常绿花木。花大色艳、花型丰富、花期又长，是极好的庭园美化和室内布置材料。山茶树态优美，在长江以南（青岛、西安小气候良好处也可露地越冬），常散植于庭院、花径、假山旁和林缘等地。也可建山茶专类园，我国许多城市都有山茶专类园。北方宜盆栽，布置会场、厅堂效果甚佳。而山茶、茶梅生势强健，宜阳光充足，且稍抗旱，可适用为基础栽植的篱植材料，茶梅篱兼有花篱和绿篱的效果。

10.1.7　连翘

别名：黄花杆、黄金条、黄绶带、黄寿丹

拉丁名：*Forsythia suspense*（Thunb.）Vahl.

科属：木犀科，连翘属

形态特征：落叶灌木，茎丛生，直立。枝开展，拱形下垂，略有藤性。小枝黄褐色，4 棱，髓中空。单叶或是小叶，对生，卵形。花腋生，黄色，1 ~ 3 朵为一簇，花冠 4 深裂，花冠筒内有橘红色条纹。花萼 4 深裂，萼片长椭圆形。花期 3 ~ 4 月。蒴果狭卵形，略扁，种子有翅，10 月成熟（图 10-7）。

生态习性：原产我国北部和中部。喜温暖、向阳，也耐冬季严寒。适生于湿润肥沃的土质。耐旱，不耐涝。生长旺盛，萌发力强。耐瘠薄，根系发达。

繁殖栽培：可用扦插、播种、分株等方法进行繁殖。扦插宜在春季 2 ~ 3 月，用预先贮藏的 1 ~ 2 年生枝扦插，嫩枝扦插在梅雨季节进行。插条于节处剪下，长 8 ~ 15 cm，成活率极高。播种繁殖可在秋季采种后，清理干净后干藏，翌年 2 ~ 3 月条播。3 月下旬开始发芽，持续出苗达 1 个月，如种子在播前层积 2 个月，则出苗快而整齐。分株可结合移栽进行。早春裸根起苗，以利刀切割分栽，极易成活。压条生长期进行，不需刻伤即可生根。

多地栽，栽植时期以 10 月或早春为宜，选向阳而排水良好的肥沃土壤。裸根或土球移栽均可。栽植当年最好不使开花，以利成活。花前、花后及夏季花芽分化期应施以追肥，要少施氮肥，多施磷、钾肥，以促使分化更多的花芽。花期不必追肥。生长过程中易萌发徒长枝，当年长可达 2 m，严重影响株形，可于初夏进行短截或疏剪，同时进行摘心，促发分枝。每年花后需剪除枯枝、弱枝。疏去过密、过老枝条，以促进萌发新枝，使翌年开花繁茂。同时在根际处要施以基肥。盆栽时要及时供给水分，若浇水少时易引起早期落叶，致使花芽分化不良。当花蕾逐渐膨大时不可缺水，最好采用往枝条上喷水的方法，如果盆土积水会影响正常开花。花期保持盆土稍干即可。切记保证植株接受充足的光照，环境荫蔽则花芽分化少；而花期光照不足，花色则变淡，严重影响观赏价值。

图 10-7 连翘

种类及品种介绍：同属中常见的种有：①金钟花（*F. viridissima*）：落叶灌木。高 1.5 ~ 3 m，小枝绿色或绿褐色，髓薄片状，叶椭圆状矩圆形至披针形，各地多有栽培。其变种朝鲜连翘（var. *koreana*）：花较大，中国东北部有栽培。金钟连翘（*F. internedia*）：是连翘和金钟花的杂交种，性状介于两者之间，欧美园林中常有栽培，中国北京有引种。②卵叶连翘（*F. ovata*）：落叶灌木，高约 1.5 m，叶卵形至广卵形，花单生叶腋，中国东北地区有栽培。③秦岭连翘（*F. giraldiana*）：落叶灌木，高达 3 m，小枝暗紫色，髓片状，叶两面具疏毛。

园林用途：连翘早春先叶开花，满枝金黄，在园林中适宜宅旁、亭阶、墙篱下和路边孤植或丛植，若在溪边、池畔、岩石、假山下栽种，亦甚相宜。若与榆叶梅或紫荆共同组景，或以常绿树作背景，效果更佳。它根系发达，可作护堤树栽植。还可用作花篱或在草坪成片栽植。也可制成桩头盆景或扎面屏篱。

10.1.8 木槿

别名：朝开暮落花、篱障花

拉丁名：*Hibiscus syriacus* Linn.

科属：锦葵科，木槿属

形态特征：落叶灌木或小乔木，株高 2 ~ 6 m。枝干直立，树皮灰白色，小树幼时密被绒毛，后渐脱落。

单叶互生，卵形或菱状卵形，先端通常 3 裂，边缘有不规则的钝齿或缺刻，有明显的 3 主脉，背面仅脉稍有毛。花单生腋生，具短柄，钟状，萼片外侧密生星状柔毛。花期 6 ~ 7 月。蒴果卵圆形，密生星状绒毛。内含种子多数，种子扁平，黑褐色，10 ~ 11 月成熟（图 10-8）。

生态习性：原产我国中部，现全国各地普遍栽培。适应性强，亚热带及温带花木，喜温暖湿润环境，但又耐寒与干旱。喜光，也耐半阴。对土壤要求不严，能在干旱瘠薄的砾质土中或微碱性的土壤中正常生长，但以深厚、肥沃、疏松的土壤为最好。萌芽力强，耐修剪。能抗烟尘及氯气、二氧化硫等有害气体。

繁殖栽培：可用扦插、播种、分株等方法繁殖。硬枝扦插和嫩枝扦插均可。硬枝扦插成活率最高，应用最普遍，一般在 3 月底进行。剪取一年生粗壮枝条，剪成 15 ~ 20 cm 长的插穗，插入苗床，扦插深度原则上保证插穗上端基本与地面相平。插后灌透水，最好覆盖塑料薄膜以保湿增温，一般 15 ~ 20 d 即可生根发芽，当年即可长 1 m 左右。嫩枝扦插宜在雨季进行，选取当年生的半木质化的新枝，剪成长 10 ~ 15 cm 的插条，上部保留 1/3 叶片，入土深度 3 ~ 4 cm。插后经常喷水，保持土壤湿润，并适当遮阴，一般 10 ~ 15 d 即能成活。播种一般在春季进行。果实 10 月成熟后，11 ~ 12 月采种最适宜，

图 10-8　木槿

采收后剥出种子低温干藏，到翌春 4 月条播或撒播。分株在秋天落叶后或早春发芽前，挖取植株根际的萌株，另行栽植。栽前可适当修剪根部，并对地上部实行重短截。

木槿生长强健，管理简单。移植在落叶期进行，通常带宿土。为了提高其观赏效果，使其花繁色艳，应给予必要的管理。木槿在当年生新枝上开花，在秋季落叶后可进行适当修剪。修剪时宜疏剪与短截相结合，对长枝适度短截，疏去过密枝、细弱枝，使营养集中，树形丰满。春季植株发芽后的 4 月中、下旬，应施 1 次肥，并适时浇水，保证土壤有充足的肥水，可实现花繁叶茂。

种类及品种介绍：栽培品种很多，如单瓣花类主要有纯白、白花红心、蓝花、粉花、红花等品种。重瓣或半重瓣花类主要有纯白重瓣、粉花红心、紫花等。

园林用途：木槿花期长达 4 个月，花朵大而繁密，有不同花色、花型，开花时满枝花朵，娇艳夺目，甚为壮观。且在夏、秋炎热花少时开放，为园林中优良的观花树种。在园林中常用作花篱，因枝条柔软，作围篱时可进行编织。也可丛植或孤植点缀庭园。通过修剪还可养成乔木形树姿。它对二氧化硫、氯气等有害气体抗性很强，又有滞尘功能，可作有污染源的工厂和街坊的绿化树种。

10.1.9　一品红

别名：象牙红、圣诞树、猩猩木、老来娇

拉丁名：*Euphorbia pulcherrima*

科属：大戟科，大戟属

形态特征：灌木，株高可达 6 ~ 7 m，茎直立，光滑，含乳汁。单叶互生，卵状椭圆形至披针形，长 10 ~ 20 cm，全缘或有浅裂，背面有软毛，茎顶部花序下的叶较狭，苞片状，通常全缘，开花时呈朱红色。顶生杯状花序，花小而单性，成聚伞状排列，总

苞淡绿色，边缘有齿和 1 ~ 2 个大黄色腺体，雄花丛生，无花被，仅具一枚有柄的雄蕊，雌花单生，位于总苞中央，无花被，子房具长梗，受精后伸出总苞外（图 10-9）。

生态习性：原产墨西哥和中美。喜阳、温暖、湿润，要求光照充足，耐寒性差。对土壤要求不严，但以微酸性的肥沃沙质壤土为好。花芽分化适温为 15 ~ 19 ℃，低于 15 ℃不能进行花芽分化。一品红为短日性植物，在日照 10 h 左右，温度高于 18 ℃的条件下开花。一般 10 月下旬起花芽分化，12 月下旬开始开花，花期 12 月至翌年 2 月。

繁殖栽培：以扦插为主，用嫩枝或休眠枝插均可，但以嫩枝扦插生根快，成活率高。5 月中旬至 6 月上旬选一年生枝条剪取插穗，长约 10 cm，将其上的叶片剪去一半，然后插入水中，以免汁液流出。扦插前切口最好用草木灰涂抹，稍干后再插，也可用火烧一下后扦插。插床用细沙土或蛭石。扦插深度 4 ~ 5 cm。温度保持 20 ℃左右，遮阴，可每天于早晚喷水，保持床土和空气湿润。插后 10 d 内不要吹风，否则叶片易卷，影响成活。这样大约 20 d 生根。新枝长至 10 ~ 12 cm 时，即可分栽上盆，当年冬天开花。

扦插成活后，应及时上盆。盆土可用园土 2 份、腐叶土 1 份、堆肥土 1 份。经 3 ~ 4 周生长后即可进行摘心，从基部往上数，留 4 ~ 5 片叶，把枝端剪去，使其发出 3 ~ 4 个侧枝，形成 1 盆具有 3 ~ 5 个花头的植株。生长期间必须有充足的光照和均匀的水分。但一品红生长旺盛，栽培中要适当控制水分，以免水分过多引起徒长，破坏株形。生长期间需肥较多，主要以氮肥为主，氮肥不足会引起下部叶片脱落。除施足基肥外，在摘心后 7 ~ 10 d 即应开始追肥，每周 1 次稀薄液肥。在接近开花时宜施用一些过磷酸钙等水溶液，可使苞片色泽艳丽。规模化生产也可使用各种肥料配方的缓释肥。一品红不耐寒，冬季室温不得低于 15 ℃，以 16 ~ 18 ℃为宜，否则温度低，叶变黄而脱落。

图 10-9　一品红

一品红是短日照花卉，利用短日照处理可提前开花，利用长日照处理可延迟花期。当完成营养生长阶段后，每日给予 9 ~ 10 h 的自然光照，使黑暗时间达到 14 ~ 15 h，即可提前形成花芽，单瓣品种经 45 ~ 50 d，重瓣品种 55 ~ 60 d 即可开花。如欲“十一”开花，一般 8 月 1 日开始进行短日照处理。在花芽分化前的 9 月中旬开始给予长日照处理，每日给予 14 ~ 16 h 光照，则可抑制花芽分化，推迟花期。

种类及品种介绍：一品红的园艺品种很多。在品种分类上，依茎的高矮可分为高型和矮型；依自然花期分早花种（11 月中下旬开花）、中间种（12 月上旬开花）和晚花种（12 月中旬开花）；按苞片颜色分类更为普遍，大致分为红苞、粉苞、白苞和重瓣一品红。近年来培育出的 4 倍体新品种，观赏价值比原有的 2 倍体更高。目前常见栽培的品种有‘自由’（Freedom）、‘彼得之星’（Peter Star）、‘成功’（Success）、‘倍利’（Pepride）、‘圣诞之星’（Winter Rosea）等。

园林用途：一品红花色艳丽、花期很长，又正值圣诞节、元旦、春节开放，故深受各国人民欢迎，是冬春重要的盆花和切花材料。常用于布置花坛、会场，或装饰会议室、接待室等。也可作切花材料，制作花篮、插花等。在暖地还可露地栽植，布置花坛、花篱或作基础栽植。采用花期调控法可在“七一”“八一”“十一”等节日开花，满足节日布置需要。

10.1.10 叶子花属

拉丁名：*Bougainvillea* Comm. ex Juss

科属：紫茉莉科，叶子花属

形态特征：小乔木或灌木，或为具攀缘性的藤本。枝叶密生茸毛，单叶互生，卵形或卵圆形，全缘，具叶柄。茎有刺或无，刺腋生。花小，呈紫、红、橙、白等色，常3朵簇生于纸质的苞片内，苞片形状似叶，呈淡紫红色，椭圆形，花梗与苞片中脉合生，花被管状，密生柔毛，淡绿色，缘具5～6裂（图10-10）。

生态习性：原产南美，性喜温暖湿润环境，适于在中温温室栽培，不耐寒，冬季室内温度不得低于7℃，较耐炎热，气温达35℃以上仍能正常生长，华南地区可正常露地越冬。生长期对水分需求量较大，水分供应不足，易产生落叶现象，要求光照充足，光照充分则着花多，光线不足，新枝生长细弱，叶色暗淡。对土壤要求不严，但以轻松肥沃的沙质壤土为宜。

繁殖栽培：采用扦插法繁殖，温室扦插可在1～3月，选充实成熟枝条，插入沙床中。室温25℃以下，约1个月生根，发根后即可上盆。若露地扦插可在花谢后进行。用20 mg/L的IBA处理24 h，有促进插条生根的作用。对于扦插不易生根的品种，可用嫁接法或空中压条法繁殖。

图10-10 叶子花

繁殖成功后，及时上盆，盆土以壤土、牛粪、腐叶及沙等混合堆积腐熟，使用时再加入适量的骨粉。栽培过程中要经常摘心，以形成丛生而低矮的株形。也可设支架，使其攀缘而上。叶子花属喜光植物，无论在室内或露地栽培，都要放置或栽植在阳光充足的地方，春天发芽前进行换盆，夏季和花期要及时浇水，花后应适当减少浇水量。生长期每周追施肥液一次，花期增施几次磷肥。开花期落花、落叶较多。花后进行整形修剪，调整树势，将枯枝、密枝、病弱枝及枝梢剪除，促生更多茁壮的新枝，保证开花繁盛。大约5年可以重剪一次。冬季要控制浇水，使植株充分休眠，则来年春夏会更加花繁叶茂。

种类及品种介绍：叶子花属约18种，我国引入栽培2种：①叶子花（*B. glabra* Choisy）：别名三角花、宝巾。攀缘性灌木，无毛或稍有柔毛，茎木质，有强刺。叶光滑，有光泽，绿色，长椭圆状披针形或卵状长椭圆形，乃至阔卵形，基部楔形。苞片大，椭圆形或椭圆状披针形，红色或紫色。苞片脉显著。花期夏季。其主要变种有斑叶叶子花（var. *variegata* Hort.）：叶有白斑；堇色叶子花（var. *sanderiana* Hort.）：苞片为美丽的堇色。②九重葛（*B. spectabilis* Willd）：攀缘性灌木。生长势极旺盛，茎上具先端弯曲的刺。密生绵毛。叶卵形，较叶子花的叶片大，且质较厚。苞片大，椭圆状卵形，深桃红色。其主要变种有深红九重葛（var. *crimson* Lake）：苞片为有光泽的深红色；砖红九重葛（var. *lateritia* Lam）：苞片砖红色；红花九重葛（var. Mrs. Butt）：为杂交种，苞片深红色。

园林用途：叶子花属植物是攀缘灌木，生长旺盛，在热带地区能攀缘10余米高，常在被攀缘树木的树冠上开花，十分壮观。花期极长。在华南地区是十分理想的垂直绿化材料。用于花架、拱门、墙面覆盖等；

也适用于栽植在河边、坡地作彩色地被应用。萌发力强，是制作桩景的良好材料。在长江流域以北，是重要的盆花。可用以布置夏、秋花坛。采用控制花期的措施，或使叶子花在“五一”“十一”开花，是节日布置的重要花卉。

10.1.11　八仙花

别名：绣球、阴绣球、草绣球

拉丁名：*Hydrangea macrophylla* Set.

科属：虎耳草科，八仙花属

形态特征：落叶灌木，高 1 ~ 4 m。叶对生，椭圆形至阔卵形或倒卵形，长 7 ~ 20 cm，叶柄粗壮，具总梗，疏生短柔毛。多为不孕花，不孕花在外缘，具 4 枚花瓣状的大萼片，绿白色、粉红色、紫蓝色，花期 6 ~ 7 月（图 10-11）。

生态习性：我国湖北、四川、云南、广东等省均有分布。性喜温暖、湿润及半阴的环境。宜肥沃、富含腐殖质、排水良好的稍黏质土壤。为酸性植物，不耐碱，适宜的土壤酸碱度为 pH 4.0 ~ 4.5。八仙花的花色与土壤的酸碱度相关。粉色的八仙花，若土壤呈酸性时花色变蓝，这是由于植株根系较多地吸收溶于土壤水分的铝和铁的缘故。

繁殖栽培：扦插、压条、分株皆可，一般以扦插为主。硬枝扦插可在 3 月上旬前植株尚未发芽时进行，切取枝梢 2 ~ 3 节，行温室盆插。亦可在发芽后至 7 月新芽停止生长期间扦插，即嫩枝扦插，切取萌发的新梢，扦插于河沙中，给予 18 ~ 20 ℃，遮阴，保持插床和空气湿润，10 ~ 20 d 生根。插穗用 0.0025% ~ 0.010% 的吲哚丁酸液浸 24 h，可有效促进生根。扦插成活后，第二年即可开花。压条繁殖，在春季萌动时就用老枝压条，直至嫩枝抽出 3 ~ 4 节时便可浇肥水，经 1 个月后可生根，次年 2 ~ 3 月与母株切断，根部带土分栽。也可当年 6 ~ 7 月切断，第二年 2 ~ 3 月分栽。用老枝压条的植株，当年即可开花。分株通常于春天发芽前进行。

图 10-11　八仙花

露地栽培的八仙花管理粗放，抗病虫害能力强，一般在开花后行短剪，促使生长新枝，待新枝长至 8 ~ 10 cm 时，行第二次短剪，促芽充实，以利次年长出花枝。盆栽的八仙花主要注意水的管理。浇水过多易引起烂根。生长期间每 2 ~ 3 周施以豆饼，人粪尿或鸡粪沤制的稀释液肥一次，以促其生长和花芽分化。8 月以后增加光照，促进花芽形成。9 月以后逐渐减少灌水，促使枝条充实，准备进入休眠。10 月底摘除叶片移入低温温室，控制浇水，维持半干状态，室温保持 3 ~ 5 ℃，令其充分休眠。休眠期 70 ~ 80 d，一冬只需浇水两次。可在 12 月至翌年 1 月开始进行促成栽培，初期温度不宜过高，控制在 13 ℃，以后逐渐加至 16 ~ 21 ℃。

种类及品种介绍：主要变种有 4 种：

（1）大八仙花（var. *hortensia* Rehd）：花全为不孕花，萼片卵形而全缘。原产日本。

（2）紫阳花（var. *otaksa* Bailey）：花全为不孕花，径可达 20 cm，在园林中大量栽培。

（3）银边八仙花（var. *maculata* Wils）：叶缘白色，花序具可孕花和不孕花。是良好的观叶植物。

（4）蓝八仙花（var. *coerulea* Wils）：花两性，深蓝色，边花蓝色或白色。

园林用途：八仙花花色多变，盛开时花团锦簇，美丽多姿，是优良的观赏花木，适宜栽植于建筑物北面、棚架下、树荫下等，栽于池畔、水边亦甚相宜。也可盆栽布置展室、厅堂、会场等，是室内装饰的优良材料。

10.1.12　天竺葵属

拉丁名：*Pelargonium* L'Herit

科属：牻牛儿苗科，天竺葵属

形态特征：亚灌木。全株有特殊气味。茎粗壮多汁，叶对生，圆形、肾形或扇形。伞形花序腋生，花左右对称，花瓣与花萼均 5 枚，花萼有距，与花梗合生（图 10-12）。

生态习性：天竺葵属植物大多原产南非。喜凉爽，怕高温。要求阳光充足，怕水湿而稍耐干燥，宜排水良好的肥沃壤土。耐寒性较差。冬季室内白天 15 ℃左右，夜间不低于 5 ℃，保持光照充足，即可开花不断。夏季炎热，植株处于休眠或半休眠状态，移至半阴处，控制浇水。

繁殖栽培：通常扦插繁殖，除夏季外，全年都可扦插。插条选生长势强的顶端嫩梢，长约 5 ~ 8 cm，削去基部大叶，留顶端 1 ~ 2 片小叶。天竺葵类植物茎嫩多汁，插条做成后，可略晾干，切口干燥一天后再行扦插，土温 10 ~ 12 ℃，1 ~ 2 周内生根。春季 5 ~ 6 月扦插，冬季或早春开花；秋季 9 ~ 10 月扦插，次年晚春开花。

图 10-12　天竺葵

扦插苗生根后应及早上盆，培养土以排水良好、腐殖质丰富的壤土为宜，可用壤土 3 份、腐叶土 2 份及沙 1 份，再加适量骨粉、过磷酸钙拌合后使用。生长期常追以液肥，但肥料及灌水均不宜过量，否则易致茎叶徒长、开花延迟且着花少。常年在室内栽培，植株生长势变弱，因此每年开花后都应移到室外培养，并于霜冻后再入温室。夏季 7 ~ 8 月为休眠期，既怕烈日，又怕高温和雨水，可选地势干燥、能通风、稍有隐蔽之处放置。夏季天竺葵需每年翻盆，更换新土，翻盆时间多在 8 月中旬至 9 月上旬，翻盆时，可适当修去一些较长的须根，上部多余的萌芽也适当剥除。

种类及品种介绍：同属约 250 种，常见栽培的种类有：

（1）天竺葵（*P. hortorum* Bailey）：别名洋绣球。茎肉质，株高 30 ~ 60 cm。叶互生，圆形至肾形，直径 5 ~ 7 cm，边缘有波形钝锯齿，通常叶缘内有蹄纹。通体被细毛和腺毛，有鱼腥味。伞形花序顶生，总梗很长，花瓣近等长，下 3 枚稍大。花色有红、淡粉、粉、白、肉红等。有单瓣和重瓣品种，还有彩叶变种（var. *marginatum* Bailey）。

（2）大花天竺葵（*P. domesticum* Bailey）：别名蝴蝶天竺葵。亚灌木，茎直立，株高 50 cm，全株具软毛。叶上无蹄纹，广心脏卵形至肾形，叶缘齿牙尖锐，不整齐。花大，上 2 枚花瓣较宽，各有 1 块深色的块斑。花色有紫、淡紫、红、绯红、淡红和白等。

（3）盾叶天竺葵（*P. peltaum* Ait.）：别名藤本天竺葵。藤本，茎蔓生而较细弱，匍匐或下垂。叶盾形，有 5 浅裂，稍有光泽。伞形花序，有花 4 ~ 8 朵，上 2 枚花瓣上有暗色斑点和条纹，花梗长 7.5 ~ 20 cm，花有粉、白、紫和桃红等色。

（4）香叶天竺葵（*P. graveolens* L'Herit）：半灌木，高约 1 m。叶掌状，5 ~ 7 深裂，裂片再羽状浅裂，有香味。花较小，花冠粉红色，有紫色条脉。

（5）蹄纹天竺葵（*P. zonale* Ait.）：别名马蹄纹天竺葵。亚灌木，株高 30 ~ 80 cm，茎直立，圆柱形肉质。叶倒卵形或卵状盾形，通常叶面有浓褐色马蹄状斑纹，缘具钝锯齿。花瓣为同一颜色，深红到白色，上部 2 枚极短，花瓣狭楔形，萼筒比萼片长 4 ~ 5 倍。

园林用途：天竺葵为重要的盆栽花卉。“五一”盛开，适于室内装饰及花坛布置。因花期较长，在冬暖夏凉地区，周年可作露地栽植。

10.1.13 倒挂金钟

拉丁名：*Fuchsia hybrida*

科属：柳叶菜科，倒挂金钟属

形态特征：灌木或小乔木。单叶，对生、互生或轮生。花单生叶腋或为丛生状，或成顶生总状或圆锥花序，下垂。花瓣 4 枚，萼筒钟状或管状，萼片 4 裂开张，与花瓣同色或异色，有白、紫、红等色，雌雄蕊常伸出花外。

生态习性：原产美洲热带及新西兰，墨西哥山地是最主要的产区。喜凉爽、湿润，不耐炎热高温，生长适温 10 ~ 15 ℃，温度超过 30 ℃生长缓慢，呈半休眠状态，35 ℃以上高温则枝叶枯萎，甚至死亡。稍有耐寒力，5 ℃以下易受冻害。要求腐殖质丰富、排水良好的肥沃沙质壤土。

繁殖栽培：通常扦插繁殖，周年均可进行，以春、秋两季最为适宜。插穗应随剪随插，选健壮的顶部枝梢，长 5 ~ 6 cm，留顶部叶片，插于沙床中，温度 20 ℃时，约 10 ~ 12 d 生根。

扦插生根后应及时上盆，否则根易腐烂，应随着植株生长，及时进行换盆，以保证一定的营养面积。盆栽培养土可用腐叶土 4 份、园土 5 份、沙或砻糠灰 1 份。生长期间进行多次摘心，促使植株分枝、株形匀称、发育旺盛、开花繁茂，每次摘心后 2 ~ 3 周即可开花。因其生长迅速，开花量多，因此生长期应加强肥水供给。施肥除炎热夏季不施外，其他时间最好每 10 ~ 15 d 施一次，施肥时盆土应稍干燥，以腐熟的豆饼肥为好。倒挂金钟的安全越夏是养护管理的关键，栽培中应采取降温措施，可放置荫棚下，经常叶面喷水或地面洒水、加强通风等。待叶子枯黄后可将上部枝稍剪除，控制浇水，使其逐渐进入休眠，安全越夏。待 8 月下旬至 9 月上旬气候凉爽时，再逐渐浇水、施肥，促进生长，并进行翻盆。

种类及品种介绍：同属约 100 种，常见栽培种类有：

（1）倒挂金钟（*F. hybrida* Voss.）：别名灯笼海棠、吊钟花、吊钟海棠。长绿灌木，株高 30 ~ 150 cm。茎近光滑，小枝细长而稍下垂，常带紫红色，老枝木质化。叶对生或轮生，卵形至卵状披针形，叶缘疏齿状。花腋生，花梗长达 3 ~ 4 cm，花朵倒垂，萼筒与萼裂片近等长，深红色，裂片平展或上卷，花瓣 4 枚，重瓣品种可达 10 余片。园艺品种极多，有单瓣、重瓣，花色有白、粉红、橘黄、玫瑰紫及茄紫色等。

（2）短筒倒挂金钟（*F. magellanica* Lam.）：别名短筒吊钟海棠。株高约 100 cm，枝条下垂，带紫红色，幼时具细毛。叶对生或轮生，卵状披针形，叶缘具疏齿牙，叶面鲜绿色具紫红色条纹。花单生叶腋，花梗红色，被毛，细长下垂，长约 5 cm；萼筒短，约为萼裂片长度的 1/3，绯红色；花瓣蓝紫色，阔倒卵形，稍翻卷，比萼裂片短。

（3）长筒倒挂金钟（*F. fulgens* Moc.）：别名长筒吊钟海棠。地下具块状根茎。株高 1 ~ 2 m，疏生柔毛。嫩枝梢多汁，带红色。叶较大，长 10 ~ 20 cm，宽 5 ~ 12 cm。萼筒长管状，基部较细，鲜朱红色，花瓣短，长 1 cm，深绯红色。

（4）白萼倒挂金钟（*F. alba-coccinea* Hort.）：别名白萼吊钟海棠。为栽培杂种。萼筒长，白色，萼裂片翻卷，花瓣红色。

（5）三叶倒挂金钟（*F. triphylla* L.）：低矮丛生灌木，株高 20 ~ 50 cm。叶常 3 枚轮生，表面绿色，背面鲜赤褐色，叶脉上密布茸毛。花朱红色，长 4 cm，萼筒长，上方扩大，花瓣甚短。

园林用途：是我国习见的盆栽花卉，花色艳丽，花形奇特，花期长，适于布置在花架、案头、窗台上点缀室内。夏季凉爽地区常用作花坛材料。也可作切花。

10.1.14　紫藤

别名：藤萝、朱藤、黄环

拉丁名：*Wisteria sinensis* Sweet

科属：蝶形花科，紫藤属

形态特征：大型落叶木质藤本。奇数羽状复叶，小叶 7 ~ 13 枚，卵状长椭圆形，长 1.5 ~ 11 cm，嫩叶有毛，老叶无毛。总状花序下垂，长 15 ~ 30 cm，花大，淡紫色，有香味，4 ~ 5 月开放，与叶同放或稍早于花开放。荚果长条形，长 10 ~ 20 cm，表面密生银灰色短绒毛，内含种子 1 ~ 3 粒，10 ~ 11 月成熟（图 10-13）。

生态习性：紫藤分布于我国东北南部至广东、四川、云南等省份。喜光，略耐阴，较耐寒。对气候和土壤适应性很强。喜深厚、肥沃、排水良好、疏松的土壤。有一定的抗旱能力，又耐水湿及瘠薄土壤。对二氧化硫、氯气和氟化氢的抗性较强，对铬也有一定的抗性，对城市环境适应的能力强。主根深，侧根浅，不耐移植。生长较快，寿命很长，常见有数百年的老紫藤。缠绕能力强，能绞杀其他植物。

图 10-13　紫藤

繁殖栽培：常用播种、扦插繁殖，也可分株、压条、嫁接繁殖。一般以播种为主。于秋后果实成熟后采种，晒干贮藏。翌春用 60 ℃温水浸种 1 ~ 2 d，见种子膨胀后即点播于土中，约 1 个月出苗。因植株不耐移植，故播种时株行距应稍大，2 ~ 3 年后直接移往定植处。扦插繁殖可在春季 2 ~ 3 月，选取健壮一年生枝，剪取 15 ~ 20 cm 长作插条，成活率较高。由于紫藤根际萌芽力特强，故常采用根插。根插后，苗床上根蘖也不易挖尽。根插苗小枝细，开始时匍匐地面，5 ~ 6 年后根颈处至 2 cm 粗、直立，方才出圃。优良品种用嫁接繁殖，用原种为砧木。

紫藤直根性很强，故移植时宜尽量多带侧根并带土坨。多于早春定植。定植前先搭架，并将粗枝分别系在架上，使其沿架攀缘。由于紫藤寿命很长，枝粗叶茂，重量很大，制架材料必须坚实耐久。幼树定植初期，枝条不能形成花芽，以后即会着生花蕾。如栽种数年后仍不开花，一是因树势过旺，枝叶过多；二是树势衰弱，难以积累养分。前者采取部分切根和疏剪枝叶，后者增施肥料即能开花。肥料应当多施钾肥。生长期一般追肥 2 ~ 3 次，开花后可将中部枝条留 5 ~ 6 个芽短截，并剪除弱枝，以促进花芽形成。休眠期剪除过密或过弱的枝条，增强生长势，以利开花。

园林用途：紫藤生长迅速，花大美丽，为优良的棚架材料，可绿化门廊、透空长廊、山石、墙面等，也有使其攀缘在枯树上，使枯树逢春的。也可修剪呈灌木状，丛植于草坪上、溪水边、岩石旁。此外还可行盆栽或制作桩景。

10.1.15　凌霄

别名：紫葳、大花凌霄、中国凌霄

拉丁名：*Campsis grandiflora* Loisel

科属：紫葳科，凌霄属

形态特征：落叶大藤本，借气生根攀缘他物上伸。树皮灰褐色，呈细条状纵裂。小枝紫褐色。奇数羽状复叶，对生，小叶 7 ~ 9 枚，卵形或长卵形，长 3 ~ 6 cm，端渐尖，缘有疏齿 7 ~ 8 对，两面光滑无毛。聚伞花序圆锥状，顶生，花冠唇状漏斗形，短而阔，鲜红色或橘红色，裂部径 7 ~ 8 cm，萼长约花冠筒之半，5 深裂几达中部，裂片三角形，渐尖。蒴果先端钝，种子扁平，多数。花期 7 ~ 9 月。果熟期 10 月（图 10-14）。

生态习性：产陕西、河北、河南、山东、江苏、江西、湖南、湖北、福建、广东、广西等省、自治区。喜阳、略耐阴，喜温暖、湿润气候，不耐寒。要求排水良好、肥沃湿润的土壤。较耐水湿，也耐干旱，并有一定的耐盐碱能力。萌芽力、萌蘖力均强。

繁殖栽培：主要用扦插和压条繁殖，也可用分株和播种繁殖。扦插繁殖于 11 月下旬至 12 月剪取长约 2 ~ 3 节插条沙藏，翌春 2 ~ 3 月插于苗床，2 个月便生根。春季剪下有气根的枝条插入土中或在梅雨季扦插均易成活。压条在立夏后进行。把枝条弯曲埋入土里，深达 10 cm 左右，保持湿润，极易生根。分株系将植株基部的萌蘖带根掘出，短截后另栽也容易成活。播种繁殖则在种子采收后在温室播种，或干藏至翌春播种，气温 12 ~ 15 ℃时，约 10 d 即发芽。

图 10-14 凌霄

管理比较容易。移植在春、秋两季进行。植株通常需带宿土，植后设以支柱，使其攀附。在萌芽前剪除枯枝和密枝，以整枝形。发芽后应施一次稍浓的液肥。紧接着浇一次水，以促其枝叶生长和发育。

种类及品种介绍：本属常见栽培的还有美国凌霄（*C. radicans*）：产北美，耐寒力较强，园艺品种很多。小叶 9 ~ 13 枚，椭圆形，叶轴及小叶背面均有柔毛；花萼筒无棱，浅裂；花冠比凌霄花稍小，橘黄色。

园林用途：凌霄柔条细蔓，花大色艳，花期甚长，为庭园中棚架、花门之良好的绿化材料。亦适于配植在枯树、石壁、墙垣等处，蔓条悬垂，花繁色艳，妩媚动人。亦可作桩景材料。因其花粉入眼易引起红肿，故不宜用于幼儿园和小学的绿化。

10.1.16 金银花

别名：忍冬、金银藤、鸳鸯藤

拉丁名：*Lonicera japonica* Thunb.

科属：忍冬科，忍冬属

形态特征：半常绿缠绕藤本。小枝中空，密生柔毛及腺毛。单叶对生，卵形或椭圆形，端尖或渐尖，基部圆形或心形，全缘。花成对腋生，两性；花冠二唇形，上唇四裂而直立，下唇反转，花开时为白色，略带紫晕，有香气，后变黄色。花期 5 ~ 7 月。浆果黑色，成对。

生态习性：原产我国，分布极广。性强健。喜阳亦耐阴。耐寒性强，耐干旱及水湿。对土壤要求不严，酸、碱土壤均能适应，但以湿润、肥沃、深厚的砂壤土生长最好。根系密，萌生性强。野外常生溪边、山坡、灌丛中。

繁殖栽培：播种、扦插、压条、分株均可繁殖。扦插繁殖容易，于春、夏、秋三季都可进行，而以雨季最好。选一年生壮条，长约 15 ~ 20 cm，插入土内 2/3，浇水一次，2 ~ 3 星期后即可生根，第二年移植后即可开花。成活率高。也可采用播种繁殖。10 月果实成熟，采回放入布袋中捣烂，用水洗去果肉，捞出种子阴干、层积贮藏。每千克种子约 14 万粒。春季 4 月上旬播种，播前先把种子放在 25 ℃温水中浸泡一昼夜，取出后与湿沙混拌，置于室内，待 30%～40%的种子裂口时进行播种。播后撒上细土一层，盖以稻草，仍需每天喷水。苗高 10 cm 时，为防止立枯病，可喷 1 次 200 倍波尔多液。压条繁殖在 6～10 月进行，分株繁殖在春、秋两季进行。

金银花管理粗放，如为多开花采收，则需加强中耕锄草及施肥工作，并于早春疏剪密枝与老枝，使营养集中、生长健壮。栽培时一定要搭设棚、架，或种植在篱笆、透孔墙垣边，以便攀缘生长，否则萌蘖就地丛生，彼此缠绕，不能形成良好株形，开花也少；若作灌木栽培，可设直立支柱，引壮藤缠绕，基部小枝适当修剪，待生长壮实可以直立时，再撤掉支柱，保持一定高度，剪掉根部和下部萌蘖枝，只保留梢部枝条，让其披散下垂，别具风趣。

种类及品种介绍：常见栽培的变种和品种有：'红金银花'（var. *chinensis* Baker）：小枝及叶主脉紫色，花冠外部紫红色，内部白色；'四季金银花'（Semperflorens）：栽培品种，晚春至秋末连续开花不断。

园林用途：金银花于秋末虽老叶枯黄，但腋间又簇生新叶，常呈紫红色，凌冬不凋，故名"忍冬"；春、夏开花不绝，先白后黄，黄白相映，故名"金银花"。为色、香具备的藤本植物，可攀缘篱垣、花架、花廊或附在山石上，植于沟边，爬于山坡，是良好的垂直绿化和地被植物。金银花的老桩常为制作盆景的优良材料，姿态古雅，花叶可观，别具一格。

10.1.17　常春藤

别名：中华常春藤、爬树藤

拉丁名：*Hedera nepalensis* var. *sinensis*

科属：五加科，常春藤属

形态特征：常绿攀缘灌木，具气生根，单叶互生，全缘或浅裂；无托叶。伞形花序或圆锥花序；花两性，苞片小，花萼全缘或 5 裂；花瓣 5 枚，镊合状排列；雄蕊 5 枚；子房 5 室，花柱合生。浆果球形，具 3～5 枚种子（图 10-15）。

生态习性：典型的阴性藤本植物，也能生长在全光照的环境中。在温暖、湿润的气候中生长良好，不耐寒。对土壤要求不严，喜湿润、疏松、肥沃的土壤。不耐盐碱。

繁殖栽培：可用扦插、分株、压条法繁殖。常春藤的节部在潮湿的空气中能自然生根，接触到地面以后即会自然入土内，所以多用扦插繁殖。用营养枝作插穗，插后需及时遮阴，空气湿度要大，但床土不宜太湿，约 20 d 即生根。

常春藤的栽培管理简单粗放，但需栽植在土壤湿润、空气流通之处。移植可在初秋或晚春进行。定植后需加以修剪，促进分枝。南方各地栽植于园林蔽阴处，令其自然匍匐在地上或者假山上，北方多盆栽。夏季在荫棚里，冬季放入温室中，室内要保持较高空气湿度，不可过于干燥，但盆土不宜过湿。

种类及品种介绍：同属中常见栽培的有 4 种：①日本常春藤（*H.rhombea*）：又名百脚蜈蚣。叶硬，有光泽，3～5 裂，花枝上叶卵圆形至披针形。②西

图 10-15　常春藤

洋常春藤（*H. helix*）：茎长 30 cm，叶 3 ~ 5 裂，花枝上叶卵形，全缘。叶面深绿色有光泽，叶脉色淡。③加拿利常春藤（*H. canariensis*）：叶卵形，基部心脏形，全缘，革质，下部叶通常 3 ~ 7 裂。④革叶常春藤（*H. rhombea*）：叶阔卵形，全缘，革质，有光泽。

园林用途：常春藤枝叶繁密，是理想的垂直绿化材料，又是极好的地被植物。适宜攀附建筑物、围墙、陡坡、岩壁及树荫下地面等处。其叶形秀美，四季常青，极耐室内环境，是世界上很受欢迎的室内观叶植物。还可作插花用的切枝。

10.1.18 爬山虎

别名：地锦、爬墙虎

拉丁名：*Parthenocissus tricuspidata*（Sieb.et Zucc.）Planch.

科属：葡萄科，爬山虎属

形态特征：落叶大藤本。分枝多，卷须短且多分枝，顶端扩大成吸盘。单叶 3 裂或 3 小叶，互生，叶广卵形，长 10 ~ 20 cm，基部心形，缘有粗齿，表面无毛，背面脉上常有柔毛。花两性。花部 5 出数，聚伞花序，通常生于短枝顶端的两叶之间。浆果球形，径 6 ~ 8 mm，熟时蓝黑色，被白粉。花期 6 月。果期 10 月（图 10-16）。

图 10-16 爬山虎

生态习性：分布极广，以辽宁、河北、山东、陕西、浙江、湖南、湖北、广东等省多见。性喜阴湿，也不畏强烈阳光直射，能耐寒冷、干旱，适应性强。在一般土壤上皆能生长，生长快速。

繁殖栽培：以扦插繁殖为主，也可压条和播种繁殖。枝条入土后发根容易。可在早春压条，或于雨季扦插。在苗期需蔽荫养护并保持土壤湿润。种子需经层积后春播，1 ~ 2 年生苗即可定植。

管理简单、粗放。在早春萌芽前可裸根沿建筑物的四周栽种，初期每年追肥 1 ~ 2 次，并注意灌水，使它尽快沿墙吸附而上。2 ~ 3 年后可逐渐将数层高楼的壁面布满，以后可任其自然生长。

种类及品种介绍：同属栽培观赏的还有五叶地锦（*P. quinquefolia*）：别称美国地锦。幼枝带紫红色。卷须与叶对生，卷须吸盘薄，吸附性差。掌状复叶，具长柄，小叶 5 枚，质较厚，卵状长椭圆形至倒长卵形，长 4 ~ 10 cm，先端尖，基部楔形，缘具大齿牙，表面暗绿色，背面略具白粉和毛。我国各地有栽培，爬墙力差，但耐阴，可作地被植物栽培。

园林用途：地锦蔓茎纵横，密布气根，翠叶遍盖如屏，入秋转绯红色，尤其是在水泥墙面上伸展自若，是一种极为优美的垂直绿化材料，在园林建筑物墙壁、庭园入口、桥头石壁、枯木、墙垣等处均宜配植，用于屋顶绿化，更觉别致调和。

10.2 木本花卉应用实例

10.2.1 木本花卉应用概述

木本花卉泛指以观花赏果为主要目的的木本植物，这类树木或花形美丽，或繁花满树，或花色娇艳，或花香宜人，或果实奇异、数量丰盛，其中包括灌木类、乔木类和藤本类，有常绿性或落叶性。灌木通常指低矮的树木，无明显主干，近地面处分成许多枝干，树冠不定形，近似丛生，如牡丹、连翘、桂花、蓝花丹、六月雪等。植株高 2 m 以上为大灌木，2 m 以下为小灌木。乔木通常指主干单一明显的树木，主干生长离地面较高处分枝，而树冠具有一定的形态，如米仔兰、桃花、梅花、垂丝海棠、樱花、山茶花等。植株高 18 m 以上为大乔木，9 ~ 18 m 之间为中乔木，9 m 以下为小乔木。

木本花卉一经开花，在适宜条件下能每年继续开花，并保持终生。但由于木本花卉幼龄期较长，因此在繁殖或购进种苗时，品种的选择要恰当，否则到开花时将会造成不可弥补的损失。木本花卉是多年生植物，植株能不断长高、分枝和增粗，因此在栽培前必须先了解各种木本花卉或品种的生长速度及植株大小，计划好株距。盆栽时需不断换盆。为保证植株的优美形态和不断开花，根据再生分枝的特性，每年应进行必要的整形和修剪。在栽培管理方面，大多数木本花卉都需要充足的光照。荫蔽常导致枝叶稀疏或柔弱，不利于成花。不同种类的木本花卉开花习性各异，只有深刻了解其开花习性后，采取相应的栽培措施，才能保证花繁果丰。

木本花卉在景观设计中应用极为广泛，灌木花卉类可用于庭园或道路美化、绿篱、花坛布置或盆栽；乔木类可作庭园树、行道树。配植方式上多种多样，如孤植、丛植、群植、列植等。花开时节，繁花满树，姹紫嫣红，美不胜收。在选用木本花卉造景时，应注意以下几点：

（1）花木的生态习性应与当地立地条件相一致，做到“适地适花”。

（2）花木的花期和花色应作为配植造景的重要指标，应注意到花木的季相变化和色相变化，尽可能满足人们对“四季有花”的期望。

（3）花木之间的搭配应注意种类间关系，尤其是地上部分对光照的要求，地下部分对土壤营养的竞争。做到阳性花木与阴性花木、深根性花木与浅根性花木的合理搭配。使花木能适时开花，达到最佳景观效果。

（4）花木还应与周围环境相协调，如幼儿园绿化不可选用带刺的花木，也不可栽有毒的花木。

10.2.2　木本花卉应用具体实例

（1）独赏树：独赏树又称孤植树、独植树、赏形树或标本树。木本花卉中很多种类生长快、适应性强、寿命长、枝干姿态富于线条美，叶色或叶形奇特、花色艳丽、气味芳香、开花繁茂、结果丰硕、季相多变化。适宜作局部主景焦点的独赏树，多见植于广场、交通岛、一块较规则的小绿地的中央等处，如梅花、桂花、垂丝海棠等（图 10-17）。

木本花卉不仅可以独立成景，而且还可以与山石、道路、水体、园林小品等组景，相得益彰，相映成趣。

（2）庭荫树：庭荫树又称绿荫树，木本花卉中很多高大的乔木分枝点高、树冠阔大、荫质好，可作庭荫树，多植于庭院或公园中以取其绿荫，为游人提供遮阴纳凉，如广玉兰、白玉兰、珙桐、合欢、木莲、樱花等（图 10-18）。

（3）行道树：行道树是城乡道路系统两侧栽植应用的树木。现代道路绿化中不仅注重为行人和车辆提供遮阴纳凉的乔木树种的选择和应用，而且还考虑怎

图 10-17　独赏树

图 10-18　庭荫树

图 10-19　垂直绿化

样美化道路，实际上在道路绿化时，大量配植应用了观赏价值较高的花灌木，如木槿、石榴、金丝桃、金钟花、绣线菊、夹竹桃、月季花、含笑、山茶花等。有些低矮的花灌木在园林中还有大面积块状或条状的栽植方式，如丰花月季、杜鹃、金丝桃、金丝梅、红花檵木、栀子花等，被广泛用于城市道路快车道和慢车道之间的绿化带。

（4）垂直绿化：垂直绿化是利用攀缘植物装饰建筑物的屋顶、墙面、篱笆、围墙、园门、亭廊、棚架等垂直立面的一种绿化形式。木本花卉中有很多藤本植物，这些藤本被广泛用作垂直绿化，如紫藤、木香、蔓性蔷薇、金银花等（图 10-19）。

（5）花篱：花篱是利用树木密植，代替篱笆、栏杆和围墙的一种绿化形式，主要起隔离围护和装饰园景的作用。木本花卉中一些耐修剪、萌发力强、分枝丛生、枝叶茂密、能耐密植的种类适用于花篱，如栀子花、月季、玫瑰、木槿、榆叶梅、杜鹃、金钟花、连翘、珍珠梅、锦带花等。

（6）专类园：有些传统木本名花品种繁多，在城镇绿地系统中，不但可以建立以某种花为主题的公园，而且还可在大型公园、植物园、风景区的某一局部开辟专类园，集中展示大量优良品种，如牡丹园、梅园、杜鹃园、玫瑰园等。这一方面充分展现了名花丰富多彩的品种资源；另一方面，又为游人欣赏其色、香、姿、韵提供了便利条件。

（7）室内绿化及切花材料：室内绿化使人们工作、休息、娱乐的环境更加赏心悦目，有利于陶冶情操、净化心灵、调节紧张、消除疲劳，从而增进人体健康。一些热带或亚热带木本花卉广泛应用于庙宇、宫殿、宾馆、公共建筑、办公室、商店和私人住宅等室内绿化，如山茶花、杜鹃、金橘、朱砂根、桃金娘、石榴等。常用的绿化形式有盆栽、盆景、植屏、插花、攀缘和吊挂。

很多木本花卉适宜作切花材料，如传统木本切花材料有梅花、山茶花、桃花、玉兰花、海棠花、牡丹花、石榴等；现代木本切花材料有迎春、连翘、紫藤、榆叶梅、丁香、紫薇、木槿、月季等。切花通常作瓶花或制作花束、花篮、插花等装饰材料。

第 11 章　水生花卉

11.1　常见水生花卉

11.1.1　菖蒲

别名：臭菖蒲、水菖蒲、泥菖蒲、大叶菖蒲、白菖蒲

拉丁名：*Acorus calamus* Linn.

科属：天南星科，菖蒲属

形态特征：菖蒲为多年生草本，属单子叶类，株高 50 ~ 80 cm，叶基生，剑状条形，无柄，绿色。稍耐寒，华东地区可露地越冬（图 11-1）。

主要种类及品种：

1）石菖蒲（*Acorus tatarinowii*）

多年生常绿草本植物，株高 30 ~ 40 cm，全株具香气。硬质的根状茎横走，多分枝。叶剑状条形，两列状密生于短茎上，全缘，先端惭尖，有光泽，中脉不明显。4 ~ 5 月开花，花茎叶状，扁三棱形，肉穗花序，花小而密生，花绿色，无观赏价值。浆果肉质，倒卵圆形。石菖蒲常绿而具光泽，性强健，能适应湿润，特别是较阴的条件，宜在较密的林下作地被植物。

图 11-1　菖蒲

2）金钱蒲（*Acorus gramineus*）

多年生草本，高 20 ~ 30 cm，根茎较短，长 5 ~ 10 cm，横走或斜伸，芳香，外皮淡黄色，叶状佛焰苞短，长仅 3 ~ 9 cm。花期 5 ~ 6 月，果 7 ~ 8 月成熟。

生态习性：分布于我国南北各地。生于池塘、湖泊岸边浅水，沼泽地中。最适宜生长的温度为 20 ~ 25 ℃，10 ℃以下停止生长。冬季以地下茎潜入泥中越冬。

繁殖栽培：播种繁殖，将收集到的成熟红色的浆果清洗干净，在室内进行秋播，保持潮湿的土壤或浅水，在 20 ℃左右的条件下，早春会陆续发芽，后进行分离培养，待苗生长健壮时，可移栽定植。分株繁殖，在早春（清明前后）或生长期内进行，用铁锹将地下茎挖出，洗干净，去除老根、茎及枯叶、茎，再用快刀将地下茎切成若干块状，每块保留 3 ~ 4 个新芽，进行繁殖。在生长期进行分栽，将植株连根挖起，洗净，去掉 2/3 的根，再分成块状，在分株时要保持好嫩叶及芽、新生根。

露地栽培，选择池边低洼地，栽植地株行距小块 20 cm、大块 50 cm，但一定要根据水景布置地需要，可采用带形、长方形、几何形等栽植方式栽种。栽植的深度以保持主芽接近泥面，同时灌水 1 ~ 3 cm。盆

栽时，选择不漏水的盆，内径在 40 ~ 50 cm，盆底施足基肥，中间挖穴植入根茎，生长点露出泥土面，加水 1 ~ 3 cm。菖蒲在生长季节的适应性较强，可进行粗放管理。在生长期内保持水位或潮湿，施追肥 2 ~ 3 次，并结合施肥除草。初期以氮肥为主，抽穗开花前应以施磷肥、钾肥为主；每次施肥一定要把肥放入泥中（泥表面 5 cm 以下）。越冬前要清理地上部分的枯枝残叶，集中烧掉或沤肥。露地栽培 2 ~ 3 年要更新，盆栽 2 年更换分栽 1 次。

园林用途：菖蒲叶丛翠绿，端庄秀丽，具有香气，适宜水景岸边及水体绿化。也可盆栽观赏或作布景用。叶、花序还可以作插花材料。可栽于浅水中，或作湿地植物。是水景园中主要的观叶植物。

11.1.2 泽泻

别名：水泻、水泽

拉丁名：*Alisma plantago-aquatica*

科属：泽泻科，泽泻属

形态特征：多年生沼生或水生草本植物，株高 60 ~ 90 cm。茎干直立，地下块茎球形，外皮褐色，密生多数须根。叶基生，卵状椭圆形，全缘。花茎由叶丛中抽出。花小，白色，伞状排列。总花梗 5 ~ 7 个轮生，伞形花序再聚生呈大型的轮生状圆锥花序。花果期 6 ~ 10 月。同属植物常见栽培的有草泽泻（*A.gramineum*）：花白色，3 ~ 4 朵轮生成伞形花序，再聚生成圆锥花丛。产于我国北方。

生长习性：原产我国，南北各地均有分布或栽培。日本、朝鲜、印度、北美也产。泽泻喜光喜温，耐寒耐湿。常自然分布在池塘、稻田、水沟、河边浅水区。

繁殖栽培：采用种子繁殖，先育苗后移栽。泽泻种皮含有果胶和半纤维素，不易透水。因此，在播前将种子装入布袋内，放入清水中浸泡 24 ~ 48 h，进行催芽处理。然后取出晾干水汽后下种。一般采用撒播。选晴天，将种子与草木灰拌匀后均匀地撒于畦面上，再用大号竹扫帚轻轻拍压畦面，使种子与泥土密接，待畦上稍干裂时，即灌浅水。防止灌水太满，漂移种子。播后每天早晨或傍晚灌水，需高出畦面 2 cm 左右。浸 1 ~ 2 h 后，排水。但畦沟内要保持满沟水。当苗高 3 cm 以上时，畦面始终保持一层浅水，水深不过苗尖。如遇暴雨，要盖带护苗或灌水护苗，暴雨后随即排水，仍保持一层浅水。

园林用途：用于园林沼泽浅水区的水景布置，整体观赏效果甚佳。在水景中既可观叶、又可观花。

11.1.3 香蒲

别名：蒲草、蒲菜、水烛

拉丁名：*Typha angustifolia*

科属：香蒲科，香蒲属

形态特征：多年生宿根性沼泽草本植物，株高 1.4 ~ 2 m，有的高达 3 m 以上。根状茎白色，长而横生，节部处生许多须根，老根黄褐色。茎圆柱形，直立，质硬而中实。叶扁平带状，长达 1 m 多，宽 2 ~ 3 cm，光滑无毛。基部呈长鞘抱茎。花单性，肉穗状花序顶生圆柱状似蜡烛。雄花序生于上部，长 10 ~ 30 cm，雌花序生于下部，与雄序等长或略长，两者中间无间隔，紧密相连。呈灰褐色。花小，无花被，有毛。雄花有雄蕊 3 枚，花粉黄色，每 4 粒聚成块，雌花无小苞片，子房线形，有柄，花柱单一。果序圆柱状，褐色，坚果细小，具多数白毛。内含细小种子，椭圆形。花期 6 ~ 7 月，果期 7 ~ 8 月。

生态习性：广泛分布于全国各地。生于池塘、河滩、渠旁、潮湿多水处，常成丛、成片生长。对土壤要求不严，以含丰富有机质的塘泥最好，较耐寒。

繁殖栽培：可用播种和分株繁殖，一般用分株繁殖。分株可在初春把老株挖起，用快刀切成若干丛，每丛带若干个小芽作为繁殖材料。盆栽或露地种植。

一般 3 ~ 5 年要重新种植，防止根系老化，发根不旺。栽植香蒲的地方应阳光充足，通风透光。管理较粗放，可参见花菖蒲管理。

园林用途：香蒲叶绿穗奇，常用于点缀园林水池、湖畔，构筑水景。宜作花境、水景背景材料，也可盆栽布置庭院。蒲棒常用于切花材料，全株是造纸的好原料。

11.1.4 慈姑

别名：茨菰、燕尾草、白地栗

拉丁名：*Sagittaria trifolia* var. *sinensis*

科属：泽泻科，慈姑属

形态特征：高达 1 ~ 2 m，地下具根茎，先端形成球茎，球茎表面附薄膜质鳞片。端部有较长的顶芽。叶片着生基部，成箭头状，全缘，叶柄较长、中空。沉水叶呈线状，花茎直立，多单生，上部着生 3 出轮生状圆锥花序，小花单性同株或杂性株，白色，不易结实。花期 7 ~ 9 月。该属 25 种，我国约有 5 ~ 6 种（图 11-2）。

生长习性：原产我国，南北各省均有栽培，并广布亚洲热带、温带地区，欧美也有栽培。有很强的适应性，在陆地上各种水面的浅水区均能生长，但要求光照充足、气候温和、较背风的环境下生长；要求土壤肥沃、但土层不太深的黏土上生长。风、雨易造成叶茎折断，球茎生长受阻。

图 11-2 慈姑

繁殖栽培：用球茎或顶芽进行繁殖。通常在 3 月下旬将种球茎催芽，或 4 月上旬露地插顶芽育苗，株行距 9 cm 左右，5 月上旬种植布置于园林水景的低洼地，行距 40 cm，株距 30 cm。生长期间需经常清除杂草，并追施 2 ~ 3 次肥料。有黑粉病、稻风虱等为害，应注意防治。越冬时应保持 0 ℃以上的泥温。

园林用途：慈姑叶形奇特，适应能力较强，可作水边、岸边的绿化材料，也可作为盆栽观赏。

11.1.5 泽苔草

拉丁名：*Caldesia reniformis*（D.Don）Makino

科属：泽泻科，泽苔草属

形态特征：水生草本。根粗壮，具根状茎，或无。叶多数，沉水、浮水或挺水；沉水叶通常较小，淡绿色；浮水叶较大，深绿色；挺水叶叶柄直立，叶片坚纸质或近革质。花葶直立，挺出水面，稍斜卧。花序圆锥状或圆锥状聚伞花序，分枝轮生，每轮 3 ~ 6 枚，基部具披针形苞片。小坚果倒卵形。

生态习性：喜光照充足，生长适宜温度为 16 ~ 30 ℃，越冬温度不宜低于 4 ℃。喜浅水之处，不耐干旱。在适宜的环境中，植株自叶鞘内生出具繁殖芽的枝条，其芽包于 5 ~ 7 枚鳞片内，成熟后自然脱落，即可发育新株。对光照要求十分严格，对水质、土壤 pH 要求一般为 5 ~ 6.5。

繁殖栽培：播种繁殖于 3 ~ 4 月，需在室内播种，种子播于盆内后沉入水中，水温保持 25 ℃左右，5 ~ 7 d 即可发芽，成苗后移植。无性繁殖用地茎或枝芽进行繁殖，花枝上有不定芽时，便可剪下进行繁殖。露地栽培，可选择较浅的水位处，株行距 20 cm × 30 cm，可根据带形、块状或几何图形栽植均可。初栽时水位 3 ~ 5 cm，后随生长季节而不断加深水位。生长季节及时清除杂草，追施 1 ~ 2 次肥。长江以北地区，冬季要进行越冬处理。

园林用途：主要用于园林水景的绿化和盆栽供观赏。

11.1.6 荷花

别名：莲花、芙蕖、水芝水芙蓉

拉丁名：*Nelumbo nucifera*

科属：睡莲科，莲属

形态特征：地下茎长而肥厚，有长节，叶盾圆形。花期 6~9 月，单生于花梗顶端，花瓣多数，嵌生在花托穴内，有红、粉红、白、紫等色，或有彩文、镶边。坚果椭圆形，种子卵形。荷花种类很多，分观赏和食用两大类（图 11-3）。

生态习性：原产亚洲热带和温带地区，我国栽培历史久远，早在周朝就有栽培记载，性喜温暖多湿。

繁殖栽培：荷花可用播种繁殖和分藕繁殖。在园林用途中，多采用分藕繁殖，一是可保持亲本的遗传特性；二是当年可观花。采用播种繁殖，当年半数不能开花。分藕繁殖方法：在 2 ~ 3 月抽干池水，深翻土地，施入有机肥，然后放水成泥浆状，4 月选取种藕根茎先端 2 ~ 3 节种下，覆土深度为 10 ~ 15 cm，初期池水深度在 15 ~ 20 cm 即可，夏季水深可在 60 ~ 80 cm 左右。可栽于口径 35 ~ 50 cm、深 65 ~ 80 cm 的缸中，用于观赏的名种，赏栽于大口径荷花缸中。无论栽在什么地方，水都宜浅不宜深。对土壤要求不严，可在微酸、微碱性的土壤中生长。池塘栽植的荷花可 2 ~ 3 年翻种一次，缸栽或盆栽的可每年春季换盆一次。盆中土放置厚度以 10 ~ 15 cm 为宜。土中掺入部分有机肥。种植时，缸底先放 3 ~ 4 cm 的泥土，后加入基肥，再加疏松泥土，把藕放在上面，最后盖上泥浆或稻板泥，芽头稍露出泥面。为防雨水冲洗，待泥土干裂后再放水。追肥可分为多次进行，不宜浓施。

图 11-3　荷花

园林用途：荷花花大叶丽，清香远溢，出淤泥而不染，深为人们所喜爱，是园林中非常重要的水面绿化植物。

11.1.7 菰

别名：茭白

拉丁名：*Zizania latifolia*

科属：禾本科，菰属

形态特征：水生草本，叶长大，花单性同株，排成顶生的大圆锥花序，雄小穗多生于花序下部的分枝上，早落，雌小穗生于花序的上部，迟落；小穗有 1 小花，由柄上脱落；雄小穗柔软；第一颖缺，第二颖膜质，线状，5 脉，渐尖或芒尖；外稃约与颖等长，3 脉；内稃缺；雄蕊 6；雌小穗圆柱状；颖缺；外稃纸质，3 脉，有长芒；内稃 2 脉；果狭圆柱状，长达 2 cm，成熟时黑色。

同属其他种类：

（1）水生菰（*Zizania aquatica*）

一年生，不具根状茎。干高 1.2 ~ 3 m，直径达 1 cm。叶舌长 15 ~ 25 mm，叶片长 100 cm，宽约 4 cm。圆锥花序长约 40 cm；雄小穗长约 8 mm，通常黄绿色，雌小穗长约 2 cm，宽约 1.5 mm，芒长 4.5 ~ 6.5 cm。颖果长圆柱形，长约 10 mm，宽

1.2 ~ 1.4 mm。花果期 7 ~ 8 月。

（2）沼生菰（*Zizania palustris*）

一年生，不具根状茎。干高 70 ~ 150 cm，直径约 15 mm。叶舌长 5 ~ 10 mm；叶片长 15 ~ 30 cm，宽 10 ~ 20 mm，边缘粗糙。圆锥花序长 12 ~ 20 cm；雄小穗长约 10 mm，宽 1 ~ 2 mm，带紫色；雄蕊 6，花药长 4 ~ 5 mm，黄色；雌小穗位于圆锥花序上部，长 20 ~ 25 mm，宽 1.5 ~ 2.5 mm，芒粗糙，长 3 ~ 4 cm。颖果长圆柱形，长 12 ~ 20 mm，宽 1.5 ~ 2 mm，紫黑色。花果期 5 月中旬至 6 月中旬。

生态习性：原产亚洲热带和温带地区，我国栽培历史久远，早在周朝就有栽培记载，性喜温暖多湿。

繁殖栽培：主要用播种繁殖和宿根移栽两种方式。播前精细整地，结合整地每亩施腐熟有机肥 3000 ~ 4000 kg、过磷酸钙 20 ~ 30 kg、草木灰 50 kg，然后深翻 18 ~ 20 cm，耙平、耙细后栽培。

园林用途：是园林中非常重要的水面绿化植物。

11.1.8 芦苇

别名：苇子、芦头、芦柴

拉丁名：*Phragmites australis*

科属：禾本科，芦苇属

形态特征：芦苇的植株高大，地下有发达的匍匐根状茎。茎干直立，干高 1 ~ 3 m，节下常生白粉。叶鞘圆筒形，无毛或有细毛。叶舌有毛，叶片长线形或长披针形，排列成两行。叶长 15 ~ 45 cm，宽 1 ~ 3.5 cm。圆锥花序，顶生，疏散，长 10 ~ 40 cm，稍下垂，小穗含 4 ~ 7 朵花，雌雄同株，花序长约 15 ~ 25 cm，圆锥花序分枝稠密，向斜伸展，花序长 10 ~ 40 cm，小穗有小花 4 ~ 7 朵；颖有 3 脉，一颖短小，二颖略长；基盘的长丝状柔毛长 6 ~ 12 mm；内稃长约 4 mm，脊上粗糙。花期为 8 ~ 12 月。芦苇的果实为颖果，披针形，顶端有宿存花柱。

生态习性：芦苇多生于低湿地或浅水中，世界各地均有生长，在我国广泛分布，其中以东北的辽河三角洲、松嫩平原、三江平原，内蒙古的呼伦贝尔和锡林郭勒草原，新疆的博斯腾湖、伊犁河谷及塔城额敏河谷，华北平原的白洋淀等苇区，是大面积芦苇集中的分布地区。

繁殖栽培：芦苇具有横走的根状茎，在自然生境中，以根状茎繁殖为主，根状茎纵横交错形成网状，甚至在水面上形成较厚的根状茎层，人、畜可以在上面行走。根状茎具有很强的生命力，能较长时间埋在地下，一旦条件适宜，仍可发育成新枝。也能以种子繁殖，种子可随风传播。对水分的适应幅度很宽，从土壤湿润到长年积水，从水深几厘米至 1 m 以上，都能形成芦苇群落。在水深 20 ~ 50 cm，流速缓慢的河、湖，可形成高大的禾草群落，素有“禾草森林”之称。在华北平原白洋淀地区发芽期 4 月上旬，展叶期 5 月初，生长期 4 月上旬至 7 月下旬，孕穗期 7 月下旬至 8 月上旬，抽穗期 8 月上旬到下旬，开花期 8 月下旬至 9 月上旬，种子成熟期 10 月上旬，落叶期 10 月底以后。上海地区 3 月中、下旬从地下根茎长出芽，4 ~ 5 月大量发生，9 ~ 10 月开花，11 月结果。在黑龙江 5 ~ 6 月出苗，当年只进行营养生长，7 ~ 9 月形成越冬芽，越冬芽于 5 ~ 6 月萌发，7 ~ 8 月开花，8 ~ 9 月成熟。

园林用途：应用于浅水、湿地或湖边等，开花季节特别壮观，形成具有自然野趣的景观。

11.1.9 花叶芦竹

别名：斑叶芦竹、彩叶芦竹

拉丁名：*Arundo donax* var. *versicolor*

科属：禾本科，芦竹属

形态特征：多年生宿根草本植物，根部粗而多结。干高 1 ~ 3 m，茎部粗壮近木质化。叶宽 1 ~ 3.5 cm。

圆锥花序长 10 ~ 40 cm，小穗通常含 4 ~ 7 个小花。花序形似毛帚，叶互生，排成两列，弯垂，具白色条纹。地上茎挺直，有节间，似竹。

生态习性：原产地中海一带，国内已广泛种植。通常生于河旁、池沼、湖边，常大片生长形成芦苇荡。喜温喜光，耐湿较耐寒。在北方需保护越冬。

繁殖栽培：管理粗放，可露地种植或盆栽观赏，生长期注意拔除杂草和保持湿度，无需特殊养护。花叶芦竹可用播种、分株、扦插方法繁殖，一般用分株方法。早春用铁锹沿植物四周切成有 4 ~ 5 个芽一丛，然后移植。扦插可在春天将花叶芦竹茎秆剪成 20 ~ 30 cm 一节，每个插穗都要有间节，扦入湿润的泥土中，30 d 左右间节处会萌发白色嫩根，然后定植。

园林用途：花叶芦竹植株挺拔，形似竹。叶色依季节的变化，叶条纹多有变化，早春多黄白条纹，初夏增加绿色条纹，盛夏时，新叶全部为绿色。观赏价值远胜于其原种——芦竹，主要用于水景园背景材料，也可点缀于桥、亭、榭四周，可盆栽用于庭院观赏。有置石造景时，还可与群石或散石搭配。花序可用作切花。

11.1.10　水葱

别名：管子草、莞蒲、翠管草、冲天草、欧水葱

拉丁名：*Scirpus validus*

科属：莎草科，藨草属

形态特征：多年生宿根挺水草本植物。株高 1 ~ 2 m，茎干高大通直，很像我们食用的大葱，但不能食用。干呈圆柱状，中空。根状茎粗壮而匍匐，须根很多。基部有 3 ~ 4 个膜质管状叶鞘，鞘长可达 40 cm，最上面的一个叶鞘具叶片。线形叶片长 2 ~ 11 cm。圆锥状花序假侧生，花序似顶生。苞片由秆顶延伸而成，多条辐射枝顶端，长达 5 cm，椭圆形或卵形小穗单生或 2 ~ 3 个簇生于辐射枝顶端，长 5 ~ 15 mm，宽 2 ~ 4 mm，上有多数的花。鳞片为卵形，顶端有小凹缺，中的伸出凹缺成短尖头，边缘有绒毛，背面两侧有斑点。具倒刺的下位刚毛 6 条呈棕褐色，与小坚果等长；雄蕊 3 条，柱头两裂，略长于花柱。小坚果倒卵形，双凸状，长约 2 ~ 3 mm。花果期 6 ~ 9 月。

生态习性：水葱分布于我国东北、西北、西南各省。朝鲜、日本、澳洲、美洲也有分布。花叶水葱主要产地是北美，现国内各地引种栽培较多。水葱喜欢生长在温暖潮湿的环境中，需阳光。自然生长在池塘、湖泊边的浅水处、稻田的水沟中。较耐寒，在北方大部分地区地下根状茎在水下可自然越冬。

繁殖栽培：栽培管理与花菖蒲等相似，可露地种植，也可盆栽。水葱生长较为粗放，没有什么病虫害。冬季上冻前剪除上部枯茎。生长期和休眠期都要保持土壤湿润。每 3 ~ 5 年分栽一次。水葱可用播种、分株方法繁殖。以分株繁殖为主。在初春将植株挖起用快刀切成若干块，每块带 3 ~ 5 个茎块芽。栽种初期宜浅水，以利提高水温、促进萌发。

园林用途：水葱在水景园中主要作后景材料，茎秆挺拔翠绿，使水景园朴实自然、富有野趣。茎秆可作插花线条材料，也用作造纸或编织草席、草包材料。

11.1.11　伞草

别名：旱伞草、水竹、伞莎草、水棕竹、风车草

拉丁名：*Cyperus alternifolius* sp. Flabelliformis

科属：莎草科，莎草属

形态特征：多年生常绿草本植物。茎干直立丛生，三棱形，不分枝。叶退化成鞘状，棕色，包裹茎秆基部。总苞叶状，顶生，带状披针形。花小，淡紫色，花期 6 ~ 7 月。瘦果三角形（图 11-4）。

生态习性：性喜温暖、湿润及通风的环境，忌阳光曝晒，耐阴，不耐寒。喜富含腐殖质、保水力强的黏质土壤。

图 11-4 伞草

繁殖栽培：可采用分株、扦插或播种繁殖。

（1）分株繁殖：分株一般于早春结合换盆时进行，家庭繁殖伞草常用此法。分株时将母株从盆中倒出，将其分割成数小丛分别上盆。此法简便且易成活。花叶伞草等具斑纹的，必须用分株繁殖。

（2）扦插繁殖：扦插四季均可进行，但最好是在花前进行。扦插时从健壮茎秆顶端约 3 ~ 5 cm 处剪断，并剪除部分总苞片，将茎干部分插入沙土，使总苞片平铺紧贴在沙土上，并在苞片上面稍铺一层沙，保持砂土湿度和空气湿润，放于通风荫蔽处，在 20 ~ 25 ℃温度条件下，约 20 ~ 30 d 即可生根。

（3）播种繁殖：可在 4 月份前后进行。将种子均匀撒播在装有河沙的浅盆内，并覆以薄土，稍加压实，浸水后盖上玻璃。在室温 20 ℃左右时，约 10 ~ 15 d 即可出苗。苗高 5 cm 时可移植于小盆中养护。

园林用途：株丛茂密，叶形奇特，是良好的观叶、观花水生植物。在长江中下游地区露地栽培，配置于水景的假山石旁作点缀，别具自然情趣。

11.1.12 芋

别名：芋头、水芋、青皮叶

拉丁名：*Colocasia esculenta*

科属：天南星科，花叶芋属

形态特征：多年生湿生草本植物。块茎粗大，常为卵形或长椭圆形，褐色。有纤毛。叶基生，2 ~ 5 片成簇，叶片卵形，盾状着生，长 20 ~ 60 cm，全缘或带波状，顶端短尖或渐尖，基部耳形，2 裂，叶柄绿色或淡绿色，长 20 ~ 90 cm，基部呈鞘状。花序单生，短于叶柄，佛焰苞长约 20 cm，管部绿色，叶片披针形，长约 20 cm，基部内卷，向上渐尖，淡黄色；肉穗花序椭圆形，下部为雌花，花期 7 ~ 9 月。

生态习性：原产亚洲南部。我国南方各省均有栽培。多栽培于水田或低洼潮湿处。

繁殖栽培：有性繁殖即种子繁殖。有性繁殖种子不宜收，因开花结实少，繁殖期长；但人工杂交育种，就必须进行有性繁殖。现大都采用无性繁殖。陆地清明前后，气温上升，越冬的种芋顶芽开始萌动，这时随即浇水，使土湿润，加覆以薄膜，加盖草帘，用以保温防寒。种芋插入苗床后，每隔 2 ~ 3 d，选晴天上午，浇一次小水。如遇阴冷天，停止浇水，防止土温降低，不利出苗，播后 10 d 即可出苗。栽种的株行距为 40 ~ 60 cm，深度 3 cm，栽后抹平泥土，以利成活。在生长季节应及时除草，结合除草时间进行施追肥，一般施追肥 2 ~ 3 次。在生长后期需要培土，保持潮湿可达到提高产量的目的。

园林用途：叶色美观。主要用于绿化园林水景的浅水处或潮湿地中。

11.1.13 梭鱼草

别名：北美梭鱼草

拉丁名：*Pontederia cordata L.*

科属：雨久花科，梭鱼草属

形态特征：多年生挺水草本植物。穗状花序顶生，长 5 ~ 20 cm，小花密集，蓝紫色带黄斑点，直径约 10 mm，花被裂片 6 枚，近圆形。地茎叶丛生，株高 80 ~ 150 cm；叶柄绿色，圆筒形，横切断面具膜质。

图 11-5 梭鱼草

图 11-6 千屈菜

叶片光滑，呈橄榄色，倒卵状披针形；叶基生、广心形，端部渐尖。果实初期绿色，成熟后褐色；果皮坚硬，种子椭圆形。花果期 5 ~ 10 月（图 11-5）。

生态习性：喜温暖湿润、光照充足的环境条件，常栽于浅水池或塘边，适宜生长发育的温度为 18 ~ 35 ℃，18 ℃以下生长缓慢，10 ℃以下停止生长。

繁殖栽培：有性繁殖即种子繁殖。春季室内播种，培养土可用青泥土，装盆 2/3，用水浸透，再将种播撒在上面，后覆盖一层沙或土，然后再加水至盆满。无性繁殖在春节进行，将地下茎挖出，去掉老根茎，用快刀切成块状，每块留 2 ~ 4 个芽作繁殖材料。

园林用途：用于盆栽或池边点缀供观赏。

11.1.14 千屈菜

别名：水柳、马鞭草、败毒草

拉丁名：*Lythrum salicaria* Linn.

科属：千屈菜科，千屈菜属

形态特征：千屈菜为多年生挺水宿根草本植物。株高 40 ~ 120 cm。叶对生或轮生，披针形或宽披针形，叶全缘，无柄。地下根粗壮，木质化。地上茎直立，4 棱。长穗状花序顶生，多而小的花朵密生于叶状苞腋中，花玫瑰红或蓝紫色，花期 6 ~ 10 月（图 11-6）。

生长习性：原产欧洲和亚洲暖温带，喜温暖及光照充足、通风良好的环境，喜水湿，我国南北各地均有野生，多生长在沼泽地、水旁湿地和河边、沟边。现各地广泛栽培。比较耐寒，在我国南北各地均可露地越冬。在浅水中栽培长势最好，也可旱地栽培。对土壤要求不严，在土质肥沃的塘泥基质中花艳，长势强壮。

繁殖栽培：千屈菜可用播种、扦插、分株等方法繁殖，但以扦插、分株为主。扦插应在生长旺期 6 ~ 8 月进行，剪取嫩枝长 7 ~ 10 cm，去掉基部 1/3 的叶子插入无底洞、装有鲜塘泥的盆中，6 ~ 10 d 生根，极易成活。分株在早春或深秋进行，将母株整丛挖起，抖掉部分泥土，用快刀切取数芽为一丛另行种植。播种应于早春 4 月下旬至 5 月上旬进行。在塑料小拱棚内播种，面积 20 m^2，用种量 200 g，因种子小，覆土不能过厚，以刚埋过种子或不盖土为好。实行撒播，播后 7 ~ 10 d 出苗。注意除草、喷水，白天通风换气，夜晚盖严保温。

露地栽培应选择浅水区和湿地种植。生长期要及时拔除杂草，保持水面清洁。为增强通风可剪除部分过密过弱枝，及时剪除开败的花穗，促进新花穗萌发。在通风良好、光照充足的环境下，一般没有病虫害，在过于密植、通风不畅时会有红蜘蛛为害，可用一般杀虫剂防除。冬季上冻前盆栽千屈菜要剪除枯枝，盆内保持湿润。露地栽培不用保护可自然越冬。一般 2 ~ 3 年要分栽一次。

园林用途：千屈菜是一种优良的水生植物，其林丛整齐清秀，花色淡雅，花期长，在园林配置中可丛植于河岸边、水池中或园林道路的两边作为花境材料使用，既可露地栽培，也能盆栽，亦可作切花用。

11.1.15 水芹

别名：大碗花、老公花、毛骨朵花

拉丁名：*Oenanthe javanica*（Blume）DC.

科属：伞形科，水芹属

形态特征：水生宿根植物。根茎于秋季自倒伏的地上茎节部萌芽，形成新株，节间短，似根出叶，并自新根的茎部节上向四周抽生匍匐枝，再继续萌动生苗，上部叶片冬季冻枯，基部茎叶依靠水层越冬，第二年再继续萌芽繁殖，株高 70 ~ 80 cm，2 回羽状复叶，叶细长，互生，茎具棱，上部白绿色，下部白色；伞形花序，花小，白色；不结实或种子空瘪。

生长习性：性喜凉爽，忌炎热干旱，25 ℃以下，母茎开始萌芽生长，15 ~ 20 ℃生长最快，5 ℃以下停止生长，能耐 -10 ℃低温；以生活在河沟、水田旁，以土质松软、土层深厚肥沃、富含有机质、保肥保水力强的黏质土壤为宜；长日照有利于匍匐茎生长和开花结实，短日照有利于叶生长。

繁殖栽培：不结种子或种子空瘪，以母茎各节上腋芽进行无性繁殖。适于泥层深厚的水田栽培。一般春季培育母株，秋季栽培，冬季或早春采收。

园林用途：可布置于园林湿地和浅水处。水芹不但可作水生植物栽培，且可作为净水植物，特别可净化含银废水。

11.1.16 泽芹

别名：狭叶泽芹

拉丁名：*Sium suave* Walt

科属：伞形科，泽芹属

形态特征：多年生挺水草本植物。株高 60 ~ 120 cm，茎具宽深沟，1 回羽状复叶，小叶 5 ~ 9 对，小叶片线状披针形，长 4 ~ 10 cm，顶端锐尖，基部楔形；浸入水中的植株茎下部生出 2 回羽状全裂的沉水叶，裂片细线形，锐尖。

生态习性：生于沼泽、水塘边、水湿沼泽环境中，适宜生长的温度为 20 ~ 25 ℃。

繁殖栽培：早春室内或室外向阳低洼处播种，可盆播或湿地播种。露地栽培，可选择池边低洼地，株行距 30 cm 左右成片栽植。栽后保持土壤湿润或浅水。

园林用途：水景园中的造景材料。点缀水面，丰富景观，别具情趣。

11.1.17 眼子菜

别名：水案板、水板凳、金梳子草、地黄瓜、压水草

拉丁名：*Potamogeton distinctus* Benn.

科属：眼子菜科，眼子菜属

形态特征：淡水生草本；茎纤细，脆弱，分枝；叶互生或对生，沉水的薄，出水的革质，基部有鞘，鞘离生或一部分与叶柄合生；花两性，小，排成腋生的穗状花序；花被片 4，凹陷，绿色，镊合状排列；雄蕊 4，着生于花被片的柄上；心皮 4，无柄，1 室，有胚珠 1 颗；花柱缺或短；果核果状，果皮的外层含有空气，以便借浮水远播他处；种子无胚乳。

生态习性：多年生沉水浮叶型的单子叶植物，喜凉爽至温暖、多光照至光照充足的环境。

繁殖栽培：常用播种和分株法繁殖。播种：自行繁衍能力强，种子成熟后自行散落于水池淤泥中，翌年春季水温 13 ℃以上时开始发芽。分株：在 4 ~ 6 月进行，将根状茎挖出，除去泥土，剪成小段，可直接栽植或水养。

盆栽用肥沃园土或塘泥土，加少许腐熟饼肥。用

30 ~ 40 cm 盆，栽 3 ~ 4 株，也可用玻璃缸水养。生长期保持水深 10 cm 左右，及时清除杂草、藻类，保持水质清洁。秋季气温下降时，要清除枯黄叶和水中烂叶。冬季地下根茎在盆里越冬。

园林用途：眼子菜适合于静水水面栽培，尤其在溪沟边配置，水流速度要平稳，如果流速过快，根茎上须根扎根困难。

11.1.18　荇菜

别名：莕菜、水荷叶、水镜草

拉丁名：*Nymphoides peltatum*（Gmel.）Kuntze

科属：龙胆科，荇菜属

形态特征：多年生浮水草本植物。茎细长而多分枝，具不定根，沉水中，地下茎横生。叶卵状圆形，基部心形，上面绿色，下面带有紫色，叶柄长。伞房花序束生于叶腋，多花，花梗不等长，花杏黄色，花冠漏斗状，花萼 5 深裂，花冠 5 深裂，裂片卵状披针形或广披针形，边缘具齿毛，喉部有长睫毛，雄蕊 5，着生于花冠裂片基部，子房基部具 5 个蜜腺，柱头 2 裂，片状。蒴果椭圆形，不开裂。种子多数，圆形，扁平。花期 5 ~ 9 月，果期 9 ~ 10 月（图 11-7）。

生态习性：原产我国，南北各省均有分布，常生长在池塘边缘，属浅水性植物，根入土。喜阳光充足的环境、浅水或不流动的水池，喜肥沃的土壤。喜阳耐寒，对土壤要求不高，所以易栽培。冬季入土根在水下可越冬。盆栽要入室内越冬。

繁殖栽培：可用播种和扦插繁殖。荇菜有自繁能力，扦插在天气暖和的季节进行，把茎分成段，每段 2 ~ 4 节，埋入泥土中。荇菜管理较粗放，生长期要防治蚜虫。

园林用途：荇菜叶片形似睡莲、小巧别致，鲜黄色花朵挺出水面，花多、花期长，是庭院点缀水景的佳品。

11.1.19　凤眼莲

别名：水浮莲、水葫芦

拉丁名：*Eichhornia crassipes*（Mart.）Solms

科属：雨久花科，凤眼莲属

形态特征：浮水植物。根生于节上，根系发达，靠毛根吸收养分，主根（肉根）分蘖下一代。叶单生，直立，叶片卵形至肾圆形，顶端微凹，光滑；叶柄处有泡囊承担叶花的重量，悬浮于水面生长。茎灰色，泡囊稍带点红色，嫩根为白色，老根偏黑色。穗状花序，花两性，雄蕊 6 枚，雌蕊 1 枚，花柱细长，子房上位。蒴果卵形，有种子多数。花为浅蓝色，呈多棱喇叭状，上方的花瓣较大；花瓣中心生有一明显的鲜黄色斑点，形如凤眼，也像孔雀羽翎尾端的花点，非常耀眼、靓丽（图 11-8）。

生态习性：喜高温湿润的气候。一般 25 ~ 35 ℃为生长发育的最适温度。39 ℃以上则抑制生长。

图 11-7　荇菜

图 11-8　凤眼莲

7 ~ 10 ℃处于休眠状态；10 ℃以上开始萌芽，但深秋季节遇到霜冻后，很快枯萎。耐碱性，pH 9 时仍生长正常。抗病力亦强。极耐肥，好群生。但在多风浪的水面上，则生长不良。花期长，自夏至秋开花不绝。

繁殖栽培：凤眼莲喜生长在浅水而土质肥沃的池塘里，水深以 30 cm 左右为宜。我国各省多采用母株防寒越冬，春季放养于池塘中。高温季节，繁殖迅速。无性繁殖能力极强。由腋芽长出的匍匐枝即形成新株。母株与新株的匍匐枝很脆嫩，断离后又可成为新株。批量栽培可利用房前屋后潮湿的零散地或空闲的沼泽地，在 6、7 月间，将健壮的、株高偏低的种苗进行移栽，要预留出 50% 的空地以利栽后分蘖繁殖。移栽后适当管理，保持土层湿润，加强光照，确保通风。如果想花期延长，可进行塑料棚保温，中午通风 1 ~ 2 h。在花芽形成后可移栽到小盆。用偏酸性土或营养液培养。摘除老叶，留 4 ~ 5 片嫩叶及花穗，既能延长花期，又可移至案头等地观赏。

园林用途：园林水景中的造景材料。植于小池一隅，以竹框之，野趣幽然。除此之外，凤眼莲还具有很强的净化污水的能力，故此可以植于水质较差的河流及水池中作净化材料。也可作水族箱或室内水池的装饰材料。

11.1.20 萍蓬草

别名：黄金莲、萍蓬莲

拉丁名：*Nuphar pumilum*

科属：睡莲科，萍蓬草属

形态特征：萍蓬草是多年生浮叶型水生草本植物。根状茎肥厚块状，横卧。叶二型，浮水叶纸质或近革质，圆形至卵形，长 8 ~ 17 cm，全缘，基部开裂呈深心形。叶面绿而光亮，叶背隆凸，有柔毛。侧脉细，具数次 2 叉分枝，叶柄圆柱形。沉水叶薄而柔软。花单生，圆柱状花柄挺出水面，花蕾球形，绿色。萼片 5 枚，倒卵形、楔形，黄色，花瓣状。花瓣 10 ~ 20 枚，狭楔形，似不育雄蕊，脱落；雄蕊多数，生于花瓣以内子房基部花托上，脱落。心皮 12 ~ 15 枚，合生成上位子房，心皮界线明显，各在先端成 1 柱头，使雌蕊的柱头呈放射形盘状。子房室与心皮同数，胚多数，生于隔膜上。浆果卵形，长 3 cm，具宿存萼片，不规则开裂。种子矩圆形，黄褐色，光亮。花期 5 ~ 7 月，果期 7 ~ 9 月。

生态习性：性喜温暖、湿润、阳光充足的环境。对土壤选择不严，以土质肥沃略带黏性为好。适宜生在水深 30 ~ 60 cm，最深不宜超过 1 m。生长适宜温度为 15 ~ 32 ℃，温度降至 12 ℃以下停止生长。耐低温，长江以南越冬不需防寒，可在露地水池越冬；在北方冬季需保护越冬，休眠期温度保持在 0 ~ 5 ℃即可。

繁殖栽培：以无性繁殖为主，有性繁殖为辅。有性繁殖即种子繁殖，同睡莲的有性繁殖。无性繁殖即块茎繁殖、分株繁殖。块茎繁殖在 3 ~ 4 月进行，用快刀切取带主芽的块茎 6 ~ 8 cm 长，或带侧芽的块茎 3 ~ 4 cm 长，作为繁殖材料。分株繁殖可在生长期 6 ~ 7 月进行，除去盆中泥土，露出地下茎，用快刀切取带主芽或有健壮侧芽的地下茎，除去黄叶、老叶，留出新叶及几片功能叶，保留部分根系，在营养充足条件下，所分的新株与原株很快进入生长阶段，当年即可开花。

园林用途：萍蓬草叶片椭圆，花色金黄，颇具野趣。当进行水面绿化时，随着植株的不断长大，能够给环境带来勃勃生机。

11.1.21 芡实

别名：鸡头米、鸡头苞、鸡头莲、刺莲藕

拉丁名：*Euryale ferox*

科属：睡莲科，芡属

形态特征：根须状，白色。根状茎短缩，叶从短缩茎上抽出，初生叶箭形，过渡叶盾状，定形叶圆形，叶面绿色，光亮，背面紫红色，网状叶脉隆起，形似蜂巢。花单生，蓝紫色。萼 4 片，披针形，绿色，刺密聚。雄蕊多数，花药内向，外层雄蕊逐渐变瓣。浆果球形。花期 5 ~ 9 月。

生态习性：分布于我国南北各地，生态适应性强，生长于池塘、湖沼中。喜温暖水湿，不耐霜寒。

繁殖栽培：生长期间需要全光照。水深以 80 ~ 120 cm 为宜，最深不可超过 2 m。以富含有机质的轻黏壤土为宜。在长江流域一带，4 月上、中旬，当气温升至 15 ℃以上，种子在浅水中萌发，约经 20 ~ 30 d，即可长出定形圆叶。芡实为一年生，其发苗很快，寿命较短。塘养自定植后，经 2 ~ 3 个月的生长即可成形。盆栽者的最佳观赏时段仅为 3 ~ 4 个月，每年应该重新进行繁殖。

园林用途：芡实为观叶植物，叶大肥厚，浓绿皱褶，花色明丽，形状奇特。在中国式园林中，与荷花、睡莲、香蒲等配植水景，尤多野趣。

11.1.22 亚马逊王莲

别名：王莲

拉丁名：*Victoria amazonica*

科属：睡莲科，王莲属

形态特征：多年生或一年生大型浮叶草本。根状茎直立，具发达的不定根，白色。初生叶呈针状，2 ~ 3 片叶呈矛状，4 ~ 5 片叶呈戟形，6 ~ 10 片叶呈椭圆形至圆形，11 片叶后叶缘上翘呈盘状，叶面绿色略带微红，有皱褶，背面紫红色，具刺，叶脉为放射网状；叶直径 1 ~ 2.5 m。叶柄绿色，密被粗刺，叶梗长 1 ~ 3 m。花单生，常伸出水面开放，花大且美；萼片 4 片，卵状三角形，绿褐色，外面全被刺；花瓣多数，倒卵形，长 10 ~ 22 cm，第一天白色，有白兰花香气，第二天花瓣变为淡红色至深红色。雄蕊多数，花丝扁平，长 8 ~ 10 mm；子房下位密被粗刺。浆果球形，种子黑色。花果期 7 ~ 9 月。

生态习性：适宜在高温、高湿、阳光充足的环境中生长发育。幼苗期需要 12 h 以上的光照。生长适宜的温度为 25 ~ 35 ℃，对水温十分敏感，以 21 ~ 24 ℃最为适宜，生长迅速，3 ~ 5 d 出现新叶 1 片，当水温略高于气温时，对王莲生长更为有利。气温低于 20 ℃时，植株停止生长；降至 10 ℃，植株则枯萎死亡。

繁殖栽培：种子繁殖为主，4 月份低温恒温培养箱内进行催芽，温度保持在 25 ~ 28 ℃，种子放在培养皿中，加水深 2.5 ~ 3.0 cm，每天换水一次。种子发芽后待长出第 2 幼叶的芽时即可移入盛有淤泥的培养皿中，待长出 2 片叶，移栽到花盆中。王莲对水质要求较高，最好在硬度较低的淡水中进行栽植，否则植株生长不良。水体的 pH 最好控制在 6.5 ~ 7.5 之间。在生长旺盛阶段要不断施肥，夏季高温时节，可每隔 2 ~ 3 周追肥一次。

园林用途：在园林水景中成为水生花卉之王。若与荷花、睡莲等水生植物搭配布置，将形成一个完美、独特的水体景观，让人难以忘怀。如今是现代园林水景中必不可少的观赏水生花卉，形成独特的热带水景特色。大型单株具多个叶盘，孤植于小水体效果好。在大型水体多株形成群体，气势恢宏。

11.1.23 睡莲

别名：子午莲、水芹花

拉丁名：*Nymphaea tetragona*

科属：睡莲科，睡莲属

形态特征：多年生水生花卉。根状茎粗短。叶丛生，具细长叶柄，浮于水面，近革质，叶近圆形或卵状椭圆形，直径 6 ~ 11 cm，全缘，无毛，上面浓绿，幼叶有褐色斑纹，下面暗紫色。花单生于细长的花柄顶端，多白色，漂浮于水，直径 3 ~ 6 cm。萼片 4 枚，宽披针形或窄卵形。聚合果球形，内含多数椭圆形黑色小坚果。长江流域花期为 5 月中旬至 9 月，果期 7 ~ 10 月。花单生，萼片宿存，花瓣通常白色，雄蕊多数，雌蕊的柱头具 6 ~ 8 个辐射状裂片。浆果球形，为宿存的萼片包裹。种子黑色。因其花色艳丽，花姿楚楚动人，在一池碧水中宛如冰肌脱俗的少女，而被人们赞誉为“水中女神”（图 11-9）。

图 11-9　睡莲

生态习性：睡莲喜强光，通风良好。对土质要求不严，pH 6 ~ 8，均生长正常，但以富含有机质的壤土为宜。生长季节池水深度以不超过 80 cm 为宜。3 ~ 4 月萌发长叶，5 ~ 8 月陆续开花，每朵花开 2 ~ 5 d，日间开放，晚间闭合。花后结实。10 ~ 11 月茎叶枯萎。翌年春季又重新萌发。生于池沼、湖泊中，一些公园的水池中常有栽培。

繁殖栽培：一般用分株繁殖，在 3 ~ 4 月间，气候转暖，芽已萌动时，将根茎掘起用利刀切分若干块，另行栽植即可。也可用播种繁殖：在花后用布袋将花朵包上，这样果实一旦成熟破裂，种子便会落入袋内不致散失。种子收集后，装在盛水的瓶中，密封瓶口，投入池水中贮藏。翌春捞起，将种子倾入盛水的三角瓶，置于 25 ~ 30 ℃的温箱内催芽，每天换水，约经 2 周种子萌发，待苗长出幼根便可在温室内用小盆移栽。种植后将小盆投入缸中，水深以淹没幼叶 1 cm 为宜。4 月份当气温升至 15 ℃以上时，便可移至露天管理。随着新叶增大，换盆 2 ~ 3 次，最后定植时缸的口径不应小于 35 cm。有的植株当年可着花，多数次年才能开花。

11.1.24　其他水生花卉（表 11-1）

其他水生花卉　　表 11-1

名称	拉丁名	科属	形态特征	生态习性	园林用途
黑三棱	*Sparanium stoloiferum*	莎草科，黑三棱属	多年生沼生植物，具细长匍匐的根状茎，顶端膨大成球状块茎，表皮黑褐色。聚伞花序不分枝。花期 5 ~ 7 月；果期 7 ~ 8 月	通常生于湖泊、河沟、沼泽、水塘边浅水处，在西藏 3600 m 的高山水域中也有分布	挺水植物，生于沼泽、水塘及河岸浅水处。浅水或湿地丛植、片植，景观效果好
疣草	*Murdannia keisak*	鸭跖草科，水竹叶属	一年生草本，高 10 ~ 40 cm。茎圆柱状，淡绿色或带紫红色，基部匍匐、多分枝。叶 2 列互生，线状披针形，长 3 ~ 8 cm，宽 5 ~ 9 mm，先端渐尖，基部呈短鞘状包茎，边缘全缘并常有白色纤毛。聚伞花序	生于阴湿地、水田边或水沟旁	
灯心草	*Juncus effuses* L.	灯心草科，灯心草属	多年生草本，根茎横走，密生须根。茎簇生，高 40 ~ 100 cm，直径 1.5 ~ 4 mm。低出叶鞘，红褐色或淡黄色，长达 15 cm，叶片退化呈刺芒状。花序假侧生，聚伞状，多花，密集或疏散	常生于水旁或沼泽地的环境条件中	多年生湿生草本植物。主要用于水体与陆地接壤处的绿化，如水边、湿地及林下沟旁边，也可用于盆栽观赏

续表

名称	拉丁名	科属	形态特征	生态习性	园林用途
蒟蒻薯	*Tacca leontopetaloides*	蒟蒻薯科，蒟蒻薯属	具根状茎，高约 60 cm。叶基生，单叶，矩圆状椭圆形至椭圆状披针形，具叶柄。花两性，伞形花序，总苞 4 片，有花 5 ~ 7 朵，内部的苞片条形，长约 12 cm，向外伸展，似虎须状，故得此名；花被片 6 枚，红色或紫褐色	性喜温暖、湿润、半阴的环境，在华南、西南地区一般分布于低山沟谷密林下或溪边沼泽地，不择土壤。在南方温室栽培，越冬温度不得低于 10 ℃	在园林中主要应用于庭院绿化布置、道旁、池畔，也是极为理想的观叶观花盆栽植物
花菖蒲	*Iris ensata* var. *hortensis*	鸢尾科，鸢尾属	宿根草本，根茎粗壮。须根多而细。基生叶剑形，有明显的中脉。花茎稍高出叶片，着花 2 朵；花大，紫红色，中部有黄斑和紫纹，垂瓣为广椭圆形，内轮裂片较小，直立；花柱花瓣状。蒴果长圆形	喜阳光充足，喜湿润及富含腐殖质的微酸性土壤，性耐寒	常作专类园、花坛、水边等配置及切花栽培，是美化浅水域的优良植物材料
蕺菜	*Houttuynia cordata*	三白草科，蕺菜属	多年生草本，高 20 ~ 80 cm，有异味。叶片心形，托叶下部与叶柄合生成鞘状。穗状花序在枝顶端与叶互生，总苞片 4 枚，白色，花期 5 ~ 7 月。蒴果卵圆形，顶端开裂，果期 7 ~ 10 月	阴性植物，怕强光，喜温暖潮湿环境，较耐寒，−15 ℃可越冬，忌干旱，以肥沃的沙质壤土或腐殖质壤土生长最好	可带状丛植于溪沟旁，或群植于潮湿的疏林下
两栖蓼	*Polygonum amphibium*	蓼科，蓼属	可浮叶状水生或岸边湿地生长，叶长圆形，顶端钝或微尖，基部通常为心形，具长柄	生于湖泊、河流浅水中和水边湿地	叶大，花穗大，粉红色花序惹人喜爱，是园林水景颇佳的观赏植物
莲子草	*Alternanthera sessilis* (L.) DC	苋科，莲子草属	一年生草本。茎细长，有两行纵列的白色柔毛，节上密被柔毛。叶对生，椭圆状披针形或披针形，长 2 ~ 8 cm，先端急尖或钝，基部渐狭成短叶柄，全缘或中部呈波状	喜高温、高湿和阳光充足环境。适应性强，耐寒。生长适温 20 ~ 35 ℃，低于 10 ℃时植株停止生长	常用于水际边缘作镶边材料，也可用于盆栽摆放在庭园和室内，或者用于水族箱中作后景
豆瓣菜	*Nasturtium officinale*	十字花科，豆瓣菜属	多年生挺水草本。全株无毛，多分枝，茎高 20 ~ 40 cm，中空，多分枝。奇数羽状复叶互生。总状花序顶生，萼片长圆形；花瓣白色。长角果柱形，扁平，有短喙	性喜凉爽，忌高温，在 15 ~ 25 ℃的温度范围内生长良好，当气温超过 30 ℃时，植株的生长就受到影响。耐霜，但此时叶片容易脱落	适合露地栽培，为池畔、溪边的造景材料，亦可盆栽观赏。主要用于园林水景边缘和浅水区绿化或覆盖
长叶茅膏菜	*Drosera indica*	茅膏菜科，茅膏菜属	叶片互生，叶端成卷曲状，在捕食昆虫后下方的叶子会枯萎，而上方继续长出叶子。茎为单一直立的，花为总状花序，开白色到淡紫色的小花，花瓣为 5 片，雄蕊有 5 枚，果实为蒴果，花期可以从夏季到冬季	喜潮湿地或沼泽地及水田边的空旷环境	可作为新奇盆栽植物观赏；也可在温暖地区用于点缀沼泽园
水龙	*Ludwigia adscendens* (L.)	柳叶菜科，水龙属	多年生草本，根状茎甚长，浮水或横生泥中；上升茎高约 30 cm。叶互生，倒卵形至长圆状倒卵形。花腋生，有长柄；萼片披针形；花瓣 5，倒卵形，白色或淡黄色。蒴果圆柱形，花期夏秋	喜生于池塘、水田或沟渠中	水龙花大、叶色美丽，是水景中良好的绿化布置材料

11.2 水生花卉的应用实例

11.2.1 水生花卉的定义和分类

水生花卉是指生长在水中、沼泽或岸边潮湿地带的花卉的总称。根据水生花卉植物的生态习性、适生环境和生长方式，可分为挺水植物（包括湿生和沼生）、浮水植物、漂浮植物和沉水植物。

挺水植物：挺水植物的根系深入水下的土壤中，植物的地上部则部分至大部分都是高高的挺立于水面之上，生长在靠近岸边的浅水处。如荷花、黄菖蒲、慈姑、水生美人蕉、千屈菜、水葱、泽泻、雨久花、香蒲、菖蒲等。

浮水植物：指叶片浮在水面的水生植物。这类水生植物通常根状茎发达、花大、色艳、无明显的茎或茎细弱不能直立，而它们的体内通常储藏有大量的气体，使叶片或植株能平衡地漂浮在水面上。常见的有王莲、睡莲、萍蓬草、芡实等。

漂浮植物：漂浮植物的根不生于泥中，植株部分漂浮于水面之上，部分悬浮于水里，可以随水流、风浪四处漂移。这类植物多数以观叶为主，为池水提供装饰和绿荫。它们既能吸收水里的矿物质，同时又能遮蔽射入水中的阳光，所以也能够抑制水藻的生长。如满江红、水鳖、浮萍等。

沉水植物：整个植株全部没于水中，或仅有少许叶尖或花露于水面。该类水生植物根茎生于泥中，株体通气组织特别发达，利于在空气极度缺乏的水中进行气体交换。叶多为狭长或丝状，植株的各部分均能吸收水中的养分，在水下弱光的条件下也能正常生长发育。沉水植物大多花小、花期短，且以观叶为主。如水毛茛、眼子菜、金鱼藻、菹草、水藓、苦草等。

11.2.2　水生花卉在园林中的应用

1）水生植物的景观营造

水生植物景观在当今公园、植物园、城市公共绿地、庭院以及湿地景观中被广泛应用。我国水生植物资源丰富，其中荷花、睡莲、菖蒲、千屈菜等具有较高观赏价值的种类，较早也较广泛应用到园林景观中。庭院小池植荷造景，如苏州拙政园、北京谐趣园、无锡寄畅园、南京中山植物园，均是利用小水面植荷的代表。此外，有许多景观以及水生植物景观命名，如南京中山植物园“王莲池”、圆明园中的“芰荷深处”等。在观赏水域中，水生观赏植物在保证水体、阳光、温度和基质的条件下，进行合理、巧妙的规划，能大大提升园林的造景功能，强化园林的景观效果。杭州西湖是水生植物应用方面的典型。西湖景区在不同的水域选择了不同的水生植物，在岸边使用了大花萱草、千屈菜；在浅水运用了鸢尾类的溪荪、黄菖蒲、花菖蒲等；沉水植物选用了金鱼藻、菹草、亚洲苦草；挺水植物选用了莲水芹、慈姑、菖蒲等。

2）水生专类园

观赏型水生植物专类园在不影响水生植物生长的生态环境条件下，对环境进行美化设计，形成了一种特有的园林艺术风格，构成水天一色、四季分明、静中有动、诗情画意的优美景观外貌。如武汉植物园的“水生植物专类园”、深圳的“洪湖公园”、武汉东湖的“荷花中心”、广东三水的“荷花世界”、南京中山植物园南园的“王莲世界”等。

3）小区水溪

以观叶、观花为主，所栽培的种类与景观协调一致。

11.2.3　水生植物在园林水景中的配置

1）水域宽阔处的水生植物配置

配置以采用营造群体景观的方式为主，以远观景色为主。水生植物的配置注重整体而连续的效果，主要采用大面积种植，营造片、面的景观效果。如千屈菜群落、睡莲群落、荷花群落或多种水生植物群落组合等。

2）水域面积较小的地方的水生植物配置

水域面积较小的地方，水生植物配置注重近观效果，主要是点、单株、单丛景观，所以对植物的姿态、色彩、高度有较高的要求。水生植物配置时不能太拥挤，以免影响水中倒影及景观透视线。黄菖蒲、水葱、梭鱼草、慈姑等以多丛小片种植于池岸，疏落有致，倒影入水，别具自然野趣，水面上还可再适当种植几株睡莲，更可丰富景观效果。水面种植挺水植物与浮叶与漂浮植物比例不宜超过 1/3；否则易显水体面积小，观赏效果欠佳。对于生长过于拥挤的挺水植物、浮叶植物要加以控制，适当梳理。水缘植物应该间断种植，

图 11-10 大连劳动公园水生植物配置

留出大小不同的间隙缺口，供游人亲水及隔岸赏景（图 11-10）。

3）水体边缘的水生植物配置

水体边缘指水面和堤岸的分界线。水体边缘的植物配置既能装饰水面，又能实现从水面到堤岸的过渡，在自然水体景观中应用较多。一般宜选择浅水植物，如黄菖蒲、香菖蒲、溪荪、水葱、灯心草、芦苇等。这些植物具有很高的观赏价值，同时对驳岸又有很好的装饰作用。

4）人工溪流的水生植物配置

人工溪流的宽度、深浅一般均比自然河流小，通常溪水清澈见底，硬质池底上常铺设卵石或少量种植土。种植水生植物一定要选择株形紧凑且矮小的类型，使之与环境协调，且种植量不宜太多，种类也不要太繁杂，点缀即可。一般选择菖蒲、石菖蒲、海寿花等 3 ~ 5 株丛点植于水中石块旁。对于完全硬质池底的人工溪流，水生植物的种植一般采用盆栽形式，将盆嵌入河床之中，尽可能减少人工痕迹，以体现水生植物的形态美。

第 12 章　岩生花卉

12.1　常见岩生花卉

12.1.1　希腊蓍草

别名：银毛蓍草

拉丁名：*Achillea ageratifolia*

科属：菊科，蓍属

形态特征：植株丛生，垫状，株高 10 ~ 20 cm。叶具细裂，银白色，被银色柔毛。花白色，花期长，花期夏季。

生态习性：原产希腊。喜阳光充足环境和土层深厚、排水良好及含腐殖质的沙质壤土。

繁殖栽培：容易栽培。分株或播种繁殖。

种类及品种介绍，同属常见岩生花卉有：

（1）银叶蓍草（*A.clavennae*）：高 15 cm，叶、花白色，花期夏季。

（2）绒毛蓍草（*A.tomentosa*）：高 20 ~ 25 cm，呈垫状，全株具长绒毛。花黄色，花期夏季。

（3）伞花蓍草（*A.umbellata*）：高 15 cm，叶银白色。花白色，花期夏季。

园林用途：岩石园；花境；地被栽植。

12.1.2　大花岩芥菜

拉丁名：*Aethionema grandiflorum*

科属：十字花科，岩芥菜属

形态特征：半灌木，株高 25 cm。花粉红色。花期夏季。

生态习性：喜热及沙质壤土。

繁殖栽培：播种繁殖。

种类及品种介绍，同属常见岩生花卉有：

（1）灰蓝岩芥菜（*A.schistosum*）：高 15 cm，花粉红色，花期 6 月。

（2）瓦尔勒岩芥菜（*A.warleyense*）：高 15 cm，花深粉红色，花甚多，花期 4 ~ 6 月。

园林用途：岩石园；墙园。

12.1.3　岩生庭荠

拉丁名：*Alysssum saxatile*

科属：十字花科，庭荠属

形态特征：多年生草本。株高 15 ~ 30 cm。茎丛生，成垫状，具星状柔毛，基部木质化。叶互生，倒披针形，具浅齿，灰色，基部较宽。花金黄色，花期春季。

生态习性：原产欧洲南部及中部。喜冷凉，耐寒，不耐酷热，喜光。对土壤要求不严，耐旱，忌水湿。

繁殖栽培：9 月播种繁殖。幼苗移植时，根系应多带土，否则不易成活。管理粗放，夏季防暑热及积水。

种类及品种介绍，同属常见岩生花卉有：

（1）黄岩生庭荠（*A.saxatile* var. *luteum*）：高 15 ~ 20 cm，花暗黄色，花期 4 ~ 6 月。

（2）红刺庭荠（*A.saxatile* var. *roseum*）：高

15 ~ 20 cm，花粉红色，花期夏季。

（3）山庭荠（*A.montanum*）：高 25 cm，株形低矮而紧密。叶互生，倒卵状长圆形至线形，被灰白色毛。花黄色，芳香，花期 6 ~ 7 月。

（4）高山庭荠（*A.alpestre*）：高 10 cm，花黄色。

园林用途：花境；岩石园。

12.1.4 点地梅

别名：铜钱草

拉丁名：*Androsace umbellata*（Lour.）Merr.

科属：报春花科，点地梅属

形态特征：一年生草本。株高 10 cm，全株被白色长柔毛。小叶通常 10 ~ 30 片丛生，长叶柄横卧，叶近圆形，具尖锯齿。伞形花序生于长花梗顶端，明显高出叶面，小花 4 ~ 15 朵，白色，花期 4 ~ 5 月。

生态习性：原产中国西南及西北地区。喜温暖、湿润，较耐寒。喜阳光充足，不耐阴。要求肥沃的土壤。适应性强，也耐瘠薄。

繁殖栽培：种子可自播繁衍。播种繁殖，种子浸湿后沙藏置 0 ℃下 2 周，然后播种，置 7 ℃下发芽迅速。生长健壮，管理粗放。在石灰质与粗石砾中也可生长。

种类及品种介绍，同属常见岩生花卉有：

（1）长匍茎点地梅（*A.sarmentosa*）：有匍匐茎，高 10 cm，花粉红色，花期 5 ~ 6 月。

（2）长毛点地梅（*A.lanuginosa*）：高 5 cm，花淡紫色，叶银白色，花期夏季至初秋。

（3）长生草状点地梅（*A.sempervivoides*）：高 8 cm，花淡粉色，花期 5 ~ 6 月。

（4）矮点地梅（*A.chamaejasme*）：高 8 cm，花白色，花期 4 ~ 5 月。

（5）肉色点地梅（*A.carnea*）：高 8 cm，花红粉色，花期 5 ~ 6 月。

（6）报春状点地梅（*A.primuloides*）：高 10 cm，花红色。

园林用途：岩石园；地被。

12.1.5 洋牡丹

拉丁名：*Aquilegia flabellate* Sieb.et Zucc.

科属：毛茛科，耧斗菜属

形态特征：株丛紧密，高 20 ~ 40 cm。叶灰绿色。花径约 5 cm，蓝、淡紫红或白色。

生态习性：原产日本。喜排水良好的半阴处。

繁殖栽培：播种繁殖为主。6 ~ 7 月种子成熟后即播。发芽适温 15 ~ 20 ℃，约 1 月出苗。真叶出现后分苗。早播的第二年可部分开花。开花 3 年以上的植株生长势衰退，应于秋季分株复壮。开花期前可施 1 次追肥，夏季注意防涝、降温。

种类及品种介绍，同属常见岩生花卉有：

（1）岩生耧斗菜（*A.scopulorum*）：高 10 cm，花浅蓝色，叶银白色，花期春季。

（2）多色耧斗菜（*A.discolor*）：高 5 cm，花蓝或白色，花期春季。

（3）高岩耧斗菜（*A.bertolonii*）：高 8 cm，花浅蓝色，花期春季。

（4）高山耧斗菜（*A.alpina*）：高 15 ~ 30 cm，花白或蓝色，花期春季。

（5）蓝花耧斗菜（*A.coerulea*）：高 15 ~ 30 cm，花白或蓝色，花期春季。

（6）腺毛耧斗菜（*A.glandulosa*）：高 15 ~ 30 cm，花白或蓝色，花期春季。

园林用途：叶形、叶色优美，花姿独特，可丛植花境、林缘或疏林下，是岩石园的优良植材；也可作小切花装饰。

12.1.6 西洋石竹

别名：少女石竹

拉丁名：*Dianthus deltoids*

科属：石竹科，石竹属

形态特征：多年生草本。株高 15 ～ 25 cm，植株低矮丛生呈毯状覆盖地面。营养茎匍匐地面，花茎直立，叉状分枝，稍被毛。叶小，线状披针形，具 3 条脉，叶柄长。花单生，瓣端浅裂呈尖齿状，有须毛；花有粉、白或淡紫色，芳香。花期 6 ～ 9 月。

生态习性：原产英国。喜凉爽及稍湿润，耐热，耐半阴。宜排水良好的沙质土壤。

繁殖栽培：压条、分株、播种或扦插繁殖。栽培中注意品种隔离。管理简便，常规栽培养护即可。

种类及品种介绍，同属常见岩生花卉有：

（1）高山石竹（*D.alpinus*）：高 8 cm，花粉红至深紫红，花期夏季。喜石灰质土壤。

（2）蓝灰石竹（*D.caesius*）：高 15 cm，花深粉，花期夏季。

（3）欧维尼石竹（*D.alpinus*）：高 15 cm，花带紫色，花期夏季。喜石灰质土壤。

（4）弗雷恩石竹（*D.alpinus*）：高 8 ～ 15 cm，花粉红色，花期 5 ～ 7 月。

（5）花岗石竹（*D.graniticus*）：高 8 ～ 15 cm，花粉红色，花期 5 ～ 7 月。

（6）林生石竹（*D.sylvestris*）：高 15 cm，花深粉色，花期夏季。

（7）冰山石竹（*D.neglectus*）：高 10 cm，花粉红色，花期夏季。

（8）红萼石竹（*D.haematocalyx*）：高 5 cm，花粉红色，花期夏季。

园林用途：地被；岩石园；路旁丛植可作镶边材料。

12.1.7　线叶龙胆

拉丁名：*Gentiana farreri*

科属：龙胆科，龙胆属

形态特征：多年生草本。株高 5 ～ 10 cm。茎丛生，铺散状斜伸。叶线形，先端急尖，柔软，下部叶较宽，中上部叶窄，线形或线状披针形，叶柄白色膜质。植株有多数花茎，花单生茎顶，基部包于上部叶中，无花梗，花萼叶状；花冠筒漏斗状，上部亮蓝色，有蓝色和黄绿色条纹，下部黄绿色，具蓝色条纹，喉部黄白色。花期 8 ～ 9 月。

生态习性：原产中国西藏，分布于四川、云南、青海及甘肃。耐寒，不耐炎热；喜光，耐阴；要求湿润、肥沃的土壤，忌干旱。

繁殖栽培：播种或扦插繁殖。春播或用嫩枝扦插。栽培宜选疏松肥沃的土壤，生长期内充分浇水。

种类及品种介绍，同属常见岩生花卉有：

（1）无茎龙胆（*G.acaulis*）：高 8 cm，花蓝色，花期春季，较耐干旱。

（2）七裂龙胆（*G.septemfida*）：高 15 cm，花蓝色，花期夏末，喜向阳或半阴处，宜湿润的腐叶土。

园林用途：岩石园；花境；盆栽。

12.1.8　石生屈曲花

拉丁名：*Iberis saxatilis*

科属：十字花科，屈曲花属

形态特征：多年生草本。株高 8 ～ 15 cm，花白色，花期春季。

生态习性：原产欧洲。喜冷凉、干燥、阳光充足，较耐寒，忌湿热，对土壤要求不严，耐干旱和瘠薄土壤。

繁殖栽培：分株或播种繁殖。秋季分株。播种宜采后即播，多于秋季播种，寒冷地需保护地越冬。种子发芽适宜温度 20 ℃。管理粗放。

种类及品种介绍，同属常见岩生花卉有：

常青曲屈花（*I.sempervirens*）：多年生草本。株高 15 ～ 30 cm。花白色，略带淡紫色，花期春季。

喜温暖、阳光充足，耐寒力弱，耐半阴；宜疏松肥沃土壤。

园林用途：花境；岩石园。

12.1.9 金黄亚麻

别名：黄亚麻

拉丁名：*Linum flavum*

科属：亚麻科，亚麻属

形态特征：多年生草本。株高 25 cm。茎基部木质化。叶互生，披针形至线形，叶基部有腺点。多歧聚伞花序，花金黄色，花期夏季。

生态习性：原产欧洲。性强健，喜温暖，耐寒性较差。在阳光充足、排水良好的土壤上生长好。

繁殖栽培：播种或分株繁殖。春季或秋季皆可进行。不耐移植。栽培简单，常规管理即可。

种类及品种介绍，同属常见岩生花卉有：

（1）高山亚麻（*L.alpinum*）：高 5 cm，花蓝色，花期 6 月。

（2）矮猪毛菜状亚麻（*L.salsoloides* var. *nanum*）：高 5 cm，花白色，花期夏季。

园林用途：花境；岩石园；丛植。

12.1.10 洋石竹

别名：膜萼花、外套花

拉丁名：*Petrorhagia saxifraga*

科属：石竹科，膜萼花属

形态特征：多年生草本，株高 10 ~ 45 cm，全株无毛或有时下部被毛。茎丛生，上升，分枝。叶片狭线形，顶端急尖。聚伞状圆锥花序稀疏，苞片 4，卵状披针形，渐尖，膜质，中脉微凸，长为花萼的 1/2。萼钟状、膜质、5 裂，花粉色，花径 0.6 ~ 1.2 cm，花期 6 ~ 9 月。蒴果小，椭圆形。

生态习性：原产地中海。喜阳光，宜湿润及肥沃疏松的沙质土壤，耐寒、耐旱、耐瘠薄、稍耐盐碱。

繁殖栽培：播种或分株法繁殖，种子发芽力可保持 3 年。

种类及品种介绍：花有白、深粉、复色以及大花和矮生等栽培品种。

园林用途：宜于花境、岩石园、墙垣布置，也可作镶边及地被材料。

12.1.11 愉悦福禄考

别名：可爱福禄考

拉丁名：*Phlox amoena* Sims.

科属：花荵科，福禄考属

形态特征：多年生草本。株高 15 ~ 25 cm，全株被毛。茎匍匐，较细弱。叶基生，较小，长椭圆状披针形至线形。聚伞花序密集，下部具苞片状叶，花淡紫、淡红或白色，花期 5 ~ 6 月。

生态习性：原产北美东南部。喜阳光充足，耐寒，耐阴，极耐干旱。喜肥沃湿润的石灰质土壤。

繁殖栽培：扦插、分株或播种繁殖。秋季茎插。种子成熟后随采随播，次春发芽，但实生苗不易保持品种特性。春秋分株繁殖。栽培中注意不可积水或过分干旱，对土壤要求不严，一般土壤可正常生长。3 ~ 4 年分株一次有利更新复壮。

种类及品种介绍，同属常见岩生花卉有：

（1）丛生福禄考（*P. subulata*）：多年生常绿草本。株高 10 cm。茎匍匐，丛生密集成毯状，基部稍木质化。叶多密集，质硬，钻形。花小，成聚伞花序，花冠裂片成倒心形，有深缺刻，花有粉红、雪青、白或具条纹的多数变种与品种，花期春季。

（2）道格拉斯福禄考（*P. douglasii*）：株高 10 ~ 15 cm，花白、粉、红或堇紫色，花期春季。

园林用途：可用于花坛、花境、岩石园、地被或作盆栽。

12.1.12　松塔景天

拉丁名：*Sedum nicaeense*

科属：景天科，景天属

形态特征：常绿草本。株高 5 ～ 10 cm，全株光滑，茎直立或略平卧，呈垫状。叶椭圆状圆柱形，肉质，长约 1.2 cm，螺旋状紧密排列。花茎高 20 ～ 30 cm，花小，淡黄色。

生态习性：原产小亚细亚，南欧、北美也有。喜阳光充足高燥处，耐干旱炎热。喜沙质壤土。

繁殖栽培：分株繁殖为主，也可扦插繁殖。夏季露地直接扦插，20 ～ 28 d 生根。栽培地如不过分贫瘠无须施肥。冬、春季十分干旱地区，可灌溉 1 ～ 2 次。栽培管理极简易。

种类及品种介绍，同属常见岩生花卉有：

（1）匙叶景天（*S.spathulifolium*）：高 8 cm，花黄色，具多种美丽的叶色，花期夏季。

（2）高加索景天（*S.spurium*）：高 8 cm，花红色，花期夏末。

（3）叶状景天（*S.dasyphyllum*）：高 8 cm，花白或红色，花期 5 ～ 6 月。

（4）金钱掌（*S.sieboldii*）：茎匍匐，花淡红色，花期秋季。

园林用途：最适宜作坡地地被、镶边与岩石园点缀。

12.1.13　蛛网长生草

拉丁名：*Sempervivum arachnoideum*

科属：景天科，长生草属

形态特征：多年生多浆草本植物。株丛低矮丛生，高 5 ～ 12 cm。叶互生，螺旋状排列成莲座状，径约 2.5 cm；叶约 50 枚，无柄，叶片长圆楔形，先端骤尖，略带红色，有蛛网状长细毛，多少交织。顶生聚伞花序，高约 8 ～ 10 cm，花数朵密集成圆锥状；鲜红色至粉色，星形；径约 2.5 cm。

生态习性：原产南欧。喜阳光充足、干燥石砾环境，半耐寒。

繁殖栽培：繁殖多用分株法。生长健壮，栽培宜选择排水良好的沙质壤土。

种类及品种介绍，同属常见岩生花卉有：

（1）暗紫长生草（*S.atropurpureum*）：高 10 cm，叶褐色，花期 6 ～ 7 月。

（2）碱地长生草（*S.calcareum*）：高 10 cm，叶淡绿色或褐色，花期 6 ～ 7 月。

（3）屋顶长生草（*S.tectorum*）：高 5 ～ 8 cm，花粉红色，花期夏季。

园林用途：适宜布置岩石园，或作袖珍装饰盆景与岩石小品点缀。

12.1.14　欧百里香

拉丁名：*Thymus serpyllum*

科属：唇形科，百里香属

形态特征：植株低矮，株高仅 5 ～ 6 cm。茎叶呈垫丛状，有香气。叶小，倒卵形，灰绿色。花冠红、粉或白色，花期夏季。

生态习性：原产英国。喜向阳干燥处。

繁殖栽培：播种、扦插及分株繁殖。播种、分株可在春季进行，在 6 月进行嫩枝扦插。栽培管理简便。

种类及品种介绍：栽培历史久远，园艺品种很多，如‘白花百里香’（Albus），‘银条百里香’（Argenteus），‘黄条百里香’（Aurea），‘绯红百里香’（Coccineus），‘玫红百里香’（Roseus）。

园林用途：园林中适宜作镶边植物，布置在花坛、花境、道路边缘，也可在岩石园栽植或在坡地作地被种植。

12.1.15 其他岩生花卉（表 12–1）

其他岩生花卉 表 12–1

名称	拉丁名	科属	株高（cm）	花色	花期
白色筷子芥	*Arabis albida*	十字花科，筷子芥属	8	粉色	春季
南庭芥状筷子芥	*Arabis aubrietioides*	十字花科，筷子芥属	10	紫红色	夏季
山蚤缀	*Aremaria montana*	石竹科，蚤缀属	10	白色	春、夏季
紫花蚤缀	*Aremaria purpurascens*	石竹科，蚤缀属	5	堇粉色	春季
丛生蚤缀	*Aremaria verna*	石竹科，蚤缀属	5	白色	夏季
香车叶草	*Asperula odorata*	茜草科，车叶草属	15 ~ 30	白色	春季
牛皮消状车叶草	*Asperula cynanchica*	茜草科，车叶草属	30	白或粉色	6月
硬毛车叶草	*Asperula hirta*	茜草科，车叶草属	5	粉红或白色	春季
顾桑氏车叶草	*Asperula odorata*	茜草科，车叶草属	8	暗粉红色	5 ~ 7月
木栓车叶草	*Asperula suberosa*	茜草科，车叶草属	8	粉色	6月
绒毛卷耳	*Cerastium tomentosum*	石竹科，卷耳属	20	白色	5月
迪德氏葶苈	*Draba dedeana*	十字花科，葶苈属	15	白色	4 ~ 8月
褐叶葶苈	*Draba brunifolia*	十字花科，葶苈属	8	黄色	4 ~ 8月
仙女木	*Dryas octopetala*	蔷薇科，仙女木属	5	白色	夏季
德拉蒙氏仙女木	*Dryas drummondi*	蔷薇科，仙女木属	茎蔓生	黄色	夏季
红石蚕叶太阳花	*Erodium chamaedryoides* var.*roseum*	牻牛儿苗科，牻牛儿苗属	5	粉红色	夏季
黄花太阳花	*Erodium chrysanthum*	牻牛儿苗科，牻牛儿苗属	15	暗黄色	夏季
小斑太阳花	*Erodium guttatum*	牻牛儿苗科，牻牛儿苗属	15	白色	夏季
血红花老鹳草	*Geranium sanguineum*	牻牛儿苗科，老鹳草属	8	粉红色，有深脉	夏季
灰老鹳草	*Geranium cinereum*	牻牛儿苗科，老鹳草属	8	粉或白色	夏季
山水杨梅	*Geum montanum*	蔷薇科，水杨梅属	20	金黄色	春季
匍匐水杨梅	*Geum reptans*	蔷薇科，水杨梅属	15 ~ 23	黄色	初夏
考勒斯金丝桃	*Hypericum coris*	金丝桃科，金丝桃属	15	黄色	夏季
匍匐金丝桃	*Hypericum reptans*	金丝桃科，金丝桃属	2.5	黄色	夏季
多叶金丝桃	*Hypericum polyphyllum*	金丝桃科，金丝桃属	15	黄色	夏季
奥林匹斯金丝桃	*Hypericum olympicum*	金丝桃科，金丝桃属	20	黄色	夏季
路豆金丝桃	*Hypericum rhodopeum*	金丝桃科，金丝桃属	15	黄色	夏季
无茎月见草	*Oenothera acaulis*	柳叶菜科，月见草属	15	白色	夏季
丛生月见草	*Oenothera caespitosa*	柳叶菜科，月见草属	15	白色	夏季
福勒蒙特月见草	*Oenothera fremontii*	柳叶菜科，月见草属	10	黄色	夏季
臭花荵	*Polemonium confertum*	花荵科，花荵属	15 ~ 20	蓝色	5 ~ 7月
匍匐花荵	*Polemonium reptans*	花荵科，花荵属	30	蓝色	4 ~ 5月
低矮花荵	*Polemonium humile*	花荵科，花荵属	20	蓝色	6 ~ 7月
矮春委陵菜	*Potentilla verna* var. *nana*	蔷薇科，委陵菜属	2.5	黄色	春季
多裂委陵菜	*Potentilla multifida*	蔷薇科，委陵菜属	10	橙黄色	春季
重瓣金黄委陵菜	*Potentilla aurea* var. *plena*	蔷薇科，委陵菜属	8	黄色	春季

续表

名称	拉丁名	科属	株高（cm）	花色	花期
毛委陵菜	*Potentilla criocarpa*	蔷薇科，委陵菜属	5	黄色	春季
高山白头翁	*Pulsatilla alpina*	毛茛科，白头翁属	30 ~ 45	白、紫、粉或红色	春季
金黄高山白头翁	*Pulsatilla alpine* var. *sulphurea*	毛茛科，白头翁属	30 ~ 45	鲜黄色	春季
欧白头翁	*Pulsatilla vulgaris*	毛茛科，白头翁属	15 ~ 30	白、紫、粉或红色	春季
抱茎毛茛	*Ranunculus amplexicaulis*	毛茛科，毛茛属	20	白色，有时半重瓣	初夏
禾叶毛茛	*Ranunculus gramineus*	毛茛科，毛茛属	15	黄色	初夏
岩生肥皂草	*Saponaria ocymoides*	石竹科，肥皂草属	5	粉白色	夏季
红岩生肥皂草	*Saponaria ocymoides* var. *rubra compacta*	石竹科，肥皂草属	5	浅红色	夏季

12.2 岩生花卉应用实例

12.2.1 岩生花卉应用概述

岩生花卉是具有较强抗逆性，尤其是抗旱和耐瘠土能力，植株低矮或匍匐，可与岩石搭配用于造园的植物。岩生花卉是用来装饰岩石园的植物材料，所以又称为岩石植物。岩生花卉中又包括几种不同植物类型，其中种及品种甚多。为了适合于岩石园的特点，理想岩生花卉应该是植株低矮，最好呈垫状；生长缓慢，生活期长；耐瘠薄、抗逆性强；能长期保持低矮和优美外形的常绿多年生花卉。

在一般岩生花卉中包括了一部分真正的高山植物。所谓高山植物是指自高山乔木分界线以上至雪线一带的高山地区（通常在 1800 m 以上）分布的植物，高山地区气候与山下平地的气候迥然不同，一般雨量较多，但蒸发很快；太阳出来时气温很快升高，日落后又很快下降；光线以蓝紫及紫外线较强。土壤的物理性质及化学性质与平地有较大差异；而且高山地区地形复杂，植物有阳生、阴生、旱生及湿生等不同生态的植物类型。这些高山植物引种到山下海拔较低处，大多数种类往往不能长期生存；在海拔 2000 m 左右地区分布的植物，已有不少植物种类难以适应山下的环境条件。然而也有一些种类引种到山下，在土壤疏松、排水良好、日光充足、空气流通、夏季保持凉爽和空气湿度较大的环境条件下可以生活下去。因此，真正的高山花卉在低海拔的岩石园中仅有少量应用。

实际上，在岩石园中所应用的植物为低矮的多年生植物，比起真正的高山植物来其数量更多。岩生花卉以小灌木、亚灌木、宿根及球根植物为主；但符合以上条件且自播繁衍能力甚强的一二年生草花，也可包括在内。如锦鸡儿、岩高兰、百里香、灯心草蚤缀、葡萄风信子（蓝壶花）、孔雀草（红黄草）等（图 12-1）。

岩生花卉的应用有多种形式，主要有一般所指的岩石园和墙园。岩石园是广泛应用的一种花卉专类园，也有称为岩石花坛的，目的在于模仿自然山野风光。

图 12-1 岩生花卉应用

岩生花卉是布置岩石园的主要材料，对于露出地面的岩石进行装饰而种植各种岩生植物，或仿照自然山石的位置，地面上堆置石块而在石块中间种植岩石花卉，呈现与岩石相伴的植物生长景观；高山植物园是栽培高山植物的专类植物园，往往采用岩石园自然布置的手法进行种植设计；墙园是指在石块堆砌起来的墙缝间，种植低矮成丛或下垂的岩生花卉，形成垂直的自然景观，这种应用形式在庭园中常见；此外，岩生花卉还可用来点缀碎石坡、石床和铺砌砖石的台阶、小路，场院的石缝以及任何铺装地空缺处等，借以频增生趣；还可在大型容器中用微型岩生植物配以山石组成“容器式微型岩石园”，置于宅园中、门厅前、窗台下，装点庭院，别有风趣。

12.2.2 岩生花卉应用具体实例

岩石园是以岩石及岩生植物为主，结合地形选择适当的沼泽、水生植物，展示高山草甸、牧场、碎石陡坡、峰峦溪流等自然景观。全园景观别致，富有野趣。欧洲一些早期的植物学家和园林学家，为引种阿尔卑斯山丰富多彩的高山植物使其再现于园林之中，首先在植物园中开辟和修筑了高山植物区，成为现在岩石园的前身。由于高山植物多姿多彩，深为广大游人所喜爱，岩石园就逐渐发展为西方园林中具有特色的景观之一。世界上许多历史久远、规模较大的著名植物园，如法国巴黎自然历史博物馆植物园（始建于 1635 年）、英国爱丁堡皇家植物园（始建于 1759 年）等，都辟有岩石园。但在引种高山植物及建立岩石园的过程中，发现不少高山植物不能忍受低海拔的环境条件而死亡。继后就寻找一些貌似高山植物的灌木、宿根花卉、球根花卉来替代，为模拟自然高山景观需要，园艺家们还精心培育出一大批各种低矮、匍生，具有高山植物体形的栽培变种，甚至高逾数十米至百米的雪松、云杉、冷杉、铁杉都被培育成匍地类型，才使岩石园逐渐发展至今。

岩石园在中国植物园和园林中并不多见。1934 年建园的庐山植物园中开辟了中国第一个岩石园，其设计思想为：利用原有地形，模仿自然，依山叠石，做到花中有石，石中有花，花石相夹难分；沿坡起伏，垒垒石垛，丘壑成趣，远眺可显出万紫千红、花团锦簇，近视则怪石峰峡、参差连接，形成绝妙的高山植物景观，当时收集种植有各类岩石植物 600 余种，至今还保存有石竹科、报春花科、龙胆科、十字花科等高山植物约 236 种。

岩石园的用石要能为植物根系提供凉爽的环境，石隙中要有贮水的能力，故要选择透气性好、具有吸收湿气的能力。最常用的有石灰岩、砾岩、沙岩等。岩石本身就是岩石园的重要欣赏对象，因此置石合理与否极为重要。岩石块的摆置方向应趋于一致，才符合自然界地层外貌。同时应尽量模拟自然的悬崖、瀑布、山洞、山坡造景。如果在一个山坡上置石太多，反而不自然。岩石块至少埋入土中 1/3 ~ 1/2 深，要将最漂亮的石面露出土面。岩石园内游览小径宜设计成柔和曲折的自然线路。小径上可铺设平坦的石块或铺路石碎片。其小径的边缘和石块间种植低矮植物，故意造成不让游客按习惯走路，而需小心翼翼避开植物，踩到石面上，使游赏时更具自然野趣。同时也让游客感到岩石园中除了岩石及其阴影外，到处都是植物。

建立岩石园前必须用除草剂除尽土壤中的多年生杂草，特别是具有很长走茎、生长茁壮的多年生杂草，以及自播繁衍能力极强的一年生杂草。多数高山植物喜欢肥沃、疏松、透气及排水良好的土壤，土壤酸度可保持在 pH 6 ~ 7。对大面积黏性很重的土壤，宜挖土 30 cm 深，铺上 15 cm 碎砖、碎石，再将原土混入沙和泥炭覆盖在上面 15 cm；对于保水差的沙土则在地表 30 cm 厚的土层中加入泥炭、苔藓、堆肥，以提高土壤保水能力。总之，夏季要创造凉爽湿润的土壤环境，冬季则要干燥和排水良好。

岩石园中栽植床是极为重要的。除了在岩石块摆置时留出石隙与间隔，再填入各种栽植土壤外，多数要专门砌出栽植池。栽植池一般挖下 60 cm，最底层 20 cm 用不透水的砾石、黏土或水泥砌成。其上，在边缘留一排水孔，填入 20 cm 深的碎石、砾石或其他排水良好的物质。然后再填入 15 cm 深、直径为 4 ~ 5 cm 的粗石，使之堵住大石块之间的缝隙，也可阻止上面的沙石下沉堵塞排水孔。最上面再覆盖 5 cm 厚，用园土、腐叶土和易保水的小碎石片均匀混合的栽培土壤。在栽培土壤上再撒些小卵石、碎石以隔开土表，既便于自然雨水的渗水，又可保护植物的根部。平时打开排水孔，以便每天充足的浇水畅通地排走。旱季堵上排水孔，以便保持土壤湿度。排水孔的水可汇集一起流入池塘，池中和池边种植水生、沼生植物，使岩石园变得更妩媚动人，砌栽植床时必须注意底部要略朝外倾斜，以利排水。土面及栽植床前的岩石块宜向内略倾斜或向外稍伸出，以利承接雨水。较扁平的石块不宜垂直插入土中，而起不到任何作用。

岩石植物种类繁多、生境条件要求各不相同，在岩石园的配植中除色彩、线条等景观设计要求外，须因地制宜、根据不同种类的生长习性与观赏特点进行配植。一般在较大岩石之侧，可植矮生松柏类植物、常绿灌木或其他观赏灌木，如紫杉、黄杨、瑞香、十大功劳、常绿杜鹃、荚蒾、六道木、南天竹等。在石的缝隙与洞穴处可植石韦、书带蕨、铁线蕨、虎耳草、景天等。在阴湿面可植苔藓、卷柏、苦苣苔、岩珠、斑叶兰等；旱阳面可植垂盆草、景天、远志等。在较大石隙间可种植匐地与藤本植物，如铺地柏、平枝栒子、络石、常春藤、薜荔、海金沙、石松等，使其攀附于石上。在较小石块间隙的阳面，可植白芨、石蒜、桔梗、沙参、淫羊藿、酢浆草、水仙、各种石竹等；阴面可植荷包牡丹、玉簪、玉竹、八角莲、铃兰、兰草、蕨类植物等。在高处冷凉小石隙间可植龙胆、报春花、细辛、重楼、秋海棠等。在低湿溪涧边可种植半边莲、通泉草、唐松草、落新妇、石菖蒲、湿生鸢尾等。

岩生花卉栽植养护方法与一般园林植物的栽植养护大体相同。建园地点应根据各种岩石植物的生长习性要求选定，并配置合适的石块和土壤。如对喜酸性土植物宜选用泥炭土或腐殖土；对喜碱性植物宜选用石灰岩、风化土；对要求排水良好的植物可在底层填入石砾或粗沙等。一般在休眠期至春季萌动前种植。肥料以有机肥为主，生长季节不宜多施追肥，防止徒长与生长过旺。适时中耕除草。对木本及蔓生植物须注意修枝整形，防止株形散乱。对生长势强的多年生宿根植物，要防止窜根挤压相邻植物。冬季对不耐寒的种类，还要及时覆土、盖草防寒。

在岩石园发展过程中具有多种类型。作为园的外貌出现，其风格有自然式和规则式。此外有墙园式及容器式。结合温室植物展览，还专辟有高山植物展览室。

（1）规则式岩石园：规则式相对自然式而言。常建于街道两旁，房前屋后，小花园的角隅及土山的一面坡上。外形常呈台地式，栽植床排成一层层的，比较规则。景观和地形简单，主要欣赏岩生植物。

（2）自然式岩石园：自然式岩石园以展现高山的地形及植物景观为主，并尽量引种高山植物。园址要选择在向阳、开阔、空气流通之处，不宜在墙下或林下。公园中的小岩石园，因限于面积，则常选择在小丘的南坡或东坡。岩石园的地形改造很重要，丰富的地形设计才能造成植物所需的多种生态环境，以满足其生长发育的需要。模拟自然地形，应有隆起的山峰、山脊、支脉，下凹的山谷，碎石坡和干涸的河床，曲折蜿蜒的溪流和小径，以及池塘等。流水是岩石园中最愉悦的景观之一，故要尽量将岩石与流水结合起来，使具有声响，显得更有生气，因此，要创造合理的坡度及人工泉源。溪流两旁及溪流中的散石上种植植物，使外貌更为自然。一般岩石园的规模及面积不宜过大，植物种类不宜过于繁多，不然管理极为费工。

（3）墙园式岩石园：这是一类特殊的岩石园。利用各种护土的石墙或用作分割空间的墙面缝隙种植各种岩生植物。有高墙和矮墙两种。高墙需做 40 cm 深的基础，而矮墙则在地面直接垒起。建造墙园式岩石园需注意墙面不宜垂直，而要向护土方向倾斜，石块插入土壤固定，也要由外向内稍朝下倾斜，以便承接雨水，使岩石缝里保持足够的水分供植物生长，石块之间的缝隙不宜过大，并用肥土填实，竖直方向的缝隙要错开，不能直上直下，以免土壤冲刷及墙面不坚固。石料以薄片状的石灰岩较为理想，既能提供岩生植物较多的生长缝隙，又有理想的色彩效果（图 12-2）。

（4）容器式微型岩石园：一些家庭中常趣味性地采用石槽或各种废弃的动物食槽、水槽，各种小水钵石碗、陶瓷容器进行种植。种植前必须在容器底部凿几个排水孔，然后用碎砖、碎石铺在底层以利排水，上面再填入生长所需的肥土，种上岩生植物。这种种植方式便于管理和欣赏，可到处布置。

图 12-2　墙园式岩石园

第 13 章　兰科植物

13.1　常见的兰科植物

13.1.1　建兰

别名：雄兰、秋兰、四季兰

拉丁名：*Cymbidium ensifolium*

科属：兰科，兰属

形态特征：假鳞茎椭圆形，较小。叶 2 ~ 6 枚丛生，长 30 ~ 60 cm，广线形，叶缘光滑。花葶直立，高约 25 ~ 35 cm；花序总状，着花 6 ~ 12 朵；黄绿色至淡黄褐色，有暗紫色条纹；唇瓣宽圆形，3 裂不明显，中裂片端钝，反卷，带黄绿色，有紫褐斑。香味浓。花期 7 ~ 9 月，部分品种一年可多次开花（图 13-1）。

图 13-1　建兰

生态习性：喜温暖湿润气候，夏季要求荫蔽环境，忌阳光直射，生长适温 15 ~ 22 ℃，越冬温度 8 ~ 12 ℃。

繁殖栽培：分株繁殖，人工栽培宜栽植在多孔瓦盆上，生长期每 2 ~ 3 星期施用一次稀薄有机液肥（浓度为 10%）。植株只有 1 ~ 2 丛的可栽于盆的正中，多丛合栽的应把每丛的老株朝向盆中，新株朝盆缘，以促进发新芽和生长发展空间。种植时将最粗植料放入盆内直至盆高度的 15%，放入兰株后，将兰根充分展开，谨防兰根折伤，慢慢填入细植料直至盆高的 85%，拍摇，使细植料与兰根紧密结合，细植料在兰盆中的高度约 90%，便于浇灌，假鳞茎半裸露于盆面。建兰适于生长在年平均气温 15 ~ 23 ℃的环境。夏天气温炎热，用 70% ~ 80%的遮阴网，同时应开启门窗，让兰场空气彻底对流，促使降温。向通道、兰架下淋洒清水，向室内空间喷水雾，也可促使降温。坚持“宁干勿湿”，浇水的时限要因地制宜，夏季每 2~4 d 浇 1 次水，冬季每 7~10 d 浇 1 次水。建兰的施肥采取“看苗定肥、宁淡勿浓、适时薄施”的原则。即根据苗势、生理特点，掌握时机。干肥采用：牛骨粉、草木灰、饼肥及火烧土混合肥配制与复合肥交替使用，每年盆内不少于 4 次，也可使用缓释肥。液肥以腐熟的有机质肥过滤冲淡液，尿素、磷酸二氢钾或专用花肥交替作追肥或根外施肥，一般每隔 15 d 一次，在根外施喷时前后两天用清水喷洒叶面一次，冲洗尘土和残留药液。

种类及品种介绍：以花色、花姿取胜的有：‘温州建兰’‘永安素’‘大蓬莱’‘大青’‘藿溪兰’‘长叶仁化’‘银边大贡’‘青梗四季兰’‘宝岛仙女’‘红芳菲’‘一字兰’等。

园林用途：植株优雅，花色素雅、香气怡人。可摆放窗前或用于装点居室环境。

13.1.2 蕙兰

别名：夏兰、九节兰

拉丁名：*Cymbidium faberi*

科属：兰科，兰属

形态特征：假鳞茎不明显，根粗而长，叶 5 ~ 7（9）枚，长 20 ~ 120 cm，宽 0.6 ~ 1.4 cm。直立性强，基部常对折，横切面呈 V 形，边缘有较粗的锯齿。花茎直立，高 30 ~ 80 cm，有花 6 ~ 12 朵；花浅黄绿色，有香味，稍逊于春兰；花直径 5 ~ 6 cm；花瓣稍小于萼片；唇瓣不明显 3 裂；中裂片长椭圆形，上面有许多晶莹明亮的小乳突状毛，顶端反卷，边缘有短绒毛；唇瓣白色，有紫红色斑点。花期 3 ~ 5 月份（图 13-2）。

生态习性：蕙兰生长在高山向阳的山坡上，喜半阳、通风条件好生境。

图 13-2 蕙兰

繁殖栽培：分株繁殖。栽植蕙兰一般用颗粒植料，粒度无论是底层、中层、上层都要比其他兰粗些，使得土壤不会长期处于过湿状态，促进根系强健，利于吸收养料，供叶片生长。蕙兰用盆最好用泥盆，紫砂盆亦可，盆壁以薄为佳，越薄越好，便于盆内水分向外蒸发。蕙兰放置的地方要通风；场地要开阔，地势宜高，花台不要过低。盆间也要通风，兰盆安置宜稀不宜密，要保持一定的距离，以兰叶不相互摩擦为度。

蕙兰对光照的要求比其他兰花要高些，兰花生长对光照的要求是半阴半阳，惧怕阳光的直射，蕙兰则有所不同，一般晚秋、冬、早春可全天照光，就是在初夏五六月，也可从早晨照到中午 12 点左右。因为它有多而强健的叶片，通过光合作用，制造养料，向根部输入，促发根系，壮发苗群，完成营养生长和生殖生长。炎夏高温，只可从早晨 6 时晒到 8 时，其余时间都要遮阴，避烈日暴晒。

蕙兰假鳞茎小，同时植料粒度粗，保肥性能较差，然而叶片多，消耗大，因此施肥要勤。最好施用稀薄液肥。半月浇灌一次，当兰盆土稍干时施之，以防盆内土壤加肥液后，长期润湿，浸泡兰根。亦要经常给叶面施一些叶面肥，以保兰叶生长旺盛。

种类及品种介绍：蕙兰的传统名品有老八种：‘大一品’‘程梅’‘上海梅’‘关顶’‘元字’‘老染字’‘潘绿’‘荡字’；传统新八种有：‘楼梅’‘翠萼’‘老极品’‘庆华梅’‘江南新极品’‘端梅’‘崔梅’‘荣梅’。新品种的名品有：‘天骄牡丹’‘四喜牡丹’‘绿云牡丹’‘远东奇蝶’‘陆壹奇蝶’‘楼台蝶’‘英蝶’‘步步高’‘群英荟萃’‘仙荷极品’‘鉴湖之美’‘泉州梅’‘翠桃献寿’‘狮蝶’‘岭南白鹤’‘金铃’。

园林用途：蕙兰花大而多，花色花香俱佳，又有中国兰淡雅之香，深受国人的喜爱。

13.1.3　寒兰

拉丁名：*Cymbidium kanran*

科属：兰科，兰属

形态特征：叶 3 ~ 7 枚丛生，直立性强，长 40 ~ 70 cm，宽 1 ~ 1.7 cm，全绿或附近顶有细齿，略带光泽。花葶直立，与叶等高或高出叶面；花疏生，有花 10 余朵；瓣与萼片都较狭细，清秀可爱，花色丰富，有黄绿、紫红、深紫等色，一般具有杂色脉纹与斑点。花期 10 ~ 12 月，花香浓郁持久（图 13-3）。

生态习性：忌热，又怕冷，南方栽培，须置阴凉环境中管理。

繁殖栽培：寒兰多用分株法繁殖。当盆栽寒兰已生长满盆时，才可分株，未满盆而分株则叶弱。一般一年分一次较为合适。寒兰分株宜在春分后进行，这时花已开过，新芽将生。分株前应停止浇水，因寒兰根、叶在湿的情况下较脆，容易损伤，待盆土变干后，将盆与泥分离，然后在盆底孔一顶，就能将兰苗倒出，既不损叶，又不伤根。兰倒出后，剪去干枯的兰叶，清除腐烂的根及假球茎，勿伤及好根及球茎。稍晾干，待根稍柔软时，然后找出两个假鳞茎相距较宽的地方，用利刀剪开，剪口涂以木炭粉末以防腐烂。剪开的两部分都应有新芽，才能长出新的植株。分株后的兰苗盆栽时，应注意将根理直。栽好的盆苗，浇足定根水后置于遮阴处，一周内可不浇水，但在晴天时，最好每天早晚用细孔喷壶喷洒清水于兰叶，但不浇培养土。一周后，可让其略受阳光。

图 13-3　寒兰

栽培寒兰用的培养土最好选含腐殖质丰富的微酸性山泥土，即到林荫下掘回的腐熟黑山泥。旺盛生长期，应施肥，在晴天盆土较干时，可浇淘米水。寒兰的养护管理工作，主要是夏季绝不能让强烈日光直晒，秋季要经常保持盆土湿润和空气较高的湿度，可用清水喷洒兰叶及周围场地。冬季在华南，将盆兰置于背北向南处越冬。北方 10 月上旬寒露节前移入室内越冬。冬季不论南、北方，均宜控制浇水，保持盆土微湿即可。春季南方可置盆兰于向阳通风处，促其抽新芽；北方由于春季干燥多风，室外对兰花不利，应留室内栽培。古人说的栽兰“春不出”是指北方而言的。北方春季有时春雨连绵，可将盆兰置于避雨的屋檐下，但晴天最好放向阳处，让其受阳光照射，春天的阳光对寒兰生长有利。

种类及品种介绍：我国寒兰通常以花被颜色来分变型。有以下四种：①青寒兰；②青紫寒兰；③紫寒兰；④红寒兰。其中以青寒兰和红寒兰为珍贵。我国台湾所产之所谓素心寒兰，花色淡绿，属青寒兰类型，到目前为止，素心寒兰数量特少，价格十分昂贵。其名品为‘寒香素’‘广寒素’‘寒山素’。在日本名品为‘日妙’‘丰雪’。红寒兰的名品为‘日光’，均属稀有珍品。此外，寒兰的线艺品在我国台湾与日本均有发现，但数量甚少。

园林用途：寒兰是中国兰花庞大家族中的一员，是我国广泛栽培的一种盆栽兰科花卉。

13.1.4　墨兰

别名：中国兰、报岁兰

拉丁名：*Cymbidium sinense*

科属：兰科，兰属

形态特征：根长而粗壮。假鳞茎椭圆形。叶剑形，4 ~ 5 枚丛生，叶长 50 ~ 100 cm，宽可达 3 cm，光滑，端尖，直立性。花葶高约 60 cm，常高出叶面，着花 5 ~ 15 朵；花瓣多具紫褐色条纹。花期 11 月至翌年 1 月（图 13-4）。

生态习性：喜阴，而忌强光，据多次实地考察，墨兰多生长于向阳密林间。

繁殖栽培：采取分株繁殖，分株时，首先抓住兰苗的基部，将盆倒置过来，并轻轻叩击盆的周围，使盆与盆土分离，再细心将土坨轻轻拍打抖落泥土。小心清理兰根，剪去腐烂根、断根、枯叶及干枯的假鳞茎，然后用清水冲洗干净，将兰根放入托布津 1000 倍液或高锰酸钾 800 倍液中进行消毒。先在盆底排水孔上面盖以大片的碎瓦片，并铺以窗纱，接着铺上山泥粗粒，即可放入兰株（兰株根系的分布要均匀、舒展，勿碰盆壁），然后往盆内填加腐殖土埋至假鳞茎的叶基处。并在泥表面再盖上一层白石子或翠云草，既美观又可保持表土湿润。接着用盆底渗水法使土湿透后取出，用喷壶冲净叶面泥土，放置蔽阴处缓苗，一周后转入正常管理。

盆栽墨兰多用其原产地林下的腐殖土，当地人称为“兰花泥”。这种土腐殖质含量丰富、疏松而无黏着性，常呈微酸性，是栽培兰花的优良盆栽用土。在北方栽培兰花，一般都用腐叶土 5 份、沙泥 1 份混合而成。也有用腐殖土 4 份、草炭土 2 份、炉渣 2 份和河沙 2 份等混合配制的。墨兰属半阴性植物，要求“暖和、湿润、散光、通风”的环境条件。生长好坏全靠养护管理。栽培地点要求通风好，具遮阴设施。墨兰对水分的要求主要是视气温高低、光线强弱和植株生长而定。墨兰用水以雨水或雪水最好，如必须用自来水浇兰花，须暴晒一天之后才能应用。浇水用喷壶，不要将水喷入花蕾内，以免引起腐烂。夏季切忌阵雨冲淋，必须用薄膜挡雨。

图 13-4 墨兰

墨兰施肥“宜淡忌浓”，一般春末开始，秋末停止。施肥时以气温 18 ~ 25 ℃为宜，阴雨天均不宜施肥。肥料种类以有机肥或无机肥均可。生长季节每周施肥一次，秋冬季墨兰生长缓慢，应少施肥，每 20 d 施一次，施肥后喷少量清水，施肥必须在晴天傍晚进行。

种类及品种介绍：常见品种有‘金华山’‘秋榜’‘秋香’‘小墨’‘徽州墨’‘金边墨兰’‘银边墨兰’。我国台湾有‘富贵名三’‘玉桃’‘大屯麒麟’‘国香牡丹’‘奇花绿云’‘十八娇’‘桃姬’和品种繁多的艺叶墨兰如‘白中透’‘中斑’‘达摩鹤’‘达摩燕尾’等。

园林用途：墨兰现已成为我国较为热门的国兰之一。在我国南方已进入千家万户，用它装点室内环境和作为馈赠亲朋的主要礼仪盆花。花枝也用于插花观赏。

13.1.5 春兰

别名：草兰、山兰

拉丁名：*Cymbidium goeringii*

科属：兰科，兰属

形态特征：假鳞茎稍呈球形，叶 4 ~ 6 枚集生，狭带形，长 20 ~ 60 cm，少数可达 100 cm，宽 0.6 ~ 1.1 cm，边缘有细锯齿。花单生，少数 2 朵，花葶直立；有鞘 4 ~ 5 片；花直径 4 ~ 5 cm；浅黄绿色，绿白色，黄白色，有香气；萼片长 3 ~ 4 cm，宽 0.6 ~ 0.9 cm，狭矩圆形，端急尖或圆钝，紧边，中脉基部有紫褐色条纹；花瓣卵状披针形，稍弯，比萼片稍宽而短，基部中间有红褐色条斑；唇瓣 3 裂不明显，比花瓣短，先端反卷或短而下挂，色浅黄，有或无紫红色斑点，唇瓣有 2 条褶片。花期 2 ~ 3 月（图 13-5）。

生态习性：耐干旱，喜高温多湿的环境，忌闷热，最适生长、开花的温度为 15 ~ 28 ℃，低于 8 ℃或高于 35 ℃易停止生长。

繁殖栽培：分株繁殖。春兰属半阴性植物，栽培地点要求通风好、具遮阴设施，常用遮阳网和薄膜防雨遮阴，春夏要求较好的遮阴，秋冬给予充足阳光，有利根叶生长和开花。切忌日光直射或暴晒。浇水是养好春兰的关键，浇水数量视气温高低、光线强弱和植株生长而定。一般来说，冬季温度低、湿度大则少浇，夏季植株生长旺盛、气温高应多浇。但夏季切忌阵雨冲淋，必须用薄膜挡雨。浇水以清晨为宜，秋、冬以晴天中午浇水为好。有条件的最好装置自动喷雾设施，以增加空气湿度，这对春兰生长发育更为有利。兰花的用水，一般以雨水和河水为好，自来水必须入水池后再用。

图 13-5　春兰

施肥对春兰是必需的。春季和夏秋季，正值兰花生长旺盛期，可以多施肥，从 3 月下旬至 9 月下旬，每周施肥 1 次，浓度宜淡。秋冬季兰花生长缓慢，应少施肥，每半月施肥 1 次。施肥后喷少量清水，防止肥液沾污叶片。施肥必须在晴天傍晚进行，也可用缓释肥。

园林用途：春兰花香馥郁，叶姿飘逸秀柔，在国际兰界十分受重视，春兰作盆栽，点缀室内，高雅、清馨。如摆放高档茶室和宾馆接待室，可提高品位和档次。

13.1.6　卡特兰

别名：阿开木、界德利亚兰、界德丽亚兰、加多利亚兰、卡特利亚兰

拉丁名：*Cattleya hybrida*

科属：兰科，兰属

形态特征：假鳞茎呈棍棒状或圆柱状。顶部生有叶 1 ~ 3 枚；叶厚而硬，中脉下凹。花单朵或数朵，着生于假鳞茎顶端，花大而美丽，色泽鲜艳而丰富（图 13-6）。

生态习性：多年生草本附生植物，多附生于大树的枝干上。喜温暖、湿润环境，越冬温度，夜间 15 ℃左右，白天 20 ~ 25 ℃，保持大的昼夜温差至关重要，不可昼夜恒温，更不能夜温高于昼温。要求半阴环境，春、夏、秋三季应遮去 50% ~ 60% 的光线。

繁殖栽培：栽培卡特兰，通常采用泥炭藓、蕨根、树皮块或碎砖等作盆栽材料。栽种时盆底先填充一些

图 13-6　卡特兰

较大颗粒的碎砖块、木炭块，再用蕨根 2 份、泥炭藓 1 份的混合材料，或用加工成 1 cm 直径的龙眼树皮、栎树皮，将卡特兰的根栽植在多孔的泥盆中。这些盆栽材料要在使用前用水浸透。用蕨根、泥炭藓栽植时，一定要扎紧扎实，以用手提植株时，根不从盆中拔出为好。根系要均匀分散在盆栽材料中。最后用剪刀将盆面栽培材料剪平，中间稍凸起为好。若用树皮块或火山灰、碎石块栽植时，花盆下部应放大颗粒的材料，以利于排水和透气，花盆上部，尤其盆面应放小颗粒的材料，以便于保持盆内的湿度。

卡特兰喜半阴的环境，在华北地区春、夏、秋三季可用遮阳网、竹帘等遮阳，这样可使光照强度减弱 50% ~ 60%。光照过强可导致严重的日灼病或生长停滞、叶片变黄。冬季在温室内，可相应减少遮光或不遮光。卡特兰在兰花中属于喜光的品种，如果光线不足，则开花少、不开花或花的质量差。为保证开花质量，可使光稍强些，甚至叶片微黄也不会影响植株的生长。以生产花朵为目的的栽培者，常采用这种栽培方式，产花量明显增多。

在卡特兰旺盛生长的春、夏、秋三季，应注意在盆面不同部位放上一些经过发酵的固体肥料，1 ~ 2 个月放 1 次，或每 1 ~ 2 周施 1 次液体肥料。小苗更应勤施肥，才能生长更快。

种类及品种介绍：大花卡特兰、蕾丽卡特兰、橙黄卡特兰、两色卡特兰等和大量杂交优良品种。

园林用途：卡特兰是最受人们喜爱的附生性兰花。花大色艳，花容奇特而美丽，花色变化丰富，极其富丽堂皇，有“兰花皇后”的誉称；而且花期长，一朵花可开放 1 个月左右；切花水养可欣赏 10 ~ 14 d。

13.1.7 大花蕙兰

别名：虎头兰、喜姆比兰、蝉兰、西姆比兰

拉丁名：*Cymbidium hyridum*

科属：兰科，兰属

形态特征：常绿多年生附生草本。假鳞茎粗壮，长椭圆形，稍扁；上面生有 6 ~ 8 枚带形叶片，长 70 ~ 110 cm，宽 2 ~ 3 cm。花茎近直立或稍弯曲，长 60 ~ 90 cm，有花 6 ~ 12 朵或更多。其中绿色品种多带香味。花大型，直径 6 ~ 10 cm，花色有白、黄、绿、紫红或带有紫褐色斑纹（图 13-7）。

生态习性：喜温暖、湿润和半阴的环境。大花蕙兰原产我国西南部，喜冬季温暖和夏季凉爽气候，喜高湿、强光，生长适温为 10 ~ 25 ℃。夜间温度以 10 ℃左右为宜，尤其是开花期将温度维持在 5 ℃以上，15 ℃以下可以延长花期到 4~5 个月。

繁殖栽培：通常用分株法繁殖。分株时间多于植株开花后，新芽尚未长大之前，这一短暂的休眠期内进行。分株前应适当干燥，根略发白、绵软时操作。生长健壮者通常 2 ~ 3 年分株一次，分切后的每丛兰苗应带有 2 ~ 3 枚假鳞茎，其中 1 枚必须是前一年新形成的。为避免伤口感染，可涂以硫黄粉或炭粉，放干燥处 1 ~ 2 d 再单独盆栽，即成新株。分栽后放半阴处，不可立即浇水，发现过干可向叶面及盆面少量喷水，以防叶片干枯、脱落和假鳞茎严重干缩，待新芽基部长出新根后才可浇水。

盆栽大花蕙兰常用 15 ~ 20 cm 高筒花盆，每盆栽 2 ~ 4 株苗。盆栽基质用蕨根、苔藓和树皮块的混合物。生长期每半月施肥 1 次，也可用浓度在 0.1%

图 13-7 大花蕙兰

以下，氮、磷、钾比例为 1：1：1 的复合肥，每周喷洒 1 次。使假鳞茎充实肥大，才能促使花芽分化、多开花。萌芽力强的品种，要控制叶芽生长，不使养分过多消耗，就必须进行摘芽，使一个假鳞茎着生一个叶芽。大花蕙兰喜昼夜温差大，白天生长温度在 25 ~ 28 ℃，晚间温度在 10 ~ 15 ℃，有利开花蕾生长。若花芽已形成，气温高达 28 ℃以上，将会造成枯萎或掉蕾。

种类及品种介绍：'独占春''黄蝉兰''碧玉兰''西藏虎头兰'和大量杂交种的优良品种。大花蕙兰商品栽培品种主要来自日本和韩国，国内最近几年也开始有很多公司在研究品种选育、组培技术、栽培技术等。

目前主要的流行品种有以下几类：

粉色系列：'贵妃''粉梦露''楠茜''梦幻'。

绿色系列：'碧玉''幻影'（浓香）、'华尔兹'（清香）、'玉禅'。

黄色系列：'夕阳'（清香）、'明月''UFO'。

白色系列：'冰川'（垂吊）、'黎明'。

园林用途：大花蕙兰株形丰满，叶色翠绿，花形优美、蜡质，是高档的冬春季节日用花。

13.1.8　石斛兰

别名：石斛、石兰、吊兰花、金钗石斛

拉丁名：*Dendrobium* spp.

科属：兰科，石斛属

形态特征：石斛兰为多年生落叶草本。假鳞茎丛生，圆柱形或稍扁，基部收缩。叶纸质或革质，矩圆形，顶端 2 圆裂；总状花序；花大、半垂，白色、黄色、浅玫红或粉红色等，艳丽多彩，十分美丽，许多种类气味芳香（图 13-8）。

生态习性：常附生于海拔 480 ~ 1700 m 的林中树干上或岩石上。喜温暖、湿润和半阴环境，不耐寒。生长适温 18 ~ 30 ℃，生长期以 16 ~ 21 ℃更为合适，休眠期 16 ~ 18 ℃，晚间温度为 10 ~ 13 ℃，温差保持在 10 ~ 15 ℃最佳。白天温度超过 30 ℃对石斛兰生长影响不大，冬季温度不低于 10 ℃。幼苗在 10 ℃以下容易受冻。石斛兰忌干燥、怕积水，特别在新芽开始萌发至新根形成时需充足水分。但过于潮湿，如遇低温，很容易引起腐烂。天晴干热时，除浇水外，要往地面多喷水，保持较高的空气湿度。常绿石斛兰类在冬季可保持充足水分，但落叶类石斛兰可适当干燥，保持较高的空气湿度。

繁殖栽培：常用分株、扦插和组培繁殖。

（1）分株繁殖

春季结合换盆进行。将生长密集的母株，从盆内托出，少伤根叶；把兰苗轻轻掰开，选用 3 ~ 4 株栽 15 cm 盆，有利于成形和开花。

（2）扦插繁殖

选择未开花而生长充实的假鳞茎，从根际剪下，再切成每 2 ~ 3 节一段，直接插入泥炭苔藓中或用水苔包扎插条基部，保持湿润，室温在 18 ~ 22 ℃，插后 30 ~ 40 d 可生根。待根长 3 ~ 5 cm 盆栽。

（3）组培繁殖

常以茎尖、叶尖为外植体，在附加 2，4- 二氯苯氧乙酸（2，4-D）0.15 ~ 0.5 mg/L、6- 苄氨基腺嘌呤（6BA）0.5 mg/L 的 MS 培养基上，其分化率可达 1 ： 10 左右。分化的幼芽转至含有活性炭、椰乳的 MS 培养基中加 2，4- 二氯苯氧乙酸（2，4-D）和 6-

图 13-8　石斛兰

苄氨基腺嘌呤（6BA），即能正常生长，形成无根幼苗；将幼苗转入含有吲哚丁酸 0.2 ~ 0.4 mg/L 的 MS 培养基中，能够诱导生根，形成具有根、茎、叶的完整小植株。

盆栽石斛兰需用泥炭、苔藓、蕨根、树皮块和木屑等轻型、排水好、透气的基质。同时，盆底多垫瓦片或碎砖屑，以利于根系发育。栽培场所必须光照充足，对石斛兰生长、开花更加有利。春、夏季生长期，应充分浇水，使假鳞茎生长加快。9 月以后逐渐减少浇水，使假球茎逐趋成熟，能促进开花。生长期每旬施肥 1 次，秋季施肥减少，到假鳞茎成熟期和冬季休眠期，则完全停止施肥。栽培 2 ~ 3 年以上的石斛兰，植株拥挤，根系满盆，盆栽材料已腐烂，应及时更换。无论常绿类或是落叶类石斛，均在花后换盆，换盆时要少伤根部，否则遇低温叶片会黄化脱落。

种类及品种介绍：'金钗石斛''密花石斛''鼓槌石斛''蝴蝶石斛'和大量杂交优良品种。

园林用途：石斛兰花姿优美，色彩新艳，盆栽摆放阳台、窗台或吊盆悬挂客室、书房，凌空泼洒，别具一格。在欧美常用石斛兰花朵制作胸花，配上丝石竹和天冬草，真有欢迎光临之意，广泛用于大型宴会、开幕式剪彩典礼。

13.1.9 文心兰

别名：跳舞兰、金蝶兰、瘤瓣兰

拉丁名：*Oncidium hybridum*

科属：兰科，文心兰属

形态特征：文心兰为多年生草本。假鳞茎粗壮。叶卵圆至长圆形，革质，常有深红棕色斑纹。花茎粗壮，圆锥花序，小花黄、棕、棕红等色（图 13-9）。

生态习性：喜冷凉气候。厚叶型文心兰的生长适温为 18 ~ 25 ℃，冬季温度不低于 12 ℃。薄叶型的生长适温为 10 ~ 22 ℃，冬季温度不低于 8 ℃。文心兰喜湿润和半阴环境，除浇水增加基质湿度以外，叶面和地面喷水更重要，增加空气湿度对叶片和花茎的生长更有利。硬叶型品种耐干旱能力强，冬季长时间不浇水未发生干死现象，其忍耐力很强。规模化生产需用遮阳网，以遮光率 40% ~ 50%为宜。冬季需充足阳光，一般不用遮阳网，有益于开花。

繁殖栽培：文心兰的繁殖方法有组织培养与分株繁殖。文心兰成株后都会长出子株，待子株有假鳞茎时剪离母株即可。分株繁殖一般在开花后或春秋季进行。

盆栽文心兰常用 15 cm 的盆，也可用蕨板或蕨柱栽培。常用基质为碎蕨根 40%、泥炭土 10%、碎木炭 20%、蛭石 20%、水苔 10%。盆底多垫碎瓦片和碎砖，有利于透气和排水。开花植株在花谢后进行栽植最好，未开花植株在萌芽前进行，这样有利于文心兰新根生长。5 ~ 10 月为文心兰的生长旺盛期，每半月施肥 1 次。冬季休眠期可停止施肥和浇水，增加喷水，提高空气湿度即可。每半月可用 0.05% ~ 0.1%复合肥喷洒叶面加以补充。开花后要及时摘除凋谢花枝和枯叶。

文心兰的大多数种类均采用盆栽。盆栽植料与栽培蝴蝶兰的植料相似，如水苔、碎蕨根、木屑、木炭、珍珠岩、碎砖块、泥炭土等。这些植料组合应用效果好，如以细蕨根 40%、泥炭土 10%、木炭 20%、珍珠岩或蛭石 20%、碎石和碎砖块 10%混合调制效果好。种植时要用碎石或碎砖垫花盆底部 1/3 左右以利

图 13-9 文心兰

通气和排水。栽培的花盆可用塑料盆、素烧盆、瓷盆等。栽培 2 ~ 3 年以上的文心兰，植株逐渐长大并长出小株，根系过满，要及时换盆。换盆通常在开花后进行，未开花植株，早春秋后天气变凉时进行，栽培材料应一起更换，换盆可结合分株一起进行。

夏季时要注意遮阴，温度过高时要及时降温。盛夏秋季每天都要浇透水一次，即浇到盆底孔出水为止。施肥以施复合化肥为好，宜薄肥，忌浓肥，宜于清晨或下午 3 时以后施肥。7~8 月，是植株抽花时期，此期由于高温、高湿，易生细菌性软腐病，严重时可导致植株死亡。在进入高温、高湿的季节之前，应加强施肥，特别是要增加钾肥的比重，培养壮苗，以增强植株的抗病力。

种类及品种介绍：

常见同属观赏种有：

（1）大文心兰（*O.ampliotum* var.*majus*）：花鲜黄色，萼片有棕红色斑点。

（2）皱状文心兰（*O.crispum*）：花大，皱瓣，花径 8 cm，花瓣褐色具金黄色中心。

（3）同色文心兰（*O.concolor*）：花大，花径 4 cm，花瓣柠檬黄色，唇瓣黄色。

（4）大花文心兰（*O.macranthum*）：花大，花径 10 cm，花瓣黄色，萼片棕色、波状。

（5）金蝶兰（*O.papilio*）：花瓣深红色、有黄色横条纹，唇瓣黄色、具褐红色斑点。

（6）豹斑文心兰（*O.pardinum*）：花鲜黄色，具棕色斑纹。

（7）华彩文心兰（*O.splendidum*）：花黄色、具棕色条纹，唇瓣大、金黄色。

（8）小金蝶兰（*O.varicosum*）：花黄绿色，花径 3 cm。

园林用途：文心兰是一种极美丽而又极具观赏价值的兰花，既可做盆花，也是世界上重要的兰花切花品种之一，适合于家庭居室和办公室瓶插，也是加工花束、小花篮的高档用花材料，现世界各地均有栽培。

13.1.10　兜兰

别名：拖鞋兰、美丽囊兰

拉丁名：*Paphiopedilum* spp.

科属：兰科，兜兰属

形态特征：兜兰为多年生草本。叶线形，长 20 cm 左右，深绿色，叶背绿白色；花茎长 20 cm，绿白色；花单生，黄绿色，具褐色斑纹。花期从 10 月至翌年 3 月（图 13–10）。

生态习性：喜温暖、湿润环境，斑叶种生长适温 20 ~ 25 ℃，但 30 ~ 38 ℃也能忍受，仅生长较差；绿叶种生长适温 16 ~ 18 ℃。冬季不能低于 10 ℃。兜兰属于阴性植物，怕强光直射，早春以半阴为好，夏季早晚见光，中午前后须遮阴，冬季可照光。

繁殖栽培：兜兰主要用分株繁殖，一般于 4 ~ 5 月进行，每盆至少 3 株。盆土可用腐叶土 2 份、泥炭或锯末 1 份配制，栽植时，盆下部应垫上相当于盆深 1/4 的木炭或碎砖块，以利排水透气。分株不宜太勤，一般待长满盆后再行分盆，否则影响生长。

盆栽兜兰可根据植株大小采用不同型号的花盆，选择腐叶土、泥炭土、苔藓、蕨根和树皮块等作栽培材料。在北方，家庭养花用腐叶土、泥炭土栽植兜兰，在盆下部 1/4 左右应填充碎片、砖块、木炭块等粒状物，

图 13–10　兜兰

以利盆土排水、透气。附生种宜用苔藓、蕨根和直径1 ~ 2 cm的树皮块作盆栽材料，应注意的是必须在使用之前用水浸透，然后将多余的水挤干再使用，否则植株盆栽后难湿透，影响新苗的生长。兜兰在野外生长于潮湿阴暗的林下，因此，在栽培中应创造类似的环境。

适当施肥是兜兰生长健壮的重要措施。除秋冬季节气温过低、植物停止生长期间不施肥外，其他时间应两周左右施1次追肥。用树皮块、蕨根等物料盆栽，5 ~ 7 d结合灌水施1次肥。化肥和农家肥都可以施用，化肥需注意氮、磷、钾配比，不可氮肥过高。化肥施用浓度应控制在0.1% ~ 0.3%之间，不可过浓，可以根部浇灌施用，也可以叶面喷洒；农家肥必须加水腐熟后方可稀释施用。

种类及品种介绍：

（1）白花兜兰（*P.emersonii*）：叶面绿色、背面紫色，花白色带紫红色斑点，花期6 ~ 8月。

（2）黄花兜兰（*P.Primulinum*）：花浅黄色，外侧面布满紫褐色斑点，唇瓣呈卵状的兜。

（3）紫纹兜兰（*P.purpuratum*）：叶淡绿色具深绿色斑纹，萼片白色带紫色条纹，花瓣深紫红色带褐紫色斑纹，花期9月至翌年1月。

（4）卷萼兜兰（*P.appletonianum*）：叶绿色具暗紫色斑块，花紫褐色。

（5）杏黄兜兰（*P.armeniacum*）：兜杏黄色，花径6 ~ 10 cm。

（6）飘带兜兰（*P.parishii*）：花长12 cm，下垂而卷曲的瓣呈线形，黄绿色，具紫褐色斑纹。

（7）硬叶兜兰（*P.micranthum*）：花粉红色，兜长5 cm、宽4 cm，花径7 ~ 8 cm。

（8）长瓣兜兰（*P.dianthum*）：花黄绿色，花瓣极长，悬垂、扭曲、带形。

（9）带叶兜兰（*P.hirsutissimum*）：花绿色、有小紫点，唇瓣兜状。

园林用途：花型奇特，适合单独盆栽，也可以同观叶植物组合，设置室内观赏。

13.1.11　蝴蝶兰

别名：蝶兰、台湾蝴蝶兰

拉丁名：*Phalaenopsis hybridum*

科属：兰科，蝴蝶兰属

形态特征：茎很短，常被叶鞘所包。叶片稍肉质，常3 ~ 4枚或更多，叶面绿色，背面紫色，椭圆形，长圆形或镰刀状长圆形，长10 ~ 20 cm，宽3 ~ 6 cm，先端锐尖或钝，基部楔形或有时歪斜，具短而宽的鞘。花序侧生于茎的基部，长达50 cm，不分枝或有时分枝；花序柄绿色，粗4 ~ 5 mm，被数枚鳞片状鞘；花序轴紫绿色，多少回折状，常具数朵由基部向顶端逐朵开放的花；花苞片卵状三角形，长3 ~ 5 mm；花粉团2个，近球形，每个劈裂为不等大的2片。花期4 ~ 6月（图13-11）。

生态习性：喜高温、高湿、半阴环境，越冬温度不低于18 ℃。

繁殖栽培：通常用分株和组培法繁殖。

分株繁殖：在春季新芽萌发以前或开花后进行。此时，养分集中，抗病力强。一般结合换盆进行，将母株从盆里托出，少伤根叶，把兰苗轻轻掰开，选用2 ~ 3株直接盆栽。若夏季高温季节分株，容易腐烂。冬季分株由于气温略低，发根恢复较慢。组培繁殖：

图13-11　蝴蝶兰

蝴蝶兰为单轴类的兰科植物，很少有侧芽产生，只能用幼苗或成苗的茎尖作外植体。也可用叶片培养，通过产生愈伤组织再分化出原球茎；一般来说，株龄越小，叶片越嫩，越容易产生愈伤组织，分化的原球茎数量就多。

蝴蝶兰为附生性兰花，盆栽基质必须疏松、排水和透气，常用苔藓、蕨根、树皮块、椰壳或蛭石等。新株栽植后 30 ~ 40 d 长出新根，生长期每旬施肥 1 次，花芽形成至开花期，多施磷钾肥，并经常在地面、叶面喷水，提高空气湿度，对茎叶生长十分有利。每年 5 ~ 6 月花后新根开始生长时换盆，温度应在 20 ~ 25 ℃；蝴蝶兰花序长，花朵大，盆栽时需立支架，以防止倾倒，影响花容。

种类及品种介绍：

白花系：

（1）‘火焰’（*Firework*）是由‘斑花蝴蝶兰’（*P.maculata*）与‘普比洛斯’（Dos Pueblos）杂交产生。具有花大、花色雪白杂以小红斑点、花瓣质地厚实等特点。

（2）‘戴斯小姐’（Litter Miss Daisy）是由‘柏氏蝴蝶兰’（*P.parishlii*）与‘格拉特’（Be Glad）杂交产生。具有花纯白、唇瓣杏黄色的少有花色。

（3）‘完美’（Perfection）是‘柏氏蝴蝶兰’（*P.parishii*）与‘午夜红唇’（Mid Lip）的杂交种。特点是白色的花有少许红色脉纹，唇瓣橙红色有深红色脉纹。

（4）‘小诺瓦’（Micro ~ Nova）由‘斑花蝴蝶兰’（*P.maculata*）与‘柏氏蝴蝶兰’（*P.parishii*）杂交产生的一代杂种。星形花，花白色有少许红斑，唇瓣三角状，黄色密布红斑。

（5）‘米诺瓦 ’（Millinova）是由‘柏氏蝴蝶兰’（*P.parishii*）与‘小诺瓦’（Micro ~ Nova）杂交产生。星形花，花雪白色杂以红色斑点，唇瓣黄色有红色斑点。

（6）‘小姐妹’（Little Sister）是‘斑花蝴蝶兰’（*P.maculata*）与‘桃红蝴蝶兰’（*P.equestris*）的一代杂种。其特点是花狭窄，白色密布红色斑点，唇瓣桃红色。

园林用途：适宜于盆栽观赏，可置于室内布置，尤其适宜在家庭中点缀于有阳光的几架、书桌上。也可用于园林绿化的花径设计。

13.1.12　万代兰

拉丁名：*vanda* spp.

科属：兰科，万代兰属

形态特征：附生兰。茎长 30 ~ 40 cm 或更长，具多数 2 列的叶。萼片和花瓣在背面白色，内面（正面）黄褐色带黄色条纹；花瓣有圆形、长形和三角形等；唇瓣则与花柱相愈合，侧片与中片各舒张，花形硕壮，花姿奔放，花色华丽，除了具备多种单色外，还有布满斑点或网纹的双色。花期 12 月至翌年 5 月（图 13-12）。

生态习性：万代兰原产马来西亚和美国的佛罗里达州与夏威夷群岛，迄今已发现有 70 个原生种，人工选育的杂交种则有 1000 多个，是气生兰中的一个重要家族。中国海南岛发现两个原生种，一为纯色万代兰，一为密叶万代兰，多附生于原始森林中的乔木之上。

繁殖栽培：万代兰可以组织培养或高芽繁殖，然而，前者因需要较多的专业技术，故不适合在家里进行。于秋末时，万代兰在叶腋处会长出高芽，当高芽

图 13-12　万代兰

长至 5 ~ 7.5 cm 时，用锋利及已消毒的刀子，自母株切下高芽，并种植在装有木屑的盆中，可移植至较大的盆。切记必须在切口上涂药，以免受病菌感染。另外，当多年栽培的植株长到 1 m 以上时，可将长约 30 ~ 40 cm 的顶芽切下，并涂药消毒两边切口，然后种植在盆中，保持潮湿即可。

园林用途：四季都有开花的品种，它由下至上依序绽放，可连续观赏三四十天，是艺术插花中理想的花材。

13.1.13 其他兰科植物（表 13–1）

其他兰科植物 表 13–1

名称	拉丁名	科属	形态特征	生态习性	园林用途
鸟舌兰	*Ascocentrum ampullaceum*	兰科，鸟舌兰属	总状花序直立或平展，具多花；花小，具相似的萼片与花瓣；唇瓣 3 裂，基部有距，距顶端常膨大；蕊柱短，无蕊柱足；花粉块 2 个，有裂隙，蜡质，有细小的蕊喙柄和黏盘	生于海拔 1100~1500 m 的常绿阔叶林中树干上	
杓兰	*Cypripedilum calceolus*	兰科，杓兰属	为多年生草本植物。株高 20 ~ 30 cm，具根茎，茎生叶 3 ~ 4 片，椭圆形。花单生，苞片叶状，花被紫红色，唇瓣呈兜状。花期 4 ~ 5 月	喜夏季凉爽、湿润、半阴环境，宜于肥沃、疏松沙壤土生长	杓兰目前仍处于野生状态，需要进行人工饲种驯化，使之成为家庭花卉，盆栽可用于装点室内环境
五唇兰	*Doritis pulcherrima*	兰科，五唇兰属	附生兰或陆生兰，茎短；叶扁平，稍肥厚；总状花序松散，较长；花中等大；侧萼片与蕊柱足合生成锥形的萼囊；唇瓣 5 裂，有爪，爪基部常反折为囊状；蕊柱短，蕊柱足较长；花粉块 4，蜡质，具长的蕊喙柄和小的黏盘	该兰属热带兰，喜高温、多湿、遮阴的环境	因植株小巧，为案头盆花中的难得品种
紫花羊耳蒜	*Liparis nigra*	兰科，羊耳蒜属	地生草本，较高大。茎（或假鳞茎）圆柱状，肥厚，肉质，有数节，长 8 ~ 20 cm，直径可达 1 cm	生于常绿阔叶林下或阴湿的岩石覆土上或地上，海拔 500 ~ 1700 m	
血叶兰	*Ludisia discolor*	兰科，血叶兰属	血叶兰是兰科多年生植物，有特别的体态：具有粗壮的圆柱形肉质茎，蔓生型，叶似倒卵，叶色暗紫，叶脉清晰，其叶面状似丝绒，形态秀美，且经久不败。血叶兰为总状花序，花序顶生，具有花序长、花朵多、花型小、花期长的特点。花梗与花均为白色，苞片呈红色。萼片花瓣化，较大。中间花瓣成为形状独特的唇瓣，呈弯曲状，前端伸展似两翼，另两瓣花与中萼片融合相连；花的雌雄蕊在花心合为一体成为蕊柱。蕊柱顶呈黄色，雄蕊位于蕊柱顶部，拥有药室；雌蕊在蕊柱里侧	产于云南南部和东南部；分布于广东、广西、海南、我国香港及东南亚诸国。海拔下限 900 m、海拔上限 1300 m，生于常绿阔叶林下或林下溪旁石壁或岩石上	自然生长在密林下的阴湿环境中，是颇具风韵的室内观赏植物
独蒜兰	*Pleione bulbocodioides*	兰科、独蒜兰属	多年生草本。株高 10 ~ 25 cm。假鳞茎狭卵形；茎顶生叶一枚，茎顶生花葶一枚，具花一朵，花粉红色	生于常绿阔叶林下或灌木林缘腐殖质丰富的土壤上或苔藓覆盖的岩石上，海拔 900~3600 m	
火焰兰	*Renanthera coccinea*	兰科，火焰兰属	附生兰或陆生兰，茎长，攀缘，有时分枝；叶扁平，2 列，有关节；花大或小，常为红色；唇瓣明显小于花瓣与萼片，3 裂，有短距；蕊柱通常粗而短，无蕊柱足；花粉块 4，近等大，成 2 对，蜡质，具蕊喙柄与黏盘	生长环境为热带、亚热带，适合在广州地区栽培	火焰兰花色鲜红，生长健旺，有很高的园艺应用价值和育种利用价值

13.2 兰科植物的应用实例

13.2.1 兰科植物的概述

兰科植物是一个广布全球的大科，全世界约有 700 个属，近 20000 个原生种以及大量的杂交种和品种。主要产在全球的热带和亚热带地区。中国是兰科植物分布的重要区域，有 173 属约 1247 种和大量的变种、品种。主要分布在云南、四川、台湾、海南、两广等地区，其次是贵州、湖南、福建、江西、浙江、湖北、安徽、江苏以及甘肃、陕西、河南三省的南部亚热带地区。北方温带地区和西部高原、干旱地区分布比较少。自然界中，兰花绝大多数都生长在湿润、温暖、有散射光线而又排水良好的地方。但不同种类对温度、水分、光量的要求不同。有些兰花生于树上或岩石上，称为附生兰或气生兰，这类兰花绝大多数依附于树干、树杈或岩壁上；另一类是地生兰，生于地面，主要是生长在有砾石和腐殖质的沙壤土上，极少数生长在沼泽或湿土上。还有一类腐生兰主要生长于具有丰富腐殖质和枯枝落叶的土层中，它们本身不能进行光合作用，主要靠共生真菌提供营养，只有在开花时其花才伸出地面。

13.2.2 具体应用实例

1）专类园

兰花既可独立成园，也可做成“园中园”，广州兰圃就是以兰花作为主要园林植物的典型公园，园内植有乔木南洋杉、插叶树、人参果等，浓荫蔽日，营造出了兰花生长所需的遮阴、通风、温暖的自然生态环境。园内幽静，清新的空气中伴有阵阵兰香，徜徉其中，城市的喧闹、生活的浮躁，都消失得无影无踪，剩下的只有宁静和惬意。福建农林大学森林兰苑区则是一个兰花专类栽培案例，不同的生境下不同形式种植着各种兰花，盆栽的蝴蝶兰、兜兰、文心兰、卡特兰；地被种植的虾脊兰、建兰；附生鼓槌石斛、大苞鞘石斛、金钗石斛等，品种繁多、花色各异，吸引了无数游客。专类园最大的优点是能够展示品种的多样，也方便管理，同时还有利于科学研究和科普教育的开展。华南、华东地区专类园的设计相对简单，通常只要光照适宜，大多数兰花都能生长良好。华北、西北等地的专类园则必须有较好的增温设施，才能保证兰花顺利过冬。

2）花架盆栽

花架的应用可以灵活地美化、绿化环境，丰富园林的空间层次，尤其在一些占地面积小，绿化空间有限的家庭小庭院中更为实用。简单花架配于盆栽兰花，应用简单灵活，便于四季转换不同的观赏兰花。花架的设计只求简洁、实用，可以是随意焊接的铁栏杆，也可以是简易水泥板架，高矮、宽窄因地制宜，应用灵活。盆栽兰花可以巧妙地布置在园林入口两侧、台阶旁、廊檐下、高墙脚、厅堂里，使以硬质铺装为主、空间狭小的庭院充满勃勃生机（图 13-13）。这种做法在古典园林中比较常见，如广东佛山的梁园，用简易水泥板架起的花基，虽然简单，却对狭窄的高巷起到了很好的美化作用；广东番禺的余荫山房，一些几架式花基座的布置，给高墙冷巷带来了生机。现代园林中，这种做法则更为巧妙，如深圳梧桐山用围墙的瓦状结构代替花盆，种植着繁花簇簇的鼓槌石斛兰，虽

图 13-13 大花蕙兰盆栽绿化

不能移动，却也能满足石斛兰栽培时透水、透气的要求，还延伸了景致。

3）树干附植

高大常绿乔木上“寄生”着一株花香正浓的兰花，不仅打破了常绿景色的单调，还为游人提供了无限遐想的空间。兰花中有一类附生兰，自然生境下就是附着在树干或岩石上生长。这类兰花茎、叶肥厚，粗大的气根裸露，可以吸收空气中的水分，耐干旱。如卡特兰、蝴蝶兰、石斛兰、万代兰等。园林设计中我们可以应用适当的方法，巧妙地把这种自然景观“转移”到人工景观中来。附生兰大多原产热带地区，因而这种应用形式通常也只适应于我国华南、西南局部地区（图 13-14）。

4）地被种植

地被植物是组成绿色、改善生态环境的物质基础，也是提高城市绿地覆盖率的重要组成部分，同时还有吸附空气尘埃的功能。随着城市化的推进，“园林地被植物”也越来越丰富多彩。由过去的常绿型走向了多样化，由草坪向观叶、观花、观果型转化。兰花中一些低矮、耐寒能力强、可露地越冬的品种可以作为园林地被植物栽培，增加园林地被的观赏性（图 13-15）。如兰属中的青蝉兰、西藏虎头兰、碧玉兰、长叶兰，耐旱、耐瘠薄，管理较粗放，华南、西南地区可露地越冬，可片植于林下，或栽于草坪一角，以增加植物的层次感，或点缀岩石、假山，是较好的观叶、观花地被。又如虾脊兰，花色有白、黄、红、黄绿等，花中等大小，产于长江流域及其以南地区，喜肥沃、排水良好的土壤和阴湿环境，可片植于林下、池畔或溪边。还有黄花鹤顶兰，花大、展开，淡黄色，唇瓣呈筒状，前缘褐色并呈皱波状，十分独特，产于南方诸省区，喜温暖、潮湿、荫蔽的环境，土壤要求肥沃、排水良好，可丛植于林下，作花境配植或植于假山、岩石旁。

图 13-14　附生兰

图 13-15　云南蝴蝶泉水边的兰科植物

第 14 章　凤梨科植物

14.1　常见的凤梨科植物

14.1.1　凤梨

别名：菠萝

拉丁名：*Ananas comosus*

科属：凤梨科，凤梨属

形态特征：多年生单子叶常绿草本果树。矮生，高 0.5 ~ 1 m，无主根，具纤维质须根系；肉质茎为螺旋着生的叶片所包裹，叶剑形；花序顶生，着生许多小花；肉质复果由许多子房聚合在花轴上而成（图 14-1）。

生态习性：喜温暖，以年均温度 24 ~ 27 ℃生长最适。15 ℃以下生长缓慢，5 ℃是受冻的临界温度，43 ℃高温即停止生长。耐旱，但仍需一定水分，以 1000 ~ 1500 mm 的年雨量且分布均匀为宜。较耐阴，但充足的阳光生长良好、糖含量高、品质佳。

图 14-1　凤梨

繁殖栽培：常用整形素催芽繁殖、营养体繁殖和组织培养 3 种方法。

种类及品种介绍：

（1）褐斑丽穗凤梨（*Vriesea bituminosa*），原产巴西。植株包括花序高 50 ~ 75 cm。叶片数量较多，形成直径 40 ~ 50 cm 的漏斗状莲座叶丛。花茎直立、强壮，花序剑形，高达 50 cm，宽 8 cm，有时超过 40 朵小花。花苞片卵形，坚硬。花瓣开展，黄绿色。长 5.5 cm。

（2）金苞丽穗凤梨（*Vriesea chrysostachys*），原产于哥伦比亚、千里达岛（西印度群岛之一）和秘鲁。植株包括花序高 55 ~ 65 cm，叶片数量众多，形成直径 50~60 cm 的莲座状叶丛。叶片线形，暗淡的青绿色，基部是淡紫色。花茎直立，长 35 ~ 40 cm。花茎苞片紧紧包裹住花茎，基部棕红色，前端绿色。花序穗状或复穗状（具 2 ~ 3 个小穗）。花苞片坚硬、黄色，长约 2.5 ~ 3.5 cm，比花瓣长，因此小花藏在苞片里面而不显露出来。

（3）红指丽穗凤梨（*Vriesea chnodactylon*），原产于巴西。植株包括花序高 40 ~ 45 cm，是中、小型种。叶片翠绿色，形成直径 35 ~ 45 cm 的莲座叶丛。叶片带状，长 30 cm，宽 2.5 ~ 35 cm。花茎直立，花茎苞片绿色包裹着花茎。花序穗状，长 15 cm，宽 7 cm。花苞片红色，两列，基部紧密互叠、先端分开，镰刀形。小花黄色，雄蕊伸出。此种在原产地附生于高山矮林的树梢上，开花时由蜂鸟传粉。

（4）斑点丽穗凤梨（*Vriesea guttata*），原产于巴西。植株包括花序高 30 cm，是小型种。由 10 ~ 15 片叶片组成密集直立不太开展的莲座状叶丛，直径约 15 cm。叶片宽带状，顶端带尖，近直立。绿色具不规则的淡紫色或暗红色斑点。花茎细长、弓形，花茎苞片紧密包裹花茎，绿色或淡紫色具白色粉状鳞片。花序下垂，松散的穗状，20 cm 长，4 cm 宽，约 20 朵花。花苞片两列，绿色具白色粉状鳞片。花瓣黄色，先端圆，雄蕊从花中伸出。

园林用途：由于其花色繁多，叶片美丽，多用于盆栽观赏。也可食用、药用。

14.1.2 紫穗珊瑚凤梨

拉丁名：*Aechmea dichlamylea* var. *trininitensis*

科属：凤梨科，珊瑚凤梨属

形态特征：属大中型种，高 65 ~ 80 cm。叶宽带形，长 50~80 cm，宽 5 ~ 6 cm，灰绿色。花柄呈粉红色，侧生的各个穗状花序分枝呈扁平形，苞片蓝色，顶端呈紫红色；小花白色，并泛青紫色晕彩；浆果蓝紫色。

生态习性：喜光，可耐低温，但不耐霜冻，最适栽培温度 15 ~ 30 ℃；夏季需水多，其余季节少；土壤以排水良好、富含腐殖质和粗纤维的培养土为宜。

繁殖栽培：可切除吸芽繁殖。

园林用途：株形秀美，花（苞片）颜色耀眼，极具观赏价值。

14.1.3 斑马珊瑚凤梨

别名：光萼荷、斑马凤梨

拉丁名：*Aechmea chantinsii*

科属：凤梨科，萼凤梨属

形态特征：为多年生草本植物，莲座状叶丛榄绿色。叶面有横向银灰色条斑，叶背有白粉，缘有小锯齿，复穗状花序从叶丛中伸出，小花序扁平。观赏期 4 ~ 5 月。

生态习性：同紫穗珊瑚凤梨。

繁殖栽培：用播种和分植吸芽法繁殖。夏季高温时多浇水和多喷水，冬季低温时应控制浇水，越冬温度不得低于 15 ℃。

园林用途：适于盆栽观赏。

14.1.4 彩叶凤梨

别名：红杯凤梨、美艳羞凤梨、五彩凤梨

拉丁名：*Neoregelia carolinae*

科属：凤梨科，彩叶凤梨属

形态特征：多年生附生常绿草木植物。叶常丛生成莲座状。株高 20 cm，基部连成筒状。叶绿色，叶片披针形，叶长 20 ~ 30 cm，宽 3 ~ 3.5 cm。边缘具细齿，亮绿色，在近花期时，中间的嫩叶红色或淡紫色，最中心者色泽最艳。花序具亮红色苞片，花蓝紫色，有白边，每天早晨开花 2 ~ 3 朵，第二天凋谢，可保持观赏 2 ~ 3 个月。

生态习性：性喜温暖、湿润及半阴环境。对土质要求不高，以腐叶土为主的疏松混合土为好，忌钙质土。

繁殖栽培：可采用分蘖繁殖，时间最好在春季和换盆结合进行。花后，老株衰枯，将侧生蘖芽分开，上盆后，置于温暖潮湿处，要遮阴，温度保持在 25 ℃，生根较快。成长后逐渐增加光强，使其健壮成长。这种方法繁殖系数不大，目前已经开始用组织培养法快速繁殖。

种类及品种介绍：

三色彩叶凤梨，成株心叶呈现出粉红色斑点，同时在绿叶的中央镶嵌着黄白色的纵条纹。夏季开花，临近开花时植株基部变成红色，绚丽多彩，是近年来国内外最受欢迎的观赏花卉之一。

园林用途：优良的室内盆花，适于家庭居室盆栽观赏。

14.1.5 红彩凤梨

别名：五彩红星、媚氏彩叶凤梨

拉丁名：*Noregelia carolinae* cv.Meyendorffii

科属：凤梨科，彩叶凤梨属

形态特征：多年常绿草本，茎高可达 120 cm。基部具莲座叶丛，有叶 30 ~ 50 枚。叶剑状、硬质、亮绿色，两边象牙黄色阔条纹，刺及边缘渐呈红色。穗状花序密集成卵圆形，着生于高出叶丛之花葶上，花序顶端有一丛 20 ~ 30 枚叶形苞片。小花紫或近红色。

生态习性：为好湿性的气生凤梨。喜明亮的光线，但夏季忌置于强光下，以免叶片灼伤。光线亦不可太暗，否则影响色彩的充分表现。越冬温度要求在 5 ℃以上。

繁殖栽培：分株法。日常管理中，水分的管理特别重要，夏季每天需浇水，应保证叶基形成的杯中不断水分，但冬季应适当控制。培养土宜用泥炭土，以利通气透水。

园林用途：是花架、台桌、橱柜和茶几上摆放的极好材料。

14.1.6 端红彩叶凤梨

别名：艳美彩叶凤梨

拉丁名：*Noregelia spectabilis*

科属：凤梨科，彩叶凤梨属

形态特征：叶革质、较厚，叶长 30 ~ 40 cm、宽 3 ~ 4 cm，灰银色，有尖刺。叶面绿色，背面白粉状，叶基带紫色，顶端变红色，有横向细条斑纹。花蓝色。

生态习性：喜温暖、湿润和阳光充足环境。不耐寒，怕干燥和强光暴晒。生长适温为 18 ~ 28 ℃，3 ~ 9 月为 22 ~ 28 ℃，9 月至翌年 3 月为 18 ~ 22 ℃。冬季温度不低于 10 ℃，否则端红彩叶凤梨的顶端叶片出现卷曲皱缩的冻害现象，并逐渐发生焦枯。35 ℃以内温度，端红彩叶凤梨仍能正常生长。端红彩叶凤梨喜湿润。夏季要求较高的湿度，冬季可稍干燥，但空气湿度在 50%左右。浇水不能过多，保持盆土湿润即可。叶筒中要经常灌水，不可中断。同时，经常向叶面喷水。当室温低于 10 ℃时，则停止喷水。端红彩叶凤梨喜明亮的光照，怕强光长时间暴晒。在适度的光照下，转色的内层叶的中心部分色彩鲜艳持久。若长期在低光照条件下，则中心叶片不鲜艳、缺乏光泽。同样，夏季强光照射时间过长，会灼伤叶片，使黄白色斑纹不明显。土壤为肥沃、疏松的腐叶土和粗沙的混合物。

繁殖栽培：

繁殖方法：常用分株、播种和组培繁殖。

（1）分株繁殖：花后从母株旁萌发出蘖芽，待蘖芽长成 10 cm 高小株时，切下扦插于沙床中，保持室温 25 ~ 28 ℃，约 20 ~ 25 d 萌发更多新根，再盆栽养护。

（2）播种繁殖：春季采用育苗盘播种，发芽适温为 24 ~ 26 ℃，播种土必须高温消毒，播后轻压一下，不需覆土，盖上塑料薄膜保湿，约 8 ~ 12 d 发芽，苗具 3 ~ 4 片真叶时移 4 ~ 5 cm 盆。需培养 3 ~ 4 年中心叶才能转色，提供观赏。

（3）组培繁殖：以蘖芽为外植体，经常规消毒后接种在添加 6- 苄氨基腺嘌呤 4 mg/L 和吲哚乙酸 0.1 mg/L 的 MS 培养基上，30 ~ 40 d 可形成不定芽。再转移到添加吲哚乙酸 0.2 mg/L 的 1/2 MS 培养基上，约 20 ~ 25 d 诱导出新根，成为完整的小植株。

栽培管理：盆栽端红彩叶凤梨常用 15 cm 盆。盆底多垫碎瓦片或碎砖，有利于根系发育。生长期保持盆土湿润，叶面经常喷水，叶筒经常换水，以维持较高的空气湿度。每月施肥 1 次或用“卉友”15—15—30 盆花专用肥。冬季如果温度低，应将叶筒内盛水清除，待翌年气温转暖时再加入清水。端红彩叶凤梨每

2 ~ 3 年换盆一次，剪除萎瘪的老株，保留根部长出的新蘖芽。如蘖芽数多，可留 1 ~ 2 个，多余的蘖芽剪下作扦插繁殖材料。当母株老化时，外轮叶片易发生黄化，应及时剪除。

种类及品种介绍：

（1）血红凤梨（*N.cruenta*），莲座状叶片，宽 8 cm，淡褐绿色，前端部具血红色。花蓝色，具淡蓝色苞片。

（2）红杯凤梨（*N.farinosa*），叶呈莲座状排列，基部叶片为深绿色，开花时，短的内层叶片变成鲜红色。小花紫色。

（3）石纹凤梨（*N.marmorata*），叶宽，淡黄绿色，具红褐色斑纹。小花白色。

园林用途：株形矮壮，叶片刚直，色彩鲜艳，终年不褪，是极有价值的室内盆栽观叶植物。

14.1.7 水塔花

别名：红笔凤梨、红藻凤梨、水槽凤梨

拉丁名：*Billbergia pyramidalis* Lindl.

科属：凤梨科，凤梨属

形态特征：多年生常绿草本植物。茎甚短。叶阔披针形，急尖，边缘有细锯齿，硬革质，鲜绿色，表面有厚角质层和吸收鳞片。叶片从根茎处旋叠状丛生，基部呈莲座状，中心呈筒状。叶筒内可以盛水而不漏，状似水塔，故得名“水塔花”。穗状花序直立，高出叶丛，苞片粉红色，花冠朱红色，花瓣外卷，边缘带紫色。多于冬春季开花。

生态习性：喜温暖、湿润、半阴环境。不耐寒，稍耐旱。对土质要求不高，以含腐殖质丰富、排水透气良好的微酸性沙质壤土为好，忌钙质土。

繁殖栽培：通常用分蘖法繁殖，春季结合换盆进行。水塔花基部可生出一至数株萌蘖芽，待其长至 10 cm 左右，用利刀将子芽与母株分开，削平基部并剥去下部叶片。待切口稍晾干即插入腐叶土与粗沙各半的盆内，套上塑料袋，放置于较荫蔽处，保持 25 ℃左右温度，2 ~ 3 周即可生根，生根后逐渐增加光照。

种类及品种介绍：

（1）火炬水塔花（*B.pyramidalis* var.*concolor*），与水塔花相似，但花瓣、苞片均为红色。

（2）条纹水塔花（*B.pyramidalis* var.*strata*），叶片上有乳黄色乃至绿色的纵纹。

（3）美叶水塔花（*B.sanderiana*），叶约有 20 片叠生，长约 25 cm，宽约 6 cm，叶缘密生长约 1 cm 的黑色刺状锯齿。花葶细长平滑，顶端着生稀疏的圆锥花序，花长约 7 cm。花瓣绿色，先端蓝色，萼上有蓝色斑点。

园林用途：叶片青翠而有光泽，丛生成莲座状，叶筒可盛水而不漏，国庆前后从嫩绿的叶筒中抽出柱状的鲜红花序。盛开的水塔花是点缀阳台、厅室的佳品。也适宜庭院、假山、池畔等场所摆设。

14.1.8 狭叶水塔花

别名：垂花凤梨

拉丁名：*Billbergia nutans* H.Wendl.

科属：凤梨科，水塔花属

形态特征：多年生常绿草本花卉，叶线状披针形，花冠黄绿色，边缘蓝色，花序细长，穗状花序，具数枚大型玫瑰红色苞片，花期稍早。

生态习性：喜光，耐半阴，喜湿热，需排水良好的栽培基质。

繁殖栽培：繁殖常用分割蘖枝的方法，一般在春季结合换盆时进行。

园林用途：适于盆栽观赏。

14.1.9 莺哥凤梨

别名：莺哥凤梨

拉丁名：*Vriesea carinata* Wawra.

科属：凤梨科，莺哥凤梨属

形态特征：小型种类，莲座状植株高 10 ~ 15 cm，直径约 25 cm，有叶约 13 片；叶片带状，长约 20 cm，宽约 2 cm，质柔软，绿色，中部以上弯垂；穗状花序由叶丛中央抽出，花苞片 2 列排成扁穗状，内为深红色，外围黄色，外形尤似莺哥鸟的羽毛，十分美丽，小花黄色，开放时伸出花苞片之外；花期冬春季。

生态习性：对温度适应范围较窄，也属较娇弱的属之一。适宜的夜温最低为 18 ℃，日温最低为 20 ℃。对光线强度的要求为 18000~20000 lx。每天最好有 3 ~ 4 h 直射阳光才能开花。

繁殖栽培：有性繁殖和无性繁殖。抽生的吸芽可切离母株培育。中午阳光猛烈，必须遮阴。浇水适量，土壤不可过湿；经常向叶面喷水。空气相对湿度须在 60% 以上，不可太干燥。冬季只要盆土略湿润即可。生长季节每月施平时施肥半量的液肥一次，要施于盆土及“水槽”内。栽培土壤以腐叶土及沙等量混合使用。

园林用途：观赏部位是形态、色泽美丽的总苞。花（苞片）颜色耀眼、姿态喜人，观赏期长。盆栽开花的植株，可供窗前、台案欣赏。

14.1.10　铁兰

别名：紫花凤梨

拉丁名：*Tillandsia*

科属：凤梨科，铁兰属

形态特征：凤梨科的附生性常绿植物，呈莲座状，个别的种有分枝，叶片螺旋状排列在枝条上。根部不发达，叶片上密生鳞片或绒毛，植株矮小。

生态习性：喜干燥、阳光充足及空气湿度高的环境，耐旱性极强，生长适温为 15 ~ 25 ℃，要求排水良好的沙壤土。

繁殖栽培：以分株繁殖为主。铁兰需要腐殖质土和粗纤维作盆栽基质，除此而外，其他几个种都无需基质，可以随意用胶水粘在木头、石头、玻璃等物体上；铁兰属需要较高的空气湿度，因此应该经常向植株或其周围喷水，但叶缝间不能积水，否则叶片腐烂，空气湿度过低，会引起叶尖干枯，叶子皱缩卷曲。夏季注意降温，可以通过遮阴降温，而冬季温度不低于 10 ℃。宜生长在光照充足的环境中，叶片硬而灰白的需要强光照，叶片软而绿的需中等光照。1 周浸泡 1 次稀薄的肥水，其中氮、磷、钾的比例为 30 ∶ 10 ∶ 10，每次浸泡 1 ~ 2 h，喷施也可。

种类及品种介绍：

（1）淡紫花凤梨（*T.ionantha*），又名章鱼花凤梨，植株矮小，茎部肥厚，叶先端长尖，叶色灰绿，开花前内层的叶片变为红色，花淡紫色，花蕊深黄色。

（2）银叶花凤梨（*T.argentea*），无茎。叶片长针状，叶色灰绿，基部黄白色，花序较长而弯，花黄色或蓝色，小花数少并且排列较松散。

（3）蛇叶凤梨（*T.eaput-medusae*），根部不发达；叶细长、肥而且弯曲，叶先端渐细，叶片莲座状排列在茎基部，叶表被白粉，花紫色。

（4）雷葆花凤梨（*T.leiboldiana*），株高 30 ~ 60 cm。叶片绿色，长约 30 cm，宽约 5 cm，具漏斗形莲座。花梗较长，穗状花序具有略带卷曲的苞片，苞片周围为管状的蓝色花朵。

园林用途：盆栽观叶用花卉。

14.1.11　松萝铁兰

别名：老人须

拉丁名：*Tillandsia usuneoides* L.

科属：凤梨科，铁兰属

形态特征：草本植物，植株下垂生长，茎长，纤细；叶片互生，半圆形，长 3 ~ 4 cm，密被银灰色鳞片；

小花腋生，黄绿色，花萼紫色，小苞片褐色，花芳香。

生态习性：原产美国南部、阿根廷中部，中、南美洲广布，生长在海拔 0 ~ 2400 m 的树上、电线上或仙人掌树上。本种耐寒力极强，人工栽培可悬空吊垂任其向下生长，外形似地衣类的松萝。

繁殖栽培：同铁兰。

园林用途：盆栽观叶用花卉。

14.1.12 星花凤梨

别名：果子蔓

拉丁名：*Guzmania lingulata*（L.）Mez.

科属：凤梨科，星花凤梨属

形态特征：中、小型种类，植株高 30 ~ 70 cm；叶片带状，长 50 ~ 70 cm，宽 3 ~ 4 cm，绿色或深绿色，先端渐尖，基部鞘状；穗状花序从叶丛中抽出，高 30 ~ 60 cm，粗壮，苞片密集，鲜红色，花穗成星状，小花白色，聚生于花穗顶端的花苞片内。

生态习性：喜高温高湿和阳光充足环境。不耐寒，怕干旱，耐半阴。生长适温为 15 ~ 30 ℃，3 ~ 9 月为 21 ~ 27 ℃，9 月至翌年 3 月为 16 ~ 21 ℃。冬季温度低于 16 ℃，植株停止生长，低于 10 ℃则易受冻害。对水分的要求较高。除盆土保持湿润外，空气湿度应在 65% ~ 75%范围内，同时莲座叶丛中不可缺水，这样才有利于果子蔓叶丛的生长。生长期需经常喷水和换水，保持高温和清洁环境。对光照的适应性较强。夏季强光时适当遮阴，用遮光度 50%的遮阳网，其他时间需明亮光照，对叶片和苞片生长有利，颜色鲜艳，并能正常开花。同时，也耐半阴环境，如果长期光照不足，植株生长减慢，推迟开花。土壤需肥沃、疏松和排水良好的腐叶土或泥炭土。也可采用泥炭、苔藓、蕨根和树皮块的混合基质作盆栽土。

繁殖栽培：常用分株、播种和组培繁殖。分株繁殖：常在春季进行。母株在开花之前，基部或叶片之间抽出蘖芽。早春当蘖芽 8 ~ 10 cm 时割下，插入腐叶土和粗沙各半的基质中，约 30 ~ 40 d 可生根、盆栽。如蘖芽上带根，可直接盆栽。播种繁殖：果子蔓采种后须立即播种。采用室内盆播，播种土必须消毒处理，发芽适温为 24 ~ 26 ℃，播后 7 ~ 14 d 发芽。实生苗具 3 ~ 4 片时可移栽。组培繁殖：以腋芽为外植体。将消毒灭菌的腋芽接种在添加 6- 苄氨基腺嘌呤 1 mg/L 和萘乙酸 1 mg/L 的 MS 培养基上，培养 30 d 后形成不定芽，再转移到添加萘乙酸 1 mg/L 的 1/2 MS 培养基上，形成生根的完整小植株。小植株炼苗后移栽到培养土和泥炭（2 ∶ 1）的基质中，成活率高。

园林用途：为花叶兼用之室内盆栽，还可作切花用。既可观叶又可观花，适宜在明亮的室内窗边常年欣赏。

14.1.13 其他凤梨科植物（表 14–1）

其他凤梨科植物　　表 14–1

名称	拉丁名	科属	形态特征	生态习性	园林用途
短叶雀舌兰	*Dyckia brevifolia*	凤梨科，凤梨属	基生莲座叶丛，具叶约 30 枚。叶硬，多浆，向端渐尖，端锐尖呈刺状，边缘有尖锐皮刺。总状上升花序。小花多数，花淡橙黄色	原产地为南美大草原。喜半阴、湿润环境。喜温和气候，但较耐寒，短期内的 0 ℃，尚可不受伤害。要求排水良好	短叶雀舌兰多年生丛株可用于暖地园林绿化。小株可作室内盆栽
白背珊瑚凤梨	*Aechmea fasciata* Bak.	凤梨科，珊瑚凤梨属	为多年生附生常绿植物，莲座状叶丛榄绿色。叶面有横向银灰色条斑，叶背有白粉，缘有小锯齿，复穗状花序从叶丛中伸出，小花序扁平	夏季高温时多浇水和多喷水，冬季低温时应控制浇水，越冬温度不得低于 15 ℃	适于盆栽观赏

续表

名称	拉丁名	科属	形态特征	生态习性	园林用途
三色彩叶凤梨	*Neoregelia carolinae* cv. Tricolor	凤梨科，彩叶凤梨属	多年生常绿草本。株高 25 ~ 30 cm。叶丛生，25 枚以上，宽带状，先端渐尖，缘具小锯齿。花期夏季	喜温暖、湿润和阳光充足环境。不耐寒，怕干燥和强光暴晒	多作盆栽装点环境
美艳凤梨	*Neoregelia carolinae*	凤梨科，彩叶凤梨属	它是一种株形奇特、色彩斑斓、小巧玲珑的新颖观叶花卉。株高 25 ~ 30 cm，扁平的莲座状，叶丛外张，叶片宽而薄，长 20 ~ 30 cm，宽 3 ~ 4 cm，绿色的叶片上染有古铜色，有光泽。叶缘有细锯齿，叶中央有宽幅乳白至乳黄色纵纹，叶丛中央的叶片在开花前逐渐转变为粉红色而后又变为鲜红色，鲜艳悦目。莲座状植株中心抽出的花序，或明若火炬，或状似绒球。花呈白、蓝、紫等色交相辉映。大多于春季开放	性喜明亮的散射光照，盆栽植株应放置在光线明亮的地方，这样花苞色彩则更为鲜丽。如把盆株放置在阴暗处，则色彩暗淡失神，有损观赏价值	是优良的室内盆花，适于家庭居室盆栽观赏。它虽喜湿润的环境，但对北方室内干燥的环境尚能适应。在一般的房间内可持续摆放观赏数周，对其生长无太大的影响
斑马水塔花	*Billbergia zebrina* Lindl.	凤梨科，水塔花属	株高 50 ~ 60 cm，莲座状叶丛，基部形成贮水叶筒，叶片肥厚，宽大。叶缘有棕色小锯齿。穗状花序，直立，粗壮，自叶丛伸出，花冠鲜红色，花瓣外卷，边缘带紫，花期 6 ~ 10 月	喜阳光，较耐寒	是点缀阳台、厅室的佳品。也适宜庭院、假山、池畔等场所摆设

14.2 凤梨科植物的园林用途

凤梨科是单子叶植物的一个大科，全世界共有 45 个属 2500 多种。皆为多年生草本植物，原生种产自中、南美洲的热带和亚热带地区。它是南美洲热带雨林最具特色的种群。最早在 1493 年由意大利航海探险家哥伦布发现于西印度群岛和南美洲大陆，并引入西班牙试种成功后，又逐步向世界各国输出，至 16 世纪初传入英国，18 世纪初传遍欧洲各国，我国引种栽培凤梨植物已有 300 多年的历史了。

凤梨科植物茎短，叶多数，螺旋状排列成莲座状叶丛，叶大小不一，多为线形或长线形，不少种类具有色彩相间的纵向条纹或横向斑带，边缘有刺状锯齿或全缘，基部常呈鞘状。花多为两性，组成顶生的头状、穗状或圆锥花序从叶丛中央抽出，具鲜明颜色的苞片。叶及花或苞片的色彩艳丽，具有较高的观赏价值。

凤梨科植物不仅花型奇特多变、花色鲜美秀丽，茎和叶也颇有特色，同时，凤梨科植物的病虫害少、观赏期长，又因其晚上代谢中能释放氧气，有净化空气的作用，是一种健康花卉，故日渐在庭院、阳台、窗前和几案上崭露头角，受到越来越多的花卉爱好者喜爱，成为室内观赏花卉新秀。亦可用于园林景观配置、园林小景的组景，在节假日也可用于凤梨科植物专题花展。如彩叶凤梨株形矮壮，叶片刚直，色彩鲜艳，终年不褪，是极有价值的室内盆栽观叶植物。彩叶凤梨在欧美栽培十分普遍，无论是在机场、商场、车站，还是在快餐店、咖啡室和家庭窗台上，到处可见。

在片林群落的局部地段移去生长不良或过密的乔、灌木，按一定比例栽入耐阴彩叶灌木和耐阴彩叶地被植物，可组成稳定性好、外观优美、色相丰富的多层混交群落以美化环境，更好地提高城市生态效益。彩叶地被植物的另一重要作用是覆盖地面，通过覆盖地面来减少或清除杂草，为人们提供一个由植物组成的、色彩丰富且具吸引力的完整的植物组合体。凤梨科植物色彩鲜艳，是很好的彩叶地被植物，如端红彩叶凤梨就是华南地区常用的彩叶地被植物之一（图 14-2）。

凤梨科的一部分种，如缟剑山（*Dyckia brevifolia*）等还是典型的多肉植物。在世界各地都有一些专类温

图 14-2 云南世博园内凤梨科植物应用

室、景区，大量收集并栽培这类植物，构成热带、亚热带干旱的沙漠植物景观，吸引大量观光游人，同时也成为珍稀濒危种类种质资源迁地保存中心，多肉植物在园林造景中的应用已逐步扩展到城市绿化、美化当中。如英国的邱园，它建有一大温室，栽培着各种多肉种类。中国也有很多多肉植物的专类园，如厦门植物园、北京植物园、深圳植物园、上海植物园等。

第 15 章　棕榈科植物

15.1　常见的棕榈科植物

15.1.1　袖珍椰子

别名：矮生椰子、袖珍棕、矮棕

拉丁名：*Chamaedorea elegans*

科属：棕榈科，竹节椰属

形态特征：株高不超过 1 m，其茎干细长直立，不分枝，深绿色，上有不规则环纹。叶片由茎顶部生出，羽状复叶，全裂，裂片宽披针形，羽状小叶 20 ～ 40 枚，镰刀状，深绿色，有光泽。植株为春季开花，肉穗状花序腋生，雌雄异株，雄花稍直立，雌花序营养条件好时稍下垂，花黄色呈小珠状；小浆果多为橙红色或黄色（图 15-1）。

图 15-1　袖珍椰子

生态习性：喜温暖、湿润和半阴的环境。生长适宜的温度是 20 ～ 30 ℃，13 ℃时进入休眠期，冬季越冬最低气温为 3 ℃。

繁殖栽培：袖珍椰子可用分株繁殖。忌阳光直射，否则叶片会变枯黄，但过阴时叶片颜色也会退淡。在每年 5 ～ 9 月的生长期，每半个月施 1 次稀释的液体氮肥，放置在散射光的阴地养护。夏季生长旺盛，需向盆中多浇水。冬季要控制浇水量，以防温度低，出现冻伤、烂根等现象，但土壤也不可过分干燥。

园林用途：适宜作室内中小型盆栽，装饰客厅、书房、会议室、宾馆服务台等室内环境，可使室内增添热带风光的气氛和韵味。置于房间拐角处或置于茶几上均可为室内增添生意盎然的气息，使室内呈现迷人的热带风光。

15.1.2　酒瓶椰子

别名：德利椰子

拉丁名：*Hyophore lagenicaulis*

科属：棕榈科，酒瓶椰属

形态特征：单干，树干短，肥似酒瓶，高可达 3 m 以上，最大茎粗 38 ～ 60 cm。羽状复叶，小叶披针形，40 ～ 60 对，叶鞘圆筒形。小苗时叶柄及叶均带淡红褐色。其干茎膨大奇特，叶形、株姿别致优美。茎干短矮圆肥似酒瓶，高 1 ～ 2.5 m。羽状复叶，叶数较少，常不超过 5 片；小叶线状披针形，淡绿色。

肉穗花序多分枝，油绿色。浆果椭圆，熟时黑褐色。花期 8 月，果期为翌年 3 ~ 4 月（图 15-2）。

生态习性：性喜高温、湿润、阳光充足的环境，怕寒冷，耐盐碱、生长慢，冬季需在 10 ℃以上越冬。

繁殖栽培：以种子繁殖，但需即采即播。种子发芽适温为 25 ~ 28 ℃，播后 45 ~ 60 d 才能发芽。酒瓶椰子生长慢，怕移栽，故播种宜用营养袋或透气性良好的花盆。酒瓶椰子属典型的热带棕榈植物，我国除海南省以及广东南部、福建南部、广西东南部和台湾中南部可露地栽培外，北纬 26° 以北地区均需盆栽置温室越冬。栽培土质要求富含腐殖质的壤土或砂壤土，排水需良好。栽后需遮阴保湿直到新根生长后才能转入全日照正常管理，夏秋两季生长旺盛期间，需保持土壤湿润。生长期间需定期追肥，可每月一次，秋末增施一次钾肥，提高耐寒力。

种类及品种介绍：棍棒椰子（*H.verschaffeltii*），干高 5 ~ 9 m，中部稍膨大，状似棍棒，羽状复叶，小叶剑形，浆果长椭圆形。

园林用途：可盆栽用于装饰宾馆的厅堂和大型商场，也可孤植于草坪或庭院之中，观赏效果极佳。此外，酒瓶椰子与华棕、皇后葵等植物一样，还是少数能直接栽种于海边的棕榈植物之一。

15.1.3 散尾葵

别名：黄椰子

拉丁名：*Chrysalidocarpus lutescens*

科属：棕榈科，散尾葵属

形态特征：散尾葵为丛生常绿灌木或小乔木。茎干光滑无毛刺，上有明显叶痕，呈环纹状，基部多分蘖，呈丛生状生长。叶面光滑，叶细长，羽状复叶，亮绿色，长 40 ~ 150 cm。小叶及叶柄稍弯曲，先端柔软。小羽片披针形，长 20 ~ 25 cm，左右两侧不对称，叶轴中部有背隆起。花小，金黄色，花期 3 ~ 4 月（图 15-3）。

生态习性：性喜温暖湿润、半阴且通风良好的环境，不耐寒，较耐阴，畏烈日，适宜生长在疏松、排水良好、富含腐殖质的土壤，越冬最低温要在 10 ℃以上。

繁殖栽培：散尾葵可用播种繁殖和分株繁殖。播种繁殖所用种子多从国外进口。分株繁殖，于 4 月左右，

图 15-2 酒瓶椰子

图 15-3 散尾葵

结合换盆进行，选基部分蘖多的植株，去掉部分旧盆土，以利刀从基部连接处将其分割成数丛。每丛不宜太小，须有 2 ~ 3 株，并保留好根系；否则分株后生长缓慢，且影响观赏。分栽后置于较高温度环境中，并经常喷水，以利恢复生长。

园林用途：株形秀美，多作观赏树栽种于草地、树荫、宅旁，也用于盆栽，是布置客厅、餐厅、会议室、家庭居室、书房、卧室或阳台的高档盆栽观叶植物。在明亮的室内可以较长时间摆放观赏，在较阴暗的房间也可连续观赏 4 ~ 6 周，观赏价值较高。

15.1.4　短穗鱼尾葵

别名：酒椰子

拉丁名：*Carvota mitis*

科属：棕榈科，鱼尾葵属

形态特征：茎丛生，高 5 ~ 8 m。叶长 1 ~ 3 m，2 回羽状全裂，小羽片（小叶）斜菱形，似鱼尾，质薄而脆，长 10 ~ 17 cm，内缘有齿裂，外缘全缘，边缘延伸成长尖，顶端 1 小羽片较宽；叶鞘有鳞秕和纤维。花黄色。果球形，直径 1 ~ 1.5 cm，在小穗轴上排列紧密，熟时紫黑色（图 15-4）。

图 15-4　短穗鱼尾葵

生态习性：喜温暖通风的环境，喜光、耐半阴。最适宜生长温度为 15 ~ 25 ℃。喜生长于排水良好而疏松肥沃的土壤。冬季要减少浇水量，并保持 5 ℃以上的温度。短穗鱼尾葵的根系浅，不耐旱，春夏应充分供给水分，保持盆土湿润，并定期在周围喷水，以提高空气湿度。每月施 1 次肥料。短穗鱼尾葵的茎秆忌暴晒，5 ~ 9 月宜适当遮阳。

繁殖栽培：可用播种和分株繁殖。一般于春季将种子播于透水通气的沙质壤土为基质的浅盆上，覆盖 5 cm 左右基质，置于遮阴度 30% 左右及温度 25 ℃左右的环境中，保持土壤湿润和较高的空气湿度。冬季要减少浇水量，并保持 5 ℃以上的温度。一般 2 ~ 3 个月可以出苗，第二年春季可分盆种植。多年生的植株分蘖较多，当植株生长茂密时可分切种植，但分切的植株往往生长较慢，并且不宜产生多数的蘖芽，所以一般少用此法繁殖。

园林用途：植株丛生状生长，树形丰满且富层次感，叶形奇特，叶色浓绿，为室内绿化装饰的主要观叶树种之一。它常以中小盆种植，摆放于大堂、门厅、会议室等场所。

15.1.5　蒲葵

别名：扇叶葵、蓬扇树、葵扇木

拉丁名：*Livistona chinensis*

科属：棕榈科，蒲葵属

形态特征：单干型常绿乔木，高达 20 m。树冠紧实，近圆球形，冠幅可达 8 m。叶扇形，宽 1.5 ~ 1.8 m，长 1.2 ~ 1.5 m，掌状浅裂至全叶的 1/4 ~ 2/3，着生茎顶，下垂，裂片条状披针形，顶端长渐尖，叶柄两侧具骨质钩刺，叶鞘褐色，纤维甚多。肉穗花序腋生，长 1 m 有余，分枝多而疏散，花小，两性，通常 4 朵聚生，花冠 3 裂，几乎达基部，花期 3 ~ 4 月。核果椭圆形，状如橄榄，熟时亮紫黑色，外略被白粉，果

图 15-5　蒲葵

图 15-6　美丽针葵

熟期为 10 ~ 12 月（图 15-5）。

生态习性：喜温暖、湿润、向阳的环境，能耐 0 ℃左右的低温。好阳光，亦能耐阴。抗风、耐旱、耐湿，也较耐盐碱，能在海边生长。喜湿润、肥沃的黏性土壤。

繁殖栽培：播种繁殖，产地多于秋冬播种，偏北地区可春播。经清洗的种子，先用沙藏层积催芽。挑出幼芽刚突破种皮的种子点播于苗床，播后早则一个月可发芽，晚则 60 d 发芽。苗期充分浇水，避免阳光直射，苗长至 5 ~ 7 片大叶时便可出圃定植和盆栽。

园林用途：蒲葵四季常青，树冠伞形，叶大如扇，是热带、亚热带地区重要的绿化树种。常列植置景，夏日浓荫蔽日，一派热带风光。

15.1.6　美丽针葵

别名：加拿利刺葵、软叶刺葵、江边刺葵

拉丁名：*Phoenix roebelenii*

科属：棕榈科，刺葵属

形态特征：一般株高 1 ~ 3 m，它的生长非常缓慢。茎粗。叶羽状全裂，长约 1 m，稍弯曲下垂，裂片狭长条形，长 20 ~ 30 cm，厚约 1 cm，较柔软，2 列，近对生。肉穗状花序生于叶腋间，长 30 ~ 50 cm，雌雄异株。果长 1.5 cm，直径 6 mm，枣红色（图 15-6）。

生态习性：性喜亮光，但也能耐阴，较耐干旱，抗寒能力和适应性较强，对土壤的要求不太严格，只要排水良好的酸性沙质壤土即能满足其生长的需要。

繁殖栽培：一般用播种法进行繁殖。美丽针葵开花后授粉容易结果，10 ~ 11 月果实成熟，采收后即播或在翌年 4 月播种，用大粒种子播种法播种。播于盆内，经常保持盆土湿润，2 ~ 3 个月可以出苗。第二年春季可分苗，栽种于小盆内。北方地区盆栽，前三年株形差，无观赏价值。待三年后才能株形丰满，栽于中等大小盆内，摆放家庭观赏。

园林用途：美丽针葵的幼株是非常理想的室内盆栽观叶植物，颇受人们的喜爱。

15.1.7　棕竹

别名：观音竹、筋头竹、棕榈竹、矮棕竹

拉丁名：*Rhapis excelsa*

科属：棕榈科，棕竹属

形态特征：棕竹为丛生灌木，茎干直立，高 1 ~ 3 m。茎纤细如手指，不分枝，有叶节，包以有褐色网状纤维的叶鞘。叶集生茎顶，掌状，深裂几达基部，有裂片 3 ~ 12 枚，长 20 ~ 25 cm、宽 1 ~ 2 cm；叶柄细长，约 8 ~ 20 cm。肉穗花序腋生，花小，淡黄色，极多，单性，雌雄异株。花期 4 ~ 5 月。浆果球形，种子球形（图 15-7）。

生态习性：喜温暖潮湿、半阴及通风良好的环境，畏烈日，稍耐寒，可耐 0 ℃左右低温。

繁殖栽培：棕竹可用播种和分株繁殖，家庭种植多以分株繁殖为主。播种以疏松、透水土壤为基质，一般用腐叶土与河沙等混合。种子播种前可用温汤浸种（30 ~ 35 ℃温水浸两天）处理，种子开始萌动时再行播种。因其发芽一般不整齐，故播种后覆土宜稍深。一般播后 1 ~ 2 个月即可发芽，其发芽率可达 80% 左右。当幼苗子叶长达 8 ~ 10 cm 时即可进行移栽。值得注意的是，移栽时须 3 ~ 5 株种植一丛，以利成活和生长。分株繁殖一般常在春季结合换盆时进行，将原来萌蘖多的植丛用利刀分切数丛，分切时尽量少伤根，不伤芽，使每株丛含 8 ~ 10 株以上，否则生长缓慢，观赏效果差。分株上盆后置于半阴处，保持湿润，并经常向叶面喷水，以免叶片枯黄。待萌发新枝后再移至向阳处养护，然后进行正常管理。

种类及品种介绍：在我国南部约有十多个变种及类型。主要有细棕竹（*R.gracilis*）、矮棕竹（*R.humilis*）以及多裂棕竹又称金山棕竹（*R.multifida* Burr.）等。在市场上多把“棕竹”称为大叶棕竹，而把“矮棕竹”称为细叶棕竹。均可耐 -2~0 ℃左右低温。

图 15-7　棕竹

园林用途：棕竹叶形优美，挺拔潇洒，四季常绿，幼苗期可用于家庭点缀，适合布置客厅、走廊和楼梯拐角，富有热带韵味。大型盆栽适宜会议、宾馆和公共场所的厅堂、客室布置。

15.1.8　三药槟榔

别名：三雄芯槟榔

拉丁名：*Areca triandra*

科属：棕榈科，槟榔属

形态特征：丛生型常绿小乔木，株高 4 ~ 7 m，茎粗 5 ~ 15 cm，绿色，光滑似竹，间以灰白色环纹，顶上有一短鞘形成的茎冠。羽状复叶，长可达 2 m，叶有裂片 12 ~ 19 对，裂片近长方形，顶端斜渐尖，主脉 2 ~ 3 条，于叶面突起，叶轴绿色，紧包着茎干，其上有散生、紫红色鳞秕。侧生羽叶有时和顶生叶合生。肉穗花序长 30 ~ 40 cm，多分枝，顶端为雄花，有香气，基部为雌花。果实橄榄形，熟时橙色或赭红色。干具环状叶痕，光滑似竹，绿色（图 15-8）。

图 15-8　三药槟榔

生态习性：喜温暖、湿润和背风、半荫蔽的环境。不耐寒，小苗期易受冻害。

繁殖栽培：三药槟榔可用播种或分株繁殖。种子具有喜光性，播后轻轻镇压。苗高 8~10 cm 时定植。生长期每半月施肥一次，花期增施磷钾肥。

园林用途：它形似翠竹，姿态优雅，宜布置庭院或分盆栽；树形美丽，宜丛植点缀于草地上。

15.1.9 假槟榔

别名：亚历山大椰子

拉丁名：*Archontophoenix alxandrae*

科属：棕榈科，假槟榔属

形态特征：为常绿乔木。株高 25 m，干挺直，具环纹，基部略膨大。羽状复叶簇生茎顶，小叶多数，狭而长，叶背面灰白色。复合花序，花乳白色（图 15-9）。

生态习性：喜温暖、潮湿、阳光充足。要求肥沃、排水良好的土壤。

繁殖栽培：假槟榔可用播种法繁殖。生长季节应适当灌水，保持较高的空气湿度，每 15 ~ 20 d 追肥一次。

园林用途：可作园林群植观赏，也可列植于宾馆、会堂门前，营造庄严肃穆的气氛，还可作城市道路的行道树，一派热带风光。此外，假槟榔耐阴性较强，可作室内盆栽。

15.1.10 丝葵

别名：老人葵、华盛顿葵、裙棕、加州蒲葵

拉丁名：*Washingtonia filifera*

科属：棕榈科，贝叶棕亚科，丝葵属

形态特征：茎单生，高 15 ~ 20 m，基部稍膨大，灰色，有纵裂纹或皱纹。叶近圆形，直径 2 ~ 3 m，掌状深裂，裂片 50 ~ 100 片，线状披针形，长 30 ~ 40 cm，劲直，老叶先端稍下垂，边缘、先端及裂口有多数细长、下垂的丝状纤维，似老翁的白发，又名“老人葵”；叶柄边缘有红棕色扁的刺齿。果椭圆形，长 1 ~ 1.5 cm，熟时黑色，微有皱纹。

生态习性：喜温暖、湿润、向阳的环境。较耐寒，在 -5 ℃的短暂低温下，不会造成冻害。较耐旱和耐瘠薄土壤。不宜在高温、高湿处栽培。

繁殖栽培：丝葵可用播种繁殖。选择土层深厚、疏松、肥沃、湿润、排水良好的酸性土壤。栽后及时

图 15-9 假槟榔

图 15-10 丝葵

松土除草，深翻扩穴，改善土壤通气性和透水性。每年松土除草 1 ~ 2 次，同时进行扩穴，施肥 2 ~ 3 次，开花结实后加强水肥管理（图 15-10）。

园林用途：是美丽的风景树，干枯的叶子下垂覆盖于茎干似裙子，有人称之为“穿裙子树”，奇特有趣，宜栽植于庭园观赏，也可作行道树。

15.1.11 其他棕榈科植物（表 15-1）

其他棕榈科植物 表 15-1

名称	拉丁名	科属	形态特征	生态习性	园林用途
霸王棕	*Bismarckia nobiis*	棕榈科，霸王棕属	茎单生，粗壮，高 20 ~ 30 m。叶宽圆扇形，厚革质，直径 2.5 ~ 3 m，平展，掌状深裂，裂片 20 ~ 40 片，长 30 ~ 40 cm，宽 5 ~ 8 cm，先端钝，裂口处常有下垂的丝状纤维，叶面蓝绿色；叶柄粗壮，有白色条纹。果球形，直径 3.8 ~ 4 cm，褐色	喜阳光充足、温暖气候与排水良好的生长环境。耐旱、耐寒。种子繁殖。霸王棕成株适应性较强，喜肥沃土壤，耐瘠薄，对土壤要求不严	树形挺拔，叶片巨大，形成广阔的树冠，为珍贵而著名的观赏类棕榈
竹茎椰子	*Chamaedore aerumpens*	棕榈科，茶马椰子属	丛生常绿灌木，高 2 ~ 4 m，茎干纤细，形似竹节。羽状复叶，小叶阔披针形，先端小叶呈“V”形鱼尾状，肉穗花序，雌雄异株。浆果，球形，深绿褐色	性喜高温湿润的环境，生长适温为 20 ~ 28 ℃，低于 5 ℃易受冻害，栽培土壤以疏松肥沃、排水良好的沙质壤土为宜，盆栽则可用腐叶土、泥炭土加适量的河沙或珍珠岩配制，并拌入少量的基肥。喜光又耐阴，夏季高温期以半阴或散射光照为宜	竹茎椰子株形优美，叶色深绿，耐阴性强，既可盆栽装饰家居，又可庭院种植，美化环境，十分优雅
雪佛里椰子	*Pritchardia gaudichaudii*	棕榈科，茶马椰子属	干细直似竹节，叶羽状，小叶互生，成株丛生状	喜高温高湿，耐阴，怕阳光直射	它耐阴性极强，很适合室内栽培观赏，可用于客厅、书房、会议室、办公室等处绿化装饰
荷威棕	*Howea belmoreana*	棕榈科，荷威棕属	茎干单生，基部扩展，有环纹。羽状复叶展开成拱形，小叶伸展，间隔紧密。雌雄同株。花序生于叶腋下，单穗状下弯，不分枝。果实柠檬形，顶部有喙	喜温暖、阴湿的环境，不耐暴晒。要求排水良好、湿润、肥沃的土壤	荷威棕姿态优美，叶色浓绿而有光泽，耐阴性强，是一种珍贵的室内观叶植物

15.2 棕榈科植物的园林用途

15.2.1 棕榈科植物的造景

近年来随着我国园林事业的发展和人民生活水平的提高，越来越多的热带、亚热带植物进入现代园林景观设计当中。棕榈科植物是典型的热带植物，又是园林植物中的佼佼者，主要分布在南北纬 37° 之间，约有 210 余属，3000 余种。我国原有 25 属 143 种，目前栽培已达 90 属 300 余种，主要分布于广东、广西、福建、云南、海南 5 省区。我国棕榈植物资源的不断开发和国外品种的不断引入，人们为追求热带风光而大量采用它，棕榈植物逐渐成为园林植物的新宠。

棕榈科植物最主要的特点就是不分枝，尤其是单干型的种类具有简练的高度自然整形的树冠。同时，棕榈植物的叶大型，使得每一叶片具独立的观赏价值并极富感染力。通过合理规划、巧妙设计，可构筑出独特的“棕榈景观”。

棕榈景观是指利用棕榈植物作为园林主体，构筑开敞空间及开朗的风景，以丰富的棕榈植物来表现其形、色各异的生态美，以对比等手法来表现其艺术美，例如，掌状叶类型的霸王棕具雄浑劲健之美，羽状叶类型的假槟榔具典雅清奇之美，既体现其个体高度的自然整形美，又体现其群体鲜明的园林韵律美，给人以脱俗超凡的美好意境，以及赏心悦目、心旷神怡的良好感受。

热带棕榈植物一般喜水，病虫害少及不吸引毒蛇作巢，不掉碎叶，没有分枝，树干富有弹性，不易折断，是一类十分安全、干净的水景植物。在园林设计方面，棕榈植物常常被安排在海边、湖边、河边以及游泳池边。尤其在泳池区，设计者可有意识地将海枣、董棕和红刺露兜种植在一起或将两种株高的假槟榔等距离种植于池边，使人不仅能欣赏树冠的天际线，还可看到水边美丽的倒影，视觉上有延伸水体的功能，若在泳池的尽端再点缀几株短穗鱼尾葵和蓝棕，既为泳池增添绿意，又是一种很美的竖向景观。

在园林设计中，常用植物来遮挡一些劣景，如卫生间、垃圾房以及高大的挡土墙等不雅观的建筑物，在园林规划时，我们除注意卫生间设计协调总体景观外，还利用绿化配合建筑的做法，一般在卫生间正面两侧种上短穗鱼尾葵、大叶棕竹等，使被遮的卫生间若隐若现。以棕榈植物的种植改变本来生硬的建筑线条，同时也是一景。棕竹较耐阴，卫生间普遍安置于园林偏僻之处，在这种半阴的位置前适当栽植棕竹较为合适，同时增添景色，将建筑与绿化有机地结合起来，可谓方法简便，效果美观。

棕榈科植物在室内绿化，以其特有的装饰美化效果，越来越受青睐。一般地说，凡是有一定耐阴性，树干不过于高大，树形、叶形、叶色等有一定观赏价值者，均可用于室内绿化。目前，常用的品种有短穗鱼尾葵、富贵椰子、袖珍椰子、散尾葵、蒲葵、国王椰子、棕竹、夏威夷椰子、三角椰子、美丽针葵等，这些品种均可盆栽置于室内观赏。

棕榈植物除直接用于观赏外，还有表现时空变化、构筑园林地貌、分隔空间与优化景观、与景物相互衬托、表达特有的人文意境、营造热带雨林附生景观、构筑绿廊与绿亭、用作“ 环保灯柱”等功能。用棕榈植物造景还有树冠与株形稳定、无需或很少需要人工修剪，能很快体现绿化、美化效果，所占空间小特别适合容积率高的居住小区、别墅，安全性高防攀爬，抗风性强、耐火性强等优点。

15.2.2 棕榈科植物的配植

常规的配置方法包括：

孤植是指园林中的优型树，单独栽植时，独立成景。孤植是棕榈植物个体美的最佳表现方式。如海枣、大王椰子树体高大，孤植效果较好。假槟榔株形优美，在广场里孤植的假槟榔与其他花木结合，显得自然、朴实大方。皇后葵树冠通透性好，对树冠下草的生长无任何影响，与草坪配置可取得较好的造景效果。

列植是同种棕榈植物所组成的群体的韵律美的最佳表现方式（图 15-11）。棕榈植物树干笔直，没有分枝，尤其像大王椰子、假槟榔、皇后葵、董棕等独干乔木型种类，全株雄伟、挺拔、壮观；其树体通透良好，叶美枝疏，在车道两侧列植，不仅整齐、稳定，有令人肃然起敬之感，而且不会有季节性的叶黄和叶落，四季常绿。特别是将棕榈植物种植在回旋处和路

图 15-11 棕榈科植物配植效果

口，既美化绿化道路，又能使驾驶员对来往车辆一目了然，并且对货柜车或双层巴士等高大车辆的通过无障碍，形成一条美丽的绿带；蒲葵、椰子、海枣、丝葵等，也可列植于道路两旁或中央绿地上，无论竖向和鸟瞰，其景观效果显著，开车行走其间，给人以美好印象，同时棕榈植物根系不会危及墙基及地下管线安全。

丛植是指树丛的组织，通常是由 2 株乃至 9 ~ 10 株乔木构成的；树丛中如加入灌木时，可多达 15 株左右，将树木成丛地种植在一起。丛植是大草坪上主景构成的重要方式，其主要表现群体美。同时兼顾单株的个体美。如以短穗鱼尾葵、棕竹、三药槟榔等本身是多干丛生型种类，使用则更为灵活，可以单丛种植，也可以对称植于建筑物的两侧，也可以在大面积的草坪中以自然式配置，以其遮挡开阔的观赏视觉。

群植是指用数量较多的乔、灌木配植在一起，形成一个整体。群植是表现由不同种类或体形的棕榈植物所组成群体的整体美的主要方式，如可以用大中型棕榈植物作为主干，在其外围或内部配植中小型的棕榈植物，可用于大面积场所的布置，亦可专门用于棕榈岛的构筑。酒瓶椰子树干短矮圆肥，恰似酒瓶，群植时则另有一番情趣（图 15-12）。

植篱，利用大中型或中小型棕榈植物构筑隔景、夹景、障景。

图 15-12　棕榈科植物群植效果

坛植，突出株形特别优美或具刺的棕榈植物的良好方式。

特殊的配置方法包括影景景观、轮廓景观、框景景观、附生景观、攀缘景观、韧性景观、鸳鸯树景观。

除植篱外，应避免密植，否则难以表现个体美和群体美。应避免混植，尽量不要使掌状叶类型和羽状叶类型的棕榈植物混植，尤其是应避免与针叶树种混种，因为均导致了不协调。应避免盲目求高求大，因为没有良好的养护，即使移栽成活，恢复期也会很长。辩证地看，若全部使用大树，没有矮小的植株作对比，就很难达到预期效果，尤其是在开阔的地带如广场更是如此。可通过双子叶树木的合理配置解决棕榈植物树阴不足的问题。

第 16 章　仙人掌及多浆植物

16.1　常见仙人掌及多浆植物

16.1.1　仙人掌

别名：霸王树、仙巴掌、仙桃、刺梨、火掌

拉丁名：*Opuntia dillenii* Haw.

科属：仙人掌科，仙人掌属

形态特征：植株丛生成大灌木状。株高可达 5 m 以上。茎下部木质，圆柱形，表皮粗糙，褐色。茎节扁平，长椭圆形、卵形至倒卵形，肥厚多肉，幼茎鲜绿色，老茎灰绿色，多分枝。刺座内密生黄色刺，易脱落。花单生茎节上部，短漏斗形，径 10 cm，鲜黄色。浆果暗红色，梨形，无刺，汁多味甜，可食（图 16-1）。

图 16-1　仙人掌

生态习性：原产美洲热带。性强健，喜温暖、阳光充足。耐寒，耐旱，忌涝。不择土壤，以富含腐殖质的沙壤土为宜。

繁殖栽培：扦插繁殖为主。在生长季掰下茎节后晾干 2 ~ 3 d，伤口干燥后扦插，不可插得太深，保持基质潮润即可，易于发根。也可播种或分株繁殖。盆栽需要有排水层，生长期浇水以“见干见湿”为原则，适当追肥。秋凉后少水肥，冬季盆土稍干，置冷凉处，越冬温度 8 ℃左右。管理简单。

园林用途：仙人掌生命力顽强，姿态奇特，适于盆栽室内观赏，夜间还能放出大量氧气，是居室内清新空气的优良材料。地栽与山石相配，可构成热带沙漠景观。

16.1.2　金琥

别名：象牙球

拉丁名：*Echinocactus grusonii* Hildm.

科属：仙人掌科，金琥属

形态特征：茎圆球形，通常单生，高达 1 m，径达 60 cm，深绿色。具棱 21 ~ 37 条，排列非常整齐，沟宽而深，峰较狭。刺座大，被金黄色硬刺 7 ~ 9 枚，呈放射状，长 3 ~ 5 cm，球顶部新刺座上密生黄色绵毛。花着生于茎顶，长 4 ~ 6 cm，钟状，淡黄色，花筒被尖鳞片。寿命 50 ~ 60 年（图 16-2）。

生态习性：原产墨西哥中部干旱沙漠及半沙漠地

图 16-2　金琥

带。性强健，喜温暖，不耐寒。喜冬季阳光充足、夏季半阴。以富含石灰质的沙砾土为宜。

繁殖栽培：播种繁殖为主，发芽较为容易。因种子来源比较困难，也可切去球顶生长点，促发子球，当子球长到 0.8 ～ 1 cm 时，将子球嫁接于量天尺上或扦插繁殖。培养土可用等份的粗沙、壤土、腐叶土及少量石灰质材料混合配成，适量增加一些腐熟的鸡粪效果更佳。栽培中光照要充足，否则球体变长、刺色淡，降低观赏价值。生长适温 20 ～ 25 ℃，冬季 8 ～ 10 ℃，温度太低，球体易生黄斑，不易开花。金琥生长快，每年需换盆一次。

园林用途：金琥形大而端正，金刺夺目，是珍贵的观赏仙人掌类植物。小型个体适宜独栽，置于书桌、几案点缀室内。大型个体适于地栽群植，布置专类园，极易形成干旱及半干旱沙漠地带的自然风光。

常见园艺变种有白刺金琥（var.*albispinus*）、狂刺金琥（var.*intertextus*）和裸琥（var.*subinermis*）。

16.1.3　仙人球

别名：刺球、雪球、草球、花盛球

拉丁名：*Echinopsis thbiflora* Zucc.

科属：仙人掌科，仙人球属

形态特征：植株单生或丛生，株高可达 75 cm，暗绿色。幼龄植株圆球形，顶部凹入，老株呈柱状，基部常滋生多数小球。茎具 11 ～ 12 棱，排列规则而呈波状。棱脊上有刺，直硬，黄色或暗黄色。花大型，长 20 cm 以上，长喇叭状，着生球体侧方，白色，清香，傍晚开放，隔日清晨凋谢。花期夏季。

生态习性：原产阿根廷及巴西南部。性强健，要求阳光充足，耐旱。冬季能耐 0 ℃以上低温。喜排水、通气良好的沙壤土。

繁殖栽培：通常取母球上分生出的子球繁殖。播种也容易出苗，亦可用量天尺为砧木嫁接繁殖。培养土用中等肥力的沙壤土。栽植深度以球根颈与土面平即可。新栽的仙人球不浇水，每天喷雾数次，半个月后少量浇水，长出根后正常浇水，夏季休眠时也要少浇水。冬季室温不低于 3 ～ 5 ℃即可，过阴及肥水过大不易开花。

园林用途：栽培容易，生长快，易开花，花大美丽，适宜盆栽观赏及布置专类园。

16.1.4　令箭荷花

别名：红花孔雀、孔雀仙人掌、孔雀兰

拉丁名：*Nopalxochia ackermannii* Kunth.

科属：仙人掌科，令箭荷花属

形态特征：常绿附生仙人掌类植物，株高 50 ～ 100 cm，全株鲜绿色。茎多分枝，灌木状。叶状茎扁平，较窄，披针形，缘具波状粗齿，齿凹处有刺，基部细圆呈柄状。嫩枝边缘为紫红色，基部疏生毛。花着生于茎先端两侧，漏斗形，花丝及花柱均弯曲，花被开张而翻卷，花色有紫、红、粉、黄、白等。花白天开放，单花开 1 ～ 2 d。花期 4 月。

生态习性：原产墨西哥中南部。喜温暖、湿润气候，不耐寒。喜阳光充足。宜富含腐殖质的肥沃、疏松、排水良好的微酸性土壤。

繁殖栽培：扦插或嫁接繁殖。以隔年的充实枝条扦插为好，剪成 10 ～ 15 cm 的插穗，放阴凉通风处晾干 2 ~ 3 d，待剪口干燥后，插于湿润的沙质土中。在 15 ~ 25 ℃条件下，经 25 ~ 30 d 可生根。嫁接一般采用量天尺、叶仙人掌或仙人掌作砧木，采用劈接法，翌年即可开花。夏季温度保持在 25 ℃以下，越冬温度 8 ℃以上。夏季需适当庇荫。生长期浇水见干见湿，适当追肥。盆栽时阳光不足或肥水过大则易徒长，导致开花不良或不开花。冬季保持土壤干燥，以促进花芽分化。栽培中需不断整形并设立支柱绑缚伸长的叶状枝。

园林用途：令箭荷花花大色艳，花瓣具光泽，花期长，性强健，栽培容易，是重要的室内盆栽花卉。

园艺品种多达 1500 个以上，有小朵粉、大朵红、大朵紫、大朵黄和大朵白等花色花形变化。本属小花令箭荷花（*N.phykkanthoides*）也见于栽培，花小，着花繁密。

16.1.5 昙花

别名：昙华、月下美人、琼花

拉丁名：*Epiphyllum oxypetalum* Haw.

科属：仙人掌科，昙花属

形态特征：附生仙人掌植物，株高可达 3 m。茎叉状分枝，灌木状。老茎圆柱形，木质。新枝扁平叶状，长椭圆形，其面上有 2 棱，边缘波状，具圆齿。刺座生于圆齿缺刻处，幼枝有毛状刺，老枝无刺。花大型，无梗，长 30 cm 以上，径 12 cm，漏斗状，生于叶状枝边缘，重瓣，花被片披针形，纯白色，花萼筒状，红色，花被筒长于花被片，有香气。花期夏秋季，晚 20 ~ 21 时开放，约经 7 h 后凋谢。有浅黄、玫红、橙红等花色品种。

生态习性：原产于墨西哥及中、南美洲热带。性强健，喜温暖、湿润、半阴环境。不耐寒，耐干旱。宜富含腐殖质、排水良好的微酸性沙壤土。

繁殖栽培：扦插或播种繁殖。以扦插为主，5 ~ 6 月取生长充分的茎，剪成 20 ~ 30 cm 作插穗，切下后晾晒 2 ~ 3 d，伤口干燥后扦插，20 d 可生根，次年可开花。插后于第二年春季已具 4 ~ 5 根枝、30 cm 高时，即可移栽。生长适温 13 ~ 20 ℃。生长期充分浇水及喷水，追肥 2 ~ 3 次，夏季应遮阴。冬季处于半休眠状态，应有充足的光照，严格控制浇水，越冬温度维持在 10 ℃左右即可。栽培中需设支架绑缚茎枝。改变光照时间，采用昼夜颠倒的方法，处理几天后，可在上午 8 ~ 9 时赏花。

园林用途：昙花是一种珍贵的盆栽花卉。夏季开花时节，几十朵或上百朵同时开放，香气四溢，光彩夺目，十分壮观，适于点缀客厅、阳台及庭院。

16.1.6 量天尺

别名：三棱箭、三角柱

拉丁名：*Hylocereus undaatus* Br.et.R.

科属：仙人掌科，量天尺属

形态特征：附生至半附生性仙人掌植物。茎长，达 3 ~ 6 m，多分枝，通常 60 ~ 80 cm 为一节，有气生根，可附着在支持物上，三棱柱形，粗壮，边缘波状，角质，棱上有刺，深绿色，有光泽。花大形，长约 30 cm，径 40 cm。花冠漏斗形，外瓣黄绿色，内瓣白色，萼片基部连合成长管状，基部具鳞片，芳香，晚间开放。果椭圆形，长 10 ~ 12 cm，红色有香味，可食。花期 5 ~ 9 月（图 16-3）。

生态习性：原产于中美及西印度群岛。性强健，喜温暖，不耐寒，冬季低于 10 ℃常遭冻害。喜湿润、半阴环境。宜肥沃的沙壤土。

繁殖栽培：扦插繁殖。扦插基质以腐叶土和草木灰为宜，生根效果极好。栽培基质要求腐殖质丰富的酸性土。生长季水肥充足，冬季休眠少浇水，不施肥。生长适温 25 ~ 35 ℃，对低温敏感，越冬温度 8 ℃以上，5 ℃以下茎易腐烂。管理简单，栽培需设支架供攀缘。

图 16-3　量天尺

园林用途：量天尺株形高大，花大色艳，在热带、亚热带园林中可栽在大树下或岩石旁，任其吸附攀生或作垣篱，增添园景。亦可盆栽观赏。其根系强健，适应力强，生长迅速，茎节长，能大量取材，且与多数仙人掌植物嫁接亲和力较强，多作仙人掌类嫁接用砧木。

16.1.7　岩牡丹

拉丁名：*Ariocarpus retusus* Scheidweiler

科属：仙人掌科，岩牡丹属

形态特征：无刺的仙人掌类植物，具肥厚直根。植株呈球形或扁球形，灰绿色，被白粉。有许多疣状突起，三角形，似叶，莲座状排列，每个三角形的尖端角质，上面扁平或稍凹，疣状突起中部有小刺座，无刺，疣状突起间有白毛。夏季开花，花生于近中心处，漏斗形，长约 4 cm，径 5 cm，花被片白色，具红色中脉。浆果光滑，以后变干，种子黑色。

生态习性：原产于墨西哥北部。喜温暖、阳光充足及空气流通，甚耐寒。要求排水良好、透气的沙砾土，耐干旱，忌积水。

繁殖栽培：常用播种或嫁接繁殖。实生苗生长很慢，常用嫁接促其快长。嫁接砧木宜采用仙人球或量天尺。栽培要用深筒盆，盆土可用 3 份沙，加碎砖或石砾、壤土、腐叶土各 1 份配制而成，此外还可加少量骨粉。生长季节可充分浇水，入秋后减少浇水，冬季要求冷凉并保持盆土干燥，越冬温度 0 ℃以上。每年应换盆。

园林用途：岩牡丹外形与仙人掌类植物差异很大，十分奇特，花大，适于作室内小盆栽。

其大型变种玉牡丹（var.*major*），植株比岩牡丹大 2 ～ 3 倍，疣状突起呈较阔的三角形。

16.1.8　松露玉

别名：梦露玉

拉丁名：*Blossfeldia liliputana* Wordermann

科属：仙人掌科，松露玉属

形态特征：植株极小型，仅 1 cm 或稍多，有粗大的肉质主根。茎扁球形，单生，成龄后可群生。茎不分棱，灰绿色或深绿色，刺座呈螺旋状排列，具灰色绒毛，无刺。花着生顶部毛丛中，漏斗状，淡黄白色，花瓣中央有暗红色条纹，花径 1 cm。果实圆形，长 0.5 cm，种子极小，长仅 0.2 mm。花期夏季。

生态习性：原产阿根廷北部安第斯山地区。喜温暖、干燥和阳光充足环境。耐半阴，不耐水湿，不耐寒。最适生长温度 20 ～ 25 ℃，低温和高温期间都呈休眠半休眠状态。休眠期间球体萎缩，但肉质根反而变粗。在生长季节，球体很快吸水恢复，刺座上绒毛大量长出并开花。

繁殖栽培：可播种或嫁接繁殖。种子播种，出苗容易，发芽适温 21 ℃，但幼苗生长缓慢，可在适当的时候进行实生苗早期嫁接，成活后会很快长出子球，这些子球又可再嫁接以作繁殖。将自根生长的成形植株横栽，使部分肉质根见阳光，会大大促进子球的发生，从而加快繁殖速度。盆栽培养土可用 2 份粗沙、1 份腐殖土混合。盆栽宜用深盆。栽培时宜半阴，可间隔半月往球体上喷一次水，高温时一定要通风。越冬温度不低于 5 ℃，此时应保持盆土干燥。成龄丛生植株不耐移植，移栽植株应立即浇水，并每隔 10 d 喷雾一次直至植株完全复原。本种易罹红蜘蛛为害，应注意防治。

园林用途：松露玉为仙人掌科植物中最小的种类，小巧秀丽，趣味性强，宜盆栽放博古架装饰，也是植物园及爱好者收集中的珍稀品种。

16.1.9 绯牡丹

拉丁名：*Gymnocalycium mihanovichii var.friedrichii* cv. Hibotan

科属：仙人掌科，裸萼球属

形态特征：多浆植物。茎球形，深红、橙红、粉红或紫红色，易生子球，具 8 条棱，棱背薄瘦，其上簇生刺。花生于近顶部刺座上，漏斗形，粉红色，常数朵同时开放（图 16-4）。

生态习性：原种瑞云球原产巴拉圭。喜温暖，不耐寒，喜阳光充足，宜排水良好的肥沃土壤。

繁殖栽培：春、秋季嫁接繁殖。砧木用量天尺、仙人球或叶仙人掌。因植株无叶绿体，必须嫁接才能生长良好。生长适温 20 ~ 25 ℃，越冬温度 10 ℃以上。栽培中光照愈强烈，球体色愈艳。除夏季适当庇荫外，宜多见阳光。生长季浇水不可太勤，冬季保持盆土干燥。高温干燥，不通风易生虫害。

园林用途：绯牡丹小巧艳丽，十分惹人喜爱，为小型盆栽佳品，在沙漠景观布置中有万绿丛中一点红的效果。

16.1.10 蟹爪兰

别名：蟹爪、蟹爪莲

拉丁名：*Zygocactus truncactus* K.Schum

科属：仙人掌科，蟹爪属

形态特征：附生性多浆植物。株高 30 ~ 50 cm。茎扁平而多分枝，常铺散下垂。茎节短小，倒卵形或矩圆形，先端平截，两缘有 2 ~ 4 对尖锯齿，连续生长的茎节似蟹足状，刺座上有 1 ~ 3 黄色短刺毛或无。花着生于先端的茎节处，着花密集，花冠漏斗形，长 6.2 ~ 8.7 cm，紫红色，萼片基部连成短筒，顶端分裂，花瓣数轮，越向内则管越长，上部向外反卷，雄蕊 2 轮，花柱长于雄蕊。花期 11 ~ 12 月（图 16-5）。

生态习性：原产巴西。喜温暖而湿润的气候条件，忌积水与过分干燥，不耐寒，喜半阴，宜疏松、透气、富含腐殖质的土壤。

图 16-4 绯牡丹

图 16-5 蟹爪兰

繁殖栽培：繁殖多用嫁接法，砧木可用量天尺及叶仙人掌，高约 15 ~ 30 cm，以便植株长成悬垂形。扦插繁殖容易生根。生长适温 15 ~ 25 ℃，冬季低于 10 ℃生长明显减缓，低于 5 ℃呈半休眠状态。夏季开始加强水肥管理，入秋后提供冷凉、干燥、短日照条件，促进花芽分化。开花期少浇水。栽培中营养不良或土壤过干，花芽形成后光照条件突变，昼夜温差过大或浇水水温过低等均会引起花芽脱落。花后有短期休眠，保持 15 ℃，盆土不过分干燥即可，次春 3 月中旬要更换栽培基质，促进新生长。蟹爪兰生长强健，栽培中应及时设支架支托下垂茎节。

园林用途：蟹爪兰适宜悬吊栽培，单株可开花 200 ~ 300 朵，美丽壮观。花期正值元旦、春节，是理想的冬季室内盆花。

栽培品种多达 200 个以上，花色有白、粉、橙、紫红及橙黄等不同浓淡色彩，变化很多。

16.1.11　仙人指

拉丁名：*Schlumbergera bridgesii* Lem.

科属：仙人掌科，仙人指属

形态特征：附生性多浆植物。多分枝，直立或下垂，长约 30 cm。茎节长椭圆至倒卵形，叶状，长约 2.5 ~ 5 cm，鲜绿色，较上部扁平，边缘波状，与“蟹爪兰”相比，无尖锯齿。顶部平截，下部呈半圆形，有极少量细毛。花瓣筒状，近规则，单花顶生，长约 4.5 cm，花瓣 10 ~ 18 片，红紫色，长度不同，分成两轮，不反卷，雄蕊 2 型：短花丝者散生在喉部，长花丝者基部包裹花柱，花柱略高于雄蕊或平。有白色、淡堇色、金黄色等园艺品种。花期 2 ~ 4 月。

生态习性：原产巴西热带雨林下层，附生树干上。短日照花卉。喜温暖、湿润，耐半阴。

繁殖栽培：春季或初夏茎插繁殖，虽易生根，但根系极弱，吸收能力差，生长缓慢。栽培中多用虎刺、仙人掌、仙人球及量天尺等作砧木进行嫁接繁殖，生长旺盛，3 年后即能开花。喜部分遮阴。宜肥沃而排水良好的土壤。现蕾后尤应注意养护，当气温急剧变化或盆土过干时，均易造成花蕾脱落。畏霜寒，越冬最低温度保持 10 ℃以上。栽培管理中应及时立支架，衬托下垂枝条。

园林用途：仙人指茎枝悬垂，花形美丽，色泽娇艳，宜于居室盆栽和棚廊悬挂装饰。

16.1.12　叶仙人掌

别名：虎刺

拉丁名：*Pereskea aculeate* Mill.

科属：仙人掌科，仙人掌属

形态特征：多年生藤本或灌木状。茎初生直立，后蔓生，长可达 10 m，幼茎节上具短钩刺 1 ~ 3 个。叶片厚，互生，5 ~ 7 cm 长，披针形至长圆状卵形，具短柄，先端渐尖，叶腋处为刺座，老茎上部叶腋有深褐色直刺。圆锥状或伞房状花序，小花白色，芳香。花期夏、秋季。

生态习性：原产美洲热带。生长地雨量充沛，终年炎热，土壤腐殖质多，呈弱酸性环境。喜温暖、阳光充足环境，要求排水良好、富含腐殖质的沙壤土，亦可耐微碱性土。

繁殖栽培：春、夏季扦插繁殖，生根容易。生长期要有充足水、肥供应。畏霜寒，越冬温度保持在 10 ℃以上。干热与气温低于 5 ℃均导致落叶休眠。

园林用途：叶仙人掌生长成形快，株丛繁茂，枝柔细，叶与花色各具情趣，是仙人掌类中特异的一种盆栽植物。根系发达，常用作蟹爪兰、仙人指及其他小球形种类的砧木。

栽培品种有紫背叶仙人掌（cv.Godseffiana）：直立灌木，较矮小，叶背紫红色；花叶叶仙人掌（cv. Rubescens）：叶面具红色斑点，均常见栽培作观叶用。

16.1.13 芦荟

别名：草芦荟、油葱、龙角、狼牙掌

拉丁名：*Aloe vera* var. *chinensis*

科属：百合科，芦荟属

形态特征：多年生草本。有短茎，叶呈莲座状排列，肥厚多汁，长 15 ~ 30 cm，粉绿色，近茎部有斑点，狭长披针形，边缘具刺状小齿。总状花序，单生或稍分枝，花冠筒状，橙黄或具红色斑点，冬季开花（图 16-6）。

生态习性：原产于印度干燥的热带地区。性强健，甚耐干旱，喜阳光充足，也耐半阴。喜肥沃、排水良好的沙质壤土。

繁殖栽培：常用分株及扦插繁殖。春季换盆时取老株周围的幼株，根据大小分别上盆栽植，新上盆的植株，要节制浇水。如幼株根少或无根，则可插于素沙中，保持湿润，约 20 ~ 30 d 即可生根。夏季高温，芦荟有短暂休眠，需置于通风良好、避雨的半阴处，节制浇水。冬季室内温度不低于 5 ℃，保持盆土稍干，即可安全越冬。

园林用途：芦荟四季常青，冬季开花，适宜盆栽布置厅堂。暖地还可露地栽培布置庭院。

图 16-6 芦荟

16.1.14 生石花

别名：石头花

拉丁名：*Lithops pseudotruncatella* N.E.Br.

科属：番杏科，生石花属

形态特征：多年生小型多浆植物。茎较短，植株是由 2 片对生的肉质叶连接而成的圆锥体，顶部近于卵圆形，稍有凸起，中间有一条小缝隙，整个形体酷似卵石，故名“生石花”。通常只有一朵花从顶部缝隙中抽出，无柄，花色因品种而异，常见栽培有黄、白或粉色，午后开放，傍晚闭合，次日午后仍然开放。一朵花可以连续开 4 ~ 6 d。花期 7 ~ 8 月（图 16-7）。

生态习性：原产南非及西南非洲干旱地区，世界各国多有栽培。喜温暖向阳环境，夏季要求遮阴。宜于疏松、排水良好的沙壤土生长。

繁殖栽培：播种繁殖。种子发芽适温 21 ℃，播种基质宜用消毒的堆肥。种子细小，宜和细沙拌匀撒播，覆土要薄或不覆土，用玻璃或塑料薄膜覆盖保湿，约 2 周出苗。苗期忌过度潮湿以防腐烂。及时分苗，新分小苗 4 ~ 5 d 内不可浇水，以后盆土太干，也要用浸盆法补水。生石花根系深，要选用深筒盆栽，培养用土宜排水良好的沙壤土，盆面铺小卵石，可增加美观和适当降温。夏季高温植株半休眠应稍遮阴节水，防

图 16-7 生石花

止腐烂。冬季需阳光充足，室温维持在 13 ℃以上，特别注意保持盆土干燥。

园林用途：生石花株形小巧玲珑，形姿奇特，植于石丛中，与卵石难以分辨，适合在岩石园石缝中栽植。也可室内盆栽观赏，十分别致。

16.1.15　落地生根

别名：灯笼花

拉丁名：*Kalanchoe pinnata* Pers.

科属：景天科，伽蓝菜属

形态特征：多年生肉质草本。株高 40 ~ 150 cm，全株蓝绿色，茎直立，圆柱状，羽状复叶，对生，肉质。小叶矩圆形，具锯齿，在缺刻处生小植株。花序圆锥状，花萼纸质筒状，花冠钟形，稍向外卷，粉红色，下垂。花期秋冬季节。

生态习性：原产印度及我国南部。性强健，喜温暖，不耐寒。喜光，稍耐阴。喜通风良好。耐干旱，夏季喜充足水分。越冬最低温度为 5 ℃。宜疏松肥沃而排水良好的土壤。

繁殖栽培：用不定芽繁殖，也可扦插或播种繁殖。叶片平铺在湿沙上，几天后，叶缘锯齿缺刻处即可生根、发芽，形成小植株。也可剪取枝条，插入培养土中，生根后移栽。盆栽土壤要多加粗沙，不可过肥，浇水不宜过多，否则易引起落叶、根腐或植株死亡。生长期内进行多次摘心，促进分枝。

园林用途：暖地可配置岩石园或花境，是常见的盆栽花卉。

16.1.16　风车草

别名：东美人

拉丁名：*Graptopetalum paraguayense* E.Wather.

科属：景天科，风车草属

形态特征：多年生肉质多浆草本植物。株高 10 ~ 30 cm，成龄植株具匍匐性，节处易生不定根。叶排列成松散莲座状。叶片长圆状匙形，具短钝尖，长 5 ~ 7 cm，宽 2 ~ 3 cm，肉质，厚，灰白绿色，略带粉晕，形似风车扇叶。花葶高 15 cm，自叶腋抽出，花瓣 5，星形，径约 1.25 cm，白色，具稀疏褐红色斑点。花期冬末至春初。

生态习性：原产墨西哥。性强健，耐旱，忌积涝与过分水湿，不耐寒。

繁殖栽培：播种或扦插繁殖，叶插、茎插均可。栽培要求排水良好的沙质壤土，阳光充足的环境条件。易受霜害，越冬最低温度 5 ~ 10 ℃。

园林用途：风车草肥厚风车扇叶般的叶丛与带斑点的花朵十分有趣，宜作小盆栽欣赏。

16.1.17　八宝

别名：华丽景天

拉丁名：*Sedum spectabile* Boreau.

科属：景天科，景天属

形态特征：多年生草本。株高 30 ~ 70 cm，茎直立，丛生，不分枝。叶肉质卵形，对生，少 3 叶轮生，边缘具波浪状浅锯齿。伞房状聚伞花序，径约 10 cm，小花密集，径约 1 cm，花瓣 5，桃红色。花期 8 ~ 9 月。

生态习性：原产我国东北及华北等地，生山坡草地。喜光。耐旱、耐寒，能耐 −20 ℃低温。耐瘠薄土壤。忌积涝。

繁殖栽培：扦插繁殖为主。插条长 5 ~ 10 cm，夏季露地直接扦插，20 ~ 28 d 生根。栽培地如不过分贫瘠无须施肥。冬、春季十分干旱地区，可灌溉 1 ~ 2 次。栽培管理极简易。

园林用途：八宝叶丛翠绿，花色鲜艳，花密成片，庭院中适宜布置花境，或林缘灌丛前栽植。极耐干旱，适宜缺水地区园林绿化应用。

16.1.18 鸡蛋花

别名：缅栀子

拉丁名：*Plumeria rubra* var.*acutifolia* Bailey

科属：夹竹桃科，鸡蛋花属

形态特征：落叶灌木或小乔木。株高约 3 ~ 6 m，具乳汁。小枝粗壮，肉质。叶互生，常集生枝端，倒卵状长椭圆形，全缘，叶脉在近叶缘处连成一边脉。聚伞花序顶生，花冠漏斗状，径约 5 ~ 6 cm，具 5 裂片，外面乳白色，内面基部鲜黄色，有芳香。花期 5 ~ 10 月（图 16-8）。

生态习性：原产墨西哥至委内瑞拉。喜阳光充足及高温、高湿气候。适生于肥沃、湿润、排水良好的土壤中。

繁殖栽培：通常于春季剪取 1 ~ 2 年生粗壮枝条扦插繁殖，生根容易。华南及云南南部可在露地栽植，选沟渠两旁列植或在坡地丛植。由于枝脆易断，花朵易落，宜选避风近水地栽植。岩石园配植亦能生长。温室盆栽，夏季保持水分充足，冬季最低室温不低于 5 ℃，并应特别控制浇水，温室温度若达到 18 ℃即可萌发或不落叶。春季发芽前施全素肥料。

园林用途：鸡蛋花树形美观，花素雅、芳香，北方适于盆栽观赏，南方还宜于庭园、草地栽植。

图 16-8 鸡蛋花

16.1.19 龙舌兰

别名：世纪树、番麻

拉丁名：*Agave americana* L.

科属：龙舌兰科，龙舌兰属

形态特征：多年生常绿草本，茎短，叶片肥厚，莲座状簇生，长至 1 m，灰绿色，带白粉，先端具硬刺尖，叶缘具钩刺。圆锥花序顶生，在原产地可高达 13 m，常见盆栽约 2 m。花多数，稍漏斗状，黄绿色，径约 6 cm（图 16-9）。

生态习性：原产美洲热带墨西哥东部。性强健，喜温暖、干燥和阳光充足环境。稍耐寒，适应性强，较耐阴，耐旱力强。宜肥沃、疏松和排水良好的沙质壤土。

繁殖栽培：繁殖多用分割吸芽法，盆栽要求排水良好的沙质壤土，生长健壮，夏季宜有充足水分。冬季保持冷凉及干燥，温度不低于 5 ℃。幼苗栽培 10 余年后始能开花，花后即整株死亡。

园林用途：适于盆栽观赏，暖地可植于庭院或摆放花坛中心、草坪一角，能增添热带气氛。

16.1.20 树马齿苋

别名：金枝玉叶

图 16-9 龙舌兰

拉丁名：*Portulacaria afra* Jacq.

科属：马齿苋科，树马齿苋属

形态特征：为常绿多肉质小灌木。原产地高达 4 m。茎多分枝，老茎淡褐色，嫩茎绿色，节间明显，分枝近水平。叶片对生，呈倒卵状三角形，叶端截形，叶基楔形，肉质，叶面光滑，鲜绿色，富有光泽。花小，粉红色，少见开花。

生态习性：原产南非。喜温暖，喜阳不耐阴。耐旱性强。

繁殖栽培：扦插繁殖。极易生根。栽培土选用排水良好的沙质壤土，生长季节略施肥水，即可生长迅速。栽培管理简单。

园林用途：以观叶为主，可吊盆栽植，也是制作盆景的好材料。

16.1.21 其他仙人掌及多浆植物（表 16–1）

其他仙人掌及多浆植物　　表 16–1

名称	拉丁名	科属	形态特征	产地	园林用途
剑麻	*Agave sisalana*	龙舌兰科，龙舌兰属	茎高 1 m。叶排成莲座状，叶厚，质硬，剑形，长 1.1 ~ 1.8 m，宽 7 ~ 7.5 cm，灰绿色。花序高 6 ~ 7 m，花绿色	墨西哥	
连山	*Ariocarpus fissuratus* var. *lloydii*	仙人掌科，岩牡丹属	株幅达 15 cm，为龟甲牡丹变种。不同之处在于本种株形较大	墨西哥	珍稀品种
醉翁玉	*Borzicactus leucotricha*	仙人掌科，花冠柱属	球形至短圆筒状，高 60 cm，直径 10 cm，灰绿色。具棱 20，被黄色绵毛。具辐射刺 8 ~ 12，淡黄色，中刺 3 ~ 4，深黄后变褐色。花红色，直径 3 ~ 3.5 cm	智利	
水牛掌	*Caralluma nebrownii*	萝藦科，水牛掌属	肉质草本，丛生。茎长 15 ~ 18 cm，直径 4 cm，绿至灰绿色，有红晕。具 4 棱，棱缘波状，有齿状突起。花簇生，小花 15 ~ 30，深红褐色，缘有纤毛	非洲西南部	习性强健，适合室内栽培
吊金钱	*Ceropegia woodii*	萝藦科，吊灯花属	蔓生，茎枝线状，具节，节部有小块茎。叶心形，背面淡绿，腹面深绿带白晕。花瓣直立，顶端连接，外侧黑褐色有短绒毛，内侧暗红色	南非	
青锁龙	*Crassula lycopodioides*	景天科，青锁龙属	亚灌木，高 30 cm。茎细，易分枝。叶鳞片状，紧密地排列成 4 棱，绿色。花着生叶腋部，黄白色	纳米比亚	
玉牛角	*Duvalia elegans*	萝藦科，玉牛角属	茎匍匐，长 2 ~ 4 cm，棱低，棱缘具红色齿状突起。花直径 2 cm，裂片三角状卵形，缘反曲，腹面深紫色有纤毛，背面无毛	南非	株形小巧优雅，观赏性强
石莲花	*Echeveria peacockii*	景天科，石莲花属	肉质草本，植株光滑，无茎或具短茎。叶长圆状卵形或倒卵形，密生莲座状，蓝白色被白粉，叶缘及尖带红色。总状花序，花红色	墨西哥	
绒毛掌	*Echeveria pulvinata*	景天科，石莲花属	小型亚灌木，高 20 cm，松散的莲座状。叶厚，倒卵状匙形，具短尖。茎、叶密被软毛，软毛白色后变褐色。总状花序，花黄红色	墨西哥	
翁锦	*Echinocereus delaetii*	仙人掌科，鹿角柱属	茎直立、有时平卧，直径 5 ~ 7 cm，具棱 20 ~ 24。辐射刺 18 ~ 36，白至灰白色，长 1 cm，中刺 4 ~ 5，黄色，尖红，长 2 ~ 3 cm。花浅紫粉色	墨西哥	
龙玉	*Echinofossulocactus crispatus*	仙人掌科，多棱球属	茎倒卵形，具棱 26 ~ 35。辐射刺 8，向上的刺扁平，中刺 3 ~ 4。花堇紫色，花瓣中间有暗条	墨西哥	
峦岳	*Euphorbia abyssinica*	大戟科，大戟属	直立茎，具 8 棱，棱脊很薄，棱缘波状，角质。具刺 2，对生，长 1 cm。茎端有叶，线状披针形，早期脱落	埃塞俄比亚及埃及	

续表

名称	拉丁名	科属	形态特征	产地	园林用途
冲天阁	*Euphobia ingens*	大戟科，大戟属	植株乔木状，高 10 m，茎具 3 ~ 5 棱，棱脊薄，棱缘波状，深绿色，嫩茎具黄绿色晕。茎不分节，间隔 7 ~ 15 cm 收缩变细。刺座排列密	南非	
彩云阁	*Euphobia trigona*	大戟科，大戟属	灌木。茎具 3 ~ 4 棱，直径 4 ~ 6 cm，棱脊薄，深绿色，有形状不规则的白晕。刺短，红褐色。茎端有叶，匙形	非洲西南部	
江守玉	*Ferocactus emoryi*	仙人掌科，强刺球属	球形至圆筒状，高 2.5 m，直径 60 cm。具棱 20 ~ 30。辐射刺 5 ~ 8，中刺 1，具环纹，直或具钩，刺均为红色。花黄色	墨西哥	刺色美丽
沙鱼掌	*Gasteria verrucosa*	百合科，沙鱼掌属	叶 6 ~ 10 片，排成 2 列覆瓦状，长 10 ~ 15 cm，基部宽 2 cm，先端渐尖，腹面有浅沟，叶缘厚，叶暗绿色，密布白色小疣	南非	
罗星球	*Gymnocalycium cardenasianum*	仙人掌科，裸萼球属	丛生。球体暗绿色，直径 3 ~ 6 cm，具棱 8 ~ 12。辐射刺 10 ~ 12，白至褐色；中刺 0 ~ 3，刺细短，紧贴球体。花淡粉色	玻利维亚	小巧秀气，栽培普遍

16.2 仙人掌及多浆植物的应用实例

16.2.1 仙人掌及多浆植物应用概述

仙人掌及多浆植物多数原产于热带、亚热带干旱地区或森林中，为了适应这些地区干旱少雨的环境，植株的茎、叶肥厚，成为肉质、多浆的体态，体内贮藏着大量水分，具有非凡的耐旱能力。而且其养护管理简便，繁殖栽培容易，因而在园林中应用比较广泛。

仙人掌及多浆植物种类繁多，通常包括仙人掌科以及景天科、番杏科、大戟科、萝藦科、菊科、百合科、龙舌兰科等 50 余科的植物，其中仅仙人掌科植物就有 140 余属，2000 种以上。这些植物形态多姿多彩，变化无穷，鲜艳夺目，颇富趣味性，具有很高的观赏价值，是园林花卉中独具一格的植物，因而常引起人们极大的兴趣，其可供观赏的特点很多，如：

赏棱形及条数各异：这些棱肋均突出于肉质茎的表面，有上下竖向贯通的，也有呈螺旋状排列的，有锐形、钝形、瘤状、螺旋状、锯齿状等十多种形状；条数多少也不同，如昙花属、令箭荷花属只有 2 条棱，量天尺属有 3 条棱，金琥属有 5~20 条棱。这些棱形各异、壮观可赏。

赏刺形多变：仙人掌及多浆植物，通常在变态茎上着生刺座（刺窝），其刺座的大小及排列方式依种类不同而有变化。刺座上除着生刺、毛外，有时也着生子球、茎节或花朵。依刺的形状可区分为刚毛状刺、毛发状刺、针状刺、钩状刺、栉齿状刺、麻丝状刺、舌状刺、顶冠刺、突锥状刺等。这些刺形多变，刚直有力，也是鉴赏方面之一。如金琥的大针状刺呈放射状、金黄色 7~9 枚，使球体显得格外壮观。

赏花的色彩、位置及形态：仙人掌及多浆类植物花色艳丽，以白、黄、红等色为多，而且多数花朵不仅有金属光泽、重瓣性也较强，一些种类夜间开花，花白色还有芳香。从花朵着生的位置来看，分侧生花、顶生花、沟生花等。花的形态变化也很丰富，如漏斗状、管状、钟状、双套状花以及辐射状和左右对称状花均有。因此不仅无花时体态引人，花期中更加艳丽夺目。

赏体态奇特：多数种类都具有特异的变态茎，扁形、圆形、多角形等。此外，像山影拳（*Cereus* spp. f.*monst*）的茎生长发育不规则；棱数也不定，棱发育前后不一，全体呈溶岩堆积姿态、清奇而古雅。又如生石花的茎为球状，外形很似卵石，虽是对干季的一种“拟态”适应性，却是人们观赏的奇品。

16.2.2　仙人掌及多浆植物应用具体实例

（1）室内栽培：不少多浆植物体态小巧玲珑，适于盆栽，更宜现代公寓式高层建筑的室内或阳台绿化。

（2）专类园：由于这类植物种类繁多、趣味性强、具有较高的观赏价值，因此一些国家收集了大量仙人掌及多浆植物，以这类植物为主体而辟专类园，构成热带、亚热带干旱沙漠景观，向人们普及科学知识，使人们饱尝沙漠植物景观的乐趣。如南美洲一些国家及墨西哥均有仙人掌专类园；日本位于伊豆山区的多浆植物园有各种旱生植物 1000 余种；中国台湾地区的农村仙人掌园也拥有 1000 种左右，其中适于在中国台湾地区生长的约达 400 余种。

（3）地被或花坛：园林中常把一些矮小的多浆植物用于地被或花坛中（图 16-10）。如垂盆草（*Sedum sarmentosum*）在江浙地区作地被植物，北京地区在小气候条件下也可安全越冬。佛甲草（*Sedum lineare*）、八宝景天（*Hylotelephium erythrostictum*）等多用于花坛。蝎子草（*Sedum spectabile*）作多年生肉质草本栽于小径旁。中国台湾地区一些城市将松叶牡丹（*Lampranthus tenuifolius*）栽进安全绿岛，都使园林更加增色。

（4）其他用途：不少仙人掌及多浆植物种类也常作篱垣应用。如霸王鞭（*Euphorbia neriifolia*）高可达 1 ~ 2 m，云南省傣族人民常将它栽于竹楼前作高篱。原产南非的龙舌兰（*Agave americana*），在我国广东、广西、云南等省区生长良好，多种在临公路的田埂上，不仅有防范作用，还兼有护坡之效（图 16-11）。在一些村舍中也常栽植仙人掌、量天尺等，用于墙垣防范之用。此外，不少仙人掌及多浆植物都有药用及经济价值，或食用、制成酒类饮料等，如芦荟、仙人掌等。

图 16-10　地被

图 16-11　仙人掌及多浆植物用于防范扩坡

第 17 章　蕨类植物

17.1　常见的蕨类植物

17.1.1　卷柏

别名：还魂草、长生草、万年松

拉丁名：*Selaginella tamariscina*

科属：卷柏科，卷柏属

形态特征：多年生直立草本。高 5 ～ 15 cm。主茎直立、短粗，下面密生须根，顶端丛生小枝，小枝扇形分叉，辐射开展，干时内卷如拳。叶 2 型，侧叶披针状钻形，长约 3 mm；中叶两行，卵状披针形，长 2 mm。孢子囊穗生于枝顶，四棱形；孢子囊圆肾形，孢子叶三角形。

生态习性：广泛分布于我国各地，朝鲜、日本和俄罗斯远东地区也有分布。生于山谷或山坡林下土中、岩石上或石缝中。喜温暖、湿润和半阴环境。耐干旱，耐寒，在强光下亦能生长良好，生命力极强，干时拳卷，遇水伸展，因此有“九死还魂草”之称。需肥性不高，对土壤要求不严，适应范围广泛。

繁殖栽培：孢子繁殖为主，也可扦插或分株繁殖。植株分枝顶端会产生孢子叶，它可产生孢子囊，其内孢子成熟后可自行散落或人工收集撒播，培育成独立植株。也可于春季切取发育成熟的茎枝，浅插于细沙中，遮阴并保持 15 ～ 20 ℃及 95%的空气湿度，其上可形成许多个体。分株繁殖多结合春季换盆时进行。卷柏根系浅，盆栽一般不宜覆土过深，盆土以疏松、排水良好的砂质壤土较好。生长期保持盆土湿润，避免过干，同时叶面喷水，提高空气湿度。盛夏高温注意遮阴，加强通风。追肥不宜过多，可于春秋各追肥 1 次。及时摘心，促发分枝，矮化丰满植株。盆栽需在不低于 0 ℃的室内越冬。华北地区可露地越冬，呈多年生宿根状。

园林用途：卷柏株形矮小，叶色别致，姿态秀雅，宜作疏林下地被，点缀假山、石缝中或作山石盆景。入秋可采收卷柏的残株收存，冬季浸入水瓶枝叶伸展可观赏。

17.1.2　翠云草

别名：蓝地柏、绿绒草

拉丁名：*Selaginella uncinata*

科属：卷柏科，卷柏属

形态特征：多年生匍匐蔓生草本。植株长 30 ～ 60 cm，主茎柔软纤细，有棱，伏地蔓生横走，节上生不定根，侧枝多回分叉，向上伸展。叶二型，中叶长卵形，渐尖；背叶矩圆形，排列成平面，下面深绿色，上面带碧蓝色。孢子囊穗四棱形，孢子叶卵状三角形。

生态习性：原产中国，分布西南、华南地区及台湾地区，常生于林下腐殖土上、岩石上。喜温暖、湿润和半阴，忌强光直射。

繁殖栽培：可用孢子繁殖或分株繁殖，但由于其分株繁殖较易，故常用分株法繁殖。分株时将带有不定根的茎段切下，种于新盆或植床中，放在阴湿环境下易成活。生长期要求充分浇水，并保持较高的空气湿度。夏季注意遮阴，过强的阳光会使其失去特有的蓝光而影响观赏性。翠云草生长较快，生长季应每月施淡液肥 1 次。冬季越冬室温要求 5 ℃以上。

园林用途：翠云草叶片蓝绿，成片蔓生如锦，美丽动人，宜作园林地被，点缀假山石，或作盆景、盆面的装饰材料。盆栽吊挂观赏时，自然下垂，姿态优美。

17.1.3　松叶蕨

别名：松叶兰、松叶米兰、铁扫把

拉丁名：*Psilotum nudum*

科属：松叶蕨科，松叶蕨属

形态特征：多年生草本植物。附生于树干或岩石上。匍匐状地下茎，呈 2 叉分枝；地上茎直立或下垂，高 15 ~ 80 cm，绿色，下部粗约 2 ~ 3 mm，向上部多回 2 叉分枝，小枝三棱形。叶退化；孢子叶阔卵圆形，2 叉。孢子囊球形，蒴果状。

生态习性：性喜温暖、潮湿及半阴的环境。生长适温为 21 ~ 27 ℃，冬季要求 1 ~ 15 ℃。要求高空气湿度和土壤湿度，尤其在幼苗期更加重要。适栽于肥沃、湿润、疏松、排水良好的土壤中。

繁殖栽培：繁殖多用分株法，全年可行，但以 5 ~ 6 月为好，分株后要注意保持盆土湿润，干燥的土壤不利于植株发育。栽培时可用浅盆，加入排水良好的基质，一般用泥炭土、腐叶土和粗沙按 2 ：1 ：1 配制，也可用苔藓、蕨根和树皮块等物栽植于多孔花盆或木筏上。栽培于热带荫棚内和温带温室内。夏季生长旺盛期每天浇水和叶面喷水，以保持湿度，尤其夜间要注意。发现有枯枝黄叶应随时剪除，以保持整株枝叶清新美观，并有利于新枝的萌发。冬季在温室内栽培可稍干，但仍需较高的空气湿度，越冬温度不低于 15 ℃。

园林用途：松叶蕨枝条形态柔美，又具一定的耐阴性，为一美丽的观赏植物，极富观赏价值。可作盆栽观赏和室内装饰。

17.1.4　石松

别名：仲筋草、狮子尾

拉丁名：*Lycopodium davatum*

科属：石松科，石松属

形态特征：多年生常绿草本。株高 15 ~ 30 cm。匍匐茎多分枝，其上随处能生假根，并疏生叶。直立茎上营养枝多回分叉，密生叶；叶针形，顶端有易脱落的芒状长尾；孢子枝于夏季从 2 ~ 3 年生的营养枝上长出，且高出营养枝，疏生叶。孢子囊穗通常 2 ~ 6 个生于孢子枝的上部，圆柱形，有柄。孢子叶卵状三角形，先端急尖，具不规则锯齿。孢子囊和孢子肾形。

生态习性：原产中国，分布内蒙古、东北及长江以南地区。喜光，耐寒，华北地区露地栽培，冬季地上部常干枯，呈多年生宿根，喜酸性土，为酸性土壤的指示植物，耐旱。

繁殖栽培：分株或孢子繁殖。分株须在原地切断枝，待生不定根后分栽。冬季室内温度不低于 0 ℃，栽于排水好、酸度高的黄壤土中。忌水分过多引起腐烂，干旱炎热天要适当灌溉。高空气湿度对生长有利，盛夏宜通风凉爽。

园林用途：石松枝叶细小，色泽葱绿，优柔别致，是良好的观叶花卉，可作室内盆栽、切叶和垂吊观赏。露地栽培是良好的林下地被植物。

17.1.5　筋骨草

别名：垂穗石松

拉丁名：*Lycopodium cernuum*

科属：石松科，石松属

形态特征：多年生草本。株高 30 ~ 50 cm。主茎直立，基部有匍匐茎，上部多回叉状分枝，顶端常着生地下根而向下弯垂。不育叶螺旋状排列，叶线状钻形，向上弯曲，全缘，先端茫刺状。孢子囊穗小，单一，生于小枝顶端，向下，卵形至卵状圆柱形，无柄；孢子叶覆瓦状排列，干膜质，三角形，边缘流苏状，先端芒状。

生态习性：原产中国，分布长江以南地区及中国台湾地区。野生分布在山坡草地，喜阴湿及酸性土壤。

繁殖栽培：分株或孢子繁殖。栽培中注意避免直射光照，选阴湿环境。

园林用途：适宜作阴湿环境处的地被植物，亦是良好的切叶材料。

17.1.6 桫椤

别名：树蕨、蕨树、水桫椤、刺桫椤、大贯众、龙骨风、七叶树

拉丁名：*Cyathea spinulosa*

科属：桫椤科，桫椤属

形态特征：多年生乔木状植物，树形如蕨类。根茎直立，高 1 ~ 4 m，其上覆盖厚密的气根。叶顶生羽状，叶柄和叶轴粗壮，有密刺，深棕色，叶大，长 1 ~ 3 m，3 回羽裂，羽片矩圆形，小羽叶 30 ~ 50 cm，纸质。小羽轴和主脉下面有略呈泡状鳞片，孢子囊生于小脉分叉点凸起的囊托上，囊群盖近圆球形，成熟时开裂于囊群下。

生态习性：分布于中国华南地区及四川、贵州，日本也有分布，一般海拔 500 ~ 800 m，生长于林下、草丛、溪沟两旁。喜潮湿、温暖的环境。

繁殖栽培：孢子繁殖为主。适宜肥沃、疏松、排水保水好的土壤栽培，生长期需大量水分，每天在树顶灌水。越冬温度 15 ℃以上。

园林用途：植株茎干高大，挺拔秀丽，树姿婀娜多姿，叶大而多，密集茎干顶端，宛如罗伞，常作庭园绿化，植于阴湿处作大型观赏植物，也可作大盆栽种供室内观赏。

17.1.7 凤尾蕨

别名：凤尾草、井栏边草

拉丁名：*Pteris multifida*

科属：凤尾蕨科，凤尾蕨属

形态特征：多年生常绿草本植物。植株 60 ~ 70 cm，根状茎直立，顶端具钻形鳞片。叶多数，簇生，革质，1 回羽状复叶，分不育叶和孢子叶二型，孢子叶羽片条形，叶轴上部有狭翅，下部羽片常 2 ~ 3 叉；不育叶羽片较宽，具不整齐的尖锯齿。孢子囊群沿羽片顶部以下的叶缘连续分布，囊群盖狭条形（图 17–1）。

生态习性：分布于中国除东北、西北以外的地区，朝鲜、日本也有。生于石灰岩缝或林下，海拔 400 ~ 3200 m。喜温暖、半阴和潮湿的环境，宜碱性土壤，为钙质土壤指示植物。

繁殖栽培：通常分株或孢子繁殖。用肥沃、湿润、排水好的碱性土壤栽植，要求庇荫和高空气湿度，春夏季天气干旱时，每天早、中、晚应淋水 3 次，使相对湿度不低于 80%。夏季如移出室外，应放在荫棚内，每 10 ~ 15 d 浇 1 次稀薄液肥。合适生长温度为 15 ~ 25 ℃，越冬温度不低于 5 ℃。适时剪去枯老叶片。

图 17–1 银脉凤尾蕨

园林用途：凤尾蕨叶丛细柔，色泽鲜绿，宜作盆栽观叶植物，室内观赏。华中以南各地，可作地被植物在郁闭的林下大量栽培，也可作布置阴湿堤岸或山石背后的种植材料。庭园则植于墙脚、路边。切叶可配置切花插瓶。

17.1.8　银粉背蕨

别名：通经草、铜丝草、岩飞草

拉丁名：*Aleuritopteris argentea*

科属：中国蕨科，粉背蕨属

形态特征：多年生常绿蕨类植物。高 14 ~ 20 cm。根状茎直立或斜生，外被红棕色边的亮黑色披针形鳞片。叶簇生，五角星状，3 回羽状复叶。表面暗绿，背面有银白色或乳黄色粉粒，羽片基部彼此相连或分离，顶生羽片近于菱形，侧生羽片又为三角形，叶柄栗褐色，有光泽。羽轴下侧裂片较上侧为长，边缘具小圆齿；叶脉在背面不凸起。孢子囊群生于小脉顶端，成熟时汇合成条形，囊群盖沿叶边连续着生。

生态习性：原产中国，从低海拔到 3000 m 都有。多生于石灰岩缝中，是石灰岩或钙质岩指示植物。喜阳光充足又耐半阴，但忌强光直射。要求空气湿度较高的环境，极耐干旱，久旱时叶卷曲，稍湿润即舒展。喜土质疏松、肥沃的钙质土，也能适应中性土和微酸性土。耐寒性强。

繁殖栽培：分株或孢子繁殖。播种基质宜用沙、壤土和少量熟石灰混合，通过细筛拌匀后使用。栽植不宜过深，培养土以疏松透水钙质土为好。盛夏忌烈日直射。在充足水肥条件下生长旺盛，遇干旱季节则叶卷曲，遇潮湿与遇水又会舒展。极耐寒，北方露地越冬，冬季叶片枯萎。

园林用途：银粉背蕨株形小巧，叶形奇特，质硬有光泽，叶背银白清晰，能在石隙缝中生长，是配植假山石和山水盆景的优良材料。亦可作小型盆栽，是室内观叶佳品。

17.1.9　铁线蕨

别名：铁丝草、水猪毛

拉丁名：*Adiantum capillus-veneris*

科属：铁线蕨科，铁线蕨属

形态特征：常绿草本，株高 30 ~ 50 cm，具匍匐根茎，植株纤细。叶簇生，卵状三角形，薄革质，无毛，直立而开展。叶柄墨黑有光泽，细圆坚韧如铁丝，故得此名。1 至数回羽状复叶，形状变化较大，多为斜扇形，叶缘浅裂至深裂，叶脉扇状分枝。孢子囊生于叶背外缘，球形、长椭圆形或线形（图 17-2）。

生态习性：原产于美洲热带及欧洲温暖地区。广布于我国长江以南各省，北至陕西、甘肃、河北，多生于海拔 100 ~ 2800 m 山地、溪边或湿石上。喜温暖、湿润、半阴；宜疏松、湿润、富含石灰质的土壤。为钙质土指示植物。

繁殖栽培：以分株繁殖为主，也可用孢子播种繁殖，但孢子繁殖生长较慢，需 3 年后可供观赏，分株一般在春季结合换盆时进行，将地下横生茎分割开，每部分都留有发生的小植株，重新栽植，一年后可长满全盆。盆土以微黏为宜，并施入骨粉作基肥。生长期保证土壤水分充足和较高的空气湿度。夏季置于荫

图 17-2　铁线蕨

棚下，适当通风，生长适温 15 ~ 25 ℃，空气相对湿度以 80% 为宜。越冬温度 5 ~ 15 ℃为佳。

园林用途：盆栽置于客厅作点缀，庭园绿化可植于疏林下、草地边缘、假山缝隙，柔化山石轮廓。亦可作切花用。

17.1.10　苏铁蕨

别名：贯众、铁树

拉丁名：*Brainea insignis*

科属：乌毛蕨科，苏铁蕨属

形态特征：多年生植物。株高可达 1.2 m。根状茎木质，粗短、直立，有圆柱形的主轴，密生红棕色鳞片。叶多数，簇生于主轴顶部，叶柄长 6 ~ 20 cm，叶片矩圆披针形至卵状披针形，革质，长 60 ~ 100 cm，宽 20 ~ 30 cm，1 回羽状复叶；小羽片条状披针形，叶脉网状，孢子囊沿最初网脉生长，以后向外布满叶脉全部，孢子囊无盖。因其茎叶极似苏铁，故得此名。

生态习性：分布中国华南地区及云南、贵州东南部，东南亚也有。生长在干旱荒坡上，喜温暖、阳光充足，属阳性蕨类。不耐寒，耐旱。

繁殖栽培：可采用孢子繁殖或分株繁殖。栽培管理简单。

园林用途：盆栽观赏，置于庭院或公园，既具苏铁之庄重、高贵，又有蕨类之秀雅、飘逸。在华南地区是园林绿化佳品，成片种植，极具大自然原野风情。

17.1.11　肾蕨

别名：蜈蚣草、篦子草、圆羊齿

拉丁名：*Nephrolepis cordifolia*

科属：骨碎补科，肾蕨属

形态特征：根状茎具主轴并有从主轴向四周伸出的匍匐茎，由其上短枝可生出块茎。根状茎和主轴上密生鳞片。叶密集簇生，具短柄，其基部和叶轴上也具鳞片；叶披针形，1 回羽状全裂，羽片无柄，以关节着生于叶轴，基部不对称，一侧为耳状突起，一侧为楔形；叶浅绿色，近革质，具疏浅钝齿。孢子囊群生于侧脉上方的小脉顶端，孢子囊群盖肾形（图 17-3）。

图 17-3　肾蕨

生态习性：原产热带及亚热带地区，中国华南各省山地林缘有野生。喜温暖、半阴、湿润，忌阳光直射。宜疏松、肥沃、透气的中性土或酸性土。

繁殖栽培：春季孢子繁殖或分株及分栽块茎繁殖。分株繁殖于春季结合换盆进行。孢子繁殖时，播于水苔或腐殖土上，约 2 个月后发芽，幼苗生长缓慢。生长期要多喷水或浇水以保持较高的空气湿度；光照不可太弱，否则生长势弱，易落叶，光线过强，叶片易发黄。夏季高温时，置于荫棚下，注意通风。冬季应减少浇水。生长适温 15 ~ 26 ℃。越冬温度 5 ℃以上。生长快，每年要分株更新。

园林用途：肾蕨叶色浓绿，青翠宜人，是厅堂、书房的优良观叶植物。可盆栽，也可吊篮栽培。还可作切叶。

17.1.12　兔脚蕨

别名：龙爪蕨、狼尾蕨

拉丁名：*Davallia mariesii*

科属：骨碎补科，骨碎补属

形态特征：常绿草本附生蕨类。植株高 20 cm，根状茎长而横走，密被绒状披针形灰棕色鳞片。叶远生，叶片阔卵状三角形，3~4 回羽状复叶。孢子囊群着生于近叶缘小脉顶端，囊群盖近圆形。小叶细致为椭圆或羽状裂叶，革质，叶面平滑浓绿，富光泽，羽叶长 10 ~ 30 cm，由细长叶柄支撑，叶柄色稍深，长 10 ~ 30 cm。

生态习性：分布于中国辽宁、山东、江苏、浙江、台湾等地，生林中树干上或石上。喜温暖半阴环境，忌直射光。能耐一定的干燥，土壤以疏松透气的砂质壤土为佳，半耐寒，冬季不能低于 5 ℃。

繁殖栽培：分株繁殖为主。切取带 2 ~ 3 叶的根状茎顶端部分，放于泥炭或珍珠岩和沙的混合基质里面，置于半阴湿润的温暖环境，用钢丝等物固定，保湿约 1 个月后长新叶、发新根，或用高压其根茎的方式繁殖也可。基质宜用泥炭或腐叶土和园土各半混合。生长季节如水分供应充足，茎叶能保持新鲜柔嫩的最佳状态。虽然要保持土壤湿润，但浇水间隔期间轻度的干燥也无妨，水分过多会使根状茎上的鳞片变成褐色。

园林用途：用高盆或吊篮栽种，也可以作为景观植物配植于假山岩石边。

17.1.13　崖姜蕨

拉丁名：*Pseudodrynaria coronans*

科属：水龙骨科，崖姜蕨属

形态特征：多年生常绿草本。大型附生蕨类。植株高 80 ~ 140 cm，常簇生成大丛。根状茎横卧，粗大，肉质，密被蓬松的长鳞片，有被毛茸的线状根混生于鳞片间；弯曲的根状茎盘结成为大块的垫状物，由此生出一些无柄而略开展的叶，形成一个圆而中空的高冠。叶长圆状倒披针形，硬革质，有光泽，长 80 ~ 120 cm，有宽缺刻或浅裂的边缘，羽状裂片多数，裂片披针形。孢子囊群位于小脉交叉处。成熟时呈线状。

生态习性：附生于热带雨林或季雨林中的树上或岩石上，海拔 100 ~ 1900 m。喜暖、潮湿和半阴的环境。

繁殖栽培：在北方喜阴植物温室和热带及亚热带园林中常有栽培。通常用树皮块、蕨根等材料种在多孔的花盆中，或直接种植在假山和山石上。要求根部透气好，空气湿度大，每日喷水；生长季节注意 2 周左右施一次肥。越冬温度应在 10 ℃以上。

园林用途：植于林荫下或枯树上装饰，或盆栽吊于宾馆内厅欣赏。

17.1.14　鹿角蕨

别名：蝙蝠蕨、二叉鹿角蕨

拉丁名：*Platycerium bifurcatum*

科属：水龙骨科，蝙蝠蕨属

形态特征：大型附生蕨类。植株灰绿色，被绢状绵柔毛。叶 2 型，一种为“裸叶”（不育叶），扁平，圆盾状纸质，叶缘波状，偶具浅齿，紧贴根茎处；另一种为“实叶”（生育叶），丛生下垂，幼叶灰绿色，成熟叶深绿色，基部直立楔形，叶片长可达 60 cm，先端呈 2 ~ 3 回二叉状分裂，裂片长椭圆形。孢子囊群绒毡状，生于可育叶裂片背面（图 17-4）。

图 17-4　鹿角蕨

生态习性：原产澳大利亚。喜温暖、阴湿环境。冬季干燥时可耐 0 ℃和低温；耐阴，有散射光即可。

繁殖栽培：孢子繁殖或分株繁殖。以分株繁殖为主，四季皆可进行，以夏秋季为好。生长期需维持高空气湿度，浇水宜勤，浇则浇透，但勿使水停滞在叶面，以免叶面腐烂；生长适温 15 ~ 25 ℃，温度过高则生长停滞，进入半休眠状态。生长旺盛期可追肥 1 ~ 2 次。冬季过暖或过于干燥皆不利生长，10 ℃即可。高温、通风不良或光线过于幽暗易发生病虫害。

园林用途：鹿角蕨形态奇特，悬吊观赏时似鹿角，点缀于居室，情趣盎然。

17.1.15 巢蕨

拉丁名：*Neottopteris nidus*

科属：铁角蕨科，巢蕨属

形态特征：中型附生蕨类。植株高 100 ~ 120 cm，根状茎短粗，顶部密被鳞片，鳞片条形。叶辐射状丛生根状茎顶部，中空如鸟巢；单叶阔披针形，全缘，尖头，向基部渐狭，下延；叶柄长约 5 cm，近圆棒形；叶脉两面稍隆起，侧脉分叉或单一，顶端和一条波状的边脉相连；孢子囊群狭条形，生于侧脉上侧（图 17-5）。

图 17-5 巢蕨

生态习性：野外常附生于热带雨林树上或岩石上，在广东、广西、云南常有分布。喜温暖、阴湿，不耐寒，宜疏松、排水及保水皆好的土壤。

繁殖栽培：采用孢子繁殖，于 3 月或 7 月、8 月间进行，方法同微粒播种。栽培基质应通透性好，如草炭土、腐叶土、蕨根、树皮、苔藓等。生长适温 20 ~ 22 ℃，越冬温度 5 ℃以上，生长期需高温、高湿，需经常浇水、喷雾，合理追肥；忌夏日强光直射。生长期缺肥或冬季温度过低，会造成叶缘变成棕色，影响观赏效果。

园林用途：中大型盆栽植物。可植于室内花园水边、溪畔、荫庇处，或悬吊于空中，或栽植于大树枝干上，还可作切叶。

17.1.16 瓶尔小草

别名：一支箭、独叶一枝枪

拉丁名：*Ophioglossum vulgatum* Linn.

科属：瓶尔小草科，瓶尔小草属

形态特征：多年生草本。株高 15 ~ 25 cm。根状茎短而直立。叶常单生于总叶柄基部以上，总柄深埋土中；叶肉质或革质，暗绿色，宽卵形或狭卵形，基部下延。孢子囊穗自总柄顶端生出，具长柄，远高出叶上，狭条形，先端有小突尖。

生态习性：原产北半球温带和其他地区，分布中国长江下游各省及西南地区和台湾省。喜阴湿，喜微酸性土壤。

繁殖栽培：孢子繁殖很慢，可用根状茎的茎尖组培繁殖。栽培选阴湿凉爽环境，土壤含腐殖质且排水好，否则易烂根。不耐移植，需带土团移植。栽培中注意提高空气湿度。

园林用途：叶形奇特别致，是优良的盆栽观叶植物。

17.1.17 其他蕨类植物（表 17–1）

其他蕨类植物 表 17–1

名称	拉丁名	科属	形态特征	生态习性	园林用途
中华里白	*Hicriopteris chinensis*	里白科，里白属	株高约 3 m，根状茎横走，深棕色，密被棕色鳞片。叶片巨大，2 回羽状；羽片长圆形，长约 1 m；小羽片互生，披针形，羽状深裂。叶坚纸质，上面绿色，下面灰绿色。叶轴褐棕色，密被红棕色鳞片，边缘有长睫毛。孢子囊群圆形，一列，位于中脉和叶缘之间，稍近中脉，由 3 ~ 4 个孢子囊组成	原产福建、广东、广西、贵州、四川。喜温暖、湿润及较强光照，不耐寒	叶长，大而下垂，常大片覆于林间空地或岩边向阳面，十分美丽壮观。可用于岩壁及假山绿化
海金沙	*Lygodiumj aponicu*	海金沙科，海金沙属	植株攀缘，长达 4 ~ 5 m。叶 2 型，纸质，2 回羽状；不育叶尖三角形，小羽片掌状或 3 裂，边缘有不整齐的浅锯齿；能育叶卵状三角形，小羽片边缘密生孢子囊穗。生孢子囊之叶分裂细，背面边缘生流苏状棕黄色的孢子囊穗，顶端有帽状弹性环带，成熟时开裂，散出暗褐色的孢子，状如细沙，故名	原产亚洲暖温带及热带，分布华北至陕西省西部及河南省南部，西达四川、云南及贵州省。喜温暖、湿润和半阴环境，有一定的抗寒力。宜湿润而排水良好的肥沃沙质壤土。在部分遮阴的地方生长更为茂盛	长江流域可作绿篱材料；北方盆栽观叶或吊盆观赏
苹	*Marsilea quadrifolia*	苹科，苹属	多年生水生蕨类植物。株高 5 ~ 20 cm。根状茎细长分枝。茎节上长出具长柄而伸出水面的叶子，叶片由 4 片平展的倒三角的小叶组成，呈“十”字形，外缘半圆形，两侧截形，叶脉扇形分叉，网状，网眼狭长，无毛；成年植株在叶柄基部产生单一或分叉的短柄，顶部着生孢子果，内生大小孢子囊，但外观上其形状大小都一样	分布于我国长江以南各地。世界热带至温暖地区也有分布。喜生于水田、池塘或沼泽地中。幼年期沉水，成熟时浮水、挺水或陆生，在孢子果发育阶段需要挺水。传播体为孢子果，可在泥中靠水扩散	生长快，整体形态美观，可在水景园林浅水、沼泽地中成片种植
金毛狗	*Cibotium barometz*	蚌壳蕨科，金毛狗属	株高达 3 m。根状茎粗壮肥大，直立或横卧在土表生长，其上及叶柄基部密被金黄色长茸毛，形如狗头，故名。顶端有叶丛生，叶柄粗长，叶片阔卵状三角形，长宽几乎相等，3 回羽裂，末回裂片镰状披针形，尖头，边缘有浅锯齿。叶近革质，上端绿色而富光泽，下端灰白色。孢子囊群盖两瓣，形如蚌壳	产于我国云南、贵州、四川南部、广东、广西、福建、台湾、海南、浙江、江西及湖南西部；东南亚各国也有分布。喜温暖、潮湿、荫蔽的环境。畏严寒。忌直射光照射。空气湿度宜保持在 70 % ~ 80 %。生长适温 16 ~ 22 ℃。对土壤要求不严，但在肥沃、排水良好的酸性土壤中生长良好	金毛狗株形高大，叶姿优美，坚挺有力，叶片革质有光泽，四季常青。在庭院中适于作林下配置或在林荫处种植。它也可盆栽作为大型的室内观赏蕨类。特别是它长满金色茸毛的根状茎能制成精美的工艺品供观赏
岩穴蕨	*Philopterism aximowrczii*	稀子蕨科，岩穴蕨属	多年生草本。株高 40 cm。根状茎短而斜伸，无鳞片和毛。叶簇生，近膜质，下面疏生腺体，叶柄长，红棕色，光滑。叶片披针形，1 回羽状，小羽片基部不对称，基部上侧近平截，并凸起成耳状，下侧楔形，无柄，边缘有粗钝锯齿。叶轴顶端常延伸或呈鞭状，顶端着地生根，长出新植株。孢子囊群圆形；生于小脉顶端，稍靠近叶边	特产我国长江中下游各省及台湾地区。日本及琉球也产。野生于海拔 800 ~ 1600 m 的密林下阴湿石缝中。喜温暖湿润，特别是冬暖夏凉的环境最为理想。土壤以微酸性的腐叶土为好	盆栽观叶；盆景；切叶
边缘鳞盖蕨	*Microlepia marginat*	碗蕨科，鳞盖蕨属	多年生常绿草本植物。植物高可达 1 m，根状茎长而横走；叶片短圆三角形，长达 55 cm，宽 15 ~ 25 cm，1 ~ 2 回羽状裂，有短硬毛；圆形孢子囊群生于 1 条小脉顶端，囊群盖半杯形	广泛分布于我国长江以南各省区；越南、日本、尼泊尔、斯里兰卡也有。生于海拔 300 ~ 1500 m 的灌丛中、溪水边、沙地。性喜温暖、潮湿、疏松而富含腐殖质的土壤，中性或微酸性培养土均能生长良好。与一般的蕨类植物比较，稍喜阳光。冬季应保持稍干，越冬温度应该在 5 ℃以上	在长江以南可以种在溪边、池旁及林缘，也可作为观叶植物种植在建筑物稍阴湿处，甚少盆栽

续表

名称	拉丁名	科属	形态特征	生态习性	园林用途
乌蕨	*Stenoloma chusanum*	鳞始蕨科，乌蕨属	多年生常绿草本。株高 30 ~ 60 cm。根状茎短而横走，密生赤褐色钻状鳞片。叶厚草质，光泽无毛；叶片披针形，长 20 ~ 35 cm，3 ~ 4 回羽状细裂；羽片 15 ~ 20 对，互生，斜展，卵状披针形，下部羽片由下向上渐次变小；小羽片斜菱形，末回裂片倒三角状披针形，顶端平截并有钝齿；叶脉在小裂片上两叉。孢子囊群位于羽片顶端，囊群盖杯形，如瓶	分布中国长江以南各省至陕西南部。适生范围较广，在海拔 200 ~ 1900 m 之间的山坡、田边、路旁、溪沟、林下均有生长。性喜温暖、半阴环境，宜富含腐殖质的酸性或微酸性土壤，稍耐旱	林缘地被；盆栽观叶
纽扣蕨	*Pellaearo tundifolia*	中国蕨科，旱蕨属	半常绿或常绿多年生旱生植物。株高 15 cm。根状茎短而直立。密被栗黑色鳞片。叶簇生，叶片窄披针形，长达 30 cm，1 回羽裂，叶柄和叶轴有棕色毛和膜片；羽片 20 ~ 40，互生，圆形至宽长圆形，长 0.6 ~ 1.2 cm，顶端一片卵圆形至戟状卵圆形，各羽片均具短柄，全缘，略带齿或粗角。囊群盖线形，由叶边在叶脉顶端以内处反折而成	原产新西兰。多生长于干旱河谷。耐干旱，半耐寒，可忍受 5 ℃低温。喜多石砾而又排水良好的潮湿环境	植株矮小耐旱，适宜北方低温温室栽培或家庭小盆栽装饰，亦可供冬暖地区岩石园点缀
蜈蚣草	*Pterisvittata*	凤尾蕨科，凤尾蕨属	多年生常绿草本植物。植株高 30 ~ 150 cm。根状茎直立。叶簇生，阔倒披针形，1 回羽状，条状披针形。孢子囊群条形，生于小脉顶端的联结脉上，囊群盖条状膜质	广布长江以南各地。生于钙质土地和石灰岩上，在海拔 2000 m 以上仍有生长。喜稍阴和潮湿环境。较耐寒，越冬温度可低至 0 ~ 5 ℃	是理想的室内盆栽植物，也是重要的切叶植物
野鸡尾	*Onychiumj aponicum*	中国蕨科，金粉蕨属	株高约 60 cm。根状茎横走，疏生棕色披针形鳞片。叶通常 2 型，厚草质，无毛；叶柄禾秆色；不育叶和能育叶同形，但裂片较短而狭，尖头，密接，每裂片仅有主脉 1 条。能育叶片卵状披针形，长 20 ~ 30 cm，4~5 回羽状深裂；小羽片上先出；末回裂片长 5 ~ 7 mm，顶部不育，侧脉分离，其顶端有横脉联结。孢子囊群生横脉上；囊群盖膜质，全缘	分布于长江流域各省，北至河北、河南、秦岭等地。生于林下沟边或灌丛阴湿处	是优良的盆栽、室内观赏植物
水蕨	*Ceratopteris thalictroides*	水蕨科，水蕨属	水生或半水生草本。根状茎短而直立，以须根固着于淤泥中。叶 2 型，光泽无毛，软革质；不育叶直立或幼时漂浮，狭矩圆形，长 10 ~ 30 cm，2~3 回羽状深裂，末回裂片披针形或矩圆状披针形，宽约 6 mm；能育叶较大，矩圆形或卵状三角形，2~3 回羽状深裂，末回裂片条形，角果状	分布于江苏、浙江、福建、广东、广西、云南等地。常生于池塘、水沟或水田中，亦能在潮湿地上生长。性喜阳亦耐半阴，水稻土和中性、微酸性园土均适生。孢子自育力很强，一旦栽培 2 年后就繁衍不绝。如旱生栽植则要求半阴的湿润环境	可点缀于水沟之边、沼池之中，或地栽为林下植被，也可盆栽供室内欣赏

17.2 蕨类植物的应用实例

17.2.1 蕨类植物应用概述

蕨类植物是世界上古老的植物之一，早在 4 亿年前就生存于地球上，在植物界中占有重要的地位。其种类繁多。全世界约有 70 多个科，12000 多个种。广布于世界各地，尤以热带、亚热带最为丰富。我国是世界上蕨类植物分布最多的地区之一。除了海洋和沙漠外，无论是平原、森林、草地、岩隙、溪沟、沼泽、高山和水中，都有它们的“足迹”。我国生长的现代蕨类约有 63 个科，2600 多种，华南、西南地区是其主要分布区，约有 1500 种。其中许多蕨类植物具有很高的观赏价值，它们虽然没有鲜艳夺目的花与果实，但是以千姿百态的奇特叶形、清秀的叶姿、青翠碧绿的叶色与和谐的线条美独树一帜，使人赏心悦目，因此有“无花之美”的称号；其叶背面孢子囊奇特、鳞片多样，已成为园林植物中的一个奇葩，在园林的种植设计中占有重要的一席，给人一种回归自然、返璞归真的精神享受。

蕨类植物种类多样，每一种都有自己的风格，具有不同观赏特点，千姿百态，美不胜收，能满足人们的不同爱好、需求。蕨类植物株形变化万千，丰富多彩，或直立成丛或匍匐成片，或缠绕攀附树干灌丛。蕨类植物形体差异巨大，矮者高不盈尺，高者如乔木，亭亭如华盖状；叶的大小差异显著，从 1 ~ 2 mm 到长 2 m 均有；叶形更是千姿百态，有单叶、复叶、细裂、深裂或羽状；叶质差异大，有草质、膜质、纸质、革质；叶色多样，从翠绿到墨绿。不少叶面具有金黄色、银白色、红色和条纹或斑点、斑块，更使蕨类植物增辉不少。蕨类植物生态习性多样。有生于干旱石壁的耐旱型，有生于荒地阳处的强光型，有生于树下的阴湿型，有附生于林中树干、石壁的附生型，还有生于水中的水生型，这些不同的生活型为不同环境绿化提供了多样性的选择。

蕨类植物形态优美，具有较高的观赏价值，繁殖方法简便，容易管理，不需经常更换。根据蕨类的形态类型和生态特性可以应用在不同的环境中，中型、大型蕨类植株比较丰满，株丛挺拔，且大多比较耐阴，可以用作花境、地被、室内盆栽等；小型的蕨类中耐阴的种类可用作盆栽、盆景等，喜光的种类则可用在岩石园、墙垣等处。蕨类植物具有不同的观赏特征和多样化的园林应用形式，不仅可以单独将其孤植、丛植、群植等，形成蕨类植物独特的地栽景观，还可以与其他植物搭配应用，并可单独设置蕨类植物专类园。

17.2.2　蕨类植物应用具体实例

（1）庭院景观：在一些私家庭院中，蕨类植物被广泛应用于庭院内的不同区域。尤其是难以处理的狭窄空地或阴暗的角落，如窗台下、庭园小径篱笆边、墙脚或庭园的一隅，种植些耐阴的蕨类，如蹄盖蕨、鳞毛蕨、铁线蕨、肾蕨等，再配以特性相似的针葵、棕竹、绿萝等，愈发能表现蕨类特有的柔和美，使庭园体现出一种柔美古朴的典雅自然风光。

（2）水体景观：在以溪流、水池、涌泉、壁泉等为主要构成景点的水景园中，以喜水湿的蕨类植物与其他水生、沼生植物，观叶植物配植，如将木贼类、石衣蕨类、荚果蕨类、乌毛蕨等植于水际边、水池浅地、溪畔及岩石间隙，使泊岸处理自然化，绿意盎然，与水的柔和协调一致。在观赏性的静水面上种植槐叶苹、满江红等水生蕨类，可以形成一种自然壮美的水面绿化效果。蕨类植物还有特殊的生态功能，是湿地生态效益的重要组成部分，能达到植物造景和生态环境保护的完美结合。

（3）岩石园：石生蕨类可以和岩石搭配，形成独特景观。旱生蕨类对光的适应性较强，可以生长在石头缝隙间，绿化墙垣，并可用来布置岩石园，如银粉背蕨、石韦等。湿生的蕨类可植于荫蔽地点，与苔藓一起覆盖岩石或填充岩石缝隙。蕨类植物流畅的线条、碧绿的叶色柔化了岩石生硬的线条，如伏地卷柏、铁线蕨、岩蕨等。园林中的假山、石墙都可用不同种类的蕨类来装点，以增添层次感，供人们观赏，如团扇蕨是附生蕨类植物中最小的蕨类植物，叶圆而半透明，耐阴湿，是点缀山石盆景的好材料。

（4）地被植物：地被植物是园林造景中的主要材料之一，亦是园林植被的重要组成部分。现代园林地被具有彩化、美化的发展趋势，蕨类地被是一个重要选择。在林下大面积种植蕨类地被植物，满目绿色，生机勃勃，不仅丰富了植物群落，具有良好的景观效果和生态效益，而且蕨类为宿根草本，养护简单，节省费用。如肾蕨栽培繁殖容易，生长健壮，是目前国内外广泛应用的观赏蕨类植物，作为地被栽培能够很快通过匍匐茎的生长向外扩散成片而建立起自然群落，是优良的地被材料。荚果蕨具有较强的耐阴性和适应性。非常适宜在林下荫蔽的环境中用作地被，其覆盖率大，株形美观，秀丽典雅，春季其营养叶拳卷嫩绿，清新可爱，秋季抽生的孢子叶反卷成荚果状，造型别致，植物景观变化丰富，是北方地区非常理想的地被植物。

（5）专类园：蕨类植物种类繁多，形态特性各异，在植物园的设计中可形成一个独具特色的专类园。在一定小气候条件下，附生型与地生型、高大型与低矮型蕨类可互相配置。如在高大乔木下，桫椤等树状蕨作为林下木；鹿角蕨、崖姜蕨、抱树蕨等攀附树干，形成独特的附生现象；铁线蕨、贯众蕨、凤尾蕨、肾蕨等为地被植材，依起伏地形而栽植形成地被层；另有卷柏、姬书带蕨、过山蕨等覆盖岩石间隙，再间以其他的阴生花卉，形成一个层次丰富的植物群落。

（6）室内装饰：蕨类植物独特的耐阴习性和婀娜多姿、轻柔飘逸的优美造型使其成为最优良的室内观叶植物之一。观赏蕨类可用于布置宾馆、会堂、办公室和居室等多种场所。在大厅布置时，要选用大型或中型的复叶类为宜，如桫椤、观音座莲蕨、金毛狗、苏铁蕨、华南紫萁等。一些大型的附生蕨类如鹿角蕨、崖姜蕨、鸟巢蕨、王冠蕨、圆盖阴石蕨等，可以悬挂于厅堂，气魄宏伟、高贵迷人，又颇具热带情调。有些中小型的蕨类也可用于大厅布置，其方法是将附生种类栽种在短截的棕榈等的树干上，如肾蕨、槲蕨等。利用蕨类植物进行会场布置时，在舞台的前沿可采用盆栽的中小型蕨类植物挡住花卉的盆体，减少视觉疲劳；在会场的通道利用蕨类植物进行布置时，可采用地摆、壁挂及空悬等多种方法。居室及办公室布置时，可选用一些小型观赏蕨类如波士顿蕨、松叶蕨、铁线蕨、肾蕨、江南星蕨等，置于案几、橱柜、办公桌等地方，清新素雅，使人赏心悦目。

有些蕨类植物的叶片可以应用在花艺装饰中，如荚果蕨的孢子叶呈褐色，叶形奇特，直接或漂白后应用在插花中已经比较普遍。木贼光滑的茎干直立向上，有类似水葱的效果。其他可作为切叶植物的有蕨、鳞毛蕨、肾蕨、巢蕨等叶片坚挺的种类。

（7）其他应用方式：不少蕨类植物对土壤的酸碱性有特殊的适应性。如蕨、井栏边草、贯众等都是耐碱性很强的陆生蕨类植物，可作为钙质土和石炭岩土的指示植物，适合在碱性土壤中栽培。因此，可选择这些蕨类植物用于废土、废渣环境的绿化。海金沙、乌蕨、石松、紫萁等喜酸性蕨类植物，可应用于局部酸性环境的绿化。蕨类植物还可与其他植物配植应用，如玉簪、铃兰、玉竹等块状的叶片可与蕨类羽状叶片形成对比，或以蕨类纯绿的叶色作为背景，搭配观花及彩叶植物，产生红花绿叶相得益彰之效。

第 18 章　食虫花卉

18.1　常见的食虫花卉

18.1.1　猪笼草科食虫花卉

别名：水罐植物、猴水瓶、猴子埕、猪仔笼、忘忧草

拉丁名：*Nepenthes distillatoria*

科属：猪笼草科，猪笼草属

形态特征：茎株：猪笼草在自然界常常平卧生长，茎株一般不超过 1 m，但是不同的品种茎株高度不同，也有超过 3 m 的。叶，互生，叶片呈长椭圆形，长 10 ~ 25 cm，宽 4 ~ 8 cm。叶的构造复杂，分叶柄、叶身和卷须，叶片的顶端连接着向下弯曲的卷须，卷须尾部扩大并反卷形成瓶状，即为捕虫囊。叶片中脉延伸像一条红色的塑料绳，这就是猪笼草的攀缘器官，可缠绕其他物体或偃伏在岩石上。捕虫囊：猪笼草的捕虫囊长 12 ~ 16 cm，宽 2 ~ 4 cm，笼色以绿色为主，有褐色或红色的斑点和条纹，顶端有囊盖。囊盖卵圆形或椭圆状卵形，长 2.5 ~ 3.5 cm。捕虫囊小的时候，囊盖是密封的，成长后囊盖才打开，只有一处与囊口相接。而且打开后不再随意闭合。花：猪笼草的花为单性，雌雄异株，总状花序，花色为红色或紫红，有萼片而无花瓣。发育成熟后，在叶腋抽生总状花序，开单性花，花小、红色或紫红色，花后结籽。雄花：雄花有四枚萼片，呈椭圆形或长圆形，长 5 ~ 7 cm，雄蕊的花丝合生成管状，花药集生成圆球形。雌花：雌花的萼片较小，雌蕊呈椭圆形，黑色，密生浓毛，猪笼草果实成熟时，开裂为 4 个果瓣，深褐色，长 1.5 ~ 3 cm，内面有很多丝状的种子（图 18-1）。

生态习性：喜温暖、湿润和半阴环境。不耐寒，怕干燥和强光。生长适温为 25 ~ 30 ℃，3~9 月为 21 ~ 30 ℃，9 月至翌年 3 月为 18 ~ 24 ℃。冬季温度须不低于 16 ℃，15 ℃以下植株停止生长，10 ℃以下温度，叶片边缘遭受冻害。

繁殖栽培：可分为有性繁殖和无性繁殖。

（1）扦插繁殖：在 5 ~ 6 月进行。选取健壮枝条，剪取一叶带一段茎节为插穗，叶片剪去一半，基部剪成 45° 斜面，用水苔将插穗基部包扎，放进盛水苔和盆底垫小卵石的盆内，并用塑料大口袋连盆和插穗包起来，保持 100%空气湿度。插后保持 30 ℃高温，约 20 ~ 25 d 可生根。

图 18-1　猪笼草

（2）压条繁殖：在生长期于叶腋的下部割伤，用苔藓包扎，待生根后剪取盆栽。

（3）播种繁殖：在原产地通过人工授粉，提高猪笼草的结实率。采种后立即播种，盆内基质用水苔，种子播在水苔上，经常浇水，保持较高的空气湿度，盆口用塑料薄膜遮盖。发芽适温为 27 ~ 30 ℃，播后 30 ~ 40 d 发芽。

盆栽猪笼草常用 12 ~ 15 cm 吊盆，必须在高温高湿条件下才能正常生长发育，生长期需经常喷水。猪笼草的营养除通过叶笼吸取外，在植株基部需补充 2 ~ 3 次氮素肥料。盛夏期必须遮荫，防止强光直射下，灼伤叶片。秋冬季应放阳光充足处，有利于叶笼的生长发育。每年 2 月在新根尚未生长时进行换盆。幼苗一般栽培 3 ~ 4 年才能产生叶笼。

种类及品种介绍：红猪笼草（*N.alata*）、瓶状猪笼草（*N.ampullaria*）、二距猪笼草（*N.bicalcarata*）、卡西猪笼草（*N.khasiana*）、劳氏猪笼草（*N.lowii*）、奇异猪笼草（*N.mirabilis*）、拉贾猪笼草（*N.rajah*）、血红猪笼草（*N.sanguinea*）、狭针猪笼草（*N.stenophylla*）、长柔猪笼草（*N.villosa*）。

园林用途：猪笼草美丽的叶笼具有极高的观赏价值。在欧美等地，作为室内盆栽观赏已很普遍。近几年，在我国许多大中城市的花卉市场上，也能见到猪笼草的风姿。用它点缀客厅花架、阳台和窗台，或悬挂于庭园树上和走廊旁，优雅别致，趣味盎然。

18.1.2 瓶子草科食虫花卉

别名：荷包猪笼

拉丁名：*Sarracenia purpurea*

科属：瓶子草科，瓶子草属

形态特征：多年生食虫草本。无茎，叶丛莲座状，叶常绿，粗糙，圆筒状，叶中具倒向毛，使昆虫能进不能出。花葶直立，花单生，下垂，紫或绿紫色，4 ~ 5 月开放（图 18-2）。

图 18-2 瓶子草

生态习性：喜温暖，要求较高的湿度，适宜在半阴、避风的环境中生长。

繁殖栽培：用播种或分株繁殖。

种类及品种介绍：瓶子草科共包括 3 属 17 种，全部原生于美洲。眼镜蛇瓶子草属和瓶子草属原生于北美洲，太阳瓶子草属原生于南美洲，都是生长在盐碱贫瘠的荒地区域，瓶子草属也生长在沼泽地带。

瓶子草科植物都是食虫植物，从根茎中长出由叶子演化的瓶子式器官，里面充满消化液，“瓶口”还有倒长的毛或蜡质光滑边缘，使陷入的虫子无法逃出。冬季时瓶子会枯萎冬眠。其中紫瓶子草（*Sarracenia purpurea*）是加拿大纽芬兰与拉布拉多省的省花。

园林用途：可作垂吊花卉栽植观赏，更适宜在学校作生物科普材料栽培。“瓶内”能分泌特殊水液，瓶口能分泌蜜汁，诱引小昆虫来吸食，小昆虫便会滑落瓶中溺死，从而被分解吸收。其形态奇妙，造型可爱，适合盆栽观赏。成株开花紫红色或淡黄绿色，甚美观，花期春、夏季。

18.1.3 茅膏菜科食虫花卉

别名：捕虫草、食虫草、苍蝇草

拉丁名：*Drosera pelata* Smith ex Willd.var.*lunata*（Buch. ~ Ham.Et DC.）C.B.Clarke

科属：茅膏菜科，茅膏菜属

形态特征：多年生柔弱小草本，高 6 ~ 25 cm。根球形。茎直立，纤细，单一或上部分枝。根生叶较小，圆形，花时枯凋；茎生叶互生，有细柄，长约 1 cm；叶片弯月形，横径约 5 mm，基部呈凹状，边缘及叶面有多数细毛，分泌黏液，有时呈露珠状，能捕小虫。短总状花序，着生枝梢；花细小；萼片 5，基部连合，卵形，有不整齐的缘齿，边缘有腺毛；花瓣 5，白色，狭长倒卵形，较萼片长，具有色纵纹；雄蕊 5，花丝细长；雌蕊单一，子房上位，1 室，花柱 3，指状 4 裂。蒴果室背开裂。种子细小，椭圆形，有纵条。花期 5 ~ 6 月（图 18-3）。

生态习性：要求高湿，夏季凉爽低温，光线充足或轻微遮荫，冬季需防霜冻。

繁殖栽培：播种或叶扦插法繁殖。用泥炭藓或泥炭土栽培。

种类及品种介绍：

（1）球根茅膏菜：冬天生长季，适宜温度 4 ~ 26 ℃。夏天 21 ~ 38 ℃干燥时休眠。

图 18-3　茅膏菜

（2）温带茅膏菜：夏天生长季，适宜温度 21 ~ 38 ℃。冬天 3 ~ 7 ℃时部分品种会休眠。

（3）热带茅膏菜：夏天生长季，适宜温度 21 ~ 38 ℃。冬天 16 ~ 21 ℃均能生长。大部分的品种不会休眠，但有些品种为一年生。如：*indica* 和 *burmanii* 枯死后，种子在散落于土表，次年后会再发芽，或自己收种子，秋季再播种 *peltata*。夏季枯死后，会留球根在土壤中，次年再发芽，低于 10 ℃即休眠。

园林用途：适于盆栽观赏。

第 19 章　草坪草及地被植物

19.1　常见草坪草及地被植物

19.1.1　草地早熟禾

别名：六月禾、肯塔基早熟禾、光茎蓝草、草原莓系、肯塔基蓝草

拉丁名：*Poa pratensis* L.

科属：禾本科，早熟禾属

形态特征：多年生草本，具细长根状茎，多分枝。叶片 V 形偏扁平，宽 2 ～ 4 mm，柔软，多光滑，两侧平行，顶部为船形，中脉两侧各脉透明，边缘较粗糙。叶舌膜状，0.2 ～ 1.0 mm 长，截形。叶环中等宽度，分离，光滑，黄绿色，无叶耳。圆锥花序开展，长 13 ～ 20 cm，分枝下部裸露。

生态习性：草地早熟禾广泛适应于寒冷潮湿带和过渡带，在灌溉条件下，它也可在寒冷半干旱区和干旱区生长。较高温度和水分缺乏的逆境条件下，它的生长会渐变缓慢，夏季休眠。当温度过高时会引起地面部分叶子发黄，没有生活力，但当温度、水分适宜时，它又会从地下根茎的节上长出新的枝条。

草地早熟禾的根茎具有强大生命力，能形成茂盛的草皮。在 6 月中旬到 11 月中旬的 5 个月内，草地早熟禾能长出 50 ～ 75 cm 的根茎，根茎能从每一个茎节上再长出茎和根，扩大的根系主要分布在土壤表层 15 ～ 25 cm 处，在经常修剪的情况下，有些根可深入到 40 ～ 60 cm，根系常为多年生。

草地早熟禾的抗寒性、秋季保绿性和春季返青性都能较好，在全日照或轻微遮荫的条件下能正常生长，但当遮阴程度较强时生长不良，特别是寒冷潮湿条件下的严重遮阴会使其患白粉病。虽然草地早熟禾能够适应广大的温带地区，但它对这些地区土壤的适应性也是有限度的，潮湿、排水良好、肥沃、pH 6 ～ 7、中等质地的土壤最为合适。草地早熟禾不耐酸碱，在酸性贫瘠的土壤上形成的草皮质量很差，但能忍受潮湿、中等水淹的土壤条件和含磷很高的土壤。

繁殖栽培：草地早熟禾可以通过根茎来繁殖，但主要还是种子直播建坪。它具有兼性无融合生殖的特性。它的建坪速度比黑麦草和高羊茅慢，但再生能力强。

草地早熟禾需要中等至中等偏高的栽植密度，成坪后应进行合理的修剪，高度一般为 2.5 ～ 5.0 cm。生长点低的草地早熟禾品种能够忍受更低修剪高度，当修剪高度低于 1.8 cm 时，大多数品种都能形成永久的高质量的草坪。

在草坪建植的过程中要注意肥料的施用，主要是氮、磷、钾三种肥料，施入量可根据具体情况而定。在水分不足的条件下要经常灌溉。草地早熟禾生长的时间过长，如 4 ～ 5 年或更长，便会形成坚实的草皮层，会阻碍返青萌发，这时应用切断根茎、穿刺土壤的方法进行更新，或重新补播，以避免草坪退化。

草地早熟禾对病虫害有一定抗性，但也易染病。主要病害有长蠕孢菌病、锈病、条黑粉病、白粉病、

币斑病和褐斑病等。

园林用途：草地早熟禾可用作绿地、公园、墓地、公共场所、高尔夫球道和发球台、高草区、路边、机场、运动场以及对草坪质量要求中等的各种用途的草坪。草地早熟禾强大的根系以及较强的再生能力使得它特别适应于运动场和一些过度使用的场地。

19.1.2　加拿大早熟禾

拉丁名：*Poa compressa* L.

科属：禾本科，早熟禾属

形态特征：多年生草本，具根茎。叶片扁平或边缘稍内卷，长 3 ~ 12 cm，宽 1 ~ 4 mm，蓝色到灰绿色不等，顶部呈船形；叶舌膜质，0.5 ~ 1.5 mm，截形，全缘，无叶耳；圆锥花序狭窄，分枝粗糙。

生态习性：加拿大早熟禾为长寿命的多年生草坪草，主要适于寒冷潮湿气候下更冷一些的地区生长。其抗旱、耐阴性均比大多数草地早熟禾品种好，耐践踏性也很好；能在草地早熟禾不能适应的贫瘠、干旱土壤上很好地生长；能适应在排水不完善的黏土到排水条件好的石灰土等多种土壤上生长。它比草地早熟禾的抗酸性强，能适应的土壤 pH 5.5 ~ 6.5。

繁殖栽培：主要利用种子直播建坪。加拿大早熟禾很耐贫瘠土壤，但它更喜欢肥沃的土壤，氮的需求量为每个生长月纯氮 1 ~ 3 g/m^2。当与草地早熟禾在酸性、干旱、贫瘠的土壤上混播时，加拿大早熟禾会成为优势植物；而在 pH 高于 6.0 且肥沃、潮湿的土壤上时，草地早熟禾会成为优势植物。加拿大早熟禾易感的病有长蠕孢菌病、锈病、条黑粉病、褐斑病和腐霉枯萎病。

园林用途：加拿大草地早熟禾不能形成一个植株密度和质量都相当好的草坪，因此，它的使用限于低质量、低养护水平的草坪。它常与羊茅混播使用。在不用频繁修剪的地方，如路旁及其他低养护的地方，修剪高度为 7.5 ~ 10 cm 时生长良好。目前使用的品种不是很多，国内大多使用野生种。

19.1.3　多年生黑麦草

别名：宿根黑麦草

拉丁名：*Lolium perenne* L.

科属：禾本科，黑麦草属

形态特征：原产于亚洲和北非的温带地区，广泛分布于世界各地的温带地区。它是黑麦草属中应用最广泛的草坪草，也是最早的草坪栽培种之一。多年生丛生型草本。叶鞘疏松，开裂或封闭，无毛；叶片质软，扁平，长 9 ~ 20 cm，宽 3 ~ 6 mm，上表面被微毛，下表面平滑，边缘粗糙。叶舌小而钝，长 0.5 ~ 1.0 mm；叶耳小。扁穗状花序直立，微弯曲，小穗无芒。

生态习性：一般认为多年生黑麦草为短命的多年生草，抗寒性不及草地早熟禾，抗热性不及结缕草。它最适生长于冬季温和、夏季凉爽潮湿的寒冷潮湿地区，不能忍受极端的冷、热、干旱气候。一些改良的多年生黑麦草品种的抗低温性有所提高。耐部分遮阴，较耐践踏。

多年生黑麦草适应土壤范围很广，最好的是中性偏酸、含肥较多的土壤。但是，只要有较好灌溉条件，在贫瘠的土壤上也可长出较好草坪。它对土壤的耐湿性中到差，耐盐碱性中等。

繁殖栽培：种子直播建坪。多年生黑麦草种子较大，发芽率高，建坪快。需中等到中等偏低的管理水平，修剪高度为 3.8 ~ 5.0 cm，不耐低于 2.3 cm 的修剪。叶子质地硬，且多是纤维状，因此较难修剪。氮肥需要量是每个生长月纯氮 2 ~ 5 g/m^2。较多施用肥料不利于抵抗外界不利环境。在干旱期为保证多年生黑麦草的存活，浇灌是很必要的。芜枝层较少。

多年生黑麦草在作为暖季型草坪的冬季覆播种时，

存在一个很大的问题是它的幼苗易染腐霉枯萎病。还常受到锈病、镰刀菌枯萎病、褐斑病、红丝病、条黑粉病和长蠕孢菌病的伤害。

园林用途：多年生黑麦草可用于庭院草坪、公园、墓地、高尔夫场球道、高草区，公路旁、机场和其他公用草坪。还可用作快速建坪及暖季型草坪冬季覆播的材料。除了作为短期临时植被覆盖外，多年生黑麦草很少单独种植，主要与其他草坪草如草地早熟禾混播使用。一般来讲，多年生黑麦草在混播中其种子用量不应超过总用量的 20% ~ 25%，否则会引起它与主体草坪草过度竞争，破坏草坪的建植。

习惯上，人们认为应发展垂直生长缓慢的多年生黑麦草的栽培种。改进的黑麦草栽培种能与草地早熟禾很好地混播，尤其用在较温暖地区的运动场草坪。在欧洲气候温和、土壤较干旱的地区多将多年生黑麦草作为建坪的一个主要成分。在英国被广泛地用于冬季的足球、橄榄球和曲棍球场地。

19.1.4 高羊茅

别名：苇状羊茅、苇状狐茅

拉丁名：*Festuca arundinacea* Schreb.

科属：禾本科，羊茅属

形态特征：原产欧洲，草坪性状非常优秀，可适应于多种土壤和气候条件，是应用非常广泛的草坪草。在我国主要分布于华北、华中、中南和西南。高羊茅在植物学上一般称为苇状羊茅，而植物学上的高羊茅（*F.elata* Keng.）与草坪用高羊茅（*F.arundinacea* Shreb.）是不同的种，这一点应引起注意。

多年生丛生型草本。茎圆形，直立，粗壮，簇生。叶鞘圆形，光滑或有时粗糙，开裂，边缘透明，基部红色；叶舌膜质，0.2 ~ 0.8 mm 长，截平；叶环显著，宽大，分开，常在边缘有短毛，黄绿色；叶耳小而狭窄；叶片扁平，坚硬，5 ~ 10 mm 宽，上面接近顶端处粗糙，叶脉不鲜明，但光滑，有小突起，中脉明显，顶端渐尖，边缘粗糙透明。花序为圆锥花序，直立或下垂，披针形到卵圆形，有时收缩；花序轴和分枝粗糙，每一小穗上有 4 ~ 5 朵小花。

生态习性：高羊茅适宜于寒冷潮湿和温暖潮湿过渡地带生长。由于抗低温性差，在寒冷潮湿气候带的较冷地区，高羊茅易受到低温的伤害，其草坪的密度逐渐降低，直至最后变成零星的粗质杂草。高羊茅对高温有一定的抵抗能力。高温下叶子的生长会受到限制，但仍能暂时保持颜色和外观的一致性。高羊茅是最耐旱和最耐践踏的冷季型草坪草之一，其耐阴性中等。在肥沃、潮湿、富含有机质的细壤中生长最好，对肥料反应明显。pH 的适应范围是 4.7 ~ 8.5，最适 pH 5.5 ~ 7.5。与大多数冷季型草坪草相比，高羊茅更耐盐碱，尤其在灌溉的条件下；高羊茅耐土壤潮湿，并可忍受较长时间的水淹。

繁殖栽培：高羊茅一般采用种子直播建坪，建坪速度较快，介于多年生黑麦草和草地早熟禾之间。冬季有冻害的地区，春播比秋播好。高羊茅再生性较差，修剪高度为 4.3 ~ 5.6 cm，叶子质地和性状一般，在修剪高度小于 3.0 cm 时，不能保持均一的植株密度，故不能用于需低修剪的草坪。氮的需要量为每个生长月纯氮 2 ~ 5 g/m^2。在寒冷潮湿地区的较冷地带，高氮水平会使高羊茅更易受到低温的伤害。高羊茅一般不产生芜枝层，耐旱，但适当浇灌更有利于其生长。它对冠锈病和长蠕孢菌病有较强抗性，但易染褐斑病、灰雪霉病和镰刀菌枯萎病。

园林用途：高羊茅适于生长在寒冷潮湿和温暖潮湿的过渡地带，耐践踏，适应的范围很广，然而叶片质地比较粗糙的特性使它不能成为高质量的优质草坪草，它一般用作运动场、绿地、路旁、小道、机场以及其他中、低质量的草坪。由于其建坪快、根系深、耐贫瘠，所以能有效地用于固土护坡。高羊茅与草地早熟禾的混播产生的草坪质量比单播高羊茅的高，高羊茅与其他冷季型草坪草种子混播时，其重量比不应低于 60% ~ 70%。高羊茅有时用作寒冷潮湿气候较冷地区的运动场的覆播，因为在那些地区，草地早熟禾等冷季型草不能忍受过度践踏，而高羊茅的耐践踏性比它们要好。在温暖潮湿地带，高羊茅常与狗牙根的栽培种混播用作一般的草坪。在这一地区，高羊茅与巴哈雀稗的混播也用作运动场和操场的草坪建植。

19.1.5　紫羊茅

别名：红狐茅

拉丁名：*Festuca rubra* L.

科属：禾本科，羊茅属

形态特征：多年生草本。具横走根茎。茎秆基部斜伸或膝曲，红色或紫色。叶鞘卵圆形至圆形，无毛至被细柔毛，基部红棕色并破碎成纤维状，分蘖的叶鞘闭合；叶片光滑柔软，对折或内卷，宽 1.5 ~ 2.0 mm；叶舌膜质，长 0.2 ~ 0.5 mm，平截；叶环窄，不清晰，无毛；叶耳缺或仅为延长的短边。圆锥花序，紧缩，成熟时紫红色。

生态习性：紫羊茅广泛分布于北美洲、欧亚大陆、北非和澳大利亚的寒冷潮湿地区以及我国的东北、西南等地。抗低温的能力较强，但由于抗热性差，紫羊茅不能生长在温暖潮湿地区，因此，适应范围不如草地早熟禾和翦股颖那么广。

然而紫羊茅的耐阴性比大多数冷季型草坪草强。在较弱的光强度下，它比其他草坪草生长速度快。但在遮阴条件下的质量与光照充足时相比会有所下降。紫羊茅需水量要比其他草少，抗旱性比草地早熟禾和匍匐剪股颖强。耐践踏性中等。它能很好地适应于干旱、pH 5.5 ~ 6.5 的沙壤土，不能在水渍地或盐碱地上生长。

繁殖栽培：种子直播建坪，建坪速度比草地早熟禾快，但比多年生黑麦草慢。再生性较强。紫羊茅对肥水要求不高，因此养护管理中，采用最低水平的氮肥和灌水量即可。管理适当，能形成优质草坪。修剪高度为 2.5 ~ 6.3 cm，在遮阴条件下留茬应高一些。用作球道时修剪高度为 1.3 ~ 2.5 cm，用于果领时修剪高度为 0.8 cm 比较适宜。

氮肥需要量为每个生长月纯氮 0.94 ~ 2.92 g/m^2，比大多数草坪草日常需求量都少。过多施用氮肥和浇灌，会引起草坪质量下降。紫羊茅极不耐水淹。可在磷含量较高的土壤中正常生长。它的芜枝层不如翦股颖和草地早熟禾那么严重，但是，一旦芜枝层形成，由于其叶鞘中的木质素含量高，所以腐烂速度很慢。紫羊茅不如草地早熟禾耐常用的除草剂，且较易感病如长蠕孢菌病。在有些地区红丝病也很严重。紫羊茅比草地早熟禾更易受到镰刀菌枯萎病和灰雪霉病的伤害。其他偶尔发生的病害有蚀斑病、腐霉枯萎病、白粉病和币斑病。

园林用途：紫羊茅是用途最广的冷季型草坪草之一。它广泛用于绿地、公园、墓地、广场、高尔夫球道、高草区、路旁、机场和其他一般用途的草坪。在欧洲，它与翦股颖混播用于高尔夫果领和滚木球场。

在寒冷潮湿地区，紫羊茅与草地早熟禾混合使用可大大提高草地早熟禾的建坪速度，而在建坪期间，又没有过分的竞争，能够共存。一旦紫羊茅－草地早熟禾草坪建立起来，紫羊茅在遮阴处、干燥的沙壤上和管理水平低的地方能够成为优势种，而草地早熟禾在潮湿、排水条件良好、管理水平高和全日光的地方成为优势种。

紫羊茅由于根茎弱、再生力差而较少用作运动场和高尔夫发球台的草坪建植，用作商品生产的紫羊茅草皮也是很少的。

紫羊茅可用于温暖潮湿地区、狗牙根占优势种的草坪的冬季覆播材料。也用于覆播损坏的翦股颖果岭。

与多年生黑麦草和普通早熟禾相比，紫羊茅在秋季和春季的过渡时期内性状较好。

19.1.6 羊茅

别名：羊狐茅、绵羊茅、酥油草

拉丁名：*Festuca ovina* L.

科属：禾本科，羊茅属

形态特征：多年生密丛型草本，秆具条棱，高 30 ~ 60 cm。叶鞘光滑；叶片内卷成针状，脆涩，宽约 0.3 cm，常具稀疏的短刺毛；叶舌膜质，长 0.5 mm，平截，有时缺；叶环窄，不清晰，无毛；叶耳缺或仅为延长的短边。圆锥花序较紧密，有时几乎呈穗状，分枝常偏向一侧，小穗淡绿色，有时淡紫色。

生态习性：羊茅与紫羊茅一样是适于寒冷潮湿气候的多年生草，不耐热，相当抗旱，在沙壤和石灰壤上生长最好。很耐践踏，在酸性、贫瘠的粗质土壤上也生长良好。

繁殖栽培：种子直播建坪。羊茅的栽培要求比紫羊茅低。叶子较粗糙，较难修剪，低于 1.3 cm 的低刈不利于羊茅生存，一般修剪高度为 1.5 ~ 2.5 cm。氮需要量为每个生长月纯氮 1.95 ~ 4.87 g/m^2。易染红丝病、镰刀菌枯萎病和褐斑病。

园林用途：由于羊茅种子有限，故仅少量地用于草坪。商品种子主要产于欧洲。羊茅常用作低质量的草坪，如路旁、高尔夫球场的高草区和寒冷潮湿、气候更冷一些的地区。

19.1.7 匍匐翦股颖

拉丁名：*Agrostis stolonifera* L.

科属：禾本科，翦股颖属

形态特征：多年生草本，具长的匍匐枝，直立茎基部膝曲或平卧。叶鞘无毛，下部的长于节间，上部的短于节间；叶舌膜质，长圆形，长 2 ~ 3 mm，先端近圆形，微裂；叶片线形，长 7 ~ 9 cm，扁平，宽达 5 mm，干后边缘内卷，边缘和脉上微粗糙。圆锥花序开展，卵形，长 7 ~ 12 cm，宽 3 ~ 8 cm，分枝一般 2 枚，近水平开展，下部裸露；小穗暗紫色。

生态习性：匍匐翦股颖用于世界大多数寒冷潮湿地区。它也被引种到了过渡气候带和温暖潮湿地区稍冷的一些地方。是最抗寒的冷地型草坪草之一。春季返青慢，而秋季变冷时叶子又比草地早熟禾早变黄，一般能度过盛夏时的高温期，但茎和根系可能会严重损伤。养护管理中，适宜的排水、浇灌和疾病防治在土壤温度很高时尤其重要。匍匐翦股颖能够忍受部分遮阴，但在光照充足时生长最好。耐践踏性中等。可适应多种土壤，但最适宜于肥沃、中等酸度、保水力好的细壤中生长，最适土壤 pH 5.5 ~ 6.5。它的抗盐性和耐淹性比一般冷季型草坪草好，但对紧实土壤的适应性很差。

繁殖栽培：匍匐翦股颖可以通过匍匐茎繁殖建坪，也可用种子直播建坪。在修剪高度为 1.8 cm 或更低时能形成优质的草坪，过高的修剪高度，匍匐生长习性会引起过多的芜枝层的形成和草坪质量的下降。定期施肥会使芜枝层生成达到最小，垂直修剪可加速幼茎的生成和匍匐茎节上根的生成。氮肥的需要量：在果岭上，每生长月纯氮 2.5 ~ 5.0 g/m^2；修剪高度高的草坪 2.0 ~ 3.5 g/m^2。匍匐翦股颖的长势与灌溉有很大关系，在干燥、粗质土壤上充分灌溉是非常必要的。匍匐翦股颖较易染病害，包括币斑病、褐斑病、长蠕孢菌病、镰刀菌枯萎病、腐霉枯萎病、红丝病、条黑粉病和灰雪霉病。应经常在易发病的地方使用杀菌剂。匍匐翦股颖要比草地早熟禾更易受到除草剂的伤害。

园林用途：低修剪时，匍匐翦股颖能产生最美丽、细致的草坪，在修剪高度为 0.5 ~ 0.75 cm 时，匍匐翦股颖是适用于保龄球场的优秀冷季型草坪草，它也用于高尔夫球道、发球区和果领等高质量、高强度管理的草坪。也可作为观赏草坪。由于其具有侵占性很强的匍匐茎，故很少与草地早熟禾这些直立生长的冷季型草坪草混播。匍匐翦股颖也用于暖季型草坪草占主导的草坪地的冬季覆播，用于这一目的时，它常与其他一些建坪快的冷季型草坪草混播。

19.1.8　细弱翦股颖

拉丁名：*Agrostis tenuis* Sibth.

科属：禾本科，翦股颖属

形态特征：多年生草本，具短的根状茎。叶鞘一般长于节间，平滑；叶舌干膜质，长约 1 mm，先端平；叶片窄线形，质厚，长 2 ~ 4 cm，宽 1.0 ~ 1.5 mm，干时内卷，边缘和脉上粗糙，先端渐尖。圆锥花序近椭圆形，开展。

生态习性：细弱翦股颖抗低温性较好，但不如匍匐翦股颖，春季返青相对慢些，耐热和耐旱性较差，耐阴性一般，不耐践踏。细弱翦股颖适应的土壤范围较广，在肥沃、潮湿、pH 5.5 ~ 6.5 的细壤上生长最好。它能在 pH 较小的土壤上利用氮肥，并能在酸性土壤上正常生长。

繁殖栽培：由于某些细弱翦股颖品种的不均匀性，使得草坪成熟时，很可能将它们分离出来。因此，草坪的均一性和质量时常下降。细弱翦股颖主要为种子直播建坪。建坪速度快，但再生性较差。为产生一个高质量的草坪，细弱翦股颖需要较高水平的管理，修剪高度一般为 0.75 ~ 2.00 cm。在留茬较高时，很易产生芜枝层，如果不定期施肥，即使修剪高度低，也很易产生芜枝层。细弱翦股颖比草地早熟禾对肥料的适应性强，但它需要高水平的氮肥。氮肥需要量为每个生长月纯氮 1.95 ~ 4.87 g/m^2。需水量比匍匐翦股颖少。细弱翦股颖易染病，包括市斑病、褐斑病、红丝病、腐霉枯萎病、灰雪霉病、条黑粉病和长蠕孢菌病，比大多数冷季型草坪草更易受到除草剂的伤害。有些萌前除草剂，如 DCPA 也能损伤根部，减少植株密度。

园林用途：细弱翦股颖与其他一些冷季型草坪草混播，用作高尔夫球道、发球台等高质量的草坪。它侵占性强，当它与草地早熟禾这样一些直立生长的冷地型草坪草混播时，它会最后成为优势种。如果细弱翦股颖中有匍匐型的翦股颖，并且修剪高度小于 2.5 cm 时，频繁灌溉，多加施肥，细弱翦股颖的这种优势性会发生得更快；虽然它不像匍匐翦股颖那样广泛地用于果岭，但有时也用。

19.1.9　小糠草

别名：红顶草

拉丁名：*Agrostis alba* L.

科属：禾本科，翦股颖属

形态特征：多年生草本，具根状茎。茎直立，常簇生。叶鞘圆形，光滑，开裂，边缘透明；叶舌膜质，长 2 ~ 5 mm，锐尖到钝形，为撕裂状；叶片浅绿色，扁平，宽 3 ~ 5 mm，叶面粗糙，叶脉明显，边缘粗糙、透明，顶端渐尖；无叶耳；叶环明显，中等宽度，呈分开状。花序为红色，金字塔形的圆锥花序，花期分枝开放，有时后期收缩。

生态习性：小糠草主要生长在寒冷潮湿的气候条件下，偶尔也生长在过渡地带和温暖潮湿的地带。它不耐高温和遮阴。高温下，小糠草枯萎变黄。不耐践踏。它适应潮湿条件和很广的土壤范围，甚至可以在干燥的粗壤上生长。小糠草比较适宜生长在肥力较低的酸性细质土壤上，适应的土壤 pH 比其他翦股颖要高一些。

繁殖栽培：小糠草几乎全靠种子直播建坪，建坪速度中等。小糠草最适于中等或低水平的管理，但在频繁低修剪下，不能生存。修剪高度为 3 ~ 5 cm，植株密度可以保持相当长的一段时间。氮肥需求量为每个生长月纯氮 2.5 ~ 5.0 g/m^2。虽然小糠草能适应酸性和贫瘠土壤，但在 pH 较高、肥沃的土壤上可更好地生长。如有灌溉条件，沙壤上生长最好。小糠草较易染镰刀菌枯萎病及其他病害，包括长蠕孢菌病、红丝病、条黑粉病、币斑病和褐斑病。

园林用途：小糠草形成的草坪质量不是很高，因此限制了其广泛使用。但由于它对土壤 pH、土壤质地和气候条件有较大范围的适应性，使得它常与其他种子混播用作路旁、河渠堤坝防止水土流失的材料。小糠草以前用于优质草坪的混播，但随着草地早熟禾、羊茅和翦股颖的进一步发展，用于这一目的小糠草正在逐渐减少。

19.1.10 扁穗冰草

别名：冰草、野麦子、公路冰草

拉丁名：*Agropyron cristatum*（L.）Gaertn.

科属：禾本科，冰草属

形态特征：多年生丛生型草本。叶片扁平，挺直，宽 2 ~ 5 mm，近轴面具脊且有短柔毛，远轴面光滑；叶舌膜状，长 0.1 ~ 0.5 mm，具短茸毛和平截形的边缘；叶耳狭窄，呈爪状；叶环宽，分裂；穗状花序扁平，颖具芒。

生态习性：扁穗冰草适宜生长在寒冷、干旱的平原和山区。须根系侧向扩展的范围广，接近土壤表面，这使得它能与杂草竞争土壤水分。它极抗旱，耐寒，耐频繁的修剪。在炎热干燥的夏季，扁穗冰草可成为优势种，但过高温度和干旱可能使其失去生活力。有足够的水分时，恢复生长较快。扁穗冰草不耐长时间的水淹和潮湿土壤，适于肥沃的沙壤土和黏土。

繁殖栽培：种子直播建坪。种子的萌发和建坪速度很快，即使种子撒在没有准备的坪床上，也会很好地生长。扁穗冰草仅需中等偏下的养护水平。可耐 3.8 ~ 6.3 cm 的频繁修剪，不需浇灌，不存在芜枝层的问题。

园林用途：扁穗冰草建坪快，极抗旱的特点使它成为少雨地区最重要的固沙草种之一。它也可以有效地与杂草竞争，防止水土流失。用作草坪的扁穗冰草主要用于寒冷半潮湿、半干旱区的路旁和其他管理较粗放的地方。它也用作寒冷半潮湿、半干旱区无浇灌条件地区的运动场、高尔夫球场球道、发球区、高草区和一般用途的草坪。

19.1.11 结缕草

别名：锥子草、日本结缕草

拉丁名：*Zoysia japonica* Steud.

科属：禾本科，结缕草属

形态特征：多年生草本，具横走根茎和匍匐枝，须根细弱。茎叶密集，植株高 15 ~ 20 cm，基部常有宿存枯萎的叶鞘。叶片扁平或稍内卷，长 2.5 ~ 5.0 cm，宽 2 ~ 4 mm，表面疏生柔毛，背面近无毛；叶鞘无毛，下部松弛而互相跨覆，上部紧密裹茎；叶舌纤毛状，长约 1.5 mm；总状花序呈穗状，长 2 ~ 4 cm，宽 3 ~ 5 mm；小穗柄通常弯曲，长可达 5 mm；小穗卵形，长 2.5 ~ 3.5 mm，宽 1.0 ~ 1.5 mm，淡黄绿色或带紫褐色。

生态习性：结缕草广泛用于温暖潮湿、温暖半干旱和过渡地带。它靠强大的匍匐茎和根茎蔓生，形成致密的草坪。抗杂草侵入。结缕草比其他暖季型草坪草耐寒。低温保绿性比大多数暖季型草坪草强。在气温降到 10 ~ 12.8 ℃之间时开始褪色，整个冬季保持休眠。

结缕草的抗旱性和抗热性极好。虽然较耐寒，但它不能在夏季短或太冷的地方生存。它最适合于温暖潮湿地区，耐阴性很好。由于结缕草有强大的根茎，粗糙、坚硬的叶子，故很耐践踏。结缕草适应的土壤范围很广，耐盐。最适于生长在排水好、较细、肥沃、pH 6 ~ 7 的土壤上。不适应排水不好、水渍的土壤条件。

繁殖栽培：所有结缕草的栽培种均可靠短枝、草皮建坪。结缕草所生产的种子数目不多，且硬实率高，为避免其低的发芽率，需对种子进行处理。由于植株尤其是侧枝生长缓慢，结缕草建坪速度很慢。

结缕草需要中等养护水平。作庭园草坪时修剪高度为 1.3 ~ 2.5 cm。由于低矮、匍匐的生长习性，使它耐低修剪。0.8 cm 的频繁修剪有利于阻止芜枝层的积累和不整齐草坪表面的形成。叶片坚硬，很难修剪。锐利、可调的轮式剪草机可提高修剪质量。结缕草需要施肥和灌溉，尤其当生长在粗壤上或半干旱地区时。氮肥需要量为每个生长月纯氮 1.0 ~ 2.5 g/m^2。

结缕草不易染病。但在某些条件下，如高温潮湿，可能染上锈病、褐斑病和币斑病。线虫对草坪的危害也很大。黏虫、草皮蛴螬、蝼蛄也能引起病症，但结缕草比大多数暖季型草坪更抗这些害虫的伤害。同时结缕草也耐大多数草坪除草剂，包括西玛通和阿特拉津等。

园林用途：在适宜的土壤和气候条件下，结缕草形成致密、整齐的优质草坪。广泛用于温暖潮湿和过渡地带的庭园草坪、操场、运动场和高尔夫球场、发球台、球道及机场等使用强度大的地方。结缕草生长慢，可用于翦股颖果岭和狗牙根球道的缓冲带，也可种在沙坑附近阻止狗牙根的侵入。在日本，结缕草用作高尔夫球道，而细叶结缕草（天鹅绒）用作果岭。上海市也有用沟叶结缕草于高尔夫球道和果岭的。由于结缕草具有极好的弹性和管理粗放的特点，在我国大部分地区是一种极佳的运动场草坪草种，在某种程度上无与伦比。结缕草冬季枯黄的颜色可以通过应用草坪草着色剂或覆播冷季型草坪草来改善。

19.1.12　狗牙根

别名：百慕大草、绊根草、爬根草、行义芝、地板根

拉丁名：*Cynodon dactylon*（L.）Pers.

科属：禾本科，狗牙根属

形态特征：多年生草本，具根茎和匍匐茎。秆细而坚韧，下部匍匐地面蔓延甚长，节上常生不定根，直立部分高 10 ~ 30 cm，直径 1.0 ~ 1.5 mm，秆壁厚，光滑无毛，有时略两侧压扁。叶片线条形，长 1 ~ 12 cm，宽 1 ~ 3 mm，先端渐尖，通常两面无毛。叶鞘微具脊，无毛或有疏柔毛，鞘口常具柔毛；叶舌为纤毛状。穗状花序，小穗灰绿色或带紫色。

生态习性：狗牙根一般包括普通狗牙根和改良后的狗牙根，改良后的狗牙根是最初从狗牙根属中选择出来并被广泛应用的草坪型狗牙根。质地较粗，颜色、生长速度、密度均中等，耐阴性很差，耐践踏；改良后的草坪型的狗牙根可形成茁壮的、侵袭性强、高密度的草坪，叶宽由中等质地到很细的质地不等。某些狗牙根品种具有多叶的节，草坪的颜色从浅绿色到深绿色，具有强大的根状茎、匍匐茎，可以形成致密的草皮，须根系分布广而深。

狗牙根是适于世界各温暖潮湿和温暖半干旱地区长寿命的多年生草，极耐热和抗旱，但不抗寒、也不耐阴。狗牙根随着秋季寒冷温度的到来而褪色，并在整个冬季进入休眠状态。叶和茎内色素的损失使狗牙根呈浅褐色。当土壤温度低于 10 ℃，狗牙根便开始褪色，并且直到春天高于这个温度时才逐渐恢复。引种到过渡气候带的较冷地区的狗牙根，易受寒冷的威胁，4 ~ 5 年就会死于低温。狗牙根适应的土壤范围很广，但最适于生长在排水较好、肥沃、较细的土壤上，要求土壤 pH 5.5 ~ 7.5。狗牙根较耐淹，水淹下生长变慢；耐盐性也较好。

繁殖栽培：主要通过短枝、草皮来建坪。普通狗牙根是唯一的可用种子来建坪的草坪草。狗牙根是生长最快，建坪最快的暖季型草坪草。再生力很强，耐践踏。需要中等到较高的养护水平。耐低修剪，用作

一般草坪时的修剪高度为 1.3 ～ 2.5 cm。为保持草坪的质量，需频繁地修剪。修剪高度高于 3.8 cm 会使植株直立、茎干生长，引起芜枝层的形成。狗牙根需要施肥和浇灌，故要得到最优草坪必须提高管理水平。氮肥需要量为每个生长月纯氮 2.43 ～ 7.30 g/m^2。由于狗牙根生长快,故易结芜枝层。为避免芜枝层的积累，周期性的施肥和频繁垂直修剪是很重要的，垂直修剪也可提高狗牙根的低温保绿性。

狗牙根常见的病有长蠕孢菌病、褐斑病、币斑病、穗赤霉病、腐霉枯萎病、锈病和春季死斑病等。常见的昆虫有草皮螟蛉、黏虫、蝼蛄、狗牙根螨类、无茎虎尾草介壳虫、狗牙根介壳虫和线虫。狗牙根不耐去莠津除草剂。

园林用途：改良狗牙根在适宜的气候和栽培条件下，能形成致密、整齐的优质草坪，它用于温暖潮湿和温暖半干旱地区的草地、公园、墓地、公共场所、高尔夫球道、果领、发球台、高草区及路旁、机场、运动场和其他比较普通的草坪。狗牙根极耐践踏，再生力极强，所以很适宜建植运动场草坪。许多大型的暖季型球场都是采用狗牙根来建植的。进入晚秋狗牙根足球场很容易由于过度践踏而稀疏，这时可通过覆播冷季型草来弥补。由于狗牙根具有强大的匍匐茎，所以能在翌年春天重新生长形成一个完善的草坪。在用于果岭时，形成的运动表面不如翦股颖。普通狗牙根有时与高羊茅混播作一般的球场和运动场。

休眠的狗牙根冬季褪色，可以通过使用草坪着色剂来缓和，也可在狗牙根草坪中覆播冷季型草坪草如黑麦草、紫羊茅和普通早熟禾等。由于狗牙根既有根茎，又可不断地匍匐生长，故在某些草坪中狗牙根会成为杂草，例如，当狗牙根用作翦股颖果岭四周的缓冲地带时，它会侵入到果岭里，影响草坪的表面，它也能成为苗圃、灌丛和停车场中的杂草。

19.1.13 野牛草

拉丁名：*Buchloe dactyloides*（Nutt.）Engelm

科属：禾本科，野牛草属

形态特征：多年生草本，具匍匐茎。植株纤细，高 5 ～ 25 cm。幼叶卷叠式，叶鞘疏生柔毛，叶舌短小，具细柔毛；叶片线形，粗糙，长 3 ～ 10（20）cm，宽 1 ～ 2 mm，两面疏生白柔毛。雌雄同株或异株，雄花序有 2 ～ 3 枚总状排列的穗状花序，长 5 ～ 15 mm，宽约 5 mm，草黄色；雌花序常呈头状，长 6 ～ 9 mm，宽 3 ～ 4 mm。

生态习性：野牛草适于生长在过渡地带、温暖半干旱和温暖半湿润地区。极耐热，与大多数暖季型草坪草相比较耐寒，春季返青和低温保绿性较好。野牛草的强抗旱性是它最突出的特征之一。它生长最适宜的地区每年降水量为 256 ～ 266 mm。野牛草能利用充足的光照和降雨迅速水平蔓生，在极端干旱时休眠。过了干旱期后，它又很快重新生长。野牛草适宜的土壤范围较广,但最适宜的土壤为细壤。它耐碱,耐水淹,但不耐阴。

繁殖栽培：通过营养体或种子直播建坪。由于种子缺乏和昂贵，故常以营养体建坪为主要方式。种子硬实率较高，常通过冷冻和去壳来提高发芽率。修剪高度为 1.3 ～ 3.0 cm。由于垂直生长慢，故修剪间隔略长。野牛草植株稠密，需肥和需水量都较小。氮肥需要量为每个生长月 0.5 ～ 2.0 g/m^2。很少结芜枝层。建坪速度中等，但浇水可提高成坪速度。

园林用途：野牛草最适合用于温暖和过渡地区的半干旱、半潮湿地带的公园、墓地、运动场、路边和体育场，是管理最为粗放的一种草坪草，非常适宜作固土护坡材料。

19.1.14 白三叶

别名：白车轴草

拉丁名：*Trifolium repens* L.

科属：豆科，三叶草属

形态特征：多年生草本。茎匍匐，长 30 ~ 60 cm，无毛，节上生根。掌状复叶，互生，具长柄；小叶 3 型，宽椭圆形、倒卵形至近倒心脏形，长 1.2 ~ 3.0 cm，宽 0.8 ~ 2.0 cm，先端圆或凹陷，基部楔形，边缘有细锯齿，两面几乎无毛；小叶无柄或极短；托叶卵状披针形，抱茎。花密集成球形的头状花序，从匍匐茎伸出，总花梗长 15 ~ 30 cm；花萼筒状，萼齿三角状披针形，较萼管稍短；花冠白色或淡红色；子房线形，花柱长而稍弯。荚果卵状长圆形，长约 3 mm，包被于膜质、膨大、长约 1 cm 的宿萼内，含种子 2 ~ 4 粒；种子褐色，近圆形。

生态习性：喜温凉湿润气候。生长最适温度为 18 ~ 25 ℃，适应性较其他三叶草广。耐热、耐寒性比红三叶、杂三叶强，也耐阴，在部分遮阴的条件下生长良好。为簇生草坪草，靠匍匐茎蔓延。对土壤要求不严，耐贫瘠，耐酸，最适排水良好、富含钙质及腐殖质的黏质土壤，不耐盐碱。

繁殖栽培：主要为种子直播建坪。种子细小，播前务须精细整地，并且要保持一定的土壤湿度。白三叶不耐践踏，应以观赏为主。它再生能力强，较耐修剪，修剪高度一般为 7.5 ~ 10 cm。苗期生长缓慢，易受杂草侵害，应注意及时除草。易染锈病。

园林用途：作为观赏草坪或作为水土保持植被，也可用于草坪的混播种，可以固氮，为与其一起生长的草坪草提供氮素营养。

19.1.15　马蹄金

别名：马蹄草、黄胆草、九连环、小金钱草、小霸王

拉丁名：*Dichondra repens* Forst.

科属：旋花科，马蹄金属

形态特征：多年生匍匐小草本；茎纤细，被灰白色柔毛，节上生不定根。单叶互生，叶片马蹄状圆肾形，长 4 ~ 11 mm，宽 4 ~ 25 mm，顶端宽圆形，微具缺刻，基部宽心脏形，边缘圆，上面微被毛或脱落无毛，下面贴生短柔毛；叶柄细长，为 1 ~ 5 cm，被白毛。花小，通常单生于叶腋，稀 2 朵腋生；花梗纤细，短于叶柄，丝状，被白毛；萼片 5 深裂，离生，近等长，通常倒卵状矩圆形至匙形，顶端钝形，长 2 ~ 3 mm，外面及边缘被柔毛；花冠宽浅钟状，淡黄色，花瓣矩圆状披针形，无毛；雄蕊 5，着生于花瓣之间凹缺处，花丝短，等长；子房密被白色长柔毛，2 室，各具 1 ~ 2 颗胚珠。果瓣 2，圆形，果皮薄，被柔毛，每果瓣具 1 粒种子；种子小，直径 1.5 mm。略呈扁球形，一面稍凹，黄色至黄褐色，干燥后呈紫黑色，光滑无毛。花期 5 ~ 8 月，果期 9 月。

生态习性：马蹄金主要适于温暖潮湿气候带的较温暖地区。不耐寒，但耐阴，抗旱性一般。适于细质、偏酸、潮湿、肥力低的土壤，不耐紧实潮湿的土壤，不耐碱；具有匍匐茎可形成致密的草皮，有侵占性，耐一定践踏。

繁殖栽培：马蹄金可用种子或营养体建坪，需要中等偏高的养护管理。在其适应范围和合理养护条件下，可以形成致密整齐的草坪。修剪高度为 1.3 ~ 2.5 cm。需氮量为每个生长月纯氮 2.5 ~ 5.0 g/m^2，仲夏用量少些。在有足够灌溉条件下生长很好。在某些低修剪的草坪上，易感叶斑病。在潮湿气候下，可能引起的虫害有跳甲、苜蓿蠹、蠕虫、线虫和刺蛾。

园林用途：可用于管理粗放的低质量草坪及公园的观赏草坪。

19.1.16　无芒雀麦

拉丁名：*Bromus inermis* Leyss.

科属：禾本科，雀麦属

形态特征：多年生草本，具短横走根状茎。叶鞘通常无毛，近鞘口处开展；叶舌膜状，长 1 ~ 2 mm，平截形或圆形；叶片扁平，长 5 ~ 25 cm，宽 5 ~ 10 mm，通常无毛。圆锥花序开展，分枝细长。

生态习性：适应于世界各地寒冷潮湿地区和过渡地区，是一种长寿命的多年生草。它有较强的抗旱性、抗寒和抗热性。在半干旱地区，较长的旱期会使无芒雀麦成为草坪中的优势种，并且一旦有水分供应，它就会长出新枝。无芒雀麦不耐践踏，而适应于深厚、排水好的、肥沃的细壤，但若有足够的氮肥也可生长在粗沙壤。它较耐碱性土壤，也较耐潮湿，能在有淤泥、淹水的地块中短期生长。

繁殖栽培：一般为种子直播建坪，有时也用根茎繁殖。耐粗放管理。无芒雀麦不耐频繁低修剪。

园林用途：无芒雀麦由于质粗、植株密度小，它只能在路旁、堤坝等边坡防护和其他草坪质量要求不太高的地方使用。

19.1.17 紫叶酢浆草

别名：堇花酢浆草、紫蝴蝶

拉丁名：*Oxalis violacea*

科属：酢浆草科，酢浆草属

形态特征：紫叶酢浆草株高约 15 ~ 30 cm，具纺锤形或长卵形根状球茎，掌状复叶，叶片基生，具长柄，柄顶端着生 3 小叶，小叶无柄，上端凹陷，形状三角形或倒箭形，叶片常年紫红色，形似飞舞的“紫蝴蝶”，到了晚上，叶片合拢，似困倦的少女抱膝而眠，独具特色，趣味无穷。其花淡雅清香，花期 4 ~ 11 月，其艳丽的色彩及奇特的叶形，在阳光下熠熠生辉，是深受人们喜爱的观叶花卉，成为地被和盆栽植物的新宠（图 19-1）。

生态习性：喜温暖湿润和半阴环境，适宜生长在富含腐殖质、排水良好的疏松土壤中，耐阴性，生长迅速，覆盖地面迅速，又能抑制杂草生长，花期长达 8 个月。其生长期要求光线充足且通风良好，夏季高温时植株处于半休眠状态，生长缓慢。忌强阳光直射，否则叶片易卷曲、焦黄，可经常向叶面喷水降温并保持湿润的环境，适当遮光，以防烈日暴晒，并无病虫为害，高温、高湿期间，老叶易患灰霉病，但不影响新叶，极易控制。-5 ℃以上冬天常绿，-5 ℃以下地上部分叶子枯萎，但地下部分不死，翌年 3 月又能萌发新叶。无明显的休眠期，栽培管理粗放，是一种优良的观叶地被植物。

繁殖栽培：盆栽养护时，因其叶片具有较强的趋光性，栽培中应经常转动花盆，以使株形匀称美观。浇水遵循“不干不浇，浇则浇透”原则，空气干燥时应向植株及周围喷水，以增加空气湿度，使叶片肥厚具有光泽。切勿浇水过量，以免盆内积水，叶片霉烂。每 20 d 左右施一次腐熟的稀薄液肥或复合肥。肥液中增加磷、钾肥的用量，氮肥含量不宜过高，以免造成植株徒长，叶面紫红色减退，降低观赏性。如生长过于茂盛则通风不良，易烂叶，需及时清除病枯叶。植株满盆时可在春季进行翻盆扩植。冬季移至室内光线充足处养护，控水停肥。

紫叶酢浆草的繁殖以分株为主，多在生长季节进行，但要避开夏季高温，以春季最为理想。方法是将

图 19-1 紫叶酢浆草

地下的鳞茎挖出，分成数丛，另行栽种。或切分块茎（使每块块茎都具有突起的芽或茎叶）带土扦插。栽后浇透水，适当遮阴，待长出新叶后即可正常管理。此外，也可在春季进行播种繁殖，但观赏栽培种结种率较低。

紫叶酢浆草适应性广，抗性强，生长迅速。控制水分，保持通风，不仅可提高观赏价值，而且可降低病虫害的发生概率。紫叶酢浆草易被蜗牛及蚜虫所侵害。蜗牛多用人工捕捉，蚜虫则可喷布杀虫剂进行防治。

园林用途：紫叶酢浆草既是一种很好的彩叶植物，又是一种优良的暖冬地被植物，耐干旱，管理粗放，几乎没有病虫害。将其置于案头、阳台、厅堂等处观赏，可营造出愉悦、轻松、活泼的气氛，也可将其丛植于林缘、石头边，可作布置花坛、花台的镶边材料或草坪缀花。

19.1.18　其他草坪草及地被植物（表 19–1）

其他草坪草及地被植物　　表 19–1

名称	拉丁名	科属	形态特征	生态习性	园林用途
林地早熟禾	*Poanemoralis* L.	禾本科，早熟禾属	多年生弱匍匐茎型草本。叶片扁平，对折式，长 10 ~ 20 cm，宽 2 mm 左右，黄绿色。叶鞘短于其节间，顶生者长 6 ~ 10 cm；叶舌短，长 0.5 ~ 1.0 mm；无叶耳。圆锥花序较开展	林地早熟禾侵占性弱，它适于寒冷潮湿气候，是一种长命的多年生草坪草，耐阴性极强。 适于各种土壤，但在 pH 6.0 ~ 7.0 的沙壤土、壤土上生长最好。抗盐碱能力中等。对病虫害有较强抗性，但有时也易染锈病及褐斑病	可以和其他冷地型草坪草混播，用作公园、庭院草坪草种，林地早熟禾耐阴能力比草地早熟禾强，因此可用作遮阴环境下的草坪
一年生早熟禾	*P.annua* L.	禾本科，早熟禾属	一年生或越年生，具纤细横走的根状茎。叶舌膜状，长 0.8 ~ 3.0 mm，光滑；无叶耳；叶环宽，分离；叶片扁平或 V 形，宽 2 ~ 3 mm；叶边平行或沿船形叶尖逐渐变细，两面光滑，在生长季或冬季为浅绿色，许多浅色细脉平行于主叶脉；圆锥花序小而疏松，整个生长季均可生成花序，在早春和仲春花序特别多	一年生早熟禾抗热性、抗寒性、抗旱性均差，在严寒、炎热、干旱条件下不能生存	一年生早熟禾虽然不能作为专门的草坪草，但能在 3 ~ 5 年内侵占一块高强度管理的草坪，并且可能成为优势种。高尔夫球道、发球区、运动场和类似的一些高强度管理的草坪很易被一年生早熟禾侵入。但很少侵入修剪高度为 3.8 cm 或更高的草坪
一年生黑麦草	*L.multiflorum* Lam.	禾本科，黑麦草属	一年生或短命多年生丛生型草本植物。叶舌膜状，长 0.5 ~ 2 mm，圆形；叶耳似爪状；叶环宽，连续；叶片扁平，宽 3 ~ 7 mm，近轴面有脊，光滑具光泽；有芒小穗构成扁平穗状花序	适应性与多年生黑麦草相似。一年生黑麦草在所有冷季型草坪草中最不耐低温。抗潮湿和抗热性甚至比多年生黑麦草还差。它最适于肥沃、pH 6.0 ~ 7.0 的湿润土壤。在低肥力条件下，也可形成适当的草坪	一年生黑麦草主要用于一般用途的草坪，它能快速建坪形成临时植被。一年生黑麦草消失后形成斑秃，常有杂草侵入。因此，除对草坪质量要求不高的地方，通常不采用这种混播种子。另外，它可用作温暖潮湿地区暖季型草坪的冬季覆播
硬羊茅	*F.ovina* var. *durivscula* L.	禾本科，羊茅属	多年生丛生型草本，叶鞘无毛，顶生者长约 5 cm，长于其叶片；叶舌长约 0.5 mm，大多数宽出叶片，基部呈耳状；叶片较硬，宽 0.5 ~ 0.8 cm 不等。圆锥花序紧缩	根系分布广，抗旱性不如羊茅，但比紫羊茅强。硬羊茅比羊茅更耐阴、耐潮湿，适宜各种土壤，最适土壤 pH 5.5 ~ 6.5。再生能力差，较耐践踏，抗旱及抗寒性中等	主要用于路旁、沟渠和其他管理水平低、质量较差的草坪，但在管理好的情况下也可用
草地羊茅	*F.elatior* L.	禾本科，羊茅属	丛生型草本，具短而粗壮的根茎。叶鞘圆形、光滑、透明，边缘开裂或覆盖，基部为红色；叶舌膜质，0.2 ~ 0.6 mm 宽，截形到钝形，白绿色；叶耳小而钝圆；叶环边缘宽大、光滑，浅黄色到黄绿色且厚实，并常曲折；叶片扁平，3 ~ 8 mm 宽，上表面光滑，叶脉明显，下表面较粗糙，叶片顶端渐尖，边缘粗糙。圆锥花序，直立或下垂，有时收缩	草地羊茅是多年生草，其寿命的长短决定于低温程度，比高羊茅的活力弱。适应于世界的寒冷潮湿地区，也可延伸到温暖潮湿地区的较冷地带。它的耐热性和抗旱性比梯牧草强，壤土也可以生长，对潮湿或水渍的土壤条件适应良好。很耐践踏。最适于生长在肥沃、湿润的土壤上，在寒冷潮湿的稍冷地区，易于死亡。在温带，耐阴性很好	草地羊茅常与其他草坪草种子混播用作一般用途的草坪，尤其在肥沃、湿润、遮荫地区

19.2 草坪及地被植物在园林中的应用

随着我国园林事业的发展，城市园林要求再现自然，植物配置要顺乎自然之理，当前如何提高植物培植艺术和充分发挥园林植物在园林绿化建设中的综合功能，已成为十分重要而迫切的问题。植物是园林绿化中有生命的主要题材，它具有生态的要求，也具有综合观赏特性，并以多样的姿态、丰富的色彩，构成了园林中绚丽多彩的景观，这些植物材料有时作为园林造景的主题，有时也可陪衬其他绿化题材，产生生机盎然的画面。草坪及地被植物正是如此，有时它以庞大的面积、压倒一切的优势居园林的主体，成为园林景观表现的主题，城市中的草坪覆盖了裸露的泥土，给整个城市以一种整洁、清新、生气勃勃的面貌，有时草坪也为各类园林形成绿色的衬底，为不同色彩的植物、山石、建筑、道路、广场等起到陪衬作用，把一组组的园林景观统一协调起来，使园林具有优美的艺术效果。

19.2.1 草坪植物配置的原则

（1）必须注意草坪植物各种功能的密切配合。

草坪植物是属于多功能性的植物，因此在配置上要首先考虑它的主要功能和建造目的，如工人观赏和休息，满足儿童游戏活动，开展各种体育活动和球类比赛，起护土护坡和保持水土的作用等。具有充分发挥草坪绿地中的各种功能作用，才能正确提高它在绿地中起到的作用，否则必定导致建造的失败。

（2）充分发挥草坪植物本身的艺术效果。草坪是园林造景的主要题材之一，它本身具有独特的色彩表现，还可根据地势的高低，造成极为丰富的地形起伏；还可配合栽植乔灌木，利用丰富的植物材料，结合周围的地形、地貌进行空间划分，利用草坪及其他植物的色彩、季相变化等给人以不同的艺术享受，例如在水边沿岸布置平坦的草坪，以欣赏水景和远景；草坪与建筑和街景相配起衬托作用，它与花卉配合可形成各种花纹和图案；它与孤植树相配置，可衬托其雄伟和苍劲；它与树群丛相配起着调和衬托作用。能加强树群、树丛的整体美（图 19-2）。

草坪的外缘向树木过渡，可布以点石，创作山的余脉形象，增强山野趣味。如将造型优美的山石、雕像或花坛等设立在草坪的中心，则使主题更加突出，能给人以更多、更美的享受。

（3）必须根据植物的生长习性合理搭配草坪植物，各种草坪植物均具有不同的立地条件，选用生长习性适合的草种。必须注意与山石、树木等其他材料的协调关系，在草坪上配置植物和山石等物，不仅能增添和影响整个草坪的空间变化，而且还会增加景色的内容，草坪上布置山石要高低错落，石上可布满藤蔓植物。再配置树丛、树群，更增加了草坪空间的曲折变化。

（4）街道绿地中，也可用低矮的地被植物和草花、球根花卉装饰草坪边缘；也可用石块或时经装点草坪的边缘。为提高园林绿地浏览功能和提高园林绿地的游人流量，也可用鹅卵石或块石、石板等镶嵌在草坪中，形成草坪中间的花纹格，不仅增加了草坪的色泽，而

图 19-2 荷兰某地草坪应用

且也提高了草坪的装饰艺术。

19.2.2　草坪在园林用途中的常见类型

（1）观赏草坪

如广场内的草坪、建筑物四周、道路旁、分车道或花间的小块草坪等，都属于观赏草坪。这类草坪主要供装饰美化，不供入内游憩。因此，对草种要求返青早、枯黄迟、观赏性高，是否耐踩则要求不严。主要应用茎叶细小而低矮的草种，如羊胡子草、异穗苔及朝鲜芝草等。有时也可适当混种一些植株低矮、花叶细小、适应性强、有适度自播能力的草花，形成草坪（图 19-3）。

（2）游憩草坪

游憩草坪面积较大，分布于大片平坦或缓坡起伏的地段及树丛、树群间，主要供人们散步游憩及小活动量的体育运动或游戏。草种要求耐践踏，茎叶不污染衣服，高度控制在 8 ~ 10 cm 为宜。最好是具有匍匐茎的草种，生长后草坪表面平整。丛生性草种的根丛，因常高出地面使草坪凸凹不平，最好不用。宜用于游憩草坪的草种有野牛草、结缕草、中华结缕草、狗牙草、假俭草、朝鲜芝草、细弱翦股颖及匍匐翦股颖等。羊胡子草不耐践踏，在游人较少处也可以应用。在面积较大、游人践踏频率不高的局部，游憩草坪也可布置成嵌花草坪。

（3）体育运动草坪

主要是指供足球、网球及棒球等球类正规练习及比赛球场所用的草坪。对草种的要求是更耐践踏而表面应极为平整，草的高度要控制在 4 ~ 6 cm，要有均匀的、一定的弹性。其他与游憩草坪的要求相似。常用的草种有结缕草、假俭草、野牛草等。游泳日光浴场的草坪，要求茎叶柔软而草层较厚，对耐踩性要求可略低，如朝鲜芝草、狗牙草、羊胡子草及野牛草等均可采取混播。草种混合播种的目的：一是最大限度地增加草地景观效果，提高观赏价值；二是最大限度地增加草地的抗逆性和适应性；三是最大限度地发挥草地的功能；四是尽可能延长草地的使用年限。

（4）固土护坡草坪

用于此目的的草坪要求适应性强、根系深广、固土能力高。在栽种护坡植物的地段上，通常不供游人活动，故对地上部分生长的高度等无特殊要求。但对航空港，如机场跑道四周的植物覆盖物，除了上述要求外，还要求是低矮的，且能吸尘、消声并抗碳氢化合物等废气者（图 19-4）。

总的来说，草坪占据园林中很大面积。在园林艺

图 19-3　观赏草坪

图 19-4　固土护坡草坪

术中，它把树木花草、道路、建筑、山丘及水面等各个风景要素很好地联系与统一起来。在功能上，为游人提供活动场地并防止水土流失，减少尘土，湿润空气及缩小温差；在经济上，有些种类的草坪及地被植物也能直接提供饲料或药材。草坪因其独特的明朗性、开阔性和空间性，在园林景观设计中占有十分重要的地位，草坪与景观要素的配置能给园林增添景色，为游客提供良好的活动场地，从而充分发挥其环境效益、社会效益和经济效益。

索　引

N

O

P

Q

R

S

Z

参 考 文 献

[1] 陈俊愉 . 园林花卉学 [M]. 上海：上海科学技术出版社，1980.

[2] 陈心启 . 中国兰花全书 [M]. 北京：中国林业出版社，2000.

[3] 郭志刚 . 康乃馨 [M]. 北京：清华大学出版社，1999.

[4] 郭志刚 . 玫瑰 [M]. 北京：清华大学出版社，1998.

[5] 刘金 . 水仙 [M]. 北京：中国农业出版社，1999.

[6] 谢维荪 . 多浆花卉 [M]. 北京：中国林业出版社，1999.

[7] 徐民生 . 仙人掌类花卉栽培 [M]. 北京：中国林业出版社，1984.

[8] 徐民生 . 仙人掌类多肉植物栽培问答 [M]. 北京：金盾出版社，1994.

[9] 麦志景 . 彩色多肉植物图鉴 [M]. 台北：淑馨出版社，1995.

[10] 张宝鑫 . 城市立体绿化 [M]. 北京：中国林业出版社，2004.

[11] 吴涤新 . 花卉应用与设计（修订本）[M]. 北京：中国农业出版社，1999.

[12] 杜乃正 . 攀缘植物 [M]. 北京：中国林业出版社，1984.

[13] 熊济华 . 蔓藤花卉 [M]. 北京：中国林业出版社，2000.

[14] 武三安 . 园林植物病虫害防治 [M]. 北京：中国林业出版社，2007.

[15] 王瑞灿 . 园林花卉病虫害防治手册 [M]. 上海：上海科学技术出版社，1999.

[16] 徐公天 . 花卉病虫害防治图册 [M]. 沈阳：辽宁科学技术出版社，1999.

[17] 郑进 . 园林植物病虫害防治 [M]. 北京：科学技术出版社，2003.

[18] 刘荣堂 . 草坪有害生物及其防治 [M]. 北京：中国农业出版社，2004.

[19] 吴应祥 . 中国兰花 [M]. 第 2 版 . 北京：中国林业出版社，1993.

[20] 杨增宏 . 中国兰科植物集锦 [M]. 北京：中国世界语出版社，1993.

[21] 何清正 . 中国兰花 [M]. 成都：四川美术出版社，1990.

[22] 卢思聪 . 中国兰与洋兰 [M]. 北京：金盾出版社，1994.

[23] 卓丽环 . 城市园林绿化植物应用指南 [M]. 北京：中国林业出版社，2003.

[24] 邱强 . 花卉与花卉病虫害原色图谱 [M]. 北京：中国建筑工业出版社，1999.

[25] 北京林业大学园林系花卉教研组 . 花卉学 [M]. 北京：中国林业出版社，1988.

[26] 陈俊愉 . 中国花经 [M]. 上海：上海文化出版社，1990.
[27] 孙可群 . 花卉及观赏树木栽培手册 [M]. 北京：中国林业出版社，1985.
[28] 中国植物志编委会 . 中国植物志 [M]. 北京：科学出版社 .
[29] 王华芳 . 水培花卉 [M]. 北京：中国农业出版社，2002.
[30] 梅慧敏 . 室内彩叶花卉 [M]. 上海：上海科学技术出版社，2001.
[31] 包满珠 . 花卉学 [M]. 第三版 . 北京：中国农业出版社，2011.
[32] 边秀举 . 草坪学基础 [M]. 北京：中国建材工业出版社，2005.
[33] 孙吉雄 . 草坪学 [M]. 北京：中国农业出版社，1995.
[34] 刘初钿 . 中国珍稀野生花卉 [M]. 北京：中国农业出版社，2001.
[35] 余树勋，吴应祥 . 花卉词典 [M]. 北京：农业出版社，1993.
[36] 刘燕 . 园林花卉学 [M]. 北京：中国林业出版社，2006.
[37] 岳桦 . 园林花卉 [M]. 北京：高等教育出版社，2006.